编程与应用开发
丛书

ASP.NET MVC
高效构建Web应用

朱文伟 李建英 著

U0331436

清华大学出版社
北京

内 容 简 介

本书以目前流行的ASP.NET MVC 5、HTML和Razor为主线,全面系统地介绍ASP.NET MVC Web应用开发的方法,配套提供实例源码、PPT课件与作者一对一QQ答疑服务。

本书共13章,内容包括ASP.NET与框架概述、搭建Web开发环境、ASP.NET MVC编程基础、Razor语法基础、HTML辅助器、LINQ的基本使用、数据库快速开发工具Entity Framework、服务端数据注解和验证、模型模板、前端验证、安全与身份验证、音乐唱片管理系统开发实战、一百书店系统开发实战。

本书既适合ASP.NET MVC Web应用开发初学者和Web应用开发人员,也适合高等院校或高职高专院校Web应用开发课程的学生。

图书在版编目(CIP)数据

ASP.NET MVC 高效构建 Web 应用 / 朱文伟,李建英著.
北京 : 清华大学出版社,2025. 4. -- (编程与应用开发
丛书). -- ISBN 978-7-302-68645-3

Ⅰ. TP393. 092. 2

中国国家版本馆 CIP 数据核字第 20254JZ050 号

责任编辑:夏毓彦
封面设计:王 翔
责任校对:闫秀华
责任印制:丛怀宇

出版发行:清华大学出版社
   网 址:https://www.tup.com.cn,https://www.wqxuetang.com
   地 址:北京清华大学学研大厦 A 座   邮 编:100084
   社 总 机:010-83470000   邮 购:010-62786544
   投稿与读者服务:010-62776969,c-service@tup.tsinghua.edu.cn
   质量反馈:010-62772015,zhiliang@tup.tsinghua.edu.cn
印 装 者:保定市中画美凯印刷有限公司
经 销:全国新华书店
开 本:190mm×260mm   印 张:32.75   字 数:883 千字
版 次:2025 年 5 月第 1 版   印 次:2025 年 5 月第 1 次印刷
定 价:139.00 元

产品编号:103235-01

前　言

感谢你拿起本书！如果你以前从来没接触过Web开发，但又想轻松学会Web开发，那么本书非常适合你。本书是学习ASP.NET MVC 5的优选之作，融入笔者多年使用MVC框架开发国家专项项目的经验，以及笔者所在Web应用开发团队的智慧。

本书特点

（1）本书内容较新。本书以目前流行的ASP.NET MVC 5、HTML和Razor为主线，选择自带ASP.NET MVC 5模板的VS2019（Visual Studio 2019）和VSCode（Visual Studio Code）作为开发工具，系统、全面地介绍ASP.NET MVC 5 Web应用程序开发的方法。

之所以选择VS2019而不是VS2022或者更高版本的开发工具，是因为VS2019不仅与VS2022功能类似，而且支持的操作系统更广，而VS2022必须在Windows 10或以上平台才能运行，这对于广大的使用Windows 7的开发人员来说是一个不好的消息。另外，笔者也使用过VS2022，感觉就是块头大，速度慢。另外，现在企业界主流开发工具依旧是VS2019，很多需要维护的老项目也是对VS2019的兼容性更好，升级丝滑，而对VS2022的兼容性则一般。

（2）知识点覆盖全面，信息量大，例子丰富，讲解细致，重点突出。全书基本涵盖了ASP.NET MVC的各种编程技术。另外，为了让读者易理解、上手快，笔者在结构组织、知识点的选择以及如何讲解才能循序渐进并突出重点等方面进行了反复推敲、调整、增删、组合，以更好地适合初级ASP.NET MVC Web应用开发人员学习。

（3）范例和案例完整。无论是范例还是案例（统称实例），都是以"理论讲解 + 环境搭建 + 完整代码及分析 + 运行截图"这种完善的结构进行讲解，充分考虑到读者可能会遇到的各种问题。笔者的讲解细致到"打开xxx.cs文件、打开xxx.cshtml文件、在文件开头添加代码"这样的程度，让读者学习起来更加轻松，不会看着书就突然产生迷路的感觉，然后只能自己一个一个步骤去实验。尤其是最后一个购物网站的案例不仅实现了常见功能，连用户评论的功能都实现了，几乎可以用作毕业设计或Web工程师完成项目的开发模板，只需要在该案例上改改标题或业务属性即可，因为商业网站的逻辑都差不多，常见的功能都被该案例包括了。

（4）学习曲线平缓。笔者力求将晦涩难懂的技术用通俗易懂的语言表达出来，并配有大量的范例和注释来帮助理解。读者按照本书的顺序学习，不仅入门快，而且效率高。通过阅读、理解、上机练习和调试运行，能很快掌握用ASP.NET MVC 5编写Web应用程序的各种技术。笔者几乎对每个知识点都配套了范例，上机运行调试，并把运行结果截图给读者参考。

（5）配套资料完整。本书提供了书中所有范例和案例的源程序，足足有10GB之多！此外，针对高校老师，还提供PPT教学课件。

配套资源下载与作者答疑服务

　　本书配套实例源码、PPT课件与作者一对一QQ答疑服务，读者需要使用自己的微信扫描下面二维码获取。如果在阅读本书的过程中发现问题或有任何建议，请联系下载资源中提供的相关电子邮箱或微信号。

适合的读者

　　本书适合有志于从事ASP.NET Web开发工作的初学者和工程师，尤其适合以前没有接触过Web编程的开发人员。另外，由于本书讲解细致，因此也特别适合用作高等院校或高职高专院校Web应用开发课程的教材。

　　由于时间仓促，本书难免存在疏漏，欢迎各位读者指评指正。凡是购买本书者，都将享受笔者一对一QQ答疑服务。笔者在图书创作领域耕耘多年，并有志于发挥余热提高中国软件开发水平，因此很乐意帮读者解决看书过程中的疑问。当然，笔者也非常感谢读者能发现书中的问题。总之，希望每位读者能从本书中得到知识和提高技能水平。

笔　者

2025 年 1 月

目　　录

第 1 章　ASP.NET 框架概述 1

1.1　C/S 架构和 B/S 架构 1

1.2　网站开发概述 2

　　1.2.1　ASP.NET 网站的运行原理 2

　　1.2.2　ASP.NET 的服务器 2

　　1.2.3　网站开发所需技能 3

1.3　ASP.NET 概述 3

　　1.3.1　ASP.NET 的概念 4

　　1.3.2　ASP.NET 的优势 4

　　1.3.3　ASP.NET 的主流开发方式 5

1.4　ASP.NET Core 概述 5

　　1.4.1　ASP.NET Core 的优点 5

　　1.4.2　ASP.NET Core 和 ASP.NET 4.x 的比较 6

1.5　C#语言概述 6

1.6　.NET Framework 框架 7

1.7　HTTP 与 HTML 8

　　1.7.1　TCP/IP 通信传输流 8

　　1.7.2　HTTP 8

　　1.7.3　HTML 10

1.8　框架 11

　　1.8.1　为什么要使用框架 11

　　1.8.2　Web 框架基础技术 11

　　1.8.3　分清框架和库 11

　　1.8.4　Web 开发框架技术 12

1.9　常见 Web 框架 12

　　1.9.1　MVC 框架模式 12

　　1.9.2　MVP 框架模式 13

　　1.9.3　MVVM 框架模式 14

　　1.9.4　Web 框架的发展现状 14

第 2 章　搭建 Web 开发环境 16

2.1　下载和安装 Visual Studio 16

2.2　第一个 ASP.NET 项目 19

2.3　生成和调试程序 24

2.3.1　为何要用生成 24

2.3.2　增加工具栏按钮 26

2.3.3　单步调试 ASP.NET 项目 27

2.4　简要剖析项目 30

第 3 章　ASP.NET MVC 编程基础 34

3.1　MVC 概述 34

3.1.1　基本概念 34

3.1.2　MVC 执行顺序 35

3.1.3　ASP.NET MVC 和传统 ASP.NET 的比较 35

3.1.4　ASP.NET MVC 和 WebForm 的比较 35

3.2　添加新控制器 36

3.2.1　新建项目并添加控制器源文件 36

3.2.2　基于路由为方法增加一个参数 38

3.2.3　基于路由为方法增加多个参数 39

3.2.4　不改变路由为方法增加多个参数 41

3.3　添加视图 42

3.3.1　新建项目并添加视图文件 42

3.3.2　更改视图和布局页面 44

3.3.3　更改视图标题 45

3.3.4　将数据从控制器传递给视图 46

3.4　添加模型 47

3.4.1　模型的实现方式 47

3.4.2　新建项目并添加类 48

3.4.3　ViewData 方式传递数据到视图 49

3.4.4　ViewBag 方式传递数据到视图 50

3.4.5　通过返回 View 传递数据到视图 51

3.4.6　TempData 方式传递数据到视图 54

3.5　模型绑定基础 55

3.5.1　基本概念 55

3.5.2　模型绑定的过程 56

3.5.3　模型绑定的作用 56

3.5.4　模型绑定的默认数据源 56

3.5.5 模型绑定的自定义数据源 ·· 57

3.5.6 简单类型的模型绑定 ·· 58

3.5.7 复杂类型的模型绑定 ·· 58

第 4 章　Razor 语法基础 ···61

4.1 概述 ·· 61

4.1.1 运行原理 ·· 62

4.1.2 第一个 Razor 范例 ·· 62

4.2 代码块 ·· 63

4.2.1 Razor 的注释 ·· 63

4.2.2 关键字 ··· 63

4.2.3 输出字符@和电子邮件 ··· 63

4.2.4 隐式表达式 ··· 64

4.2.5 显式表达式 ··· 65

4.2.6 表达式编码 ··· 65

4.2.7 Razor 代码块 ·· 66

4.2.8 隐式转换 ·· 67

4.2.9 显式分隔转换 ·· 67

4.2.10 以 "@:" 符号显式行转换 ··· 67

4.2.11 条件属性呈现 ··· 68

4.2.12 条件语句 ·· 68

4.2.13 循环语句 ·· 69

4.3 指令块 ·· 71

4.3.1 @function 指令定义方法 ·· 71

4.3.2 @using 指令引入命名空间 ·· 72

4.3.3 @model 指令指定对象类型 ··· 73

4.3.4 布局类指令 ··· 73

4.4 异常处理 ··· 73

第 5 章　HTML 辅助器 ··76

5.1 HtmlHelper 简介 ··· 76

5.2 辅助器的分类 ··· 77

5.3 工作原理 ··· 77

5.4 弱类型 HtmlHelper ··· 78

5.4.1 准备试验环境 ·· 78

5.4.2 ActionLink 链接 ·· 80

5.4.3 RouteLink 链接 ··· 82

5.4.4　TextBox 输入框···82

5.4.5　Hidden 隐藏域··82

5.4.6　Password 密码输入框···83

5.4.7　CheckBox 复选框···83

5.4.8　RadioButton 单选按钮··83

5.4.9　DropDownList 下拉菜单··84

5.4.10　ListBox 多选框···84

5.4.11　添加属性···85

5.4.12　Form 表单··85

5.4.13　使用 TagBuilder 创建自定义标签·······························88

5.5　强类型 HtmlHelper···89

5.5.1　强类型 HtmlHelper 方法··89

5.5.2　LabelFor 数据标签··91

5.5.3　DisplayFor 与 EditorFor 显示和编辑 Model 数据···········92

5.6　支架辅助器··93

第 6 章　LINQ 的基本使用···99

6.1　基本概念···99

6.2　LINQ 提供的程序··99

6.3　LINQ 所使用的语法··100

6.3.1　查询表达式语法··100

6.3.2　方法语法···101

6.4　查询表达式语法的使用···101

6.4.1　from-in-select 的简单使用··101

6.4.2　使用 select 的匿名类型形式··104

6.4.3　where 子句···106

6.4.4　group···by 子句···108

6.4.5　orderby 子句···109

6.5　委托··110

6.5.1　委托的基本概念···110

6.5.2　声明委托···111

6.5.3　通过命名方法使用委托···111

6.5.4　通过 delegate 关键字使用委托······································114

6.5.5　通过 Lambda 表达式使用委托·······································115

6.5.6　多播委托···117

6.5.7　深入研究委托的 "+=" 和 "-="·····································119

6.5.8　内置委托···120

6.6　Expression 表达式树 ··· 124

　　6.6.1　表达式树是什么 ·· 124

　　6.6.2　表达式树基类 Expression ·· 125

　　6.6.3　常用的表达式类型 ··· 127

　　6.6.4　Expression<TDelegate>类 ··· 129

6.7　方法调用语法 ··· 132

　　6.7.1　过滤元素的 Where 方法 ··· 132

　　6.7.2　选取元素的 Select 和 SelectMany 方法 ··· 136

　　6.7.3　排序元素的 OrderBy 方法 ··· 138

　　6.7.4　元素分组的 GroupBy 方法 ··· 140

　　6.7.5　元素分组的 ToLookup 方法 ·· 140

　　6.7.6　延迟查询 ·· 141

第 7 章　数据库快速开发工具 Entity Framework ·· 144

7.1　Entity Framework 概述 ··· 144

　　7.1.1　ORM 是什么 ·· 144

　　7.1.2　什么是 Entity Framework ··· 145

　　7.1.3　EF 的优缺点 ·· 146

　　7.1.4　EF 的适用场合 ··· 147

　　7.1.5　EF 的组成结构 ··· 147

　　7.1.6　EF 相对于 ADO.NET 的区别和优点 ··· 148

　　7.1.7　EF 的 3 种开发方式 ·· 148

7.2　常用数据库的准备 ·· 149

　　7.2.1　准备 LocalDB ··· 150

　　7.2.2　下载和安装 MySQL ·· 153

　　7.2.3　登录和使用 MySQL ·· 155

　　7.2.4　关闭 MySQL 的 SSL ··· 157

　　7.2.5　让 Visual Studio 连接到 MySQL ··· 159

　　7.2.6　卸载 MySQL ·· 160

　　7.2.7　传统方式访问 MySQL 数据库 ·· 161

7.3　基础知识的准备 ·· 163

　　7.3.1　实体之间的关系 ·· 163

　　7.3.2　主键 ·· 164

　　7.3.3　外键 ·· 164

　　7.3.4　外键约束 ·· 165

　　7.3.5　HTTP 中 POST 提交数据的 4 种方式 ·· 165

　　7.3.6　TryUpdateModel 更新 model ··· 168

7.3.7　MVC 中的 RedirectToAction ································ 170

7.4　Code First 开发基础 ·························· 170

7.4.1　实体类及其属性 ···························· 171

7.4.2　导航属性的概念 ···························· 173

7.4.3　EF 中的关系 ······························ 173

7.4.4　约定、外键和导航属性 ······················ 174

7.4.5　实体的类型 ······························ 179

7.4.6　实体对象的状态 ···························· 180

7.4.7　数据库上下文基类 DbContext ·················· 181

7.4.8　数据集类 DbSet ··························· 184

7.4.9　不通过配置文件创建数据库 ···················· 185

7.4.10　数据库连接字符串 ·························· 190

7.4.11　常用数据库的连接字符串范例 ·················· 195

7.4.12　通过配置文件创建数据库 ···················· 202

7.4.13　基于 EF 的增、删、改、查操作 ················· 205

7.5　基于 Code First 的 Web 案例 ···················· 213

7.5.1　创建 Entity Framework 数据模型 ················ 213

7.5.2　查看并操作数据库实验 ······················ 222

7.5.3　实现基本的 CRUD 功能 ····················· 225

7.5.4　排序、筛选和分页 ·························· 237

7.5.5　完善"关于"页 ··························· 244

7.6　Database First 开发基础 ······················ 246

7.6.1　准备数据库 ······························ 246

7.6.2　Database First 模式的数据库应用开发 ·············· 248

7.7　Model First 开发基础 ························· 257

第 8 章　服务端数据注解和验证 ························269

8.1　概述 ································· 269

8.1.1　为何要验证用户输入 ························ 269

8.1.2　数据注解及其分类 ·························· 270

8.2　内置验证注解 ···························· 270

8.2.1　Required 非空验证 ························· 271

8.2.2　StringLength 字符串长度验证 ·················· 273

8.2.3　RegularExpression 正则表达式验证 ··············· 274

8.2.4　Range 数值范围验证 ························ 275

8.2.5　Compare 特性 ··························· 277

8.2.6　Remote 远程服务器验证 ····················· 277

8.3　显示性注解 ··· 283

    8.3.1　DisplayName 显示属性名称 ··· 283

    8.3.2　DisplayFormat 设置显示格式 ·· 285

    8.3.3　ReadOnly 设置只读 ·· 286

    8.3.4　HiddenInput 隐藏属性 ·· 290

    8.3.5　ScaffoldColumn 彻底不显示属性 ·· 292

    8.3.6　分部视图 ··· 295

    8.3.7　UIHint 定制属性显示方式 ··· 301

8.4　其他注解 ··· 303

    8.4.1　DataType 提供属性特定信息 ·· 303

    8.4.2　映射相关的数据注解 NotMapped ··· 304

    8.4.3　自定义校验特性 ··· 305

第 9 章　模型模板 ··· **308**

9.1　模型元数据 ·· 308

    9.1.1　元数据 ·· 308

    9.1.2　模型元数据介绍 ··· 309

    9.1.3　Model 与 View 的使用关系 ··· 309

    9.1.4　元数据驱动设计 ··· 310

    9.1.5　元数据的层次结构 ·· 311

    9.1.6　模型元数据的作用 ·· 312

    9.1.7　自定义模板 ·· 312

9.2　预定义模板 ·· 314

    9.2.1　EmailAddress 模板 ··· 314

    9.2.2　HiddenInput 模板 ·· 315

    9.2.3　Html 模板 ··· 316

    9.2.4　Text 与 String 模板 ··· 317

    9.2.5　Url 模板 ·· 318

    9.2.6　MultilineText 模板 ··· 319

    9.2.7　Password 模板 ··· 319

    9.2.8　Decimal 模板 ·· 320

    9.2.9　Collection 模板 ·· 321

第 10 章　前端验证 ··· **323**

10.1　基于 HTML 的客户端验证 ·· 324

10.2　基于 jQuery Validation Unobtrusive 的客户端验证 ··· 326

    10.2.1　基本概念 ·· 326

10.2.2   优点 ·· 326

10.2.3   开启或关闭客户端验证 ·· 327

10.2.4   使用 jQuery Validation Unobtrusive 的基本步骤 ························· 327

10.2.5   基本验证规则 ··· 328

10.2.6   data-val-required 和[Required]特性的区别 ································ 330

10.2.7   复杂一点的规则 ··· 330

第 11 章   安全与身份验证 ···334

11.1   概述 ·· 334

11.1.1   ASP.NET MVC 提供的安全特性 ··· 334

11.1.2   身份验证和授权 ·· 335

11.1.3   ASP.NET MVC 中的用户身份验证和授权 ··································· 335

11.1.4   授权 ·· 336

11.1.5   角色管理 ··· 336

11.1.6   用户管理 ··· 336

11.1.7   记录用户的验证状态 ·· 337

11.1.8   命名空间 System.Web.Security ··· 337

11.2   会话 ·· 338

11.2.1   基本概念 ··· 338

11.2.2   工作原理 ··· 340

11.2.3   使用会话的优势 ·· 340

11.2.4   会话的应用场景 ·· 341

11.3   ASP.NET 内置对象 ·· 342

11.3.1   基本概念 ··· 342

11.3.2   使用内置对象的途径 ·· 343

11.3.3   Response 对象 ··· 343

11.4   Request 对象 ·· 348

11.4.1   Server 对象 ·· 351

11.4.2   Session 对象 ··· 353

11.4.3   Application 对象 ·· 355

11.5   Cookie ··· 356

11.5.1   基本概念 ··· 356

11.5.2   工作原理 ··· 357

11.5.3   Cookie 的分类 ··· 358

11.5.4   Session 和 Cookie 比较 ·· 358

11.5.5   Cookie 的作用 ··· 359

11.5.6   Cookie 类 HttpCookie ··· 359

11.5.7　管理 Cookie ···360

11.6　用户凭证管理框架 ··362

11.6.1　概述 ···362

11.6.2　成员资格类 Membership ···363

11.6.3　CreateUser 创建用户 ···367

11.6.4　ValidateUser 验证用户 ···369

11.7　表单身份验证 ··369

11.7.1　验证类型 ···369

11.7.2　基本概念 ···370

11.7.3　启用表单验证 ···371

11.7.4　表单验证类 FormsAuthentication ···372

11.7.5　登录流程 ···375

11.7.6　判断用户是否登录 ···376

11.7.7　FormsAuthenticationTicket 创建登录票据 ···377

11.7.8　SetAuthCookie 创建票据并保存到 Cookie ··380

11.7.9　IPrincipal 和 IIdentity ···381

11.7.10　类 Membership 与类 FormsAuthentication 的功能区别 ·····································381

11.8　操作方法的过滤访问 ···381

11.8.1　Authorize 授权过滤器 ···381

11.8.2　匿名访问控制器方法 ···406

11.8.3　HandleError 异常过滤器 ···409

11.8.4　ActionFilter 自定义过滤器 ··411

11.9　缓存和授权 ··412

第 12 章　音乐唱片管理系统开发实战 ···416

12.1　新建项目 ··416

12.2　添加控制器 ··416

12.2.1　使用 HomeController ···417

12.2.2　添加 StoreController ···417

12.3　视图和 ViewModel ··420

12.3.1　修改视图模板 ···420

12.3.2　对常见网站元素使用布局 ···421

12.3.3　更新 StyleSheet ···422

12.3.4　添加流派和专辑模型类 ···423

12.3.5　使用模型将信息传递给视图 ···424

12.3.6　在页面之间添加链接 ···427

12.4　模型和数据访问 ··428

12.4.1 使用 Code First 模式访问数据库 ························· 429

12.4.2 添加艺术家模型类 ·· 429

12.4.3 更新专辑和流派模型类 ··· 429

12.4.4 创建连接字符串 ·· 430

12.4.5 准备安装 Entity Framework ································· 430

12.4.6 安装 SQL Server Compact 驱动 ·························· 431

12.4.7 添加上下文类 ··· 431

12.4.8 添加商品种子数据 ·· 431

12.4.9 查询数据库 ·· 433

12.4.10 更新浏览页面 ··· 434

12.5 商品管理 ·· 438

12.5.1 创建 StoreManagerController ································ 439

12.5.2 修改 Index 视图和动作 ··· 440

12.5.3 了解应用商店管理器 ··· 443

12.5.4 查看商店管理器的控制器类 ··································· 443

12.5.5 查看商店管理器 Index 方法 ·································· 444

12.5.6 查看详细信息操作 ··· 444

12.5.7 创建操作 ··· 444

12.5.8 编辑操作 ··· 449

12.5.9 删除操作 ··· 451

12.5.10 使用 HTML 帮助程序截断文本 ····························· 452

12.5.11 使用数据注解进行模型验证 ·································· 453

第 13 章 一百书店系统开发实战 ···456

13.1 系统设计 ·· 456

13.2 用户管理 ·· 457

13.2.1 添加用户模型类 ·· 457

13.2.2 添加角色模型类 ·· 458

13.2.3 安装 Entity Framework ··· 459

13.2.4 创建数据库上下文类 ·· 459

13.2.5 准备生成数据库 ·· 461

13.2.6 添加 Users 控制器 ·· 462

13.2.7 新增用户管理链接 ··· 464

13.2.8 完善创建用户功能 ··· 464

13.2.9 完善编辑功能 ·· 465

13.2.10 细节和删除功能 ··· 466

13.3 图书管理 ·· 466

13.3.1　添加用户模型类 ·· 466

13.3.2　添加图书类别 ·· 467

13.3.3　在数据库上下文类中添加数据集成员 ··················· 467

13.3.4　添加 Books 控制器 ·· 467

13.3.5　添加样本数据并删除数据库 ······························· 468

13.3.6　首页新增图书管理链接并运行 ···························· 469

13.3.7　实现图书管理的搜索功能 ··································· 470

13.4　实现首页列表区 ··· 471

13.4.1　实现视图 ··· 472

13.4.2　实现动作方法 ··· 474

13.4.3　准备运行查看首页列表区 ····································· 475

13.5　实现首页类别区 ··· 475

13.5.1　实现视图 ··· 475

13.5.2　实现动作方法 ··· 476

13.5.3　测试首页类别查询功能 ··· 476

13.6　实现搜索功能 ·· 477

13.6.1　实现视图 ··· 477

13.6.2　实现动作方法 ··· 477

13.6.3　测试首页搜索功能 ··· 478

13.7　注册、登录和注销 ·· 478

13.7.1　首页增加登录链接 ··· 479

13.7.2　添加 GET 方式的 Login 方法 ··································· 479

13.7.3　添加 Login 视图 ·· 479

13.7.4　添加 GET 方式的注册 ·· 480

13.7.5　添加 Register 视图 ·· 480

13.7.6　添加 POST 方式的注册 ·· 480

13.7.7　开启表单验证 ··· 480

13.7.8　添加 POST 方式的 Login 方法 ··································· 481

13.7.9　添加注销方法 ··· 482

13.7.10　不同角色显示不同视图 ··· 482

13.7.11　此时注册、登录和注销 ··· 483

13.8　购物车 ·· 484

13.8.1　添加购物车商品模型类 ··· 484

13.8.2　在数据库上下文类中添加数据集成员 ····················· 485

13.8.3　添加购物车商品控制器 ··· 485

13.8.4　实现购物车 Index 视图 ·· 485

13.8.5　实现购物车的角色访问控制 ···································· 487

　　13.8.6 添加"插入商品到购物车"方法 ································· 488

　　13.8.7 增加、减少和删除 ·· 490

　　13.8.8 购物车结算产生订单 ··· 491

13.9 订单处理 ··· 495

　　13.9.1 买家查看订单 ··· 496

　　13.9.2 买家付款 ··· 499

　　13.9.3 管理员发货 ·· 500

　　13.9.4 买家确认收货 ··· 501

　　13.9.5 取消订单 ··· 501

　　13.9.6 删除订单 ··· 501

　　13.9.7 评价订单 ··· 502

13.10 一些收尾工作 ·· 505

　　13.10.1 个人信息中心 ·· 505

　　13.10.2 更新关于和联系方式 ··· 506

　　13.10.3 美化顶部横幅 ·· 506

第 1 章

ASP.NET 框架概述

ASP.NET是一个开源的Web框架，用于与HTML、CSS和JavaScript配合构建出色的网站和Web应用程序。此外，它还支持创建Web API，并能够使用实时技术（例如Web套接字）实现高度的双向通信。本章将详细讲解ASP.NET框架及其相关背景知识。

1.1 C/S 架构和 B/S 架构

C/S架构是一种典型的两层架构，其全称是Client/Server，即客户端/服务器端架构。其客户端包含一个或多个在用户的计算机上运行的程序。而服务器端有两种：一种是数据库服务器端，客户端通过数据库连接访问服务器端的数据；另一种是Socket服务器端，服务器端的程序通过Socket与客户端的程序通信。

B/S架构的全称为Browser/Server，即浏览器/服务器结构。Browser指的是Web浏览器，极少数事务逻辑在前端实现，主要事务逻辑在服务器端实现。Browser客户端、Web应用服务器端和数据库（Database）端构成所谓的三层架构。B/S架构的系统，B端无须特别安装，只要有Web浏览器即可。

对于C/S和B/S的区别，首先必须强调的是C/S和B/S并没有本质的区别，B/S是基于特定通信协议HTTP的C/S架构，也就是说B/S包含在C/S中，是特殊的C/S架构。

之所以在C/S架构上提出B/S架构，是为了满足瘦客户端、一体化客户端的需要，最终目的是节约客户端更新、维护的成本，以及广域资源的共享。

（1）B/S属于C/S，浏览器只是特殊的客户端。

（2）C/S可以使用任何通信协议，而B/S必须使用HTTP协议。

（3）浏览器是一个通用客户端，开发B/S应用本质上还是实现一个C/S系统。

1.2　网站开发概述

1.2.1　ASP.NET 网站的运行原理

一图胜千言，用户访问网站的过程如图1-1所示，注意图中的箭头线表示信息传递过程。

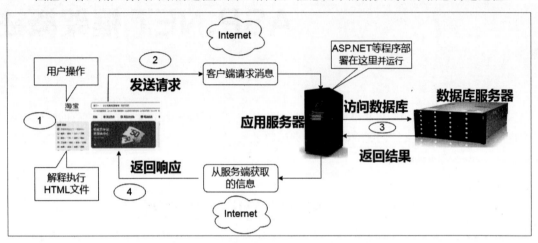

图 1-1

当请求发送至Web服务器并被其接收后，服务器会判断请求文件的类型：

（1）如果是静态文件，如HTML、JPG、GIF和TXT等，服务器会自行根据目录找到文件并发送给客户端。

（2）如果是动态文件，如aspx，服务器会通过aspnet_isapi.dll将请求转交给ASP.NET 运行时环境进行处理。ASP.NET会先检查代码是否已经被编译，如果没有，则将代码编译成MSIL（Microsoft Intermediate Language，微软中间语言），然后由JIT（Just-in-time，即时）编译器进一步编译成机器语言去执行。其中，JIT并非一次完全编译，而是调用哪部分代码就编译哪部分，这样用户的等待时间更短。同时，编译好的代码再次请求运行时不需要重新编译，极大提高了Web应用程序的性能。这种先将代码编译成中间语言，执行时再编译成机器语言的过程称为二次编译。

1.2.2　ASP.NET 的服务器

ASP.NET程序需要使用Web服务器作为发布平台，ASP.NET使用IIS（Internet Information Service，Internet信息服务）作为Web服务器。IIS是微软开发的Web服务器，它基于Windows操作系统，操作方便，功能强大。

实际上，在开发阶段并不用配置IIS，我们只需要像WinForm开发那样编码，然后单击运行就可以了。微软在Visual Studio中内置了一个轻量级的Web服务器，运行应用程序时，将会默认启动它，并在状态栏中出现图标，如图1-2所示。右击该图标，在弹出的快捷菜单中选择"显示所有应用程序"选项，可以查看当前正在运行的站点信息。

图 1-2

1.2.3　网站开发所需技能

对于网站开发各环节，我们用一幅图来表示，一目了然，如图1-3所示。乍看上去，要做好一个网站所需的技能蛮多的。网站开发前台页面技术包括页面设计（如HTML、CSS）、页面特效（JavaScript、图片图标）和前端框架。网站开发后台主要包括安全设计（比如用户认证、权限认证和防攻击）和后台框架技术（包括ASP.NET开发技术、基于WebForm开发企业网站、MVC框架学习、EF框架等）。数据存储技术包括Session、主流数据库（Redis、SQL Server或MySQL等）和数据存储框架，数据存储框架又包括数据库管理系统（DBMS）、数据模型、数据库语言、数据库引擎、数据库存储等。

一旦把这些东西全部掌握，走遍天下都不怕了。

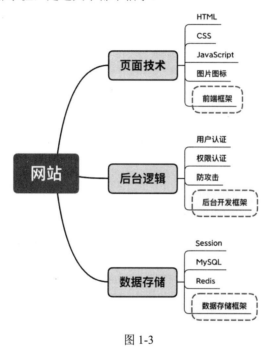

图 1-3

1.3　ASP.NET 概述

编写静态页面需要掌握HTML+CSS。静态页面的最大的优点是速度快，可以跨平台，跨服务器。早期的网站建设大多采用静态页面，静态页面的网址以.htm或.html为后缀。在这种静态网站上也可以使用动态效果，例如滚动字幕、GIF格式的动画或者FLASH。这些视觉上的动态效果并不是动态页面，它们是截然不同的概念。所谓动态页面，就是该网页不仅具有HTML标记，而且含有服务器端的脚本程序代码，能实现操作数据库、交互等功能。动态网页能根据不同的时间、不同的来访者显示不同的内容，而且动态网站更新方便，一般在后台直接更新，并不需要人工手动修改代码。

编写动态页面的主要技术有ASP.NET、JSP、PHP等，本书主要讲解ASP.NET技术。在本节中，我们初步认识ASP.NET，了解它的概念和优势。

1.3.1　ASP.NET 的概念

　　ASP.NET是微软公司整个.NET FrameWork的一部分，使用它可以创建动态交互的Web页面。其中，ASP的全称是Active Server Pages（动态服务器页面），是一种使嵌入在网页中的服务器脚本由服务器来执行的技术。

　　ASP.NET、.NET FrameWork及对应的集成开发环境 Visual Studio 一直以来都在不断地更新，这些更新包括.NET框架类库的扩充、纳入新的语言特性等。.NET FrameWork 8.0的出现标志着.NET Frame Work真正走向成熟，同时也说明了ASP.NET技术的成熟与稳定。为了支持ASP.NET的开发，Visual Studio 也在不断地升级版本，目前应用最广的版本是VS2019。

　　ASP.NET已经发展了多年，目前最新的版本是4.x。ASP.NET 4.x是一个成熟的框架，提供在Windows上生成基于服务器的企业级Web应用所需的服务。注意，ASP.NET只能部署在Windows系统上。

1.3.2　ASP.NET 的优势

　　作为微软公司.NET FrameWork的一部分，ASP.NET技术延续了Microsoft的一贯优势，即有开发效率高、功能强大的IDE（Integrated Development Environment，集成开发环境）设计工具的支持。除了这些，ASP.NET 还具备以下优势。

　　1）与浏览器无关

　　无论使用何种版本的浏览器访问ASP.NET应用程序，呈现的结果都一致。ASP.NET遵循W3C标准化组织推荐的XHTML标准生成页面代码，而XHTML标准被目前所有主流浏览器支持。

　　2）编译后执行，运行效率高

　　代码编译是指将C#或VB.NET源码"翻译"成机器语言。ASP.NET先把源码编译为微软中间语言（MSIL），然后由即时编译器（JIT）进一步编译成机器语言。编译好的代码再次运行时不需要重新编译，极大地提高了Web应用程序的运行效率。整个过程如图1-4所示。

图 1-4

　　3）易于部署

　　将必要的文件复制到Web服务器上，ASP.NET应用程序即可将其部署到该服务器上。不需要重新启动服务器，甚至在替换运行的编译代码时也不需要重新启动Web服务器。

　　4）丰富的可用资源

　　ASP.NET可利用整个.NET平台的资源，包括.NET框架类库和数据访问解决方案等。ASP.NET本身提供了大量的控件，包括与传统HTML代码对应的HTML控件和重新封装的Web控件。

　　5）支持多层开发

　　ASP.NET支持多层开发，从而改变了原来Web项目开发代码混乱且难以管理的状况，使得Web项目开发逻辑更清晰，管理维护更方便。

6）逻辑代码和设计代码分离

ASP.NET将逻辑代码放于单独的文件中，将Web界面元素和程序逻辑分开显示，使得代码结构更加清晰，从而方便维护和阅读。

1.3.3　ASP.NET 的主流开发方式

ASP.NET是一个开发框架，用于通过HTML、CSS、JavaScript以及服务器脚本来构建网页和网站。ASP.NET支持3种开发模式：Web Pages、MVC（Model View Controller）以及WebForm。

在.NET Framework 3.5 SP1发布前，ASP.NET WebForm一直是微软官方提供的唯一的ASP.NET开发框架。在.NET Framework 3.5 SP1中，微软提供了另一种ASP.NET的开发框架，即ASP.NET MVC。

ASP.NET WebForm是微软的开发团队为开发者设计的一个在可视化设计器中拖放控件、编写代码响应事件的快速开发环境。在WebForm中，微软将ASP.NET的开发模型与WinForm统一起来，提供了类似于WinForm的控件、事件驱动模型，使ASP.NET应用程序的开发体验与WinForm应用程序高度一致。WebForm设计模式也称为事件驱动模式，此种开发方式有一个特殊的事件响应模型，即拖拉一个服务器控件到设计器中并双击，就会为该控件添加事件代码，使用起来非常方便。如果你是一个新手，你可能会很感激微软，毕竟它为你节省了很多的工作。但方便的同时就是很多底层代码不透明，我们并不知道底层的原理。作为Web应用开发，请求、处理、响应是基本的流程，可是用此种开发方式开发的网站，用户请求的都是页面，处理的也是页面的后台代码，响应的还是页面，一切就是以UI为核心。笔者感觉此种开发方式虽然有点背离了Web开发，但也是一种创新和一种选择。

由于WebForm方式出来比较早，因此不少现有项目都是基于该方式开发的，而MVC更现代化，是新项目采用的主要开发方式。

1.4　ASP.NET Core 概述

ASP.NET必须部署在基于Windows系统的Web服务器上，无法跨平台，这个特点导致方便跨平台的Java系技术非常"嚣张"。为此，微软推出了ASP.NET Core。

ASP.NET Core是一个跨平台的开源框架，用于在Windows、macOS或Linux上生成基于云的新式Web应用。ASP.NET Core是ASP.NET 4.x的重新设计。

1.4.1　ASP.NET Core 的优点

ASP.NET Core具有如下优点：

- 生成Web UI和Web API的统一场景。
- 针对可测试性进行构建。
- Razor Pages可以使基于页面的编码方式更简单高效。
- Blazor允许在浏览器中使用C#和JavaScript。共享全部使用.NET编写的服务器端和客户端应用逻辑。
- 能够在Windows、macOS和Linux上进行开发和运行。
- 开放源码和以社区为中心，这对于注重安全的用户非常重要。

- 新式客户端框架和开发工作流。
- 支持使用gRPC托管远程过程调用（RPC）。
- 基于环境的云就绪配置系统。
- 内置依赖项注入。
- 轻型的高性能模块化HTTP请求管道。
- 能够托管和部署于以下各项：Kestrel、IIS、HTTP.sys、Nginx、Apache、Docker。
- 并行版本控制。
- 简化新式Web开发的工具。

ASP.NET Core的优点多多，这也是.NET开发广受欢迎的主要原因。

1.4.2　ASP.NET Core 和 ASP.NET 4.x 的比较

我们可以将ASP.NET Core和ASP.NET做个对比，如表1-1所示。

表 1-1　ASP.NET Core 和 ASP.NET 的比较

	ASP.NET Core	ASP.NET 4.x
平台	针对 Windows、macOS 或 Linux 进行生成	针对 Windows 进行生成
开发语言	C#、VB、F#	C#、VB、F#
开发环境	通过 Visual Studio、Visual Studio for Mac 或 Visual Studio Code 进行开发	通过 Visual Studio 进行开发
性能	比 ASP.NET 4.x 的性能更高	良好的性能
运行时	使用.NET Core 运行时	使用.NET Framework 运行时

经过对比，我们发现对于开发者而言，ASP.NET Core和ASP.NET所使用的主流语言是相同的，比如都是C#，而运行时对于开发者而言是感觉不到的。所以学会了ASP.NET 4.X，其实也就基本学会了ASP.NET Core，而且ASP.NET Core由于要支持跨平台，需要让代码在不同的平台上去验证和测试，因此相对初学者而言会更复杂些。

另外，如果项目明确要在Windows上开发，建议用ASP.NET，这样可以得到更多的Windows特性，而这是ASP.NET Core不具备的，因为它需要照顾跨平台通用性。

还有一点，不少跨平台的项目是基于成本考虑的，毕竟非Windows服务器基本免费，当项目的预算比较紧张时，开发环境的选择就更倾向于免费。微软提供的Visual Studio Code是一款免费开发环境，而Visual Studio则费用昂贵。

以上几点都是项目主管需要考虑的事情，初学者不用理会这个，来者不拒，统统学会！Visual Studio要会用，Visual Studio Code也要会用。在Windows上会开发部署ASP.NET，在其他平台上也要会开发和部署ASP.NET Core。唯有如此，才能走遍天下都不怕。

1.5　C#语言概述

C#是微软公司发布的一种程序设计语言，专门为.NET平台设计。它是由C和C++衍生出来的、面向对象的高级程序设计语言。由于其简单易于掌握，加之语法简洁、精确、类型安全，与Web

紧密结合，健全的错误处理机制以及版本处理技术，因此成为.NET开发的首选语言。无论是复杂的商业需求，还是系统级的应用程序，通过使用C#语言，都可以方便地转换为XML网络服务，从而使它们可以通过webservice在任何平台被任何一种语言调用。C#最大的优势是能使程序员高效地开发程序，而绝不损失C/C++原有的强大的功能。C#不再提供对指针类型的支持，从而限制了程序在运行过程中对内存地址空间的访问，使得程序更加安全、稳定。加之.NET核心为C#提供的强大的、逻辑结构一致且易用的程序设计环境，可以让程序编写人员快速、简单地编写各种基于.NET平台的手机及Web应用项目。正是由于C#面向对象的优越性，越来越多的Windows程序更偏向于使用它进行开发。

1.6　.NET Framework 框架

.NET Framework（.NET框架）是一个多语言组件开发和执行环境，是以通用语言运行库（Common Language Runtime，CLR）为基础采用系统虚拟机运行的编程平台。它提供了一个跨语言的统一编程环境，支持多种语言（C#、C++、VB、Python等）的开发。其目的是简化开发人员建立Web应用程序和Web服务的流程，使得Internet上的各应用程序可以使用Web服务进行沟通。.NET Framework是运行在Windows系列操作系统上的一个系统应用程序。它是.NET的核心部分，提供了建立和运行.NET应用程序所需的编辑、编译等核心服务。它包括两个重要组成部分：公共语言运行时（Common Language Runtime，CLR）和.NET Framework类库（Framework Class Library，FCL）。.NET框架如图1-5所示。

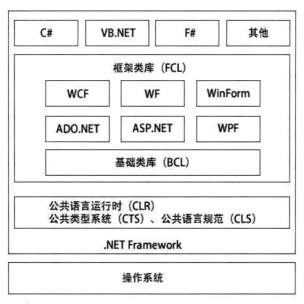

图 1-5

公共语言运行时（CLR）本质上就是.NET 虚拟机（类似Java的虚拟机JVM），算是.NET的引擎，用来执行托管.NET代码，确切地说是编译后的IL代码。提供管理内存、线程执行、代码执行、代码安全验证、异常处理、编译、垃圾回收等运行时服务。

框架类库（FCL）就是.NET Framework内置的各种组件服务，如ASP.NET、WCF和WPF等组件，以满足不同编程应用场景的需求。基础类库（Base Class Library，BCL）是FCL的一个子集，顾名思义就是一些比较基础、通用的类库，如基本数据类型、集合、线程、安全、字符串操作、网络操作、IO、XML操作等。基础类库大多包含在System命名空间下，如System.Text、System.IO。其他一些常用的名词，如核心 .NET库、框架库、运行时库、共享框架，大多指的是BCL。

1.7　HTTP 与 HTML

HTTP（Hyper Text Transfer Protocol，超文本传输协议）是一种简单的请求—响应协议，通常运行在TCP之上。它指定了客户端发送给服务器什么样的消息，以及得到什么样的响应。请求和响应消息的头采用ASCII码的形式，而消息内容则采用类似MIME的格式。

HTML为超文本标记语言，是一种标识性语言。它包括一系列标签，通过这些标签可以将网络上的文档格式统一起来，使分散的互联网资源成为一个逻辑整体。

1.7.1　TCP/IP 通信传输流

假如客户端在应用层（HTTP）发起一个想看某个Web页面的HTTP请求，那么传输层（TCP）会把从应用层收到的数据（HTTP请求报文）进行分割，并在各个报文上打上标记序号及端口号，形成网络层传输的数据包，再在添加通信目的地的MAC地址后作为链路层的数据包，这样发往服务端的网络通信请求就准备齐全了。接收端的服务器在链路层接收到数据包后，按层解包按序往上层发送，一直到应用层。只有当数据包成功抵达应用层时，才标志着服务器真正收到从客户端发送过来的HTTP请求。

1.7.2　HTTP

HTTP是Web应用中客户端和服务器之间进行交互的协议规范，完成客户端向服务端发起请求，服务端向客户端返回请求响应或请求处理结果的一系列过程，如图1-6所示。

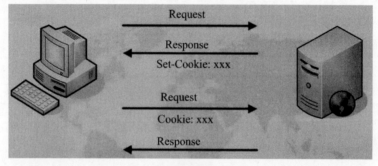

图 1-6

在HTTP交互过程中，客户端通过URI（Uniform Resource Identifier，统一资源标识符）查找并定位网络中的资源。URI通常由3部分组成：①资源的命名机制；②存放资源的主机名；③资源自身的名称。注意：这只是一般URI资源的命名方式，事实上只要是可以唯一标识资源的都被称为URI，上面3部分合在一起是URI的充分不必要条件。URI包含协议名、登录认证信息、服务器地址、服务器端口号、带层次的文件路径、查询字符串、片段标志符。URI的表达方式如下：

```
http://user:pass@www.example.com:80/home/index.html?age=11#mask
```

其中，http为协议方案名；user:pass表示登录认证信息；www.example.com是服务器地址；80为端口号；/home/index.html表示路径和所要请求的网页文件；age=11表示查询字符串；mask表示片段标识符。

协议方案名在获取资源时要指定协议类型，包括http、https、ftp等。登录（认证）信息指定用户名和密码作为从服务器端获取资源时必要的登录信息，此项是可选的。服务器地址使用绝对URI来指定待访问的服务器地址。服务器端口号就是指定服务器连接的网络端口号，即Web服务侦听服务器的TCP端口号，此项是可选的。路径和文件名用于定位服务器上的特定资源，比如/home/ index.html。查询字符串用于定位指定文件内的资源，可以使用查询字符串传入任意参数，此项是可选的。片段标识符通常可以标记出来，以获取资源中的子资源（文档内的某一个位置），此项也是可选的。

HTTP分为请求报文和响应报文，报文由报文首部和报文主体构成。请求报文首部包含请求行、请求头部、通用头部、实体头部。响应报文首部包含状态行、响应头部、通用头部、实体头部。

- 请求行：包含客户端请求服务器资源的操作或方法（get、post、put、delete）、请求URI、HTTP的版本。
- 状态行：包含HTTP的版本、服务端响应结果编码、服务端响应结果描述。状态行为"HTTP/1/1 200 OK"代表处理成功。响应分为5种：信息响应（100~199）、成功响应（200~299）、重定向（300~399）、客户端错误（400~499）、服务器错误（500~599）。比如，200表示请求成功，请求方法为get、post、head或者trace；404表示请求失败，请求资源找不到，类似于脚本未被定义；507表示服务器有内部配置错误。
- HTTP通用头部如表1-2所示。

表 1-2　HTTP 通用头部及其说明

头部编码	头部说明
Cache-Control	控制缓存
Connection	连接管理
Transfer-Encoding	报文主体编码方式
Date	报文创建的日期时间
Upgrade	升级为其他协议
Via	代理服务器相关信息
Warning	错误通知

其他头部这里不再赘述，读者可以参考HTTP文档。使用HTTP要注意以下几点：

1）通过请求和响应的交换达成通信

应用HTTP时，必定是一端担任客户端角色，另一端担任服务器端角色。仅从一条通信线路来说，服务器端和客户端的角色是确定的。HTTP规定，请求从客户端发出，最后服务器端响应该请求并返回。换句话说，肯定是从客户端开始建立通信，服务器端在没有接收到请求之前不会发送响应。

2）HTTP 是不保存状态的协议

HTTP是一种无状态协议。协议自身不对请求和响应之间的通信状态进行保存。也就是说，在HTTP这个级别，协议对于发送过的请求或响应都不做持久化处理。这是为了更快地处理大量事务，确保协议的可伸缩性，而特意把HTTP设计得如此简单。

随着Web技术的不断发展，很多业务都需要保存通信状态，于是引入了Cookie技术。有了Cookie，再用HTTP通信，就可以管理状态了。

3）使用 Cookie 的状态管理

Cookie技术通过在请求和响应报文中写入Cookie信息来控制客户端的状态。Cookie会根据从服务器端发送的响应报文内的一个名为Set-Cookie的首部字段信息，通知客户端保存Cookie。当下次客户端再往该服务器发送请求时，客户端会自动在请求报文中加入Cookie值后发送出去。服务器端发现客户端发送过来的Cookie后，会检查究竟是从哪一个客户端发来的连接请求，然后对比服务器上的记录，而后得到之前的状态信息。

4）请求 URI 定位资源

HTTP使用URI定位互联网上的资源。正是因为URI的特定功能，HTTP请求能访问到互联网上任意位置的资源。

5）持久连接

在HTTP的初始版本中，每进行一个HTTP通信都要断开一次TCP连接。比如，在使用浏览器浏览一个包含多幅图片的HTML页面时，在发送请求访问HTML页面资源的同时，也会请求该HTML页面中包含的其他资源。因此，每次的请求都会造成TCP连接的建立和断开，无谓地增加了通信量的开销。

为了解决上述TCP连接的问题，HTTP 1.1和部分HTTP 1.0想出了持久连接的方法。其特点是，只要任意一端没有明确提出断开连接，则保持TCP连接状态，旨在建立一次TCP连接后进行多次请求和响应的交互。在HTTP 1.1中，所有的连接默认是持久连接。

6）管线化

持久连接使得多数请求以管线化方式发送成为可能。以前发送请求后需等待并接收到响应，才能发送下一个请求。管线化技术出现后，不用等待收到前一个请求的响应也可以发送下一个请求。这样就能以并发方式发送多个请求。

比如，当请求一个包含多幅图片的HTML页面时，与挨个建立连接相比，用持久连接可以让请求一响应更快结束。而管线化技术要比持久连接的速度快，请求数越多，越能彰显每个请求所用时间短的优势。

1.7.3　HTML

HTML（Hyper Text Markup Language，超文本标记语言）是表达Web网站内容的一种语言。HTML除了用于表示文本内容，还用于描述网页的样式（如颜色、字体等），支持在网页中包含链接、图片、音乐、视频、程序。通过HTML语言描述的树状结构的文档为HTML文档，在该文档中通过标签树来表达网页的结构及各种元素。

1.8　框　　架

框架（Framework）是整个或部分系统的可重用设计，表现为一组抽象构件及构件实例间交互的方法。另一种定义认为，框架是为应用开发者定制的应用骨架或开发模板，一个框架是一个可复用的设计构件，它规定了应用的体系结构，阐明了整个设计、协作构件之间的依赖关系、责任分配和控制流程。前端开发框架和后端开发框架是基于前端开发和后端开发两种不同的开发方式来区分的。

1.8.1　为什么要使用框架

软件系统发展到今天已经很复杂了，特别是服务器端软件，涉及的知识和问题太多。在某些方面使用别人成熟的框架，就相当于让别人帮我们完成一些基础工作，而我们只需要集中精力完成系统的业务逻辑设计。框架一般是成熟、稳健的，它可以处理系统的很多细节问题，比如事物处理、安全性、数据流控制等问题。另外，框架一般经过很多人使用，所以结构很好，扩展性也很好，而且它是不断升级的，我们可以直接享受别人升级代码带来的好处。

1.8.2　Web 框架基础技术

很多做Web开发的人（本文表示读者）都有一个梦想，就是将来能开发一套可以在项目中使用的Web应用框架。刚开始做开发时，觉得这个技术好厉害，只需要写一点代码，就能够做出带有业务逻辑的网站。其实，写一个Web应用框架并不难，但是写出一个能够经受工业强度测试的软件就不容易了。

Web框架的全称为"Web应用框架"（Web Application Framework），一般负责如下几个方面的工作：MVC分层、URL过滤与分发、View渲染、HTTP参数预处理、安全控制，还有部分附加功能，如页面缓存、数据库连接管理、ORM映射等。Web框架可以用任何语言写成，几乎常见的计算机语言都有对应的Web框架，可以用来写Web程序。不要以为只有PHP、Java、C#才能做网站。

框架重要的特征是MVC分层。MVC这个概念并不是Web开发中才有的，也不是从这个方向发展出来的技术。在20世纪70年代的Smalltalk-76中就引入了这个概念。

1.8.3　分清框架和库

框架是一套架构，会基于自身的特点向用户提供一套相当完整的解决方案，控制权在框架本身，使用者需要按照框架所规定的规范着手开发。

库是一种插件，是一种封装好的特定方法的集合，提供给开发者使用，控制权在使用者手里。

框架提供了一套完整的解决方案，同时前端功能越来越强大，因而产生了前端框架，所以开发Web产品很有必要使用前端框架（前端架构）。目前流行的前端框架有Angular、Vue和React。流行的一些库有jQuery、Zepto等。使用前段框架可以降低界面的开发周期并提高界面的美观性。

1.8.4　Web 开发框架技术

Web开发框架技术，即Web开发过程中可重复使用的技术规范，它可以帮助技术人员快速开发特定的系统。Web开发框架技术分为前端开发框架技术和后端开发框架技术。

前端开发是创建Web页面或App等前端界面并呈现给用户的过程，它通过HTML、CSS及JavaScript以及衍生出来的各种技术、框架、解决方案来实现互联网产品的用户界面交互。前端框架技术的应用使前端开发变得方便快捷。目前，Web前端开发框架有Vue、Angular、Bootstrap、React等。

后端开发负责程序设计架构、数据库管理和处理相关的业务逻辑，主要考虑功能的实现以及数据的操作和信息的交互等。后端开发对开发团队的技术要求相对较高，借助后端开发框架技术，可以简化后端开发过程，使其变得相对容易。后端框架技术往往和后端功能实现所用的语言有关。目前，流行的Web后端框架技术有Laravel、Spring MVC、Spring Boot、ASP.NET MVC、MyBatis、Phoenix、Django等。

1.9　常见 Web 框架

框架一般用于简化网页设计，使用广泛的前端开发框架有Angular、ASP.NET MVC和React等。这些框架封装了一些功能，比如HTML文档操作、各种漂亮的控件（按钮、表单等），使用前端框架有助于快速建立网站。

随着互联网的快速发展，Web应用不断推陈出新，Web前端技术发挥着举足轻重的作用。如今智能化设备全面普及使得Web前端页面变得越来越复杂，从视觉体验到对用户的友好交互、技术特效等的要求越来越高，系统的维护要求不断提升。前端技术的不断演进也带来了前端开发模式的不断改进，在基于前端开发逐渐复杂的背景下，Web前端框架技术也成了人们关注的焦点。大多数的Web框架都提供了一套开发和部署的方式，实现了数据的交互和业务功能的完善。开发者使用Web框架只需要考虑业务逻辑，因此可以有效地提高开发效率。

在Web发展早期，页面的展示完全由后端PHP、JSP控制。Ajax技术的出现给用户带来了新的体验，前后端通过Ajax接口进行交互，分工逐渐清晰。同时，伴随着JavaScript技术的革新，浏览器端的JavaScript代替了服务器端的JSP页面，它可以依靠JavaScript处理前端复杂的业务逻辑，但是代码的复杂度仍然很高。因此，为了提升开发效率、简化代码、便于后期维护，在开发中应用分层的架构模型应运而生。

1.9.1　MVC 框架模式

MVC（Model-View-Controller，模型－视图－控制器）框架模式，即为模型（Model）、视图（View）和控制器（Controller）的分层模式。模型层用于处理数据，能够直接针对相关数据进行访问，针对应用程序业务逻辑的相关数据进行封装处理；视图层能够显示网页，由于视图层没有程序逻辑，因此需要对数据模型进行监视和访问；控制层主要体现在对应用程序流程的控制，以及对事件的处理和响应上。控制层获取用户事件信息后，通知模型层进行更新处理，由模型层将处理结果发送给视图层，视图层的相关显示信息随之发生改变，因此控制层对于视图层和模型层的一致性进行了有效的调节和控制。下面以用户提交表单为例，展示MVC的设计模式。MVC模式示意图如图1-7所示。

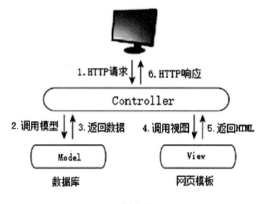

图 1-7

在图1-7中，当用户提交表单时，控制器接收到HTTP请求并向模型发送数据，模型调用数据后将数据返回至控制器，控制器调用视图将处理结果发送至浏览器，浏览器负责网页的渲染。

前端MVC模式中广泛使用的框架为Backbone.js、Ember.js等。Backbone.js的优势在于可以较好地解决系统应用中的层次问题，同时应用层中的视图层在模型数据修改后，可以及时地对自身页面数据进行修改。此外，它还可以通过定位有效地找到事件源头，解决相关问题。Ember.js广泛应用于桌面开发中，借助于该框架的优势，能够实现模块化、标准化的页面设计与分类，保证MVC运行的效率。除此之外，Ember.js框架能够有效地结合大数据系统的优势，将整个运行过程中所产生的各种参数及时有效地记录在档案数据库中。

MVC模式最早应用于桌面应用程序中，随着Web前端的发展，其复杂程度逐渐增加，后被广泛应用于后端开发，实现数据层与表示层的分离。作为早期的框架模式，MVC模式主要的优势在于能够清晰地分离视图和业务逻辑，满足不同用户的访问需求，在一定程度上降低了设计大型Web应用的难度。但是，由于内部原理较为复杂，并且定义不够明确，因此开发者需要明确前端MVC框架的使用范围，并且需要耗费大量的时间和精力解决如何将MVC模式运用到应用程序的问题。另外，MVC严格的分离模式也导致每个构件均需经过完整的测试才能使用，使得在相当长的一段时间内，MVC模式不适用于中小型项目。随着技术的发展，部分框架能够直接对MVC提供支持，但在实现多用户界面的大型Web应用上，开发者仍需要花费大量时间，不利于开发效率的提升。

1.9.2　MVP 框架模式

MVP（Model-View-Presenter，模型－视图－表示器）框架模式是由IBM公司于2000年开发的一种模式，是MVC模式的改进，主要用来隔离UI和业务逻辑，旨在使Web应用程序分层和提高测试效率。

MVP模式和MVC模式都具有相同的分层架构设计，均由视图进行显示，由模型管理数据。它们的区别是，在MVP中，视图和模型之间的通信是通过Presenter进行的，所有的交互都发生在Presenter内部；而在MVC中，View直接从Model中读取数据，而不是通过Controller。由于MVP模式中的View和Model层之间没有关系，因此可以将View层抽离为组件，在复用性上比MVC模型具有优势。

作为MVC模式的演变，MVP模式主要是为了解决MVC模式中View对Model的依赖。MVP模式的优点在于模型和视图完全分离，开发者可以只修改视图而不影响模型，并且可以更高效地使用模型。同时，由于所有的交互都在Presenter内部完成，因此可以更高效地应用模型，另外可以脱离用户接口测试业务逻辑。其劣势在于View和Presenter的接口使用量较大，使得View和Presenter的交互过于频繁。在用户界面较为复杂的情况下，一旦View发生改变，View和Presenter之间的接口必然发生变更，导致接口群的需求量增加。因此，MVP模型适用于开发后期需要不断维护且较大型的项目。

1.9.3　MVVM 框架模式

MVVM（Model-View-ViewModel，模型－视图－视图模型）框架模式的结构如图1-8所示。

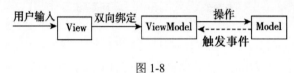

图 1-8

MVVM模式的出现，是为了解决MVP模式中由于UI种类变化频繁而导致接口不断增加的问题。其设计思想是"数据驱动界面"，以数据为核心，使视图处于从属地位。该模式只需要声明视图和模型的对应关系，数据绑定由视图模型完成，相当于MVC模式的控制器，实现了视图和模型之间的自动同步。

MVVM模式简化了MVC和MVP模式，不仅解决了MVC和MVP模式中存在的数据频繁更新的问题，同时降低了界面与业务之间的依赖程度。在该模式中，视图模型、模型和视图彼此独立，视图察觉不到模型的存在。这种设计模式具有以下优势：

- 低耦合。View可以不随Model的变化而修改，一个ViewModel可以绑定到不同的View上，当View变化时，Model可以不变；当Model变化时，View也可以不变。
- 可重用性。将视图逻辑放在ViewModel，View将重用视图逻辑。
- 独立开发。开发人员可以专注于业务逻辑和数据的开发，设计人员可以专注于界面的设计。
- 可测试性。可以针对ViewModel对View进行测试。

MVVM框架模式是MVC精心优化后的结果，适合编写大型Web应用。在开发层面，由于View与ViewModel之间的低耦合关系，使得开发团队分工明确且相互之间不受影响，从而提升了开发效率；在架构层面，由于模块间的低耦合关系，使得模块间的相互依赖性降低，项目架构更稳定，扩展性更强；在代码层面，通过合理地规划封装，可以提高代码的重用性，使整个逻辑结构更为简洁。

MVVM模式中应用较为广泛的框架有AngularJS、React、Vue.js等，我们重点对MVVM模式的主流框架进行分析。

目前，优秀的前端开发框架很多，在选择上建议：①与需求相匹配的框架；②与浏览器兼容性好的框架；③组件丰富、支持插件的框架；④文档丰富、社区大的框架；⑤高效的框架。

1.9.4　Web 框架的发展现状

早期的Web前端主要包含HTML、CSS与JavaScript三大部分，其中HTML主要负责页面结构，

CSS主要负责页面样式，JavaScript主要控制页面行为和用户交互。前端仅限于网页的设计，大部分功能需要依赖后端实现。随着Web应用的迅速发展，前端的功能性越来越强，开发难度逐渐增大。一大批优秀前端框架的出现推动了前端技术的发展，降低了开发成本，提升了开发效率。起初的JavaScript框架jQuery凭借便捷的DOM操作、支持组件选择、内部封装Ajax操作等特点占据着主导地位。随着前端的进一步发展，利用jQuery开发Web应用无法分离出业务逻辑、交互逻辑和UI设计，增加了代码的维护难度。而MVVM设计模式的出现实现了数据和视图的自动绑定，它将DOM操作从业务代码中剥离，提高了代码的可维护性和复用性。

　　国外前端开发起步早于国内，涌现了较多的高水平Web框架，并且能够较好地支持移动端。目前，国内知名互联网公司致力于开发高水平的开源Web前端框架，总体水平已经达到了较高的程度。百度前端团队开发的QWrap突破了jQuery的局限，提供了原型功能，为广大用户带来了便利；腾讯非侵入式的JX前端框架实现了JavaScript的扩展工具套件，于2012年切换到GitHub，具有较优的执行效率，无过度的封装，并且努力探索如何在前端使用MVP、MVC等模式构建大型Web应用；淘宝内部使用的Web框架KISSY是一款跨终端、模块化、高性能、使用简单的JavaScript框架，具备较为完整的工具集以及面向对象、动态加载、性能优化的解决方案，为移动端的适配和优化作出了巨大贡献。

　　在互联网快速发展的今天，前端框架被广泛应用。为了适应网站的大量需求，加快开发网站的效率，大型互联网厂商纷纷构建满足各自业务的前端框架，如Element UI和Ant Design分别是饿了么和阿里巴巴自研的前端UI组件库。工具的发展和前端的发展相辅相成，JavaScript的每次进步都会带动浏览器厂商和相关开发工具的进步，同时也为浏览器的兼容性提出了更合理的解决办法。

　　前端框架技术的发展日趋成熟，未来前端在已经趋向成熟的技术方向上会慢慢稳定下来，进入技术迭代优化阶段，新的Web思想也会给前端带来新的技术革新和发展机遇。

第 2 章

搭建 Web 开发环境

当前ASP.NET底层支持通常依赖两种底层框架技术，一种是.NET Framework，另外一种是.NET技术（版本5以前叫.NET Core）。.NET Framework只能运行在Windows系统上，功能比较完整，并且拥有Windows系统的特殊功能。而.NET技术可以跨平台，功能相当于.NET Framework的一个子集，更注重平台通用性。这两种底层框架技术各有千秋，各有用途。对于初学者而言，不建议一上来就进入跨平台开发，因为跨平台开发肯定要面临多平台的调试和运行，环境搭建比较复杂。因此可以先在Windows上搭建环境（这个相对简单），把精力集中在.NET Framework的学习上。当学习了.NET Framework后，.NET Core也就基本掌握了（因为它是.NET Framework的一个子集），然后可以把精力放在各平台的环境搭建和程序调试上。

这样学习后，无论以后针对Windows深度应用，还是跨平台应用，都能对付。

另外，我们把基于.NET Framework的ASP.NET学习放在Visual Studio工具中实现，以后把跨平台开发放在VSCode中实现，这样就学会了两种开发环境，能轻松应对不同的企业要求。总而言之，笔者是根据企业一线开发的实际情况来撰写本书的。

在本章中，我们将搭建基于.NET Framework的Visual Studio的开发环境，这个环境比较简单，适合初学者。后续章节还将搭建基于.NET的VSCode跨平台开发环境。

2.1　下载和安装 Visual Studio

当前企业界主流的Visual Studio（VS）开发环境是Visual Studio 2019，该开发环境适用面广、稳定、速度快且对计算机配置友好。建议读者不要盲目追求最新的开发工具，因为企业很多已有项目的维护都是基于旧开发工具开发的，而且最新的开发环境相关的资料比较少，一旦碰到问题，答案都找不到。我们可以到官网可以下载Visual Studio 2019，网址如下：

```
https://learn.microsoft.com/en-us/visualstudio/releases/2019/
```

然后可以找到3个版本，包括社区版（Community）、专业版（Professional）和企业版（Enterprise），如图2-1所示。

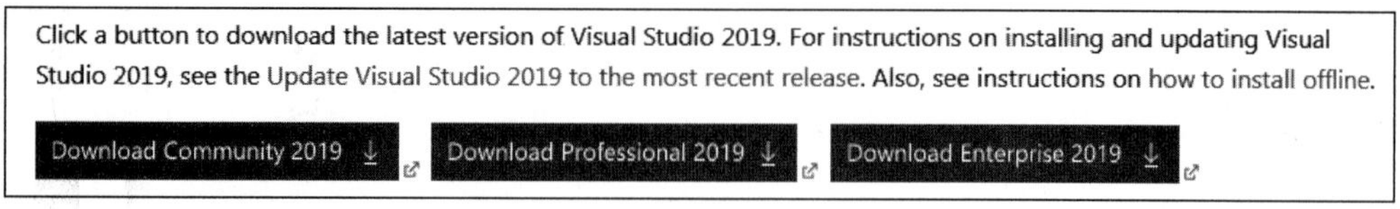
Click a button to download the latest version of Visual Studio 2019. For instructions on installing and updating Visual Studio 2019, see the Update Visual Studio 2019 to the most recent release. Also, see instructions on how to install offline.
Download Community 2019
Download Professional 2019
Download Enterprise 2019

图 2-1

通常，对于学习者而言，下载社区版就够用了，而且社区版对于个人学习来说是免费的。后两者都是针对企业，需要收费。我们单击“Download Community 2019”按钮就可以下载安装包文件，下载下来的文件名是vs_community__77008ca6f8834edcb53ab2ee09aa4fb4.exe，这是个在线安装包文件，也就是说安装过程需要联网。如果不想下载，读者也可以在本书配套源码目录下的somesofts文件夹下找到该文件。

直接双击这个安装包文件就可以开始安装了。注意，如果使用的是Windows 7操作系统，可能会跳出如图2-2所示的对话框，意思是要先安装.NET Framework 4.6或更高版本。这个组件可以去微软官方网站上找，为了节省时间，笔者提供了一个.NET Framework 4.8的离线安装包文件，可以在本书配套源码目录的somesosfts\.NET Framework 4.8\下找到文件ndp48-x86-x64-allos-enu.exe，直接双击它就可以开始安装了，安装完成如图2-3所示。

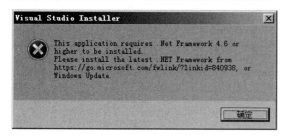

Visual Studio Installer
This application requires .Net Framework 4.6 or higher to be installed.
Please install the latest .NET Framework from https://go.microsoft.com/fwlink/?linkid=840938, or Windows Update.
确定

图 2-2

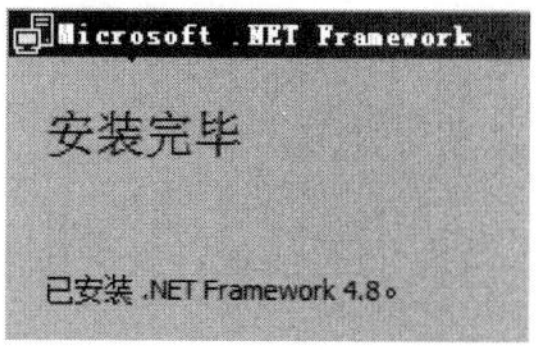
Microsoft .NET Framework
安装完毕
已安装 .NET Framework 4.8。

图 2-3

等.NET Framework安装完毕后，再重新双击运行vs_community__77008ca6f8834edcb53ab2ee09aa4fb4.exe，图2-4所示是安装过程中的第一个界面。

Visual Studio Installer
开始之前，我们需要设置某些选项，以便你配置安装。
若要了解有关隐私的详细信息，请参阅 Microsoft 隐私声明。
继续即表示你同意 Microsoft 软件许可条款。
继续(O)

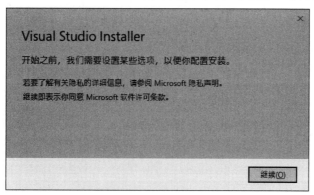

图 2-4

单击“继续”按钮，将进入“工作负荷”对话框，选择需要的组件。因为我们的开发基于.NET Framework 4.8的ASP.NET，因此勾选“ASP.NET和Web开发”和“.NET Framework 4.8开发工具”复选框，如图2-5所示。

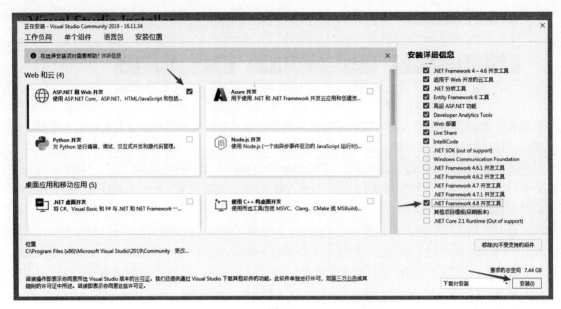

图 2-5

再打开"单个组件"选项卡，准备安装localDB数据库：在搜索框中输入local，然后按回车键，勾选要下载的"SQL Server Express 2016 LocalDB"，并勾先"SQL Server支持的数据源"，如图2-6所示。

图 2-6

案装了"SQL Server支持的数据源"后，以后Visual Studio的"视图"菜单下就有"SQL Server资源管理器"菜单项了。如果只勾选"SQL Server Express 2016 LocalDB"，是不会出现"SQL Server资源管理器"菜单项的。SQL Server是微软公司的数据库产品的旗舰产品，而SQL Server Express 2016 LocalDB（简称LocalDB）是SQL Server的精简版，为便于开发人员开发和测试而提供的。

其他保持默认即可。然后单击右下角的"安装"按钮开始安装。稍等片刻，安装完成，就能直接启动Visual Studio了。第一次启动时会让用户选择不同颜色的界面,这个根据自己的喜好选择,随后进入"开始使用"界面,如图2-7所示。

图 2-7

该界面左边"打开最近使用的内容"中将显示最近已经建立的项目，目前我们还没新建项目，因此下面为空。右边有4个选项，其中"克隆存储库"用于从GitHub等版本管理系统中复制代码；"打开项目或解决方案"用于打开本地硬盘上的Visual Studio项目或解决方案（sln）；"打开本地文件夹"可以用来查看代码，这个功能比较新，而且比较实用，此时Visual Studio就相当于一款功能强大、面向项目的编程编辑器、代码浏览器和分析器，可帮助我们在学习和开发时理解代码；最后一个选项"创建新项目"则是Visual Studio的主要功能入口，里面有不同的编程模板可供选择，开发新项目都是从这里进去。

2.2　第一个 ASP.NET 项目

现在我们趁热打铁，马上新建并运行一个ASP.NET项目，以此来验证Visual Studio是否工作正常。

【例2.1】第一个ASP.NET项目

首先打开Visual Studio，单击"创建新项目"，此时出现"创建新项目"对话框，我们在该对话框上选择C#版本的"ASP.NET Web应用程序（.NET Framework）"，如图2-8所示。

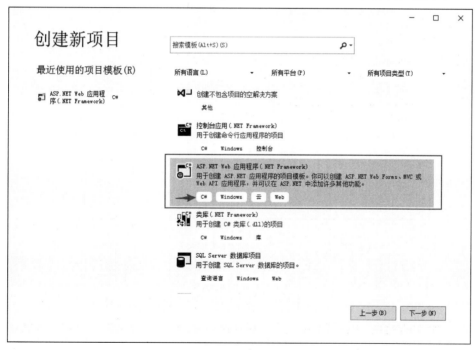

图 2-8

然后单击"下一步"按钮，此时出现"配置新项目"对话框，如图2-9所示。在这个对话框中，我们需要输入项目名称，比如helloworld；确定项目位置，这里在"位置"下面输入D:\ex\myweb，这个路径即使不存在，也会自动建立。另外，框架选择".NET Framework 4.8"。接着单击右下角的"创建"按钮，此时出现"创建新的ASP.NET Web应用程序"对话框，如图2-10所示。

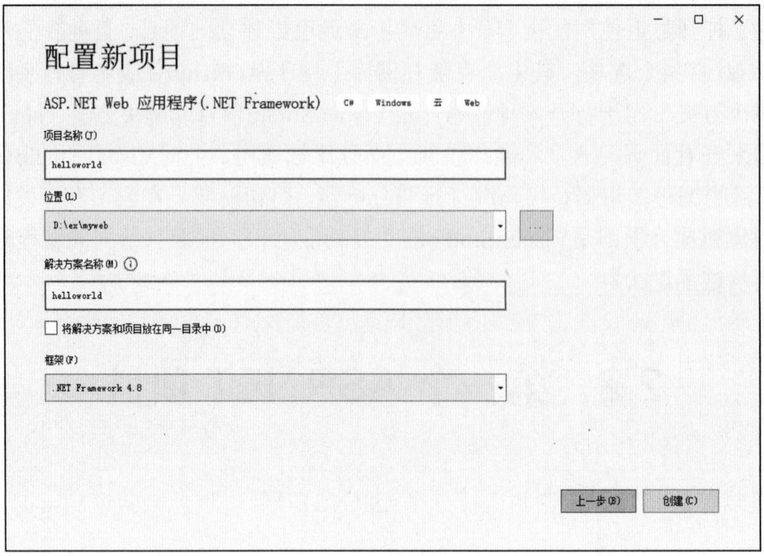

图 2-9

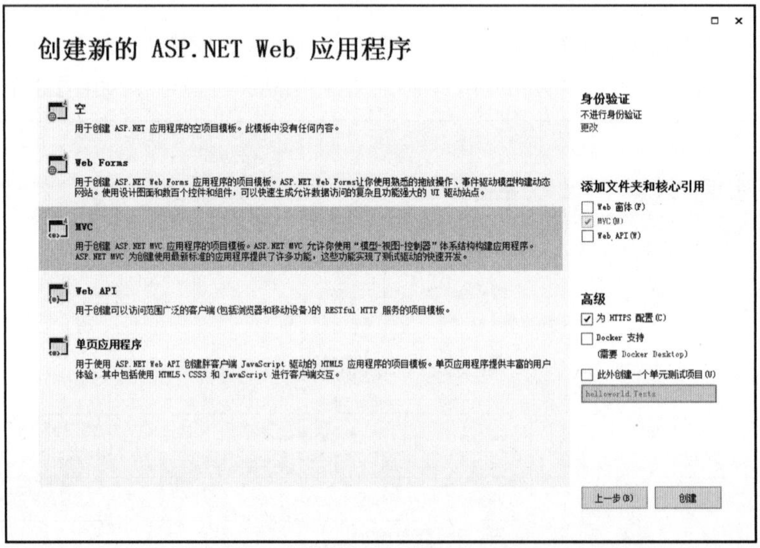

图 2-10

有关项目的创建过程，笔者在第一个范例中说得详细一点，后面的范例为了节省篇幅，一般就直接说"新建一个基于MVC的项目"了，默认项目名称是test，保存在D:\ex\myweb\下，并且每完成一个范例就清空该目录。因此，在开始新建项目时，就默认myweb目录下是空的。

微软为ASP.NET提供了4种开发模式，分别为Web Forms（Web窗体）、MVC（Model View Controller，模型一视图一控制器）、Web API和Web Pages（单页应用程序）。这4个框架都稳定且成熟，我们可以使用其中任何一个框架创建出色的Web应用程序。无论选择哪种框架，我们都能随时随地获得ASP.NET的所有优势和功能。

Web Forms又称Web窗体，在这个模式下，可以采用传统的拖曳事件驱动模型的方式来生成动态网站，同时利用设计图以及许多控件和组件，可以迅速生成带有数据访问的、高级的、功能强大的UI驱动型网站。但需注意，Web窗体开发模式现在已经过时，学习价值不大。

MVC模式提供了功能强大、基于模式的方法来构建完全分离关注点的动态网站。基于MVC模式的网站有着耦合度低、重用性高、部署快等优点。MVC模式是使用ASP.NET框架开发复杂网站的首选开发模式。

Web API是一个用于构建RESTful Web服务的框架，基于HTTP协议，提供灵活的路由、数据格式序列化和状态管理，能快速开发公开、可靠、高性能的API接口。通过Web API，开发者可以轻松地处理和返回数据，并与客户端通过HTTP完成通信。在现代Web开发中，构建高性能、可扩展的Web服务至关重要。ASP.NET Web API是一个强大的框架，它提供了构建RESTful Web服务的工具和功能。无论是为移动应用程序提供后端支持，还是与第三方平台集成，Web API 都能够满足各种需求，并帮助开发者轻松地构建功能丰富的应用程序。

Web Pages即单页应用程序，指的是只有一个Web页面的应用。在这个模式中，可以使用C#（或Visual Basic）结合网页的Razor标记语法将C#（Visual Basic）代码嵌入网页当中，实现C#（Visual Basic）代码和HTML、CSS、JavaScript等服务器代码的结合。值得一提的是，单页应用程序的开发模式是ASP.NET框架3种开发模式中最简单的一种，如果你是个新手，那么Web Pages单页应用程序开发模式是你入门的不错选择。

这几种技术都有优缺点和各自不同的应用，这里不做详述。由于目前最流行的开发方式是基于MVC的，因此在图2-10中选择"MVC"，然后单击右下角的"创建"按钮。稍等片刻，一个ASP.NET项目框架就自动建立起来了，并且可以在解决方案视图下看到已经生成的文件，如图2-11所示。

图 2-11

Controllers文件夹存放的是控制器相关的代码文件，用于处理来自用户、整个应用程序流以及特定应用程序逻辑的通信；Models文件夹存放的是模型相关的代码文件，用于描述要处理的数据以及修改和操作数据的业务规则；Views文件夹存放的是视图相关的代码文件，用于定义应用程序用户界面的显示方式。这样组合起来就构成了MVC架构。至于其他文件都是一些辅助功能，比如程序启动文件、程序配置文件以及路由配置等。下面对一些文件夹或文件进行解释：

- App_Data：用于存储应用程序的数据文件，例如数据库文件或其他本地文件。
- App_Start：包含应用程序的启动配置文件，例如路由配置、日志配置等。
- bn：包含应用程序的二进制文件，例如编译后的DLL文件、第三方库等。
- Content：存放应用程序的静态资源文件，如CSS、JavaScript、图像等。
- Controllers：包含控制器类，用于处理请求并生成响应。
- Models：存放应用程序的模型类，用于表示数据结构、业务逻辑等。
- Views：用于存储与应用程序的显示相关的HTML文件（用户界面）等。Views文件夹下面有 Home和Shared两个子文件夹：Home文件夹用于存储诸如home页（首页）和about页（关于页）之类的应用程序页面；Shared文件夹用于存储控制器间分享的视图（母版页和布局页）。
- Scripts：存放应用程序的JavaScript文件（.js文件）。
- Web.config：Web.config是ASP.NET Web应用程序的主要配置文件，使用XML格式。它包含了应用程序的各种配置信息，如应用程序的全局设置、连接字符串、授权和身份验证设置、HTTP模块和处理程序的配置等。
- Global.asax：Global.asax是一个全局的应用程序类文件，用于处理应用程序级别的事件，如应用程序的启动和关闭、会话管理、应用程序错误处理等。它没有特定的后缀名，但通常命名为Global.asax。
- .cs文件：.cs是C#源码文件的后缀名。在ASP.NET中，.cs文件通常用于编写服务器端的逻辑代码，包括控制器、模型、业务逻辑等，用于处理请求、生成动态内容和执行服务器端的操作。
- .cshtml文件：.cshtml是Razor视图文件的后缀名。Razor是一种用于在服务器端生成动态HTML内容的视图引擎。.cshtml文件可以包含HTML标记和Razor语法，用于定义Web页面的结构和呈现逻辑。在.cshtml文件中，可以使用C#代码和Razor语法来动态生成页面内容。我们在Views文件夹下面可以找到很多.cshtml文件。
- .config文件：.config是各种配置文件的通用后缀名，如Web.config和packages.config。这些配置文件用于存储应用程序的配置信息、软件包配置等信息。

另外，在D:\ex\myweb\下可以看到生成了一个helloworld文件夹，这个文件夹就是我们的解决方案文件夹（注意是解决方案文件夹），里面包含解决方案文件、所有的项目文件夹以及软件包文件夹。进入helloworld文件夹，可以看到helloworld.sln文件、helloworld文件夹（这个文件夹是项目文件夹）、软件包文件夹packages。其中helloworld.sln表示解决方案文件，它是一个文本文件（我们不要去编辑它），文件扩展名".sln"代表"Solution（解决方案）"，helloworld表示解决方案的名称。Visual Studio使用解决方案的概念，这是一个顶层的源码结构，它将多个项目绑定在一个持久的环境中，通过Visual Studio中的"解决方案资源管理器"处理。一个解决方案由基于文本的解决方案（.sln）文件和二进制解决方案用户选项（.suo）文件表示。一个解决方案内可以包含和管理多个项目，以后我们只要双击这个.sln文件，就可以直接打开Visual Studio并加载解决方案及其下面的所有项目了。当然，现在我们刚刚开始学，在helloworld这个解决方案下只放一个项目，这个项目就是helloworld，所以我们能看到文件夹helloworld。一般情况下，在新建项目时，解决方案的名称默认和项目名称相同，当然也可以在Visual Studio中修改。

项目文件夹helloworld里面的内容，就是实际的代码文件和项目配置文件，该文件夹下的内容和Visual Studio中"解决方案资源管理器"视图下面的内容是一一对应的。我们在Visual Studio的"解决方案资源管理器"视图下增加、删除或重命名文件，实际上就是对这个项目文件夹下的文件进行同样的修改；我们在Visual Studio的编辑器中编辑文件，实际上也是对该项目文件夹下的文件进行同样的修改。

软件包文件夹（简称包文件夹）packages存放项目运行所需的基础软件包，我们一般不需要去改动，Visual Studio会自动进行配置。

说了这么多，现在是时候让程序运行起来了！下面我们来执行程序，按快捷键Ctrl+F5或单击菜单栏中的"调试"→"开始执行（不调试）"命令，将直接打开IE浏览器来显示网页结果，如图2-12所示。

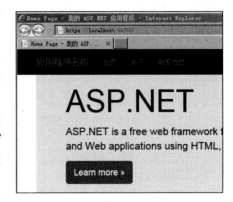

图 2-12

这个页面是项目网站的首页，如果我们单击网页上的"关于"或"联系方式"等菜单，将会显示相应的页面。IE地址栏中的"localhost"表示访问的网站主机位于本地计算机上，因此也可以写成127.0.0.1；"44358"表示Web服务的端口。

如果要停止程序，直接关闭IE浏览器即可。至此，第一个ASP.NET项目运行成功了，我们一行代码都没有写，居然实现了一个MVC架构的ASP.NET网站！通过这个范例，也证实Visual Studio安装成功了。

通过这个范例，我们学会了新建ASP.NET工程，学会了执行程序，也了解了ASP.NET工程的文件组织架构。这里有必要再说明一下，在Visual Studio中，"解决方案"（Solution）和"项目"（Project）是两个重要的概念，它们用于组织和管理软件开发过程中的代码、文件和资源。以下是它们之间的区别：

一个解决方案是一个包含一个或多个项目的容器。它是一个顶层的组织单元，可以包含多个项目、项目文件夹、配置和设置。解决方案提供了一种组织代码的方式，使多个项目可以协同工作，共享资源，同时管理它们的构建和调试设置。解决方案文件通常有".sln"扩展名。例如，如果你正在开发一个大型应用程序，可能会创建一个解决方案，其中包含多个项目：主应用程序项目、库项目、测试项目等。这样的结构使得不同项目可以在同一个解决方案下协同工作，而不必单独管理每个项目。

一个项目是一个独立的代码组织单元，它包含了实际的源码、资源文件、配置文件等。每个项目代表着特定的功能或模块。在解决方案中，每个项目都可以有自己的构建设置、依赖项和编译规则。项目可以是应用程序、库、控制台程序、DLL等不同类型的程序单元。例如，如果你在一个解决方案中创建了一个名为"MyApp"的项目，那么该项目就可以包含你的应用程序的源码、图像资源等。

总之，解决方案是一个容器，用于组织和管理一个或多个项目。每个项目是一个独立的代码单元，代表特定的功能或模块。通过将多个项目组织在一个解决方案中，可以更好地管理整个开发过程。

如果不想用IE浏览器显示程序结果，也选择其他浏览器，比如火狐浏览器（Firefox），但会出现报错，如图2-13所示。

图 2-13

此时降低Firefox对TLS版本的要求，网站就能正常访问了。设置步骤如下：

步骤 01　打开Firefox的高级设置。在浏览器的地址栏中输入about:config，然后按回车键，打开Firefox的高级配置页面。打开页面后会看到一个警告，提示"更改这些设置可能会影响你的计算机……"，单击"接受风险并继续"按钮。

步骤 02　搜索TLS版本设置。在页面的搜索框中，输入 security.tls.version.min，快速匹配与TLS版本相关的设置。在搜索结果中找到security.tls.version.min 这个设置项。默认情况下，它的值可能是2或3（笔者这里是3），代表Firefox只支持TLS 1.2或1.3协议。单击该项旁边的"编辑"按钮（或"修改"按钮，取决于Firefox版本），然后在弹出的对话框中输入数字1，以允许Firefox使用TLS 1.0及以上协议，最后单击"√"（保存按钮）以应用更改，如图2-14所示。

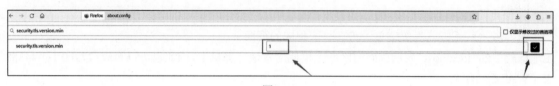

图 2-14

上面配置修改好后，Firefox将支持使用TLS 1.0及以上协议，网站就可以正常访问了。建议确保正在尝试访问的是一个可信的网站。如果是未知网站，降低TLS版本可能会使我们的连接更容易受到攻击，因此不建议降低安全标准。

2.3　生成和调试程序

2.3.1　为何要用生成

在开发和执行ASP.NET项目的过程中，一旦出现浏览器加载网页，则说明源码中已经没有语法错误了，所以通过执行程序的方式可以验证程序是否有无语法问题。但这种方式有个缺点，那就是IE加载网页的速度比较慢，如果依靠这种方式来验证程序是否有语法问题，那就比较耗时且让人心烦，因为多了一个关闭浏览器的步骤。

那如何快速检查源码中是否有语法问题呢？答案是可以用"生成"的方式，单击Visual Studio菜单栏中的"生成"→"生成解决方案"或按快捷键Ctrl+Shift+B，如图2-15所示。

"生成解决方案"是一个全面的操作，它会编译项目中的所有文件，包括已修改和未修改的文件。如果某个文件已经编译过，但没有发生修改，它就不会被重新编译。这个操作将确保整个解决方案处于最新的构建状态，包括所有项目和文件。"生成解决方案"只是编译而不会执行程序，因此通过"生成解决方案"可以相对快速地了解程序有无语法错误，如果没有错误，那么在Visual Studio下方的输出窗口就可以看到生成成功的提示，如图2-16所示。

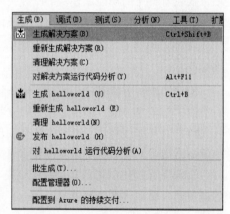

图 2-15

图 2-16

现在我们人为制造一点语法错误，在 Visual Studio 的"解决方案资源管理器"中找到并展开文件夹 Controllers，然后双击该文件夹下的 HomeController.cs 文件，这是一个 C# 源码文件，此时 Visual Studio 编辑器中将显示 HomeController.cs 的内容。我们找到 About 函数，然后把下列代码结尾的分号去掉，如下所示：

```
ViewBag.Message = "Your application description page."
```

学过 C# 的人都知道，C# 中的语句必须用分号结束，因此这是个语法错误。我们马上生成解决方案，此时可以在 Visual Studio 下方的输出窗口中看到错误提示了，如图 2-17 所示。可以看到"失败 1 个"，而且提示"应输入 ;"。

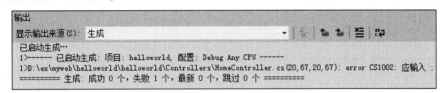

图 2-17

如果要定位错误行，可以直接双击输出窗口中的这一行：

```
1>D:\ex\myweb\helloworld\helloworld\Controllers\HomeController.cs(20,67,20,67):
error CS1002:应输入 ;
```

这时，Visual Studio 将自动在编辑器中将光标定位到出错行。

这样，我们就能通过"生成解决方案"的方式快速检查语法错误。另外，由于解决方案可能包含多个项目，因此在多项目的解决方案中，"生成解决方案"会对所有项目进行编译，而这不一定每次都有必要，因为有时我们只需要编译正在修改代码的当前项目，如果每次都把解决方案中的所有项目编译一遍，那耗时也很长。这个时候，我们单击菜单栏中的"生成"→"生成xxx"或按快捷键 Ctrl+B，就可以只生成当前项目。这里的 xxx 表示当前项目的名称，比如图 2-15 中的"生成helloworld"。当然，在单项目的解决方案中，"生成解决方案"和"生成xxx"方式没有什么区别，都是在编译唯一的项目。

总之，"生成xxx"操作是相对于单个项目的。当我们在解决方案中选择一个特定的项目并执行"生成"时，只有该项目以及与之相关的依赖项会被编译。这可以用于快速测试和构建某个特定项目，而无须重新编译整个解决方案。

细心的读者可能会发现，"生成"菜单下面还有"重新生成解决方案"和"重新生成helloworld"，前者是重新生成解决方案，后者是重新生成当前项目。这里的"生成"和"重新生成"稍微有点区别："生成"是在上次编译的基础上，只对改动过的文件重新生成，没有改动的文件不会重新生成；而"重新生成"会对解决方案或项目中的所有的文件都重新生成，如果引用了其他类库的DLL，也会重新生成其他的类库，这样速度要慢些，但可靠度要高一些。另外，在重新生成之前，还会有一个清理中间文件的步骤。Visual Studio也单独提供了"清理解决方案"和"清理 xxx"两个菜单，但不常用。

2.3.2 增加工具栏按钮

"生成"和"生成解决方案"功能用得比较频繁，如果能把这两个功能作为按钮放在工具栏上，就会方便很多。在Visual Studio中，可以在工具栏空白处右击，在弹出的快捷菜单中选择"生成"，如图2-18所示。此时，工具栏上就会多出4个按钮，左边头两个正是"生成"和"生成解决方案"按钮，如图2-19所示。

图 2-18   图 2-19

除了"生成"比较常用外，"开始执行（不调试）"也比较常用，因此我们也可以将"开始执行（不调试）"作为一个按钮放在工具栏上。在工具栏空白处右击，在弹出的快捷菜单中选择"自定义"，此时出现"自定义"对话框，在该对话框中单击"新建"按钮来新建一个工具栏，如图2-20所示。

出现"新建工具栏"对话框后，输入名称，比如"my"，单击"确定"按钮。然后在"自定义"对话框上切换到"命令"选项卡，选择"工具栏"，并在"工具栏"右边下拉列表框中选择"my"，单击"添加命令"按钮，如图2-21所示。

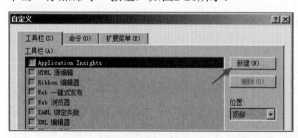

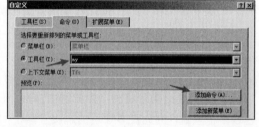

图 2-20   图 2-21

这个步骤就是为新工具栏my添加命令按钮。此时出现"添加命令"对话框，在左边"类别"下选择"调试"，右边选择"开始执行（不调试）"，如图2-22所示。

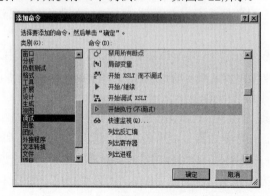

图 2-22

单击"确定"按钮,"开始执行(不调试)"按钮就出现在my工具栏
上了,如图2-23所示。最后关闭"自定义"对话框即可。

图 2-23

2.3.3 单步调试 ASP.NET 项目

虽然通过"生成"方式可以检查出语法错误,但逻辑错误却只能在程序运行后才能察觉,比
如对于1+1居然输出了3。如果逻辑错误比较复杂,我们还需要让程序在运行时在怀疑有错的代码
行暂停下来,然后查看该代码行中相关的变量值是否正确。此时,就需要采用(单步)调试来达到
这个效果了。

"调试"这一术语可能有很多不同的含义,但从字面上看,它是指从代码中删除bug(漏洞)。
现在,可通过多种方法实现此目的。例如,可以使用性能探查器来调试代码,也可以使用"调试器"
进行调试。调试器是一种非常专业的开发人员工具,它可附加到正在运行的应用中,并允许检查代
码。调试器是在应用中查找和修复bug的重要工具。但是,上下文是关键所在,请务必充分利用可
以使用的所有工具,以便快速消除bug或错误。

单步调试是指在程序开发中,为了找到程序的bug,一步一步跟踪程序执行的流程,根据变量
的值找到错误的原因。相信读者都学过C语言了,应该对单步调试有过经验。现在使用Visual Studio
开发ASP.NET,也可以单步调试,因为ASP.NET所使用的主要语言是C#。在ASP.NET项目中调试
程序,主要就是调试C#代码。下面在范例中修改代码并进行单步调试。

【例2.2】单步调试ASP.NET项目

(1)打开Visual Studio,新建一个基于MVC的ASP.NET项目,项目名称是helloworld。

(2)在Visual Studio中双击打开Controllers下的HomeController.cs,然后将该文件中的About
函数修改为如下:

```
public ActionResult About()
{
    double i = 0.126;  //定义一个浮点型变量
    string str = string.Format("the value is {0:p}", i); //格式化一个含百分号的字符串
    ViewBag.Message = str; //将str内容赋值给ViewBag.Message,最终显示在About页面上

    return View();
}
```

ViewBag是一个动态属性,它允许我们在控制器中动态地设置属性并在视图中使用。在这里,
我们将字符串str的内容赋值给ViewBag.Message,那么在About页面上就可以看到str的内容了。除
了传递字符串,ViewBag还可以传递复杂类型的数据,如对象或集合。

(3)按快捷键Ctrl+F5或单击工具栏上的"开始执行(不调试)"按钮(这个按钮前面已经添
加过了)。注意,以后会直接说运行项目,不再说按快捷键Ctrl+F5或单击工具栏上的"开始执行
(不调试)"按钮。此时将启动IE并显示首页,我们单击"关于"进
入About页,就可以看到str的内容了,如图2-24所示。

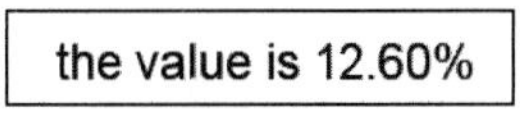

好了,程序没问题,关闭浏览器,下面来单步调试。

the value is 12.60%

图 2-24

(4)在About函数中,我们在"double i = 0.126;"和"ViewBag.Message = str;"这两行的最左
边分别单击,此时将出现两个红色小圈,如图2-25所示。

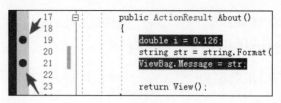

图 2-25

这个过程是为程序运行设置断点。断点的意思是当程序处于调试运行时，只要遇到有断点的代码行，就暂停在断点处，并且该代码行处于还未执行的状态。现在我们设置了两个断点，一旦程序执行进入About函数，碰到拥有断点的代码行"double i = 0.126;"，就会停在这一行。我们查看一下效果，首先让程序以调试运行的方式启动。注意，刚才按快捷键Ctrl+F5运行程序是以"不调试"方式运行，也就是会忽略所有断点，而调试运行方式则会遇断点暂停。要启动调试运行，可以按F5键或单击工具栏上的"IIS Express（Internet Explorer）"按钮，如图2-26所示。

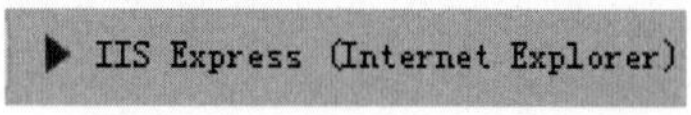

IIS Express是一个专为开发人员优化的轻型独立版本的IIS。借助IIS Express，可以轻松地使用最新版本的IIS开发和测试网站。它具有IIS 7及更高版本的所有核心功能，以及旨在简化网站开发

▶ IIS Express (Internet Explorer)

图 2-26

的其他功能，包括：它不作为服务运行，也不需要管理员权限来执行大多数任务；IIS Express适用于ASP.NET和PHP应用程序；多个IIS Express用户可以在同一台计算机上独立工作。IIS是Internet Information Services的缩写，是微软推出的一个Web服务器。而Internet Explorer表示用IE浏览器来显示网页，相对于IIS服务端，IE就是一个客户端。Visual Studio现在很智能，不需要我们手动去架设Web服务器，做到了一键启动。

启动调试运行后，首先显示在浏览器中的也是首页，我们单击"关于"，此时将自动切换到Visual Studio的编辑窗口，并高亮"double i = 0.126;"这一行，而且该行左边红圈中还多了一个箭头，如图2-27所示。

这个箭头的意思就是告诉程序员，当前程序执行到这一行暂停了。现在我们开始按F10键单步执行，如图2-28所示。

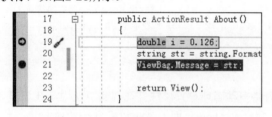

图 2-27

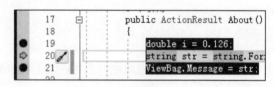

图 2-28

可以看到箭头指向"string str..."这一行，表示"double i = 0.126;"那一行执行过了，现在准备执行"string str..."了。如果我们把鼠标指针悬停在i上，此时变量i的值就会显示出来，如图2-29所示。

这就是设置断点让程序暂停下来的意义，即方便我们查看变量，以此来排查代码是否有错。另外，如果刚才不按F10键（单步前进），而是按F5键，那么将直接前进到下一个断点处，也就是"ViewBag.Message = str;"这一行。如果要停止调试运行，可以在Visual Studio中按快捷键Shift+F5或单击Visual Studio工具栏上的"停止调试"按钮，如图2-30所示。

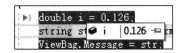

图 2-29   图 2-30

除了按F10键是单步前进外，按F11键也可以单步前进，而且碰到函数会进入函数内部，而按F10键则不会进入函数内部，它直接执行函数调用处后面的代码。读者以后可以慢慢体会。

至此，我们介绍完了Visual Studio调试ASP.NET的单步功能。其实单步调试是"重型武器"，有时杀鸡不必用牛刀。在怀疑有bug的代码处放置一句显示信息框的代码，也可以作为显示某个变量的手段，这其实是一种轻量级的调试手段。

【例2.3】在控制器的方法中显示信息框

（1）复制例2.2的项目文件到某个路径，作为本例项目，然后在Visual Studio中打开，并双击打开Controllers下的HomeController.cs，在该文件的About函数中的"return View();"前添加一句代码：

```
System.Web.HttpContext.Current.Response.Write("<Script Language='JavaScript'>
window.alert('" + str + "');</script>");
```

其中，System.Web是一个命名空间（namespace），HttpContext是该命名空间中的一个类。类HttpContext用于封装某个HTTP请求的所有HTTP特定的信息，也称为HTTP有关的上下文信息。它的生存周期是从Web浏览器客户端用户单击并向服务器发送请求开始，到服务器处理完请求并返回到客户端为止。注意：针对不同用户的请求，服务器会创建一个新的HttpContext实例，直到请求结束才销毁这个实例。

为什么会有HttpContext类呢？在ASP（Active Server Pages）时代，人们都是在.asp页面的代码中使用Request、Response、Server等HTPP特定上下文信息的。而在ASP.NET时代，这种方式已经无法满足应用需求，于是产生了HttpContext类，它对Request、Response、Server等都进行了封装，并保证在整个请求周期内都可以随时调用。

当然，HttpContext不仅仅只有这点功能。在ASP.NET中它还提供了很多特殊的功能，例如Cache、HttpContext.Item等。通过它，我们可以在HttpContext的生存周期内提前存储一些临时数据，方便随时使用。举个例子：

运动员参加体操比赛，从进赛场的那一刻起，引导员就带领运动员到不同的项目地点参加比赛（如先比双杠，再比跳马，最后比自由体操），在整个过程中，引导员一直在运动员身边。尽管引导员不参加比赛，但运动员在比赛过程中遇到问题或有困难可以与他交流（比说要求他提供饮用水、保管衣物，或者问他一些有关比赛的问题等）。当所有的比赛项目结束后，引导员又会把运动员带出赛场，这时他的任务就完成了。这里，引导员就好比是当前请求的HttpContext，它保存了HTTP请求过程中的一些信息（如Response、Request等），我们可以通过HttpContext来访问相关的信息。

继续看Current。Current是类HttpContext的一个属性，表示当前HTTP请求的HttpContext对象（也称实例），也就是当前HttpContext实例。获取实例后，又可以调用类HttpContext中的属性了，这里调用的是Response属性，该属性用于获取当前HTTP响应的HttpResponse对象，该对象调用类HttpResponse的方法write，将信息写入HTTP响应输出流。输出流也就是服务器发送给浏览器的数据，最终输出到客户端浏览器网页上。现在我们输出的内容是一段JavaScript代码（简称JS代码）。JS代码通常用一对<script></script>包围，比如：

```
<script language='javascript'>
...
</scrip>
```

属性language用于指定具体的语言，这里指定的是JavaScript语言。省略号处就可以写具体的JS代码，这里的JS代码就是一句window.alert。window.alert是JavaScript中的一种方法，用于在浏览器窗口中弹出一个信息框，并显示指定的文本消息。在JavaScript中，所有以"window."开始的语句都可以省略window，因为它是全局对象，可以直接调用其方法。现在我们传给alert的参数是变量str，那么就是显示str的值。这样，当程序执行到这个地方时，就可以查看这些值是否符合预期，是否出现错误。

（2）运行项目，然后在首页上单击"关于"，就能弹出信息框了，如图2-31所示。

图 2-31

其中，12.60%是double变量i的值。这就通过显示信息框的方式知道了某个变量值。这也是一种轻量级的调试手段，甚至是项目发布给用户后，在用户环境那里排错的一种有效手段，可以帮助开发人员了解程序当前运行状态，从而进行排错。因为用户环境不一定有开发环境，没办法进行单步调试。这个时候，打印日志或打印信息框就是唯一的排错利器了。注意，打印日志也是一种常用排错手段，就是把一些变量值或程序的运行状态写到某个路径下，即在C#中写文件。相信读者都会，这里不再赘述。

2.4　简要剖析项目

转眼间，我们已经完成了两个ASP.NET项目，而且还学会了调试。花架子耍起来像个练武的人，现在我们提高一下内功心法，简要剖析ASP.NET项目，看看其内部运行机制。当然，本节不会讲得非常深，避免让你走火入魔，放轻松。

首先打开helloworld工程，然后运行它，此时出现IE浏览器，并显示首页。我们在浏览器地址栏的末尾加上字符串"Home/Index"，然后按回车键，发现依旧显示的是首页，如图2-32所示。

图 2-32

这里URL变成了https://localhost:44358/Home/Index。URL遵守一种标准的语法，它由协议、主机名、域名、端口、路径以及文件名这6个部分构成，其中端口可以省略。

对于地址栏的URL里包含Home/Index，按照传统网站URL的定义，应该可以在我们项目的根目录下找到Home目录，然后Home目录下找到Index的文件。但是，这里我们并不能在根目录下找到Home这个目录，只能在Views目录下找到Views/Home/Index.cshtml文件。我们在浏览器中输入https://localhost:44358/Views/Home/Index.cshtml这个地址，运行结果如图2-33所示。

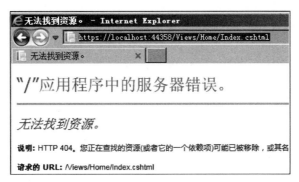

图 2-33

　　路径是对的，文件也存在，但为什么会出现404错误，说找不到文件呢？如果不是直接访问存在的物理文件，那么MVC又是怎样工作的呢？重点来了，原来MVC模式的工作过程是这样的，如图2-34所示。

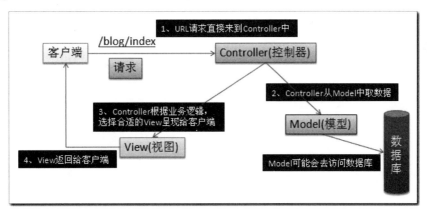

图 2-34

　　在MVC中，客户端所请求的URL被映射到相应的Controller（控制器）中，然后由Controller来处理业务逻辑，或许要从Model中取数据，然后由Controller选择合适的View返回给客户端。回到http://localhost:44358/Home/Index这个URL，它访问的其实是HomeController中的Index，如图2-35所示。

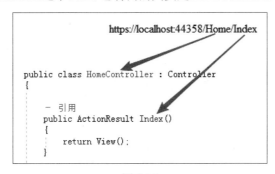

图 2-35

　　其中public ActionResult Index()这个方法被称为Controller的行动（Action），它返回的是ActionResult的类型。一个Controller可以有很多个Action。那么一个URL是怎样被定位到Controller中来的呢？

IIS网站的配置可以分为两个块：全局web.Config和本站Web.Config。我们在"C:\Windows\Microsoft.NET\Framework\v4.0.30319\"这个路径下可以找到全局配置文件web.config，在web.config文件的httpModules配置节中可以看到一个UrlRoutingModule：

```
<add name="UrlRoutingModule-4.0" type="System.Web.Routing.UrlRoutingModule"/>
```

通过在全局web.Config中注册System.Web.Routing.UrlRoutingModule，IIS请求处理管道在接收到请求后，就会加载UrlRoutingModule类型的Init()方法。总之，就是这个UrlRoutingModule把URL定位（路由）到Controller中去的。而URL会被路由到哪一个Controller中，这些是完全可以自定义的。

项目启动从Global开始，我们到解决方案目录（helloworld）下的Global.asax.cs文件中去看一下：

```
namespace helloworld
{
    public class MvcApplication : System.Web.HttpApplication
    {
        protected void Application_Start()
        {
            AreaRegistration.RegisterAllAreas();
            FilterConfig.RegisterGlobalFilters(GlobalFilters.Filters);
            RouteConfig.RegisterRoutes(RouteTable.Routes); //这里调用RegisterRoutes注册了
路由
            BundleConfig.RegisterBundles(BundleTable.Bundles);
        }
    }
}
```

项目启动的时候，会调用Application_Start函数，在这个函数中会调用RegisterRoutes注册路由，而RegisterRoutes函数中会确定路由规则。那RegisterRoutes在哪里呢？我们到App_Start/RouteConfig.cs中查看一下：

```
namespace helloworld
{
    public class RouteConfig
    {
        public static void RegisterRoutes(RouteCollection routes) //定义函数
RegisterRoutes
        {
            //忽略对.axd文件的路由，也就是和WebForm一样直接去访问.axd文件
            routes.IgnoreRoute("{resource}.axd/{*pathInfo}");
            //下面开始确定路由规则
            routes.MapRoute(
                name: "Default",   //路由的名称
                url: "{controller}/{action}/{id}", //带有参数的URL
                //设置默认的参数
                defaults: new { controller = "Home", action = "Index", id =
UrlParameter.Optional }
            );
        }
    }
}
```

可以看到这里定义了一个名为"Default"的路由（Route），还定义了默认的参数，也就是作为HomeController下的index。默认参数的意义在于，当我们访问例如http://localhost:44358/的URL

的时候，它会将不存在的参数用默认的参数补上，也就是相当于访问http://localhost:44358/Home/Index。

现在，我们知道一个URL是怎样定位到相应的Controller中去的，那么View又是怎么被返回给客户端的呢？从图2-34中可以看到，HomeController的Action方法index中有"return View();"语句。默认情况下，它会返回与Action同名的View。在ASP.NET MVC默认的视图引擎下，View按如下路径访问：

```
/Views/{Controller}/{Action}.aspx
```

也就是说，对于http://localhost:44358/Home/Index这个路径，在默认情况下，在Index这个Action中用return View()来返回View时，会去寻找/Views/Home/Index.cshtml文件，如果找不到这个文件，就会抛出找不到View的异常。

那么，为什么前面我们直接访问Views/Home/Index.cshtml文件时会出现404错误，找不到文件呢？因为在MVC中，是不建议直接去访问View的，所以我们创建的ASP.NET MVC程序在默认情况下就在Views目录下加了一个Web.config文件，里面有这么一段内容：

```
<system.webServer>
  <handlers>
    <remove name="BlockViewHandler"/>
    <add name="BlockViewHandler" path="*" verb="*" preCondition="integratedMode"
type="System.Web.HttpNotFoundHandler" />
  </handlers>
</system.webServer>
```

也就是访问Views目录下的所有的文件都会由System.Web.HttpNotFoundHandler来处理，所以不要将资源文件（CSS、JS、图片等）放到Views目录中。如果确实要放到Views目录下，请修改Views/web.config文件。

至此，读者应该对MVC的工作原理有一个大概的了解了。

第 3 章

ASP.NET MVC 编程基础

MVC中最基本的东西就是：Model（模型）、View（视图）、Controller（控制器）。对于这三者的关系必须非常清楚，尤其要清楚在程序的运行中，这三者是怎样相互配合的。简单来讲，控制器决定行为，模型访问数据，视图显示行为处理数据后的结果（或者是单纯的显示数据）。实际运行过程远比这个复杂多，本章将详细讲解ASP.NET MVC编程基础。

3.1 MVC 概述

MVC模式（Model-View-Controller）是一种经典的软件设计模式，旨在将应用程序的输入、处理和输出分开，使得数据、视图和控制逻辑相互独立。MVC模式将软件系统分为3个基本部分：模型（Model）、视图（View）和控制器（Controller），这3个部分各自负责不同的任务，并通过定义好的接口进行交互。本节我们将讲述MVC的基本概念、执行顺序以及和其他技术的比较。

3.1.1 基本概念

MVC模式是一种流行的Web应用架构技术，它被命名为模型－视图－控制器（Model-View-Controller）。在分离应用程序内部的关注点方面，MVC是一种强大而简捷的方式，尤其适合应用在Web应用程序中。MVC将应用程序的用户界面分为3个主要部分：

（1）模型：一组类，描述了要处理的数据，以及修改和操作数据的业务规则。模型是描述程序设计人员感兴趣问题域的一些类，这些类通常封装存储数据库中的数据，以及操作这些数据和执行特定域业务逻辑的代码。在ASP.NET MVC中，模型就像使用了某种工具的数据访问层（Data Access Layer，DAL），这种工具包括实体框架（Entity Framework）或者与包含特定域逻辑的自定义代码组合在一起的其他实体框架。

（2）视图：一个动态生成HTML页面的模板，定义了用户界面的显示方式。在MVC应用中，视图仅显示信息。

（3）控制器：一组协调视图和模型直接关系的特殊类，用于处理来自用户和程序逻辑的通信。它响应浏览器请求，检索模型数据，并决定呈现哪个视图（如果有）。在ASP.NET MVC中，这个类文件通常以后缀名Controller表示。控制器处理用户输入和交互，并对其进行响应。例如，控制器处理URL段和查询字符串值，并将这些值传递给模型。该模型可使用这些值查询数据库。

MVC模式有助于创建比传统单页应用更易于测试和更新的应用。我们的学习将围绕着模型、视图和控制器展开。良好的MVC编程方式就是将相关的东西放在一起。

3.1.2　MVC 执行顺序

在ASP.NET MVC中，执行顺序可以用图3-1表示。

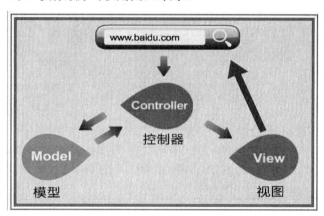

图 3-1

其执行顺序描述如下：用户在浏览器地址栏里面输入要访问的网址，然后发起请求；控制器接收网页发送的请求，如果需要请求数据，则先从Model里面取出数据交给控制器，然后把数据交给视图；视图负责展现数据。如果不需要请求数据，则直接返回视图给用户。

3.1.3　ASP.NET MVC 和传统 ASP.NET 的比较

目前，ASP.NET MVC是.NET中编写Web程序的一种流行的可选方式，但其中一些技术是在其他网站开发方式的基础上发展起来的。在.NET框架下，开发网站有传统的ASP.NET技术和Web Form等方式，这里我们先将ASP.NET MVC和传统的ASP.NET开发方式做一个简单的比较。

首先，ASP.NET MVC是ASP.NET技术的子集。

其次，ASP.NET MVC在ASP.NET核心基础之上构建：

（1）依赖于HttpHandler，如请求是如何进入控制器的。

（2）依赖于Session、Cookie、Cache、Application等状态保持机制。

（3）依旧可以使用HttpContext、Request、Response、Server等对象。在Controller中使用智能感知很容易得到这些对象。

3.1.4　ASP.NET MVC 和 WebForm 的比较

ASP.NET MVC和WebForm都是.NET开发Web程序的一种方式，两者是一种并列的关系。WebForm的特点如下：

（1）所见即所得，开发傻瓜式：服务器端控件、事件模型、状态管理。

（2）借鉴了WinForm的成功特色。

（3）偏离了Web请求处理的原理（请求→处理→响应）。

虽然WebForm在开发上显得简单，但它只是把一个页面分成了前置页面和后置代码，分离得不够彻底。而ASP.NET MVC的重要优点是关注分离，可以把一个页面分成Controller、View、Model三部分，分离得更彻底。另外，因为分离彻底，所以它的可测试性强，可以针对Controller、View、Model单独进行测试。最后，MVC方式更加接近Web请求处理的本质。

3.2　添加新控制器

本节从新建一个控制器类开始入手，讲解如何添加新控制器。

3.2.1　新建项目并添加控制器源文件

我们首先将新建一个MVC项目，后续内容就基于此项目逐渐展开讲解。

【例3.1】添加一个新控制器

（1）打开Visual Studio，新建一个基于MVC的ASP.NET项目，项目名称是test。

（2）创建控制器类。在"解决方案资源管理器"中，右击Controllers文件夹，在弹出的快捷菜单中选择"添加"→"控制器"命令，此时出现"添加已搭建基架的新项"对话框，在该对话框中单击"MVC 5 控制器 - 空"，然后单击"添加"按钮，如图3-2所示。

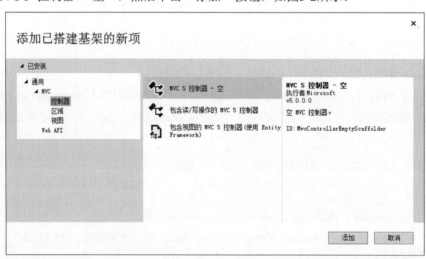

图 3-2

在弹出的"添加控制器"对话框中将新控制器命名为"HelloWorldController"，然后单击"添加"按钮，如图3-3所示。

此时，"解决方案资源管理器"中将创建名为HelloWorldController.cs的新文件和一个新文件夹Views\HelloWorld，位置如图3-4所示。

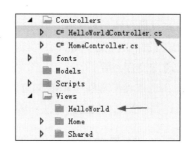

图 3-3　　　　　　　　　　　　　　　　　　　　图 3-4

（3）在控制器中添加代码。我们在"解决方案资源管理器"中双击打开控制器源文件
HelloWorldController.cs，然后删除类HelloWorldController下的Index函数，并添加两个新函数，代
码如下：

```csharp
public class HelloWorldController : Controller
{
    // 访问方式: /HelloWorld
    public string Index()
    {
        return "This is my <b>default</b> action..."; //该字符串显示在网页上，<b>是粗体的意思
    }
    // 访问方式: /HelloWorld/Welcome/
    public string Welcome()
    {
        return "This is the Welcome action method..."; //该字符串显示在网页上
    }
}
```

新增的控制器名称是HelloWorldController，第一个方法是Index。当我们访问控制器
（http://localhost:xxxx/HelloWorld）时，将默认调用这个Index方法，此时它返回一个字符串。另外
一个方法是Welcome，当我们在浏览器中访问URL地址"http://localhost:xxxx/HelloWorld/Welcome"
时，将调用该方法，该方法也返回一个字符串。

（4）按快捷键Ctrl+F5运行项目，然后在弹出的浏览器的地址栏中输入"https://localhost:44308/
HelloWorld"，此时就可以在页面上看到方法Index中返回的字符串了，如图3-5所示。

访问https://localhost:44308/HelloWorld 相当于访问 https://localhost:44308/HelloWorld/index，
index可以省略不写。可以看出，网页上显示的字符串正是Index方法中返回的字符串，而且返回的
字符串中带有的HTML标记<b></b>也起作用了，它的作用就是让<b>和</b>之间的字符变为粗体。
接着，我们在浏览器地址栏中输入"https://localhost:44308/HelloWorld/Welcome"，此时将调用
HelloWorldController控制器中的Welcome方法，该方法也返回一个字符串，因此在网页上也能看到
一个字符串，如图3-6所示。

图 3-5　　　　　　　　　　　　　　　　　　　　图 3-6

可见结果正确。另外，在ASP.NET MVC中，默认情况下，路由解析是不区分字母大小写的，

因此我们在地址栏中把"HelloWorld/Welcome"全部写成小写，也可以正常显示网页。如果需要让MVC的路由匹配变得大小写敏感，可以通过在RouteConfig.cs中定义路由时使用正则表达式来实现，但通常没有必要。

现在我们理解了ASP.NET MVC根据传入的URL调用不同的控制器类，并调用不同的操作方法（比如例3.1中的Index方法和Welcome方法）。

3.2.2　基于路由为方法增加一个参数

在例3.1中，我们并没有传递参数给Welcome方法。在实际开发中，通常会在URL中传递一些数据给内部方法，如果要传数据给方法，URL可以这样写：

```
/[Controller]/[ActionName]/[Parameters]
```

Controller表示控制器名称，ActionName表示方法名称，Parameters表示要传给方法的参数，比如http://localhost:xxx/HelloWorld/Welcome/1，这个1就是可以传给Welcome方法的参数。那为何可以这样写呢？这个URL格式在哪里指定呢？我们可以打开App_Start/RouteConfig.cs文件查看路由格式，该函数如下：

```
public static void RegisterRoutes(RouteCollection routes)
{
    routes.IgnoreRoute("{resource}.axd/{*pathInfo}");

    routes.MapRoute(
        name: "Default",
        url: "{controller}/{action}/{id}",
        defaults: new { controller = "Home", action = "Index", id = UrlParameter.Optional }
    );
}
```

原来是在这个自动生成的函数中规定了这样的URL格式，而且参数的名称也规定了，即id。那么我们在方法中也定义一个名称为id的参数，然后就可以得到URL中的参数值了。

我们看url那一行，{id}处在参数的位置上，表示要传给方法action的参数。因此我们只需在defaults中表示，如果URL中不写具体的方法名称，那么默认访问的方法就是Home控制器中的Index，而且参数是可选的（UrlParameter.Optional），也就是可以没有。这样当运行应用程序但不提供任何URL段时，它默认为在上述代码的defaults节中指定的Home控制器和Index操作方法。注意：Home控制器是新建项目时就默认生成的，我们手动添加的控制器是HelloWorld。

了解了格式后，我们趁热打铁，赶紧在Welcome方法中添加一个参数，代码如下：

```
public string Welcome(int id)
{
    return HttpUtility.HtmlEncode("data from url:"+ id);
}
```

我们把参数id在网页上显示出来。HttpUtility.HtmlEncode用于将字符串转换为HTML编码格式的字符串，目的是保护应用程序，免受恶意输入（因为我们的程序通过URL接收输入参数，所以要做好防护）。

运行项目，然后在浏览器的地址栏中输入URL"https://localhost:44308/HelloWorld/Welcome/100"，按回车键后，网页上就出现了"data from url:100"，如图3-7所示。

图 3-7

可以看到，参数100传给了Welcome方法，然后在网页上显示了出来。有兴趣的读者还可以试试其他数字，都可以正确显示出来。注意，Welcome方法中的参数名id必须和RegisterRoutes方法中的{id}一致，如果Welcome方法中的参数名不是id，就会出错。但如果Welcome方法中写成了"ID"，那是没事的，结果照样正确，说明此方法对字母大小写不敏感。

如果就想在Welcome方法中用其他参数名称，怎么办呢？很简单，在RegisterRoutes方法中把{id}改为想要的名称，比如改为{age}，那么在Welcome方法中就可以用age作为参数名了。我们马上试试，修改RegisterRoutes方法如下：

```
public static void RegisterRoutes(RouteCollection routes)
{
    routes.IgnoreRoute("{resource}.axd/{*pathInfo}");
    //把两处id改为age
    routes.MapRoute(
        name: "Default",
        url: "{controller}/{action}/{age}",
        defaults: new { controller = "Home", action = "Index", age = UrlParameter.Optional }
    );
}
```

然后修改Welcome方法如下：

```
public string Welcome(int age)
{
    return HttpUtility.HtmlEncode("data from url:"+ age);
}
```

也就是把参数名改为了age，返回的字符串也用了age。

马上运行项目，输入URL "https://localhost:44308/HelloWorld/Welcome/66"，结果如图3-8所示，运行正确。

图 3-8

现在我们知道如何使用自己想用的参数名了，原来需要在注册路由方法RegisterRoutes中修改一下。

3.2.3　基于路由为方法增加多个参数

刚刚我们把URL上的参数传递给了方法Welcome，但只传递了一个参数。现在我们来传递多个参数。首先要在路由配置文件RouteConfig.cs中添加一个新路由，代码如下：

```
routes.MapRoute(
    name: "abc",
    url: "{controller}/{action}/{name}/{height}/{age}"
);
```

这里的路由名称name随便取，比如abc；最关键的是url，这里我们在{action}后面添加了3个参数，分别是name、height和age，它们将传入方法Welcome中。因此，接下来我们要为Welcome方法添加参数。

打开HelloWorldController.cs，修改Welcome方法如下：

```
public string Welcome(string name,float height, int age = 10)
{
    return HttpUtility.HtmlEncode("Hello " + name + ", your height:"+height+" and
age:"+age);
}
```

马上运行项目，输入URL "https://localhost:44308/HelloWorld/Welcome/Tom/1.81/20"，结果如图3-9所示。

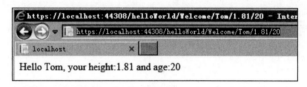

图 3-9

运行正确，3个参数值都显示出来了。现在，我们知道如何传多个参数给方法了。

在路由配置文件RouteConfig.cs中，拥有两条路径，一条是名为Default的路径，另外一条是名为abc的路径。我们可以按两种URL来访问，前提是要定义好和url参数对应的方法。比如现在按照Default中的url（url: "{controller}/{action}/{age}"）方式来访问，输入URL "https://localhost:44308/HelloWorld/Welcome/22"，运行结果如图3-10所示。

运行出错了，这是因为Welcome需要3个参数，而我们在URL中只给了1个参数。我们可以在HelloWorldController类中增加一个方法，使其拥有一个参数，代码如下：

```
public string howold(int age)
{
    return HttpUtility.HtmlEncode("age:" + age);
}
```

然后运行项目，输入URL "https://localhost:44308/HelloWorld/howold/22"，结果如图3-11所示。

运行正确。现在我们既可以输入1个参数，也可以输入3个参数给不同的方法了，两种URL路径都能使用到。

图 3-10

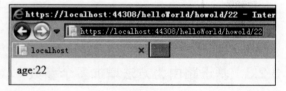

图 3-11

3.2.4　不改变路由为方法增加多个参数

刚刚我们为了传递多个参数给方法，特意添加了一条新路由，略显烦琐，其实不新增路由也可以传递多个参数，方法是使用查询字符串。现在我们基于已经存在的路由Default来为Welcome方法添加多个参数。目前Default路由是这样的：

```
routes.MapRoute(
    name: "Default",
    url: "{controller}/{action}/{age}",
    defaults: new { controller = "Home", action = "Index", age = UrlParameter.Optional }
);
```

age已经是一个参数了，它所需要的URL如下：

```
http://localhost:xxx/HelloWorld/Welcome/20
```

我们可以在1后面加问号（?），然后加查询字符串，比如：

```
http://localhost:xxx/HelloWorld/Welcome/20?name=Tom&height=1.81
```

"name=Tom&height=1.81"就是查询字符串，name和height是参数名，必须和Welcome方法中的参数名相同，Tom和1.81是参数值，也就是传给Welcome方法的实参。而Welcome方法目前的代码是这样的：

```
public string Welcome(string name,float height, int age = 10)
{
    return HttpUtility.HtmlEncode("Hello " + name + ", your height:"+height+" and
age:"+age);
}
```

正好有3个参数，其中name和height对应查询字符串中的name和height，age对应Default路径中url规定的age。

运行项目，输入URL"https://localhost:44308/HelloWorld/Welcome/20?name=Alice&height=1.68"，结果如图3-12所示，运行正确。

图 3-12

通过查询字符串的方式，我们即使不新增路由，也可以给方法传递多个参数值。如若不信，可以把路由abc删除，结果依然正确。但要注意，查询字符串会在URL中暴露参数名称。

这个范例写到这里该结束了，否则太长了。在整个范例中，控制器一直在执行MVC的VC部分，即视图和控制器的工作，控制器将直接返回HTML。通常，我们不希望控制器直接返回HTML，因为这会使代码变得非常烦琐。我们通常使用单独的视图模板文件来帮助生成HTML响应，后续将实现这个效果。

3.3　添加视图

视图是一个动态生成HTML页面的模板，它负责通过用户界面展示内容。本节将修改HelloWorldController类，并使用视图模板文件，以干净地封装生成对客户端的HTML响应的过程。

我们将使用Razor视图引擎创建视图模板文件。基于Razor的视图模板具有.cshtml文件扩展名，并提供一种使用C#创建HTML输出的优雅方法。Razor将编写视图模板时所需的字符数和击键次数降至最低，并支持快速、流畅的编码工作流。目前，我们只需知道，Razor是MVC框架视图引擎，可以用来创建视图模板文件。

3.3.1　新建项目并添加视图文件

这里，我们可以复制一份例3.1的代码作为本节的范例，然后基于此项目逐渐丰富内容。

【例3.2】将视图添加到MVC项目

（1）复制一份例3.1的项目文件夹test到磁盘另外某个目录，然后进入复制后的test文件夹，双击test.sln打开项目。打开HelloWorldController.cs文件，查看Visual Studio向导生成的Index方法，代码如下：

```
public string Index()
{
    return "This is my <b>default</b> action...";
}
```

当前Index方法返回硬编码的含HTML的字符串。我们更改一下Index方法，代码如下：

```
public ActionResult Index() //方法的类型改为ActionResult
{
    return View(); //返回View方法的结果
}
```

我们使用视图模板生成对浏览器的HTML响应，此时Index方法返回的是ActionResult（或派生自ActionResult）的类，而不是字符串等基元类型。View方法是控制器类（即类Controller）的一个内部方法，其声明如下：

```
protected internal ViewResult View();
```

由于HelloWorldController类继承自Controller类，因此可以使用Controller类中的View方法。该方法创建一个ViewResult对象，该对象将视图呈现给响应。

我们知道，MVC中的控制器负责处理HTTP请求并生成响应结果，现在返回一个ViewResult对象作为响应结果，即给客户端浏览器一个视图。语句return View();告诉方法Index应使用视图文件来呈现对浏览器的响应，但由于未显式指定要使用的视图文件的名称，ASP.NET MVC就默认使用\Views\HelloWorld文件夹中的Index.cshtml视图文件。那么，接下来我们要添加一个Index.cshtml文件。

（2）添加视图文件Index.cshtml。在"解决方案资源管理器"中，右击"Views\HelloWorld"文件夹，在弹出的快捷菜单中选择"添加"→"具有布局的MVC 5视图页（Razor）"命令，此时弹出"指定项名称"窗口，我们在"项名称"文本框中输入Index，如图3-13所示。

图 3-13

单击"确定"按钮，出现"选择布局页"对话框，如图3-14所示。

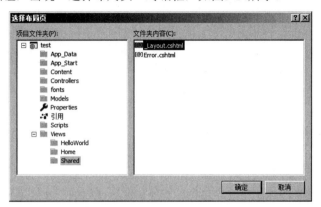

图 3-14

在"选择布局页"对话框中，在右边的"文件夹内容"下选择_Layout.cshtml，然后单击"确定"按钮，此时将创建\test\Views\HelloWorld\Index.cshtml文件。现在我们在"选择布局页"对话框左窗格中选择的是Views\Shared文件夹，所选的_Layout.cshtml这个布局文件是默认布局文件。假如其他文件夹中有一个自定义的布局文件，则也可以在该对话框中选择自定义的布局文件，而不必使用默认布局文件。

在Visual Studio中双击刚才新增的Index.cshtml，添加如下代码：

```
@{
    Layout = "~/Views/Shared/_Layout.cshtml";
}
@{ ViewBag.Title = "my mvc"; }
<h2>hi</h2>
<p>Hello from our View Template!</p>
```

粗体部分就是我们添加的代码。符号@是视图引擎Razor中的一个标记，表示用来插入一段服务器端的编程语言代码，这里是C#语言，也就是插入一段C#代码。Visual Studio MVC的视图引擎有两种：ASPX(C#)和Razor(cshtml)，建议以后都使用Razor视图引擎（Visual Studio 2017中已经默认视图引擎是Razor了）。以前使用符号<% %>作为在ASPX视图引擎页中插入C#代码的标识，而在Razor中用更简洁的@代替了。因此可以知道，{ ViewBag.Title = "my mvc";}就是一段C#代码，意思是把字符串"my mvc"赋值给ViewBag.Title。ViewBag.Title就相当于一个全局变量，程序运行时，网页标题会取这个全局变量值，这样ViewBag.Title所存储的字符串就可以显示在网页标题上了。我们打开Shared文件夹下的_Layout.cshtml，在这个文件里有这么一句：

```
<title>@ViewBag.Title - 我的ASP.NET应用程序</title>
```

@ViewBag.Title就是显示全局变量ViewBag.Title中的内容。@不能省略，否则就是直接显示"ViewBag.Title"本身了。

再回到Index.cshtml，最后两行HTML代码没什么好讲的，就是显示在网页上的普通字符串而已。\<h2\>是HTML中的一个标签，代表heading level 2，用于表示一个二级标题。\<p\>是段落标签，是HTML中用于定义段落的基本元素。

现在运行项目，在浏览器中输入URL"https://localhost:44308/HelloWorld/Index"，结果如图3-15所示。

图 3-15

可以看到，"my mvc"显示在浏览器标题栏上，网页中也正确显示了"hi"和"Hello from our View Template!"两个硬编码的字符串。网页上方的"应用程序名称""主页""关于"和"联系方式"是4个网址链接，单击它们可以打开新的网页。这4个链接是布局自动生成的，下面我们来改变一下布局。

3.3.2 更改视图和布局页面

首先，更改页面顶部的"应用程序名称"链接。继续使用3.3.1节的项目，打开"解决方案资源管理器"中的/Views/Shared文件夹，然后双击打开_Layout.cshtml文件。此文件称为布局页文件，位于所有其他页面使用的共享文件夹中。

布局模板能够帮助我们在一个位置指定网站的HTML容器布局，然后将它应用到网站中的多个页面。查找@RenderBody()行。RenderBody是一个占位符，我们创建的所有视图特定的页面都被"包装"在布局页面中显示。例如，如果选择"关于"链接，视图文件Views\Home\About.cshtml将在方法RenderBody内呈现。

如果在布局页文件_Layout.cshtml中修改网页名称或网址链接，那将会在所有网页上发生效果。比如，我们首先在_Layout.cshtml中将\<title\>\</title\>之间的内容修改如下：

```
<title>@ViewBag.Title - Movie App</title>
```

意思就是修改一下标题。然后把"ActionLink("应用程序名称",…)"这一行的内容修改如下：

```
@Html.ActionLink("MVC Movie", "Index", "Movies", null, new { @class = "navbar-brand" })
```

意思就是修改一下网址链接的标题。此时运行项目，可以看到标题栏中的页面标题变为"Home Page - Movie App"了，而且主页上的第一个链接名称变为"MVC Movie"，如图3-16所示。

这说明修改生效了。再单击"关于"链接，可以看到该页面上显示了"MVC Movie"以及标题栏中依旧有"Movie App"这样的字符串，如图3-17所示。

图 3-16

图 3-17

这就说明我们能够在布局页文件_Layout.cshtml中进行更改，并让网站上的所有页面都反映新标题。那为何会是所有页面都反映新标题呢？这是因为所有网页的源码都包含了_Layout.cshtml。比如，当我们第一次添加Views\HelloWorld\Index.cshtml文件时，它自动包含以下代码：

```
@{
    Layout = "~/Views/Shared/_Layout.cshtml";
}
```

这几行代码就是显式地为Index.cshtml设置布局页_Layout.cshtml。那为何会自动包含这几行代码呢？这是因为在Views_ViewStart.cshtml文件中定义了所有视图将使用的通用布局。如果不想让某个页面使用通用布局，我们可以注释掉或从该页面文件中删除该代码。比如，在Views\HelloWorld\Index.cshtml中注释掉布局引用：

```
@*@{
    Layout = "~/Views/Shared/_Layout.cshtml";
}*@
```

其中@*和*@用于注释。如果不想注释，也可以使用Layout属性设置不同的布局视图，或将它设置为null，这样将不会使用任何布局文件。

3.3.3　更改视图标题

了解了布局的来龙去脉，现在来更改Index视图的标题。在项目中双击打开Views/HelloWorld/Index.cshtml，修改ViewBag.Title的赋值，代码如下：

```
@{
    ViewBag.Title = "Movie List";
}
```

ViewBag是一个可以在控制器和视图之间传递任意类型对象的动态对象，Title是ViewBag中的一个专门存储字符串的属性，除它以外，还有其他属性，以后会慢慢接触到。我们可以通过在控制器中设置ViewBag的属性值，然后在视图中使用ViewBag来访问这些属性值。例如，在控制器中设置ViewBag.Title = "My Title"，然后在视图中使用@ViewBag.Title来访问这个属性值，这样就可以将数据从控制器传递到视图中。当然这种使用方式也可以应用在多个.cshtml文件中，就像现在，我们在HelloWorld/Index.cshtml中将字符串"Movie List"赋值给ViewBag.Title，那么在Views/Shared/_Layout.cshtml文件中的代码：

图 3-18

```
<title>@ViewBag.Title - Movie App</title>
```

就可以引用ViewBag.Title所存储的最新内容了。使用ViewBag方法可以轻松地在视图模板和布局文件之间传递其他参数。我们按快捷键Ctrl+F5运行项目，然后在浏览器地址栏中输入URL"https://localhost:44308/HelloWorld/"，结果如图3-18所示。

可以看到浏览器标题已被更改为"Movie List - Movie App"。如果在浏览器中未看到更改，则可能是系统正在查看缓存的内容，此时可以在浏览器中按快捷键Ctrl+F5强制加载来自服务器的响应。浏览器标题使用的ViewBag.Title是我们在Index.cshtml视图模板中设置的，并在布局文件

_Layout.cshtml中添加附加的"- Movie App"所创建。现在，我们学会了通过Index.cshtml和
_Layout.cshtml来修改浏览器标题了。其实，凭借布局文件可以很容易地对应用程序中的所有页面
进行更改。

然而，本例显示的数据（即"Hello from our View Template!"消息）是硬编码的。MVC应用
程序有一个"V"（视图），而我们已有一个"C"（控制器），还没有"M"（模型）。后续我
们将学习如何创建数据库并从中检索模型数据，而不是直接硬编码数据。

3.3.4　将数据从控制器传递给视图

在学习数据库并讨论模型之前，先讨论如何将信息从控制器传递到视图。首先调用控制器类
来响应传入的URL请求。控制器类通过编写代码，处理传入浏览器的请求、从数据库中检索数据，
并最终决定发送回浏览器的响应类型。然后，我们可以在控制器中使用视图模板来生成HTML响应
并设置浏览器的格式。

控制器负责提供所需的任何数据或对象，以便视图模板向浏览器呈现响应。最佳做法是视图
模板绝不执行业务逻辑或直接与数据库交互，应仅处理控制器提供给它的数据。保持这种"关注点
分离"有助于保持代码干净、可测试且易于维护。

我们回顾一下类HelloWorldController中的Welcome方法，目前代码如下：

```
public string Welcome(string name,float height, int age = 10)
{
    return HttpUtility.HtmlEncode("Hello " + name + ", your height:"+height+" and
age:"+age);
}
```

可见，参数name、height和age直接输出到浏览器。我们将控制器更改为使用视图模板，而不
是让控制器以字符串的形式呈现此响应。视图模板将生成动态响应，这意味着我们需要将适当的数
据从控制器传递给视图以生成响应。为此，可以让控制器将视图模板所需的动态数据（参数）存储
在ViewBag中，随后视图模板可以访问ViewBag对象。

打开HelloWorldController.cs文件，并在Welcome方法中为ViewBag对象添加name和height的值。
ViewBag是一个动态对象，这意味着可以将任何我们想要的对象放入其中。ASP.NET MVC模型绑
定系统会自动将命名参数（name和height）从地址栏中的查询字符串映射到方法中的参数。修改后
的Welcome方法如下：

```
public ActionResult Welcome(string name,float height, int age = 10)
{
    ViewBag.name = "Hello " + name;
    ViewBag.h = "Height:"+ height.ToString();
    ViewBag.age = age;
    return View();
}
```

现在，ViewBag对象中包含了将自动传递给视图的数据。接下来，需要一个欢迎视图页来展现
这些参数数据。语句return View();告诉方法Welcome应使用视图文件来呈现对浏览器的响应，但由
于未显式指定要使用的视图文件名称，ASP.NET MVC就默认使用\Views\HelloWorld文件夹中的
Welcome.cshtml视图文件。接下来，我们要添加一个Welcome.cshtml文件。右击Views\HelloWorld
文件夹，在弹出的快捷菜单中选择"添加"→"带有布局的MVC 5视图页（Razor）"命令，在弹

出的"指定项的名称"对话框中输入"Welcome",然后单击"确定"按钮。在"选择布局页"对话框中,接受默认_Layout.cshtml,然后单击"确定"按钮。此时,将会在磁盘上创建test\Views\HelloWorld\ Welcome.cshtml文件。下面我们在Welcome.cshtml文件中添加如下代码:

```
@{
        ViewBag.Title = "Welcome";
}

<h2>You are welcome!</h2>

<ul>
    @for (int i = 0; i < ViewBag.age; i++)
    {
        <li>@ViewBag.name,@ViewBag.h</li>
    }
</ul>
```

上述代码首先在页面上显示字符串"You are welcome!",然后使用一个for循环,该循环中显示的内容由 @ViewBag.name 和 @ViewBag.h决定,并且它们的实际值由用户在URL中指定。运行项目,在浏览器地址栏中输入URL "https://localhost:44308/HelloWorld/welcome?name=tom&height= 1.18&age=5"。

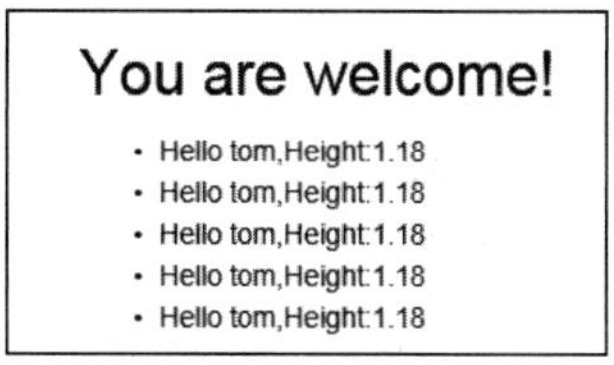

结果如图3-19所示。

可以看到实际数据从URL中获取,并使用模型绑定器传递给控制器。控制器将数据打包到ViewBag对象中,并传递给视图。然后,视图以HTML形式向用户显示数据。在这个范例中,我们使用ViewBag对象将数据从控制器传递到视图。

图 3-19

3.4 添 加 模 型

我们总在谈"模型",那到底什么是模型?简单说来,模型就是当我们使用软件去解决真实世界中各种实际问题时,对那些我们关心的实际事物的抽象和简化。比如,我们在软件系统中设计"人"这个事物类型的时候,通常只会考虑姓名、性别和年龄等一些系统用得着的必要属性,而不会把性格、血型和生日等我们不关心的东西放进去。

进一步地,我们会谈领域模型(Domain Model)。"领域"两个字显然给出了抽象和简化的范围,不同的软件系统所属的领域是不同的,比如金融软件、医疗软件和社交软件等。如今领域模型的概念包含了其原本范围定义以外的更多内容,我们会更关注这个领域范围内各个模型实体之间的关系。

MVC中的"模型"说的是"模型层",它正是由上述的领域模型来实现的,可是当我们提到这一层的时候,它还包含了模型上承载的实实在在的业务数据,以及不同数据间的关联关系。因此,当我们在谈模型层的时候,有时会更关心领域模型这一抽象概念本身,有时则会更关心数据本身。

3.4.1 模型的实现方式

在ASP.NET MVC架构中,模型通常指的是数据访问层,它负责数据的存取。具体实现时,模型可以定义为一组类，描述要处理的数据以及修改和操作数据的业务规则，即模型是描述程序设计人员感兴趣问题域的一些类，这些类通常封装了存储在数据库中的数据，以及操作这些数据和执行特定域业务逻辑的代码。在ASP.NET MVC中，模型就像使用了某种工具的数据访问层（Data Access Layer），这种工具包括实体框架（Entity Framework，该框架用于访问数据库）或者与包含特定域逻辑的自定义代码组合在一起的其他实体框架。

所有需要进行数据访问的操作都必须依赖Model提供的服务。简单地说，Model负责通过数据库、AD（Active Directory）、Web Service及其他方式取得数据，或者将用户输入的数据保存到数据库、AD、Web Service等中。Model的独立性很高，如果Visual Studio解决方案中有多个要开发的项目，一般会将Model独立成一个项目，好让Model在不同的项目之间共享。但我们刚开始学，不必弄得如此复杂，而且为了照顾初学者，不会一上来就使用数据库，就简简单单地使用类对象作为数据源。后面章节再逐步扩展到数据库，这样让学习曲线尽可能地平缓。

3.4.2 新建项目并添加类

我们将添加一个不与数据库直接关联的模型，这个模型类就是一个普通的类，且不需要继承自任何特殊的基类或实现任何接口。

【例3.3】在MVC项目中添加类

（1）打开Visual Studio，新建一个基于MVC的ASP.NET项目，项目名称是test。

（2）在"解决方案资源管理器"中，右击"Models"文件夹图标，在弹出的快捷菜单中选择"添加"→"类"命令，如图3-20所示。

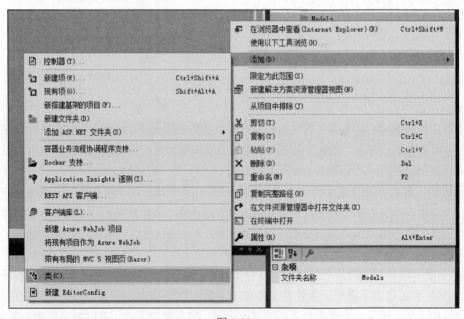

图 3-20

在弹出的"添加新项"对话框上，在"名称"文本框中输入"person"，这个名称也就是我们要新添加的类的名称（简称类名），然后单击右下角的"添加"按钮，此时一个person.cs文件就在Models文件夹下自动生成了。我们在解决方案资源管理的"Models"下也可以看到person.cs，后续就在该文件中添加类成员，而且Visual Studio已经在该文件中自动添加了一个空类person。现在我们为这个类添加两个属性，代码如下：

```
namespace test.Models
{
    public class person
    {
        public int Id { get; set; }
        public string Name { get; set; }
    }
}
```

这里，我们为person类添加了属性Id和Name。这个模型不需要任何数据库上下文或表映射，因此它是非数据库的。然后，我们可以在控制器中实例化和使用这个模型。

由于新建项目时Visual Studio已经自动新建了HomeController这个控制器，因此我们可以直接在该控制器中使用模型，具体方法是在Index方法中实例化person类，即在"解决方案资源管理器"中双击打开HomeController/HomeController.cs，然后在Index方法中添加如下代码：

```
public ActionResult Index()
{
    var p = new person()
    {
        Id = 1001,
        Name = "Jim",
    };
    return View();
}
```

粗体部分就是我们添加的代码，这里创建了一个类person的对象p。这个模型不会与数据库进行交互，因此不需要数据库上下文。那下一步该干什么呢？当然是要在视图上显示对象了。但在显示之前，首先要把数据（比如对象p）传递给视图，这里有4种方法，即ViewData方式传递数据到视图、ViewBag方式传递数据到视图、通过返回View传递数据到视图和TempData方式传递数据到视图。下面一一介绍。

3.4.3　ViewData 方式传递数据到视图

我们利用ViewData以键-值对的形式来存储3.4.2节中的实例化的对象。另外，要说明一下，由于不同的传递数据方式的功能类似，为了防止冲突，后面的讲解都将复制一份例3.3中的项目文件，形成新的实例，然后在新实例上修改。这样，就不会把4种方式都放在一个实例中，避免把代码弄得乱七八糟。

【例3.4】ViewData方式传递数据到视图

（1）复制例3.3的项目作为本范例的项目，然后在Visual Studio中打开新项目，即双击test.sln打开解决方案。

（2）在HomeController/HomeController.cs的Index方法的return语句前加入一行代码：

```
ViewData["Person"] = p;
```

此时，Index方法的内容如下所示：

```
public ActionResult Index()
{
    var p = new person()
    {
        Id = 1001,
        Name = "Jim",
    };
    ViewData["Person"] = p;   //存储实例化的对象
    return View();
}
```

接下来，在视图中从 ViewData 中获取存储的值并将其转换成对象，即打开 Views/Home/Index.cshtml，在该文件开头添加如下代码：

```
@using test.Models;

@{
    ViewBag.Title = "Home Page";
    var p = (person)ViewData["myPerson"];      //从ViewData中获取存储的值并转换成对象
}

<div class="jumbotron">
    <h1>ASP.NET</h1>
    <h1>Person</h1>
    <h3>@p.Id</h3>
    <h3>@p.Name</h3>
```

粗体部分是我们新增的。在代码中，我们首先通过@using来引用模型，然后从ViewData中获取存储的值并将其转换成对象（这里是p），最后就可以通过@p.Id和@p.Name的方式来得到对象成员的值，@只是表示其后面跟随的代码是C#语句而已，而using、p.id和p.Name等方式都是C#中的写法，学过C#的读者应该不陌生。

此时运行项目，可以看到Person字符串下面能正确输出当前p.id和p.Name的值了，如图3-21所示。

至此，我们成功地通过ViewData方式把类person中的成员Id和Name的值传递到了视图中。

Person

1001

Jim

图 3-21

3.4.4　ViewBag 方式传递数据到视图

在ASP.NET MVC中，有一个特殊的ViewBag对象，它定义在ControllerBase类中，可以在此对象上定义任意的属性，并且还可以在控制器和视图之间传递数据。ViewBag将创建动态表达式来传递数据，这种方式比ViewData简单一些。

ViewBag和ViewData的生命周期相同，也是对当前View有效，不同的是ViewBag的类型不再是字典的键-值对结构，而是dynamic动态类型。

【例3.5】ViewBag方式传递数据到视图

（1）复制例3.3的项目到某个文件夹下作为本例的新项目，然后在Visual Studio中打开新项目，即双击test.sln打开解决方案。

（2）在HomeController/HomeController.cs的Index方法的return语句前加入一行代码：

```
ViewBag.myPerson = p;   //通过ViewBag存储对象p
```

　　ViewBag是一个特殊对象，它可以存储任何类型数据，包括对象，这里存储了对象p。myPerson
这个名字随便起，起Person也可以。接下来，我们就可以在视图中从ViewBag中获取存储的值并将
其转换成对象。打开Views/Home/Index.cshtml，在该文件开头添加如下代码：

```
@using test.Models;

@{
    ViewBag.Title = "Home Page";
    var p1 = ViewBag.myPerson;  //将对象存于变量p1中
}

<div class="jumbotron">
    <h1>ASP.NET</h1>
    <h3>@p1.Id</h3>
    <h3>@p1.Name</h3>
```

　　粗体字部分是我们新增的。可以看到基本也是"三部曲"，首先通过using引
用模型，然后通过ViewBag获取myPerson中存储的对象p，最后使用对象中的成员Id
和Name。p1是一个var类型的变量，可以存储任意类型，包括对象。

　　（3）按快捷键Ctrl+F5运行项目，结果如图3-22所示。

```
1001

Jim
```

图 3-22

3.4.5　通过返回 View 传递数据到视图

　　前面两种方法都借助了"中介"服务，比如ViewData和ViewBag，现在我们在控制器中将数据
对象作为View的参数返回，而且不必将对象作为View参数，可以单独将一个普通变量（比如整型
变量）作为View参数，然后在视图中使用该整型变量。

　　【例3.6】通过返回View传递对象到视图

　　（1）复制例3.3的项目到某个文件夹下作为本例的新项目，然后在Visual Studio中打开新项目，
即双击test.sln打开解决方案。

　　（2）在控制器中修改代码。在"解决方案资源管理器"中打开Controllers/HomeController.cs，
然后在Index方法末尾将return View();改为return View(p);，也就是将对象p作为View的参数并返回给
视图。

　　（3）在视图中添加代码。打开Views/Home/Index.cshtml，在该文件开头添加如下代码：

```
@using test.Models;
@model person
```

　　第1行通过using来引用命名空间test.Models，命名空间test.Models是我们在Models/person.cs中
定义的。第2行的"@model"是Razor中的一个指令，该指令用一种简单而干净的方式实现视图文
件对强类型模型的引用，这里的模型是类person。

　　然后在"<h1>ASP.NET</h1>"下添加如下代码：

```
<div class="jumbotron">
    <h1>ASP.NET</h1>
    <h2>@Model.Id</h2>
    <h2>@Model.Name</h2>
```

粗体部分是我们添加的。这里的Model相当于person对象，这是因为在HomeController.cs中，对象p作为View的参数后返回给视图，因此在视图中可以获得该对象。有了对象，我们就可以直接使用Id和Name成员了。

（4）运行项目，结果如图3-23所示。

```
1001

Jim
```

图 3-23

除了从模型中传递对象给视图，我们还可以只传递一个普通的整型变量。在下面的范例中，我们将模型项System.Int32传递给视图Index.cshtml。神奇吧，整型竟然是模型项！这其实没有什么好惊讶的，因为在MVC中，所谓的模型就只是一些C#类型，而System.Int32本身就是一个类型，所以可以被当作模型项处理。

【例3.7】 通过返回View传递整型到视图

（1）复制例3.3的项目到某个文件夹下作为本例的新项目，然后在Visual Studio中打开新项目，即双击test.sl打开解决方案。

（2）在控制器中修改代码。在"解决方案资源管理器"中打开Controllers/HomeController.cs，然后在Index方法末尾将return View();改为return View(p.Id)，也就是将整型变量p.Id作为View的参数并返回给视图。

（3）在视图中添加代码。打开Views/Home/Index.cshtml，在该文件开头添加如下代码：

```
@model System.Int32
```

该行代码通过@model指令引用强类型模型（这里是System.Int32）。这里或许有读者感到疑惑，为何不用using来导入命名空间？这是因为我们已经把命名空间System直接写在Int32前头了，导入模型必须指定命名空间，Int32的命名空间就是System，如果想直接写@model Int32，则要在它前头导入命名空间：

```
@using System
```

这样才会用到System这个命名空间中的Int32。另外，不写@using System其实也没事，因为Visual Studio一看Int32就知道它来自哪里了。但如果是我们自定义的类型，就必须完整地指定该类型的命名空间。然后就可以使用到变量值了，在"<h1>ASP.NET</h1>"后面添加如下代码：

```
<h1>ASP.NET</h1>
<h2>@Model</h2>
```

粗体部分是我们添加的代码。这里的Model相当于p.Id，这是因为在HomeController.cs中变量p.Id作为View的参数后返回给视图，因此在视图中可以获得该变量。在使用的时候，也是使用@（即Razor语法），@Model就是使用该模型的值。当然，如果是自定义的类型，而且是包含有方法的类型，就可以通过@Model.method来调用相关的方法。

（4）运行项目，我们可以在"ASP.NET"下方看到1001，如下所示：

```
1001
```

在这个范例中，我们传递了整型变量，如果想传递其他类型变量，比如传递一个浮点型变量，可以在Index方法中把浮点数作为View的参数，再返回给视图：

```
return View(3.14);
```

然后就可以直接使用了，比如：

```
<h2>@Model</h2>
```

此时页面上将输出3.14。

或许有的读者还想传递字符串，但字符串比较特殊，不能这样传递给视图。我们来看下面的范例。

【例3.8】传数据给指定网页

（1）复制例3.3的项目到某个文件夹下作为本例的新项目，然后在Visual Studio中打开新项目，即双击test.sln打开解决方案。

（2）在控制器中修改代码。在"解决方案资源管理器"中打开Controllers/HomeController.cs，然后在Index方法末尾将return View();改为return View("aaa")。

（3）在视图中添加代码。打开Views/Home/ Index.cshtml，在该文件开头添加如下代码：

```
<h2>@Model</h2>
```

运行后就报错了，错误结果如图3-24所示。

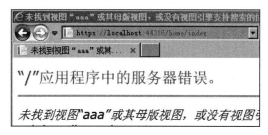

图 3-24

原因是我们在地址栏中输入http://localhost:44316/ Home/Index，会查找HomeController类下的Index方法并执行，当执行return View("aaa")，即返回字符串类型的参数View的时候，系统会查找视图Views/Home下的aaa.cshtml并返回，如果没有该文件，就会去Shared文件夹下查找，如果Shared文件夹下也没有，则会报错。因此，需要在Views/Home下提供aaa.cshtml。我们可以在解决方案资源管理中选中Views/Home下的index.cshtml，然后按快捷键Ctrl+C，复制一份"Index - 复制.cshtml"，将其重命名为aaa.csthml，然后双击打开aaa.cshtml，删除该文件中的全部内容，再添加这一句：

```
<h1>hi</h1>
```

此时运行项目，在浏览器地址栏中输入http://localhost:44316/Home/Index，就可以看到aaa.cshtml的内容了，如图3-25所示。

现在我们知道了，return View("aaa");的执行结果是查找aaa.cshtml，那么我们如何传数据给aaa.cshtml呢？这个简单，给View第二个参数赋值即可。比如，我们准备把对象p传给视图文件aaa.csthml，可以在Index方法中这样返回：

图 3-25

```
return View("aaa",p);
```

然后在aaa.cshtml中新增如下代码：

```
@using test.Models;
@model person
<h1>hi</h1>
<h2>@Model.Name</h2>
```

这些代码依旧是"三部曲"，读者应该很熟悉了。此时运行项目，在浏览器地址栏中输入http://localhost:44316/Home/Index，就可以看到对象p的成员Name的值了，如图3-26所示。

好了，现在我们知道如何传数据给指定网页了。有的读者可能还想知道如何传递字符串，可以使用ViewData、ViewBag，或把字符串作为对象成员，然后把该对象成员作为View的参数并返回给视图。切记，在View中若用字符串作参数，那就要访问名称为该字符串的网页。另外，还可以通过方法名的方式来访问指定视图页面。例如：

```
public ActionResult KK(){
    ...
    return View();
}
```

此时会去Views/Home/下查找KK.cshtml文件，这也是指定访问网页的一种方法。比如，我们可以在HomeController类中增加一个aaa方法，代码如下：

```
public ActionResult aaa()
{
    var p = new person()
    {
        Id = 1001,
        Name = " Peter ",
    };
    return View(p);
}
```

运行项目，在浏览器地址栏中输入http://localhost:44316/Home/aaa，这里URL指定了aaa，因此会访问方法aaa()，此时就可以看到对象p的成员Name的值Peter了，如图3-27所示。

3.4.6　TempData 方式传递数据到视图

TempData从字面意思来理解，我们可能会将其误认为临时对象，使用一次就不会再用了。事实上不是这样，当然其生命周期确实很短。该对象是将数据从一个控制器的方法传递到另外一个方法上。什么意思呢？我们想象这样一个场景：当我们在控制器的Info方法上添加一个Person的信息后，将跳转到另外一个方法TempDataObject上来显示该对象已经成功创建。

ViewData和ViewBag不可以跨页面传递数据，而TempData可以跨页面传递数据。但TempData跨页面传递的数据是一次性的，在每次调用结束后，数据就会被清除。TempData数据保存机制是Session，但又不完全等同Session，它分两种情况：

- TempData保存数据后，如果被使用，就会被清除，因此后面的请求将不能再次使用。
- TempData保存数据后，如果没有被使用，则它保存的时间是Session的生存期。

在一个Action存入TempData后，一旦Action被读取一次，数据就自动销毁。TempData默认就是依赖Session实现的，所以Session过期后，即使它没有被读取，也会被销毁。TempData保存在Session中，Controller每次执行请求时，会先从Session中获取TempData，而后清除Session；TempData数据虽然保存在内部字典对象中，但是其集合中的每个条目被访问一次后就会从字典表中删除。具体到代码层面，TempData是通过SessionStateTempDataProvider.LoadTempData方法从ControllerContext的Session中读取数据，而后清除Session，故TempData只能跨Controller传递一次。

ViewData只在当前Action中有效，其生命周期和View相同，而TempData的数据至多只能经过一次Controller传递，并且每个元素至多只能被访问一次，访问以后自动被删除。TempData一般用于获取临时的缓存内容或在抛出错误页面时传递错误信息，因此可以在使用之前将TempData存储到相应的ViewData中，以备循环使用。

下面来看一个范例，传递字符串给视图。

【例3.9】通过TempData传递字符串给视图

（1）复制例3.3的项目到某个文件夹下作为本例的新项目，然后在Visual Studio中打开新项目，即双击test.sln打开解决方案。

（2）在控制器中修改代码。在"解决方案资源管理器"中打开Controllers/HomeController.cs，然后在Index方法末尾的return View();前添加一行代码：

```
TempData["msg"] = "Hello word!";
```

（3）在视图中添加代码。打开Views/Home/Index.cshtml，在该文件的"<h1>ASP.NET</h1>"下方增加一行代码：

```
<h3>@TempData["msg"]</h3>
```

此时运行项目，结果如下：

```
Hello word!
```

是不是感觉使用TempData也很简单。它和ViewData、ViewBag的用法类似，均是在当前控制器与视图之间传递数据。如果需要从一个控制器传递数据到另一个控制器，那就应该用TempData了。

至此，我们基本了解控制器、视图和模型了，用到的东西都很简单，对初学者来讲非常友好，比如模型就用了一些最基本的类，没有用数据库等，这就使得我们的学习曲线非常平缓。

3.5　模型绑定基础

3.5.1　基本概念

ASP.NET处理模型有两个核心的概念：

- 模型绑定（Model Binding）：从HTTP请求中提取数据的一个过程，并将提取的数据提供给Action方法的参数。
- 模型验证（Model Validation）：处理模型属性验证的一个过程，以至于未验证的实体不能进入数据库。

本节主要介绍模型绑定。模型绑定是一种从不同的数据源（如表单数据、查询字符串、路由数据等）获取数据，并将其转换为相应的类型，然后赋值给控制器中的参数或模型属性的技术。它简化了数据处理流程，使得开发人员无须手动解析请求数据，从而提高了开发效率。

3.5.2 模型绑定的过程

模型绑定过程是通过模型绑定器来实现的，其目的是用请求中所包含的数据来创建对象，特别是在调用动作方法时，为动作方法创建参数对象。绑定过程经过以下步骤：

步骤 01 检测目标对象（要创建的对象）的名称和类型。

步骤 02 通过对象名称查找数据源（请求），并找到可用数据（通常是字符串）。

步骤 03 根据对象类型将找到的数据值转换成目标类型。

步骤 04 通过对象名称、对象类型和这种经过处理的数据来构造目标对象。

步骤 05 将构造好的对象传递给动作调用器，并由动作调用器将对象注入目标动作方法中。

3.5.3 模型绑定的作用

模型绑定在数据库管理信息系统开发中具有重要作用：

（1）简化数据处理：自动从请求中提取数据并转换为所需类型，减少了手动解析和转换的工作量。

（2）提高开发效率：开发人员可以专注于业务逻辑的实现，而无须过多关注数据的获取和格式化。

（3）增强数据安全性：通过内置的验证机制，可以对绑定的数据进行验证，确保数据的合法性和安全性。

（4）支持复杂数据结构：能够处理简单类型和复杂类型的绑定，包括集合、字典等，满足不同场景下的数据需求。

（5）提升用户体验：通过自动绑定数据，可以快速响应用户的请求，减少页面加载时间，提升系统的整体性能。

3.5.4 模型绑定的默认数据源

在ASP.NET MVC中，模型绑定默认会从以下几种数据源中获取数据：

（1）表单数据：这是常见的数据源之一。当用户提交表单时，表单中的字段值会通过HTTP POST请求发送到服务器。模型绑定器会根据表单字段的名称与控制器操作方法的参数或模型属性的名称进行匹配，从而将表单数据绑定到相应的对象上。例如，如果有一个表单字段名为username，控制器操作方法中有一个参数名为username，那么模型绑定器会自动将表单中的username值赋给该参数。

（2）查询字符串：查询字符串是URL中"?"后面的部分，它包含了一系列的键-值对。模型绑定器可以从查询字符串中获取数据，并将其绑定到控制器操作方法的参数或模型属性上。当查询字符串中的键-值对与目标对象的属性名称匹配时，模型绑定器会进行绑定操作。例如，对于URL"https://example.com?username=admin&age=25"，如果控制器操作方法中有对应的参数或模型属性，模型绑定器会将admin赋值给username，将25赋值给age。

（3）路由数据：路由数据是从URL的路由部分提取出来的数据。在ASP.NET MVC中，可以通过路由配置来定义URL的模式，并从中提取出相应的数据。模型绑定器会根据路由配置和请求的URL获取路由数据，并将其绑定到控制器操作方法的参数或模型属性上。例如，对于路由配置

"{controller}/{action}/{id}"和请求URL "https://example.com/users/edit/1"，模型绑定器会将1作为路由数据绑定到控制器操作方法中名为id的参数上。

（4）请求正文：对于一些复杂的请求，如JSON或XML格式的请求正文，模型绑定器可以通过配置的输入格式化程序来解析请求正文，并将其绑定到控制器操作方法的参数或模型对象上。默认情况下，对于具有[ApiController]特性的控制器，模型绑定器会从请求正文中获取数据。例如，当客户端发送一个JSON格式的请求正文时，模型绑定器会使用JSON输入格式化程序将其解析为相应的对象。

（5）上传的文件：如果请求中包含上传的文件，模型绑定器可以将上传的文件绑定到实现IFormFile或IEnumerable<IFormFile>的目标类型上。这使得开发人员可以方便地处理文件上传操作，获取文件的相关信息，如文件名、大小、内容类型等，并对文件进行保存或其他操作。

3.5.5　模型绑定的自定义数据源

除了默认的数据源外，ASP.NET MVC还允许开发人员自定义数据源，以满足特定的业务需求。自定义数据源可以通过以下几种方式实现：

1）创建自定义值提供程序

自定义值提供程序是模型绑定系统中用于提供数据的组件。开发人员可以通过实现IValueProvider接口来创建自定义值提供程序。自定义值提供程序可以从任意的数据源中获取数据，如自定义的配置文件、外部服务、缓存等，并将其提供给模型绑定器。例如，如果需要从一个自定义的配置文件中获取数据，可以创建一个自定义值提供程序，在其中读取配置文件的内容，并将其转换为模型绑定器可以使用的格式。

2）注册自定义值提供程序工厂

自定义值提供程序工厂用于创建自定义值提供程序的实例。开发人员可以通过实现IValueProviderFactory接口来创建自定义值提供程序工厂。在工厂中，可以根据特定的条件或逻辑来创建和初始化自定义值提供程序。然后，将自定义值提供程序工厂注册到MVC的值提供程序工厂集合中，使得模型绑定器能够使用自定义值提供程序提供的数据。例如，可以通过注册一个自定义值提供程序工厂，使得模型绑定器在绑定数据时能够优先使用自定义值提供程序提供的数据，从而实现对默认数据源的扩展或覆盖。

3）使用特性指定数据源

ASP.NET MVC提供了一些特性，如[FromQuery]、[FromRoute]、[FromForm]、[FromBody]等，用于指定模型绑定的数据源。开发人员可以在控制器操作方法的参数或模型属性上使用这些特性，明确告诉模型绑定器从哪里获取数据。此外，还可以通过自定义特性来实现更灵活的数据源指定。自定义特性可以通过继承Attribute类并添加自定义逻辑来实现。在模型绑定过程中，模型绑定器会检查这些自定义特性，并根据其定义的规则来获取数据。例如，可以创建一个[FromCustomSource]自定义特性，用于指定从自定义的数据源中获取数据，并在模型绑定器中实现对自定义特性的处理逻辑，从而实现对数据源的灵活定制。

3.5.6 简单类型的模型绑定

在ASP.NET MVC中开发数据库管理信息系统时，简单类型的模型绑定是基础且常用的功能。简单类型包括布尔值、数值类型（如int、float）、字符串等。模型绑定器会自动将请求中的数据转换为相应的简单类型，并赋值给控制器操作方法的参数或模型属性。

1. 绑定过程

对于简单类型，模型绑定器通常通过调用类型转换器（如TypeConverter）或TryParse方法来完成数据的转换。例如，当从表单数据或查询字符串中获取一个字符串值时，模型绑定器会尝试将其转换为指定的简单类型。如果转换成功，就会将转换后的值赋给目标参数或属性；如果转换失败，模型状态将被标记为无效，并记录相应的错误信息。

2. 应用场景

在数据库管理信息系统中，简单类型的模型绑定常用于处理用户输入的单个字段数据，如用户ID（int类型）、用户名（string类型）、是否启用（bool类型）等。例如，在用户管理模块中，用户可能通过表单提交一个用户ID来查询或更新用户信息，模型绑定器会将表单中的用户ID字符串值转换为int类型，并传递给控制器操作方法。示例代码如下：

```
[HttpGet("GetUserById/{id}")]
public IActionResult GetUserById(int id)
{
    // 根据 id 查询用户信息
    var user = _userRepository.GetUserById(id);
    if (user == null)
    {
        return NotFound();
    }
    return Ok(user);
}
```

在上述代码中，id参数是一个简单类型（int），模型绑定器会从路由数据中获取id的值，并将其转换为int类型，然后传递给GetUserById方法。

3.5.7 复杂类型的模型绑定

复杂类型的模型绑定在数据库管理信息系统中尤为重要，它允许将多个相关数据绑定到一个对象上，从而实现对复杂数据结构的操作。复杂类型可以是自定义的类、结构体、集合等。

1. 绑定过程

对于复杂类型，模型绑定器会递归地绑定其属性。它会根据复杂类型中各个属性的名称与请求数据中的键进行匹配，然后对每个匹配的属性调用简单类型的模型绑定逻辑，将请求数据中的值转换为相应类型并赋值给属性。如果复杂类型中包含其他复杂类型的属性，模型绑定器会继续递归地进行绑定，直到所有属性都被绑定完成。

2. 应用场景

在数据库管理信息系统中，复杂类型的模型绑定常用于处理用户提交的表单数据，这些表单可能包含多个字段，对应于数据库中的一个实体对象。例如，在添加或更新用户信息时，用户可能通过表单提交包括用户名、密码、电子邮箱、电话号码等多个字段的数据，模型绑定器会将这些字段的数据绑定到一个User类型的对象上，然后将该对象传递给控制器操作方法进行进一步处理。示例代码如下：

```
public class User
{
    public int Id { get; set; }
    public string Username { get; set; }
    public string Password { get; set; }
    public string Email { get; set; }
    public string PhoneNumber { get; set; }
}

[HttpPost("AddUser")]
public IActionResult AddUser([FromForm] User user)
{
    if (!ModelState.IsValid)
    {
        return BadRequest(ModelState);
    }
    _userRepository.AddUser(user);
    return Ok();
}
```

在上述代码中，User类是一个复杂类型，包含了多个属性。当用户通过表单提交数据时，模型绑定器会从表单数据中获取各个字段的值，并将其绑定到User类型的对象上。[FromForm]特性明确指定了模型绑定器从表单数据中获取数据。如果绑定过程中出现任何错误（如数据格式不正确），模型状态将被标记为无效，可以通过ModelState.IsValid来检查模型状态的有效性。

复杂类型中还可以包含集合类型，如List<T>、IEnumerable<T>等。模型绑定器能够处理集合类型的绑定，它会根据请求数据中的键－值对来创建集合中的每个元素，并将其添加到集合中。例如，如果一个表单中包含多个相同名称的字段，模型绑定器会将这些字段的值绑定到一个集合类型中。在数据库管理信息系统中，集合类型的绑定常用于处理多选字段、关联数据等场景。示例代码如下：

```
public class UserRole
{
    public int UserId { get; set; }
    public List<int> RoleIds { get; set; }
}

[HttpPost("AssignRoles")]
public IActionResult AssignRoles([FromForm] UserRole userRole)
{
    if (!ModelState.IsValid)
    {
        return BadRequest(ModelState);
    }
```

```
        _userRoleRepository.AssignRoles(userRole.UserId, userRole.RoleIds);
        return Ok();
}
```

在上述代码中，UserRole类中的RoleIds是一个集合类型（List<int>）。当用户通过表单提交数据时，模型绑定器会将表单中名为RoleIds的多个字段的值绑定到RoleIds集合中。例如，表单中可能包含RoleIds=1&RoleIds=2&RoleIds=3，模型绑定器会将这些值转换为int类型，并添加到RoleIds集合中。

除了集合类型，复杂类型中还可以包含字典类型，如Dictionary<TKey, TValue>。模型绑定器同样能够处理字典类型的绑定，它会根据请求数据中的键－值对来创建字典中的键－值对，并将其添加到字典中。在数据库管理信息系统中，字典类型的绑定常用于处理键－值对形式的数据，如配置信息、属性映射等场景。示例代码如下：

```
public class UserAttributes
{
    public int UserId { get; set; }
    public Dictionary<string, string> Attributes { get; set; }
}


[HttpPost("UpdateUserAttributes")]
public IActionResult UpdateUserAttributes([FromForm] UserAttributes userAttributes)
{
    if (!ModelState.IsValid)
    {
        return BadRequest(ModelState);
    }
    _userAttributeRepository.UpdateUserAttributes(userAttributes.UserId,
userAttributes.Attributes);
    return Ok();
}
```

在上述代码中，UserAttributes类中的Attributes是一个字典类型（Dictionary<string, string>）。当用户通过表单提交数据时，模型绑定器会将表单中名为Attributes的键－值对数据绑定到Attributes字典中。例如，表单中可能包含Attributes[key1]=value1&Attributes[key2]=value2，模型绑定器会将这些键－值对添加到Attributes字典中。

第 4 章
Razor 语法基础

ASP.NET是一个庞大的技术体系，有着自己的编程语言和语法。编程语言包括C#和VB.NET。常用的当然是C#，该语言和C语言类似，如果以前学过C语言，那么学C#语言则不会很难。微软也推崇C#，所以建议读者学C#。现在，好多学校里都把C语言作为学生要学的第一门编程语言，如果读者已经学完C语言，还没学过C#，那么可以从本章开始学习；如果读者已经学过C#语言，但只会编写桌面C#程序，那么也可以学一下本章内容，因为本章的C#程序最终运行在Web环境中，这和纯粹的C#桌面开发是不同的。在Web环境中，使用C#的同时还会和HTML、JavaScript（简称JS）等前端语言联合作战，相信很多刚学完C#桌面开发的读者不一定有HTML和JavaScript知识，那么通过学习本章内容，也可以学到一些前端语言。另外，由于在Web环境中编写C#，有时要和前端语言出现在同一个视图文件中，因此微软推出了Razor视图引擎，它也有一套自己的语法，这个也需要学习。现在MVC的视图引擎默认就是采用Razor。

简单来说，ASP.NET的语言基础内容就有C#语言、Razor语法和基本的HTML/JavaScript等，只要有C语言的基础（有C#更好）就可以快速学会。当然，限于篇幅，笔者也不可能把这些内容的细枝末节全部讲清楚，也不可能说得很细，这也是希望读者至少学过C语言的原因。如果要解释得很细，那么仅仅C#语言本身就可以写一本书了。另外，如果读者已经学过C#，而且看书比较着急，那么也可以跳过本章，直接进入框架编程中去，碰到看不懂的地方（比如Razor语法）再回来查阅本章，这也是一种学习方法。总之，考虑到篇幅，本章以Razor为主，因为这个技术读者可能没接触过，然后在Razor的学习过程中顺便讲解一下C#和前端语言。

4.1 概　　述

Razor不是一种编程语言，它是一种服务器端的标记语言，可以让我们将服务器端的代码（Visual Basic和C#）嵌入网页中。Razor语法由Razor标记、C#和HTML组成。一般情况下，Razor文件以cshtml作为扩展名，或者在Blazor的Razor组件中以razor作为扩展名。Razor语法类似于各种JavaScript单页应用程序（SPA）框架（如Angular、React、Vue和Svelte）的模板化引擎。Razor语法基于C#编程语言，这是最常用于ASP.NET网页的语言。其实Razor语法也支持Visual Basic语言，但C#更流行，因此我们使用C#。

4.1.1　运行原理

在使用Razor语法的网页中，有两种内容：客户端内容和服务器代码。客户端内容是网页中常用的内容：HTML标记（元素）、样式信息（如CSS）以及某些客户端脚本（如JavaScript）和纯文本。

Razor语法允许向此客户端内容添加服务器代码。如果页面中包含服务器代码，则服务器会先运行该代码，再将页面发送到浏览器。通过在服务器上运行代码，可以执行比单独使用客户端内容复杂得多的任务，例如访问基于服务器的数据库。最重要的是，服务器代码可以动态创建客户端内容，它可以动态生成HTML标记或其他内容，然后将其连同页面可能包含的任何静态HTML一起发送到浏览器。从浏览器的角度来看，服务器代码生成的客户端内容与任何其他客户端内容没有什么不同。

4.1.2　第一个 Razor 范例

第一个Razor范例是计算C#表达式，并将它们呈现在HTML输出中。

字符@被定义为Razor服务器代码块的标识符，后面跟着的内容是服务器代码。这跟在传统的Web Form中使用"<%%>"编写服务器代码是一个道理。

字符@可以作用于内嵌表达式（也称内联表达式）、单语句块和多语句块，单语句块和多语句块要用一对花括号（{}）包围起来。内嵌表达式又可分为隐式表达式和显式表达式，后续会详细讲解。

【例4.1】编写一个Razor版的HelloWorld

（1）新建一个基于MVC的ASP.NET项目，项目项目名称是test。

（2）在"解决方案资源管理器"中打开Views/Home/index.cshtml，删除已有代码，再输入如下代码：

```
<!--在代码块中定义3个变量-->
@{
    var greeting = "HelloWorld!";
    var weekDay = DateTime.Now.DayOfWeek;
    var greetingMessage = greeting + " Today is: " + weekDay; }
<!--通过内嵌表达式输出变量值-->
<p>The greeting is: @greetingMessage</p>
```

var是一个关键字，用来定义变量。在上面代码块中，我们定义了3个变量，即greeting、weekDay和greetingMessage，然后通过内嵌表达式@greetingMessage来输出变量greetingMessage的值。

（3）按快捷键Ctrl+F5运行项目，结果如图4-1所示。

图 4-1

　　本章后续的范例都是直接修改本范例的index.cshtml文件，然后运行项目即可。通过这个范例，我们也知道了测试一些小程序的方法，这种方法在一线实践开发中也是非常重要的，比如随时测试一个小函数，验证一段小代码等。

4.2　代　码　块

4.2.1　Razor 的注释

　　Razor也有自己的注释符号，那就是让@和*组合在一起：@* 注释内容 *@。这样的注释也可以多行，比如：

```
@*<p>你好，Razor引擎！</p>*@
@*
<p>你好，Razor引擎！</p>
<p>你好，Razor引擎！</p>
<p>你好，Razor引擎！</p>
*@
```

　　其实，@{}的代码块里也可以用C#的注释符号，比如"//"和"/* */"，而外面的HTML区域也可以用HTML自己的注释标签：<!-- 与-->。

4.2.2　关键字

　　关键字也称保留字，是指被语言编译器所预定义的、具有特殊含义的标识符。这些关键字不能用作变量名、函数名或其他标识符的名称。

　　Razor支持C#，并通过使用@符号从HTML切换到C#。但需要注意，在Razor中，"@+Razor关键字"会被转换为Razor特定的标记，否则转换为普通的C#代码。

　　Razor自有关键字包括：page、namespace、functions、inherits、model、section、helper（ASP.NET Core 当前不支持）。Razor关键字使用@(Razor Keyword)进行转义，例如，@(functions)。

　　而C# Razor关键字也就是C#语言中的关键字，包括case、do、default、for、foreach、if、else、lock、switch、try、catch、finally、using、while等。C# Razor关键字必须使用@(@C# Razor Keyword)进行双转义，例如，@(@case)，第一个@对Razor分析程序转义，第二个@对C#分析器转义。

4.2.3　输出字符@和电子邮件

　　有读者可能会疑惑，既然符号@被用作C#代码的前置转换符号，那如果想把@符号作为HTML的一个符号该怎么办呢？很简单，如果HTML需要包含@符号，就使用两个@@符号来进行转义，比如：

```
<p>@@Username</p>
```

　　这样将渲染成下面的HTML：

```
<p>@Username</p>
```

　　最终在网页上输出：

```
@Username
```

另外，在HTML标记的属性和内容中使用电子邮件地址，不会对字符@进行转义，比如：

```
<a href="mailto:Support@contoso.com">itpxw@qq.com</a>
```

结果输出如下：

```
itpxw@qq.com
```

4.2.4　隐式表达式

隐式表达式是@字符后面紧跟C#代码，通常是变量或函数名，而且不用分号结尾，从而能获得变量的值或函数返回值，最终这些值以HTML形式输出到网页上。比如在.cshtml文件中输入如下代码：

```
@{
    int currentCount = 10;
    string style = "text-success";
    int GetCount()
    {
        return currentCount * 2;
    };
}
<p>Current count: @currentCount</p>
<p class="@style">Current count: @GetCount()</p>
<p>@DateTime.Now</p>
<p>@DateTime.IsLeapYear(2025)</p>
```

输出：

```
Current count: 10
Current count: 20
2025/4/8 11:36:26
False
```

DateTime.Now表示获得当前时间，DateTime.IsLeapYear用来判断输入的年份是否为闰年。

隐式（代码）表达式本质就是一个标识符，@之后可以跟任意数量的方法调用（"()"）、索引表达式（"[]"）及成员访问表达式（"."）。但是，除了在"()"或者"[]"里面，是不允许空格存在的。例如，下面是一些合法的Razor隐式表达式：

```
@p.Name
@p.Name.ToString()
@p.Name.ToString()[6 - 2]
@p.Name.Replace("ASPX", "Razor")[i++]
```

下面是一些非法的表达式：

```
@1 + 1    //@后面不允许直接加字面量数字
@p++    //++不会运算，结果相当于@p
@p . Name    //出现空格了，结果相当于@p
@n-1    //-1不会运算，结果相当于@n
@p.Name.Length    -    1    //减号不会运算，结果相当于@p.Name.Length
```

注意：隐式表达式中不能包含空格，否则分析器会报如下错误："在@字符后面遇到了空格或换行符"。只有有效的标识符、关键字、注释、"("和"{"在代码块开头才有效，并且它们必须紧跟在@后面，中间没有空格。

解析隐式表达式的算法看起来是这样的：

（1）首先读取一个标识符

（2）下一个字符是"("或者"["?

　　　　是，则读到匹配的")"或者"]"，然后跳到（2）；

　　　　不是，则继续（3）；

（3）下一个字符是"."?

　　　　是，则继续（4）；

　　　　不是，则结束表达式；

（4）"."后面的字符是合法的C#标识符的开始?

　　　　是，则读取"."并跳到（1）

　　　　不是，则不读"."并结束表达式

比如：

```
<p>Last week: @DateTime.Now-TimeSpan.FromDays(7)</p>
```

结果输出如下：

```
Last week: 2025/4/8 12:58:18-TimeSpan.FromDays(7)
```

那如何让多个C#表达式进行计算呢？此时可以用显示表达式。

另外需要注意，Razor隐式表达式中不能使用泛型。如果在隐式表达式中使用泛型，那么Razor编译会出错。泛型方法调用必须包装在显式Razor表达式或Razor代码块中。

4.2.5　显式表达式

显式表达式的语法是：@(表达式)，也就是比隐式表达式多了一对圆括号，这样能容纳的C#代码可以多一些，而且可以让它们做一些运算，比如：

```
<p>Last week this time: @(DateTime.Now - TimeSpan.FromDays(7))</p>
```

这行代码是当前时间减去7天，也就是得到一周前的现在时间。结果输出如下：

```
Last week this time: 2024/4/1 7:46:12
```

任何在显示表达式的圆括号内的内容都会被运算并渲染输出。

同时在显式表达式中可以使用泛型。另外需要注意，在邮件地址格式中，如果不想作为邮件地址的一部分，则要用显示表达式。比如，如果不使用显式表达式，<p>itpxw@DateTime.Now</p>会被视为电子邮件地址，因此会输出 itpxw@DateTime.Now；如果编写为显式表达式，即<p>itpxw@(DateTime.Now)</p>，则其输出结果为itpxw2024/4/8 8:23:07。

4.2.6　表达式编码

表达式编码的意思就是对C#表达式计算后的字符串进行HTML编码。例如C#表达式：

```
@("<span>Hello World</span>")
```

<span></span>是双标签，它的作用是更改某一段文本的样式，可以精准地对一个部分进行美化。但要注意，<span>标签本身不具有格式表现，只有对它应用样式才能产生变化。结果输出如下：

```
<span>Hello World</span>
```

可以看到，标签对<span></span>也输出到网页上了。这种编码后的输出会造成页面安全性问题，例如，用户可以直接在代码中输出恶意JavaScript代码。因此，为了防止表达式编码，可以使用Html.Raw来输出，比如：

```
@Html.Raw("<span>Hello World</span>")
```

结果输出如下：

```
Hello World
```

4.2.7　Razor 代码块

Razor代码块包含一条或多条代码语句，并用花括号括起来。当花括号内只有一条语句时，就称为单语句块。当花括号内有多条语句时，就称为多语句块。当要引用变量或函数结果时，就称为内嵌表达式。注意：在代码块内，每条完整的代码语句都必须以分号结尾。比如：

```
<!-- 在单语句代码块中定义变量值 -->
@{ int total = 7; }
@{ var myMessage = "Hello World"; }
@{string userName = "I am a boy.";}
<!--通过内嵌表达式输出变量值 -->
<p>The value of your account is: @total </p>
<p>The value of myMessage is: @myMessage</p>
<p>The value of userName is: @userName</p>
<span>The date is: @DateTime.Now.ToString("yyyy-MM-hh")</span>

<!-- 多语句代码块 -->
@{
    var BIG = "我是大写的";
    var big = "我是小写的";
    int a = 5, b = 6;
    int c = a + b;
    c = c - 1;
}
<!--通过内嵌表达式输出变量值 -->
<P>小写：@BIG</P>
<P>大写：@big</P>
<P>c: @c</P>
```

结果输出如下：

```
The value of your account is: 7

The value of myMessage is: Hello World

The value of userName is: I am a boy.
The date is: 2024-04-10
小写：我是大写的

大写：我是小写的

c: 10
```

一个视图中的代码块和表达式共享相同的作用域并按顺序进行定义。也就是说，之前在代码块中声明的变量，可以在之后的代码块与表达式中使用，比如：

```
@{ var quote = "The future depends on what you do today."; }
<p>@quote</p>
@{ quote = "Hate cannot drive out hate, only love can do that."; }
<p>@quote</p>
```

var用来定义一个变量，代码中对变量quote赋值了两次，并输出了两次，结果输出如下：

```
The future depends on what you do today.
Hate cannot drive out hate, only love can do that.
```

每次结果输出都不同，先后定义什么，就输出什么。

4.2.8　隐式转换

代码块的默认语言是C#，但我们可以随时切换到HTML。代码块内的HTML可以正确渲染。比如：

```
@{
    var inCSharp = true;
    <p>Now in HTML, was in C# @inCSharp</p>
}
```

结果输出如下：

```
Now in HTML, was in C# true
```

4.2.9　显式分隔转换

有时为了在代码块中定义可渲染HTML的子区域，在需要渲染的字符周围用"<text></text>"这对Razor标签将其包围起来，比如：

```
@{ string name = "Tom";
    <text>Name: @name</text> }
```

<text></text>包围的内容就是HTML代码了，而且并没有用到HTML标签，也就是说不用HTML标签，我们照样可以转为HTML代码。结果输出如下：

```
Name: Tom
```

当需要渲染一段不包含HTML标签的HTML内容时，可以试试这种办法。不过如果既不包含HTML标签，也不包含Razor标签（<text>），那Razor页面会在运行时出错。

4.2.10　以"@:"符号显式行转换

为了将HTML内嵌到代码块中（以便能渲染出来），可以使用"@:"这两个符号，比如：

```
@{ string name = "Tom";
    @:Name: @name
}
```

效果和"<text></text>"类似，但可以少输入很多字符，其运行结果为：

```
Name: Tom
```

如果上面代码不使用"@:"，则Razor页面会在运行时出错。

4.2.11　条件属性呈现

Razor会自动省略不需要的属性。如果传入的值为Null或False，则不会呈现属性。比如：

```
<div class="@false">False</div>
<div class="@null">Null</div>
<div class="@("")">Empty</div>
<div class="@("false")">False String</div>
<div class="@("active")">String</div>
<input type="checkbox" checked="@true" name="true" />
<input type="checkbox" checked="@false" name="false" />
<input type="checkbox" checked="@null" name="null" />
```

运行结果如图4-2所示。

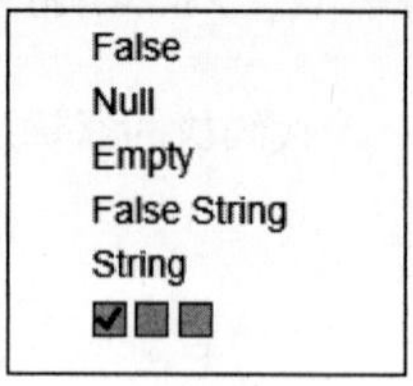

4.2.12　条件语句

C#中的条件语句可以在代码块中使用。

1）if、else if、else 语句

当@if满足指定条件时，将运行if内的代码，比如：

```
@if (8 % 2 == 0)
{<p>8 was even</p>}
```

输出结果如下：

```
8 was even
```

如果要使用else，则else和else if并不一定需要@符号，比如：

```
@{ int value = 2049;}
@if (value % 2 == 0)
{
    <p>@value was even</p>
}
else if (value >= 1337)
{
    <p>@value is large.</p>
}
else
{
    <p>@value was not large and is odd.</p>
}
```

在上述代码中，我们首先定义了一个变量value，并赋值为2049，然后对value进行判断。可以看到，在if条件判断中，value前不需要加@符号，也能直接得到其值。但在标签<p></p>中，则需要@符号才能获得value的值。

2）switch 语句

条件判断还可以使用switch语句，比如：

False
Null
Empty
False String
String

图 4-2

```
@{ int value = 1337;}
@switch (value)
{
    case 1:
        <p>Your number@value is 1</p> break;
    case 1337:
        <p>Your number(@value) is 1337</p> break;
    default:
        <p>Your number(@value) was not 1 or 1337.</p>
    break;
}
```

同样地，@switch中的value不需要用@前置，因为系统已经"知道"这是一段C#代码。而HTML标签中则需要用@才能获取value值。结果输出如下：

```
Your number(1337) is 1337
```

4.2.13　循环语句

循环语句就是重复执行的语句。在C#中，有for、foreach、do-while和while四种循环语句。

1）for语句

C#中for循环的语法如下：

```
for ( init; condition; increment )
{ 循环体内的代码}
```

执行流程如下：

（1）init会先被执行，且只会执行一次。这一步允许声明并初始化任何循环控制变量。也可以不在这里写任何语句，只要有一个分号出现即可。

（2）判断condition。如果为真，则执行循环主体。如果为假，则不执行循环主体，且控制流会跳转到紧接着for循环的下一条语句。

（3）在执行完for循环主体后，控制流会跳回上面的increment语句。该语句允许更新循环控制变量。该语句可以留空，只要在条件后有一个分号出现即可。

（4）条件再次被判断。如果为真，则执行循环，这个过程会不断重复（循环主体，然后增加步值，再重新判断条件）。在条件变为假时，for循环终止。

比如，我们定义一个数组，然后通过for循环输出数组中的每个元素值，代码如下：

```
@{ int []v = { 100, 200,300 };}
@for (int i = 0; i < 3; i++)
{
    <h6>@v[i]</h6>
}
```

也可以把数组v的定义和for写在一个代码块中，比如：

```
@{
    int[] v = { 100, 200, 300 };
    for (int i = 0; i < 3; i++)
    {
```

```
        <h6>@v[i]</h6>
    }
}
```

结果输出如下:

```
100
200
300
```

2）foreach 语句

C#的foreach循环可以用来遍历集合类型，例如数组、列表、字典等。它是一个简化版的for循环，使得代码更加简洁易读。以下是foreach循环的语法:

```
foreach (var item in collection)
{ // 循环体内的代码 }
```

foreach语句圆括号中的类型和标识符用来声明该语句的循环变量，标识符即循环变量的名称。循环变量相当于一个只读的局部变量。

在每一个循环中，都会从集合中取出一个新的元素值，放到只读变量中去。如果圆括号中的整个表达式返回值为true，foreach块中的语句就能够执行。一旦集合中的元素都已经被访问到，整个表达式的值就为false，控制流程转入foreach块后面继续执行。

foreach语句经常与数组一起使用。数组有一个属性Array.Length，表示数组的容量。利用这个属性，我们可以取得数组对象允许存储的容量值，也就是数组的长度、元素个数。当数组的维数、容量较多时，C#提供了foreach语句，专门用来读取集合/数组中的所有元素，我们把这种功能叫作遍历。比如:

```
@{
    char[] ch1 = new char[] { 'a', 'b' };
    foreach (char a in ch1)
    {
        <span>@a,</span>  //输出数组元素值
    }
}
```

在上面代码块中，C#的注释符号“//”依旧有效。结果输出如下:

```
a,b,
```

3）do-while 语句

在C#中，do-while循环同样用于多次迭代一部分程序。do-while循环会先执行一遍循环主体中的代码，然后判断表达式的结果。也就是说，不论表达式的结果如何，do-while循环至少会执行一次。do while循环的语法格式如下:

```
do{
    循环主体;        // 要执行的代码
}while(表达式);
```

注意，与for循环和while循环不同，do while循环需要以分号（;）结尾。比如:

```
@{ var i = 0; }
@do
{
```

```
    i++;
    <span>i: @i</span>
} while (i < 5);
```

我们让i累加，直到等于5就结束循环。结果输出如下：

```
i: 1 i: 2 i: 3 i: 4 i: 5
```

4）while 语句

在C#中，while循环用于多次迭代一部分程序。特别是在迭代次数不固定的情况下，建议使用while循环而不是for循环。while循环的语法格式如下：

```
while(表达式){
    循环主体；          // 要执行的代码
}
```

在while循环中，循环主体可以是一条单独的语句，也可以是多条语句组成的代码块。当表达式的值为真时，循环会一直执行下去。比如：

```
@{ var i = 0; }
@while(i<8)
{
    i++;
    <span>i:@i,</span>
}
```

结果输出如下：

```
i:1, i:2, i:3, i:4, i:5, i:6, i:7, i:8,
```

4.3　指　令　块

4.3.1　@function 指令定义方法

在代码块中也可以定义方法，并在表达式中调用。@functions指令让我们能在Razor页面中添加函数级别的内容，其语法为：

```
@functions { // C# 函数体}
```

范例代码如下：

```
@functions {
    public string GetHello()
    {
        return "Hello";
    }
}
<div>From method: @GetHello()</div>
```

结果输出如下：

```
From method: Hello
```

再看一个范例，代码如下：

```
@functions {
    public static bool IsBeforeToday(string value)  //定义函数，判断传入的日期是否在今天之前
    {
        DateTime result;
        if (DateTime.TryParse(value.ToString(), out result))
        {
            if (result < DateTime.Now)  //判断传入的日期是否在今天之前
            {
                return true;//如果是，则返回true
            }
        }
        return false;//否则返回false
    }
}
<label for="lb1" class="plan_leixing02">@IsBeforeToday("2099/3/22")</label>
```

在@functions指令引导的花括号内，我们定义了C#函数IsBeforeToday，然后在HTML代码中，通过"@函数名(参数)"的方式调用了该函数。运行结果如下：

```
false
```

再看一个范例，代码如下：

```
@{
    RenderName("I am a boy.");
    RenderName("You are a girl.");
}

@functions {
    private void RenderName(string name)
    {
        WriteLiteral("<div>in method: ");
        Write(@name);
        WriteLiteral("</div>");
    }
}
```

方法WriteLiteral和Write都是内置对象Page中的方法。每个页面都有一个Page对象，在整个页面的执行期内，都可以使用该对象中的方法。该对象后面还会详述。方法WriteLiteral表示无须先对传入的参数进行HTML编码，可直接将其写入。方法Write将传入的参数作为HTML编码的字符串写入，简单理解就是输出到网页上。运行结果如下：

```
in method: I am a boy.
in method: You are a girl.
```

4.3.2 @using 指令引入命名空间

@using指令用于向生成的视图添加C# using指令，这样我们就可以引入命名空间。比如，下面代码引入System.IO，然后调用Directory.GetCurrentDirectory();获取当前文件夹路径：

```
@using System.IO
@{
    var dir = Directory.GetCurrentDirectory();
}
<p>@dir</p>
```

运行结果为：

```
C:\Program Files (x86)\IIS Express
```

4.3.3　@model 指令指定对象类型

在Razor页面中，可以使用@model指令来显式地指定要绑定的对象类型。例如：

```
@model test.Models.Person
```

表示将命名空间test下Models文件夹中的Person类的对象与当前页面进行绑定。显式绑定可以提供更强的类型安全性，编译器可以在编译时检查绑定的正确性，从而减少运行时错误。

4.3.4　布局类指令

布局类指令通常和页面呈现相关，常用的有：

- @section：定义要实现母版页的节（section）信息。
- @RenderBody()：当创建基于此布局页面的视图时，视图的内容会和布局页面合并；而新创建视图的内容，会通过布局页面的@RenderBody()方法呈现在标签之间。
- @RenderPage：呈现一个页面。比如，网页中固定的头部可以单独放在一个共享的视图文件中，然后在布局页面中通过这个方法调用，用法如下：

```
@RenderPage("~/Views/Shared/_Header.cshtml")
```

- @RenderSection：布局页面还有节的概念，便于局部呈现 。

4.4　异　常　处　理

代码中的某些语句可能因不受控制的原因而失败。例如，代码在尝试创建或访问文件时可能发生各种错误，原因可能是所需的文件不存在、文件已被锁定、代码没有权限，等等。同样地，在代码尝试更新数据库中的记录时，可能存在权限问题、与数据库的连接可能断开、要保存的数据可能无效等。

在编程术语中，这些情况称为异常。如果代码遇到异常，则会生成（引发、导致）错误消息，如图4-3所示。

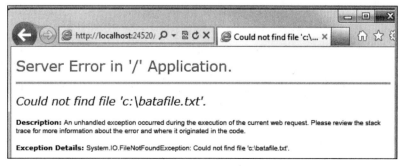

图 4-3

这种提示通常会让用户非常恼火，而且显得我们的网站不专业。在代码可能遇到异常的情况下，为了避免出现此类型的错误消息，可以使用try/catch语句。在try语句中运行要检查的代码，在一条或多条catch语句中查找特定错误（可能发生的特定类型的异常）。可以根据需要包含任意数量的catch语句来查找预期的错误。

以下范例显示了一个页面，该页面在第一个请求中创建一个文本文件，然后显示一个允许用户打开该文件的按钮。该范例故意使用错误的文件名，以便导致异常。该代码包含catch两个可能异常的语句：FileNotFoundException（在文件名错误时发生）和DirectoryNotFoundException（在ASP.NET找不到文件夹时发生）。也可以取消注释范例中的语句，以查看当一切正常时它的运行方式。

如果代码未处理异常，则会看到类似于图4-3所示的错误页。try/catch语句有助于防止用户看到这些类型的错误，这样我们的网站就显得专业得多。范例代码如下：

```
@{
    var dataFilePath = "~/dataFile.txt";
    var fileContents = "";
    var physicalPath = Server.MapPath(dataFilePath);
    var userMessage = "Hello world, the time is " + DateTime.Now;
    var userErrMsg = "";
    var errMsg = "";

    if(IsPost)
    {
        // W当用户单击"Open File"按钮并提交页面时，尝试打开已创建的文件以进行读取
        try {
            // 这段代码因文件路径错误而执行失败
            fileContents = File.ReadAllText(@"c:\batafile.txt");

            // 此代码有效。要消除页面错误，请注释掉上面的代码行并取消注释此行
            //fileContents = File.ReadAllText(physicalPath);
        }
        catch (FileNotFoundException ex) {
            // 可以使用异常对象进行调试、日志记录等操作
            errMsg = ex.Message;
            // 为用户创建友好错误提示信息
            userErrMsg = "A file could not be opened, please contact "
                + "your system administrator.";
        }
        catch (DirectoryNotFoundException ex) {
            // 与之前的例外情况类似
            errMsg = ex.Message;
            userErrMsg = "A directory was not found, please contact "
                + "your system administrator.";
        }
    }
    else
    {
        // 在首次请求页面时，创建文本文件
        File.WriteAllText(physicalPath, userMessage);
    }
}

<!DOCTYPE html>
<html lang="en">
    <head>
```

```
        <meta charset="utf-8" />
        <title>Try-Catch Statements</title>
    </head>
    <body>
    <form method="POST" action="" >
      <input type="Submit" name="Submit" value="Open File"/>
    </form>

    <p>@fileContents</p>
    <p>@userErrMsg</p>

    </body>
</html>
```

运行后，单击"Open File"按钮，则出现错误提示，这是因为我们当前没有batafile.txt这个文件，因此报错了，如图4-4所示。

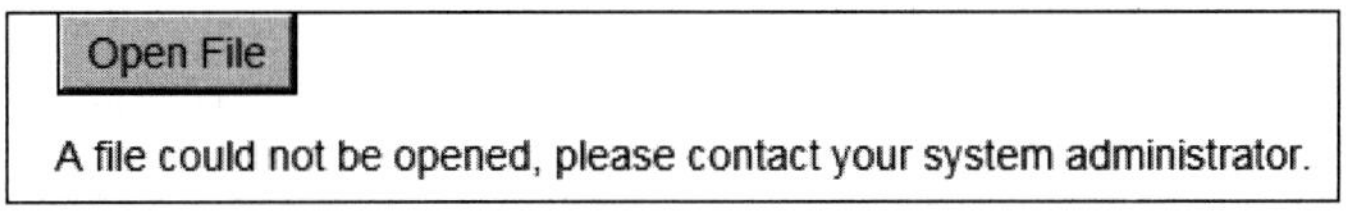

图 4-4

第 5 章
HTML 辅助器

现在网页编程已经告别纯HTML编码的时代（但依旧需要能看懂HTML代码），进入辅助器方法（Helper Method）的时代。辅助器方法的作用是对代码块和标记进行打包，以便能够在整个MVC框架应用程序中重用。本章将讲解HTML辅助器的用法。

5.1　HtmlHelper 简介

ASP.NET MVC中发布了一套HTML辅助（器）方法（HtmlHelper），可以用来在视图模板中生成HTML界面。通过自定义Helper Method，我们可以把一大段的HTML代码打包成一个方法，以便在整个应用程序中重复调用。

在ASP.NET MVC的View页面中，HtmlHelper被用来输出HTML代码，即System.Web.Mvc.HtmlHelper对象。该对象用于呈现HTML元素，如图5-1所示。

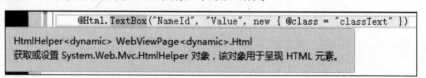

图 5-1

HtmlHelper中的每一个函数都对应生成一种标签，后面会逐一介绍。很多人会问为什么要用HtmlHelper而不直接写HTML，笔者觉得有下面几个原因：

（1）直接写HTML的话，如果语句有语法错误，如缺少结尾标记</b>，编译器不会报错，导致显示出来的页面可能会很乱，且难以查出错误在哪。如果用HtmlHelper，在编译的时候就会指出错误，可以及时修改。这个功能太好用了，让后端程序员也能轻松发现HTML代码的语法错误。

（2）View中的页面一般是动态页面，也就是说如果没有HtmlHelper，我们经常会写如<input type="text" value="@id">这样的服务器端代码和HTML代码混合的代码。这样写不仅形式混乱、执行顺序不好判断，而且出错了也不容易发现，不如全部用HtmlHelper写成服务器端代码。还有就是，用HtmlHelper做数据绑定更方便。

（3）HtmlHelper和HTML语言的关系，跟LINQ（Language Integrated Query）和SQL语言的关系差不多。就是说微软提供了一种方式，让我们在不熟悉HTML或SQL这种非.NET语言的时候，能使用.NET框架内与之等价的类来更好地解决问题。

5.2　辅助器的分类

HTML辅助器通常可以分为弱类型HTML辅助器、强类型HTML辅助器，以及支架辅助器（Scaffolding Helper）。辅助方法的返回类型均为MvcHtmlString，每种辅助器都有各自的特点。

弱类型HTML辅助器的名字直接为纯HTML对应名字，比如Html.TextBox，它不用和实体模型属性一起使用。

强类型HTML辅助器方法在视图中为模型的个别属性生成HTML标记，它们的名称通常以For结尾，比如Html.CheckBoxFor和Html.TextBoxFor等。强类型HTML辅助器的一个好处是，我们可以通过编译器检测一些错误，从而节省一些排错的时间与精力。因此，强类型HTML辅助器是不可缺少的。

支架辅助器也叫整体模板辅助器，其作用是在视图中创建整个模型所有属性的HTML标记。比如LabelForModel、DisplayForModel等，名称末尾都有Model。支架辅助器会根据模型属性的数据类型，让MVC框架去判断应该用什么样的HTML元素，比如针对布尔型属性，会显示一个复选框（CheckBox）。相比弱、强类型HTML辅助器，支架辅助器更智能一些。

5.3　工 作 原 理

关于HTML辅助方法的工作原理，这里不做深入研讨，只是描述一下工作原理的轮廓。如果一开始就讲得太深入，会非常枯燥乏味。刚开始时，我们只需对原理要有个大概印象，然后尽快上手。

在ASP.NET MVC开发模式中，我们很清楚View的扩展名是.cshtml。对于该扩展名，读者是否想过为什么将其如此命名？其实，.cshtml=.cs（后台代码）+html（前端纯HTML标签代码）。我们知道，MVC的目的是尽量做到前后端分离，View这样命名，是否违背前后端分离这一原则呢？当然不是，相反地，这样做提高了代码的复用性，提高了编程的效率。

既然View是由后台代码+HTML标签构成，那什么标签能满足这两个条件呢？答案就是HTML辅助方法。由此我们知道，HTML辅助方法扮演后台代码和前端HTML代码的中间者角色，起着桥梁的作用。

既然HTML代码是后台代码和前端HTML代码的桥梁，那么它与后台有哪些联系呢？重要的几个联系包括：

（1）与模型的联系，如强类型HTML辅助方法，使用Lambda表达式。

（2）与控制器的联系，如Html.ActonLink。

（3）与路由的联系，如Html.RouteLink。

（4）与ModelState的联系，如在验证输入值的合法性时，若验证错误，则将错误消息存在模型状态中，然后返回给HTML相应的辅助方法。

我们知道了HTML辅助方法与后台的联系，那么接下来做什么呢？就是将后台代码渲染成HTML，并返回给浏览器。至此，我们大致分析了HTML辅助方法的工作原理，用图示概括一下，如图5-2所示。

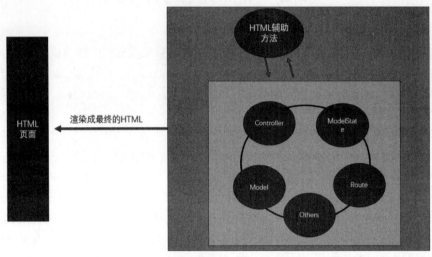

图 5-2

5.4 弱类型 HtmlHelper

5.4.1 准备试验环境

为了更好地演示HtmlHelper，首先将新建一个MVC Web项目，并在项目中新建一个默认Controller和默认Action。然后创建一个视图文件，我们就在这个视图文件上做一下HtmlHelper的相关实验。

【例5.1】建立HtmlHelper实验环境

（1）新建一个基于MVC的ASP.NET项目，项目名称是myHtmlHelper。

（2）在"解决方案资源管理器"中右击"Controllers"文件夹，在弹出的快捷菜单上选择"添加"→"控制器"命令，如图5-3所示。

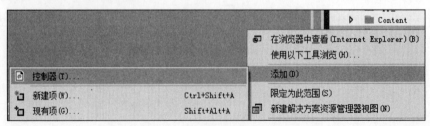

图 5-3

此时出现"添加已搭建基架的新项"对话框，如图5-4所示。

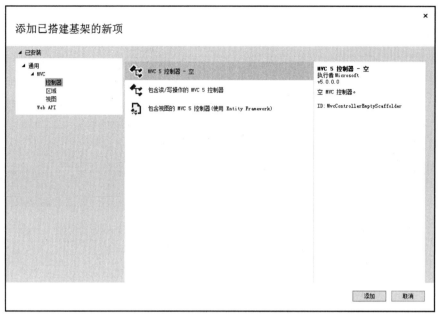

图 5-4

在这个对话框中选择"MVC 5控制器 - 空"，然后单击"添加"按钮。此时出现"添加控制器"对话框，控制器名称保持默认，即为DefaultController，如图5-5所示。

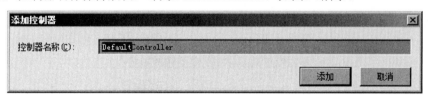

图 5-5

然后单击"添加"按钮，此时Visual Studio自动打开DefaultController.cs，并已经生成了一些默认代码。我们把其中的Index方法删除，并添加自定义的一个方法，代码如下：

```
public class DefaultController : Controller
{
    // GET: /DefaultController/
    public ActionResult DefaultAction()
    {
        return View();
    }
}
```

从上面代码可以看到，在名为DefaultController的控制器中，我们创建了一个名为DefaultAction的Action。接下来，我们来创建对应的View。

（3）在Views文件夹下的Default文件夹中新建名为DefaultAction的View。右击Default文件夹，然后在弹出的快捷菜单中选择"添加"→"MVC 5 视图页（Razor）"命令，再在"指定项名称"对话框上输入项名称DefaultAction，如图5-6所示。

这个名称要和DefaultController类中的DefaultAction方法的名称一致。最后单击"确定"按钮，此时在Default文件夹中生成一个DefaultAction.cshtml文件。我们打开这个DefaultAction.cshtml文件，删除该文件中的所有代码，并输入一行测试代码：

```
@Html.ActionLink("LinkText", "ActionName")
```

（4）按快捷键Ctrl+F5运行项目，如果页面上出现LinkText，就说明运行成功了，如图5-7所示。

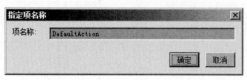

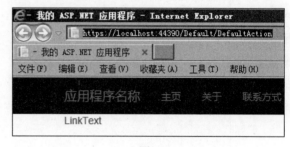

图 5-6　　　　　　　　　　　　　　　　　图 5-7

从地址栏的URL中可以看到，我们访问的是Default控制器下的DefaultAction方法，而在这个方法中直接是"return View();"，即返回视图，因此显示了相应的视图文件DefaultAction.cshtml。又因为在视图文件DefaultAction.cshtml中只有一句创建一个超级链接的代码"@Html.ActionLink("LinkText", "ActionName")"，因此网页上就显示了一个链接名称LinkText。

这样我们的准备工作就完成了，下面可以开始添加HtmlHelper代码进行实验了。

5.4.2　ActionLink 链接

在ASP.NET MVC的Razor视图引擎中，@Html.ActionLink()提供了一种更简洁、类型安全的超链接生成方式。它替代了传统ASP.NET Web Forms中冗余的超链接控件，通过以下特性优化开发流程：

- 简化代码：通过路由配置自动生成URL（如@Html.ActionLink("首页", "Index", "Home")），避免硬编码路径。
- 类型安全：直接绑定控制器和操作方法，减少人为错误。
- HTML兼容性：最终会被浏览器解析为标准的\<a\>标签，同时支持附加HTML属性（如new { @class = "btn" }）。

简单地讲，ActionLink用来生成HTML中的\<a\>标签，在页面中生成一个超链接。

Html.ActionLink()有多种重载形式：

1）Html.ActionLink("linkText", "actionName")

这种重载的第一个参数是该链接要显示的文字，第二个参数是对应的控制器的方法（Action），默认控制器为当前页面对应的控制器。例如，假设当前页面的控制器为ProductsController，则@Html.ActionLink("detial", "Detial")会生成"\<a href="/Products/Detail"\>detail\</a\>"。

2）@Html.ActionLink("linkText", "actionName", "controllerName")

该重载比第一种重载多了一个参数，它指定了控制器的名称，也就是第三个参数controllerName。例如，@Html.ActionLink("detail", "Detail", "Products")会生成\<a href="Products/Detail"\>detail\</a\>。

3）@Html.ActionLink("linkText", "actionName", routeValues)

相对于上一种重载，该重载新增了routeValue参数，routeValue可以向action传递参数。例如，@Html.ActionLink("detail", "Detail", new{ id = 1 })会生成<a href="Products/Detail/1">detail</a>。

4）@Html.ActionLink("linkText", "actionName", routeValues, htmlAttributes)

通过htmlAttribute可以设置<a>标签的属性。例如，@Html.ActionLink("detail", "Detail", new{ id = 1 }, new{ target = "_blank" })会生成<a href="Products/Detail/1" target="_blank">detail</a>。需要注意，如果写成new{ target="_blank", class="className" }则会报错，因为class是C#的关键字，此时应该写成@class="className"。

5）@Html.ActionLink("linkText", "actionName", "controllerName", routeValues, htmlAttributes)

该种重载汇聚了以上4种重载的所有参数，是功能最全的重载。

6）@Html.ActionLink("linkText","actionName","controlName","protocol","hostName", "fragment", routeValues,htmlAttributes)

该重载使用较少，它可以指定访问的协议、域名和锚点，如Html.ActionLink("一百编程网", "Detail","Products","http","www.100bcw.com","name",null,null) 会 生 成 <a href="http://www.100bcw.com/ Products/Detail#name">一百编程网</a>。

如果只需打开某个网站的首页，则可以这样写：

```
@Html.ActionLink("QQ Website","","","http","www.qq.com","",null,null)
```

此时可以生成：

```
<a href="http://www.qq.com"> QQ Website </a>
```

【例5.2】Html.ActionLink的简单用法

（1）复制例5.1的项目文件到某个路径，作为本例项目。然后在Visual Studio中打开，并在DefaultAction.cshtml中输入如下代码：

```
@Html.ActionLink("LinkText", "ActionName")
@Html.ActionLink("LinkText", "ActionName", "ControllerName")
@Html.ActionLink("LinkText", "ActionName", new { id = 1 })
@Html.ActionLink("QQ Website","","","http","www.qq.com","",null,null)
```

LinkText是链接显示出来的文字，如果ActionLink的参数中给出了Controller，则链接指向对应的Controller下的Action；如果没有给出Controller，则指向当前页面对应的Controller下的Action。如果ActionLink的参数中给出要传递的参数，如id，则在链接的最后写出id值。

（2）按快捷键Ctrl+F5运行程序，结果如图5-8所示。

我们在网页上右击，然后在弹出的快捷菜单上选择"查看源"命令，就可以看到这4行代码已经被转换为传统的HTML代码了，如下所示：

LinkText LinkText LinkText

图 5-8

```
<a href="/Default/ActionName">LinkText</a>
<a href="/ControllerName/ActionName">LinkText</a>
<a href="/Default/ActionName/1">LinkText</a>
<a href="http://www.qq.com/">QQ Website</a>
```

5.4.3　RouteLink 链接

Html.RouteLink是一个辅助方法，用于根据指定的路由名称和路由参数生成URL。在ASP.NET MVC中，路由是用于将URL映射到控制器和动作的机制。通过使用路由，可以根据指定的路由规则生成URL，而不是直接指定控制器和动作的名称。Html.RouteLink方法的语法如下：

```
public static MvcHtmlString RouteLink(
    this HtmlHelper htmlHelper,
    string linkText,
    string routeName,
    object routeValues,
    object htmlAttributes
)
```

其中，参数htmlHelper表示HtmlHelper对象，用于生成HTML标记；linkText表示链接文本；routeName表示路由名称；routeValues表示路由参数；htmlAttributes表示HTML属性。生成的URL是相对URL，即相对于当前请求的URL。如果希望生成绝对URL，可以使用UrlHelper类的Action方法来生成。

RouteLink同样是用来生成HTML中的<a>标签的，但其参数和ActionLink不同。我们这里给出能实现例5.2中前3行HTML代码的RouteLink代码：

```
@Html.RouteLink("LinkText", new { action = "ActionName" })
@Html.RouteLink("LinkText", new { action = "ActionName", controller = "ControllerName" })
@Html.RouteLink("LinkText", new { action = "ActionName", id = 1 })
```

从上面代码可以看到，LinkText依然是链接显示的文字，而链接的其他信息则包含在RouteLink的第二个参数中。这个参数是个Object，它的action属性表示指向的Action，而controller属性表示指向的Controller。如果没有controller属性，则指向当前Controller。id属性则为要传递的参数。

5.4.4　TextBox 输入框

TextBox用来生成HTML中的<input type="text">标签，常用的重载有下面两种：

```
@Html.TextBox("NameId")
@Html.TextBox("NameId","Value")
```

生成标签如下：

```
<input id="NameId" name="NameId" type="text" value="" />
<input id="NameId" name="NameId" type="text" value="Value" />
```

可见TextBox的第一个参数被赋值给input标签的id和name属性。如果没有value参数，则value为空；如果有，则赋值给value属性。

5.4.5　Hidden 隐藏域

Hidden用来在页面中写入<input type="hidden">标签，其用法和TextBox类似，代码如下：

```
@Html.Hidden("NameId")
@Html.Hidden("NameId", "Value")
```

结果如下：

```
<input id="NameId" name="NameId" type="hidden" value="" />
<input id="NameId" name="NameId" type="hidden" value="Value" />
```

5.4.6 Password 密码输入框

Password用来写入<input type="password">标签，其用法和TextBox类似，代码如下：

```
@Html.Password("NameId")
@Html.Password("NameId", "Value")
```

结果如下：

```
<input id="NameId" name="NameId" type="password" value="" />
<input id="NameId" name="NameId" type="password" value="Value" />
```

5.4.7 CheckBox 复选框

CheckBox这个函数比较特殊，先看代码：

```
@Html.CheckBox("NameId", true)
@Html.CheckBox("NameId", false)
```

运行结果如下：

```
<input checked="checked" id="NameId" name="NameId" type="checkbox" value="true" />
<input name="NameId" type="hidden" value="false" />
    <input id="NameId" name="NameId" type="checkbox" value="true" /><input name="NameId"
type="hidden" value="false" />
```

本来正常情况下它应该只生成一个<input type="checkbox">标签，如果CheckBox的第二个参数是true，则有checked="checked"属性，表示这个框被勾选。不过，为什么这个标签中有value="true"而且后面还有<input name="NameId" type="hidden" value="false" />呢？

因为在ASP.NET MVC中这样写的效果就是：如果这个CheckBox被勾选了，那么提交之后就会传给目标页面一个NameId="true"的值；如果没被勾选，就会传一个NameId="false"的值。这个值就是由<input name="NameId" type="hidden" value="false" />传递的。若是没有<input name="NameId" type="hidden" value="false" />这一段，CheckBox被勾选之后提交，仍然会传给目标页面一个NameId="true"的值，而不勾选则不会传NameId的值过去。

5.4.8 RadioButton 单选按钮

RadioButton会生成一个<input type="radio">标签，代码如下：

```
@Html.RadioButton("NameId","Value", true)
@Html.RadioButton("NameId", "Value", false)
```

生成代码如下：

```
<input checked="checked" id="NameId" name="NameId" type="radio" value="Value" />
<input id="NameId" name="NameId" type="radio" value="Value" />
```

可以看出RadioButton和CheckBox一样都有checked参数，而RadioButton还多了一个value参数可以设置。

5.4.9   DropDownList 下拉菜单

DropDownList函数可以创建<select>标签表示的下拉菜单。在创建下拉菜单之前，我们需要创建用<option>标签表示的菜单选项列表，创建方法如下：

```
@{
    SelectListItem item;
    List<SelectListItem> list = new List<SelectListItem>();
    for(int i=1;i<5;i++)
    {
        item = new SelectListItem();
        item.Text = "Text" + i;
        item.Value = "Value" + i;
        item.Selected = (i==2);
        list.Add(item);
    }
}
```

SelectListItem类会生成一个菜单项，其Text属性表示显示的文字，Value属性表示对应的值，Selected属性表示是否被选中。上面代码生成了若干个<option>标签，并且当i为2时，标签被选中。通过下面代码可以生成包含上面选项列表的下拉菜单：

```
@Html.DropDownList("Id", list)
```

生成的结果如下：

```
<select id="NameId" name="NameId">
    <option value="Value1">Text1</option>
    <option selected="selected" value="Value2">Text2</option>
    <option value="Value3">Text3</option>
    <option value="Value4">Text4</option>
</select>
```

可见DropDownList函数的第一个参数是id和name，第二个参数就是4个选项组成的List，每一个选项都有各自的Text、Value，并且第二个选项被选中。

5.4.10   ListBox 多选框

ListBox可以生成一个多选框，对应HTML里的<select multiple="multiple">标签。ListBox的结构和DropdownList的结构基本一样，只是多了multiple="multiple"属性。这里依然使用上面创建的选项列表来创建ListBox，代码如下：

```
@Html.ListBox("NameId", list)
```

生成的结果如下：

```
<select id="NameId" multiple="multiple" name="NameId">
    <option value="Value1">Text1</option>
    <option selected="selected" value="Value2">Text2</option>
    <option value="Value3">Text3</option>
    <option value="Value4">Text4</option>
</select>
```

5.4.11　添加属性

可以给一个标签添加class和style属性，范例如下：

```
@Html.TextBox("NameId", "Value", new { @class = "classText",@style="width:200px" })
```

得到的结果如下：

```
<input class="classText" id="NameId" name="NameId" style="width:200px" type="text"
value="Value" />
```

其实可以用同样的方式添加任意的属性名和属性值，都会生效。

5.4.12　Form 表单

在HtmlHelper中，生成表单Form会用到两个方法：BeginForm和EndForm。方法EndForm将</form>
结束标记呈现给响应，其声明如下：

```
public void EndForm ();
```

实际用法比较简单：@{Html.EndForm();}，一般也可以省略。

BeginForm有多种重载形式，常用的有：

1）BeginForm()

这是默认方法，默认提交方式是POST。如果没有指定Controller，表单（Form）默认提交到当
前处理请求的Controller。

Controller为ASP.NET MVC框架的核心组成部分，主要负责处理浏览器请求，并决定响应什么
内容给浏览器，但并不负责决定内容应该如何显示（因为这是View的职责）。

Controller本身就是一个类（Class），该类有许多成员方法（Method），这些方法中只要是公
开方法（Public Method），就会被视为一个动作（Action，也称动作方法，Action Method），只要
动作存在，就可以通过该动作方法接收客户端传来的请求与决定响应的视图。

Controller应该具备如下几个基本条件：

- Controller必须为公开类别。
- Controller名称必须以Controller结尾。
- Controller必须继承自ASP.NET MVC内建的Controller类别，或实现IController自定义类别。
- 所有动作方法必须为公开方法，任何非公开的方法如声明为private或protected的方法都不会
  被视为一个动作方法。

2）BeginForm(action,controller)

action指定返回的方法；controller指定控制器。

3）BeginForm(action,controller,method)

action指定返回的方法；controller指定控制器；method指定提交方式，取值为FormMethod.Get
或FormMethod.Post。

4）BeginForm(action,controller,method,attributes)

action指定返回的方法；controller指定控制器；method指定类型，取值为FormMethod.Get或FormMethod.Post；attributes指定form的标签属性。

5）BeginForm(action,controller,routeValues,method,attributes)

action指定返回的方法；controller指定控制器；routeValues表示路由参数，指定一个要传递的值；method指定类型，取值为FormMethod.Get或FormMethod.Post；attributes指定form的标签属性。

下面看几个范例代码：

（1）BeginForm使用两个参数，代码如下：

```
@using (Html.BeginForm("About", "Home")) {
    @Html.TextBox("ProductName")
}
```

About是方法，Home是控制器。生成的HTML代码如下：

```
<form action="/Home/About" method="post">
    <input id="ProductName" name="ProductName" type="text" value="" />
</form>
```

（2）BeginForm使用3个参数，下列两种方法可以生成<form>...</form>表单：

```
@using (Html.BeginForm("actionName", "controllerName", FormMethod.Get))
{
    @Html.TextBox("NameId")
    <input type="submit" value="SubmitButton" />
}
```

和

```
@{Html.BeginForm("actionName", "controllerName", FormMethod.Post);}
    @Html.TextBox("NameId")
    <input type="submit" value="SubmitButton" />
@{Html.EndForm();}
```

我们在Form中写入了一个TextBox和一个提交按钮。TextBox的HtmlHelper用法前面已经讲过，这里比较奇特的是提交按钮没有用对应的HtmlHelper函数来生成，需要用HTML语言直接编写。后面我们会解决这个问题。仔细看上面两种生成Form方法的区别：第一种方法将Html.BeginForm()函数放入@using (){}结构中，这种方法可以直接生成Form的开始标记和结束标记；第二种方法先写Html.BeginForm()函数生成开始标记，再写Html.EndForm()函数生成结尾标记。这两种方法生成的结果是一样的。结果如下：

```
<form action="/controllerName/actionName" method="get">
    <input id="NameId" name="NameId" type="text" value="" />
    <input type="submit" value="SubmitButton" />
</form>
<form action="/controllerName/actionName" method="post">
    <input id="NameId" name="NameId" type="text" value="" />
    <input type="submit" value="SubmitButton" />
</form>
```

从运行结果可以看到，BeginForm()的第一个参数指定Action的名字，第二个参数指定Controller

的名字，第三个参数指定提交时是用Post方法还是Get方法。在上面代码中，第一个Form用的是Get方法，第二个Form用的是Post方法。注意：所有要提交的内容包括按钮，都必须在{ }内。

（3）若要在@Html.BeginForm中添加没有值的HTML属性，可以通过HtmlAttributes参数来实现。HtmlAttributes参数允许我们向表单元素添加自定义的HTML属性。以下是一个范例代码，展示如何在@Html.BeginForm中添加没有值的HTML属性：

```
@using (Html.BeginForm("ActionName", "ControllerName", FormMethod.Post, new { id =
"myForm", @class = "myClass", data_custom = "" }))
{
    // 表单内容
}
```

在上面范例中，我们在Html.BeginForm方法的第四个参数中使用了一个匿名对象来定义HTML属性。其中，id和class是常见的HTML属性，而data_custom是一个自定义的HTML属性，它没有具体的值。生成的HTML代码将包含一个没有值的data_custom属性：

```
<form action="/ControllerName/ActionName" id="myForm" class="myClass" data_custom>
    <!-- 表单内容 -->
</form>
```

这样，我们就成功地在@Html.BeginForm中添加了没有值的HTML属性。

【例5.3】BeginForm不带任何参数

（1）复制例5.2的项目到某个路径，作为本例项目，然后在Visual Studio中打开，并在DefaultAction.cshtml中输入如下代码：

```
@using (Html.BeginForm())
{
    <label for="firstName">First Name:</label>
    <br />
    @Html.TextBox("firstName")
    <br />
    <label for="lastName">Last Name:</label>
    <br />
    @Html.TextBox("lastName")
    <br />
    <br />
    <input type="submit" value="Register" />
}
```

可以看到，上述代码首先通过BeginForm定义了一个表单，然后在表单范围内（也就是花括号范围内）放置了2个label标签、2个编辑框（TextBox）以及1个名称为“Register”的提交（submit）按钮。这样，当用户输入firstName和lastName后，单击“Register”按钮就可以提交表单了。

为了证明提交表单后会执行Default控制器中的DefaultAction方法，我们打开DefaultController.cs，然后在DefaultAction方法中输入如下代码：

```
public ActionResult DefaultAction()
{
    string msg;
    msg = "hello world";
    System.Web.HttpContext.Current.Response.Write("<Script
Language='JavaScript'>window.alert('" + msg + "');</script>");  //显示一个信息框
```

```
    return View();
}
```

代码很简单，首先定义一个字符串 str，然后通过 HttpContext 对象（System.Web.HttpContext. Current 表示当前 HttpContext 对象）中的成员 Response 对象（通过方法 Write）向客户端浏览器显示一个信息框，这个信息框代码是一句 JavaScript 代码。

图 5-9

（2）运行项目，在浏览器的地址栏中输入 URL "https://localhost:44390/Default/DefaultAction"，然后在两个编辑框中随便输入内容，并单击"Register"按钮，此时就会出现信息框了，如图 5-9 所示。

这就说明我们单击"Register"按钮后，的确执行了 Default 控制器中的 DefaultAction 方法。另外，我们在网页上右击，在弹出的快捷菜单中选择"查看源"命令，可以看到 Html.BeginForm 和 Html.TextBox 被解释为如下 HTML 代码（粗体部分）：

```
<form action="/Default/DefaultAction" method="post">
<label for="firstName">First Name:</label>
    <br />
<input id="firstName" name="firstName" type="text" value="" />    <br />
    <label for="lastName">Last Name:</label>
    <br />
<input id="lastName" name="lastName" type="text" value="" />    <br />
    <br />
    <input type="submit" value="Register" />
</form>
```

由此可见，如果不指定参数，Html.BeginForm 方法将执行 URL 指定的控制器和方法，也就是 /Default/DefaultAction，并且默认的表单提交方式是 post。

5.4.13　使用 TagBuilder 创建自定义标签

前面说到没有提交按钮对应的 HtmlHelper 函数，那么我们就自己动手创建一个。正如西方的谚语"当上帝关上一扇门时，也会为你开一扇窗"，这扇窗就是 TagBuilder。顾名思义，TagBuilder 就是标签建造器，我们用它来建造属于自己的标签生成函数。首先在项目中创建一个 Classes 文件夹，用来存放将要创建的类。在这个文件夹中创建一个名为 HtmlExtensions.cs 的类，这个类名不是强制性的，写什么都可以。在这个类中写入如下代码：

```
using System.Web.Mvc;
public static class HtmlExtensions
{
    /// <summary>
    /// 自定义一个@html.Submit()
    /// </summary>
    /// <param name="helper"></param>
    /// <param name="value">value属性</param>
    /// <returns></returns>
    public static MvcHtmlString Submit(this HtmlHelper helper, string value)
    {
        var builder = new TagBuilder("input");  //创建的标签名称为input
        builder.MergeAttribute("type", "submit");
        builder.MergeAttribute("value", value);
```

```
        return MvcHtmlString.Create(builder.ToString(TagRenderMode.SelfClosing));
    }
}
```

我们来解读一下上面的代码：首先，要用TagBuilder，就要引入System.Web.Mvc类库；接着我们看这个函数的参数，this HtmlHelper helper保证这个方法会被添加到HtmlHelper中，string value对应提交按钮显示的文字，也就是value属性；MergeAttribute函数给创建出的元素添加属性，如MergeAttribute("type", "submit")就是加入type="submit"属性；TagRenderMode.SelfClosing使生成的标签自我关闭，也就是说有<input />这种形式；最后将MvcHtmlString作为返回值，是为了使返回值不被转义，比如"<"不会被转成"&lt"。

然后在View中写入下面代码调用刚才写好的函数：

```
@Html.Submit("SubmitButton")
```

生成结果如下：

```
<input type="submit" value="SubmitButton" />
```

可以看到，我们在函数中所设置的标签名、属性、自包含都有了，这样就成功生成了自创的submit按钮。

5.5　强类型 HtmlHelper

5.5.1　强类型 HtmlHelper 方法

HtmlHelper有强类型和弱类型之分。5.4节中介绍的函数都是弱类型的。那么，强类型和弱类型有什么区别呢？简单点说就是强类型会用到MVC中的模型（Model），而弱类型不用。强类型的一大好处是，我们可以通过改动Model来改变这个Model在所有View中的显示。强类型的HTML辅助方法使用Lambda表达式来引用传到视图模板中的模型或视图模型。这可以促成更好的编译时视图检查（可以在编译时发现缺陷，而不是在运行时），还可以促成视图模板中更好的代码智能感知（intellisense）支持，如图5-10所示。

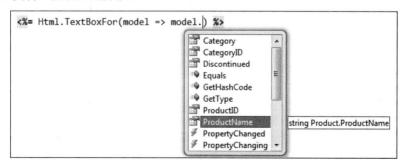

图 5-10

这个提示可是发生在视图页面的编程时，是不是有点激动！这就是强类型的好处，由于这些HTML辅助方法是强类型的，因此在编写Lambda表达式时，可以在Visual Studio中得到完整的intellisense支持。

Htmlhelper中几乎每一个弱类型函数都会对应一个强类型函数，它们的对应关系是强类型函数名比弱类型函数名多了一个For。比如TextBox()是一个弱类型函数，那么它对应的强类型函数就是TextBoxFor()。后面的部分我们需要借助Model来展示代码。

内置于ASP.NET MVC中的常用强类型HTML辅助方法如下所示：

（1）HTML元素辅助方法：Html.TextBoxFor()、Html.TextAreaFor()、Html.DropDownListFor()、Html.CheckboxFor()、Html.RadioButtonFor()、 Html.ListBoxFor()、Html.PasswordFor()、Html.HiddenFor()、Html.LabelFor()。

（2）其他辅助方法：Html.EditorFor()、 Html.DisplayFor()、 Html.DisplayTextFor()、Html.ValidationMessageFor()。

【例5.4】使用强类型HtmlHelper

（1）打开Visual Studio，新建一个MVC Web项目，项目名称是myHtmlHelper。

（2）在解决方案中右击Models文件夹，然后添加一个类Student，这样一个简单的模型就创建好了。Student.cs文件中的代码如下：

```
namespace myHtmlHelper.Models
{
    public class Student
    {
        public string Name { get; set; }
    }
}
```

既然它是一个简单的Model，那就只给它一个属性：Name。创建好这个Model之后，我们就可以在控制器中初始化Model并赋值，再把它传递给视图来为强类型HtmlHelper做准备。编辑DefaultControllerController.cs文件，写入如下代码：

```
using myHtmlHelper.Models;
namespace myHtmlHelper.Controllers
{
    public class DefaultController : Controller
    {
        // GET: /DefaultController/
        public ActionResult DefaultAction()
        {
            Student s = new Student();  //对实体模型进行初始化
            s.Name = "Jack";    //为模型的成员属性赋值，"Jack"就是属性值
            return View(s);  //将Model传递给View
        }
    }
}
```

上面代码初始化Model，给Model赋值并将Model传递给View。下面我们就在View中用强类型HtmlHelper将Model中的数据显示出来。从上面的代码可以看到，DefaultController调用的是名为DefaultAction的View。因此，我们在Views文件夹下找到DefaultController文件夹，编辑其中的DefaultAction.cshtml文件。在文件第一行加入如下代码：

```
@model myHtmlHelper.Models.Student
```

这行代码表示这个View用的是Student这个Model。然后在文件中插入如下代码：

```
@Html.TextBoxFor(m =>m.Name)
```

这就是强类型HtmlHelper函数的一个例子TextBoxFor。这个函数只有一个参数m =>m.Name。这里的m可以换成其他名字，它都指代这里的Model。这个参数的意思就是取Model的Name属性。由于我们在Controller中初始化了这个值，因此这个值应该是"Jack"。

（3）按快捷键Ctrl+F5运行项目，结果如图5-11所示。

打开网页查看源码，则可以找到如下代码：

图 5-11

```
<input id="Name" name="Name" type="text" value="Jack" />
```

由上面结果可以看出，属性名Name被赋值给了这个元素的id和name属性，属性值Jack被赋值给了value属性。这样我们就完成了一个简单的强类型HtmlHelper。

5.5.2　LabelFor 数据标签

LabelFor是强类型的数据标签，用于在网页上显示一段文本。如图5-12所示的"E-mail"为一个数据标签。

如何通过改动Model来改动输入框前面的文字呢？这里就要用到DataAnnotations，有人叫它元数据，或者数据批注。简单来说，它就是对数据的描述。之后用HtmlHelper的LabelFor就可以读到这个信息并显示出来。

图 5-12

【例5.5】使用LabelFor

（1）复制例5.4到某个路径，作为本例项目，然后在Visual Studio中打开。我们把之前的Student类写成如下样子：

```
using System.ComponentModel.DataAnnotations;
namespace myHtmlHelper.Models
{
    public class Student
    {
        [Display(Name = "Name")]
        public string Name { get; set; }

        [Display(Name = "E-mail")]
        public string Email { get; set; }
    }
}
```

代码中的粗体部分就是为了使用元数据而增加的代码。第1行引入了使用元数据所需的类库。[Display(Name = "E-mail")]这一行表示当要显示这个变量的名字时，我们显示"E-mail"这个字符串。HtmlHelper函数LabelFor()正是从这里获取到需要显示的字符串。

（2）在DefaultController中，我们要给Email变量赋值，代码如下：

```
using myHtmlHelper.Models;
namespace myHtmlHelper.Controllers
{
    public class DefaultController : Controller
    {
        // GET: /DefaultController/
```

```
        public ActionResult DefaultAction()
        {
            Student s = new Student();
            s.Name = "Jack";
            s.Email = "xxx@qq.com";
            return View(s);
        }
    }
}
```

在对应的View中编写如下代码：

```
@model myHtmlHelper.Models.Student

@Html.LabelFor(m => m.Email)
: @Html.TextBoxFor(m => m.Email)
```

代码中粗体部分的LabelFor函数获得的参数是Student类的Email属性。LabelFor函数就会去寻找Model中对应Email属性的Display元数据，进而生成结果，如图5-13所示。

图 5-13

（3）如果查看网页源码，可以找到如下代码：

```
<label for="Email">E-mail</label>
: <input id="Email" name="Email" type="text" value="xxx@qq.com" />
```

可以看到，LabelFor函数会生成<Label>标签，并且其属性for的值对应变量名"Email"，而标签的内部文字InnerText就是Display元数据的Name属性对应的值"E-mail"。

5.5.3　DisplayFor 与 EditorFor 显示和编辑 Model 数据

元数据在ASP.NET MVC中的一个主要应用就是可以通过Model来控制数据的显示和修改时所生成的HTML元素的类型。在HtmlHelper中，DisplayFor用来显示数据，而EditorFor用来编辑数据。它们都会根据元数据对数据的描述生成不同类型的HTML元素。

【例5.6】使用DisplayFor和EditorFor

（1）复制例5.5到某个路径，作为本例项目，然后在Visual Studio中打开。我们把之前的Student类写成如下样子：

```
public class Student
{
    [Display(Name = "Name")]
    public string Name { get; set; }
    [Display(Name = "E-mail")]
    [DataType(DataType.EmailAddress)]
    public string Email { get; set; }
}
```

代码中粗体部分是对Email数据类型的描述。它的数据类型是邮件地址EmailAddress。在View中编写如下代码：

```
@model myHtmlHelper.Models.Student
@Html.DisplayFor(m => m.Email)
@Html.EditorFor(m => m.Email)
```

（2）运行程序，结果如图5-14所示。

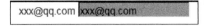

图 5-14

如果查看网页源码，可以找到如下代码：

```
<a href="mailto:xxx@qq.com">xxx@qq.com</a>
<input class="text-box single-line" id="Email" name="Email" type="email"
value="xxx@qq.com" />
```

从结果中可以看到，由于数据类型是EmailAddress，因此在显示数据时就生成了一个发送邮件的超链接，在编辑数据时就生成了一个Email专用的输入框<input type="email">。

在ASP.NET MVC中，强类型HTML辅助方法提供了一个很好的方式，用来在视图模板中得到更好的类型安全。这促成了对视图进行更好的编译时检查（允许在编译时而不是运行时发现错误），而且还能在编辑视图模板时支持更丰富的intellisense。后面的学习，我们会经常和这些强类型的HTML辅助方法打交道，这里限于篇幅不可能对每个方法都进行演示，但其实使用方法都类似，学会一两个，其他的也就会用了。

5.6　支架辅助器

如果你使用ASP.NET MVC制作后台，那么一定会爱上它的EditorForModel、DisplayForModel和LabelForModel等支架辅助器方法，因为这些方法可以将多个模型属性整体直接变成对应的标签，从而省了不少事。

【例5.7】使用支架辅助器

（1）打开Visual Studio，新建一个MVC Web项目，项目名称是test。

（2）准备新建实体类。在Visual Studio的"解决方案资源管理器"中右击Model，在弹出的快捷菜单中选择"添加"→"类"命令，在弹出的"添加新项"对话框上输入名称"Address"。在Address.cs中为类Address添加属性，代码如下：

```
public class Address
{
    public string Line1 { get; set; }
    public string Line2 { get; set; }
    public string City { get; set; }
    public string PostalCode { get; set; }
    public string Country { get; set; }
}
```

接着在类Address下方添加一个Role枚举：

```
public enum Role
{
    Admin,
    User,
    Guest
}
```

最后新建一个Person类。在"解决方案资源管理器"中右击Model，在弹出的快捷菜单中选择"添加"→"类"命令，在弹出的"添加新项"对话框上输入名称"Person"。在Person.cs中为类Person添加属性，代码如下：

```
public class Person
  {
      public int PersonId { get; set; }          //用户Id
      public string FirstName { get; set; }      //名
      public string LastName { get; set; }       //姓
      public DateTime BirthDate { get; set; }    //生日
      public Address HomeAddress { get; set; }   //家庭地址
      public bool IsApproved { get; set; }       //是否核准
      public Role Role { get; set; }             //角色（管理员、普通用户、访客）
  }
```

（3）准备实例化类对象。在HomeController.cs的开头引用命名空间：

```
using test.Models;
```

在Home控制器的Index方法中写入如下代码：

```
public ActionResult Index()
{
   Person p = new Person
   {
      PersonId = 1,
      HomeAddress = new Address
      {
         City = "beijing",
         Country = "cn",
         Line1 = "111",
         Line2 = "222",
         PostalCode = "100000"
      },
      Role = Models.Role.User,
      BirthDate = DateTime.Now,
      FirstName = "三",
      LastName = "张",
      IsApproved = false
   };
   return View(p);
}
```

在实例化Person对象的同时，里面又实例化了HomeAddress对象。这种对象嵌套的方式在一线开发中非常常见。最后，我们把对象p返回给Index视图。

方法View有多种重载形式，当参数没有字符串只有对象时，返回的是和方法同名的那个视图文件，这里就是index.cshtml，所用的重载形式如下：

```
ViewResult View(object model);
```

model是要传给视图的对象。如果要把对象返回给指定的视图，则要用下面这个重载形式：

```
ViewResult View(string viewName, object model);
```

其中，viewName是指定视图的名称。当然，我们也可以不传对象，也不指定视图，就用和当前方法同名的视图，那么调用的View就是如下的重载形式：

```
ViewResult View();
```

其他重载形式不说了，总共有7种，现在只需了解最常用的即可。

至此我们已经为对象的各个属性赋值了，下面把这些属性值显示在页面。

（4）准备视图显示属性。在Visual Studio中打开Views/Home/Index.cshtml，删除原有代码，然后输入如下代码：

```
@model test.Models.Person
@Html.EditorForModel()
```

第1行代码用于声明视图中所要使用的模型的类型名，这里的类型就是类Person。第2行代码就是使用支架辅助器，它能根据实体类中的属性，返回模型中每个属性所对应的HTML input元素。是不是很简单！

（5）运行程序，结果如图5-15所示。

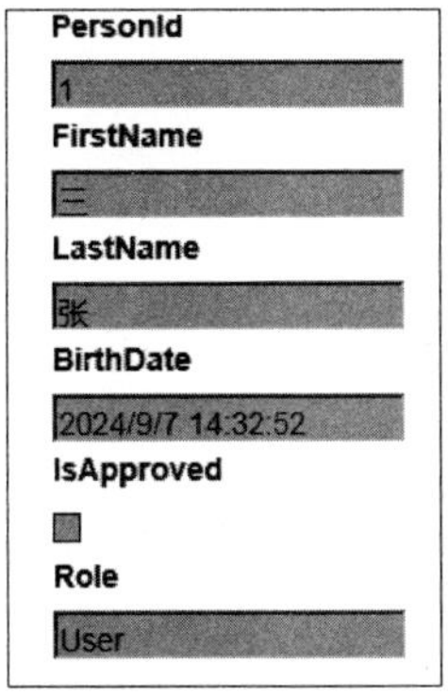

本来可以结束这个范例了，但考虑到有的读者会觉得不踏实，只有手写属性和弱类型HTML辅助方法才放心，于是我们来写几个：

```
<h2>姓: @Model.LastName</h2>
<h2>名: @Model.FirstName</h2>
@Html.Label("所在城市: ")
@Html.TextBox("city",@Model.HomeAddress.City)
```

注意@Model和@model的区别，前者是视图的属性，后者是Razor的指令。视图中的Model属性用于存放控制器传递过来的模型对象（本例中Index方法结尾通过"return View(p)"传递Person对象p给Index视图）。在视图中使用该对象的属性的方法是：

```
@Model.<属性名>
```

注意大写M。这里可以认为@Model就是个Person对象。

再次运行程序，结果如图5-16所示。

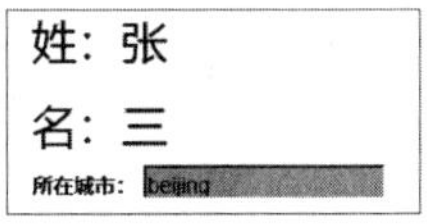

图 5-15

图 5-16

最后请记住：每个视图都有自己的Model属性（通过@Model调用）。有读者可能不相信，下面来看看MVC框架源码：

```
namespace System.Web.Mvc
{
    public abstract class WebViewPage<TModel> : WebViewPage
    {
        protected WebViewPage();
        public AjaxHelper<TModel> Ajax { get; set; }
        public HtmlHelper<TModel> Html { get; set; }
        public TModel Model { get; }
        public ViewDataDictionary<TModel> ViewData { get; set; }
        protected override void SetViewData(ViewDataDictionary viewData);
    }
}
```

类WebViewPage可以认作一个视图类，属性Model（粗体部分）正是它的一个属性！我们还在这里碰到了ViewData属性，它也经常被用来传递数据。另外，我们还看到了Html这个属性，它的类型是HtmlHelper<TModel>（该类是类HtmlHelper的子类），这个就是本章所说的HTML辅助器！

原来都是视图网页的"小弟"啊，怪不得我们在视图网页（比如本例的index.cshtml）中可以随意使用@Html.EditorForModel、@Html.Label和@Html.TextBox。

　　既然讲到这里，那再复习一下C#知识吧。请问：EditorForModel、Label和TextBox等具体的方法是不是必须是HtmlHelper类的成员且在HtmlHelper类中定义？答案是不一定。因为类似这样的方法太多了，微软公司把这些方法作为HtmlHelper的扩展方法，且放在不同的静态类中，这些静态类和HTML元素相对应。

　　我们来看一下Label声明的地方：

```
namespace System.Web.Mvc.Html
{
    //该类表示在ASP.NET MVC 视图中支持HTML label 元素
    public static class LabelExtensions
    {
        public static MvcHtmlString Label(this HtmlHelper html, string expression);
        public static MvcHtmlString Label(this HtmlHelper html, string expression, string labelText);
        ...
        public static MvcHtmlString LabelFor<TModel, TValue>(this HtmlHelper<TModel> html, Expression<Func<TModel, TValue>> expression, string labelText, IDictionary<string, object> htmlAttributes);
        public static MvcHtmlString LabelFor<TModel, TValue>(this HtmlHelper<TModel> html, Expression<Func<TModel, TValue>> expression, string labelText, object htmlAttributes);
        ...
        public static MvcHtmlString LabelForModel(this HtmlHelper html);
        public static MvcHtmlString LabelForModel(this HtmlHelper html, string labelText);
        ...
    }
}
```

　　可以看到，Label方法是一个静态方法，声明在LabelExtensions这个静态类中，且Label方法的第一个参数含有this，这就说明Label是HtmlHelper的扩展方法，因此可以通过HtmlHelper对象来调用Label。另外，我们可以看到强类型辅助方法LabelFor和支架辅助方法LabelForModel都在这个标签扩展类LabelExtensions中定义，并且有多个重载形式。类似地，其他HTML元素也有这样的扩展类来封装HTML辅助方法。但支架辅助方法比较少，不是所有的扩展类都包含，比如InputExtensions类中就只有弱类型和强类型两类辅助方法，如图5-17所示。

　　而编辑器扩展类EditorExtensions则有支架辅助方法，如图5-18所示。

　　总之，微软把这些辅助方法根据不同的HTML元素的功能进行分类，并封装到不同的扩展类中。

　　或许有读者忘记了C#中的扩展方法，这里简单复习一下。扩展方法是C#中一种特殊的静态方法，它定义在一个静态类中，但是可以像实例方法一样被调用，使得代码更加简洁、易读。扩展方法有以下特点：

　　（1）它必须在一个静态类中定义。

　　（2）它必须有至少一个参数。

　　（3）第一个参数必须有this前缀，并且指定了要扩展的类型。

　　（4）第一个参数不能有任何其他修饰符（如out或ref）。

```
...public static class InputExtensions
{
    ...public static MvcHtmlString CheckBox(this HtmlHelper htmlHelper, string name);
    ...public static MvcHtmlString CheckBox(this HtmlHelper htmlHelper, string name, bool isChecked);
    ...public static MvcHtmlString CheckBox(this HtmlHelper htmlHelper, string name, bool isChecked, object htmlAttributes);
    ...public static MvcHtmlString CheckBox(this HtmlHelper htmlHelper, string name, object htmlAttributes);
    ...public static MvcHtmlString CheckBox(this HtmlHelper htmlHelper, string name, IDictionary<string, object> htmlAttributes);
    ...public static MvcHtmlString CheckBox(this HtmlHelper htmlHelper, string name, bool isChecked, IDictionary<string, object> h
    ...public static MvcHtmlString CheckBoxFor<TModel>(this HtmlHelper<TModel> htmlHelper, Expression<Func<TModel, bool>> expressi
    ...public static MvcHtmlString CheckBoxFor<TModel>(this HtmlHelper<TModel> htmlHelper, Expression<Func<TModel, bool>> expressi
    ...public static MvcHtmlString CheckBoxFor<TModel>(this HtmlHelper<TModel> htmlHelper, Expression<Func<TModel, bool>> expressi
    ...public static MvcHtmlString Hidden(this HtmlHelper htmlHelper, string name, object value, IDictionary<string, object> htmlA
    ...public static MvcHtmlString Hidden(this HtmlHelper htmlHelper, string name, object value, object htmlAttributes);
    ...public static MvcHtmlString Hidden(this HtmlHelper htmlHelper, string name, object value);
    ...public static MvcHtmlString Hidden(this HtmlHelper htmlHelper, string name);
    ...public static MvcHtmlString HiddenFor<TModel, TProperty>(this HtmlHelper<TModel> htmlHelper, Expression<Func<TModel, TPrope
    ...public static MvcHtmlString HiddenFor<TModel, TProperty>(this HtmlHelper<TModel> htmlHelper, Expression<Func<TModel, TPrope
    ...public static MvcHtmlString HiddenFor<TModel, TProperty>(this HtmlHelper<TModel> htmlHelper, Expression<Func<TModel, TPrope
    ...public static MvcHtmlString Password(this HtmlHelper htmlHelper, string name);
    ...public static MvcHtmlString Password(this HtmlHelper htmlHelper, string name, object value);
    ...public static MvcHtmlString Password(this HtmlHelper htmlHelper, string name, object value, object htmlAttributes);
    ...public static MvcHtmlString Password(this HtmlHelper htmlHelper, string name, object value, IDictionary<string, object> htm
    ...public static MvcHtmlString PasswordFor<TModel, TProperty>(this HtmlHelper<TModel> htmlHelper, Expression<Func<TModel, TPro
    ...public static MvcHtmlString PasswordFor<TModel, TProperty>(this HtmlHelper<TModel> htmlHelper, Expression<Func<TModel, TPro
    ...public static MvcHtmlString PasswordFor<TModel, TProperty>(this HtmlHelper<TModel> htmlHelper, Expression<Func<TModel, TPro
    ...public static MvcHtmlString RadioButton(this HtmlHelper htmlHelper, string name, object value);
    ...public static MvcHtmlString RadioButton(this HtmlHelper htmlHelper, string name, object value, object htmlAttributes);
    ...public static MvcHtmlString RadioButton(this HtmlHelper htmlHelper, string name, object value, IDictionary<string, object>
    ...public static MvcHtmlString RadioButton(this HtmlHelper htmlHelper, string name, object value, bool isChecked);
    ...public static MvcHtmlString RadioButton(this HtmlHelper htmlHelper, string name, object value, bool isChecked, object htmlA
    ...public static MvcHtmlString RadioButton(this HtmlHelper htmlHelper, string name, object value, bool isChecked, IDictionary<
    ...public static MvcHtmlString RadioButtonFor<TModel, TProperty>(this HtmlHelper<TModel> htmlHelper, Expression<Func<TModel, T
    ...public static MvcHtmlString RadioButtonFor<TModel, TProperty>(this HtmlHelper<TModel> htmlHelper, Expression<Func<TModel, T
    ...public static MvcHtmlString RadioButtonFor<TModel, TProperty>(this HtmlHelper<TModel> htmlHelper, Expression<Func<TModel, T
    ...public static MvcHtmlString TextBox(this HtmlHelper htmlHelper, string name, object value, string format, IDictionary<strin
    ...public static MvcHtmlString TextBox(this HtmlHelper htmlHelper, string name, object value, IDictionary<string, object> html
    ...public static MvcHtmlString TextBox(this HtmlHelper htmlHelper, string name, object value, string format, object htmlAttrib
    ...public static MvcHtmlString TextBox(this HtmlHelper htmlHelper, string name, object value);
    ...public static MvcHtmlString TextBox(this HtmlHelper htmlHelper, string name, object value, string format);
    ...public static MvcHtmlString TextBox(this HtmlHelper htmlHelper, string name);
    ...public static MvcHtmlString TextBox(this HtmlHelper htmlHelper, string name, object value, object htmlAttributes);
    ...public static MvcHtmlString TextBoxFor<TModel, TProperty>(this HtmlHelper<TModel> htmlHelper, Expression<Func<TModel, TProp
    ...public static MvcHtmlString TextBoxFor<TModel, TProperty>(this HtmlHelper<TModel> htmlHelper, Expression<Func<TModel, TProp
    ...public static MvcHtmlString TextBoxFor<TModel, TProperty>(this HtmlHelper<TModel> htmlHelper, Expression<Func<TModel, TProp
    ...public static MvcHtmlString TextBoxFor<TModel, TProperty>(this HtmlHelper<TModel> htmlHelper, Expression<Func<TModel, TProp
    ...public static MvcHtmlString TextBoxFor<TModel, TProperty>(this HtmlHelper<TModel> htmlHelper, Expression<Func<TModel, TProp
    ...public static MvcHtmlString TextBoxFor<TModel, TProperty>(this HtmlHelper<TModel> htmlHelper, Expression<Func<TModel, TProp
}
```

图 5-17

```
...public static class EditorExtensions
{
    ...public static MvcHtmlString Editor(this HtmlHelper html, string expression);
    ...public static MvcHtmlString Editor(this HtmlHelper html, string expression, object additionalViewData);
    ...public static MvcHtmlString Editor(this HtmlHelper html, string expression, string templateName);
    ...public static MvcHtmlString Editor(this HtmlHelper html, string expression, string templateName, object a
    ...public static MvcHtmlString Editor(this HtmlHelper html, string expression, string templateName, string h
    ...public static MvcHtmlString Editor(this HtmlHelper html, string expression, string templateName, string h
    ...public static MvcHtmlString EditorFor<TModel, TValue>(this HtmlHelper<TModel> html, Expression<Func<TMode
    ...public static MvcHtmlString EditorFor<TModel, TValue>(this HtmlHelper<TModel> html, Expression<Func<TMode
    ...public static MvcHtmlString EditorFor<TModel, TValue>(this HtmlHelper<TModel> html, Expression<Func<TMode
    ...public static MvcHtmlString EditorFor<TModel, TValue>(this HtmlHelper<TModel> html, Expression<Func<TMode
    ...public static MvcHtmlString EditorFor<TModel, TValue>(this HtmlHelper<TModel> html, Expression<Func<TMode
    ...public static MvcHtmlString EditorFor<TModel, TValue>(this HtmlHelper<TModel> html, Expression<Func<TMode
    ...public static MvcHtmlString EditorForModel(this HtmlHelper html);
    ...public static MvcHtmlString EditorForModel(this HtmlHelper html, object additionalViewData);
    ...public static MvcHtmlString EditorForModel(this HtmlHelper html, string templateName);
    ...public static MvcHtmlString EditorForModel(this HtmlHelper html, string templateName, object additionalVi
    ...public static MvcHtmlString EditorForModel(this HtmlHelper html, string templateName, string htmlFieldNam
    ...public static MvcHtmlString EditorForModel(this HtmlHelper html, string templateName, string htmlFieldNam
}
```

图 5-18

扩展方法的核心三要素是静态类、静态方法和this参数。即在静态类中定义的静态方法，该方法的第一个参数带this。

下面是一个扩展方法的范例，这个方法会在string类型上添加一个新的扩展方法，实现将字符串全部转换为大写的功能：

```
public static class ExtensionMethods
{
    public static string ToUpperCase(this string str)
    {
        return str.ToUpper();
    }
}
```

使用这个扩展方法的范例如下：

```
string original = "Hello, World!";
string upperCase = original.ToUpperCase();
Console.WriteLine(upperCase);  //输出 "HELLO, WORLD!"
```

在这个例子中，我们定义了一个名为ExtensionMethods的静态类，并在其中定义了一个扩展方法ToUpperCase。这个方法接收一个字符串作为参数（由this string str指定），并返回该字符串的大写版本。在使用时，我们可以像调用常规实例方法一样调用这个扩展方法，即在字符串变量后面直接跟上".ToUpperCase()"。除了string，我们还可以扩展到其他类型，比如：

```
namespace myExt
{
    public class Program
    {
        static void Main(string[] args)
        {
            string name = "233";
            name.TestString();
            int age = 3;
            age.TestInt();

            Console.ReadKey();
        }
    }
    public static class Espandi
    {
        public static void TestString(this string s)
        {
            Console.WriteLine("这是string的扩展方法：" + s); //s输出233
        }

        public static void TestInt(this int t)
        {
            Console.WriteLine("这是int的扩展方法：" + t); //t输出3
        }
    }
}
```

在上面的TestString方法中，参数前面加了this，可以理解为给string类添加了一个静态方法TestString，因此我们可以在其他类中使用string类型的变量直接调用这个方法，而不需要使用Espandi.TestString()这种调用方式。

第 6 章
LINQ 的基本使用

MVC是开发信息系统的最新武器，开发过程中也要和数据库打交道。但和传统的信息系统开发需要学习SQL语言不同，MVC开发信息系统不需要学习SQL语言，取而代之的是更加智能且方便调试的LINQ技术！本章将讲解LINQ的基本使用。

6.1 基 本 概 念

LINQ（发音"link"，全称Language Integrated Query，语言集成查询）是Visual Studio 2008中引入的一组功能，可为C#和Visual Basic语言提供强大的查询功能。LINQ引入了标准易学的数据查询和更新模式，可以扩展该方法来支持任何类型的数据存储。Visual Studio包括LINQ提供的程序集，后者支持将LINQ与.NET Framework集合、SQL Server数据库、ADO.NET数据集和XML文档结合使用。

LINQ使用类似SQL语句来操作多种数据源。比如，我们可以使用C#查询Access数据库、.net数据集、XML文档以及实现了IEnumerable或IEnumerable<T>接口的集合类（如List、Array、Sorted Set、Stack、Queue等，可以进行遍历的数据结构都会集成该类）。LINQ能够提升程序数据处理能力和开发效率，具有集成性、统一性、可扩展性、抽象性、说明式编程、可组成型、可转换性等优势。LINQ查询包括两种方式，一种是语句查询，另一种是方法查询。语句查询使用较多，也更容易理解，微软官网推荐使用。

6.2 LINQ 提供的程序

LINQ提供的程序包括如下几个：

- LINQ to Object：用于查询内存中的集合和数组。
- LINQ to DataSet：用于查询ADO.NET数据集中的数据。
- LINQ to SQL：用于查询和修改SQL Server数据库中的数据，将应用程序中的对象模型映射到数据库表。

- LINQ to Entities：使用LINQ to Entities时，会在后台将LINQ语句转换为SQL语句与数据库交互，并能提供数据变化追踪。
- LINQ to XML：用于查询和修改XML，既能修改内存中的XML，也可以修改从文件中加载的XML。

6.3　LINQ 所使用的语法

LINQ查询时有两种语法可供选择：查询表达式（Query Expression）语法和方法语法（Fluent Syntax）。查询表达式语法与方法语法存在着紧密的关系：

- 公共语言运行时（CLR）本身并不理解查询表达式语法，只理解方法语法。
- 编译器负责在编译时将查询表达式语法翻译为方法语法。
- 大部分方法语法都有对应的查询表达式语法形式：如方法Select()对应select，方法OrderBy()对应orderby。
- 部分查询方法目前在C#中还没有对应的查询语句，如Count()和Max()，只能采用这个替代方案：查询表达式语法+方法语法的混合方式。

6.3.1　查询表达式语法

查询表达式语法是一种更接近SQL（结构查询语言）语法的查询方式。它由不同的子句组成，LINQ包含如下的子句：

- from：表示迭代变量。
- in：表示迭代的集合。
- select：表示我们需要让什么变量作为返回值。
- into：表示继续使用迭代结果。
- where：表示条件。
- orderby：表示排序集合。
- ascending：表示集合升序排序。
- descending：表示集合降序排序。
- group：表示分组集合。
- by：表示分组集合的依据。
- join：表示集合配对和连接别的数据。
- on：表示join连接期间的条件。
- equals：表示连接的相等的成员进行比较。

不同的子句可以进行组合，形成查询表达式。LINQ查询表达式语法如下：

```
from<range variable> in <IEnumerable<T> or IQueryable<T> Collection>
<Standard Query Operators> <lambda expression>
<select or groupby operator> <result  formation>
```

　　LINQ查询表达式必须以from子句开头。from子句的结构类似于"From rangeVariableName in IEnumerablecollection"。在英语中，这意味着"从集合中的每个对象"。它类似foreach循环：

```
foreach(student in studentList)
```

　　在from子句之后，可以使用不同的标准查询运算符来过滤\分组\连接集合的元素。LINQ中有大约50个标准查询运算符。标准查询运算符后面通常跟一个条件，这个条件通常使用Lambda表达式来表示。

　　LINQ查询语法总是以select或group子句结束。select子句用于对数据进行筛选。例如，要从数组中查询出偶数，查询表达式范例代码如下：

```
var result = from p in ints where p % 2 == 0 select p;
```

　　guoup子句则用来返回元素分组后的结果，比如：

```
//使用布尔值作为键将结果划分成两个组
//以17为界限进行分组，大于或等于17的为一组，小于17的为一组
var booleanQuery1 = from p in perInfos
                        group p by p.Age >= 17;
```

　　查询表达式语法要点总结：

- 查询表达式语法与SQL语法相同。
- 查询语法必须以from子句开头，可以以select或groupby子句结束。
- 使用各种其他操作，如过滤\连接\分组，排序运算符以构造所需的结果。
- 隐式类型（var）变量可用于保存LINQ查询的结果。

6.3.2　方法语法

　　方法语法（也称为流利语法）主要利用System.Linq.Enumerable类中定义的扩展方法和Lambda表达式方式进行查询，类似于如何调用任何类的扩展方法。以下是一个LINQ方法语法的查询范例，返回数组中的偶数：

```
var result = ints.Where(p => p % 2 == 0).ToArray();
```

　　从上面的范例代码中可以看出：方法语法包括扩展方法和Lambda表达式。扩展方法Where在Enumerable类中定义。如果检查Where扩展方法的签名，会发现Where方法接收一个谓词委托，如Func <Student, bool>。这意味着可以传递任何可接收Student对象作为输入参数的委托函数，并返回一个布尔值。

6.4　查询表达式语法的使用

6.4.1　from-in-select 的简单使用

　　首先介绍的是最基础的from-in-select组合。其中，from子句用来标识查询的数据源；in子句的作用是过滤集合中的元素，只返回满足条件的元素，它可以用于各种场景，例如，筛选出某个属性

值在指定集合中的元素，或者判断某个属性值是否在指定集合中；select子句主要用于返回在执行查询时所需的数据。

from-in-select语句用连字符连起来的意思就是说，这3个关键字是顺次书写的，语法是这样的：

```
from 数据类型? 变量名 in 集合 select 表达式
```

我们把from-in-select语句称为映射表达式（Projection Expression）。举个例子，如果要将集合里的所有元素都加一个单位，然后反馈出来，可以使用的写法是这样的：

```
var selection = from element in array select element + 1;
```

我们直接在select子句的后面写上element + 1作为表达式，表示获取element + 1作为结果；而from和in这一部分则表示的是集合迭代的过程，书写方法总是from后跟迭代变量的名称，而in后跟集合变量的名称。如果这样的语法看不习惯，可以使用foreach循环进行等价转换：

```
public static IEnumerable<int> AddOne(this T[] array)
{
    foreach (var element in array)
        yield return element + 1;
}
```

可以看到，oreach (var element in array)被代替为from element in array，而yield return element + 1被代替为select element + 1。因此，可以说from-in部分表示的是foreach循环，而select部分表示的是yield return。

不过，from-in不能单独使用，也就是说，一旦出现一个子句就必须全都包含，不能缺少其中的任何一部分。比如说，只有from-in的语句是错误的：

```
var selection = from element in array;    // Wrong!
```

from-in除了和select子句一起组合外，还可以和group子句一起组合，进行分类查询，后面我们会讲到。

另外，请注意返回值的类型。我们在等价变回foreach循环后，AddOne方法返回的结果类型是IEnumerable<int>。这一点需要注意。因为等价转换的关系，我们将from-in-select整个部分称为一个表达式（因为它可以写在等号右边，赋值给左边的变量），而这个表达式的结果类型是IEnumerable<>类型的。换句话说，实际上这里的var就表示IEnumerable<int>：

```
IEnumerable<int> selection = from element in array select element + 1;
```

不过，有些时候from-in-select比较长，因此可以换行：

```
var selection =
    from element in array
    select element + 1;
```

建议换行时将from和in单独作为一行，而不要断开from和in，因为它们被等价为foreach循环的声明的头部了，是不可拆分的。

我们把from element in array select element + 1称为一个查询表达式，它是一个表达式，而且功能是用来查询；另外，查询表达式不只是from-in-select形式，还有别的，以后工作中我们会慢慢接触到它们，限于篇幅这里不能全部介绍，只介绍后面项目所涉及的内容。

此外，我们把from后跟的变量称为迭代变量（Iteration Variable），不过在C#里，它只在这个表达式里才能使用，比花括号的级别还要小，因此我们把这样的变量也称为范围变量（Range Variable）。下面看一个范例。

【例6.1】from-in-select的简单用法

（1）打开Visual Studio，先建立控制台程序，也就是在"创建新项目"的对话框上选择"控制台应用（.NET Framework）"，如图6-1所示。

图 6-1

单击"下一步"按钮，然后在"配置新项目"对话框上输入项目名称，这个可以自定义。笔者这里是myCodeFirst；然后输入自定义的路径，这里是d:\ex\myasp，其他保持默认，如图6-2所示。

图 6-2

最后单击右下角的"创建"按钮，一个控制台程序就建立起来了。

（2）在Visual Studio中打开Program.cs，修改Main方法如下：

```
static void Main(string[] args)
{
```

```
        var arr = new int[] { 56, 97, 98, 57, 74, 86, 31, 90 }; //把数组作为数据源
        var queryInfo = from num in arr select num; //from子句，num相当于arr数组中的每个元素
        var numStr = string.Empty; //定义一个空的字符串
        //通过循环，把查询结果（queryInfo）中的每个元素都保存到numStr中
        foreach (var item in queryInfo)
        {
            numStr += item + " ";  // item相当于arr数组中的每个元素
        }
        Console.WriteLine($"数据元素包括：{numStr}");
    }
```

其中，select子句主要基于前面子句的计算结果及其本身的所有表达式，返回在执行查询时所需要的数据。该子句看起来有点像传统的SQL语句，只不过要把from写在前面，select写在后面。查询后的结果要放在一个var定义的变量中，这里是queryInfo。num相当于数组中的每个元素（相当于foreach中迭代变量）。"from num in arr select num;"也可以写成多行，比如：

```
    var queryInfo = from num
                         in arr
                         select
                         num;
```

或者：

```
    var queryInfo = from num in arr
                         select num;
```

一般而言，把不同的子句写成一行，比如from子句是一行，select子句是另外一行，这样看起来清楚些。

（3）运行程序，结果如下：

数据元素包括：56 97 98 57 74 86 31 90

可以看出，我们通过from子句和select子句对数组进行查询，并把查询结果全部打印出来。

这个例子是select的简单用法，其实select操作包括7种形式，分别为简单用法、匿名类型形式、条件形式、筛选形式、嵌套类型形式、本地方法调用形式、Distinct形式。限于篇幅，我们就不全部展开了。总之，select子句基于查询结果返回需要的值或字段，并能够对返回值指定类型。对任意想要获取返回结果的LINQ语句，必须以select或group结束。

6.4.2 使用 select 的匿名类型形式

所谓匿名类型，就是select提供了一种方便的方法，可用来将一组只读属性封装到单个对象中，而无须首先显式定义一个类型。类型名由编译器生成，并且不能在源码中使用。每个属性的类型由编译器推断。可结合new运算符和对象初始值设定项创建匿名类型。

以下范例显示了用名为Amount和Message的属性进行初始化的匿名类型：

```
    var v = new { Amount = 108, Message = "Hello" };
    Console.WriteLine(v.Amount +"," + v.Message);
```

结果输出如下：

```
    108,Hello
```

匿名类型声明以new关键字开始，然后用一对花括号包围起来。匿名类型通常用在查询表达式的select子句中，以便返回源序列中每个对象的属性子集。在LINQ的Select语句中，可以使用匿名类型来创建一个新的对象，并在其中使用表达式赋值属性，但用来初始化属性的表达式不能为null、匿名函数或指针类型。

最常见的匿名类型的初始化方案是用其他类型的属性初始化匿名类型。在下面的示例中，假设名为Product的类存在，类Product包括Color和Price属性，以及我们不感兴趣的其他属性（Name、Category和Size）：

```
class Product
{
    public string Color {get;set;}
    public  decimal Price {get;set;}
    public string Name {get;set;}
    public string Category {get;set;}
    public string Size {get;set;}
}

List<Product> products = new List<Product>(); //假设变量products是类对象的集合
var productQuery =
        from prod in products
        select new { prod.Color, prod.Price };
```

匿名类型声明以new关键字开始。声明初始化了一个只使用Product的两个属性的新类型。使用匿名类型会导致在查询中返回的数据量变少。如果我们没有在匿名类型中指定成员名称，编译器会为匿名类型成员指定与用于初始化这些成员的属性相同的名称。就像在上面代码中，我们没有在匿名类型中指定成员名称，因此匿名类型的属性名称都为Price和Color。

下面看一个具体的实例，将类对象集合作为数据源，并且select使用匿名类型。

【例6.2】使用select匿名类型

（1）新建一个控制台项目，项目名称是myCodeFirst。打开Program.cs文件，在命名空间myCodeFirst中添加1个类作为数据源的数据结构，类定义如下：

```
// 基础类准备
public class User
{
    public string UserId { get; set; }
    public string UserName { get; set; }
    public string UserPhone { get; set; }
}
```

然后修改Main方法如下：

```
static void Main(string[] args)
{
    //准备数据源，这里用类对象集合（或称列表）作为数据源
    //实例化两个User对象，构造数据
    var user1 = new User() { UserId = "1", UserName = "张三", UserPhone = "13911112222"
    };
    var user2 = new User() { UserId = "2", UserName = "李四", UserPhone = "13800008888" };
    var users = new List<User>() { user1, user2 };  //将两个User对象加入一个列表
```

```
    //查询users列表中每个元素的UserName字段并将结果转换为列表类型
    List<string> queryInfo = (from user in users select user.UserName).ToList();
    foreach (var item in queryInfo)  //循环打印查询到的结果数据
    {
        Console.WriteLine(item);
    }
    //查询users列表中的数据并将结果转换为列表类型，这里使用了匿名形式
    var queryInfos = (from user in users select new { name = user.UserName, phone =
user.UserPhone }).ToList();
    foreach (var item in queryInfos)
    {
        Console.WriteLine(item);
    }
}
```

在上面代码中，我们首先定义一个类作为数据源的数据结构，然后实例化两个对象，并放置在一个列表中。接着在第一个from-in-select中，我们只是简单地选择user.UserName作为查询结果；在第二个from-in-select中，我们使用了匿名类型形式，即使用new {}创建了一个匿名类型对象，并为其中的类属性（user.UserName和user.UserPhone）赋值了name和phone属性。这样，所得结果将包含一个新的集合，其中每个元素都是一个具有name和phone属性的匿名类型对象。最后我们通过for循环输出查询结果。

（2）运行项目，结果如下：

```
张三
李四
{ name = 张三, phone = 13911112222 }
{ name = 李四, phone = 13800008888 }
```

6.4.3   where 子句

where子句与SQL命令中的where作用相似，都起到范围限定也就是过滤的作用，而判断条件就是它后面所接的子句。where子句包括3种形式，分别为：简单形式、关系条件形式、First()形式。

虽然where子句非常简单，它的语法跟SQL的语法很像，但有几点需要注意：

- 判断相等应该用"=="，而不是"="。
- 逻辑与应该用"&&"，而不是and。
- 逻辑或应该用"||"，而不是or。
- 一个查询表达式可以包含多个where条件。
- where子句除了第一句和最后一句外，可以出现在查询表达式的任何地方。

下面看几个简单形式的范例：

（1）使用where筛选在伦敦的客户：

```
var q = from c in db.Customers
    where c.City == "London"
    select c;
```

（2）筛选2000年或之后雇用的雇员：

```
var q = from e in db.Employees
```

```
where e.HireDate >= new DateTime(2000, 1, 1)
select e;
```

再看几个关系条件形式的范例：

（1）筛选库存量在订货点水平之下但未断货的产品：

```
var q = from p in db.Products
    where p.UnitsInStock <= p.ReorderLevel && !p.Discontinued
    select p;
```

（2）筛选UnitPrice大于10或已停产的产品：

```
var q = from p in db.Products
    where p.UnitPrice > 10 || p.Discontinued
    select p;
```

（3）下面这个例子是调用两次where以筛选出UnitPrice大于10且已停产的产品：

```
var q = db.Products.Where(p=>p.UnitPrice > 10m).Where(p=>p.Discontinued);
```

where子句的First形式是返回集合中的一个元素，其实质就是在SQL语句中加TOP (1)，范例如下：

（1）选择表中的第一个发货方：

```
Shipper shipper = db.Shippers.First();
```

（2）选择CustomerID为"BONAP"的单个客户：

```
Customer cust = db.Customers.First(c => c.CustomerID == "BONAP");
```

下面看一下where子句的简单范例。

【例6.3】where子句的简单使用

（1）新建一个控制台项目，项目名称是myCodeFirst。打开Program.cs文件，修改Main方法如下：

```
static void Main(string[] args)
{
    //数据源
    int[] arr = { 0, 3, 2, 1, 9, 6, 8, 7, 4, 5 };

    //使用Where子句的查询语句
    var query = from a in arr
                where a < 5 && a % 2 == 0
                select a;
    foreach (var a in query)
    {
        Console.Write(a+",");
    }
    Console.WriteLine();
}
```

在上面代码中，首先遍历数组中的每个元素，然后用where语句筛选出小于5且对2除模是0的数，并返回。

（2）运行程序，结果如下：

```
0,2,4,
```

where子句不仅能使用表达式进行筛选，还可以使用方法进行筛选。看下面的范例。

【例6.4】在where子句中使用方法

（1）新建一个控制台项目，项目名称是myCodeFirst。打开Program.cs文件，为类添加一个静态方法，代码如下：

```
public static bool IsEven(int a)
{
    return a % 2 == 0 ? true : false;   //如果a可以整除2，则返回true，否则返回false
}
```

然后修改Main方法如下：

```
static void Main(string[] args)
{
    //数据源
    int[] arr = { 0, 3, 2, 1, 9, 6, 8, 7, 4, 5 };

    //where子句也可以接收一个方法
    var query = from a in arr
                where a<5 && IsEven(a)    //使用方法IsEven
                select a;

    foreach (var a in query)
    {
        Console.Write(a + ",");   //输出结果
    }
    Console.WriteLine();   //输出后自动换行
}
```

这就是一个在where语句中使用方法进行筛选的例子，输出的结果和上例完全一样。

（2）运行程序，结果如下：

```
0,2,4,
```

6.4.4　group…by 子句

在C#语言的LINQ查询语句中，使用group…by子句（简称group子句）可以对查询结果进行分组，相当于SQL Server数据库表中的Group by语句。group子句返回一个IGrouping(T Key,T element)对象序列。编译时，group子句被转换成对GroupBy方法的调用。

group…by子句后面加分组关键字（也称为键），比如首字母。

【例6.5】根据首字母分组

（1）新建一个控制台项目，项目名称是myCodeFirst。在Program.cs中修改Main方法如下：

```
static void Main(string[] args)
{
    string[] fruits = { "apple", "an", "peach", "orange", "pupil", "on" };   //数组当数据源
```

```
var query = from f in fruits  //分组查询的语句
                group f by f[0];  //f[0]是每个单词首字母, f[0]也就是关键字
//输出结果
foreach (var letters in query)
{
    Console.WriteLine("words that start with letter:" + letters.Key); //把关键字打印
出来
    foreach (var word in letters) //把同一个分组中的每一个单词打印出来
    {
        Console.WriteLine(word);
    }
    Console.WriteLine();
}
```

在上面代码中，我们将一个字符串数组作为数据源，每个元素是一个英文单词，并选取了一些首字母相同的英文单词，这样方便查看分组效果，也就是相同首字母的英文单词作为一组。因此，group…by后面的关键字就是f[0]，f[0]是每个单词首字母。第二个循环的作用是把同一个分组中的每一个单词打印出来。

（2）运行项目，结果如下：

```
words that start with letter:a
apple
an

words that start with letter:p
peach
pupil

words that start with letter:o
orange
on
```

6.4.5 orderby 子句

orderby子句用来对查询结果进行排序，可以为升序或降序，默认为升序。可以指定多个键（也称关键字），以便执行一个或多个次要排序操作。实际上，在编译时，orderby子句将被转换为对OrderBy方法的调用。我们来看几个范例。

（1）使用orderby按雇用日期对雇员进行排序：

```
var q = from e in db.Employees
    orderby e.HireDate  //默认为升序排序
    select e;
```

（2）和where一起，比如使用where和orderby按运费进行排序：

```
var q = from o in db.Orders
    where o.ShipCity == "London" // ShipCity是货主地址的意思
    orderby o.Freight
    select o;
```

（3）对商品的单价进行降序排序：

```
var q = from p in db.Products
    orderby p.UnitPrice descending
    select p;
```

（4）使用复合的orderby对客户按照City和ContactName进行排序，例如，先按City排序，当City相同时，再按ContactName排序：

```
var q = from c in db.Customers
    orderby c.City, c.ContactName
    select c;
```

下面看一个范例，对整数序列排序。对于范例，我们尽可能设计得简单。

【例6.6】对整数序列排（升）序

（1）新建一个控制台项目，项目名称是myCodeFirst。在Program.cs中修改Main方法如下：

```
static void Main(string[] args)
{
    int[] ints = new int[] { 3,1, 5, 4, 7, 6, 8 };
    //使用查询表达式来排序
    Console.Write("使用查询表达式来排序:\n");
    var values = from v in ints       //通过表达式排序
                     orderby v       //v本身就是代表数组ints中的数字
                     select v;
    foreach (var item in values)
    {
        Console.Write(item + ","); //输出结果
    }
    Console.WriteLine();  //输出后自动换行
}
```

orderby默认是升序，如果要降序，添加descending即可：

```
orderby v descending
```

（2）运行程序，结果如下：

```
1,3,4,5,6,7,8,
```

6.5 委　托

在讲LINQ方法语法之前，我们先来了解或复习一下委托（Delegate）、Lambda表达式和Expression表达式树等概念，因为它们在方法语法中会被大量用到。这方面属于C#中的内容，不少人或许还没接触过，如果已经掌握，则可以忽略本节。当然，本书不是专门讲C#语言的，这里也不会长篇大论，讲得面面俱到，主要目的是方便读者回顾和复习。

6.5.1　委托的基本概念

C#中的委托（Delegate，读作：/'delɪɡeɪt/）是一种类型安全的函数指针，用于封装方法的引用。

委托允许我们将方法作为参数传递给其他方法，或者将方法存储在变量中供后续调用。这种设计模式在事件处理、回调函数、异步编程等场景中尤为常用。

我们可以这样认为：委托是一个类，它定义了方法的类型，使得可以将方法当作另一个方法的参数来进行传递。这种将方法动态地赋给参数的做法，可以避免在程序中大量使用if-else（switch）语句，同时使得程序具有更好的可扩展性。

6.5.2　声明委托

在C#中，声明一个委托类型需要指定其参数类型和返回类型。其语法形式如下：

```
public delegate 返回类型 委托名(参数类型 参数名[, ...]);
```

也可写成：

```
delegate returnType DelegateName(parameterList);
```

其中，returnType是委托所引用方法的返回类型，DelegateName是委托的名称，parameterList是委托所引用方法的参数列表。

例如，声明一个接收两个整数参数并返回一个整数的委托：

```
public delegate int MathOperation(int num1, int num2);
```

6.5.3　通过命名方法使用委托

在这种方式中，我们需要定义一个有名称的方法（也叫命名方法），并通过new关键字来实例化委托对象，然后调用它。具体使用步骤如下：

步骤 01 声明委托类型：根据需要定义一个委托，在其中指定返回类型和参数列表。可以在类的内部或外部声明委托。比如：

```
delegate int MathOperationDelegate(int a, int b);
```

步骤 02 定义有名称的方法：定义与委托声明相匹配的方法，该方法的返回类型和参数列表必须与委托声明的形式一致。比如：

```
int Add(int a, int b)  //Add是方法的名称
{
    return a + b;
}
```

步骤 03 创建委托对象，也称实例化委托：使用委托类型创建委托对象，委托的实例化通常有4种方式：

第1种是通过new的方式创建委托实例，比如：

```
// 1. 定义委托
public delegate int MathOperationDelegate(int a, int b);
class Program
{
    // 2.定义委托对应的方法
    // 注意：该方法的签名必须与定义的委托签名保持一致
    public static int Add(int num1, int num2)
    {
```

```
        return num1 + num2;
    }
    static void Main()
    {
    // 3.实例化委托,把方法Add作为参数传入委托
    MathOperationDelegate mathOperation = new MathOperationDelegate(Add);
    Console.WriteLine(mathOperation(2, 3)); //4.调用委托,输出5
    }
}
```

通过new创建委托实例,必须传入一个方法作为参数,否则会报错。

第2种方法是直接赋值,也就是将方法名称赋值给定义的委托,比如:

```
// 1. 定义委托
public delegate int MathOperationDelegate(int a, int b);
class Program
    {
    // 2.定义委托对应的方法
    // 注意:该方法的签名必须与定义的委托签名保持一致
    public static int Add(int num1, int num2)
    {
        return num1 + num2;
    }
    static void Main()
    {
        // 3.实例化委托:直接赋值,将方法Add赋值给定义的委托
        MathOperationDelegate mathOperation = Add;
        Console.WriteLine(mathOperation(2, 3)); //4.调用委托,输出5
    }
}
```

相对于通过new创建委托实例,直接赋值则是更简单的给委托创建实例的方式。

第3种方法叫匿名方法,我们可以使用匿名方法来创建委托实例。匿名方法是在创建委托实例时定义的方法体,不需要单独命名。比如:

```
// 1. 定义委托
public delegate int MathOperationDelegate(int a, int b);

class Program
{
    static void Main()
    {
        // 2.实例化委托:使用匿名方法,可在不定义命名方法的情况下直接编写方法体
        MathOperationDelegate mathOperation = delegate (int num1, int num2)
        {
            return num1 + num2;
        };
        Console.WriteLine(mathOperation(2, 3));//调用委托,输出5
    }
}
```

和前面两种方法不同,这里不再需要专门定义一个Add方法。

第4种方法是使用Lambda表达式。从C# 3.0开始,可以使用Lambda表达式来创建委托实例。Lambda表达式是一种更简洁的匿名方法语法。比如:

```
    // 1. 定义委托
    public delegate int MathOperationDelegate(int a, int b);
    class Program
    {
        static void Main()
        {
            //2.实例化委托：使用Lambda表达式
            MathOperationDelegate mathOperation = (x, y) => x + y;
            Console.WriteLine(mathOperation(2, 3));//调用委托，输出5
        }
    }
```

步骤 **04** 调用委托：通过调用委托，就可以间接调用委托上对应的方法。调用委托通常有两种方式。

第1种方式是调用委托变量，传入对应的参数，像调用方法一样调用委托。比如：

```
int result = mathOperation(5, 3);
```

第2种方式是使用Invoke方法调用委托。如果定义的委托没有参数，则invoke也没有参数，如果定义的委托没有返回值，则invoke也没有返回值。比如：

```
public delegate int MathOperationDelegate(int a, int b);
    class Program
    {
        static void Main()
        {
            MathOperationDelegate mathOperation = (x, y) => x + y;
            //使用Invoke方法，调用委托
            Console.WriteLine(mathOperation.Invoke(2,3));//输出: 5
        }
    }
```

以上就是实现委托的一个基本的使用过程，下面我们要上机操作了。

【例6.7】通过命名方法使用委托

（1）新建一个控制台项目，项目名称是myCodeFirst。打开Program.cs文件，为类Program声明一个委托：

```
public delegate string printString(string str);
```

其中，printString就是一个委托，就像C/C++中的函数指针，指向一个具有一个string参数并且返回值类型是string的函数。

（2）定义方法。这里我们在类Program中定义两个方法，后面会通过委托调用这两个方法。

```
public string PrintOK(string str) //该方法具有一个string参数并且返回值类型是string
{
    string newStr = str + " OK";
    return newStr;
}

public string PrintError(string str) //该方法具有一个string参数并且返回值类型是string
{
    string newStr = str + " Error";
    return newStr;
}
```

这两个方法的参数和返回值类型都要和委托一致，这样委托才能调用它们。也就是说，在处理C#委托时，需要记住的一点是，委托的声明及其指向的方法应该相同。因此，在创建委托时，委托的访问修饰符、返回类型、参数数量及其数据类型，应该且必须与委托要引用的方法的访问修饰符、返回类型、参数数量和数据类型相同。

（3）创建委托对象。因为Main是静态函数，不方便直接实例化委托。因此，我们专门定义一个public方法来实例化委托并调用。在类Program中添加方法printInfo，并输入如下代码：

```
public void printInfo(string str)
{
    //定义并实例化委托
    printString ps1 = new printString(PrintOK); //将方法名称作为参数传递给委托
    printString ps2 = new printString(PrintError); //将方法名称作为参数传递给委托
    Console.WriteLine(ps1(str)); //调用委托，也可以通过Invoke调用，比如ps1.Invoke(str);
    Console.WriteLine("--------------------");
    Console.WriteLine(ps2(str)); //调用委托
    Console.WriteLine("--------------------");
}
```

我们实例化了两个委托，并分别调用，也就是输出方法的返回值。

另外，如果不想使用printInfo，而想在静态的Main中直接使用委托，那么把委托及其所指方法都改为静态，就可以直接在Main中使用了。

（4）最后，在静态的Main方法中调用printInfo。先实例化类Program，然后就可以调用公有方法printInfo了。在Main中输入如下代码：

```
static void Main(string[] args)
{
    Program p = new Program();
    p.printInfo("hello");

    Console.ReadKey();
}
```

（5）运行程序，结果如下：

```
hello OK
--------------------
hello Error
--------------------
```

6.5.4 通过 delegate 关键字使用委托

除了定义有名称的方法外，还可以定义匿名方法。这种方式定义一个没有名称的方法（也叫匿名方法），并通过关键字delegate来实例化委托对象，然后调用委托。通过匿名方法实现的委托叫作匿名委托。匿名委托除了通过delegate关键字这种方式实现外，还可以通过Lambda表达式（6.5.5节讲解）来实现。

在C#中，可以将匿名方法简单理解为没有名称、只有方法主体的方法。匿名方法提供了一种将代码块作为委托参数传递的技术，它是一个"内联"语句或表达式，可在任何需要委托类型的地方使用。匿名方法可以用来初始化命名委托或传递命名委托作为方法参数。我们无须在匿名方法中指定返回类型，返回值类型是从方法体内的return语句推断出来的。

通过匿名方法使用委托的步骤如下：

步骤01 声明委托类型，比如：

```
delegate int NumberChanger(int a);  //有两个整型参数，返回值也是整型
```

步骤02 定义匿名方法并通过关键字delegate实例化委托，比如：

```
//定义匿名方法，并通过关键字delegate创建委托实例
NumberChanger nc = delegate(int x)  //nc是委托变量，delegate是关键字
{
    Console.WriteLine("匿名函数：{0}", x);
    return x+1;
};
```

步骤03 x是参数，而花括号包围起来的内容就是方法体。

步骤04 调用委托：通过调用委托变量来执行委托所引用的方法。比如：

```
int res = nc(5);  //res的值是6，因为匿名方法返回的是x+1
```

以上就是通过匿名方法来使用委托的过程。可以看出，它确实比命名方法的方式简单一些。

【例6.8】 通过匿名方法方使用委托

（1）新建一个控制台项目，项目名称是myCodeFirst。打开Program.cs文件，在类Program中添加一个委托声明：

```
delegate int SUM(int a,int b);
```

这个委托有两个整型参数，返回值类型也是整型。

（2）在Main中定义匿名方法并实例化委托，最后调用委托，代码如下：

```
static void Main(string[] args)
{
    int m = 1, n = 2;
    SUM sum = delegate (int a, int b)   //定义匿名函数创建委托实例
    {
        return a + b;  //返回两数之和
    };
    Console.WriteLine("{0}+{1}={2}", m, n ,sum(m, n)); //调用委托
    Console.ReadKey();
}
```

（3）运行程序，结果如下：

```
1+2=3
```

6.5.5 通过 Lambda 表达式使用委托

虽然通过关键字delegate的匿名方法来使用委托已经很方便了，但有的程序员们甚至连delegate这个单词也不愿意写。微软只能进一步简化，推出了不需要写delegate的匿名方法，也就是Lambda表达式。该表达式在C# 3.0中被引入，使得程序员们可以使用一种新的方法把实现代码赋予委托。

Lambda表达式本质就是一个匿名方法，因此实现的委托也是匿名委托。Lambda简化了匿名委托的使用，减少了开发中需要编写的代码量。Lambda表达式对于编写LINQ查询表达式特别有用。

　　Lambda表达式可以包含表达式和语句，并且可用于创建委托或表达式目录树类型，支持带有可绑定到委托或表达式树的输入参数的内联表达式。所有Lambda表达式都使用Lambda运算符"=>"，该运算符读作"goes to"。Lambda运算符的左边是输入参数（如果没有参数，就用一对空括号），右边是表达式或语句块。比如，x => x * x，读作"x goes to x乘以x"，功能是指定名为x的参数并返回x的平方值。

　　在Lambda表达式中，输入参数是Lambda运算符的左边部分。它包含参数的数量，可以为0、1或者多个。只有当输入参数为1时，Lambda表达式左边的一对圆括号才可以省略。输入参数的数量大于或者等于2时，Lambda表达式左边的一对圆括号中的多个参数之间使用逗号分隔。比如，以下3个Lambda表达式：

```
m=>m*5;
(m,n)=>m+n;
()=>Console.WriteLine("Lambda"); //没有参数时，圆括号不能省略
```

　　多个Lambda表达式可以构成Lambda语句块。语句块要放到运算符的右边，作为Lambda的主体。根据主题的不同，Lambda表达式可以分为表达式Lambda和语句Lambda。语句块中可以包含多条语句，并且可以包含循环、方法调用和if语句等。当右边出现多个表达式时，需要用花括号，且右边花括号外要用分号结尾，比如：

```
(m,n)=>{int result=m*n; Console.WriteLine(result);};
```

　　如下面的范例所示，我们可以将此表达式分配给委托类型：

```
delegate int del(int i);                //声明一个委托
static void Main(string[] args)
{
    del myDelegate = x => x * x;        //指定名为x的参数并返回x的平方值
    int j = myDelegate(5);             //执行后j等于25
    Console.WriteLine(j);              //输出j的值
}
```

　　结果输出25。下面看一个范例，使用Lambda表达式简化委托。

　　【例6.9】简单的Lambda表达式实现委托

　　（1）新建一个控制台项目，项目名称是myCodeFirst。打开Program.cs文件，在类Program中添加一个委托声明：

```
 delegate int sq(int a);
```

　　这个委托有一个整型参数，返回值类型也是整型。

　　（2）在Main中通过Lambda表达式实现匿名委托，最后调用委托，代码如下：

```
static void Main(string[] args)
{
    int  n = 2;
    sq mysq = p => p * p;                      //使用Lambda表达式实现平方运算
    Console.WriteLine("{0}*{1}={2}",n ,n,mysq(n)); //调用委托
    Console.ReadKey();
}
```

　　在Lambda表达式中，=>左边的p是参数，右边实现平方运算。通过Lambda表达式实现匿名方

法，实例化委托对象并赋值给委托变量mysq。最后通过委托变量来调用，比如mysq(n)。

（3）运行程序，结果如下：

```
2*2=4
```

本例中的Lambda表达式比较简单，下面看一个更复杂的Lambda表达式范例。

【例6.10】稍复杂的Lambda表达式实现委托

（1）新建一个控制台项目，项目名称是myCodeFirst。打开Program.cs文件，在类Program中添加一个委托声明：

```
delegate int MAX(int a,int b);
```

这个委托有一个整型参数，返回值类型也是整型。

（2）在Main中通过Lambda表达式实现匿名委托，最后调用委托，代码如下：

```
static void Main(string[] args)
{
    int  m=3,n = 2;
    MAX mymax = (a,b) =>
    {
        if (a > b) return a;          //如果a大于b，返回a
        else return b;                //否则返回b
    };                                //这里分号不要忘记
    Console.WriteLine("max of {0} and {1}: {2}",m ,n,mymax(m,n));
    Console.ReadKey();                //等待用户按键
}
```

这里Lambda表达式是获取a和b的较大值。

（3）运行程序，结果如下：

```
max of 3 and 2: 3
```

6.5.6 多播委托

委托可以引用单个方法，也可以引用多个方法。当委托引用多个方法时，称为多播委托（Multicast Delegate）。可以使用"+="运算符将多个方法添加到委托中，使用"-="运算符从委托中移除方法。下面是一个多播委托的范例：

```
delegate void MessageDelegate(string message);

void PrintMessage(string message)
{
    Console.WriteLine("Printing: " + message);
}

void LogMessage(string message)
{
    Console.WriteLine("Logging: " + message);
}

MessageDelegate messageDelegate = PrintMessage;
messageDelegate += LogMessage;
```

```
messageDelegate("Hello"); // 调用所有引用的方法
```

在多播委托中，通常采用"+="的方式来创建实例。通过"+="方式注册的函数都会被执行，但是，如果delegate方法有返回值，则只返回最后一次注册的返回值。

【例6.11】采用"+="操作方式实现多播委托

（1）新建一个控制台项目，项目名称是myCodeFirst。打开Program.cs文件，为类Program声明一个委托：

```
public delegate int addNum(int i);
```

其中，addNum就是一个委托类型，就像C/C++中的函数指针，指向一个具有int参数并且返回值类型是int的函数。另外，再为类Program定义一个静态整型变量，稍后会用到：

```
public static int num = 0;
```

（2）定义方法。这里我们定义两个方法，后面通过委托会调用这两个方法。在类Program中添加两个方法：

```
static int addOne(int i)
{
    num += 1;
    return i + 1;
}

static int addTwo(int i)
{
    num += 2;
    return i + 2;
}
```

这两个方法的参数和返回值类型都要和委托类型一致，这样委托才能调用它们。

（3）实例化委托对象并调用，因为上面定义的两个方法都是静态的，所以可以直接在静态的Main中调用。在Main中输入如下代码：

```
static void Main(string[] args)
{
    addNum an = null;              //定义一个委托变量并置空
    an += addOne;                  //创建委托对象并添加方法addOne
    an += addTwo;                  //创建委托对象并添加方法addTwo

    int result = an(10);           //注意，返回的是最后一次注册的有返回值的方法的返回值
    Console.WriteLine(result);     //输出result的值
    Console.WriteLine(num);        //输出num的值
    Console.ReadKey();             //等待用户按键
}
```

我们定义了一个委托变量an，并为它注册了两个方法，相当于实例化了两个委托对象。然后分别依次调用，也就是先调用addOne，再调用addTwo。因为我们先注册的是addOne，所以addOne先调用。an(10)的返回值采用的是最后注册的那个有返回值的方法的返回值。因此an(10)返回值应该是addTwo中返回的12。

总之，无返回值的委托，你给它注册多少个方法，它就执行多少个方法；而有返回值的委托，

同样注册多少个方法就执行多少个方法，但返回的是最后一个有返回值的方法的返回值。

（4）运行程序，结果如下：

```
12
3
```

可以看出result的结果的确是12，符合预期。而num的值是3，也符合预期。因为经过addOne的调用，num的值是1，再经过addTwo的调用，num的值就变为3了。

6.5.7 深入研究委托的"+="和"-="

我们现在知道，可以通过"+="为委托注册多个方法。那执行"+="操作的同时会创建委托对象（也就是实例化委托对象）吗？我们通过下面范例来看看"+="操作都做了哪些事？

【例6.12】探究"+="操作是否实例化委托

（1）新建一个控制台项目，项目名称是myCodeFirst。打开Program.cs文件，在命名空间myCodeFirst中的开头声明两个委托：

```
public delegate void ShowMsg(string msg);
public delegate int MathOperation(int a, int b);
```

我们声明了两个不同的委托，它们的返回值类型和参数都不同，而且这次故意不把委托的声明放在类中，而是放在类外，目的是让读者开阔眼界。

（2）在类Program中定义4个方法，代码如下：

```
static void ShowHello(string msg)
{
    Console.WriteLine("hi:" + msg);
}
static void ShowHello1(string msg)
{
    Console.WriteLine("hi-1:" + msg);
}
static int Add(int a, int b)
{
    return a + b;
}
static int Multiply(int a, int b)
{
    return a * b;
}
```

其中，静态方法ShowHello和ShowHello1与委托ShowMsg同类型（返回值和参数类型一致），静态方法Add和Multiply与委托MathOperation同类型。

（3）创建委托对象并调用。因为我们刚才定义的方法都是静态的，所以可以在静态Main方法中直接注册并调用。在Main中添加如下代码：

```
static void Main(string[] args)
{
    showMsg += ShowHello;                    //注册方法ShowHello
    showMsg += ShowHello1;                   //注册方法ShowHello1
    showMsg("hello world");                  //开始调用注册的方法
```

```
    mathOperation += Add;                            //注册方法Add
    mathOperation += Multiply;                       //注册方法Multiply
    int result = mathOperation(1, 2);                //开始调用注册的方法
    Console.WriteLine(result.ToString());            //输出result的值
    Console.Read();                                  //等待用户按键
}
```

代码很普通，运行结果如下：

```
hi:hello world
hi-1:hello world
2
```

结果不是我们要关注的，而且很容易猜到。下面见证奇迹的时刻到了，我们来看一下反编译的代码：

```
private static void Main(string[] args)
{
    Program.showMsg = (ShowMsg)Delegate.Combine(Program.showMsg, new
ShowMsg(Program.ShowHello));
    Program.showMsg = (ShowMsg)Delegate.Combine(Program.showMsg, new
ShowMsg(Program.ShowHello1));
    Program.showMsg("hello world");
    Program.mathOperation = (MathOperation)Delegate.Combine(Program.mathOperation, new
MathOperation(Program.Add));
    Program.mathOperation = (MathOperation)Delegate.Combine(Program.mathOperation, new
MathOperation(Program.Multiply));
    Console.WriteLine(Program.mathOperation(1, 2).ToString());
    Console.Read();
}
```

从上面的代码可以看出，"+="内部是通过委托的Combine静态方法将委托进行组合的，并且也是通过new来实例化的。现在我们就可以明白，每个"+="操作都会在内部使用new来实例化委托对象。Combine将当前的委托加入指定的多播委托集合中。

另外，"-="内部是调用了委托的Remove静态方法，使用"-="最终是将委托置为null，这样就可以等待垃圾回收器进行回收了。至此，我们的探究工作完美收工。

6.5.8　内置委托

除了普通委托外，C#还提供了一些特殊的内置委托类型，如Func、Action和Predicate。它们简化了委托的使用，并使代码更易读、易维护。Predicate用得不多，我们不讲。Action委托用于引用不返回值的方法，而Func委托用于引用具有返回值的方法。

就像我们预定义好的一样，要实现某些功能，可以直接利用系统内置委托，并实例化它们，而不必显式定义一个新委托并将命名方法分配给该委托。

1. Action委托

Action委托表示一个执行某种操作但不返回值的方法。它最多可以接收16个输入参数，但没有返回值。Action委托可用于封装一个方法，然后将其作为参数传递给另一个方法，或者将其赋值给一个委托变量，以便在需要时调用该方法。Action委托的语法形式如下：

```
public delegate void Action();  //无参数委托
```

```
public delegate void Action<in T>(T obj);  //1个参数的委托
public delegate void Action<in T1, in T2>(T1 arg1, T2 arg2);  //两个参数的委托，最多可以
```
有16个参数

这些委托已经预先定义好了，可以直接在程序中用来定义委托变量。定义委托变量后，可以使用new来实例化委托对象，并将方法名作为参数传入，比如：

```
Action<int> action4 = new Action<int>(ActionWithPara);  //一个参数的委托
```

其中，ActionWithPara是实际的方法名，需要程序员自定义。可能某些程序员要烦了，每次还要自己为方法起名字，要是有一个没有名称的方法就好了。好消息，C# 2.0开始引入匿名方法了，可以在不创建单独命名方法的情况下定义委托实例。虽然Lambda表达式现在更常用，但匿名方法在某些场景下仍有其价值。匿名方法是一种没有名称的方法，它通常用于传递给委托或事件。匿名方法可以通过使用delegate关键字或Lambda表达式来定义。比如，使用关键字delegate定义匿名方法：

```
Action<int, int, string> action8 = delegate (int i1, int i2, string s) //使用关键字delegate
定义匿名方法
{
    Console.WriteLine($"这里是3个参数的Action委托，参数1的值是：{i1}，参数2的值是：{i2}，参数3
的值是：{s}");
};
action8();  //执行
```

i1、i2和s是该匿名方法的3个参数。但是，虽然方法名不需要写了，却要输入一个delegate，也很麻烦。那就用Lambda表达式来定义匿名方法吧！比如：

```
Action<int, int, string, string> action9 = (int i1, int i2, string s1, string s2) =>
{
    Console.WriteLine($"这里是使用4个参数的委托，参数1的值是：{i1}，参数2的值是：{i2}，参数3的
值是：{s1}，参数4的值是：{s2}");
};
action9(34, 56, "abc", "def");  //执行委托
```

现在简单了吧，什么单词都不需要输入，只需要输入一个符号"=>"。

【例6.13】使用Action委托

（1）新建一个控制台项目，项目名称是myCodeFirst。打开Program.cs文件，在Main中输入方法如下：

```
static void Main(string[] args)
{
    //通过无参数无返回值的命名方法实现委托
    Action action1 = new Action(ActionWithNoParaNoReturn);
    action1();  //执行
    Console.WriteLine("-------------------------");
    // 配合delegate关键字实现匿名委托
    Action action2 = delegate { Console.WriteLine("这里是使用delegate"); };
    action2();  //执行
    Console.WriteLine("-------------------------");
    //配合Lambda表达式实现匿名委托
    Action action3 = () => { Console.WriteLine("这里是匿名委托"); };
    action3();//执行
    Console.WriteLine("-------------------------");
    //通过有参数无返回值的命名方法实现委托
```

```
        Action<int> action4 = new Action<int>(ActionWithPara);
        action4(23);  //执行
        Console.WriteLine("---------------------------");
        //配合delegate关键字实现匿名委托
        Action<int> action5 = delegate (int i) { Console.WriteLine($"这里是使用delegate的委
托，参数值是：{i}"); };
        action5(45);  //执行
        Console.WriteLine("---------------------------");
        //配合Lambda表达式实现匿名委托
        Action<string> action6 = (string s) => { Console.WriteLine($"这里是使用匿名委托，参数
值是：{s}"); };
        action6("345");  //执行
        Console.WriteLine("---------------------------");
        //通过多个参数无返回值的命名方法实现委托
        Action<int, string> action7 = new Action<int, string>(ActionWithMulitPara);
        action7(7, "abc");  //执行
        Console.WriteLine("---------------------------");
        //配合delegate关键字实现匿名委托
        Action<int, int, string> action8 = delegate (int i1, int i2, string s)
        {
            Console.WriteLine($"这里是3个参数的Action委托，参数1的值是：{i1}，参数2的值是：{i2}，
参数3的值是：{s}");
        };
        action8(12, 34, "abc");  //执行
        Console.WriteLine("---------------------------");
        //配合Lambda表达式实现匿名委托
        Action<int, int, string, string> action9 = (int i1, int i2, string s1, string s2)
=>
        {
            Console.WriteLine($"这里是使用4个参数的委托，参数1的值是：{i1}，参数2的值是：{i2}，参数3
的值是：{s1}，参数4的值是：{s2}");
        };
        action9(34, 56, "abc", "def");  // 执行委托
        Console.ReadKey();  //等待用户按键
    }

    static void ActionWithNoParaNoReturn()
    {
        Console.WriteLine("这里是无参数无返回值的Action委托");
    }

    static void ActionWithPara(int i)
    {
        Console.WriteLine($"这里是有参数无返回值的委托，参数值是：{i}");
    }

    static void ActionWithMulitPara(int i, string s)
    {
        Console.WriteLine($"这里是有两个参数无返回值的委托，参数1的值是：{i}，参数2的值是：{s}");
    }
```

可以看出，有了Action就不需要再去声明委托了。我们让Action委托分别配合命名方法、delegate
关键字和Lambda表达式来实现，并且使用了不定数量的参数。

（2）运行程序，结果如下：

```
这里是无参数无返回值的Action委托
---------------------------
```

这里是使用delegate

这里是匿名委托

这里是有参数无返回值的委托，参数值是：23

这里是使用delegate的委托，参数值是：45

这里是使用匿名委托，参数值是：345

这里是有两个参数无返回值的委托，参数1的值是：7，参数2的值是：abc

这里是3个参数的Action委托，参数1的值是：12，参数2的值是：34，参数3的值是：abc

这里是使用4个参数的委托，参数1的值是：34，参数2的值是：56，参数3的值是：abc，参数4的值是：def

2. Func委托

Func委托表示带有返回值的方法的委托。它可以接收多个参数（0~16 个），并返回一个值。Func委托的语法形式如下：

- Func(TResult)：封装一个不具有参数并返回TResult参数指定的类型值的方法。
- Func(T,TResult)：封装一个具有一个参数并返回TResult参数指定的类型值的方法。
- Func(T1,T2,TResult)：封装一个具有两个参数并返回TResult参数指定的类型值的方法。
- ……
- Func<T1,T2,T3,T4,T5,T6,T7,T8,T9,T10,T11,T12,T13,T14,T15,T16,TResult>：封装一个方法，该方法具有16个参数，并返回TResult参数所指定的类型的值。

TResult表示委托所调用的方法的返回值的类型，即它是一个数据类型。可以看出，Func对应的方法是必须有返回值的。如果我们的方法没有返回值，那就使用Action委托。

【例6.14】Func委托的简单使用

（1）新建一个控制台项目，项目名称是myCodeFirst。打开Program.cs文件，定义一个方法，代码如下：

```
public static long Add(int a, int b)
{
    return a + b;
}
```

然后在Main中使用Func委托并调用，代码如下：

```
public static void Main(string[] args)
{
    Func<int, int, long> myfunc = Add;      //命名方法是Add
    long res = myfunc(2, 3);                 //执行委托
    Console.WriteLine(res);                  //输出结果
    myfunc = (m, n) => m * n;                //基于Lambda表达式的匿名方法
    res = myfunc(2, 3);                      //执行委托
    Console.WriteLine(res);                  //输出结果
}
```

这里的Func委托要求方法有两个整型参数，返回值类型为long。我们分别用命名方法和基于Lambda表达式的匿名方法来实现委托。这里，命名方法实现的功能是两数相加，匿名方法实现的功能是两数相乘。最后分别调用委托并输出结果。

（2）运行项目，结果如下：

```
5
6
```

6.6 Expression 表达式树

6.6.1 表达式树是什么

在C#中，有两种高级技术可用于动态生成和执行代码：IL（Intermediate Language，中间语言）的Emit机制与Expression Trees（Expression表达式树）。它们分别提供了不同的方法来实现运行时代码生成，各有优势与适用场景。表达式树也称表达式目录树，它将代码以一种抽象的方式表示成一棵对象树，树中每个节点本身是一个表达式。表达式树不是可执行代码，它是一种数据结构。

在日常开发中，我们很少用到表达式树，但它在编写一些需要在运行时生成和执行代码的场景中非常有用。在C#中，表达式树是一种数据结构，它可以表示一些代码块，如Lambda表达式或查询表达式。表达式树使我们能够查看和操作数据，就像查看和操作代码一样。

从字面意思就可以看出，表达式树的数据结构是树状的，即我们可以定义一种树状的数据结构来描述C#中的代码，这种树状的数据结构就是表达式树，也被称为表达式（各种表达式之间是可以相互嵌套的）。比如：(5-2)+(2+3)这个表达式，拆分成树状结构如图6-3所示。

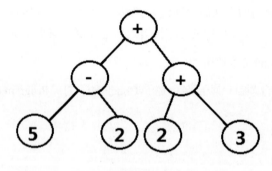

图 6-3

当然，C#代码肯定比这个要复杂得多，比如定义语句、循环、判断、属性访问等。在C#中，微软为每种运算类型的代码定义了不同的表达式类型，它们有共同的基类：Expression。

表达式目录树是一个类的封装，描述了一个结构，有身体部分和参数部分。身体部分分为左边和右边，内部描述了左边和右边之间的关系，可以不断地往下拆分，类似于二叉树。表达式目录树展开后的每一个节点也是一个表达式目录树。例如，Expression<TDelegate>就是一个表达式目录树，里面是一个委托，如Func<>、Action<>等。Expression可以通过Compile()转换成委托，所以说要执行表达式树，就通过Compile()将其转换成一个可执行的委托。

6.6.2　表达式树基类 Expression

Expression是一个用于表示代码中的表达式的类。它可以用于构建和操作表达式树，这些表达式树可以在运行时进行解析和执行。通过使用Expression类，可以将代码中的表达式表示为对象，并对其进行操作，例如将表达式转换为字符串，编译为委托等。

Expression就是一个表达式树基类，并且是一个抽象类。它表示所有出现在C#中的代码的类型，表示表达式树节点的类都派生自该基类，比如类LambdaExpression派生自类Expression。类Expression声明如下：

```
namespace System.Linq.Expressions
{
    public abstract class Expression     //Expression 是一个abstract 类
    {
        //构造 System.Linq.Expressions.Expression 的新实例
        protected Expression();
        //初始化 System.Linq.Expressions.Expression 类的新实例
        // 参数:
        //   nodeType:节点类型
        //   type:节点的静态类型，比如: System.Int32
        protected Expression(ExpressionType nodeType, Type type);
        //指示可将节点简化为更简单的节点。 如果返回 true，则可以调用 Reduce() 以生成简化形式
        // 返回结果:
        //     如果可以简化节点，则为 True；否则为 false
        public virtual bool CanReduce { get; }
        //获取此System.Linq.Expressions.Expression 的节点类型
        // 返回结果:
        //     System.Linq.Expressions.ExpressionType 值之一
        public virtual ExpressionType NodeType { get; } //这个成员是个属性
        //获取此 System.Linq.Expressions.Expression 表示的表达式的静态类型
        // 返回结果:
        //     表示表达式的静态类型的 System.Type
        public virtual Type Type { get; }  //这个成员是个属性
        ...
        //创建一个常量表达式（System.Linq.Expressions.ConstantExpression）
        public static ConstantExpression Constant(object value);
        //创建一个ConstantExpression,它把 Value和Type属性设置为指定值
        public static ConstantExpression Constant(object value, Type type);
        ...
        //创建一个System.Linq.Expressions.MethodCallExpression,它表示对使用一个参数的
static方法的调用
        public static MethodCallExpression Call(MethodInfo method, Expression arg0);
        ...
        //创建一个在编译时委托类型已知的Expression<TDelegate>
        public static Expression<TDelegate> Lambda<TDelegate>(Expression body, params
ParameterExpression[] parameters);
        ...
        //编译表达式树描述为可执行代码的Lambda表达式,并生成一个委托,表示Lambda 表达式
        public TDelegate Compile();
    }
}
```

限于篇幅，我们无法把类Expression的成员全部列出。通过Expression类，还可以获取表达式树

节点的信息，可以创建算术运算表达式、逻辑运算表达式、Lambda表达式等。

可以看出，类Expression主要包含两个属性：NodeType和Type。其中NodeType表示这个表达式的节点类型，这是一个枚举；而Type表示这个表达式的静态类型，也就是这个表达式的返回类型。其中NodeType的类型是ExpressionType，ExpressionType是枚举，定义如下：

```
namespace System.Linq.Expressions
{
    public enum ExpressionType   //表达式树节点的节点类型
    {
        //加法运算，如 a + b，针对数值操作数，不进行溢出检查
        Add = 0,
        //加法运算，如 (a + b)，针对数值操作数，进行溢出检查
        AddChecked = 1,
        //按位逻辑与运算，如 C# 中的 (a & b) 和 Visual Basic 中的 (a And b)
        And = 2,
        //条件与运算，它仅在第一个操作数的计算结果为 true 时才计算第二个操作数。如C# 中的(a && b)
        AndAlso = 3,
        //获取一维数组长度的运算，如 array.Length
        ArrayLength = 4,
        //一维数组中的索引运算，如 C# 中的 array[index]
        ArrayIndex = 5,
        //方法调用，如在 obj.sampleMethod() 表达式中
        Call = 6,
        //表示 null 合并运算的节点，如 C# 中的 (a ?? b) 或 Visual Basic 中的 If(a, b)
        Coalesce = 7,
        //条件运算，如 C# 中的 a > b ? a : b 或 Visual Basic 中的 If(a > b, a, b)
        Conditional = 8,
        //一个常量值
        Constant = 9,
        //限于篇幅，其他省略
    }
}
```

另外，在使用Expression类时，还需要添加引用：

```
using System.Linq.Expressions;
```

我们来看一个示例代码：

```
static void f1()
    {
        Expression firstArg = Expression.Constant(3);//定义一个表达式节点并赋值
        Console.WriteLine(firstArg.NodeType);//打印节点类型
        Console.WriteLine(firstArg);//打印表达式节点
        Console.WriteLine(firstArg.Type);//打印节点静态类型

        Expression secondArg = Expression.Constant(4);//定义一个表达式节点并赋值
        Expression add = Expression.Add(firstArg, secondArg);//定义一个表达式节点并赋值
        Console.WriteLine(add);//打印表达式节点
        Console.WriteLine(add.NodeType);//打印节点类型
        //以下语句首先创建表达式树，然后编译它，再执行它
        Console.WriteLine(Expression.Lambda<Func<int>>(add).Compile()());
    }

    static void f2( )
```

```
        {
            //定义一个表达式，并用Expression.And赋值，And的参数是两个常量表达式
            Expression andExpr =
Expression.And(Expression.Constant(2),Expression.Constant(3));
            //打印表达式
            Console.WriteLine(andExpr.ToString());
            //以下语句首先创建表达式树，然后编译它，再执行它
            Console.WriteLine(Expression.Lambda<Func<int>>(andExpr).Compile()());
        }

        static void f3()
        {
            //定义一个加法表达式，参数是两个常量表达式
            Expression andExpr = Expression.Or(Expression.Constant(true),
Expression.Constant(false));
            //打印表达式
            Console.WriteLine(andExpr.ToString());
            //以下语句首先创建表达式树，然后编译它，再执行它
            Console.WriteLine(Expression.Lambda<Func<bool>>(andExpr).Compile()());//注
意这里要用bool，因为计算结果类型是bool
        }
        static void Main(string[] args)
        {
            f1(); //调用f1
            Console.WriteLine("--------------------");
            f2();//调用f2
            Console.WriteLine("--------------------");
            f3();//调用f3
        }
```

结果输出如下：

```
Constant
3
System.Int32
(3 + 4)
Add
7
--------------------
(2 & 3)
2
--------------------
(True Or False)
True
```

6.6.3　常用的表达式类型

在C#中，可以使用Expression类来派生出各种类型的表达式子类，例如Lambda表达式、常量表达式、二元运算表达式等。可以通过将这些表达式组合在一起来构建复杂的表达式树。我们来看一下这些表达式子类，也就是基类Expression的派生类，如下所示：

```
//表示具有二进制运算符的表达式
System.Linq.Expressions.BinaryExpression
//表示包含一个表达式序列的块，表达式中可定义变量
System.Linq.Expressions.BlockExpression
```

```
//表示具有条件运算符的表达式
System.Linq.Expressions.ConditionalExpression
//表示具有常数值的表达式
System.Linq.Expressions.ConstantExpression
//发出或清除调试信息的序列点。这使调试器能够在调试时突出显示正确的源码
System.Linq.Expressions.DebugInfoExpression
//表示一个类型或空表达式的默认值
System.Linq.Expressions.DefaultExpression
//表示一个动态操作
System.Linq.Expressions.DynamicExpression
//表示无条件跳转。这包括返回语句、break和continue语句以及其他跳转
System.Linq.Expressions.GotoExpression
//表示对一个属性或数组进行索引
System.Linq.Expressions.IndexExpression
//表示一个将委托或Lambda表达式应用到一个自变量表达式列表的表达式
System.Linq.Expressions.InvocationExpression
//表示一个标签,可以将该标签放置在任何 Expression上下文中
//如果已跳转到该标签,则它将获取由对应的GotoExpression 提供的值
//否则,它接收 DefaultValue中的值
//如果 Type等于System.Void,则不应提供值
System.Linq.Expressions.LabelExpression
//介绍 Lambda 表达式。它捕获一个类似于.NET 方法主体的代码块
System.Linq.Expressions.LambdaExpression
//表示具有集合初始值设定项的构造函数调用
System.Linq.Expressions.ListInitExpression
//表示无限循环。可通过"中断"退出该循环
System.Linq.Expressions.LoopExpression
//表示访问字段或属性
System.Linq.Expressions.MemberExpression
//表示调用构造函数并初始化新对象的一个或多个成员
System.Linq.Expressions.MemberInitExpression
//表示对静态方法或实例方法的调用
System.Linq.Expressions.MethodCallExpression
//表示创建一个新数组,并可能初始化该新数组的元素
System.Linq.Expressions.NewArrayExpression
//表示一个构造函数调用
System.Linq.Expressions.NewExpression
//表示一个命名的参数表达式
System.Linq.Expressions.ParameterExpression
//一个为变量提供运行时读/写权限的表达式
System.Linq.Expressions.RuntimeVariablesExpression
//表示一个控制表达式,该表达式通过将控制传递到SwitchCase 来处理多重选择
System.Linq.Expressions.SwitchExpression
//表示一个try/catch/finally/fault 块
System.Linq.Expressions.TryExpression
//表示表达式和类型之间的操作
System.Linq.Expressions.TypeBinaryExpression
//表示具有一元运算符的表达式
System.Linq.Expressions.UnaryExpression
```

从上面代码可以看出,Expression作为表达式树的一个基类,它派生了许多不同的子类。根据这些子类,我们可以实现不同的逻辑,比如可当作数据库查询语句。用得最多的且最简单的就是常数表达式,比如:

```
ConstantExpression firstArg = Expression.Constant(3);//定义一个常数表达式
```

```
Console.WriteLine(firstArg.NodeType);//输出节点类型,输出Constant
Console.WriteLine(firstArg);//输出3
Console.WriteLine(firstArg.Value);//通过ConstantExpression的属性Value输出3
```

6.6.4 Expression<TDelegate>类

这个Expression<TDelegate>类比较重要,我们单独列出。Expression<TDelegate>类将强类型化的Lambda表达式表示为表达式树形式的数据结构。TDelegate表示委托的类型,此类不能被继承。该类定义如下:

```
namespace System.Linq.Expressions
{
    public sealed class Expression<TDelegate> : LambdaExpression
    {
        //编译表达式树描述为可执行代码的Lambda表达式,并生成一个委托,表示Lambda表达式
        //返回结果:已编译的Lambda 表达式
        public TDelegate Compile();
        ...
    }
}
```

Expression<TDelegate>中的TDelegate表示委托,一般是内置委托,比如Expression<Action>、Expression<Action<string>>、Expression<Func<int, bool>>等。成员方法Compile用于生成委托。

下面的代码范例演示如何将Lambda表达式表示为委托形式的可执行代码,以表达式树的形式表示数据。它还将演示如何使用方法将表达式树重新转换为可执行代码。范例代码如下:

```
//Lambda表达式作为可执行代码
Func<int, bool> deleg = i => i < 5;                      //Func是内置委托
Console.WriteLine("deleg(4) = {0}", deleg(4));          //调用代理并显示输出

//Lambda表达式作为表达式树形式的数据
System.Linq.Expressions.Expression<Func<int, bool>> expr = i => i < 5;
Func<int, bool> deleg2 = expr.Compile();        //通过Compile方法将表达式树编译为可执行代码
Console.WriteLine("deleg2(4) = {0}", deleg2(4));        //调用委托并打印输出
```

结果输出如下:

```
deleg(4) = true
deleg2(4) = true
```

上面第二部分代码将Lambda表达式转换为表达式树。使用Lambda表达式不仅可以创建委托实例,C# 3.0还为将Lambda表达式转换成表达式树提供了内建的支持。我们可以通过编译器把Lambda表达式转换成一个表达式树,并创建一个Expression<TDelegate>实例,但这次我们不用Expression.Lambda,而是直接用Lambda表达式。

【例6.15】将Lambda表达式转换成表达式树

(1)新建一个控制台项目,项目名称是myCodeFirst。打开Program.cs文件,在Main中输入如下代码:

```
public static void Main(string[] args)
{
    //将Lambda表达式转换为Expression<T>类型的表达式树
    //expression不是可执行代码
```

```
        Expression<Func<int, int, int>> expression = (a, b) => a + b;

        Console.WriteLine(expression);
        //获取Lambda表达式的主体
        BinaryExpression body = (BinaryExpression)expression.Body;
        Console.WriteLine(expression.Body);
        //获取Lambda表达式的参数
        Console.WriteLine(" param1: {0}, param2: {1}", expression.Parameters[0],
expression.Parameters[1]);
        ParameterExpression left = (ParameterExpression)body.Left;
        ParameterExpression right = (ParameterExpression)body.Right;
        Console.WriteLine(" left body of expression: {0}{4} NodeType: {1}{4} right body of
expression: {2}{4} Type: {3}{4}", left.Name, body.NodeType, right.Name, body.Type,
Environment.NewLine);

        //将表达式树转换成委托并执行
        Func<int, int, int> addDelegate = expression.Compile();
        Console.WriteLine(addDelegate(10, 16));
        Console.Read();
    }
```

然后在文件开头新增一个引用：

```
using System.Linq.Expressions; //新增一个引用
```

（2）运行程序，结果如下：

```
(a, b) => (a + b)
(a + b)
param1: a, param2: b
left body of expression: a
NodeType: Add
right body of expression: b
Type: System.Int32
```

26

在这个范例中，我们使用了Lambda表达式。前面看到，通过Expression派生类中的各种节点类型，可以构建表达式树；然后可以把表达式树转换成相应的委托类型实例，最后执行委托实例的代码。但是，我们不会绕这么大的弯子来执行委托实例的代码。

表达式树主要在LINQ to SQL中使用，我们需要将LINQ to SQL查询表达式（返回IQueryable类型）转换成表达式树。之所以需要转换，是因为LINQ to SQL查询表达式不是在C#代码中执行的，它被转换成SQL后，通过网络发送，最后在数据库服务器上执行。总之，Lambda不仅可以创建委托实例，还可以由编译器转换成表达式树，使代码可以在程序之外执行。

下面我们把Expression<TDelegate>和其他表达式类结合起来演示。

【例6.16】常量表达式类实现字符串输出

（1）新建一个控制台项目，项目名称是myCodeFirst。打开Program.cs文件，在Main中输入如下代码：

```
public static void Main(string[] args)
{
    //通过各个表达式类，实现Console.Writeline("hello");效果
    ConstantExpression _constExp = Expression.Constant("hello", typeof(string));
```

```
        MethodCallExpression _methodCallexp = Expression.Call(typeof(Console).
GetMethod("WriteLine", new Type[] { typeof(string) }), _constExp);
        Expression<Action> consoleLambdaExp = Expression.Lambda<Action> (_methodCallexp);
        //Compile()表示返回一个委托，再写一对圆括号表示调用委托
        consoleLambdaExp.Compile()();
        Console.ReadLine();
    }
```

在上面代码中，Expression.Constant表示创建一个ConstantExpression，它把Value和Type属性设置为指定值。Expression.Call用于创建一个System.Linq.Expressions.MethodCallExpression，它表示对使用一个参数的static方法的调用。Expression.Lambda则创建一个在编译时委托类型已知的Expression<TDelegate>。Compile编译表达式树描述为可执行代码的Lambda表达式，并生成一个委托。

（2）运行程序，结果如下：

```
hello
```

有读者可能会说，写这么复杂的方法调用，就输出了这么一个字符串？这个的确如此，但请放心，我们平时写应用类代码时不会这么去写，这些表示类主要是给框架作者用的。在这个范例中，我们的字符串通过常量表达式来实现，程序不灵活，比如想多次输出不同的字符串就比较麻烦。下面的范例通过参数表达式（Parameter Expression）来输出不同的字符串。

【例6.17】参数表达式类实现字符串输出

（1）新建一个控制台项目，项目名称是myCodeFirst。打开Program.cs文件，在Main中输入如下代码：

```
public static void Main(string[] args)
{
    //使用参数表达式类输出不同字符串
    ParameterExpression _parameExp = Expression.Parameter(typeof(string),
"MyParameter");
    MethodCallExpression _methodCallexpP = Expression.Call(typeof(Console).
GetMethod("WriteLine", new Type[] { typeof(string) }), _parameExp);
    // Action后面有了参数类型string，表示这个委托需要一个string参数
    //Expression.Lambda有两个参数，第二个参数是ParameterExpression对象，内置string类型
    Expression<Action<string>> _consStringExp = Expression.Lambda
<Action<string>>(_methodCallexpP, _parameExp);
    _consStringExp.Compile()("Hello");
    _consStringExp.Compile()("World");
    _consStringExp.Compile()("Game over.");
}
```

上述代码创建一个System.Linq.Expressions.ParameterExpression节点，该节点用于标识表达式树中的参数或变量。其他表达式都和上例相同，不再赘述。需要注意的一点是，Expression.Lambda这次有量个参数，第二个参数是ParameterExpression对象，这样_consStringExp.Compile()就可以传入字符串了。

（2）运行程序，结果如下：

```
Hello
World
Game over.
```

6.7　方法调用语法

虽然多数查询都被编写为查询表达式，但是，.NET公共语言运行时（CLR）本身并不具有查询语法（也就是查询表达式）的概念。因此，在编译时，查询表达式会被转换为CLR能理解的方式，即方法调用。实际上，查询表达式都会被转换为方法调用。常用的查询方法包括Where、Select、GroupBy、Join、Max、Average等。

通常我们建议使用查询语法（查询表达式），因为它更简单、更易读；但是方法语法和查询语法之间并无语义上的区别。此外，一些查询只能表示为方法调用。

6.7.1　过滤元素的 Where 方法

方法Where是类Enumerable中的成员方法。类Enumerable中的方法提供标准查询运算符的实现，该运算符用于查询实现IEnumerable<T>的数据源。标准查询运算符是通用方法，它们遵循LINQ模式，使用它们可以在任何基于.NET的编程语言中表示数据的遍历、筛选和投影运算。

该类中的大多数方法被定义为IEnumerable<T>的扩展方法，这意味着可以像调用实现IEnumerable<T>的任意对象上的实例一样去调用它们。

Enumerable.Where是LINQ中使用最多的方法，因为大多数操作要针对集合对象进行过滤，所以Where方法在LINQ的操作上处处可见。Where的主要任务是过滤集合中的数据，其原型如下：

```
    public static IEnumerable<TSource> Where<TSource>(this IEnumerable<TSource> source,
Func<TSource, int, bool> predicate);
    public static IEnumerable<TSource> Where<TSource>(this IEnumerable<TSource> source,
Func<TSource, bool> predicate);
```

Where的参数是用来过滤元素的条件，它要求条件必须传回bool（从Func<TSource,int bool>中可以看出，返回值类型是bool类型），以确定此元素是否符合条件，或是由特定的元素开始算起（使用Func<TSource,int bool>，中间的传入参数代表该元素在集合中的索引值），例如要在一个数列集合中找出大于5的数字：

```
    List<int> list1=new List<int>(){6,4,2,7,9,0};
    list1.Where(c=>c>5);  // c=>c>5是一个Lambda表达式，如果c>5返回true，否则返回false
```

或者找出1~5的数字：

```
    list1.Where(c=>c>=1).Where(c=>c<=5);
    list1.Where(c=>c>=1&&c<=5);
```

下面看一个范例，筛选出长度小于6的单词。

【例6.18】筛选出长度小于6的单词

（1）新建一个控制台项目，项目名称是myCodeFirst。打开Program.cs文件，在Main中输入如下代码：

```
    static void Main(string[] args)
    {
```

```
List<string> fruits = new List<string> { "apple", "passionfruit", "banana",
                "mango", "orange", "blueberry", "grape", "strawberry" };
IEnumerable<string> query = fruits.Where(w => w.Length < 6); //筛选
foreach (string w in query)
{
    Console.WriteLine(w);  //输出符合条件的单词
}
}
```

Where的参数是一个内置委托Func，现在用Lambda表达式来实现这个委托。"w => w.Length < 6"就是一个Lambda表达式，它传入w，返回w是否小于6的布尔值。这里的w将遍历列表fruits中的每个元素。

（2）运行程序，结果如下：

```
apple
mango
grape
```

可以看出，输出的3个单词的长度都小于6，符合预期。

既然Where的参数是一个委托，那么我们也可以通过表达式树编译的结果（也是一个委托）来传递参数给Where方法。

【例6.19】结合表达式树筛选出年龄大于18的人

（1）根据要求写出Lamdba表达式：p => p.Age > 18。但这次我们不准备把这个Lamdba表达式作为参数传给Where方法，而是故意绕个圈子，构造表达式树，然后将其编译成委托再传给Where方法。老规矩，新建一个控制台项目，项目名称是myCodeFirst。

针对表达式 p => p.Age > 18，我们把它画成一个简单的表达式树，如图6-4所示。

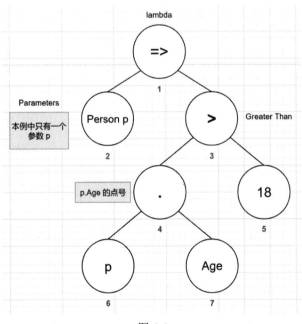

图 6-4

表达式各元素与表达式树各节点的对应关系如图6-5所示。

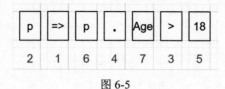

图 6-5

（2）准备构建表达式树。

第一步是构建2号节点，这个节点是一个参数表达式，在Main方法中输入如下代码：

```
ParameterExpression parameterExpr = Expression.Parameter(typeof(Person), "p");
```

现在我们构建完成了2号节点，如图6-6所示。

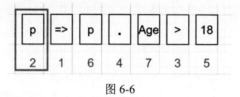

图 6-6

第二步构建4、6、7号节点的表达式，因为这3个节点的目的是取出参数p的Age成员属性，所以这3个节点可以构建成一个成员表达式（Member Expression）。可以使用上面构建好的2号p参数节点，在Main方法中输入如下代码：

```
MemberExpression memberExpr = Expression.PropertyOrField(parameterExpr, "Age");
```

现在我们构建完成了这部分，如图6-7所示。

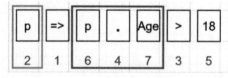

图 6-7

第三步构建5号节点的表达式，该节点是一个常量表达式（Constant Expression），在Main方法中输入如下代码：

```
ConstantExpression constantExpr = Expression.Constant(18, typeof(int));
```

Expression.Constant()是构建常量表达式的方法。现在构建完了这部分，如图6-8所示。

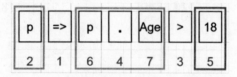

图 6-8

第四步通过前面构建的4、6、7号成员表达式和5号常量表达式，构建3号节点的大于号的二元运算符表达式（Binary Expression）。因为 ">" 是二元运算，所以要用到表达式类BinaryExpression。在Main方法中输入如下代码：

```
BinaryExpression greaterThanExpr = Expression.MakeBinary(ExpressionType.GreaterThan,
memberExpr, constantExpr);
```

Expression.MakeBinary()是构建二元运算符表达式的方法，第一个参数是二元运算符表达式的类型，这里是"＞"，所以参数就是ExpressionType.GreaterThan，第2、3个参数是"＞"左右两侧的参数，顺序不能反了，如果反了，表达式就会变成18＞p.Age。现在构建完了这部分，如图6-9所示。

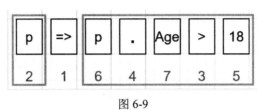

图 6-9

最后在第一步构建的p的参数表达式和第四步构建的p.Age ＞ 18的二元运算表达式中间连接上"=>"符号，组成一个Lambda表达式。在Main方法中输入如下代码：

```
Expression<Func<Person, bool>> finalExpr = Expression.Lambda<Func<Person,
bool>>(greaterThanExpr, parameterExpr);
```

Expression.Lambda的第一个参数是方法体，也就是p.Age ＞ 18的greaterThanExpr表达式，第二个参数是方法参数p，也就是第一步构建的parameterExpr。

因为我们要构建的表达式 p => p.Age ＞ 18是一个接收Person类型参数并返回bool类型值的函数，也就是Func<Person, bool>委托，所以Expression.Lambda方法的泛型参数以及最终返回的Expression的泛型类型都是Func<Person, bool>。现在构建完成了，最终得到了finalExpr。

（3）使用表达式树。我们编写一些代码来测试这个表达式树，在Main方法中输入如下代码：

```
var personsList = new List<Person>()  //定义一个列表作为数据源
{
    new Person
    {
        Name = "Tom",
        Age = 28
    },
    new Person
    {
        Name = "Jack",
        Age = 19
    },
    new Person
    {
        Name = "Peter",
        Age = 11
    }
};
var result = personsList.Where(finalExpr.Compile()).ToList(); //利用Where方法查询
foreach (var person in result)
{
    Console.WriteLine(person.Name+","+person.Age);
}
```

其中，Person是我们自定义的类，在Main方法前面添加这个类：

```
public class Person
{
    public string Name { get; set; } = null;
    public int Age { get; set; }
}
```

（4）运行程序，结果如下：

```
Tom,28
Jack,19
```

本例中，我们手动调用了Compile方法将表达式编译成委托。这似乎多此一举，不如直接在Where方法中写Lambda表达式，就像这样：var result = personsList.Where(p => p.Age > 18).ToList();。表达式树在.NET中就是Expression<TDelegate> 类型。其实，C#编译器可以从Lambda表达式生成Expression<TDelegate>类型的变量，Expression<TDelegate>也可以直接编译成TDelegate类型的委托对象。总之，多种方式都尝试一下，都可以传给Where，也算扩大知识面。

6.7.2　选取元素的 Select 和 SelectMany 方法

在C#中，Select()方法是LINQ的一部分，用于从集合中选取元素并应用一个转换方法，这个方法通常用于数据转换和过滤。

通常在编写LINQ方法调用时较少用到选取数据的方法，这是因为方法调用会直接返回IEnumerable<T>集合对象，但这个方法在编写LINQ查询语句时十分常用。在语句中若编写了select new指令，它会被编译器转换成LINQ的Select方法。Select方法的原型如下：

```
public static IEnumerable<TResult> Select<TSource, TResult>(this IEnumerable<TSource>
source, Func<TSource, TResult> selector);
public static IEnumerable<TResult> Select<TSource, TResult>(this IEnumerable<TSource>
source, Func<TSource, int, TResult> selector);
```

【例6.20】Select选取数据

（1）新建一个控制台项目，项目名称是myCodeFirst。打开Program.cs文件，在Main中输入如下代码：

```
public static void Main()
{
    List<Person> people = new List<Person> //定义列表作为数据源
    {
        new Person { Name = "Alice", Age = 30 },
        new Person { Name = "Bob", Age = 25 },
        new Person { Name = "Charlie", Age = 35 }
    };
    IEnumerable<string> names = people.Select(p => p.Name); //选择姓名这一列数据
    foreach (string name in names)
    {
        Console.WriteLine(name); //输出姓名
    }
}
```

其中，Person是我们自定义的类，包括Name和Age两个成员，我们在Main函数外面定义该类：

```
public class Person
{
    public string Name { get; set; }
    public int Age { get; set; }
}
```

（2）运行程序，结果如下：

```
Alice
Bob
Charlie
```

可见，我们把列表中每个元素的姓名字段数据都选取出来并输出了。

Select的另一个相似方法是SelectMany。SelectMany方法在LINQ中用于将每个元素的转换函数应用到每个元素的子序列上，并将结果合并为一个大的序列。这个方法通常与Select方法结合使用，Select方法先提取每个元素的子序列，然后SelectMany将这些子序列合并为一个大的序列。

下面是一个使用SelectMany的范例，假设有一个对象列表，每个对象都有一个子对象列表，我们想要将所有子对象列表的元素合并为一个单一的对象列表。

【例6.21】合并所有子对象列表

（1）新建一个控制台项目，项目名称是myCodeFirst。打开Program.cs文件，在类Program中添加2个类，一个父类，一个子类：

```
public class Parent
{
    public string Name { get; set; }
    public List<Child> Children { get; set; } //父类中包含子类列表属性Children
}
public class Child
{
    public string Name { get; set; }
}
```

在Main中输入如下代码：

```
public static void Main()
{
    List<Parent> parents = new List<Parent>
    {
        new Parent { Name = "Parent1", Children = new List<Child> { new Child { Name =
"Child1-1" }, new Child { Name = "Child1-2" } } },
        new Parent { Name = "Parent2", Children = new List<Child> { new Child { Name =
"Child2-1" }, new Child { Name = "Child2-2" } } }
    };

    IEnumerable<Child> children = parents.SelectMany(p => p.Children);

    foreach (var child in children)
    {
        Console.WriteLine(child.Name);
    }
}
```

在上面代码中，parents是父对象的列表，每个父对象有一个Children列表。SelectMany方法被用来从每个Parent对象中选取它的Children列表，并将所有子列表的Child对象合并成一个新的IEnumerable<Child>。然后，我们可以遍历这个新的IEnumerable来访问所有的子对象。

（2）运行程序，结果如下：

```
Child1-1
Child1-2
Child2-1
Child2-2
```

SelectMany还是不简单的，在方法调用上较难理解，我们可以把它想象成数据库交叉连接（Cross Join）。数据库交叉连接用于从两个或者多个连接表中返回记录集的笛卡儿积（Cartesian Product），即将左表的每一行与右表的每一行合并。笛卡儿积是指两个集合A和B的乘积。例如，集合A和集合B分别包含如下值：

```
A = {1,2}
B = {3,4,5}
```

A×B和B×A的结果集分别表示为：

```
A×B={(1,3), (1,4), (1,5), (2,3), (2,4), (2,5) };
B×A={(3,1), (3,2), (4,1), (4,2), (5,1), (5,2) };
```

A×B和B×A的结果就叫作两个集合的笛卡儿积。下面的范例包含两个整数列表，第二个整数列表按照第一个列表的长度输出。

【例6.22】根据第一个列表的长度输出第二个列表

（1）新建一个控制台项目，项目名称是myCodeFirst。打开Program.cs文件，在Main中输入如下代码：

```
public static void Main()
{
    List<int> list1 = new List<int>() { 1, 2, 3 }; //第一个整数列表
    List<int> list2 = new List<int>() { 6, 4, 2, 7, 9, 0 }; //第二个整数列表

    var query = list1.SelectMany(o => list2); //根据第一个列表选取第二个列表中的元素
    foreach (var q in query)
        Console.Write("{0},", q);
    }
}
```

在上面代码中，我们根据第一个列表选取第二个列表中的元素，实际上是做了交叉连接。

（2）运行程序，结果如下：

```
6,4,2,7,9,0,6,4,2,7,9,0,6,4,2,7,9,0,
```

6.7.3　排序元素的 OrderBy 方法

在SQL中，对结果集进行排序（升序或降序）通常使用ORDER BY子句，非常方便。而在LINQ中，可以按照一个或多个关键字对序列进行排序。LINQ排序操作包含以下5个基本操作：

（1）OrderBy操作，根据排序关键字对序列进行升序排列。

（2）OrderByDescending操作，根据排序关键字对序列进行降序排列。

（3）ThenBy操作，对次要关键字进行升序排列。

（4）ThenByDescending操作，对次要关键字进行降序排列。

（5）Reverse操作，将序列中的元素进行反转。

其中最常用的是OrderBy方法，一般用它即可应付大多数场景。OrderBy操作是按照主关键字对序列进行升序排列的操作。排序过程完成后，会返回一个类型为IOrderEnumerable<T>的集合对象，其中IOrderEnumerable<T>接口继承自IEnumerable<T>接口。Enumerable类的OrderBy()原型如下：

```
//使用指定的比较器对序列中的元素进行升序排列
public static IOrderedQueryable<TSource> OrderBy<TSource, TKey>(this IQueryable<TSource>
source, Expression<Func<TSource, TKey>> keySelector, IComparer<TKey> comparer);
```

```
//根据某个键对序列中的元素进行升序排列
public static IOrderedQueryable<TSource> OrderBy<TSource, TKey>(this IQueryable<TSource>
source, Expression<Func<TSource, TKey>> keySelector);
```

其中，参数source表示一个要排序的值序列，即数据源；keySelector表示获取排序关键字的函数；comparer表示排序时的比较函数；TSource表示数据源的类型；TKey表示排序关键字的类型。

OrderBy是一个扩展方法，只要实现了IEnumerable<T>接口，就可以使用OrderBy进行排序。OrderBy共有两个重载方法：第一个重载方法的参数keySelector是一个委托类型，参数comparer则是一个实现了IComparer<T>接口的类型，功能是使用指定的比较器对序列中的元素进行升序排列。第二个重载方法的参数keySelector是一个委托类型，功能是根据某个键对序列中的元素进行升序排列。

这里的参数类型貌似有点烦琐，其实都是C#语言中的内容。这里顺便提一下，Expression<Func<TSource, TKey>>就是表达式目录树，其中Func<TSource, TKey>是一个委托，并且返回键值，在委托外面包裹一层Expression<>就是表达式目录树。

下面看一个范例，对整数进行排序。

【例6.23】对整数序列排列

（1）新建一个控制台项目，项目名称是myCodeFirst。在Program.cs中修改Main方法如下：

```
static void Main(string[] args)
{
    int[] ints = new int[] { 3, 1, 5, 4, 7, 6, 8 };
    //使用排序操作来排序
    Console.Write("使用排序操作来升序:\n");
    var result = ints.OrderBy(x => x); //使用排序操作方法，默认是升序
    foreach (var re in result)
    {
        Console.Write(re + ","); //输出结果
    }
    Console.WriteLine();
}
```

在上面代码中，x => x是一个Lambda表达式，传入x返回x，那么OrderBy就根据x来排序，而x将遍历数组ints中的元素。方法OrderBy默认是升序排列，因此会对数组ints中的整数进行升序排列。如果要降序排列，只需要把OrderBy改为OrderByDescending，其他不变。

（2）运行程序，结果如下：

```
使用排序操作来升序：
1,3,4,5,6,7,8,
```

6.7.4 元素分组的 GroupBy 方法

数据汇总是查询机制的基本功能，而在汇总之前，必须先将数据做群组化，才能进行统计。LINQ的群组数据功能由Enumerable.GroupBy方法提供。该方法声明有多种重载形式，常用的如下：

```
public static IEnumerable<IGrouping<TKey, TSource>> GroupBy<TSource, TKey>(this
IEnumerable<TSource> source, Func<TSource, TKey> keySelector);
```

GroupBy会按照给定的键值（keySelector）产生群组后的结果（IGroup接口对象或由resultSelector生成的结果对象）。

【例6.24】把列表元素按个数分组

（1）新建一个控制台项目，项目名称是myCodeFirst。在Program.cs中修改Main方法如下：

```
static void Main(string[] args)
{
    List<int> sequence = new List<int>() { 1, 2, 3, 4, 3, 2, 4, 6, 4, 2, 4 }; //定义整
数列表
    var group = sequence.GroupBy(o => o); //分组操作
    foreach (var g in group)
    {
        Console.WriteLine("{0} count:{1}", g.Key, g.Count());//输出键值和每个分组的个数
    }
}
```

在上述代码中，首先定义了一个整数列表sequence，然后把Lambda表达式o => o传入GroupBy，这个表达式返回o。o遍历数组中的元素并作为键值，GroupBy就根据元素出现的次数进行分组。最后输出键值和每个分组中的元素个数。

（2）运行程序，结果如下：

```
1 count:1
2 count:3
3 count:2
4 count:4
6 count:1
```

6.7.5 元素分组的 ToLookup 方法

除了GroupBy能群组化数据外，另外一个具有群组化数据能力的是ToLookUp。ToLookup看起来和GroupBy有些类似，但是它会另外生成一个新的集合对象，这个集合对象由ILookup<TKey,TElement>组成，允许存在多个键值，且一个键值可包含许多关联的实值。

ToLookup是LINQ方法的一部分，它可以基于元素的某个属性将集合进行分组。ToLookup方法返回一个ILookup<TKey, TValue>，其中TKey是键类型，TValue是值类型，这个值是与给定键关联的所有元素的集合。

下面是一个使用ToLookup方法进行分组的范例。

【例6.25】按不同的字符串进行分组

（1）新建一个控制台项目，项目名称是myCodeFirst。在Program.cs中修改Main方法如下：

```
public static void Main()
{
    var items = new List<Item>  //定义一个列表
    {
        new Item { Category = "Book", Name = "Book1" },
        new Item { Category = "Book", Name = "Book2" },
        new Item { Category = "Game", Name = "Game1" },
        new Item { Category = "Game", Name = "Game2" }
    };
    var lookup = items.ToLookup(item => item.Category);//按Category分组
    foreach (var group in lookup)
    {
        Console.WriteLine($"{group.Key}:"); //先输出键值
        foreach (var item in group)
        {
            Console.WriteLine($"  {item.Name}"); //再输出每组中的内容
        }
    }
}
```

在上面代码中，首先定义一个列表，每个元素是类Item的对象，该类中有两个成员属性Category和Name。然后按Category进行分组。最后通过两个循环，先输出键值，再输出根据该键值分组后的每组的内容。

（2）在类Program中添加类Item的定义，代码如下：

```
public class Item
{
    public string Category { get; set; }
    public string Name { get; set; }
}
```

（3）运行程序，结果如下：

```
Book:
  Book1
  Book2
Game:
  Game1
  Game2
```

可以看出，Book组包括Book1和Book2，Game组包括Game1和Game2。在这个例子中，有一个Item类的列表，我们根据Category属性对其进行分组。ToLookup方法返回一个ILookup<string, Item>，其中键是Category，值是具有该Category的所有Item对象。然后遍历这个Lookup，打印出每个分组的Key和其中的Item对象。另外需要注意：GroupBy本身具有延迟执行的特性，而ToLookup没有。

6.7.6　延迟查询

在使用LINQ查询的过程中存在着两种查询方式，一种是立即执行，另一种是延迟执行。延迟执行意味着不是在创建查询时执行，而是在使用foreach语句遍历时执行（换句话说，当

GetEnumerator的MoveNext方法被调用时）。现在考虑下面这种查询的实现：

```
static void Main(string[] args)
{
    List<int> list = new List<int>();
    list.Add(1);
    IEnumerable<int> result =
        from item in list
        select item;
    list.Add(2);
    foreach(var item in result)
    {
        Console.WriteLine(item);
    }
    Console.ReadKey();
}
```

其输出结果为：

```
1
2
```

可以发现，在定义了LINQ查询后再向list中添加新项"2"，仍然可以在froeach语句中输出"2"，这是因为直到foreach语句对result进行遍历时，LINQ查询才会执行，这便是LINQ的延迟执行。除了下面两类查询运算符，所有其他的运算符都是延迟执行的：

（1）返回单个元素或者标量值的查询运算符，如First、Count等。

（2）转换运算符，如ToArray、ToList、ToDictionary、ToLookup等。

上面两类运算符会被立即执行，因为它们的返回值类型没有提供延迟执行的机制，比如下面的查询会被立即执行：

```
int matches = list.Where(n => (n % 2) == 0).Count();    // 1
```

将返回的集合对象分配给一个新变量时，实现时直接执行，如下面的范例：

```
static void Main(string[] args)
{
    List<int> list = new List<int>() { 1, 2, 3, 4, 5 };
    IEnumerable<int> result =
        from item in list
        select item;
    List<int> newlist = list.ToList();
    list.Add(6);
    foreach (var item in newlist)
    {
        Console.Write(item + " ");
    }
    Console.ReadKey();
}
```

其输出结果如下所示，即使在ToList后更改list中的项，foreach语句的执行结果依旧不变：

```
1 2 3 4 5
```

对于LINQ来说，延迟执行非常重要，因为它把查询的创建与查询的执行解耦了，这让我们可以像创建SQL查询那样，分成多个步骤来创建LINQ查询。但是，延迟执行带来的一个影响是，当我们重复遍历查询结果时，查询会被重复执行，例如下面的范例：

```
static void Main(string[] args)
{
    var numbers = new List<int>() { 1, 2 };
    IEnumerable<int> query = numbers.Select(n => n * 10);     // Build query
    foreach (int n in query) Console.Write(n + " ");          // 10 20
    numbers.Clear();
    foreach (int n in query) Console.Write(n + " ");          // <nothing>
    Console.ReadKey();
}
```

显然之前的查询数据会被覆盖，当我们需要保留之前的查询结果时，这显然是不满足要求的。这时可以使用上文中提到的转换运算符**ToArray**、**ToList**、**ToDictionary**、**ToLookup**来存储查询结果。

延迟执行还有一个副作用，如果查询的Lambda表达式引用了程序的局部变量，查询就会在执行时对变量进行捕获。这意味着，如果在查询定义之后改变了该变量的值，那么查询结果也会随之改变，比如：

```
IEnumerable<char> query = "How are you, friend.";
foreach (char vowel in "aeiou")
    query = query.Where(c => c != vowel);
foreach (char c in query) Console.Write(c); //How are yo, friend.
```

结果query中只有"u"被过滤了。可以修改代码如下：

```
IEnumerable<char> query = "How are you, friend.";
foreach (char vowel in "aeiou")
{
    char temp = vowel;
    query = query.Where(c => c != temp);
}
foreach (char c in query) Console.Write(c); //Hw r y, frnd.
```

此时，才能实现对元音字母的过滤。初学者或许难以理解延迟查询，不用担心，可以在以后的工作中再来看这方面的内容。

第 7 章

数据库快速开发工具
Entity Framework

不得不说，Entity Framework框架（实体框架，简称EF）目前在国内有些小众。虽然微软设计EF的初衷就是让程序员摆脱SQL，即使不懂SQL也能完成对数据库的操作，但从最终的效果来看，EF不仅没有使问题变得简单，反倒更复杂了。为了不写SQL，微软创建了一种和SQL长得非常像的LINQ；为了能让EF创建数据表，微软又将数据库中的各种约束、数据类型封装成了一个个特性。因此，如果没有良好的数据库基础，很难学会EF。

使用EF并不意味着可以完全不跟数据库打交道，要学好EF，数据库中的主键、外键、索引、SQL等还是要懂的。另外，在EF中将大量使用LINQ来进行数据查询，数据模型中还将涉及特性与泛型，所以对于C#的基础要求比较高。

那么EF是不是一点用处都没有了呢？不是的，EF最大的优点就是快，这个快是指开发迅速。只要熟悉了EF，只需写很少的代码就能完成以前需要写很多行代码才能完成的数据库交互。这样的话，使用EF来应对客户的需求就再适合不过了，而且这一点非常适合国内的软件企业环境，因为客户需求复杂多变，而老板追求开发速度、喜欢短时间内压任务，此时程序员为了少加班、少熬夜，选择一款数据库应用快速开发工具则非常有必要了。总之，笔者建议这项技术应该学。

7.1   Entity Framework 概述

7.1.1   ORM 是什么

ORM的意思是对象关系映射（Object Relational Mapping，简称ORM，或O/RM，或O/R mapping），它是一种将数据存储从域对象自动映射到关系数据库的工具。ORM主要包括3个部分：域对象、关系数据库对象、映射关系。ORM通过类提供自动化CRUD（增加（Create）、读取（Read）、更新（Update）和删除（Delete）），使开发人员从数据库API和SQL中解放出来。

7.1.2 什么是 Entity Framework

Entity Framework（以下简称EF）是以ADO.NET为基础，面向数据的"实体框架"。它利用了抽象化数据结构的方式，将每个数据库对象都转换成应用程序对象（entity），数据字段都转换为属性（property），关系则转换为结合属性（association），让数据库的E/R模型完全转换成对象模型，如此，使得程序设计师能用自己最熟悉的编程语言来调用访问。设计EF的目的是让上层的应用程序码可以如面向对象的方式那样访问数据。

过去，我们对数据库都是直接读取，业务数据中都是使用DataSet、DataTable等来传值，使得代码丑陋，严重脱离了面向对象的思想。举个例子，当向数据库中存储数据时，实体框架主要用来帮助我们把一个个对象存储到数据库中去（即通过对象与数据库"打交道"），我们只需把对象交给实体框架，不用自己写SQL语句，它会帮助我们自动生成SQL语句。这里生成的SQL语句通过ADO.NET发送到数据库中去，即操作数据库还是通过ADO.NET，所以上面说"EF是以ADO.NET为基础，面向数据的实体框架"。具体过程如图7-1所示。

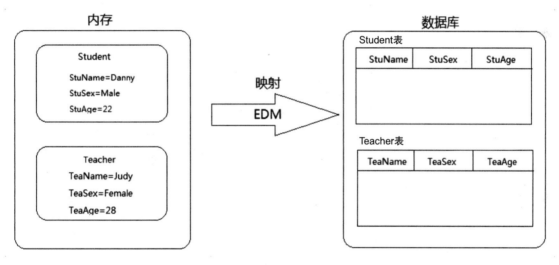

图 7-1

在图7-1中，要把内存中的两个实体Student和Teacher存储到数据库中，EF会自动通过EDM的映射将两个实体作为两条记录存入数据库中。那么EF是如何判断哪个实体应该存到哪张表里，哪个属性应该存到哪个字段里呢？这就是映射的强大所在。在Visual Studio中，映射通过.edmx文件来体现，.edmx文件的本质是一个XML文件，用于定义概念模型、存储模型和这些模型之间的映射。

通过上面讲解可以了解到，从代码的角度来说，EF可以使我们在不需要了解数据结构的情况下就可以很好地理解代码；从实现的角度来说，EF可以使存储"模型化"，就如同将很多个对象存储在一个List中一样，向数据库表里存储的都是一个个实例，从数据库中取到的也都是一个个实例。程序如此跟数据库交互，和面向对象化的代码相互对应，容易"对接"。

早在.NET 3.5之前，我们就经常编写ADO.NET代码或企业数据访问块来保存或检索底层数据库中的数据。其做法是：打开一个数据库的连接，创建一个DataSet来获取或提交数据到数据库，通过将DataSet中的数据和.NET对象相互转换来满足业务需求。这是一个麻烦且容易出错的过程。为此Microsoft提供了EF框架，用于自动地执行所有上述与数据库相关的活动。

EF是微软官方提供的ORM（Object Relational Mapping，对象关系映射）工具，它使得开发人员能够通过领域对象来处理数据，而无须关注存储此数据的基础数据库。使用EF，开发人员在处理数据时可以在更高的抽象级别上工作，并且与传统应用程序相比，它可以使用更少的代码创建和维护面向数据的应用程序。

EF工作在业务实体（域类）和数据库之间，如图7-2所示。

它既可以将实体属性中的数据保存到数据库，也可以从数据库中检索数据并自动将其转换为实体对象。

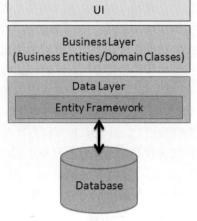

EF能把我们在编程时使用的对象映射到底层的数据库结构。比如，我们可以在数据库中建立一张Order表，让它与程序中的Order类建立映射关系，这样一来，程序中的每个Order对象都对应着Order表中的一条记录。ORM框架负责把从数据库传回的记录集转换为对象，也可以依据对象当前所处的具体状态生成相应的SQL命令发给数据库，完成数据的存取工作（常见的数据存取操作可简称为CRUD）。

总之，EF是微软封装好的一种ADO.NET数据实体模型，可以将数据库结构以ORM模式映射到应用程序中。

图 7-2

7.1.3 EF 的优缺点

EF最大的优点，简单说就是省事。使用EF做业务系统、管理系统会减少很多代码，程序员可以更关注业务实现本身。具体来讲，EF有以下几个优点：

- 跨数据库支持能力强大，只需修改配置就可以轻松实现数据库切换。
- 提升了开发效率，不需要编写SQL脚本，但是有些特殊SQL脚本EF无法实现，需要我们自己编写（通过EF中的ExecuteSqlCommand实现插入、修改、删除，通过SqlQuery执行查询）。
- EF提供的模型设计器十分强大，可以让我们清晰地指定或者查看表与表之间的关系（一对多或多对多）。
- EF提供的导航属性十分好用。
- EF具有延迟查询加载机制，数据在用到的时候才会到数据库查询。
- 与Visual Studio开发工具集成度较高，开发中代码都是强类型的，写代码效率高，自动化程度高，采用命令式编程。

EF主要的缺点是性能不足，比如：

- 生成SQL脚本阶段，在复杂查询时生成的脚本执行效率不是很高。
- 第一次执行时会有预热，预热时性能较差，不过将映射关系加载到内存之后就会好很多。使用EF第一次加载程序会很慢，因为EF第一次会生成实体类和数据库的对应关系并做缓存。对于在应用程序中定义的每个DbContext类型，在首次使用时，EF会根据数据库中的信息在内存生成一个映射视图（Mapping Views），而这个操作非常耗时。
- 由于EF的自动化程度高，在自定义优化这方面肯定功能一般，因此在处理大数据量和高并发时，需要用最原始的访问数据库技术一点一点、一步一步地进行手动优化，保证每一步都在掌握之中，而不是依靠自动化。

- 由于EF通过代码来生成SQL供数据库执行，因此不管怎么优化，相对于原生SQL，其性能肯定都比较差。EF在中小型的项目中可能还行，在大型项目特别是高并发的项目中使用EF，数据库比较容易崩溃。

7.1.4 EF 的适用场合

EF旨在为小型应用程序中数据层的快速开发提供便利。NuGet上有185W+的下载量，说明.Net开发人员还是比较喜欢用EF的。但是，EF在提供了便利性的同时也存在许多缺点，以下就是笔者认为不应该应用EF的场景：

（1）非SQL Server数据库且无该数据库的DataProvider。

（2）高性能要求。在进行一些复杂查询的情况下，EF的性能表现不太好，而开发人员又无法控制SQL语句的生成。

（3）高安全性要求。有时DB用户（数据库中的用户账户）仅仅具有EXEC的权限，而EF自动生成的类又不好用，还是需要自己来写。

一些大中型企业应用往往具有以上几种情况，此时就不适合使用EF了。

EF有3种适用场景：① 从数据库生成Class；② 由实体类生成数据库表结构；③ 通过数据库可视化设计器设计数据库，同时生成实体类。

7.1.5 EF 的组成结构

EF的组成结构如图7-3所示。

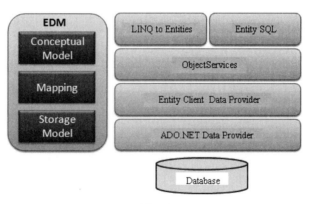

图 7-3

- EDM（实体数据模型）：包括3个模型概念模型（Conceptual Model）、映射（Mapping）和存储模型（Storage Model）。其中，概念模型包含模型类和它们之间的关系，独立于数据库表的设计。存储模型是数据库设计模型，包括表、视图、存储的过程以及它们的关系和键。映射包含如何将概念模型映射到存储模型的相关信息。
- LINQ To Entity（L2E）：L2E是一种查询实体对象的语言，它返回在概念模型中定义的实体。
- Entity SQL：Entity SQL是一个类似于L2E的查询语言。然而，它比L2E更加复杂。
- Object Services（对象服务）：对象服务是访问数据库中的数据并返回数据的主要入口点。它负责数据实例化，把Entity Client Data Provider（下一层）的数据转换成实体对象。

- Entity Client Data Provider：主要职责是将L2E或Entity Sql转换成数据库可以识别的SQL查询语句，它通过ADO.NET Data Provider向数据库发送或者索取数据。
- ADO.NET Data Provider：使用标准的ADO.NET与数据库通信。

7.1.6　EF 相对于 ADO.NET 的区别和优点

ADO.NET是一组向.NET Framework 程序员公开数据访问服务的类。ADO.NET为创建分布式数据共享应用程序提供了一组丰富的组件。它提供了对关系数据、XML和应用程序数据的访问，因此是.NET Framework中不可缺少的一部分。ADO.NET支持多种开发需求，包括创建由应用程序、工具、语言或Internet浏览器使用的前端数据库客户端和中间层业务对象。

EF的底层基于ADO.NET技术，比如对数据的操作最终都转换成SQL语句。但有了ADO.NET还推出了EF，就说明EF肯定有其自身的特点。

1. EF和ADO.NET的区别

（1）采用EF进行开发只需要操作对象。这使开发更对象化，抛弃了数据库中心的思想，是完全的面向对象思想。ADO.NET以数据库为中心来开发数据访问层。

（2）EF减少了数据处理工作，可以简化程序开发，从而达到快速开发的目的。采用ADO.NET开发需要程序员编写SQL语句并处理数据与对象的转换，开发效率低。ADO.NET是开发人员自己设计select、update等SQL语句，来实现对数据库的增删改查等操作；采用EF操作数据库的时候，只需要操作对象，这样做使开发更方便，此时可以让开发人员使用C#的语法来完成对数据库的操作，完全面向对象。

（3）EF对内存消耗比较大，ADO.NET对内存消耗比较小，EF性能不如ADO.NET。

（4）EF处理数据库的方式是针对单个对象的。对数据库的增、删、改都是针对一条记录而言。ADO.NET既适合逐条处理数据，也适合对批量修改、删除数据进行处理。

（5）EF不适用于数据库中有大量的存储过程、触发器的开发，此时采用ADO.NET比较适合。

（6）EF只适合于表与表的关系比较明确的环境。如本应该建立外键却没有建立外键，这时使用EF不仅不会减少工作量，反而会增加工作量。ADO.NET对此没有硬性要求。

2. EF相对于ADO.NET的优点

（1）开发效率高，开发人员完全可以采用面向对象的方法进行软件开发。
（2）可以使用3种设计模式中的ModelFirst来设计数据库，而且比较直观。
（3）可以跨数据库，只需在配置文件中修改连接字符串即可。
（4）与Visual Studio集成开发环境结合得比较好。

7.1.7　EF 的 3 种开发方式

上面说了不少抽象的理论，估计读者看得都快睡着了。现在让我们动动手，醒醒脑。要基于EF开发，首先要搭建EF开发环境，并准备好数据库。选择什么数据库呢？如果想要简单，肯定是选择微软的SQL Server数据库了，自家产品会配合得天衣无缝，但考虑到软件企业和客户都喜欢免费的东西，因此笔者这里选择MySQL，虽然烦琐点，但对实际工作更有帮助，毕竟MySQL实际应用得更多。

EF支持3种开发方式：Code First（代码优先）、Database First（数据库优先）和Model First（模型优先）。

（1）Code First：这种方式根据代码去生成数据库中的表。从某种角度来看，其实Code First和Model First的区别并不明显，只是它不借助于实体数据模型设计器，而是直接通过编码方式设计实体模型（这也是为什么最开始Code First被叫作Code Only的原因）。但是对于EF，它的处理过程有所差别，例如我们使用Code First就不再需要EDM文件，所有的映射通过"数据注释"和fluent API进行映射和配置。

另外需要注意，Code First并不表示一定就要手动编写实体类，事实上如果有数据库的话可以取巧，通过现有数据库直接生成实体类。也就是说，Code First模式既可以在没有数据库的情况下通过代码生成数据库，也可以在已有数据库的情况下使用该模式。Visual Studio的实体模型向导里也提供了这两种向导，一种是"空Code First模型"，另外一种是"来自数据库的Code First"，如图7-4所示。

图 7-4

已有数据库的情况似乎就是数据库优先了，因此我们更关注于通过代码生成数据库。

（2）Database First：该方式是基于已存在的数据库，利用某些工具（如Visual Studio提供的EF设计器）创建实体类数据库对象与实体类的匹配关系等，我们也可以手动修改这些自动生成的代码及匹配文件。

（3）Model First：这种方式是先利用某些工具（如Visual Studio的EF设计器），设计出实体数据模型及它们之间的关系，然后根据这些实体、关系去生成数据库对象及相关代码文件。

总之，Database First就是先有数据库，从数据库入手再写代码；Model First和Code First则先从代码入手，再生成数据库。

Database First是留给习惯传统开发的程序员的一个代码生成器，设计好数据库再做开发，包括笔者自己有时还会陷入这种思路。Code First则从对象出发，基于对象表达数据之间的关系，是领域驱动设计实施的必备要素，也充分贯彻了面向对象开发的思想。

Code First是微软最新的EF框架，意味着EF后续版本将舍弃Model First和Database First，建议读者以后可以使用Code First进行开发。

7.2 常用数据库的准备

现在市面上的主流数据库非常多，有大型数据库（比如Oracle、Sybase、Informix和DB2等），有中型数据库（比如SQL Server、MySQL等），还有国产数据库（比如中国数据库ChinaDB、华为GaussDB、阿里ApsaraDB、腾讯TencentDB等）。这么多数据库，我们不可能全部去学会。那初学者从哪里入手呢？笔者建议先从简单的入手，比如LocalDB、MySQL和SQL Server，以后工作中再慢慢接触大型数据库。

7.2.1　准备 LocalDB

微软数据库SQL Server有一款免费版本叫SQL Server Express，它是学习和构建桌面或小型服务器应用的入门级数据库。但是作为编程人员，还是觉得其体积过大。因此微软为开发者量身定制了一款专门用于编程开发的小数据库SQL Server Express LocalDB（实际上就是从SQL Server Express中抽离出来的），简称LocalDB。

LocalDB相当于一个比较小型的数据库，它没有SQL Server那样繁复的安装过程和庞大的体积。相对于普通的数据库来讲，它可以称为很轻量级别的数据库。LocalDB的安装将复制启动SQL Server数据库引擎所需的、最少的文件集。安装LocalDB后，可以使用特定连接字符串来启动连接。连接时，将自动创建并启动所需的SQL Server基础结构，从而使应用程序无须执行复杂的配置任务即可使用数据库。开发人员工具可以向开发人员提供SQL Server数据库引擎，使其不必管理Transact-SQL的完整服务器实例即可撰写和测试SQL Server代码。

LocalDB是SQL Server的一个超级精简版本，只有几十兆字节，所以只有非常有限的功能，它主要用来学习和测试，初学者可以从它起步。但是，它有两个重要的功能缺失：

（1）不支持联网，只能本机连接。

（2）数据库级别的排序规则只能是SQL_Latin1_General_CP1_CI_AS且无法更改。

笔者的建议是，它适合只想学基础的SQL和T-SQL的读者；或用于完成只在本地运行的大作业。对于想学好SQL Server的读者来说，配置服务器的网络是非常重要的环节，无法跳过不学。

安装LocalDB通常有两种方式，一种是在安装Visual Studio的时候自动安装，我们可以在安装向导的"单个组件"页中找到它，如图7-5所示。

一般来讲，LocalDB是作为开发者来使用的，主要作用就是满足开发需求，所以从Visual Studio 2012和SQL

图 7-5

Server 2008开始，一般都自带LocalDB了。在Visual Studio 2019中，LocalDB目前版本是2016。这里笔者推荐使用LocalDB 2016版本，因为相较于其他版本，笔者觉得这个版本最好用。

另外一种方式直接下载独立安装包。如果读者觉得Visual Studio体积太大，不想安装这个巨无霸，那么可以从官网下载一个Express版本的下载器，然后就可以选择安装LocalDB了。这种方式还可以安装到最新的版本。当然，我们用Visual Studio自带的版本来学习也足够了，笔者用的就是Visual Studio自带的版本。

下载和安装最新版LocalDB的步骤如下：

首先可以打开官网"https://www.microsoft.com/en-us/sql-server/sql-server-downloads"，在网页上到找到"Express"，再单击"Download now"按钮，如图7-6所示。

此时会下载Express的在线安装包文件，文件名是SQL2022-SSEI-Expr.exe。双击这个文件，然后在安装对话框上选择"LocalDB"，如图7-7所示。

图 7-6

图 7-7

最后单击右下角的"下载"按钮即可，下载下来的文件是SqlLocalDB.msi。笔者这里就不安装它了，因为已经用了Visual Studio自带的LocalDB，它们的操作方法也基本一样。另外要注意，SQL Server 2022版本的LocalDB无法在Windows 7上运行，至少需要Windows 10才行。也就是说，刚下载的SqlLocalDB.msi要在Windows 10或以上的操作系统上才能安装。

这里我们按照Visual Studio自带的LocalDB来讲解。Visual Studio安装完成后，我们可以在路径"C:\Program Files\Microsoft SQL Server\130\Tools\Binn\"下看到可执行程序SqlLocalDB.exe，并且该程序的路径也被自动写到系统变量Path中。因此，我们可以在控制台窗口中直接运行SqlLocalDB。打开控制台窗口，输入命令SqlLocalDB后按回车键，就可以看到它的好多选项了。具体选项如下：

```
create|c ["instance name" [version-number] [-s]]
    使用指定的名称和版本创建新的LocalDB 实例
    如果忽略 [version-number] 参数，则它默认为系统中安装的最新 LocalDB 版本
    -s创建后启动新的LocalDB 实例

delete|d ["instance name"]
    删除具有指定名称的LocalDB 实例

start|s ["instance name"]
    启动具有指定名称的LocalDB 实例
```

```
stop|p ["instance name" [-i|-k]]
    当前查询完成后，停止具有指定名称的 LocalDB 实例
    -i 使用NOWAIT 选项请求关闭 LocalDB 实例
    -k在不与之联系的情况下终止 LocalDB 实例进程

share|h ["owner SID or account"] "专用名称" "共享名称"
    使用指定的共享名称共享指定的专用实例
    如果省略了用户 SID 或账户名称，它将默认为当前用户

unshare|u ["shared name"]
    停止共享指定的 LocalDB 实例

info|i
    列出当前用户所拥有的所有现有 LocalDB 实例以及所有共享的LocalDB 实例

info|i "实例名称"
    打印有关指定的LocalDB 实例的信息

versions|v
    列出在计算机上安装的所有 LocalDB 版本

trace|t on|off
    打开或关闭跟踪
```

sqlLocalDB将空格作为分隔符，因此需要用引号将包含空格和特殊字符的实例名称引起来，例如SqlLocalDB create "My LocalDB Instance"。如上所述，有时可以省略实例名称，或者将其指定为""。在这种情况下，引用的是默认的LocalDB实例"MSSQLLocalDB"。下面看几个范例。

1）创建实例

使用选项create或c可以创建LocalDB实例。所谓LocalDB实例，实际上就是LocalDB服务器引擎，每个LocalDB引擎实例各有一套不为其他实例共享的系统及用户数据库。通俗点说，LocalDB实例就是LocalDB数据库服务器，我们的数据库是建立在实例上的，一个LocalDB实例可以有多个数据库。

实例又分为"默认实例"和"命名实例"，如果在一台计算机上安装第一个LocalDB，命名设置保持默认的话，那这个实例就是默认实例。LocalDB的默认实例是MSSQLLocalDB，它在安装LocalDB的时候就创建了。我们可以在路径"C:\Users\Administrator\AppData\Local\Microsoft\ Microsoft SQL Server Local DB\Instances"下看到文件夹mssqllocaldb，这个文件夹下的.mdf文件就是数据库文件。

现在我们来创建一个命名实例（或称引擎服务）。创建名为MyLocalDB的实例，可以在控制台窗口输入如下命令：

```
C:\Users\Administrator>sqllocaldb create MyLocalDB
已使用版本13.1.4001.0创建LocalDB 实例 "MyLocalDB"
```

创建成功后，可以在路径"C:\Users\Administrator\AppData\Local\Microsoft\Microsoft SQL Server Local DB\Instances"下看到一个文件夹MyLocalDB，该目录中存放的就是我们新创建的实例的相关文件，例如master.mdf、model.mdf、tempdb.mdf等数据库文件。

2）启动引擎服务

使用选项start或s可以启动数据库实例（或称引擎服务）。比如启动数据库引擎MyLocalDB，可以这样输入命令：

```
C:\Users\Administrator>sqllocaldb start MyLocalDB
LocalDB实例 "MyLocalDB" 已启动
```

此时数据库引擎MyLocalDB就启动成功了。也可以把创建启动写在一个命令里，比如：

```
sqllocaldb c testdb -s
```

其中，testdb是创建并启动的引擎名称。笔者私下认为引擎这个词似乎比实例更好理解一些，引擎有发动机的意思，启动发动机是我们习惯的说法，但官方更多地使用实例。

3）列出已创建实例

使用选项info或i可以列出当前用户所拥有的所有LocalDB实例，比如：

```
C:\Users\Administrator>sqllocaldb i
MSSQLLocalDB
MyLocalDB
```

其中，MSSQLLocalDB是Microsoft SQL Server Express LocalDB的默认自带的一个实例，它是一个轻量级、零配置的版本，专为开发人员提供本地开发和调试环境而设计。MyLocalDB是我们刚刚创建的实例。

4）打印指定实例的信息

使用选项info或i，再加上指定实例的名称，就可以列出该数据库实例的信息，比如：

```
C:\Users\Administrator>sqllocaldb i MyLocalDB
名称:              MyLocalDB
版本:              13.1.4001.0
共享名称:
所有者:            XTW-20230228FFU\Administrator
自动创建:          否
状态:              正在运行
上次启动时间:      2024/5/17 16:55:47
实例管道名称:      np:\\.\pipe\LOCALDB#B3D6784A\tsql\query
```

5）停止实例

使用选项stop或p可以安全停止（等待正在执行的查询结束后，再停止）某个实例，比如：

```
C:\Users\Administrator>sqllocaldb p MyLocalDB
LocalDB实例"MyLocalDB"已停止。
```

6）删除实例

使用选项delete或d就可以删除某个实例，比如：

```
C:\Users\Administrator>sqllocaldb d MyLocalDB
LocalDB 实例"MyLocalDB"已删除。
```

7.2.2 下载和安装 MySQL

MySQL是一个关系数据库管理系统，由瑞典MySQL AB公司开发，属于Oracle旗下产品。MySQL是最流行的关系数据库管理系统之一。MySQL所使用的SQL语言是用于访问数据库的最常用的标准化语言。MySQL软件采用了双授权政策，分为社区版和商业版。由于其体积小、速度快、总体拥有成本低，尤其是开放源码这一特点，一般中小型和大型网站的开发都选择MySQL作为数据库。

这里选择稳定性好的MySQL 5.7.43。我们可以到官网去下载，网址为"https://downloads.mysql.com/archives/installer/"。然后在网页的Product Version旁选择5.7.43，选择后单击右下方的Download按钮，就可以下载了，如图7-8所示。

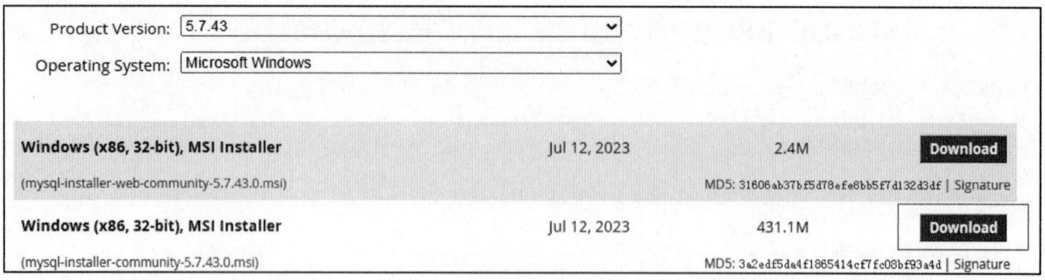

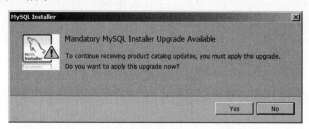

图 7-8

这里下载下来的安装包文件是mysql-installer-community-5.7.43.0.msi，如果不想下载，也可以在本书配套资源somesofts目录下找到安装包文件。直接双击安装包文件即可开始安装，第一个界面询问要不要升级，如图7-9所示。

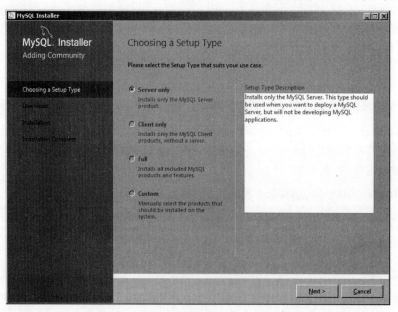

图 7-9

这里一定要选No，万万不要升级！单击No按钮后，出现选择安装类型对话框，如图7-10所示。

图 7-10

我们保持默认选择Server only即可。安装很简单，一直往下单击Next按钮即可。如果要设置登录MySQL的口令，可以设置为123456，不要弄得很复杂，以方便学习，如图7-11所示。

继续一直单击Next按钮直到安装完成。安装完毕后，我们到命令行下用命令net start查看一下MySQL服务程序是否在运行，如果找到"MySQL 5.7"，就说明MySQL 5.7服务已经在运行了。

图 7-11

7.2.3　登录和使用 MySQL

下面我们登录MySQL服务器。在计算机桌面单击"开始"→"MySQL"→"MySQL Server 5.7"
→"MySQL 5.7 Command Line Client"，打开命令行客户端，输入登录口令123456，然后就会出现
MySQL提示符。注意：如果输错密码，则窗口会闪退。
或者，也可以在Windows下使用cmd命令打开命令行窗
口，输入如下命令进入MySQL程序所在的路径：

```
cd C:\Program Files\MySQL\MySQL Server 5.7\bin
```

图 7-12

然后输入登录MySQL服务器程序的命令：

```
mysql -uroot -p123456
```

其中-u后面跟账号（这里是root），-p后跟密码（这
里是123456），此时将出现MySQL命令提示符，如图7-12
所示。

这两种方式都可以使用，但更方便的是直接用
"MySQL 5.7 Command Line Client"，即MySQL的命令
行客户端。我们打开该窗口，然后可以输入一些MySQL
命令，比如显示当前所有数据库的命令show databases;，
注意database后面有个英文分号，运行结果如图7-13所示。

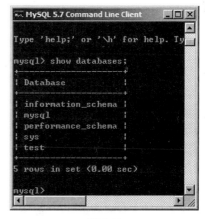

图 7-13

另外，我们还可以用命令查看MySQL的版本：

```
mysql> select version();
+------------+
| version() |
+------------+
| 5.7.43-log |
+------------+
1 row in set (0.00 sec)
```

下面我们再用命令来创建一个数据库，数据库名是test。输入create database test;，注意test后面有一个英文分号，如下所示：

```
mysql> create database test;
Query OK, 1 row affected (0.08 sec)
```

出现Query OK的提示，说明创建成功。此时，如果用命令show databases;显示数据库，可以发现新增了一个名为test的数据库。我们准备在这个数据库中新建表。通常，在一线开发中，经常用一个SQL脚本文件来创建数据库和数据库中的表。SQL脚本文件其实是一个文本文件，里面包含一到多个SQL命令的SQL语句集合，然后通过相关的命令执行这个SQL脚本文件。这里我们打开记事本，然后输入下列内容：

```
/*
 Source Server Type    : MySQL
 Date: 31/7/2024
*/

DROP DATABASE IF EXISTS test;
create database test default character set utf8 collate utf8_bin;
flush privileges;
use test;
SET NAMES utf8mb4;
SET FOREIGN_KEY_CHECKS = 0;
-- ----------------------------
-- Table structure for student
-- ----------------------------
DROP TABLE IF EXISTS `student`;
CREATE TABLE `student` (
  `id` tinyint NOT NULL AUTO_INCREMENT,
  `name` varchar(32) DEFAULT NULL,
  `age` smallint DEFAULT NULL,
  `SETTIME` datetime NOT NULL COMMENT 'Registration time',
  PRIMARY KEY (`id`)
) ENGINE=InnoDB DEFAULT CHARSET=utf8;
-- ----------------------------
-- Records of student
-- ----------------------------
BEGIN;
INSERT INTO student VALUES (1,'Tom',23,'2020-09-30 14:18:32');
INSERT INTO student VALUES (2,'Jack',22,'2020-09-30 15:18:32');
COMMIT;

SET FOREIGN_KEY_CHECKS = 1;
```

里面的内容不过多解释了，无非就是SQL语句的组合。相信学过数据库的读者都会很熟悉。另存为该文件，文件名是mydb.sql，路径放在d:\下，编码选择UTF-8，这个要注意，否则后面执行时会出现"Incorrect string value"之类的错误提示。这是因为在Windows系统中，默认使用的是GBK编码，称为"国标"，而在MySQL数据库中，使用的是UTF-8编码来存储数据。当然，我们也可以找到安装MySQL的目录，然后打开其中的my.ini文件，找到default-character=utf-8，把UTF-8改为GBK，再重新启动MySQL服务即能解决问题，这样就不需要每次都保存为UTF-8编码了。

SQL脚本文件保存后，我们就可以执行它了。打开MySQL的命令行客户端，用source命令执行test.sql：

```
source d:\test.sql
```

test.sql在code/ch07下可以找到，我们把它复制到d盘，运行结果如图7-14所示。

看到没有报错提示，说明执行成功了。此时我们可以用命令来查看新建的数据库及其表，比如：

（1）查看数据库：

```
show databases;
```

（2）选择名为test的数据库：

```
use test;
```

（3）查看数据库中的表：

```
show tables;
```

（4）查看student表的结构：

```
desc student;
```

（5）查看student表的所有记录：

```
select * from student;
```

最终运行结果如图7-15所示。

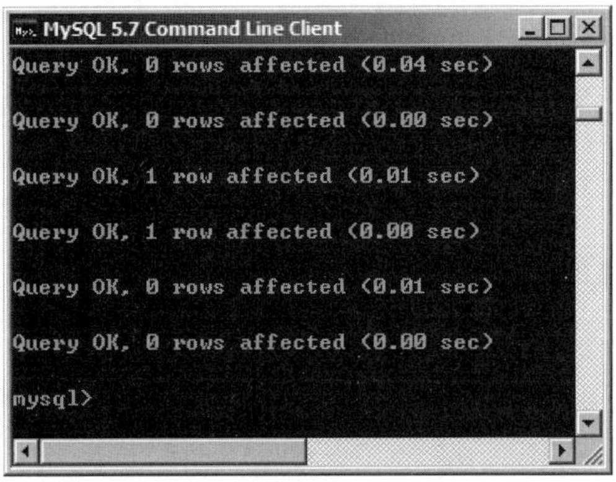

图 7-14

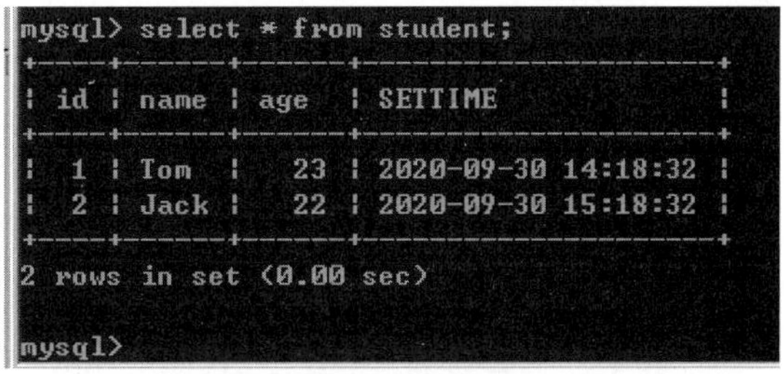

图 7-15

至此，我们的MySQL数据库运行正常。顺便提一句，如果觉得某张表的数据乱了，可以用SQL语句删除表中的全部数据，比如delete from student;。最后，输入quit退出MySQL命令行客户端。

7.2.4　关闭 MySQL 的 SSL

由于MySQL现在采用SSL安全方式来连接数据库，因此好多第三方软件，比如Visual Studio，在连接MySQL数据库时会出现问题。因此，我们需要进行配置来关闭SSL。这里再三强调：这一小节必须做！在关闭之前，我们先查看一下当前是否启用了SSL。在MySQL命令行客户端中输入如下命令：

```
SHOW VARIABLES LIKE '%ssl%';
```

运行结果如图7-16所示。

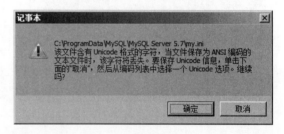

图 7-16

可以看到变量名have_openssl和have_ssl的值都是YES，说明SSL是启动着的。下面我们来关闭SSL，具体步骤说明如下：

步骤01 修改配置。打开文件夹C:\ProgramData\MySQL\MySQL Server 5.7，用记事本打开my.ini，然后搜索[mysqld]，并在[mysqld]下一行添加ssl=0，注意[mysqld]中有一个d，增加后的样子如下所示：

```
[mysqld]
ssl=0
```

步骤02 单击记事本的"文件"→"另存为"命令，然后在另存为对话框右下方的"编码"旁选择"ANSI"，如图7-17所示。最后单击"保存"按钮，如果弹出"继续吗？"提示框，单击"确定"按钮即可，如图7-18所示。

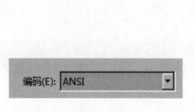

图 7-17　　　　　　　　　　　　　　　　　图 7-18

因为Windows下默认是Unicode编码方式，如果直接保存，将导致MySQL服务启动失败。

步骤03 重启服务。在"开始"→"运行"对话框中输入services.msc，然后在"服务"窗口中找到MySQL 5.7并右击，在弹出的快捷菜单中选择"重新启动"即可。

步骤04 验证。在MySQL命令行客户端中输入如下命令：

```
SHOW VARIABLES LIKE '%ssl%';
```

运行结果如图7-19所示。

可以看到，变量名have_openssl和have_ssl的值都是DISABLED，说明SSL已经关闭了。

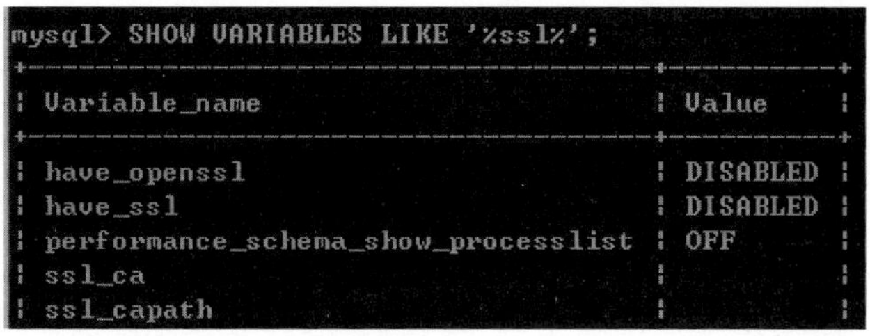

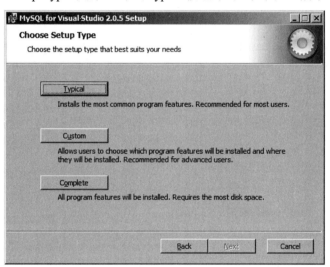

图 7-19

7.2.5　让 Visual Studio 连接到 MySQL

后续我们在Visual Studio中进行数据库应用开发时，需要在Visual Studio中操作数据库，那么第一步肯定是要让Visual Studio成功连接到MySQL。现在我们就来实现这个操作。

为了让Visual Studio能连接到MySQL，Oracle专门准备了一个软件来为Visual Studio提供MySQL驱动，这个软件可以在MySQL官网（https://downloads.mysql.com/archives/visualstudio/）下载，也可以在本书的配套资源somesofts文件夹下找到，安装包文件名是mysql-for-visualstudio-2.0.5.msi，直接双击它开始安装，在Choose Setup Type对话框上单击Typical按钮即可，如图7-20所示。

图 7-20

安装过程中所有选项都保持默认，非常简单。安装完毕后，我们准备在Visual Studio中连接MySQL。打开Visual Studio，然后在启动对话框的右下方选择"继续但无需代码"，如图7-21所示。

继续但无需代码(W) →

图 7-21

然后进入Visual Studio主界面，在主界面的菜单栏中选择"工具"→"连接到数据库"命令，此时出现"添加连接"对话框，如图7-22所示。

如果"数据源"下方显示的不是"MySQL Database（MySQL Data Provider）"，则单击旁边的"更改"按钮，并在"更改数据源"对话框中选择"MySQL Database"，如图7-23所示。

接着单击"确定"按钮，返回到"添加连接"对话框，在Server name文本框中输入localhost或127.0.0.1，在User name文本框中输入root，在Password文本框中输入123456，再单击左下方的"测试连接"按钮，此时会出现"测试连接成功"的提示框，如图7-24所示。

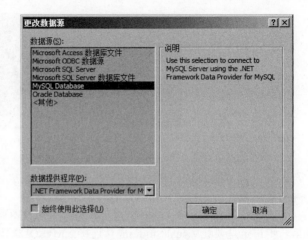

图 7-22   图 7-23

这就表明，Visual Studio能正确连接到MySQL服务器了。如果MySQL中已经建立了一个数据库，比如名为test的数据库，那么我们也可以在Database name文本框中输入test，再单击"测试连接"，这样就可以在登录MySQL的同时打开test数据库，如图7-25所示。

图 7-24   图 7-25

至此，Visual Studio成功连接到MySQL数据库。

7.2.6 卸载 MySQL

这一节读者不必去做，只是保留在这里作为参考。其实也没有特别之处，就是卸载完软件本身后，还需要把一些残留文件夹给手工删除掉。具体步骤如下：

步骤01 在控制面板中卸载MySQL软件，一般要卸载两个，建议先卸载MySQL Server 5.7，再卸载MySQL Installer，如图7-26所示。

图 7-26

步骤02 删除目录。将C:\ProgramData下的MySQL文件夹手工删除。最好看一下路径C:\Program Files下是否还有MySQL目录（正常情况下应该没有了），如果有，记得手工删除掉。

至此，MySQL卸载成功。

7.2.7 传统方式访问 MySQL 数据库

7.1节里我们通过EF框架来访问数据库，在程序里并没有出现SQL语句，这是未来数据库开发的趋势。而传统的数据库开发方式通常在程序中混合了SQL语句，这种方式在一些老项目的维护场景中经常看到。现在，我们通过一个简单的范例来认识传统的数据库开发，正好也利用这个范例可以测试一下MySQL和Visual Studio是否合作正常。

传统方式开发数据库应用，通常先要建立好数据库。这里我们先在MySQL的命令行客户端窗口中新建数据库和表，并添加一些记录。然后，在C#程序中检索出所有记录，程序业务逻辑尽可能简单，主要目的是熟悉开发的过程。

首先打开MySQL的命令行客户端并输入密码123456登录MySQL。

然后在命令行上输入创建数据库的命令：

```
mysql> create database mydb;
Query OK, 1 row affected (0.00 sec)
```

把本书配套范例目录下的mydb.sql放到d盘下，接着在MySQL命令行客户端上输入命令：

```
mysql> source d:/mydb.sql
Query OK, 0 rows affected, 1 warning (0.00 sec)
...
```

再在命令行中输入2条添加记录的命令：

```
mysql> INSERT INTO users VALUES (1,'Tom','tom@qq.com');
Query OK, 1 row affected (0.01 sec)
INSERT INTO users VALUES (2,'Jack','jack@qq.com');
Query OK, 1 row affected (0.01 sec)
```

最后查看一下表和记录，命令如下：

```
mysql> use mydb;
Database changed
mysql> show tables;
+----------------+
| Tables_in_mydb |
+----------------+
| users          |
+----------------+
1 row in set (0.00 sec)

mysql> select * from users;
+----+------+-------------+
| Id | Name | Email       |
+----+------+-------------+
| 1  | Tom  | tom@qq.com  |
| 2  | Jack | jack@qq.com |
+----+------+-------------+
2 rows in set (0.00 sec)
```

数据库准备好了，下面我们准备在程序中访问数据库。要在Visual Studio中连接和操作MySQL数据库，必须在Visual Studio项目中添加MySQL和.NET之间的数据连接库。MySQL官方提供了.NET

数据连接库,可以在官网(https://downloads.mysql.com/archives/c-net/)下载,如果网址失效,也可以在本书源码目录的somesofts文件夹下找到安装包文件mysql-connector-net-8.0.33.1.msi。安装过程很简单,一直单击"下一步"按钮即可。这里采用默认的安装路径:C:\Program Files (x86)\MySQL\MySQL Connector NET 8.0.33.1。该路径下有一个MySql.Data.dll,稍后会在项目中用到。

【例7.1】传统方式访问数据库

(1)打开Visual Studio,新建一个.NET Framework的控制台应用项目,项目名称为test。

(2)在"解决方案资源管理器"中右击"引用",在"引用管理器"对话框的下方单击"浏览"按钮,然后选择C:\Program Files (x86)\MySQL\MySQL Connector NET 8.0.33.1目录下的MySql.Data.dll文件,单击"确定"按钮,如图7-27所示。

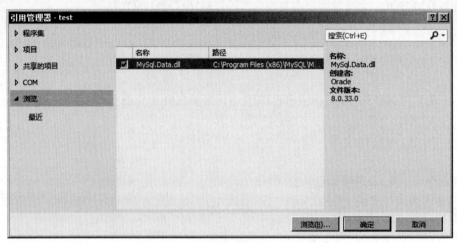

图 7-27

添加了这个库后,我们就可以用这个库中的类和函数了。

(3)打开Program.cs,在文件开头添加MySql.Data.MySqlClient的引用:

```
using MySql.Data.MySqlClient;
```

然后在Main函数中添加如下代码:

```
static void Main(string[] args)
{
    //定义数据库连接字符串,指定服务器地址、数据库名称、MySQL账户和密码
    string connectionString =
"server=localhost;user=root;database=mydb;password=123456;";
    //定义一个数据库连接对象,参数是连接字符串
    MySqlConnection connection = new MySqlConnection(connectionString);

    try
    {
        connection.Open(); //打开数据库
        string query = "SELECT * FROM users"; //构造select语句
        //定义SQL命令对象,参数是SQL语句字符串和连接对象
        MySqlCommand command = new MySqlCommand(query, connection);
        //使用MySqlDataReader对象执行查询
        MySqlDataReader reader = command.ExecuteReader();
        while (reader.Read()) //读取每一行数据
```

```
    {
        //通过reader对象获取相应的字段值
        Console.Write(reader["name"].ToString() + ","); //输出name字段的数据
        Console.WriteLine(reader["email"].ToString());   //输出email字段的数据
    }
    reader.Close(); //关闭查询
}
catch (Exception ex)
{
    Console.WriteLine("Error: " + ex.Message); //输出异常情况的内容
}
finally
{
    connection.Close();//关闭数据库连接
}
Console.ReadLine(); //等待用户输入来结束程序
}
```

以上代码使用了MySqlConnection、MySqlCommand和MySqlDataReader类来连接数据库、执行查询和读取结果。

需要注意，MySqlDataReader只能从数据库中一次性读取所有数据，而不能进行分页读取。因此，在读取大量数据时，需要考虑内存的消耗。在使用MySqlDataReaderr时，数据库连接必须处于打开状态。如果连接关闭，那么MySqlDataReader将无法读取数据。MySqlDataReader会自动将数据库中的数据类型映射为.NET中的相应数据类型。但需注意，数据类型的映射并不是完全一致的，需要根据实际情况进行调整。还有就是，一个数据库连接一次只能打开一个MySqlDataReader，如果要打开另一个，必须先关闭第一个。

（4）运行程序，结果如下：

```
Tom,tom@qq.com
Jack,jack@qq.com
```

从这个范例中可以看出，使用传统方式开发数据库应用程序，需要自己去打开数据库连接，需要自己写SQL语句。而现在有了EF框架，则可以用简洁的LINQ to SQL语句来提高开发人员的效率，不需要再写复杂的SQL语句，而且也不需要去解决应用程序如何连接数据库的问题了。

7.3　基础知识的准备

7.3.1　实体之间的关系

从数据表来考虑，两张表之间的关系有一对一、一对多（多对一）和多对多的关系。其中一对一指的是表A有一条记录，表B最多有一条记录与之对应。反过来也一样，表A也最多有一条记录与表B的某一条记录对应。具体在数据表上表现为，表A和表B各有一个外键指向对方。

一对多和多对一是一个概念，只是参考的方向是相反的。所谓的一对多就是其中多方上有一个属性或者列指向了另一个实体，而"一"的那头则没有对应的属性指向多方。

多对多是指两个类的实例各有一个集合属性指向对方，换句话说就是A有0到多个B，B也有0到多个A。多对多的ER图如图7-28所示。

图 7-28

7.3.2 主键

关系数据库中的一条记录中有若干个属性，若其中某一个属性能唯一标识一条记录，该属性就可以称为主键。例如：

- 学生表包含学号、姓名、性别、班级等属性，其中每个学生的学号是唯一的，且能表示某条记录，那么学号就是一个主键。
- 课程表包含课程编号、课程名、学分等属性，其中课程编号是唯一的，课程编号就是一个主键。
- 成绩表包含学号、课程号、成绩等属性，其中成绩表中单独的一个属性无法唯一标识一条记录，学号和课程号的组合才能唯一标识一条记录，所以学号和课程号的属性组是一个主键。

成绩表中的学号不是成绩表的主键，但它和学生表中的学号相对应，并且学生表中的学号是学生表的主键，则称成绩表中的学号是学生表的外键（Foreign Key）。同理，成绩表中的课程号是课程表的外键。

7.3.3 外键

在数据库中，外键是一个重要的概念，它用于建立表与表之间的引用关系，维护数据的完整性和一致性。外键是指在一张表中引用另一张表中的主键。简单来说，外键是一个字段，它在一张表中指向另一张表的主键。外键可以有重复的，也可以是空值。

外键在数据库中具有非常重要的作用，主要包括以下几个方面：

（1）数据引用：外键的主要作用是建立表与表之间的关联关系，使得我们可以根据一张表中的数据来引用另一张表中的数据。这种引用关系使得数据的完整性和一致性得到保障。

（2）提高数据库性能：通过外键，数据库可以建立索引，提高查询效率，同时也可以进行数据分页和缓存，进一步提高数据库性能。

（3）维护数据完整性：外键可以防止不合理的数据插入和删除，确保数据的完整性。比如，一张表中的外键值必须在另一张表中存在对应的主键值。

在数据库中，常见的外键类型包括以下几种：

（1）主键外键关联：这种类型的外键关联了一张表的主键和另一张表的外键。它是最常见的一种外键类型，用于建立两张表之间的关联关系。

（2）多对多关系：通过中间表来实现多对多关系。例如，一张学生表和一张课程表可以通过一张中间表来建立多对多关系，表示一个学生可以选修多门课程，一门课程也可以被多个学生选修。

（3）一对多关系：这种关系中，一张表的主键和另一张表的外键建立了关联。比如，一个部门表和一个员工表可以通过员工表的部门ID外键来建立一对多关系。

（4）时序关联：这种外键类型用于建立时间序列的关联关系，比如订单表和订单详情表可以通过订单ID外键来关联。

通常，创建数据库外键有两种方法，分别是手动创建和自动创建。

- 手动创建：在创建表时，通过定义外键约束来建立两张表之间的关联关系。例如，在SQL中，可以使用FOREIGN KEY关键字来创建外键约束。
- 自动创建：一些数据库管理工具提供了自动创建外键的功能。在创建表时，只需要指定外键的字段和引用的主键字段，工具会自动创建相应的外键约束。比如，在EF的CodeFirst模式中，就会自动创建外键。

7.3.4　外键约束

外键用来让两张表的数据之间建立连接，从而保证数据的一致性和完整性。外键约束是用于建立两张表之间关系的一种约束，它定义了一张表中的列与另一张表中的列之间的关系。外键约束可以保证数据的完整性和一致性，确保表与表之间的关系得到正确维护。

假设有两张表：students（学生表）和courses（课程表）。每个学生可以选择多门课程，因此我们希望通过外键约束来确保学生表中的course_id列与课程表中的course_id列保持一致。外键约束的作用如下：

（1）保证数据完整性：通过外键约束，我们可以确保学生表中的course_id列只引用了课程表中存在的有效course_id值。这样可以防止无效的或不存在的课程ID被插入学生表中，以此保证数据的完整性。

（2）保持数据一致性：外键约束可以确保学生表中的course_id列与课程表中的course_id列保持一致。如果在课程表中更新或删除了某门课程的记录，外键约束会自动处理相关的学生表中的数据，以保持数据的一致性。

（3）数据查询和关联：使用外键约束可以简化数据查询和关联操作。通过外键关联，我们可以轻松地从学生表中获取与特定课程相关的学生信息，或者从课程表中获取与特定学生相关的课程信息。

另外，使用外键约束需要注意以下几点：

（1）外键列和主键列的数据类型和长度必须相同，否则无法建立外键约束。

（2）外键约束可能会影响数据库的性能，特别是在大量数据插入或更新时。因此，在设计数据库时，需要权衡使用外键约束的必要性和性能影响。

（3）当删除或更新主表中的数据时，需要谨慎选择ON DELETE和ON UPDATE子句，以确保从表中的数据处理方式符合业务需求。

7.3.5　HTTP 中 POST 提交数据的 4 种方式

写客户端的时候，要经常调用后端的接口，一般很多公司的接口都是统一的POST提交方式，所以有必要对POST提交数据的方式有所了解。

HTTP通信协议使用HTTP客户端和HTTP服务端双方规定好的格式进行交互。HTTP消息包含两部分：请求头和请求体。HTTP的POST是有请求体的，可以携带大量的数据，而GET没有请求体，携带的参数只能放在URL中，能带的数据量比较少。这也是有些公司统一封装请求为POST而不是GET的原因。HTTP的请求方法有9种，如图7-29所示。

序　　号	方　　法	描　　述
1	GET	请求指定的页面信息，并返回实体主体
2	HEAD	类似于 GET 请求，只不过返回的响应中没有具体的内容，用于获取报头
3	POST	向指定资源提交数据进行处理请求（例如提交表单或者上传文件）。数据被包含在请求体中。POST 请求可能会导致新的资源的建立和/或已有资源的修改
4	PUT	从客户端向服务器传送的数据取代指定的文档的内容
5	DELETE	请求服务器删除指定的页面
6	CONNECT	HTTP/1.1 协议中预留给能够将连接改为管道方式的代理服务器
7	OPTIONS	允许客户端查看服务器的性能
8	TRACE	回显服务器收到的请求，主要用于测试或诊断
9	PATCH	实体中包含一个表，表中说明与该 URI 所表示的原内容的区别

图 7-29

其中最常用的还是GET和POST。GET请求方法也是最简单的一种，像其语义一样，就是获取文件的意思，所以GET请求就是获取服务器上的某个资源，GET的使用也很简单，我们记住下面两点就行了：

（1）GET传参数只能在URL后面带上参数，比如http://www.xxx.net?name=tom&age=23，服务器收到请求就可以解析出来URL后面带的参数（name = tom、age = 23）。

（2）就是上面说的，GET请求是没有请求体的。

下面重点看一下POST请求。POST是提交的意思，如果我们需要向服务器提交一些数据，就可以使用POST方法。虽然POST是提交的意思，协议规定的也是用POST提交数据，但是现在很多公司并没有这样做，查询也会用POST。其实它只是个单词，服务端收到请求后，无论是查询资源还是删除资源，或者提交数据，都是可以的，只是看公司前后端怎么规定即可。

下面我们看看POST有哪几种提交数据的方式：

1）application/x-www-form-urlencoded

这是最常见的POST提交数据的方式，浏览器的原生<form>表单如果不设置enctype属性，那么最终就会以application/x-www-form-urlencoded方式提交数据。这也是POST默认的一种方式，对应请求头中的Content-Type为application/x-www-form-urlencoded，如图7-30所示（无关的请求头在本书中都省略掉）。

图 7-30

首先，Content-Type被指定为application/x-www-form-urlencoded；其次，提交的数据按照key1=val1&key2=val2的方式进行编码，key和val都做了URL转码。大部分服务端语言对这种方式有很好的支持。很多时候，我们用Ajax提交数据也使用这种方式。例如jQuery的Ajax，Content-Type默认值都是application/x-www-form-urlencoded;charset=utf-8。此种方式，一般是提交key、value的值。

2）multipart/form-data

这种编码方式通常是用于客户端向服务端传送大文件数据，比如图片或者文件，是常见的POST数据提交的方式。我们在使用表单上传文件时，必须让<form>表单的enctype等于multipart/form-data。下面直接来看一个请求范例：

```
POST http://www.example.com HTTP/1.1
Content-Type:multipart/form-data; boundary=----WebKitFormBoundaryrGKCBY7qhFd3TrwA

------WebKitFormBoundaryrGKCBY7qhFd3TrwA
Content-Disposition: form-data; name="text"

title
------WebKitFormBoundaryrGKCBY7qhFd3TrwA
Content-Disposition: form-data; name="file"; filename="chrome.png"
Content-Type: image/png

PNG ... content of chrome.png ...
------WebKitFormBoundaryrGKCBY7qhFd3TrwA--
```

首先会生成一个boundary字符串分界线，表明下面的信息都是表单内容；然后紧跟的是表单中第一个键—值对中的名称，而后换行，再跟值；最后又生成一个boundary字符串分界线；用于分割不同的键值。如果传输的是文件，还要包含文件名和文件类型信息。这种方式一般用来上传文件，各大服务端语言对它也有着良好的支持。

上面提到的这两种POST方式，都是浏览器原生支持的，而且在现阶段标准中，原生 <form> 表单也只支持这两种方式（通过<form>元素的enctype属性指定，默认为application/x-www-form-urlencoded。其实enctype还支持text/plain，不过用得非常少）。随着越来越多的Web站点，尤其是WebApp，使用Ajax进行数据交互之后，我们完全可以定义新的数据提交方式。

3）application/json

这种就是我们现在使用最多的方法了，而且也非常方便。在请求头中设置content-type=application/json，就表明请求体中的内容为JSON格式。同样地，服务端在响应的时候，响应头中也会添加一个content-type=application/json，这也是在告诉客户端，我响应给你的响应体中的内容同样为JSON格式。

实际上，现在越来越多的人把它作为请求头，用来告诉服务端消息主体是序列化后的JSON字符串。由于JSON规范的流行，除了低版本 IE 之外的各大浏览器都原生支持JSON.stringify，服务端语言也都有处理JSON的函数，因此使用JSON不会遇上什么麻烦。

JSON格式支持比键值对复杂得多的结构化数据。这种方案可以方便地提交复杂的结构化数据，特别适合RESTful的接口。各大抓包工具如Chrome自带的开发者工具、Firebug、Fiddler，都会以树形结构展示JSON数据，非常友好。

4）text/xml

它是一种使用HTTP作为传输协议，使用XML作为编码方式的远程调用规范。其实就是请求消息中，请求体的内容是纯文本XML格式。这种方式一般用得不多。

7.3.6　TryUpdateModel 更新 model

方法TryUpdateModel用于更新指定的模型实例，它会将视图页面上表单中的字段（注意是字段）与model字段进行匹配，如果相同则把表单中的值（注意是值）更新到model上。该方法有多种重载形式：

（1）使用来自值提供程序（valueProvider）的值、前缀和包含的属性更新指定的模型实例，该方法声明如下：

```
protected internal bool TryUpdateModel<TModel> (TModel model, string prefix, string[]
includeProperties, System.Web.Mvc.IValueProvider valueProvider);
```

其中参数model表示要更新的模型实例；prefix表示在值提供程序中查找值时要使用的前缀；includeProperties表示一个要更新的模型的属性列表；valueProvider表示可用于更新模型的值字典。如果更新成功，则该方法返回true，否则返回false。

（2）使用来自控制器的当前值提供程序的值、前缀、要排除的属性列表和要包含的属性列表更新指定的模型实例，该方法声明如下：

```
protected internal bool TryUpdateModel<TModel> (TModel model, string prefix, string[]
includeProperties, string[] excludeProperties);
```

其中参数model表示要更新的模型实例；prefix表示在值提供程序中查找值时要使用的前缀；includeProperties表示一个要更新的模型的属性列表；excludeProperties表示要从该更新中显式排除的属性列表，即使includeProperties参数列表中列出了这些属性，也会将其排除。如果更新成功，则该方法返回true，否则返回false。

（3）使用来自值提供程序的值和要包含的属性列表更新指定的模型实例，该方法声明如下：

```
protected internal bool TryUpdateModel<TModel> (TModel model, string[] includeProperties,
System.Web.Mvc.IValueProvider valueProvider);
```

其中参数model表示要更新的模型实例；includeProperties表示一个要更新的模型的属性列表；valueProvider表示可用于更新模型的值字典。如果更新成功，则该方法返回true，否则返回false。

（4）使用来自值提供程序的值和要包含的属性列表更新指定的模型实例，该方法声明如下：

```
protected internal bool TryUpdateModel<TModel> (TModel model, string prefix,
System.Web.Mvc.IValueProvider valueProvider);
```

其中参数model表示要更新的模型实例；prefix表示一个要更新的模型的属性列表；valueProvider表示可用于更新模型的值字典。如果更新成功，则该方法返回true，否则返回false。

（5）使用来自控制器的当前值提供程序的值、前缀和要包含的属性更新指定的模型实例，该方法声明如下：

```
protected internal bool TryUpdateModel<TModel> (TModel model, string prefix, string[]
includeProperties);
```

其中参数model表示要更新的模型实例；prefix表示在值提供程序中查找值时要使用的前缀；includeProperties表示一个要更新的模型的属性列表。如果更新成功，则该方法返回true，否则返回false。

（6）使用来自值提供程序的值更新指定的模型实例，该方法声明如下：

```
protected internal bool TryUpdateModel<TModel> (TModel model,
System.Web.Mvc.IValueProvider valueProvider);
```

其中参数model表示要更新的模型实例；valueProvider表示可用于更新模型的值字典。如果更新成功，则该方法返回true，否则返回false。

（7）使用来自值提供程序的值、前缀、要排除的属性列表和要包含的属性列表更新指定的模型实例，该方法声明如下：

```
protected internal bool TryUpdateModel<TModel> (TModel model, string prefix, string[]
includeProperties, string[] excludeProperties, System.Web.Mvc.IValueProvider
valueProvider);
```

其中参数model表示要更新的模型实例；prefix表示在值提供程序中查找值时要使用的前缀；includeProperties表示一个要更新的模型的属性列表；excludeProperties表示要从该更新中显式排除的属性列表，即使includeProperties参数列表中列出了这些属性，也会将其排除；valueProvider表示可用于更新模型的值字典。如果更新成功，则该方法返回true，否则返回false。

（8）使用来自控制器的当前值提供程序的值和前缀更新指定的模型实例，方法声明如下：

```
protected internal bool TryUpdateModel<TModel> (TModel model, string prefix);
```

其中参数model表示要更新的模型实例；prefix表示在值提供程序中查找值时要使用的前缀。如果更新成功，则该方法返回true，否则返回false。

（9）使用来自控制器的当前值提供程序的值更新指定的模型实例，方法声明如下：

```
protected internal bool TryUpdateModel<TModel> (TModel model);
```

其中参数model表示要更新的模型实例。如果更新成功，则该方法返回true，否则返回false。

（10）使用来自控制器的当前值提供程序的值和要包含的属性更新指定的模型实例，方法声明如下：

```
protected internal bool TryUpdateModel<TModel> (TModel model, string[]
includeProperties);
```

其中参数model表示要更新的模型实例；includeProperties表示一个要更新的模型的属性列表。如果更新成功，则该方法返回true，否则返回false。

虽然重载形式较多，但一般也就用其中几个，比如想更新某几个字段，可以这样写：

```
TryUpdateModel(model, new string[] { "字段1", "字段2", "字段3" });
```

但如果页面上的字段有十几个，使用上面的方法匹配字段名称就会花费很多时间，此时，我们可以利用FormCollection接收View传来的资料来做字段更新，所以可以改成以下写法：

```
TryUpdateModel(model, FormCollection.AllKeys) && ModelState.IsValid
```

还可以排除FormCollection接收的View的资料中的某些字段：

```
TryUpdateModel(model, "", FormCollection.AllKeys, new string[] { "字段1" })
```

这样就可以排除"字段1"。

顺便提一句，与TryUpdateModel功能类似的方法还有一个是UpdateModel，这两个方法都是更新数据用的，比如在编辑某个学生的属性值时。两种方法的不同之处在于：更新结束时，TryUpdateModel返回一个bool值来判断更新是否成功，而不是引发异常，使得开发人员能够更灵活地处理错误。这意味着，在使用TryUpdateModel方法时，我们需要在调用该方法之后检查模型是否有效。而在更新出错时，UpdateModel会抛出一个异常。限于篇幅，UpdateModel就不展开了。

7.3.7　MVC 中的 RedirectToAction

在ASP.NET MVC中，RedirectToAction是一个重定向方法，即是一个将请求重定向到另一个控制器的动作方法。它可以在控制器之间进行页面跳转或重定向。使用RedirectToAction方法的语法如下：

```
public ActionResult ActionName()
{
    // 逻辑处理
    return RedirectToAction("ActionName", "ControllerName");
}
```

其中，ActionName是要重定向到的目标动作方法的名称，而ControllerName是目标控制器的名称。RedirectToAction方法的主要用途包括：

（1）页面跳转：当用户在一个控制器的动作方法中完成某个操作后，可以使用RedirectToAction方法将用户重定向到另一个控制器的动作方法，以显示相关页面。

（2）重定向到不同区域：ASP.NET MVC中的区域（Area）是一种组织控制器和视图的方式。使用RedirectToAction方法可以将请求重定向到不同区域中的控制器动作方法。

（3）传递参数：RedirectToAction方法还可以传递参数给目标动作方法，以便在重定向后使用这些参数。

7.4　Code First 开发基础

Code First(代码优先)是基于Entity Framework的新的开发模式,原先只有Database First和Model First两种。Code First是以代码为中心进行设计的，在具体操作过程中，我们不需要知道数据库的结构。它支持更加优美的开发流程，它允许我们在不使用设计器或者定义一个XML映射文件的情况下进行开发。Code First顾名思义，就是先用C#/VB.NET的类定义好领域模型，然后用这些类映射到现有的数据库或者产生新的数据库结构。Code First同样支持通过Data Annotations或fluent API进行定制化配置。

Code First这种模式不含有EDM模型，需要手动创建实体（类）和数据库上下文（类），然后通过代码来自动映射生成数据库。该模式的目的是让人们忘记SQL，忘记数据库。

EDM的意思是实体数据模型(Entity Data Model)，是用于描述实体之间关系的一种模型。EDM由3个概念组成：概念模型（由概念架构定义语言文件.csdl来定义）、映射（由映射规范语言文件.msl来定义）和存储模型（又称逻辑模型，由存储架构定义语言文件.ssdl来定义）。这三者合在一起就是EDM。EDM在项目中的表现形式就是扩展名为.edmx的文件。这个文件本质是一个XML文件，可以手工编辑此文件来自定义CSDL、MSL与SSDL这3部分。

7.4.1　实体类及其属性

从数据处理的角度看，现实世界中的客观事物称为实体，它是现实世界中任何可区分、可识别的事物。实体可以指人，如教师、学生等；也可以指物，如书、仓库等。它不仅可以指能触及的客观对象，还可以指抽象的事件，如演出、足球赛等。它还可以指事物与事物之间的联系，如学生选课、客户订货等。

在EF项目开发中，通常首先根据需求定义各个实体类，比如学生类、教师类、学校类，等等。一般都是根据具体的业务场景来定义不同的类。实体类是现实实体在计算机中的表示。例如，在某个school程序中，下面的Student、StudentAddress和Grade就是实体类：

```
public class Student
{
    public int StudentID { get; set; }
    public string StudentName { get; set; }
    public DateTime? DateOfBirth { get; set; }

    public Grade Grade { get; set; }
}

public partial class StudentAddress
{
    public int StudentID { get; set; }
    public string Address1 { get; set; }
    public string Address2 { get; set; }
    public string City { get; set; }
    //以上属性是标量属性
    public Student Student { get; set; }  //导航属性
}

public class Grade
{
    public int GradeId { get; set; }
    public string GradeName { get; set; }
    public string Section { get; set; }
    //以上属性是标量属性
    public ICollection<Student> Students { get; set; }  //导航属性
}
```

EF API把每一个实体类映射到一张表，把实体类的每一个属性映射到数据库中的列，我们在稍后的范例中会体会到这一点。上面的这些类，当它们在数据库上下文类（继承自DbContext）中被包含在DbSet<TEntity>中作为属性时，就变成了实体，如下所示：

```
public class SchoolContext : DbContext  // SchoolContext是数据库上下文类，继承自DbContext
{
    public SchoolContext()    { }    //构造函数
    public DbSet<Student> Students { get; set; }
    public DbSet<StudentAddress> StudentAddresses { get; set; }
    public DbSet<Grade> Grades { get; set; }
}
```

在EF中，一个实体抽象化为程序域中的一个类，它在数据库上下文类中包含在DbSet<TEntity>中作为类型属性。在上面的数据库上下文类SchoolContext中，Students、StudentAddresses和Grades

属性的类型DbSet<TEntity>被称为实体集。Student、StudentAddress和Grade是实体类型。

注意：DbSet<TEntity>也是一个类，尖括号通常用于指定泛型类型的参数。如果在类名后面加上尖括号，这意味着正在创建一个泛型类的实例。在C#中，泛型类的表示方式是在类后面添加<T>，T是占位符。泛型就是在定义类、接口时通过一个标识表示是某个属性的类型，或者是某个方法的返回值，或者是参数类型。参数类型在具体使用的时候确定，在使用之前对类型进行检查。泛型意味着编写的代码可以被很多不同类型的对象重用。简单地说，所谓泛型，即通过参数化类型来实现在同一份代码上操作多种数据类型。泛型类是一种可以处理多种数据类型的数据结构或算法模板。它允许在定义类时使用一个或多个类型参数（通常用大写字母表示，如T、U等），这些参数在实例化时由具体类型替换。通过使用泛型类，可以编写一次代码就为多种数据类型提供服务，提高了代码的复用性和类型安全性。一个普通类后面携带类型参数就是泛型类了，比如下列代码定义了一个泛型类Stack：

```
class Stack<T> : IEnumerable<T>, IEnumerable, ICollection, IReadOnlyCollection<T>
{
    public int Count { get; }
    ...
    public T Peek();
    public T Pop();
    public void Push(T item);
    ...
}
```

Stack<T>是一个泛型类，T是类型参数。使用这个类时，可以根据需要传入具体的类型，如Stack<int>、Stack<string>等。例子中使用的类型参数是int，比如：

```
Stack<int> stack = new Stack<int>();
stack.Push(0);
stack.Push(1);
```

除了泛型类，还由泛型方法。泛型方法是在方法级别上应用泛型的概念，即在方法签名中使用类型参数，使其能够处理多种数据类型，而不要求所在的类或结构是泛型。换句话说，泛型方法既可以存在泛型类中，也可以存在普通类中。泛型方法可以提高代码的灵活性和复用性，特别是在方法内部处理不同类型数据时。限于篇幅，这里不展开了。

现在我们知道了，DbSet<TEntity>的DbSet就是一个泛型类，类型参数就是TEntity，TEntity对应我们定义的某个实体类，比如类Student等。在具体使用DbSet<TEntity>的时候，将用我们的实体类名替换TEntity。

下面继续讲解实体的概念，一个实体（Entity）可以包含两种类型的属性：标量属性（Scalar Properties）和导航属性（Navigation Properties）。

1）标量属性

基本类型的属性称为标量属性。一个标量属性可以存储实际的数据。一个标量属性可以映射到数据库表的一个列。

2）导航属性

导航属性代表一个实体和另一个实体之间的关系，通过导航属性可以访问到另外一个实体。

7.4.2　导航属性的概念

导航属性可以用来表示一对一、一对多和多对多等关系。当使用EF进行查询时，可以通过导航属性来方便地访问关联实体的数据。

导航属性需要满足以下条件：导航属性必须为可访问的公共（Public）属性；导航属性的类型必须是另一个实体类或实体类集合。

导航属性有两种形式：引用导航（Reference Navigation）和集合导航（Collection Navigation）。引用导航是对另一个实体的简单对象引用，它们表示一对多和一对一关系中的"一"方。集合导航是.NET集合类型的实例，即任何实现ICollection<T>的类型。注意：数组不能用于集合导航，因为即使它们实现了ICollection<T>，在调用Add方法时也会引发异常。集合导航就是表示一对多关系中的"多"方。

下面我们以作者（Author）和图书（Book）为例进行说明。假设有以下的实体类定义：

```
public class Author                    //作者的类定义
{
    public int AuthorId { get; set; }      //标量属性
    public string Name { get; set; }       //标量属性

    public List<Book> Books { get; set; }  //实体类集合作为导航属性，这是集合形式的导航属性
}
public class Book  //图书的类定义
{
    public int BookId { get; set; }
    public string Title { get; set; }
    public int AuthorId { get; set; }      //这是个外键
        //以上是标量属性
    public Author Author { get; set; }   //单个实体类作为导航属性，这是引用形式的导航属性
}
```

在上面范例中，作者（Author）类包含了一个导航属性Books，它用于表示一个作者可以拥有多本书。而图书（Book）类包含了一个导航属性Author，它用于表示一本书只能有一个作者。

7.4.3　EF 中的关系

在关系数据库中，表之间的关系（也称为关联）是通过外键定义的。外键用于建立和加强两张表的数据之间链接的一列或多列。通常有3种类型的关系：一对一、一对多和多对多。在一对多关系中，外键在表示关系的"多"端对应的表上定义。多对多关系涉及定义第三张表（称为连接表），其主键由来自两张相关表的外键组成。在一对一关系中，主键还充当外键，并且两张表都没有单独的外键列。

图7-31显示了参与一对多关系的两张表。Course表（课程表）是依赖表，因为它包含将其链接到Department表（部门表）的DepartmentID列。

在实体框架中，实体可以通过关联或关系与其他实体相关联。每个关系包含两个端，用于说明该关系中两个实体的类型和重数类型（一个、零或一个、多个）。关系可由引用约束控制，该引用约束描述了关系中的哪一端是主要角色，哪一端是从属角色。

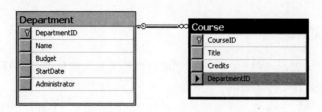

图 7-31

导航属性提供了一种在两个实体类型之间导航关联的方法。针对对象参与到其中的每个关系，各对象均可以具有导航属性。使用导航属性，可以在两个方向上导航和管理关系，在重数为一或者零或一的情况下，返回引用对象；在重数为多个的情况下，返回一个集合。也可以选择使用单向导航，这种情况下可以仅对参与关系的其中一个类型定义导航属性，而不是同时对两个类型定义。

建议在模型中加入外键的属性。加入了外键属性，就可以通过修改依赖对象的外键值来创建或更改关系。此类关联称为外键关联。使用断开连接的实体时，更需要使用外键。注意，在使用1对1或1对0..1关系时，没有单独的外键列，主键属性充当外键，并且始终包含在模型中。

如果模型中未包含外键列，则关联信息将作为独立对象进行管理。通过对象引用（而不是外键属性）跟踪关系，此类关联称为独立关联。修改独立关联的最常用方法就是修改为参与到关联中的每个实体生成的导航属性。

7.4.4　约定、外键和导航属性

首先看一下约定这个概念。约定（Conventions）是一个在使用EF Code First时根据实体类型自动配置一个"概念模型"的规则集合，这里的"概念模型就可以理解为数据库表模型，它们位于System.Data.Entity.ModelConfiguration.Conventions命名空间。以下是一些常用的约定：

（1）关于ID的约定（主键约定）：主键是类型中以ID命名的或者名称以ID结尾的，如ID或PostID。如果类型为数字或者GUID，那么将会被认为是Identity属性。Identity属性是SQL数据库中一种用于自动生成唯一标识列值的属性。在创建表时，可以为某一列设置Identity属性（列），指示该列为自动递增的唯一标识列。Identity属性通常用作主键。当插入一行数据时，Identity列会自动递增并为该行分配唯一的值，确保数据的唯一性和完整性。

（2）关于类关系的约定（表之间的外键约定）：使用导航属性来判断类与类之间的一对一、一对多和多对多关系。

外键和导航经常配合使用，下面从不同关系的角度去阐述。

1. 一对多的关系

项目中最常用到的就是一对多关系了。Code First对一对多关系也有着很好的支持。很多情况下我们都不需要特意地配置，Code First就能通过一些引用属性、导航属性等检测到模型之间的关系，自动为我们生成外键。观察下面的类：

```
public class Destination
{
    public int DestinationId { get; set; }
    public string Name { get; set; }
    public string Country { get; set; }
```

```
    public string Description { get; set; }
    public byte[] Photo { get; set; }
    //以上为标量属性
    public List<Lodging> Lodgings { get; set; }  //集合导航属性
}

public class Lodging
{
    public int LodgingId { get; set; }
    public string Name { get; set; }
    public string Owner { get; set; }
    public bool IsResort { get; set; }
    public decimal MilesFromNearestAirport { get; set; }
    //以上为标量属性
    public Destination Destination { get; set; }  //引用导航属性
}
```

Code First观察到Lodging类中有一个对Destination的引用属性，同时Destination中又有一个集合导航属性Lodgings，因此推测出Destination与Lodging的关系是一对多关系，所以在生成的数据库中自动为Lodging表生成外键，如图7-32所示。

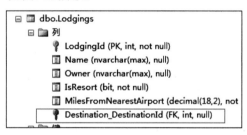

图 7-32

其实，只要在一个类中存在引用导航属性，即：

```
public class Destination //现在该类中没有导航属性
{
    public int DestinationId { get; set; }
    public string Name { get; set; }
    public string Country { get; set; }
    public string Description { get; set; }
    public byte[] Photo { get; set; }
}

public class Lodging
{
    public int LodgingId { get; set; }
    public string Name { get; set; }
    public string Owner { get; set; }
    public bool IsResort { get; set; }
    public decimal MilesFromNearestAirport { get; set; }
    public Destination Destination { get; set; }  //引用导航属性
}
```

或另一个类中存在导航属性：

```
public class Destination
{
    public int DestinationId { get; set; }
```

```
    public string Name { get; set; }
    public string Country { get; set; }
    public string Description { get; set; }
    public byte[] Photo { get; set; }
    public List<Lodging> Lodgings { get; set; }   //集合导航属性
}
public class Lodging   //现在该类中没有导航属性
{
    public int LodgingId { get; set; }
    public string Name { get; set; }
    public string Owner { get; set; }
    public bool IsResort { get; set; }
    public decimal MilesFromNearestAirport { get; set; }
}
```

  Code First都能检测到它们之间一对多的关系，自动生成外键。厉不厉害，现在的开发软件就是这么智能！

  当然，我们也可以自己在类中增加一个外键。默认情况下，如果外键命名规范，则Code First会将该属性设置为外键，不再自动创建一个外键，例如：

```
public class Destination
{
    public int DestinationId { get; set; }
    public string Name { get; set; }
    public string Country { get; set; }
    public string Description { get; set; }
    public byte[] Photo { get; set; }
    public List<Lodging> Lodgings { get; set; }   //集合导航属性
}
public class Lodging
{
    public int LodgingId { get; set; }
    public string Name { get; set; }
    public string Owner { get; set; }
    public bool IsResort { get; set; }
    public decimal MilesFromNearestAirport { get; set; }

    public int TargetDestinationId { get; set; }   //外键
    public Destination Target { get; set; }   //引用导航属性
}
```

  规范命名是指符合"[目标类的主键名]""[目标类名]+[目标类的主键名]"或"[导航属性名称]+[目标类的主键名]"的形式，且字母大小写不敏感。这里，目标类名就是Destination，目标类的主键名是DestinationId，导航属性名称是Target，相对应的命名就是DestinationId、DestinationDestinationId、TargetDestinationId。

  对于命名不规范的列，Code First会怎么做呢？比如我们将外键改为：

```
public int TarDestinationId { get; set; }
```

  再重新生成数据库，如图7-33所示。

  可以看到Code First没有识别到TarDestinationId是一个外键，于是Code First自己创建了一个外键：Target_DestinationId。看到Target_DestinationId右边的FK了吧。

那如果有读者偏要用自己定义的不符合约定的字符串来作为外键名，怎么办呢？这时可以用数据注解（Data Annotations，后续章节会讲到"注解"的概念）来使用指定外键，比如：

```
[ForeignKey("Target")] //指定TarDestinationId为外键
public int TarDestinationId { get; set; }
public Destination Target { get; set; } //导航属性
```

这里，ForeignKey关键字用来指定属性TarDestinationId是一个外键，也可以这样写：

```
public int TarDestinationId { get; set; }
[ForeignKey("TarDestinationId")]      //指定TarDestinationId为外键
public Destination Target { get; set; }    //导航属性
```

但要注意ForeignKey位置的不同（位于属性的上一行或下一行），其后带的参数也不同（位于上一行所带参数是Target，位于下一行所带参数是TarDestinationId）。这样，生成的数据库就是我们所期望的了，如图7-34所示，可以看到Code First没有再生成别的外键。

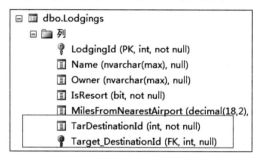

图 7-33

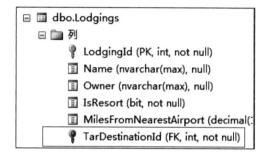

图 7-34

2. 多对多关系

如果有两个类各自的集合导航属性指向另一个类，Code First会认为这两个类之间是多对多关系，例如：

```
public class Activity
{
    public int ActivityId { get; set; }
    [Required, MaxLength(50)]
    public string Name { get; set; }
    public List<Trip> Trips { get; set; }              //集合形式的导航属性
}

public class Trip
{
    public int TripId{get;set;}
    public DateTime StartDate{get;set;}
    public DateTime EndDate { get; set; }
    public decimal CostUSD { get; set; }
    public byte[] RowVersion { get; set; }
    public List<Activity> Activities { get; set; }        //集合形式的导航属性
}
```

一个Trip类可以有一些Activities日程，而一个Activity日程又可以计划好几个trips（行程），显然它们之间是多对多的关系。我们看看默认生成的数据库是怎么样的，如图7-35所示。

可以看到，Code First生成了一张中间表ActivityTrips，将另外两张表的主键都作为外键关联到了中间表上面。中间表中键的命名默认为"[目标类型名称]_[目标类型键名称]"。

如果我们想指定中间表的名称和键名称，可以用Fluent API来配置，比如：

```
modelBuilder.Entity<Trip>().HasMany(t =>
t.Activities).WithMany(a => a.Trips).Map(m =>
{
    m.ToTable("TripActivities");
    m.MapLeftKey("TripIdentifier");//对应Trip的主键
    m.MapRightKey("ActivityId");
});
```

或者：

```
modelBuilder.Entity<Activity>().HasMany(a =>
a.Trips).WithMany(t => t.Activities).Map(m =>
{
    m.ToTable("TripActivities");
    m.MapLeftKey("ActivityId");//对应Activity的主键
    m.MapRightKey("TripIdentifier");
});
```

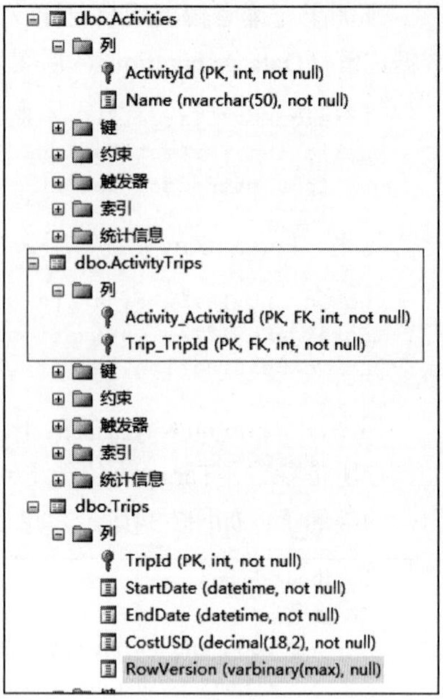

图 7-35

3. 一对一关系

在介绍一对多关系和多对多关系时，读者应该已经注意到了：只要存在依赖关系的两个类的定义中包含对方的实例或实例的集合，Code First就会自动推断出与之对应的数据库关系。这个方式对一对一关系也同样适用吗？看下面两个类：

```
public class Person
{
    public int PersonId { get; set; }
    public int SocialSecurityNumber { get; set; }
    public string FirstName { get; set; }
    public string LastName { get; set; }
    [Timestamp]
    public byte[] RowVersion { get; set; }
    public PersonPhoto Photo { get; set; }    //引用导航属性
}

public class PersonPhoto
{
    [Key]
    public int PersonId { get; set; }
    public byte[] Photo { get; set; }
    public string Caption { get; set; }
    public Person PhotoOf { get; set; } //引用导航属性
}
```

我们让每一个Person对应着一个PersonPhoto，但如果根据这样的模型生成数据库就报错了。这是为什么呢？因为Code First无法根据类之间的依赖关系推断并建立一对一关系，它根本搞不清楚这两个存在依赖关系的类中，哪个是主表，哪个是子表，外键应该建立在哪个表中。在一对多关系中非常容易分清主表和子表，哪个类中包含另一个的实例集合，它就是主表；多对多关系是通过连接表建立的，不需要分清主表和子表。然而到一对一关系时，这就是个问题了。

要想让Code First根据类之间的依赖关系推断并建立一对一关系，我们就必须帮助它，告诉它哪个是主表，哪个是子表。此时可以使用关系Fluent API或数据注释显式配置此关联的主体端。使用Data Annotations：

```
public class Person
{
    public int PersonId { get; set; }
    public int SocialSecurityNumber { get; set; }
    public string FirstName { get; set; }
    public string LastName { get; set; }
    public PersonPhoto Photo { get; set; }  //导航属性
}
public class PersonPhoto
{
    [Key, ForeignKey("PhotoOf")]
    public int PersonId { get; set; }
    public byte[] Photo { get; set; }
    public string Caption { get; set; }
    public Person PhotoOf { get; set; }  //导航属性
}
```

使用Fluent API：

```
modelBuilder.Entity<PersonPhoto>().HasRequired(p => p.PhotoOf).WithOptional(p =>
p.Photo);
```

注意：PersonPhoto表中的PersonId既是外键也必须是主键。这些写法初学者可能不习惯，现在只需了解，以后在根据一对一关系的类生成数据库出错时，能想起现在讲解的内容即可。

7.4.5　实体的类型

在Entity Framework中有两种实体类型：简单对象实体（Pain Old CLR Object Entities）和动态代理实体（Dynamic Proxy Entities）。

1）简单对象实体

一个简单对象（也叫持久无关对象）实体是一个类，它不依赖于特定框架中的基类，它和任何.NET CLR中的类一样，这就是它被称为简单对象实体的原因。简单对象实体在EF 6和EF Core中都被支持。Entity Data Model中生成的实体类型的查询、插入、更新和删除中的大多数行为，在简单对象实体中是一模一样的。下面是一个Student简单对象实体的例子：

```
public class Student
{
    public int StudentID { get; set; }
    public string StudentName { get; set; }
    public DateTime? DateOfBirth { get; set; }
    public byte[]  Photo { get; set; }
    public decimal Height { get; set; }
    public float Weight { get; set; }

    public StudentAddress StudentAddress { get; set; }
    public Grade Grade { get; set; }
}
```

2）动态代理实体

动态代理是一个封装了简单对象实体的运行时代理类。动态代理实体允许延迟加载。一个简单对象实体必须满足以下条件才能成为简单对象代理：

- 一个简单对象类必须声明成public访问。
- 一个简单对象类必须不能是sealed（在Visual Basic是NotInheritable）。
- 一个简单对象类必须不能是abstract（在Visual Basic是MustInherit）。
- 每一个导航属性必须声明成public、virtual。
- 每一个集合属性必须是ICollection<T>。
- 在上下文类中ProxyCreationEnabled选项不能是false（默认是true）。

下面的简单对象实体满足了上面的所有要求，在运行时可以变成一个动态代理实体。

```
public class Student
{
    public int StudentID { get; set; }
    public string StudentName { get; set; }
    public DateTime? DateOfBirth { get; set; }
    public byte[]  Photo { get; set; }
    public decimal Height { get; set; }
    public float Weight { get; set; }

    public virtual StudentAddress StudentAddress { get; set; }
    public virtual Grade Grade { get; set; }
}
```

注意：默认情况下，每一个实体的动态代理是打开的。然而，我们可以在上下文类中通过设置context.Configuration.ProxyCreationEnabled = false;来关闭动态代理。

在运行时，EF API将会为上面的Student实体创建一个动态代理的实例。Student的动态代理类型将会是System.Data.Entity.DynamicProxies.Student。

7.4.6　实体对象的状态

在程序运行时，数据实体（Data Entity）对象总处于以下状态之一，如图7-36所示。

```
public enum EntityState
{
    Detached = 1,      //状态未被DbContext跟踪
    Unchanged = 2,     //未改变
    Added = 4,         //是新加的数据实体
    Deleted = 8,       //已被删除
    Modified = 16      //已被修改
}
```

图 7-36

EF API维持每一个实体声明周期间的状态。通过上下文对每一个实体执行操作时都会有一个状态。在EF 6中，实体的状态用枚举类型System.Data.Entity.EntityState表示，在EF Core中用枚举类型Microsoft.EntityFrameworkCore.EntityState表示。

　　一旦上下文从数据库中检索数据，它就会保持所有实体对象的引用，也会保持对实体状态的跟踪，以及维护对实体属性所做的修改。这个特性就叫作改变跟踪（Change Tracking）。

　　实体状态从Unchanged转变成Modified状态是唯一由上下文自动完成情形。所有其他的改变，必须显式地使用合适的DbContext或者DbSet中的方法。

　　EF API在context.SaveChanges()被调用时会根据实体状态创建并执行INSERT、UPDATE和DELETE命令。它对Added状态的实体执行INSERT命令，对Modified状态的实体执行UPDATE命令，对Deleted状态的实体执行DELETE命令。上下文跟踪Detached状态的实体。图7-37解释了实体状态的重要性。不同的实体状态将导致执行不同的命令（INSERT、UPDATE或DELETE），从而影响数据库。因此，实体状态在Entity Framework中扮演了一个很重要的角色。

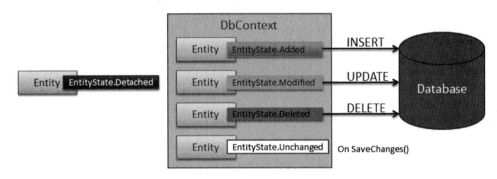

图 7-37

7.4.7　数据库上下文基类 DbContext

　　在EF项目开发中，创建完实体类后，我们需要创建数据上下文类，用于和数据库打交道，它相当于实体类访问数据库的一座桥梁。DbContext的生存期从创建实例开始，并在释放实例时结束。DbContext实例只用于单个工作单元，这意味着DbContext实例的生存期通常很短。

　　DbContext主要负责与数据库交互，并为模型中的每个类型公开一个DbSet。类DbContext的具体功能如下：

- DbContext包含所有的实体映射到数据库表的实体集（DbSet＜TEntity＞）。
- DbContext将LINQ-to-Entities查询转换为SQL查询，并将其发送到数据库。
- 更改跟踪：它跟踪每个实体从数据库中查询出来后发生的变化。
- 持久化数据：它基于实体状态在数据库中执行插入、更新和删除操作。
- 缓存：默认提供一级缓存。它存储在上下文类生命周期中已经被检索的实体。
- 管理关系：在Db-First或Model-First方法中使用CSDL、MSL和SSDL管理关系，并以Code First方法使用流畅的API配置。
- 对象实现：将来自数据库的原始数据转换为实体对象。

　　我们可以用一幅图来表示DbContext的地位，如图7-38所示。

　　DbContext负责跟踪实体的数据状态，并将DBSet的CRUD转换成SQL在数据库中执行。数据库上下文类是一个继承自System.Data.Entity.DbContext的类，它代表了一个与底层数据库的会话。上下文类主要用来查询或者保存数据到数据库中。它同样来配置领域类、数据库相关的映射信息、变更追踪设置、缓存、事务等。这个类通常是我们在项目中创建的，如图7-39所示。

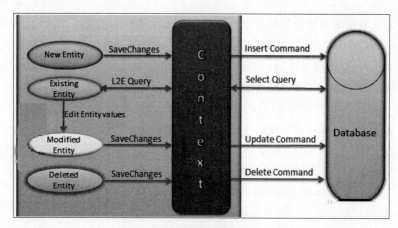

图 7-38

```
public class SchoolContext : DbContext
{
    public SchoolContext()
    {

    }

    public DbSet<Student> Students { get; set; }
    public DbSet<StudentAddress> StudentAddresses { get; set; }
    public DbSet<Grade> Grades { get; set; }

}
```

图 7-39

SchoolContext类继承自DbContext，这使它成为一个数据库上下文类。代码中同样包含了Student、StudentAddress以及Grade实体的设置。

类DbContext有3个重要属性：

- ChangeTracker：负责跟踪数据实体的状态。
- Configuration：控制数据实体对象模型的行为特性和相关参数。
- Database：封装一些与数据库相关的功能，比如直接发送SQL命令和启动事务。

类DbContext的重要方法包括：

- Entry：获取DbEntityEntry给定的实体。该条目提供访问更改实体的跟踪信息和操作。
- SavaChange：对已添加、已修改或已删除状态的实体的数据库执行INSERT、UPDATE或DELETE命令。
- SaveChangesAsync：SaveChanges的异步方法。
- Set：创建一个DbSet，用来查询和保存实例的TEntity。
- OnModelCreating：用于配置实体之间的关系、设置表名和字段名等数据库映射细节。它通常在DbContext的派生类中被重写，并在数据库上下文初始化时被调用。该方法通常在应用程序启动时执行一次。

这些属性和方法我们现在只需知道即可，不用深究，但要注意一下该类的构造函数。

数据库上下文类需要派生自DbContext，所以派生类会调用基类DbContext上的构造函数。基类DbContext的不同构造函数将导致数据库连接方式不同。类DbContext的构造函数有多种形式，主要分无参数构造函数和有参数构造函数两大类，比如：

```
DbContext();
DbContext(string nameOrConnectionString); //参数表示数据库名称或连接字符串
```

在创建数据库时，当派生类调用父类DbContext的无参构造函数时，则将"命名空间.数据库上下文类"这样的约定名称作为新创建的数据库的名称。此时派生类通常写成如下形式：

```
namespace Magic.Unicorn
{
    public class BloggingContext : DbContext    // BloggingContext就是派生类
    {
        //派生类的构造函数
        public BloggingContext()  //或写成: public BloggingContext():base()
        {
        }
    }
}
```

当派生类调用父类DbContext的无参构造函数时，DbContext以Code First模式运行，并按约定创建数据库连接。用Magic.Unicorn.BloggingContext作为数据库名，在本机上自动生成该数据库的连接字符串。

如果想在创建数据库时自定义数据库名称，那可以使用类DbContext的带参数的构造函数。我们从它的参数名称形式"nameOrConnectionString"可以看出，参数nameOrConnectionString可以是用户传入的数据库名称，此时派生类可以写成如下形式：

```
public class UnicornsContext : DbContext
{
    public UnicornsContext()
        : base("UnicornsDatabase")
    {
    }
}
```

Code First将连接指定名称的数据库。用UnicornsDatabase作为数据库名，并在本机上自动生成该数据库的连接字符串。

需要注意，base如果写成base("name=myConnStr")这样的形式，则参数不代表一个数据库名，而是代表用户要自己写数据库连接字符串。其中，myConnStr是数据库连接字符串的名称。此时派生类的形式如下：

```
public class UnicornsContext : DbContext
{
    public UnicornsContext()
        : base("name= myConnStr")   //自己准备写名为myConnStr的连接字符串
    {
    }
}
```

此外，我们需要在项目的配置文件（App.config或Web.config）中添加如下内容：

```
<connectionStrings>
    <add name="myConnStr"
        providerName="System.Data.SqlServerCe.4.0"
        connectionString="Data Source=Unicorns.sdf"/>
</connectionStrings
```

　　之间的内容用于写连接字符串的相关内容。实际场景不同，providerName和connectionString都有所区别。但add name的值（这里是"myConnStr"）要和base("name= myConnStr")中的"name="后面的内容相同，表示连接字符串的名称。

7.4.8　数据集类 DbSet

　　DbSet表示可用于创建、读取、更新和删除操作的实体集，它也是一个类。使用Code First工作流进行开发时，可定义一个派生DbContext，用于表示与数据库的会话，并为模型中的每个类型公开一个DbSet。DbSet表示上下文中指定类型的所有实体的集合，或者可从数据库中查询的指定类型的所有实体的集合。DbSet内部有一个Local数据集，它是数据模型的本地缓存。

　　DbSet与DbContext是多对一的关系，DbSet是实体对象的集合，提供了实现CRUD的相应方法。

　　Code First项目中的常见情况是拥有一个具有公共自动DbSet属性的DbContext，用于模型的实体类型。例如：

```
public class BloggingContext : DbContext
{
    public DbSet<Blog> Blogs { get; set; }
    public DbSet<Post> Posts { get; set; }
}
```

　　当在Code First模式下使用时，会将Blogs和Posts配置为实体类型，并配置可从此访问的其他类型。此外，DbContext会自动调用这些属性的资源库来设置相应的DbSet实例。类DbSet的属性如下：

- EntityType：与此Dbset集关联的元数据。
- Local：获取一个LocalView，表示此集中所有"已添加""未更改"和"修改"实体的本地视图。

　　类DbSet的方法如下：

- Add：将给定实体以"已添加"状态添加到集的数据库上下文中。这样一来，当调用SaveChanges时，会将该实体插入数据库中。
- AddAsync：将给定实体集合添加到基础化集的上下文中（每个实体都置于"已添加"状态），这样当调用SaveChanges时，会将它插入数据库中。
- AsNoTracking：返回一个新查询，其中返回的实体将不会在DbContext中进行缓存（继承自DbQuery）。
- Attach：将给定实体附加到集的基础上下文中。也就是说，将实体以"未更改"的状态放置到上下文中，就好像从数据库读取了该实体一样。
- Create：为此集的类型创建新的实体实例。注意，此实例不会添加或附加到此集。如果基础上下文配置为创建代理且实体类型满足创建代理的要求，则返回的实例将是一个代理。
- Equals：确定指定的DbSet是否等于当前DbSet。

- Find：查找带有给定主键值的实体。如果上下文中存在带有给定主键值的实体，则立即返回该实体，而不会向存储区发送请求；否则，会向存储区发送查找带有给定主键值的实体的请求，如果找到该实体，则将其附加到上下文并返回。如果未在上下文或存储区中找到实体，则返回null。
- FindAsync：异步查找带有给定主键值的实体。如果上下文中存在带有给定主键值的实体，则立即返回该实体，而不会向存储区发送请求；否则，会向存储区发送查找带有给定主键值的实体的请求，如果找到该实体，则将其附加到上下文并返回。如果未在上下文或存储区中找到实体，则返回null。
- Include：指定要包括在查询结果中的相关对象（继承自DbQuery）。
- Remove：将给定实体标记为"已删除"，这样一来，当调用SaveChanges时，将从数据库中删除该实体。注意，在调用此方法之前，该实体必须以另一种状态存在于该上下文中。
- RemoveRange：从基础化集的上下文中删除给定实体集合（每个实体都置于"已删除"状态），这样当调用SaveChanges时，会从数据库中删除它。
- SqlQuery：创建一个原始SQL查询，该查询将返回此集中的实体。默认情况下，上下文会跟踪返回的实体，就像它们是由LINQ查询返回的一样。

7.4.9　不通过配置文件创建数据库

当使用类DbContext的无参构造函数或有参构造函数且参数形式不是"name=xxx"这样的形式时，不需要在配置文件中撰写连接字符串。

由于我们的开发环境安装的是LocalDB而不是SQL Express，因此下面的范例会在LocalDB中创建数据库，并且以"命名空间.数据库上下文类"这样约定的形式作为数据库名称。如果读者的计算机中两者均已安装，则使用SQL Express。

【例7.2】不指定数据库名称创建数据库

（1）打开Visual Studio，先建立控制台程序，也就是在"创建新项目"的对话框上选择"控制台应用（.NET Framework）"，如图7-40所示。

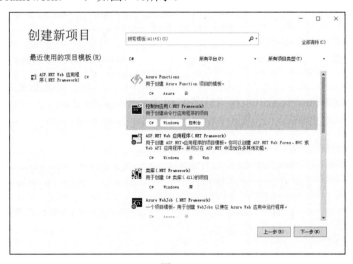

图 7-40

单击"下一步"按钮，然后在"配置新项目"对话框上输入项目名称，这个可以自定义，笔者这里是myCodeFirst，然后输入自定义的路径，这里是d:\ex\myasp，其他保持默认，如图7-41所示。

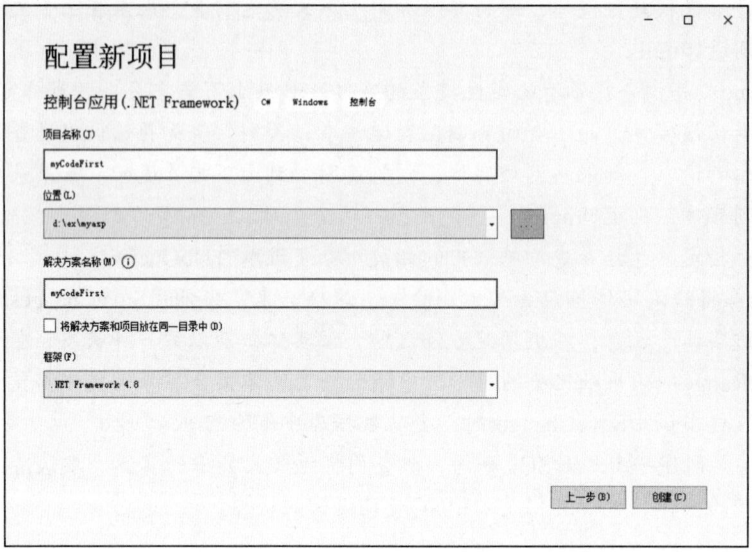

图 7-41

最后单击右下角的"创建"按钮，一个控制台程序就建立起来了。

（2）添加实体类。假设我们要为某个学校创建一个简单的应用程序，该应用程序的用户应该能够添加或更新学生、年级等信息。

在Code First模式下，我们开始为学校领域创建类，而不是设计数据库表。首先，创建两个简单的实体类，即学生类和年级类，其中每个学生都与一个年级相关联。

在Program.cs开头引入命名空间：

```
using System.Data.Entity;
```

命名空间System.Data.Entity包含提供对实体框架的核心功能的访问的类，比如：

- Database：从DbContext对象获取此类的实例，并且可使用该实例管理支持DbContext或连接的实际数据库。这包括对数据库执行创建、删除和存在性检查操作。请注意，通过使用此类的静态方法，我们只需使用一个连接（即无需完整上下文）即可对数据库执行删除和存在性检查。
- DbContext：DbContext实例表示工作单元和存储库模式的组合，可用来查询数据库并将更改组合在一起，这些更改稍后将作为一个单元写回存储区中。DbContext在概念上与ObjectContext类似。
- DbSet<TEntity>：DbSet表示上下文中给定类型的所有实体的集合或可从数据库中查询的给定类型的所有实体的集合。可以使用DbContext.Set方法从DbContext中创建DbSet对象。

该命名空间还包括几个枚举，比如EntityState，用于描述实体的状态。

然后在Program.cs末尾添加两个实体类：

```
public class Student                      //学生类，设计这个类，类似设计一个表的列结构
{
```

```
    public Student()
    {
    }
    public int StudentID { get; set; }              //学生ID
    public string StudentName { get; set; }         //学生姓名
    public DateTime? DateOfBirth { get; set; }      //学生生日
    public byte[] Photo { get; set; }               //学生照片
    public decimal Height { get; set; }             //身高
    public float Weight { get; set; }               //体重

    public Grade Grade { get; set; }                //关联年级
}

public class Grade                                  //年级类
{
    public Grade()
    {
    }
    public int GradeId { get; set; }                //年级ID
    public string GradeName { get; set; }           //年级名称
    public ICollection<Student> Students { get; set; }  //年级类应该能够容纳多个学生
}
```

注意：DateTime后面有一个问号，在C#中叫可空类型，意思就是让原本不能存储空值的类型可以存储空值，比如写成DateTime dt = null;是不行的，编译都通不过，但可以写成DateTime? dt = null;。

年级类应该能够容纳多个学生，因此我们在Grade中用了ICollection，表示一个集合。数组是.NET Framework定义的最基本的集合类型。除了数组，.NET Framework还定义了很多集合类型，所有集合都在System.Collections命名空间下。在C#中，ICollection接口定义了所有非泛型集合的大小、枚举器和同步方法。它是System.Collections命名空间中类的基本接口。

有了这两个类之后，还需要定义一个数据库上下文类来进行数据操作，这个类必须继承自System.Data.Entity.DbContext类。因此，接下来我们需要引入EntityFramework包，它可以在Visual Studio中通过nuget命令进行在线安装。NuGet是.NET平台下的一个开源项目，是适用于.NET的包管理器。在使用Visual Studio或.NET CLI开发基于.NET或.NET Framework的应用时，NuGet能把在项目中添加、移除和更新引用的工作变得更加快捷、方便。

（3）准备安装Entity Framework。Entity Framework的核心程序集位于System.Data.Entity.dll和System.Data.EntityFramework.dll中。支持Code First的核心程序集位于EntityFramework.dll中。通常使用NuGet Package Manager来添加这些程序集。在Visual Studio的"工具"菜单中，选择"NuGet 包管理器"，然后选择"程序包管理器控制台"。此时在Visual Studio界面下方的"程序包管理器控制台"窗口中会出现一个命令提示符（PM>），我们可以在它后面输入以下命令：

```
Install-Package EntityFramework
```

稍等片刻，出现提示：

```
已将"EntityFramework 6.4.4"成功安装到myCodeFirst
执行 nuget操作花费时间 19.18 sec
已用时间：00:00:20.7961845
PM>
```

表示安装成功。此时若编译程序，会发现错误都没有了。我们还可以在"解决方案资源管理器"的"引用"下面看到EntityFramework相关包，如图7-42所示。

此时，我们到硬盘的解决方案目录下可以看到一个packages文件夹，该文件夹下有一个子文件夹EntityFramework.6.4.4（版本号随着安装时间的不同，可能会有所不同），它就是EntityFramework软件包所在的硬盘路径。NuGet把一切都管理得井井有条。

图 7-42

（4）添加数据库上下文类。在Program.cs末尾添加一个数据库上下文实体类：

```
public class SchoolContext : DbContext
{
    public SchoolContext() : base()
    {
    }

    public DbSet<Student> Students { get; set; }
    public DbSet<Grade> Standards { get; set; }
}
```

我们可以看到，类SchoolContext继承自DbContext，构造函数SchoolContext()后面通过base关键字指定创建派生类实例时应调用的基类构造函数。这里base没有参数，因此调用的是DbContext的无参构造函数。既然调用的是无参构造函数，那么我们的程序将按照内部约定去连接LocalDB的默认引擎（或称实例）MSSQLLocalDB，并在MSSQLLocalDB创建数据库，而且数据库的默认名称是myCodeFirst.SchoolContext。其中myCodeFirst是命名空间的名称，SchoolContext是数据库上下文类的名称。

（5）运行程序，查看数据库。如果出现提示"请按任意键继续..."，就说明我们的程序创建数据库成功了。我们可以在Visual Studio中查看一下新创建的数据库，在菜单栏中单击"视图"→"SQL Server对象资源管理器"命令，然后在该窗口中依次展开"SQL Server"→"(localdb)\MSSQLLocalDB（SQL Server）"，如图7-43所示。

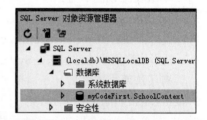

图 7-43

这时我们可以在"数据库"下看到myCodeFirst.SchoolContext这个数据库了，它就是程序刚才创建的数据库。我们顺便可以展开该数据库下的表dbo.Students，可以看到其列都是类Students中定义的成员属性，如图7-44所示。

现在，我们可以更好地理解设计实体类的过程，其实就是设计表的列结构的过程。

或许有读者不信这个数据库是我们的程序创建的，那么可以右击"myCodeFirst.SchoolContext"，然后在弹出的快捷菜单上选择"删除"命令，再运行我们的程序，直到出现"请按任意键继续..."。此时，再到"SQL Server对象资源管理器"窗口中右击"SQL Server"，在弹出的快捷菜单中选择"刷新"命令，如图7-45所示。

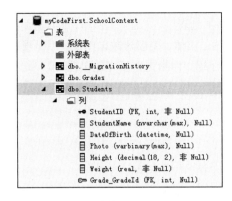

图 7-44　　　　　　　　　　　　　　　　图 7-45

此时，我们又可以看到myCodeFirst.SchoolContext这个数据库了，现在相信是我们的程序创建了这个数据库了吧。具体来说，是因为我们调用函数CreateIfNotExists才创建了数据库。那么，不调用这个函数，能否创建数据库呢？答案当然是可以的啦。我们先把数据库删除掉，然后通过增加一条表记录的方式来创建数据库。

（6）增加表记录方式新建数据库。打开Program.cs，在Main函数中把"ctx.Database. CreateIfNotExists();"这一行代码注释掉，然后在其下方添加如下代码：

```
Student stud1 = new Student() { StudentName = "Tom" ,Height = 191 };//实例化类Student
ctx.Students.Add(stud1); //把记录增加到数据库上下文,此时会自动建立数据库
ctx.SaveChanges(); //保存修改,影响到数据库
```

第1行代码实例化类Student，相当于准备了一条表记录。注意，StudentName和Height都是类Student的成员，也是表的列，在为它们赋值时，要用英文逗号隔开，并且用一个花括号包围起来。通过Add方法添加记录只是一种方式，后面我们还会讲到更多的方式。

第2行代码调用Add函数将该条记录增加到表Students中。当调用Add后，我们的数据库也就创建成功了，这很好理解，我们都要新增一条表记录了，此时若数据库都没建立像话吗？所以此时会自动创建数据库。

第3行代码保存刚才对表的修改，这样新增记录的这个操作就生效了。函数SaveChanges被调用时，会根据实体状态创建并执行INSERT、UPDATE和DELETE命令。在DbContext对象（这里是ctx）调用SaveChanges方法时，会在内部调用DbChangeTracker的DetectChanges()方法更新所有实体对象的状态值，接着就可以动态生成SQL语句。

（7）运行程序，查看表中的记录。按快捷键Ctrl+F5运行程序，稍等片刻出现"请按任意键继续..."，然后我们到"SQL Server对象资源管理器"窗口中右击"SQL Server"，在弹出的快捷菜单中单击"刷新"命令，再展开"数据库"→"myCodeFirst.SchoolContent"→"表"→"dbo.Students"，右击"dbo.Students"，在弹出的快捷菜单中选择"查看数据"命令，此时在右边就可以看到dbo.Students表了，并且里面有一条记录，如图7-46所示。

	StudentID	StudentName	DateOfBirth	Photo	Height	Weight	Grade_GradeId
▶	1	Tom	NULL	NULL	181.00	0	NULL
*	NULL	NULL	NULL	NULL	NULL	NULL	NULL

图 7-46

可以看到StudentName为Tom的这条记录已经成功添加到表中。在这个范例中，不创建数据库，也可以开始编写一个应用程序，最终将从业务领域（也就是实体）类创建数据库，是不是很神奇？另外，我们并没有指定数据库连接的信息，下一小节会介绍如何指定数据库连接信息。

至此，我们成功创建了一个约定名称的数据库，但在一线开发中，很多场合需要自定义数据库名称，我们可以看一下下面的范例。

【例7.3】 指定数据库名称创建数据库

（1）要指定数据库名称，只需要使用类DbContext的有参构造函数，比如：

```
DbContext(string nameOrConnectionString);
```

传入的参数可以是数据库名称。根据这个思路，我们把上例复制一份到某个文件夹下作为本例工程，然后进入文件夹双击打开myCodeFirst.sln。

（2）在Visual Studio中，打开Program.cs，定位到类SchoolContext，然后将其构造函数后面那一行修改为：

```
public SchoolContext(): base("myTestDB")
```

其中，"：base("myTestDB")"是我们新增的、通过base关键字可以调用的基类构造函数，并且这里传递了参数"myTestDB"，表示要创建的数据库名称就是myTestDB。此时运行项目，可以在"SQL Server对象资源管理器"中发现myTestDB了，如图7-47所示。

是不是很简单。读者可以换个数据库名称，试试调用CreateIfNotExists能否创建出数据库。

（3）在类SchoolContext中，将base("myTestDB")改为base("myTestDB2")。然后在Main函数中，把ctx.Database.CreateIfNotExists();这一行前面的注释去掉，再把该行下面3行代码都注释掉。此时再运行项目，在"SQL Server对象资源管理器"中对"SQL Server"右击并刷新，就可以发现有myTestDB2了，如图7-48所示。

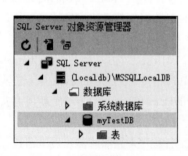

图 7-47

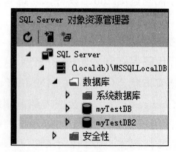

图 7-48

7.4.10　数据库连接字符串

在微软的数据库应用程序中，数据库连接字符串是一个值得注意的概念。连接字符串提供了程序需要知道的、连接到数据库或数据文件的连接信息。SQL数据库是一种基于关系型数据模型的数据库，其主要作用是存储和管理数据。SQL数据库连接是指客户端与服务端之间建立的通道，用于实现数据传输和数据访问。在SQL数据库中，连接是通过连接字符串来完成的。在SQL数据库的实际操作中，正确的数据库连接字符串格式不仅可以提高工作效率，还可以有效防止数据在传输过程中被损坏或泄露。

我们首先了解一下连接一个数据库涉及的概念：

（1）连接的数据库的类型：SQL Server、Oracle、MySQL、Access、MongoDB、Visual FoxPro（dBASE）和Excel，等等。

（2）数据库驱动程序（或称数据库驱动器）：ODBC（Open Database Connectivity，开放数据库连接）或OLE DB（对象链接和嵌入数据库）。ODBC早于OLE DB诞生。ODBC和OLE DB是数据库驱动程序的统称，最终驱动程序叫何名，由数据库厂商决定。从效率上看，ODBC效率最快。从通用性上看，OLE DB最好。ODBC比OLE DB使用更加广泛，因为ODBC出现得更早。

早期的数据库连接是非常困难的，每个数据库的格式都不一样，开发者得对他们所开发的每种数据库的底层API有深刻的了解。因此，能处理各种各样数据库的通用API就应运而生了，也就是现在的ODBC。它是Microsoft引进的一种早期数据库接口技术，是在C语言级别上实现的一组调用规范，目的也是访问各种数据源，不过现在比较老了（笔者个人观点）。

OLE DB位于ODBC层与应用程序之间，是基于COM的一组接口规范，用来访问各种数据源，主要由数据源提供商来实现，如Oracle、SQL Server、Access。

由于OLE DB和ODBC的标准都是为了提供统一的访问数据接口，因此有人会疑惑：OLE DB是不是替代ODBC的新标准？答案是否定的。实际上，ODBC标准的对象是基于SQL的数据源（SQL-Based Data Source），而OLE DB的对象则是范围更广泛的任何数据存储。从这个意义上说，符合ODBC标准的数据源是符合OLE DB标准的数据存储的子集。符合ODBC标准的数据源要符合OLE DB标准，还必须提供相应的OLE DB服务程序（Service Provider），就像SQL Server要符合ODBC标准，必须提供SQL Server ODBC驱动程序一样。现在，微软已经为所有的ODBC数据源提供了统一的OLE DB服务程序，叫作ODBC OLE DB Provider。

（3）连接的模式：标准连接（Standard Security）或信任连接（Trusted Connection）。

（4）网络协议：TCP/IP或Named Pipes（命名管道）。

这些概念构成了使用数据库的不同场景，可以根据不同场景构造不同的数据库连接字符串。

MSSQL数据库连接字符串是一个文本字符串，其用途是在应用程序和数据库之间建立连接。它包含一些参数和值，用来指定连接的基本信息，例如数据库服务器名称、身份验证方式、用户名和密码等。MSSQL连接字符串通常由系统管理员或开发人员设置，以便应用程序可以与数据库通信。

数据库连接字符串的格式是一个以分号为界，包含一个由"属性名=属性值"对组成的集合。每一个属性/值对都由英文分号隔开。其一般格式如下：

```
PropertyName1="Value1";PropertyName2="Value2";PropertyName3="Value3";.....
```

属性值可以选择放在英文单引号或双引号内，并且最好这样做。此做法可以避免当值包含非字母数字字符时出现问题，也可以在值内使用引号字符，前提是使用的是双引号。不同的属性作用不同，我们可以简单地进行分类：

- 用于服务器声明的属性：Data Source、Server、Address、Addr、network address等。
- 用于数据库声明的属性：Initial Catalog、Database。
- 集成 Windows 账号的安全性声明的属性：Integrated Security（集成安全）或Trusted_Connection（受信连接）。可设置为SSPI、true、false（false是默认值）。
- 用于数据库登录账号声明的属性：User ID或uid。

- 用于数据库登录密码声明的属性：Password或pwd。
- 本地服务器可以用的属性：.（一个小黑点）、localhost或（local）。

实际上，数据库连接字符串中的属性关键字非常多，很多也是可选的。我们没必要都去熟悉，只要掌握常见的即可。不同的场景，可能出现的属性不同。比如：

```
"Data Source= MYDBSERVER;Initial Catalog= MyDatabase;User
ID=xxx;Password=xxx;Integrated Security=false"
```

该连接字符串将连接到名为MYDBSERVER的MSSQL服务器上名为MyDatabase的数据库。了解各个属性的含义至关重要。我们先说一下常见的几个属性：

- Data Source：服务器的名称或IP地址，可使用"."或本机名表示。效果同属性Server。
- Initial Catalog：要连接的数据库的名称，效果同属性Database。
- User ID：用于连接数据库的用户名，即用来登录数据库的账户名，也可写成uid。
- Password：用于连接数据库的用户密码。
- Integrated Security：身份验证方式，其值可为true或false。如果设置为true，则将使用Windows身份验证，否则将使用SQL Server身份验证。如果未指定，则默认为false。可识别的值为true、false、true、false、yes、no以及与true等效的SSPI等。Integrated Security=SSPI相当于Integrated Security=true。
- Persist Security Info：它是一个在连接字符串中用来控制安全信息保持行为的属性，用来确定一旦连接建立了以后安全信息是否可用。当我们在连接字符串中设置Persist Security Info=true时，连接字符串中包含的敏感信息（如密码）将在连接后保持在内存中；如果设置为false或省略此属性，则默认行为是在连接打开后丢弃敏感信息。在某些情况下，可能需要保留安全信息，例如在用户首次登录后，可能需要在应用程序会话中保留用户的登录信息以便进行权限验证。
- Provider：该属性用于指定数据提供程序的名称，它决定了连接字符串的数据提供程序，从而影响了连接的方式和性能。这个属性仅用于OleDbConnection对象。

在不同的情境下，可以选择不同的Provider属性值来满足实际需求，比如OLE DB数据提供程序、ODBC数据提供程序等。所谓数据提供程序相当于一个适配器，它的作用是屏蔽不同的数据库差异，从而让应用程序只需要和数据提供程序打交道即可，不必适配不同的数据库。数据提供程序也称为数据库驱动程序。

若要将连接字符串设置为使用OLE DB访问接口，请将Provider属性的值指定为该访问接口特定的VersionIndependentProgID值，中文翻译为"版本无关的ProgID"。ProgID是程序员给某个CLSID指定一个易记的名字。CLSID代表COM组件中的类，CLSID其实就是一个号码，这个值一般能在注册表的以下位置找到：

```
HKEY_LOCAL_MACHINE\SOFTWARE\Classes\CLSID\{CLSID}
```

展开后，可以看到VersionIndependentProgID，从而看到其值。每一个COM组件都需要指定一个CLSID，并且不能重名。它之所以是16字节，就是要从概率上保证重复是"不可能"的。但是，微软为了使用方便，也支持另外一种字符串名称方式，叫作ProgID。CLSID和ProgID其实是一个概念的两个不同表示形式，所以我们在程序中可以使用任何一种。下列语句将与版本无关的ProgID赋值给了属性Provider：

```
Provider=MSDASQL;
```

或者：

```
Provider=Microsoft.Jet.OLEDB;
```

另外，Provider也可以设置为"附加了版本的ProgID"，即它不是"独立于版本"的，它是"特定于版本"的，比如：

```
Provider=MSDASQL.1;
```

或者：

```
Provider=Microsoft.Jet.OLEDB.4.0;
```

其中，MSDASQL.1和Microsoft.Jet.OLEDB.4.0是基于OLE DB驱动程序的"特定于版本ProgID"。那为什么有时要指定ProgID的版本呢？这是因为如果数据库驱动程序的两个版本安装在同一系统上，则使用ProgID需要指定确切版本。而如果在一个系统上安装了两个版本，并且指定了VersionIndependentProgID（与版本无关的ProgID）值，则将使用OLE DB访问接口的最新版本。

如果字符串中未指定Provider属性，则ODBC的OLE DB Provider（MSDASQL）将是默认值。这是为了与ODBC连接字符串保持向后兼容性。比如，传入以下示例ODBC连接字符串，它将成功连接：

```
Driver={SQL Server};Server=localhost;Trusted_Connection=Yes;Database=myDb;
```

此时，将使用ODBC的OLE DB提供程序，简称MSDASQL，它是默认的OLE DB访问接口，并使用加载到本地计算机SQL Server实例的Microsoft SQL Server ODBC驱动程序（{SQL Server}）启动连接。因此，下列语句效果一样：

```
Provider=MSDASQL;Driver={SQL Server};Server=localhost;Trusted_Connection=Yes;
Database=myDb;
```

ProgID是COM组件注册的别名，例如Microsoft.ACE.OLEDB.12.0 OLE DB驱动程序包含在文件ACEOLEDB.DLL中，并且它在计算机上注册为COM组件。COM组件的注册是使用CLSID在计算机注册表中进行的，CLSID是COM类对象的全局唯一标识符。比如，{dee35070-506b-11cf-b1aa-00aa00b8de95}是CLSID的一个实例。如果安装了两个不同版本的COM组件（有两个不同的dll文件包含数据库驱动），则它们在注册表中会有两个不相同的CLSID，并且映射了两个不一样的ProgID。如果我们只想在系统上加载最新版本，可以使用VersionIndependentProgID，它是本地计算机上指向已注册COM组件CLSID的最新版本的另一个注册表项。例如，"Microsoft.Jet.OLEDB"值就是JET OLE DB驱动程序的"与版本无关的ProgID"。

CLSID和ProgID之间的转换方法和相关函数如下：

- CLSIDFromProgID()、CLSIDFromProgIDEx()：由ProgID得到CLSID。没什么好说的，我们自己都可以写，查注册表而已。
- ProgIDFromCLSID()：由CLSID得到ProgID，调用者使用完成后要释放ProgID的内存。
- CoCreateGuid()：随机生成一个GUID。
- IsEqualGUID()、IsEqualCLSID()、IsEqualIID()：比较两个ID是否相等。
- StringFromCLSID()、StringFromGUID2()、StringFromIID()：由CLSID、IID得到注册表中CLSID样式的字符串，注意释放内存。

这些就当是扩展知识面，目的是让读者知道Provider的属性值也不是随意写的，都是有根据的。

关于Provider，需要注意的是，在连接字符串中的Provider代码和真正提供者的名称是不一致的，它们的对应关系如表7-1所示。

表7-1　Provider 代码和真正提供者的对应关系

Provider 代码	提　供　者
ADSDSOObject	Active Directory Services
Microsoft.Jet.OLEDB.4.0	Microsoft Jet databases
MSDAIPP.DSO.1	Microsoft Internet Publishing
MSDAORA	Oracle databases
MSDAOSP	Simple text files
MSDASQL	Microsoft OLE DB provider for ODBC
MSDataShape	Microsoft Data Shape
MSPersist	Locally saved files
SQLOLEDB	Microsoft SQL Server

（5）Port：数据库服务器的套接字端口，默认是3306。

（6）AttachDBFileName：可附加数据库的主文件名称（包括完整路径名）。若要使用AttachDBFileName，还必须使用访问接口字符串Database关键字来指定数据库名称。如果该数据库以前已经附加，则SQL Server不重新附加它，而是使用已附加的数据库作为连接的默认数据库。

（7）Server：它需要指定连接到的服务器的名称或IP地址。如果是SQL Server实例，则需要加上实例名称和反斜杠，例如：

```
Server=myServerName\myInstanceName;
```

（8）Workstation ID（工作站ID）：连接到SQL Server的工作站的名称。其默认值为本地计算机的名称。

（9）Driver：该属性通常用于指定连接数据库的驱动程序，这个属性通常在使用ODBC连接字符串时使用，例如在使用Microsoft的Access数据库或者使用ODBC数据源管理器配置的数据源时。以下是一个使用ODBC连接字符串的例子，连接到一个名为myDatabase.mdb的Microsoft Access数据库：

```
Driver={Microsoft Access Driver (*.mdb)};Dbq=C:\path\myDatabase.mdb;Uid=Admin;Pwd=;
```

在这个例子中，Driver指定驱动程序是Microsoft Access Driver；Dbq指定Access数据库文件（.mdb文件）的路径；Uid为用户标识符，通常是Admin，对于某些驱动程序可以省略；Pwd为密码，对于某些驱动程序可以省略，这里省略了。

Driver和Provider的功能类似，区别只是它们出现的时间不同，这里面的故事就不展开。通常，Driver用于ODBC驱动，而Provider用于OLE DB驱动。

注意，随着技术的发展，现代应用程序更倾向于使用特定于数据库的连接库，而不是依赖于ODBC 驱动程序。例如，连接到SQL Server可以使用 System.Data.SqlClient 命名空间中的SqlConnection类，连接到MySQL可以使用MySql.Data.MySqlClient命名空间中的MySqlConnection类。在这些情况下，连接字符串可能不包含Driver参数。

（10）Trusted_Connection：表示是否可信连接，相当于 Integrated Security。比如 Trusted_Connection=true，表示使用当前用户的Windows凭据对SQL Server进行身份验证，任何"user ID=xxx;pwd=xxx"的设置都将被忽略并且不被使用，也就是说，当使用可信连接时，用户名和密码等属性都是被忽略的（IGNORED），因为SQL Server使用Windows身份验证。如果 Trusted_Connection被设置为false，则需要在连接中指定用户ID和密码。

总的来说，数据库的连接字符串分为两种：Windows身份验证和SQL Server身份验证。每种方法都有各自的优缺点。Windows身份验证使用单一的用户信息库源，因此，不需要为数据库访问去分别配置用户。连接字符串不包含用户ID和密码，因此消除了把用户ID和密码暴露给未授权用户的危险。可以在Active Directory中管理用户和他们的角色，而不必在SQL Server中显式地配置他们的属性。Windows身份验证的缺点是，它要求客户通过Windows的安全子系统支持的安全通道去连接SQL Server。如果应用程序需要通过不安全的网络（例如Internet）连接SQL Server，那么Windows身份验证将不工作。此外，这种身份验证方法也部分地把管理数据库访问控制的责任从DBA身上转移到了系统管理员身上，这在确定的环境中也许是一个问题。

一般而言，在设计通用的应用程序时，为了使用Windows身份验证，将会对一些方面进行加强。大多数公司的数据库都驻留在比较健壮的Windows服务器操作系统上，那些操作系统都支持Windows身份验证。数据访问层和数据表示层的分离也促进了把数据访问代码封装在中间层组件思想的应用，中间层组件通常运行在具有数据库服务器的内部网络中。当这样设计时，就不需要通过不安全通道建立数据库连接。除此之外，Web服务也使直接连接不同域中数据库的需要大为减少。

Windows身份验证使用Windows登录用户身份连接数据库，而SQL身份验证要求显式地指定SQL Server用户ID和密码。要想使用Windows身份验证，必须在连接字符串中包括Integrated Security属性，比如：

```
Data Source=ServerName;Integrated Security=true;
```

默认情况下，Integrated Security属性为false，这意味着将禁用Windows身份验证。如果没有显式地把Integrated Security属性的值设置为true，连接将使用SQL Server身份验证，此时必须提供SQL Server用户ID和密码。Integrated Security属性还能识别的其他值只有SSPI（Security Support Provider Interface，安全性支持提供者接口），它是使用Windows身份验证时可以使用的唯一接口，相当于把Integrated Security属性值设置为true。在所有的Windows NT操作系统上，都支持值SSPI。在Windows身份验证模式中，SQL Server使用Windows的安全子系统对用户连接进行有效性验证。即使显示地指定了用户ID和密码，SQL Server也不检查连接字符串中的用户ID和密码。

需要强调的是，数据库连接字符串不区分字母大小写。连接字符串中，各部分的先后顺序对数据库连接没有影响，即Integrated Security和Persist Security Info谁在前谁在后，都无所谓。

7.4.11　常用数据库的连接字符串范例

下面我们列举一些常用数据库的连接字符串的范例。

1. Access数据库

1）基于 ODBC 技术

（1）驱动程序名称：Microsoft Access ODBC Driver。

假设我们访问的数据库是Access 97、2000、2002、2003，连接字符串可以这样写：

```
Driver={Microsoft Access Driver (*.mdb)};Dbq=C:\mydatabase.mdb;Uid=Admin;Pwd=;
```

（2）驱动程序名称：Microsoft Access accdb ODBC Driver。

假设我们访问的数据库是Access 97、2000、2002、2003，连接字符串可以这样写：

```
Driver={Microsoft Access Driver (*.mdb, *.accdb)};Dbq=C:\mydatabase.mdb;
```

假设我们访问的数据库是Access 2007、2010、2013，标准安全的连接字符串可以这样写：

```
Driver={Microsoft Access Driver (*.mdb,
*.accdb)};Dbq=C:\mydatabase.accdb;Uid=Admin;Pwd=;
```

2）基于 OLE DB 技术

（1）驱动程序名称：Microsoft ACE OLEDB 12.0。

假设我们访问的数据库是Access 2007、2010、2013，标准安全的连接字符串可以这样写：

```
Provider=Microsoft.ACE.OLEDB.12.0;Data Source=C:\myFolder\myAccessFile.accdb;Persist
Security Info=false;
```

如果用户为数据库设置了密码，也就是当你使用Access中的"设置数据库密码"功能使用密码保护Access 2007~2013数据库时，连接字符串可以这样写：

```
Provider=Microsoft.ACE.OLEDB.12.0;Data Source=C:\myFolder\myAccessFile.accdb;Jet
OLEDB:Database Password=MyDbPassword;
```

如果访问的是网络路径，连接可以这样写：

```
Provider=Microsoft.ACE.OLEDB.12.0;Data
Source=\\server\share\folder\myAccessFile.accdb;
```

如果访问的数据库是Access 97、2000、2002、2003，标准安全的连接字符串可以这样写：

```
Provider=Microsoft.ACE.OLEDB.12.0;Data Source=C:\myAccessFile.mdb;Persist Security
Info=false;
```

如果用户使用Access中的"设置数据库密码"功能保护Access 97~2003数据库，此时的连接字符串可以这样写：

```
Provider=Microsoft.ACE.OLEDB.12.0;Data Source=C:\myFolder\myAccessFile.mdb;Jet
OLEDB:Database Password=MyDbPassword;
```

如果mdb文件在网络服务器上，可以这样写：

```
Provider=Microsoft.ACE.OLEDB.12.0;Data
Source=\\serverName\shareName\folder\myAccessFile.mdb;
```

我们可以看到，无论基于ODBC还是OLE DB，都可以访问到同样的数据库。

（2）驱动程序名称：Microsoft Jet OLE DB 4.0。

假设我们访问的数据库是Access 97、2000、2002、2003，标准安全的连接字符串可以这样写：

```
Provider=Microsoft.Jet.OLEDB.4.0;Data Source=C:\mydatabase.mdb;User
Id=admin;Password=;
```

当使用Access中的"设置数据库密码"功能护访问数据库时，连接字符串可以这样写：

```
Provider=Microsoft.Jet.OLEDB.4.0;Data Source=C:\mydatabase.mdb;Jet OLEDB:Database
Password=MyDbPassword;
```

如果数据库文件位于网络路径中，则连接字符串可以这样写：

```
Provider=Microsoft.Jet.OLEDB.4.0;Data
Source=\\serverName\shareName\folder\myDatabase.mdb;User Id=admin;Password=;
```

2. Excel文件

要访问Office套件中的Excel文件，可以使用基于OLE DB技术的驱动程序。

（1）驱动程序名称：Microsoft ACE OLEDB 12.0。

假设我们访问的数据库是Access 97、2000、2002、2003，标准安全的连接字符串可以这样写：

```
Provider=Microsoft.ACE.OLEDB.12.0;Data
Source=c:\myFolder\myOldExcelFile.xls;Extended Properties="Excel 8.0;HDR=YES";
```

假设我们访问的数据库是Access 2007以后的Excel文件，标准安全的连接字符串可以这样写：

```
Provider=Microsoft.ACE.OLEDB.12.0;Data
Source=c:\myFolder\myExcel2007file.xlsx;Extended Properties="Excel 12.0 Xml;HDR=YES";
```

（2）驱动程序名称：Microsoft Jet OLE DB 4.0。

假设我们访问的数据库是Excel 97、2000、2002、2003，标准安全的连接字符串可以这样写：

```
Provider=Microsoft.Jet.OLEDB.4.0;Data Source=C:\MyExcel.xls;Extended
Properties="Excel 8.0;HDR=Yes;IMEX=1";
```

3. SQL Server

1）基于 OLE DB providers

（1）驱动程序提供者：Microsoft OLE DB Driver for SQL Server。

假设我们要访问的数据库是SQL Server 2019、2017、2016、2014或2012，标准安全的连接字符串可以这样写：

```
Provider=MSOLEDBSQL;Server=myServerAddress;Database=myDataBase;UID=myUsername;PWD=my
Password;
```

如果是可信连接，可以这样写：

```
Provider=MSOLEDBSQL;Server=myServerAddress;Database=myDataBase;Trusted_Connection=yes;
```

注意："Trusted_Connection=yes"等价于"Integrated Security=SSPI"。

（2）驱动程序提供者：SQL Server Native Client 11.0 OLE DB Provider。

假设我们要访问的数据库是SQL Server 2005、2008、2012，标准安全的连接字符串可以这样写：

```
Provider=SQLNCLI11;Server=myServerAddress;Database=myDataBase;Uid=myUsername;
```

```
Pwd=myPwd;
```

如果要通过网络发送加密数据，可以使用属性Encrypt，比如：

```
Provider=SQLNCLI11;Server=myServerAddress;Database=mydb;Trusted_Connection=yes;
Encrypt=yes;
```

如果在连接到本地SQL Server Express实例时附加数据库文件，则可以使用属性AttachDbFilename，比如：

```
Provider=SQLNCLI11;Server=.\SQLExpress;AttachDbFilename=c:\asd\qwe\mydbfile.mdf;
Database=dbname;Trusted_Connection=Yes;
```

（3）驱动程序提供者：SQL Server Native Client 10.0 OLE DB Provider。

假设我们要访问的数据库是SQL Server 2008、2005、2000、7.0，标准安全的连接字符串可以这样写：

```
Provider=SQLNCLI10;Server=myServerAddress;Database=myDataBase;Uid=myUsername;
Pwd=myPwd;
```

如果是连接到SQL Server实例（数据库引擎），则连接字符串可以这样写：

```
Provider=SQLNCLI10;Server=myServerName\theInstanceName;Database=myDataBase;Trusted_C
onnection=yes;
```

在Server属性中指定服务器实例的语法对于SQL Server的所有连接字符串都是相同的。

（4）驱动程序提供者：SQL Native Client 9.0 OLE DB Provider。

假设我们要访问的数据库是SQL Server 2005、2000、7.0，标准安全的连接字符串可以这样写：

```
Provider=SQLNCLI;Server=myServerAddress;Database=myDataBase;Uid=myUsername;Pwd=myPwd;
```

若正在使用SQL Server 2005 Express，则Server属性可以赋值为Servername\SQLEXPRESS。在该语法中，可以将Servername替换为SQL server 2005 Express所在的计算机的名称。

如果在连接到本地SQL Server Express实例时附加数据库文件，则连接字符串可以这样写：

```
Provider=SQLNCLI;Server=.\SQLExpress;AttachDbFilename=c:\mydbfile.mdf;Database=dbnam
e;Trusted_Connection=Yes;
```

（5）驱动程序提供者：Microsoft OLE DB Provider for SQL Server。

假设我们要访问的数据库是SQL Server 2000、7.0，标准安全的连接字符串可以这样写：

```
Provider=sqloledb;Data Source=myServerAddress;Initial Catalog=myDataBase;User
Id=myUsername;Password=myPwd;
```

若连接到SQL Server实例，则连接字符串可以这样写：

```
Provider=sqloledb;Data Source=myServerName\theInstanceName;Initial
Catalog=myDataBase;Integrated Security=SSPI;
```

（6）驱动程序提供者：SQLXML 4.0 OLEDB Provider。

假设我们要访问的数据库是SQL Server 2019、17、16、14、12，标准安全的连接字符串可以这样写：

```
Provider=SQLXMLOLEDB.4.0;Data Provider=MSOLEDBSQL;DataTypeCompatibility=80;
Data Source=myServerAddress;Initial Catalog=myDataBase;User Id=myUsername;
```

```
Password=myPassword;
```

DataTypeCompatibility=80对于ADO识别的XML类型非常重要。

2）基于 ODBC drivers

（1）驱动程序：Microsoft ODBC Driver 17 for SQL Server。

假设我们要访问的数据库是SQL Server 2019、17、16、14、12、2008，标准安全的连接字符串可以这样写：

```
Driver={ODBC Driver 17 for SQL Server};Server=myServerAddress;Database=myDB;
UID=myUsername;PWD=myPwd;
```

（2）驱动程序：Microsoft ODBC Driver 13 for SQL Server。

假设我们要访问的数据库是SQL Server 2017、16、14、12、2008，标准安全的连接字符串可以这样写：

```
Driver={ODBC Driver 13 for SQL Server};Server=myServerAddress;Database=myDataBase;
UID=myUsername;PWD=myPassword;
```

（3）驱动程序：Microsoft ODBC Driver 11 for SQL Server。

假设我们要访问的数据库是SQL Server 2014、12、2008，标准安全的连接字符串可以这样写：

```
Driver={ODBC Driver 11 for SQL Server};Server=myServerAddress;Database=myDataBase;
UID=myUsername;PWD=myPassword;
```

（4）驱动程序：SQL Server Native Client 11.0 ODBC Driver。

假设我们要访问的数据库是SQL Server 2012、2008、2005，标准安全的连接字符串可以这样写：

```
Driver={SQL Server Native Client 11.0};Server=myServerAddress;Database=myDataBase;
Uid=myUsername;Pwd=myPassword;
```

（5）驱动程序：SQL Server Native Client 10.0 ODBC Driver。

假设我们要访问的数据库是SQL Server 2008、2005、2000、7.0，标准安全的连接字符串可以这样写：

```
Driver={SQL Server Native Client 10.0};Server=myServerAddress;Database=myDataBase;
Uid=myUsername;Pwd=myPassword;
```

（6）驱动程序：SQL Native Client 9.0 ODBC Driver。

假设我们要访问的数据库是SQL Server 2005、2000、7.0，标准安全的连接字符串可以这样写：

```
Driver={SQL Native Client};Server=myServerAddress;Database=myDataBase;Uid=myUsername;
Pwd=myPassword;
```

（7）驱动程序：Microsoft SQL Server ODBC Driver。

假设我们要访问的数据库是SQL Server 2000、7.0，标准安全的连接字符串可以这样写：

```
Driver={SQL Server};Server=myServerAddress;Database=myDataBase;Uid=myUsername;
Pwd=myPassword;
```

连接字符串写多了也就知道了，很多时候是Provider和Driver不知道怎么写而已。数据库连接字符串里面包含了多个属性，在一线开发中，有时需要单独查看某个或某几个属性，或者修改其中某些属性。这个时候，如果还要自己解析字符串，那就显得费力了。不过，微软已经帮我们想好了，.Net类库提供了类SqlConnectionStringBuilder，该类的作用就是为创建和管理由SqlConnection类使用的连接字符串的内容。实际使用时，我们通常会传送一个现有的连接字符串，然后就可以通过该类得到其中某个属性了。传送现有连接字符串给该类有两种方式：一种是通过其构造函数，将连接字符串作为构造函数的参数传入；另外一种是直接赋值给该类的成员字段ConnectionString。

类SqlConnectionStringBuilder通常被称为连接字符串生成器。通过连接字符串生成器，开发人员可以使用该类的属性和方法，以编程方式创建语法正确的连接字符串，以及分析和重新生成现有的连接字符串。连接字符串生成器提供了与SQL Server允许的已知键－值对相对应的强类型属性。使用该类还可以轻松管理存储在应用程序配置文件中的连接字符串。另外，类SqlConnectionStringBuilder会对键－值对的有效性进行检查。因此，我们不能使用该类创建无效的连接字符串；尝试添加无效的键－值对将引发异常。下面我们来看一个范例。

【例7.4】查看和修改连接字符串中属性

（1）打开Visual Studio，新建一个控制台工程，工程名是connStr。

（2）打开Program.cs，输入下列代码：

```
using System;
using System.Collections.Generic;
using System.Linq;
using System.Text;
using System.Threading.Tasks;

using System.Data.SqlClient;//新增命名空间

namespace ConsoleApp1
{
    class Program
    {
        static void Main()
        {
            string str = myGetConnectionString();
            //创建新的SqlConnectionStringBuilder并使用少量名称/值对进行初始化
            SqlConnectionStringBuilder builder =
                new SqlConnectionStringBuilder(str);
            Console.WriteLine(builder.ConnectionString);

            //前面我们构造的连接字符串使用是操作系统集成安全（即服务器密钥）
            //下面新连接字符串使用的是数据源密钥

            //向SqlConnectionStringBuilder传递一个现有的连接字符串，从而可以获取和修改任何元素
            builder.ConnectionString = "server=(local);user id=ab;" +
                "password= a!Pass113;initial catalog=AdventureWorks";

            // 当解析了连接字符串后，就可以处理单个项目
            Console.WriteLine(builder.Password); //打印某个属性，比如密码
            builder.Password = "new@1Password"; //重新为某个属性赋值
            builder.UserID = "Tom";
            builder["Server"] = ".";
            builder["Connect Timeout"] = 1000;
            builder["Trusted_Connection"] = true;
            Console.WriteLine(builder.ConnectionString);

            Console.WriteLine("Press Enter to finish.");
```

```
            Console.ReadLine();
        }

        private static string myGetConnectionString()
        {
            //为了避免在代码中存储连接字符串，可以从配置文件中检索它
            return "Server=(local);Integrated Security=SSPI;" +
                "Initial Catalog=AdventureWorks";
        }
    }
}
```

在上面代码中，我们首先构造了一个连接字符串，并通过自定义函数myGetConnectionString返回给str，然后str作为参数传递给SqlConnectionStringBuilder的构造函数。在实际开发中，通常不会直接在代码中写连接字符串，而是从配置文件中获取它，这里为了演示方便就写在程序中了。除了通过构造函数方式获取连接字符串外，我们还可以通过该类的成员字段ConnectionString直接赋值，这里赋值后，我们打印了连接字符串中的密码属性Password，随后对其他属性进行了修改。是不是很方便？可以看出来，有了类SqlConnectionStringBuilder的帮助，查看和修改连接字符串简直就是小菜一碟。这个类一般人还真不知道，笔者以前工作的时候也不知道有这个类，一直是自己写代码解析连接字符串，走了一些弯路。

虽然在例7.1和例7.2中，我们并没有看到连接字符串，但其实它们的幕后程序自动生成了一个连接字符串。不信的话，我们可以打印出来看看。

【例7.5】打印查看数据库连接字符串

（1）复制一份例7.2的文件夹到某个地方，然后在Main函数末尾添加一行代码：

```
Console.WriteLine(ctx.Database.Connection.ConnectionString);
```

其中Database.Connection.ConnectionString就表示数据库的连接字符串。然后运行项目，可以在控制台窗口打印出如下字符串：

```
Data Source=(localdb)\mssqllocaldb;Initial Catalog=myCodeFirst.SchoolContext;Int
egrated Security=true;MultipleActiveResultSets=true
```

（2）同样地，我们复制一份例7.3的文件夹到某个地方，然后在Main函数末尾添加以下3行代码：

```
Console.WriteLine(ctx.Database.Connection.DataSource);    //打印数据源
Console.WriteLine(ctx.Database.Connection.Database);      //打印数据库名称
Console.WriteLine(ctx.Database.Connection.ConnectionString); //打印连接字符串
```

然后运行项目，在控制台窗口中打印出如下字符串：

```
(localdb)\mssqllocaldb
myTestDB2
Data Source=(localdb)\mssqllocaldb;Initial Catalog=myTestDB2;Integrated
Security=true;
MultipleActiveResultSets=true
```

可以看到，两个项目的数据库连接字符串基本相同，区别也就在Initial Catalog的赋值上。这个Initial Catalog其实表示要连接的数据库。(localdb)\mssqllocaldb的意思是基于LocalDB的数据库实例mssqllocaldb。

7.4.12 通过配置文件创建数据库

要想指定数据库连接信息，也就是自定义数据库连接字符串，只需在设计DbContext的派生类时，使用基类DbContext的有参数构造函数版本，并且传入的参数形式如"name=xxx"。随后，我们只需在配置文件App.config或Web.config中添加一个connectionStrings配置节，并在其中指定连接字符串即可。

下面分别通过范例来演示。

【例7.6】指定连接字符串的控制台程序（单参数版）

（1）本例中，我们将使用DbContext的单参数构造函数。打开Visual Studio，先建立控制台程序，项目名称是mycf。

（2）添加实体类。在上例中，我们把所有类都添加在一个文件中，这不符合软件工程学的原则。实际开发中，一般是把不同的类放在不同的文件中。现在我们准备创建两个实体类：Customer类、OrderInfo类，分别代表顾客和订单信息。在Visual Studio的"解决方案资源管理"中右击"mycf"，在弹出的快捷菜单上选择"添加"→"新建项"命令，在"添加新项"对话框上选中"类"，然后输入名称Customer.cs，如图7-49所示。

图 7-49

最后单击右下角的"添加"按钮，这样Customer类就创建成功了。这个类表示客户类，我们为其添加一些代码，即在Customer.cs中添加如下代码：

```
using System.Collections.Generic;
using System.Linq;
using System.Text;
using System.Threading.Tasks;
using System.ComponentModel.DataAnnotations;    //引入命名空间

namespace mycf
{
    public class Customer
    {
        [Key]
```

```
    public int Id { get; set; }
    public string CusName { get; set; }
    //建立和orderInfo的对应关系，是一对多的关系，所以是一个集合
    public virtual ICollection<OrderInfo> order { get; set; }
  }
}
```

代码中的粗体部分是我们添加的。其中，Id为主键；CusName表示客户名；order是一个集合，用于建立和订单信息类OrderInfo对应的一对一关系。命名空间DataAnnotations提供用于为ASP.NET MVC和ASP.NET数据控件定义元数据的特性类，比如类KeyAttribute，表示唯一标识实体的一个或多个属性。

使用同样的方法，我们继续添加订单信息类OrderInfo，并添加如下代码：

```
using System;
using System.Collections.Generic;
using System.Linq;
using System.Text;
using System.Threading.Tasks;
using System.ComponentModel.DataAnnotations; //添加引用

namespace mycf
{
    public class OrderInfo
    {
        [Key] //声明主键
        public int Id { get; set; }
        public string content { get; set; }
        /// <summary>
        /// 外键
        /// </summary>
        public int customerId { get; set; }
        public Customer Customer { get; set; }
  }
}
```

代码中的粗体部分是我们添加的。其中，Id为主键；customerId是外键；content是订单内容；Customer是客户对象。

此时如果编译程序，会出现不少错误提示，比如找不到引用DataAnnotations等。这是因为我们需要安装Entity Framework。因此，接下来我们需要引入EntityFramework包，前面我们通过命令来安装，现在我们来可视化安装。

（3）安装Entity Framework。在Visual Studio的"工具"菜单中，选择"NuGet 包管理器"，然后选择"解决方案的NuGet程序包"。此时在Visual Studio中出现"NuGet解决方案"视图，如图7-50所示。

图 7-50

　　如果没出现，估计是没有连上因特网。然后我们在"浏览"页下面的搜索编辑框中输入"EntityFramework"，注意Entity和Framework之间不要有空格。然后按回车键，此时会出现搜索结果"EntityFramework ⊘ 作者Microsoft..."，我们选中它，然后勾选右边的项目名称"mycf"，最后单击右下角的"安装"按钮开始安装这个软件包，如图7-51所示。

　　单击"安装"按钮后，会出现安装确认框和协议同意对话框，都单击"确定"按钮即可。安装后，我们在硬盘的mycf解决方案目录下可以看到packages文件夹了，并且它下面有一个子文件夹EntityFramework.6.4.4，该文件夹存放的是EntityFramework软件包相关的文件。此时，我们在Visual Studio的"解决方案资源管理器"中展开"引用"，可以看到EntityFramework和EntityFramework.SqlServer了，这与之前使用命令方式安装EntityFramework的结果是一样的，如图7-52所示。

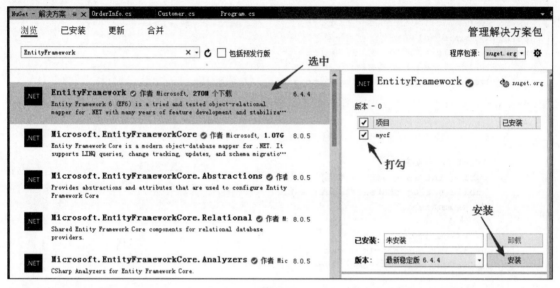

图 7-51

　　（4）创建数据库上下文类。有了Customer类和OrderInfo类之后，还需要定义一个数据库上下文类来进行数据操作。这个类必须继承自DbContext类，其作用相当于在实体和数据库之间架一座桥梁，方便实体对象访问数据库。我们使用Code First工作流进行开发，下面在Visual Studio中添加类HotelDbContext，然后在HotelDbContext.cs中为类HotelDbContext添加如下代码：

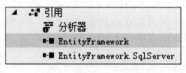

图 7-52

```
using System.Collections.Generic;
using System.Linq;
using System.Text;
using System.Threading.Tasks;
using System.Data.Entity;

namespace myCodeFirst
{
    public class HotelDbContext : DbContext
    {
        public HotelDbContext()
```

```
            : base("name=ConnCodeFirst")
        {
        }
        public DbSet<Customer> Customer { get; set; }
        public DbSet<OrderInfo> OrderInfo { get; set; }
    }
}
```

在上面代码中，类HotelDbContext定义了两个属性：Customer和OrderInfo。此段代码为每个实体集创建一个DbSet属性。在Entity Framework术语中，实体集通常对应于数据库表，实体对应于表中的行。

（5）在Main方法中写入创建数据库的方法。打开Program.cs，然后在Main中添加如下代码：

```
static void Main(string[] args)
{
    HotelDbContext dbContext = new HotelDbContext();
    dbContext.Database.CreateIfNotExists( );  //创建数据库  如果不存在的话
    Console.WriteLine(ctx.Database.Connection.ConnectionString);//打印连接字符串
}
```

首先实例化HotelDbContext，然后调用方法CreateIfNotExists创建数据库，从名称可以看出，该方法将在数据库不存在时新建一个。因此，通过Code First，我们可以在还没有建立数据库的情况下就开始编码，然后通过代码来生成数据库。

（6）添加配置文件，创建连接字符串。

```
<connectionStrings>
    <add name="strConn"  connectionString="Data Source=(localdb)\MSSQLLocalDB;Initial
Catalog=myTestDB3;Integrated Security=true;MultipleActiveResultSets=true"
providerName="System.Data.SqlClient"/>
</connectionStrings>
```

我们即将创建数据库myTestDB3。"Integrated Security=true;"表示使用Windows集成安全措施。providerName指定数据库驱动程序的名称，常用取值如下：

- providerName="System.Data.OleDb"：Access数据库。
- providerName="System.Data.OracleClient"或者providerName="Oracle.DataAccess.Client"：Oracle数据库。
- providerName="System.Data.SQLite"：SQLite数据库。
- providerName="System.Data.SqlClient"：SQL Server数据库。
- providerName="MySql.Data.MySqlClient"：MySQL数据库。

（7）按快捷键Ctrl+F5运行项目，结果如下：

```
Data Source=(localdb)\MSSQLLocalDB;Initial Catalog=myTestDB3;Integrated Security
=true;MultipleActiveResultSets=true
请按任意键继续...
```

7.4.13　基于 EF 的增、删、改、查操作

从前面范例可以看出，如果没有数据库，可以先写代码，再自动创建数据库。但我们仅仅创建了数据库，并没有深入地和数据库打交道，比如增、删、改、查等操作都没做。在下面的范例程

序中,我们将通过一个控制台程序演示如何通过Code First模式创建一个数据库,并执行简单的增、删、改、查操作。

【例7.7】创建数据库并实现增、删、改、查操作

(1)创建一个控制台应用项目,项目名称为cfCrud(这个名字的意思是基于Code First的CRUD程序)。

(2)安装Entity Framework,添加对Code First的支持。这里,我们通过NuGet包管理器控制台进行安装。选择"工具"→"NuGet程序包管理器"→"程序包管理器控制台"命令,打开程序包管理器控制台窗口,输入命令Install-Package EntityFramework进行安装。因为这些步骤前面范例都做过了,所以这里不展示界面了。安装完以后,项目引用里面将会出现EntityFramework程序集(两个dll文件),可以到"解决方案资源管理器"中去查看一下。如果安装完以后项目引用里面没有这两个dll文件,一定要检查为什么没有安装成功,因为下面的程序中要用到DbContext类,该类位于EntityFramework程序集中。

(3)根据.NET中的类来创建数据库。经过上面的步骤之后,我们就可以开始写代码了。在写代码时要记住:每个实体类就是相应的数据表中的一行数据,该实体类的属性对应的就是数据表中的列。

首先,创建EDM实体数据模型(EDM)。实体数据模型是一组描述数据结构(而不管其存储形式如何)的概念。在项目cfCrud上右击,在弹出的快捷菜单上选择"添加"→"新建文件夹"命令,新建一个文件夹并命名为Models,该文件夹将存放相应的实体类。在Models文件夹下面新建两个实体类:Category和Product。Category里面包含一个类型是Product的集合属性。我们需要定义和期望的数据库类型相匹配的属性,因此在Category.cs中为类Category添加属性,代码如下:

```
class Category
{
    /// <summary>
    /// 分类ID
    /// </summary>
    public int CategoryId { get; set; }

    /// <summary>
    /// 分类名称
    /// </summary>
    public string CategoryName { get; set; }

    /// <summary>
    /// 产品
    /// </summary>
    public List<Product> ProductList { get; set; }
}
```

在Product.cs中为类Product添加属性,代码如下:

```
class Product
{
    /// <summary>
    /// 产品Id
    /// </summary>
    public int Id { get; set; }
```

```
/// <summary>
/// 产品名称
/// </summary>
public string ProductName { get; set; }

/// <summary>
/// 产品价格
/// </summary>
public decimal Price { get; set; }

/// <summary>
/// 出版日期
/// </summary>
public DateTime PublicDate { get; set; }
}
```

在上面的代码中,.Net中的int类型会映射到SQL Server中的int类型,string类型会映射到所有可能的字符类型,decimal和Datetime也与SQL Server中的一样。大多数时候,我们不需要关心这些细节,只需要编写能够表示数据的模型类就行了,然后使用标准的.Net类型定义属性,其他的就让EF自己计算出保存数据所需的关系数据库管理系统(Relational Database Management System,RDBMS)类型。RDBMS是指包括相互联系的逻辑组织和存取这些数据的一套程序(数据库管理系统软件)。

(4)创建数据库上下文。数据库上下文是数据库的抽象。目前,我们有两张表,Category和Product,因而要给该数据库上下文定义两个属性来代表这两张表。再者,一张表中一般肯定不止一条数据行,所以我们必须定义一个集合属性,EF使用DbSet来实现这个目的。

在"解决方案资源管理器"中,在项目cfCrud上右击,在弹出的快捷菜单上选择"添加"→"新建文件夹"命令,新建一个文件夹并命名为EFDbContext,该文件夹用来存放数据库上下文类。这里笔者故意新建了一个文件夹,一来这是以后一线开发的普遍做法,另外稍微增加点复杂性,让读者多学点。在EFDbContext文件夹中添加类Context,并使该类继承自DbContext类。DbContext位于EntityFramework.dll程序集中。添加数据库上下文类Context的代码如下:

```
using System.Data.Entity;
using cfCrud.Models;
namespace cfCrud.EFDbContext//因该类在文件夹EFDbContext下,所以这里命名空间不仅仅是cfCrud
{
    class Context :DbContext
    {
        public Context()
            :base("name=myConn")
        { }

        //定义数据集合:用于创建表
        public DbSet<Category> Categorys { get; set; }
        public DbSet<Product> Products { get; set; }
    }
}
```

在上面代码中,我们创建了构造函数Context,它继承DbContext类的构造函数,通过DbContext类的构造函数创建数据库连接。因为我们在构造函数中传递的参数是"name= myConn"这样的键-值对形式,所以就认为通过该连接字符串去创建数据库,并且连接字符串的名称是myConn,而且要在配置文件中去配置。至于配置文件是什么名称,这取决于应用程序的类型,如果是非Web程序,则通常是App.config;如果是Web程序,则是Web.config。在我们的控制台应用程序中就是App.config。

在App.config文件的configuration节点下（不要在第一个节点下，否则会报错）添加如下代码：

```
<connectionStrings>
    <add name="myConn" connectionString="Server=(localdb)\MSSQLLocalDB;
Database=cfCrub; Integrated Security=true;" providerName="System.Data.SqlClient"/>
</connectionStrings>
```

可以看出，我们用的数据库引擎是MSSQLLocalDB，要创建的数据库名称是cfCrub，使用的安全访问方式是Windows集成方式，数据库驱动提供者是System.Data.SqlClient。

（5）使用EF提供的API访问数据库来创建数据库。在Program.cs的Main函数中添加如下代码：

```
using cfCrud.EFDbContext;    //使用命名空间cfCrud.EFDbContext
namespace cfCrud
{
    class Program
    {
        static void Main(string[] args)
        {
            // 使用数据库上下文Context
            using (var context = new Context())
            {
                // 如果数据库不存在，则调用EF内置的API创建数据库
                if (context.Database.CreateIfNotExists())
                    Console.WriteLine("数据库创建成功!");
                else
                    Console.WriteLine("数据库已存在");
            }
            Console.ReadKey();
        }
    }
} // namespace
```

（6）按快捷键Ctrl+F5运行项目，结果如图7-53所示。

然后在Visual Studio的菜单栏中单击"视图"→"SQL Server对象资源管理器"来打开"SQL Server对象资源管理器"，在里面展开"SQL Server"→"数据库"，可以看到已经有cfCrub这个数据库了，如图7-54所示。

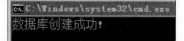

图 7-53

可以清楚地看到，数据库表名是自定义数据库上下文中DbSet<T>属性中T类型的复数形式。例如T类型是Product，那么生成的表名就是Products，而表中的列是数据模型的属性。此外，EF默认将id作为主键，string类型的ProductName在数据库中的类型是nvarchar(max)。这些都是在使用EF时必须注意的命名规格。

（7）执行简单的CRUD操作，准备创建记录。现在数据库有了，下面我们要进行增、删、改、查操作了。可以这样认为，将对象添加到集合中，就相当于将数据插入数据库相应的表中。我们使用DbSet的Add方法来实现新数据的添加，而DbContext类

图 7-54

的SaveChanges方法会将未处理的更改提交到数据库，这是通过检测上下文中所有的对象的状态来完成的。所有的对象都驻留在上下文类的DbSet属性中。比如，例子中有一个Products属性，那么所有的产品数据都会存储到这个泛型集合属性中。数据库上下文会跟踪DbSet属性中的所有对象的状

态，这些状态有这么几种：Deleted、Added、Modified和Unchanged。如果想在一张表中插入多行数据，那么只需要添加该表对应的类的多个对象的实例即可，然后使用SaveChanges方法将更改提交到数据库。该方法是以单事务执行的。最终，所有的数据库更改都会以单个工作单元持久化。既然是事务，那就允许将批量相关的更改作为单个操作提交，这样就保证了事务的一致性和数据的完整性。在Program.cs中修改Main方法如下：

```
using cfCrud.EFDbContext;
using cfCrud.Models;
namespace cfCrud
{
    class Program
    {
        static void add(Context context)
        {
            #region EF 添加数据
            //添加数据
            var cate = new List<Category> {
                new Category{
                    CategoryName="文学类",
                    ProductList=new List<Product>{
                        new Product
                        {
                            ProductName="百年孤独",
                            Price=37.53m,
                            PublicDate=new DateTime(2011,6,1)
                        },
                        new Product
                        {
                            ProductName="老人与海",
                            Price=37.53m,
                            PublicDate=new DateTime(2010,6,1)
                        }
                    }
                },
                new Category{
                    CategoryName="计算机类",
                    ProductList=new List<Product>{
                        new Product
                        {
                            ProductName="Linux C/C++一线开发实践（第二版）",
                            Price=48.23m,
                            PublicDate=new DateTime(2024,6,8)
                        },
                        new Product
                        {
                            ProductName="Visual C++ 2017从入门到精通",
                            Price=27.03m,
                            PublicDate=new DateTime(2017,7,9)
                        }
                    }
                }
            };
```

```
            //将创建的集合添加到上下文中
            context.Categorys.AddRange(cate);
            //调用SaveChanges()方法，将数据插入数据库
            context.SaveChanges();
            #endregion
        }
        static void Main(string[] args)
        {
            // 使用数据库上下文Context
            using (var context = new Context())
            {
                // 如果数据库不存在，则调用EF内置的API创建数据库
                if (context.Database.CreateIfNotExists())
                {
                    Console.WriteLine("数据库创建成功!");
                }
                else
                {
                    Console.WriteLine("数据库已存在");
                }

                add(context); //调用自定义方法添加记录
                Console.ReadKey();
            }
        }
}//namespace
```

上面代码自定义了一个add方法来向数据库表中添加记录。这里需要注意以下两点：

- 不需要给Product.Id属性赋值，因为它对应到SQL Server表中的主键列，它的值是自动生成的。当SaveChanges执行以后，打断点就能看到返回的Product.Id已经有值了。
- Context的实例用了using语句包装起来，这是因为DbContext实现了IDisposable接口。DbContext还包含了DbConnection的实例，该实例指向了具有特定连接字符串的数据库。在EF中合适地释放数据库连接与在ADO.NET中同等重要。

然后在Main中添加一行代码：

```
add(context);
```

此时运行程序，可以发现两张表中都有记录了。比如我们右击"dbo.Producets"，在弹出的快捷菜单中选择"查看数据"就可以看到数据了，如图7-55所示。

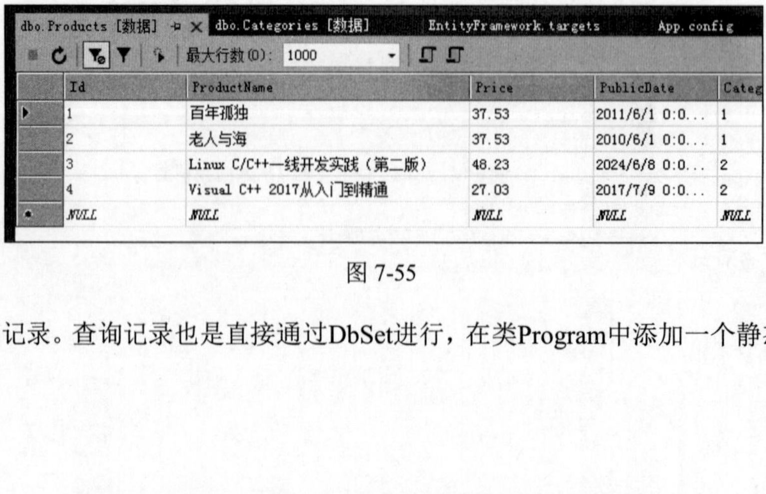

Id	ProductName	Price	PublicDate	Categ
1	百年孤独	37.53	2011/6/1 0:0...	1
2	老人与海	37.53	2010/6/1 0:0...	1
3	Linux C/C++一线开发实践（第二版）	48.23	2024/6/8 0:0...	2
4	Visual C++ 2017从入门到精通	27.03	2017/7/9 0:0...	2
NULL	NULL	NULL	NULL	NULL

图 7-55

（8）查询记录。查询记录也是直接通过DbSet进行，在类Program中添加一个静态方法search，代码如下：

```
static void search(Context context)
{
    #region EF 2查询数据

    //查询方式1
    var products = from p in context.Categorys select p;
    foreach (var item in products)
    {
        Console.WriteLine("分类名称:" + item.CategoryName);
    }

    //查询方式2
    //延迟加载，cates里面没有数据
    var cates = context.Categorys;
    //执行迭代的时候才有数据
    foreach (var item in cates)
    {
        Console.WriteLine("分类名称:" + item.CategoryName);
    }
    #endregion
}
```

我们用了两种方法查询数据，所以最终结果会输出两次。查询方式1用了SQL语句，查询方式2用了延迟加载的方式。

接下来，我们把Main中的Add方法注释掉，然后添加一行代码：

```
search(context);
```

此时运行项目，就可以输出查询结果了，如下所示：

```
数据库已存在
分类名称:文学类
分类名称:计算机类
分类名称:文学类
分类名称:计算机类
```

可以看到，两种方式都查询成功了。

（9）更新记录。在SQL中，更新需要执行Update命令。而在EF中，我们找到DbSet实体集合中要更新的对象，然后修改其属性，最后调用SaveChanges方法即可。在类Program中添加一个静态方法update，代码如下：

```
static void update(Context context)
{
    #region EF 更新数据
    var products = context.Products;
    if (products.Any())
    {
        // 查询产品名称是"百年孤独"的产品
        var toUpdateProduct = products.FirstOrDefault(p => p.ProductName == "百年孤独");
        if (toUpdateProduct != null)
        {
            // 修改查询出的产品名称
            toUpdateProduct.ProductName = "唐诗三百首";  //赋予新值
            context.SaveChanges();  //调用SaveChanges()方法保存数据
        }
    }
```

```
    #endregion
}
```

这里，我们使用Any()扩展方法来判断序列中是否有元素，然后使用FirstOrDefault()扩展方法来找到ProductName=="百年孤独"的元素，再给目标对象的Name属性赋予新值，最后调用SaveChanges()方法保存数据。我们在Main中把search(context);注释掉，并添加update方法的调用：

```
update(context);
```

此时运行程序，可以发现表中记录被改为“唐诗三百首”了。如图7-56所示。

ProductName	Price
唐诗三百首	37.53

图 7-56

（10）删除记录。要删除一条数据，就要先找到这条数据。我们在类Program中添加一个静态方法delete，代码如下：

```
static void delete(Context context)
{
    #region EF 删除数据
    var products = context.Products;
    // 先根据ProductName找到要删除的元素
    var toDeleteProduct = context.Products.FirstOrDefault(p => p.ProductName == "唐诗
三百首");
    if (toDeleteProduct != null)
    {
        // 方式1：使用Remove()方法移除
        context.Products.Remove(toDeleteProduct);
        // 方式2：更改数据的状态
        // context.Entry(toDeleteProduct).State = EntityState.Deleted;
        // 最后持久化到数据库
        context.SaveChanges();
        #endregion
    }
}
```

首先，根据ProductName找到要删除的元素。方法FirstOrDefault返回序列中满足指定条件或默认值的第一个元素。删除一条记录可以有两种方式，一种是通过方法Remove；另外一种是通过更改数据的状态，赋值EntityState.Deleted这个状态值即可。

然后在Main中把update(context);注释掉，并添加delete方法的调用：

```
delete(context);
```

此时运行程序，可以发现表中的记录“唐诗三百首”已经没有了。注意，运行程序后，要单击左上角的刷新按钮才会看到结果，如图7-57所示。

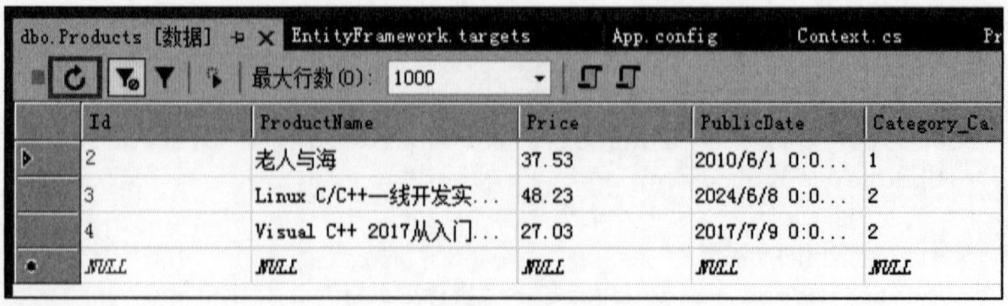

图 7-57

至此，基于EF的CRUD操作全部成功。

7.5 基于 Code First 的 Web 案例

前面讲解的Code First实例都是控制台程序，显得有点小儿科（但对我们集中注意力学习EF大有帮助）。现在，我们要开发一个基于Code First的MVC Web项目。我们的讲解将围绕一个实际案例展开，在实践中学，边学边看效果。

7.5.1 创建 Entity Framework 数据模型

在下面的案例中，我们将介绍如何生成一个简单的大学网站。借助它，可以查看和更新学生、课程和讲师信息。

【例7.8】案例：大学网站

（1）打开Visual Studio并使用ASP.NET Web应用程序（.NET Framework）模板创建C# Web项目。将项目命名为"wenweiUniversity"，然后单击"确定"按钮。在"创建新的ASP.NETWeb应用程序"对话框上选择MVC，然后单击"创建"按钮。

（2）设置网站样式。我们通过几个简单的更改来设置站点菜单、布局和主页。在Visual Studio中打开Views\Shared_Layout.cshtml，然后进行以下更改：

```
a.将<title>...</title>之间的"我的ASP.NET应用程序"更改为"Wenwei University"，即改为：
<title>@ViewBag.Title - Wenwei University</title>
b.将@Html.ActionLink后的"应用程序名称"更改为"Wenwei University"，即改为：
@Html.ActionLink("Wenwei University", "Index", "Home", new { area = "" }, new { @class
= "navbar-brand" })
c.将<footer>...</footer>之间的"我的ASP.NET应用程序"改为"Wenwei University"，即改为：
 <p>&copy; @DateTime.Now.Year - Wenwei University</p>
d.为"学生""课程""教师"和"院系"添加菜单条目，即：
<li>@Html.ActionLink("学生", "Index", "Students")</li>
<li>@Html.ActionLink("课程", "Index", "Course")</li>
<li>@Html.ActionLink("教师", "Index", "Instructor")</li>
<li>@Html.ActionLink("院系", "Index", "Department")</li>
```

（3）设计首页。我们把默认首页的内容改掉。在Views\Home\Index.cshtml中，将文件的内容替换为以下代码：

```
@{ ViewBag.Title = "Home Page"; }

<div class="jumbotron">
    <h1>文伟大学</h1>
</div>
<div class="row">
    <div class="col-md-4">
        <h2>欢迎报考文伟大学</h2>
        <p>
            欢迎报考文伟大学
        </p>
    </div>
    <div class="col-md-4">
        <h2>学校新闻</h2>
```

```
    <p>学校新闻很精彩，可以单击下面链接查看！</p>
    <p><a class="btn btn-default" href="http://www.163.com">查看新闻 &raquo;</a></p>
</div>
<div class="col-md-4">
    <h2>考研资料</h2>
    <p>考研资料下载链接</p>
    <p><a class="btn btn-default" href="./Index.rar">下载 &raquo;</a></p>
</div>
</div>
```

主要是用一些HTML代码编写的。此时按快捷键Ctrl+F5运行网站，会看到包含"main"菜单的主页。

（4）安装Entity Framework。在"工具"菜单中，选择"NuGet 包管理器"，然后选择"程序包管理器控制台"。在"程序包管理器控制台"窗口中输入以下命令：

```
Install-Package EntityFramework
```

此步骤是本例手动执行的几个步骤之一，通过手动执行这些操作，可以更好地查看使用实体框架（EF）所需的步骤。稍后将使用基架来创建MVC控制器和视图。另外，也可以让基架自动安装EF NuGet 包，创建数据库上下文类，并创建连接字符串。要以这种方式执行此操作，所要做的就是跳过这些步骤，并在创建实体类后搭建MVC控制器的基架。

（5）创建数据模型（即实体类）。关于实体类，有几个默认约定要注意：实体类的成员属性名将作为表的列名；名为ID或类名ID的实体属性被识别为主键属性；如果属性名为<导航属性名><主键属性名>（例如，StudentID对应Student导航属性，因为Student实体的主键是ID），则将被解释为外键属性。

我们将从以下3个实体开始：Student实体、Enrollment实体和Course实体。我们将为每个实体创建一个类。其中，Student和Enrollment实体之间是一对多的关系，Course和Enrollment实体之间也是一个对多的关系。换而言之，一名学生可以修读任意数量的课程，并且某一课程可以被任意数量的学生修读。

① Student实体

在"解决方案资源管理器"中，右击Models文件夹，在弹出的快捷菜单中选择"添加"→"类"来创建名为Student.cs的类文件。随后为类student添加如下代码：

```
public class Student
{
    public int ID { get; set; }      //学生ID
    public string LastName { get; set; }     //学生的姓
    public string FirstMidName { get; set; }  //学生的名
    public DateTime EnrollmentDate { get; set; } //注册入学时间
    public virtual ICollection<Enrollment> Enrollments { get; set; } //导航属性
}
```

ID属性将成为对应于此类的数据库表中的主键。

Enrollments属性是导航属性，其中包含与此实体相关的其他实体。在这种情况下，Enrollment实体的Student属性，将保存与该Student实体相关的所有实体。换句话说，如果数据库中的给定Student行具有两个相关Enrollment行（在其外键列中包含该学生的主键值的StudentID行），则该Student实体的Enrollments导航属性将包含这两个Enrollment实体。另外，导航属性通常定义为virtual，以便它们可以利用某些实体框架功能，例如延迟加载。如果导航属性可以具有多个实体（如多对多或一对多关系），那么导航属性的类型必须是可以添加、删除和更新条目的容器，如ICollection。

② Enrollment实体

在"解决方案资源管理器"中，右击Models文件夹，在弹出的快捷菜单中选择"添加"→"类"来创建名为Enrollment.cs的类文件。随后添加一个枚举Grade，并为类Enrollment添加如下代码：

```
public enum Grade
{
    A, B, C, D, F
}
public class Enrollment
{
    public int EnrollmentID { get; set; }
    public int CourseID { get; set; }
    public int StudentID { get; set; }
    public Grade? Grade { get; set; }

    public virtual Course Course { get; set; }  //导航属性，相当于外键
    public virtual Student Student { get; set; }  //导航属性，相当于外键
}
```

属性EnrollmentID将是主键，此实体使用"类名ID"作为主键，而不是ID。在实体Student中，则是将ID作为主键。通常情况下，我们会选择一个主键模式，并在数据模型中自始至终使用这种模式。在这里使用了两种不同的模式，只是为了说明可以使用任一模式来指定主键。后面，还将介绍如何使用不带类名的ID，来更轻松地在数据模型中实现继承。

属性Grade是一个枚举。Grade声明类型后的"?"表示Grade属性可以为null。为null的成绩不代表零等级，null表示尚未知道或尚未分配某个等级。

属性CourseID是一个外键，Course是与其对应的导航属性。Enrollment实体与一个Course实体相关联。

属性StudentID是一个外键，Student是与其对应的导航属性。Enrollment实体与一个Student实体相关联，因此属性Student只包含单个Student实体。这与前面所看到的Student.Enrollments导航属性不同。Student中可以容纳多个Enrollment实体。

③ Course实体

在"解决方案资源管理器"中，右击Models文件夹，在弹出的快捷菜单中选择"添加"→"类"来创建名为Course.cs的类文件。先在文件开头添加引用：

```
using System.ComponentModel.DataAnnotations.Schema;
```

随后在类Course中添加如下代码：

```
public class Course
{
    [DatabaseGenerated(DatabaseGeneratedOption.None)]
    public int CourseID { get; set; }
    public string Title { get; set; }
    public int Credits { get; set; }
    public virtual ICollection<Enrollment> Enrollments { get; set; }
}
```

　　Enrollments属性是导航属性，也就是外键。Course实体可与任意数量的Enrollment实体相关。在EF中，我们在建立数据模型的时候，可以给属性配置数据生成选项DatabaseGenerated，它后有3个枚举值：Identity（表示自增长）、None（表示不处理）和Computed（表示这一列是计算列）。如果主键是int类型，Code First在生成数据库的时候会自动设置该列为自增长。如果主键是Guid类型，我们就要手动去设置了。这里设置为不处理，即DatabaseGeneratedOption.None。

　　（6）创建数据库上下文类。通过派生自System.Data.Entity.DbContext类来创建此类。在代码中，指定哪些实体包含在数据模型中。你还可以定义某些Entity Framework行为。在此项目中将数据库上下文类命名为SchoolContext。

　　在"解决方案资源管理器"右击项目wenweiUniversity，在弹出的快捷菜单中选择"添加"→"新建文件夹"，新建一个文件并命名为DAL。在该文件夹中，创建名为SchoolContext.cs的类文件，并在文件开头添加3个引用：

```
using wenweiUniversity.Models;
using System.Data.Entity;
using System.Data.Entity.ModelConfiguration.Conventions;
```

　　然后添加类代码：

```
public class SchoolContext : DbContext
{
    public SchoolContext() : base("name=SchoolContext")
    { }

    public DbSet<Student> Students { get; set; }
    public DbSet<Enrollment> Enrollments { get; set; }
    public DbSet<Course> Courses { get; set; }

    protected override void OnModelCreating(DbModelBuilder modelBuilder)
    {
        modelBuilder.Conventions.Remove<PluralizingTableNameConvention>();
    }
}
```

　　由于我们在base中传入"name=xxx"这样的形式，因此代码将在本地数据库连接中查找相关的数据库名称和服务器进行创建。在上面代码中，我们首先设置连接字符串的名称为SchoolContext，稍后将在Web.config文件中实现具体的连接字符串，这里把连接字符串名称传递给父类构造函数。另外需要注意：如果未显式指定连接字符串或连接字符串的名称，EF会假定连接字符串名称与类名称相同。此范例中的默认连接字符串名称为SchoolContext，与显式指定的名称相同。

　　随后，为每个实体集创建一个DbSet属性。在Entity Framework术语中，实体集通常对应于数据库表，实体对应于表中的行。

　　（7）使用测试数据初始化数据库。在应用程序运行时，实体框架可以自动创建（或删除并重新创建）数据库。可以指定在每次应用程序运行时或仅在模型与现有数据库不同步时执行此操作。还可以编写Seed Entity Framework在创建数据库后自动调用的方法，以便用测试数据填充它。

　　默认行为是仅在数据库不存在时创建数据库，如果模型已更改且数据库已存在，则会引发异常。在本部分中，指定每当模型更改时，都删除并重新创建数据库。删除数据库会导致所有数据丢失，这在开发过程中通常没问题，因为Seed方法将在重新创建数据库时运行，并会重新创建测试数据；但在生产环境中，通常不希望每次更改数据库架构时都丢失所有数据。

在DAL文件夹中，创建名为SchoolInitializer.cs的新类文件，并将模板代码替换为以下代码。其作用是在需要时创建数据库，并将测试数据加载到新数据库中。

```csharp
using System;
using System.Collections.Generic;
using System.Linq;
using System.Web;
using System.Data.Entity;
using wenweiUniversity.Models;

namespace wenweiUniversity.DAL
{
    public class SchoolInitializer :
System.Data.Entity.DropCreateDatabaseIfModelChanges<SchoolContext>
    {
        protected override void Seed(SchoolContext context)
        {
            var students = new List<Student>
            {
            new Student{FirstMidName="Carson",LastName="Alexander", EnrollmentDate=
DateTime.Parse("2005-09-01")},
            new Student{FirstMidName="Meredith",LastName="Alonso", EnrollmentDate=
DateTime.Parse("2002-09-01")},
            new Student{FirstMidName="Arturo",LastName="Anand", EnrollmentDate=
DateTime.Parse("2003-09-01")},
            new Student{FirstMidName="Gytis",LastName="Barzdukas", EnrollmentDate=
DateTime.Parse("2002-09-01")},
            new Student{FirstMidName="Yan",LastName="Li", EnrollmentDate=
DateTime.Parse("2002-09-01")},
            new Student{FirstMidName="Peggy",LastName="Justice", EnrollmentDate=
DateTime.Parse("2001-09-01")},
            new Student{FirstMidName="Laura",LastName="Norman", EnrollmentDate=
DateTime.Parse("2003-09-01")},
            new Student{FirstMidName="Nino",LastName="Olivetto", EnrollmentDate=
DateTime.Parse("2005-09-01")}
            };

            students.ForEach(s => context.Students.Add(s));
            context.SaveChanges();
            var courses = new List<Course>
            {
            new Course{CourseID=1050,Title="Chemistry",Credits=3,},
            new Course{CourseID=4022,Title="Microeconomics",Credits=3,},
            new Course{CourseID=4041,Title="Macroeconomics",Credits=3,},
            new Course{CourseID=1045,Title="Calculus",Credits=4,},
            new Course{CourseID=3141,Title="Trigonometry",Credits=4,},
            new Course{CourseID=2021,Title="Composition",Credits=3,},
            new Course{CourseID=2042,Title="Literature",Credits=4,}
            };
            courses.ForEach(s => context.Courses.Add(s));
            context.SaveChanges();
            var enrollments = new List<Enrollment>
            {
            new Enrollment{StudentID=1,CourseID=1050,Grade=Grade.A},//Grade是成绩等级的意思
            new Enrollment{StudentID=1,CourseID=4022,Grade=Grade.C},
            new Enrollment{StudentID=1,CourseID=4041,Grade=Grade.B},
```

```
            new Enrollment{StudentID=2,CourseID=1045,Grade=Grade.B},
            new Enrollment{StudentID=2,CourseID=3141,Grade=Grade.F},
            new Enrollment{StudentID=2,CourseID=2021,Grade=Grade.F},
            new Enrollment{StudentID=3,CourseID=1050},
            new Enrollment{StudentID=4,CourseID=1050,},
            new Enrollment{StudentID=4,CourseID=4022,Grade=Grade.F},
            new Enrollment{StudentID=5,CourseID=4041,Grade=Grade.C},
            new Enrollment{StudentID=6,CourseID=1045},
            new Enrollment{StudentID=7,CourseID=3141,Grade=Grade.A},
            };
            enrollments.ForEach(s => context.Enrollments.Add(s));
            context.SaveChanges();
        }
    }
}
```

在上面代码中，自定义方法Seed将数据库上下文对象作为输入参数，方法中的代码使用该对象向数据库添加新实体。对于每种实体类型，代码会创建一组新实体，将它们添加到相应的DbSet属性中，然后将更改保存到数据库。读者不必像此处那样在每组实体之后调用SaveChanges方法，但如果代码写入数据库时发生异常，这样做则有助于找到问题的根源。

我们定义了students、courses、enrollments为列表（List）类型，List在命名空间System.Collections.Generic中。当我们有很多类型一样的数据时，可以使用数组来删除数据以及完成其他一些数据操作。List<T>类是ArrayList的泛型等效版本，两者功能相似，该类使用大小可按需动态增加的数组来实现IList<T>泛型接口。List<T>是一个实现了IList<T>接口的具体类，提供了动态数组的实现，支持添加、删除、插入和访问元素等操作。

（8）告知EF使用初始值设定项类。在"解决方案资源管理器"中，双击打开文件Web.config，然后将contexts相关内容添加到Web.config文件的entityFramework节点中，如下所示：

```
<contexts>
    <context type="wenweiUniversity.DAL.SchoolContext, wenweiUniversity">
        <databaseInitializer type="wenweiUniversity.DAL.SchoolInitializer,
wenweiUniversity" />
    </context>
</contexts>
```

<contexts>节点定义了DbContext及其初始化器。context type指定上下文类名及其中的程序集，databaseinitializer type指定初始值设定项类及其中的程序集的完全限定名称。如果不希望EF使用初始值设定项，则可以在context元素上设置属性：disableDatabaseInitialization="true"。

现在，Entity Framework会将数据库与模型SchoolContext进行比较。如果存在差异，则应用程序会删除并重新创建数据库。当添加、删除或更改实体类或者更改DbContext类后重新运行应用程序时，它会自动删除已存在的数据库并创建一个和当前数据模型相匹配的数据库，最后使用测试数据初始化。在将应用程序部署到生产环境之前，这种方法会一直保持数据模型和数据库架构的一致性。

（9）将EF设置为使用LocalDB。LocalDB是SQL Server Express数据库引擎的轻型版本。它易于安装和配置、按需启动，并在用户模式下运行。LocalDB在SQL Server Express的特殊执行模式下运行，使我们能够将数据库作为.mdf文件使用。如果希望将数据库与项目一起复制，可以将LocalDB数据库文件放在Web项目的App_Data文件夹中。SQL Server Express中的用户实例功能也使我们能够使用.mdf文件，但用户实例功能已弃用，因此，建议通过处理.mdf文件来使用LocalDB。默认情况下，LocalDB随Visual Studio一起安装。通常不建议将LocalDB用于Web应用程序的生产环境，因为它不是用于IIS的。

在"解决方案资源管理器"中，双击打开文件Web.config，然后在元素<appSettings>上一行添加元素connectionStrings，如下所示：

```
<connectionStrings>
    <add name="SchoolContext" connectionString="Data
Source=(LocalDb)\MSSQLLocalDB;Initial Catalog=WenweiUniversity1;Integrated Security=SSPI;
" providerName="System.Data.SqlClient"/>
</connectionStrings>
```

添加的连接字符串指定实体框架将使用名为WenweiUniversity1.mdf的LocalDB数据库（若数据库尚不存在，则EF将创建它）。这个数据库文件WenweiUniversity1.mdf 将在%USERPROFILE%中生成，如果当前操作系统登录用户为Administrator，那么%USERPROFILE% 就是目录C:\Users\Administrator。

（10）创建控制器和视图。现在，我们将创建一个网页来显示数据。请求数据的过程会自动触发数据库的创建。首先，我们将创建新的控制器。但在执行此操作之前，先生成一下项目，使模型和上下文类可用于MVC控制器基架。

右击"解决方案资源管理器"中的Controllers文件夹，在弹出的快捷菜单中选择"添加"→"新搭建基架的项目"命令。在"添加已搭建基架的新项"对话框中，选择"包含视图的MVC 5控制器（使用Entity Framework）"，如图7-58所示。

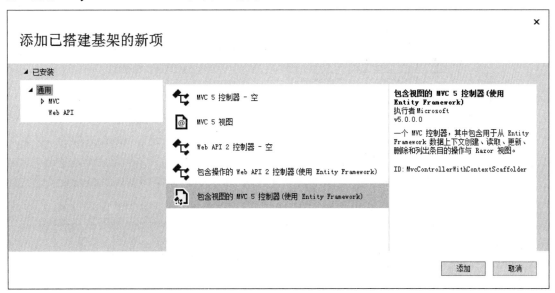

图 7-58

然后在右下角单击"添加"按钮。此时，出现"添加控制器"对话框，如图7-59所示。

单击"模型类(M)"右侧的下拉箭头，选择"Student (wenweiUniversity.Models)"，如果在下拉列表中看不到此选项，请生成项目并重试；单击"数据上下文类(D)"右侧的下拉箭头，选择"SchoolContext (wenweiUniversity.DAL)"；在"控制器名称"文本框中输入StudentController；其他字段保持默认值，如图7-60所示。

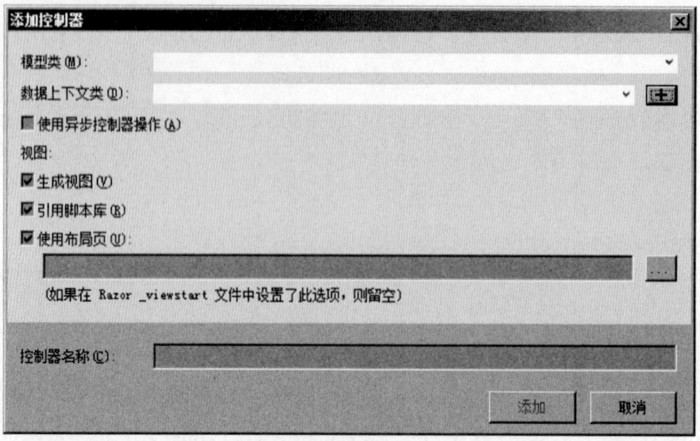

图 7-59

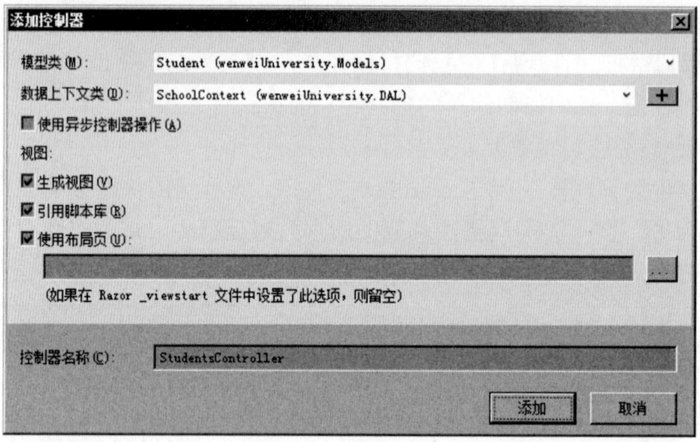

图 7-60

最后单击右下角的"添加"按钮。此时，框架将创建一个StudentController.cs文件和一组视图（.cshtml文件）。另外，将来在创建使用Entity Framework的项目时，还可以利用基架的一些附加功能：创建第一个模型类，不要创建连接字符串，然后在"添加控制器"对话框上通过单击"数据上下文类"右侧的"+"按钮来指定"新建数据上下文类型"，此时基架将创建DbContext类、连接字符串以及控制器和视图。

如果此时我们在Visual Studio中打开Controllers\StudentController.cs文件，会看到系统已为我们创建了一个类StudentsController，以及用于实例化的数据库上下文对象：

```
private SchoolContext db = new SchoolContext();
```

还自动生成了一个Index方法，代码如下：

```
public ViewResult Index()
{
    return View(db.Students.ToList());  //从Students 实体集获取学生列表
}
```

Index方法通过读取Students数据库上下文实例的属性，从Students实体集中获取学生列表。Index方法返回了一个视图View，它将在Student\Index.cshtml中显示此列表，而且代码也帮我们生成好了，我们只需改一下标题，把Index改为"学生列表"，如下所示：

```
@model IEnumerable<wenweiUniversity.Models.Student>
@{
    ViewBag.Title = "学生列表";
}

<h2>学生列表</h2>
<p>
    @Html.ActionLink("Create New", "Create")
</p>
<table class="table">
    <tr>
        <th>
            @Html.DisplayNameFor(model => model.LastName)
        </th>
        <th>
            @Html.DisplayNameFor(model => model.FirstMidName)
        </th>
        <th>
            @Html.DisplayNameFor(model => model.EnrollmentDate)
        </th>
        <th></th>
    </tr>

@foreach (var item in Model) {
    <tr>
        <td>
            @Html.DisplayFor(modelItem => item.LastName)
        </td>
        <td>
            @Html.DisplayFor(modelItem => item.FirstMidName)
        </td>
        <td>
            @Html.DisplayFor(modelItem => item.EnrollmentDate)
        </td>
        <td>
            @Html.ActionLink("Edit", "Edit", new { id=item.ID }) |
            @Html.ActionLink("Details", "Details", new { id=item.ID }) |
            @Html.ActionLink("Delete", "Delete", new { id=item.ID })
        </td>
    </tr>
}
</table>
```

代码第1行的@model关键字，允许我们在视图模板中直接访问在控制器类中通过使用强类型的"模型"而传递过来的Student类的列表。例如，在Index.cshtml视图模板中，我们可以通过foreach语句来遍历这个强类型的模型，访问其中的每一个Student对象。

@Html.DisplayNameFor(model => model.xxx)显示的是列名，@Html.DisplayFor(modelItem => item.xxx)显示的是列的内容，也就是表的每行记录。因此，上面代码显示的是一个表格，首先显示表格的列名，然后通过一个循环把数据库Student表中的每一行记录显示在页面上，最后还用@Html.ActionLink生成Edit、Details和Delete三个链接，供用户单击，分别实现编辑、查看详细内容和删除某条记录的操作。

（11）按快捷键Ctrl+F5运行程序，可以发现"学生列表"页面显示出来了，如图7-61所示。

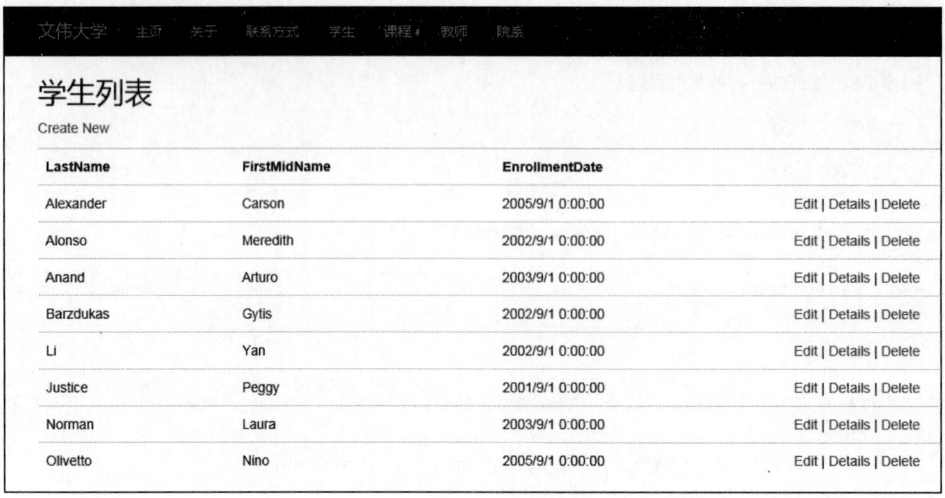

图 7-61

单击"主页"菜单将返回到主页上，在主页上再单击"学生"将进入"学生列表"页面。单击Edit、Detail或Delete也会进入对应的页面。框架为我们生成了大部分前端网页代码，虽然缺少美感，但笔者也不准备花更多精力去美化网页，毕竟那是前端工程师的事情。我们现在学习的是后端，要了解背后数据的来龙去脉，有更重要的知识需要学习，比如数据库相关实验。

7.5.2 查看并操作数据库实验

我们可以使用服务器资源管理器或SQL Server对象资源管理器（SSOX）在Visual Studio中查看数据库。SQL Server对象资源管理器在前面的案例中已经使用过了，现在换换口味，使用服务器资源管理器在Visual Studio中查看数据。首先关闭浏览器，然后在Visual Studio的菜单栏中单击"视图"→"服务器资源管理器"，此时将显示"服务器资源管理器"，如图7-62所示。

在"服务器资源管理器"中，展开"数据连接"（可能需要先单击刷新按钮），再展开"SchoolContext (wenweiUniversity)"，然后展开"表"，以查看新数据库中的表。右击Student表，在弹出的快捷菜单中选择"显示表数据"命令，以查看已创建的列和插入表中的行，如图7-63所示。

图 7-62

图 7-63

那实际数据库文件在哪里呢？其实，数据库文件 WenweiUniversity1.mdf 和 WenweiUniversity1_log.ldf位于%USERPROFILE%文件夹中。我们可以单击"开始"→"运行"命令，然后输入"%USERPROFILE%"后按回车键，就可以打开这个文件夹了，并可以看到数据库文件WenweiUniversity1.mdf和WenweiUniversity1_log.ldf。其中，.mdf文件表示主要数据文件（primary data file），*.ldf文件表示事务日志文件（Log Data Files）。主要数据文件包含数据库的启动信息，并指向数据库中的其他文件。用户数据和对象可存储在此文件中。每个数据库有一个主要数据文件。事务日志文件保存用于恢复数据库的日志信息，每个数据库必须至少有一个日志文件。

　　另外，有些数据库还可能有次要数据文件（Secondary Data Files，扩展名.ndf）。次要数据文件是可选的，由用户定义并存储用户数据。通过将每个文件放在不同的磁盘驱动器上，次要文件可用于将数据分散到多个磁盘上。如果数据库超过了单个Windows文件的最大大小，可以使用次要数据文件，这样数据库就能继续增长。在我们这个项目中，数据量不大，因此没用到次要数据文件。

　　既然讲到数据库了，索性就来做些数据库文件的小实验。现在我们知道%USERPROFILE%下生成了数据库文件WenweiUniversity1.mdf。如果我们把它删除再运行程序，能否重新自动生成呢？试试看，我们先关闭浏览器和Visual Studio（不关闭删不掉），再到%USERPROFILE%下把WenweiUniversity1.mdf和WenweiUniversity1_log.ldf删除掉，然后运行程序，在首页上单击"学生"尝试进入"学生列表"页，会发现居然报错了，提示不能打开数据库WenweiUniversity1，如图7-64所示。

> "/"应用程序中的服务器错误。
>
> *Cannot open database "WenweiUniversity1" requested by the login*

图 7-64

　　这是正常的，因为我们已经删除该数据库文件了，但为何没有自动重新创建呢？这是因为后台数据库管理程序认为WenweiUniversity1数据库还存在。所以，我们需要通过"SQL Server对象资源管理器"来删除WenweiUniversity1数据库。在Visual Studio的菜单栏中单击"视图"→"SQL Server对象资源管理器"命令，然后在"SQL Server对象资源管理器"中展开"SQL Server"→"(localdb)\MSSQLLocalDB"，然后右击"WenweiUniversity1"，并在弹出的快捷菜单上选择"删除"命令，此时出现确认对话框，我们勾选"关闭现有连接"复选框，其他保持默认，如图7-65所示。

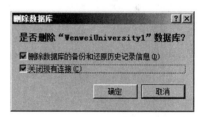

图 7-65

　　单击"确定"按钮，后台数据库管理程序就会认为数据库WenweiUniversity1已经被删除。我们马上运行程序，在首页上单击"学生"尝试进入"学生列表"页，可以发现"学生列表"页面正常显示了，这也说明数据库WenweiUniversity1已经重新生成了。如果我们在%USERPROFILE%下查看，会发现WenweiUniversity1.mdf和WenweiUniversity1_log.ldf果然都存在了。现在我们再到"SQL Server对象资源管理器"中右击"(localdb)\MSSQLLocalDB"，在弹出的快捷菜单中选择"刷新"命令，此时可以看到WenweiUniversity1又回来了。我们对WenweiUniversity1右击，在弹出的快捷菜单中选择"删除"命令，在确认对话框上依旧勾选"关闭现有连接"复选框，然后单击"确定"按钮，再到%USERPROFILE%下查看，发现WenweiUniversity1.mdf和WenweiUniversity1_log.ldf都没有了！这就说明，在"SQL Server对象资源管理器"中删除"WenweiUniversity1"，会导致磁盘上的WenweiUniversity1.mdf和WenweiUniversity1_log.ldf两个文件也被同步删除。由此我们就可以得出结论：删除数据库WenweiUniversity1.mdf和WenweiUniversity1_log.ldf不要直接去磁盘上删除，只需在"SQL Server对象资源管理器"中删除WenweiUniversity1即可,而且这样删除后,再运行程序,就可以重新生成数据库了。

最后,我们重新运行程序,在首页上单击"学生"进入"学生列表"页面,这样数据库WenweiUniversity1又重建了,方便我们继续做实验。

事实上,不仅仅数据库不存在会重建数据库,就算数据库存在,也可以每次重建数据库,但一般没必要,因为这么做会导致原有数据库中的数据丢失。下面我们谈谈数据库初始化。

在数据库初始化产生时,有3个方法可以控制数据库初始化时的行为,分别为CreateDatabaseIfNotExists、DropCreateDatabaseIfModelChanges和DropCreateDatabaseAlways。CreateDatabaseIfNotExists表示在没有数据库时创建一个,这是默认行为。DropCreateDatabaseIfModelChanges表示模型改变时,自动重新创建一个新的数据库,这个方法在开发过程中非常有用(而且数据库不存在,也会重建)。DropCreateDatabaseAlways表示每次运行时都重新生成数据库。

由于在定义SchoolInitializer时使用了DropCreateDatabaseIfModelChanges这个初始值设定项,具体代码见SchoolInitializer.cs:

```
public class SchoolInitializer :
System.Data.Entity.DropCreateDatabaseIfModelChanges<SchoolContext>
```

因此如果对某个实体类进行修改,就会重新创建数据库以匹配更改。现在来做实验,首先到"SQL Server对象资源管理器"中看一下dbo.Student的列情况,如图7-66所示。

然后对Student类增添新属性EmailAddress。在Visual Studio下打开Models/Student.cs,并在Student类中添加一行代码:

```
public string EmailAddress { get; set; }  // Email of student
```

再次运行程序,进入"学生列表"页面,然后到"SQL Server对象资源管理器"中右击刷新WenweiUniversity1,此时dbo.Student的列中多了EmailAddress,如图7-67所示。

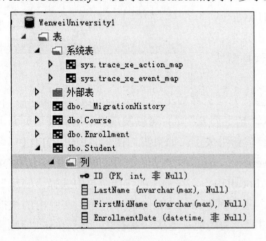

图 7-66

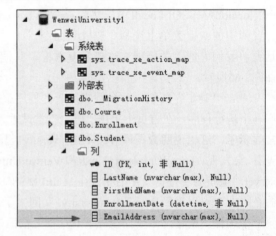

图 7-67

这个列就是我们刚才在实体类Student中增添的新属性EmailAddress。这就说明,当我们对某个实体类进行修改时,会重新创建数据库以匹配更改。刚才我们是添加属性,其实修改还包括修改已有属性的名称或删除某个属性等,限于篇幅,就不再实验了。

下面继续数据库实验。由于我们在数据库连接字符串中使用了"Initial Catalog=WenweiUniversity1;"，因此数据库文件在%USERPROFILE%这个目录下生成。那能否自定义生成路径呢？当然可以。如果想要在其他路径上生成数据库文件WenweiUniversity1.mdf，则可以使用属性AttachDBFilename，而不使用Initial Catalog。比如：

```
<connectionStrings>
    <add name="SchoolContext" connectionString="Data Source=(LocalDb)\MSSQLLocalDB;
AttachDBFilename=|DataDirectory|\wenweiUniversity1.mdf; Integrated Security=SSPI;"
providerName="System.Data.SqlClient"/>
</connectionStrings>
```

此时将在项目的App_Data文件夹中创建数据库文件wenweiUniversity1.mdf。

再比如：

```
<connectionStrings>
    <add name="SchoolContext" connectionString="Data Source=(LocalDb)\MSSQLLocalDB;
AttachDBFilename=D:\ex\wenweiUniversity1.mdf; Integrated Security=SSPI;"
providerName="System.Data.SqlClient"/>
</connectionStrings>
```

此时将在D:\ex\下生成wenweiUniversity1.mdf文件。做完实验后记得改回来，因为本案例中使用Initial Catalog方式，也就是在%USERPROFILE%中生成数据库文件。

7.5.3　实现基本的 CRUD 功能

现在我们准备通过实体框架（Entity Framework）来完善CRUD功能。首先是完善读取功能，也就是完善学生的详细信息页面。在前面步骤中，我们创建了一个MVC应用程序，该应用程序使用Entity Framework和SQL Server LocalDB来存储和显示数据。现在，我们将查看并自定义MVC框架在控制器和视图中自动创建的创建、读取、更新、删除（CRUD）代码。

运行程序，进入"学生列表"页面，在某个学生右边单击"Detail"，进入该学生的详细信息页面，如图7-68所示。

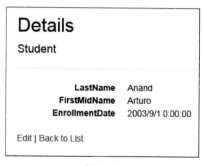

图 7-68

这个过程对应的代码在Controllers\StudentController.cs中，当单击"Detail"时，会导致类StudentsController的Details方法被调用，代码如下：

```
public ActionResult Details(int? id)
{
    if (id == null)
    {
        return new HttpStatusCodeResult(HttpStatusCode.BadRequest);
    }
    Student student = db.Students.Find(id); //检索某个Student 实体
    if (student == null)
    {
        return HttpNotFound();
    }
    return View(student);
}
```

方法Details使用Find方法检索某个Student实体，键值作为参数传递给Details，再传递给Find，这个id来自"索引"页上"详细信息"超链接中的路由数据。

路由数据是模型联编程序在路由表中指定的URL段中找到的数据。例如，默认路由指定controller、action和id段，我们可以在RouteConfig.cs中看到这样的代码：

```
routes.MapRoute(
    name: "Default",
    url: "{controller}/{action}/{id}",
    defaults: new { controller = "Home", action = "Index", id = UrlParameter.Optional }
);
```

再看一个URL：

```
http://localhost:1230/Instructor/Index/1?courseID=2021
```

controller映射为Instructor，action映射为Index，1映射为id，这些是路由数据值。?courseID=2021是查询字符串值。id也可以作为查询字符串值传递，比如：

```
http://localhost:1230/Instructor/Index?id=1&CourseID=2021
```

URL由ActionLink Razor视图中的语句创建。在以下代码中，id与默认路由匹配，因此id会添加到路由数据中，代码如下：

```
@Html.ActionLink("Select", "Index", new { id = item.PersonID })
```

在new后面的花括号中，id与"url: "{controller}/{action}/{id}""中的id匹配，所以该id会添加到路由数据中。而下列代码：

```
@Html.ActionLink("Select", "Index", new { courseID = item.CourseID })
```

courseID与默认路由中的参数不匹配，因此将其添加为查询字符串。

以上这些都是Detail背后的故事，下面看前端页面。打开Views\Student\Details.cshtml，里面有这样的代码：

```
<dt>
    @Html.DisplayNameFor(model => model.LastName)
</dt>
<dd>
    @Html.DisplayFor(model => model.LastName)
</dd>
```

每个属性名都用@Html.DisplayNameFor来显示，属性值（数据）则用@Html.DisplayFor来显示。现在的Details.cshtml中的代码都是框架自动生成的，下面我们为其添加一些自己的代码，即通过导航属性显示其他实体中的数据。打开Details.cshtml，在EnrollmentDate字段和结束标记</dl>之间，添加代码来显示注册列表，代码如下：

```
...
<dd>
    @Html.DisplayFor(model => model.EnrollmentDate)
</dd>
<dt>
    @Html.DisplayNameFor(model => model.Enrollments)
</dt>
<dd>
```

```
    <table class="table">
        <tr>
        <th>Course Title</th>
        <th>Grade</th>
        </tr>
    @foreach (var item in Model.Enrollments)
        {
        <tr>
        <td>
        @Html.DisplayFor(modelItem => item.Course.Title)
        </td>
        <td>
        @Html.DisplayFor(modelItem => item.Grade)
        </td>
        </tr>
        }
    </table>
</dd>
...
```

首先调用@Html.DisplayNameFor显示标题，然后显示一个表格，表格一共两列，列名分别为"Course Title"和"Grade"，即课程名和等级，再通过一个foreach显示课程名和等级的表记录数据。此代码循环通过Enrollments导航属性中的实体。对于属性中的每个Enrollment实体，它显示课程标题和成绩。课程标题是从Course实体的导航属性中的Course存储的实体中检索的Enrollments。需要时，系统会自动从数据库中检索所有这些数据。换句话说，此处使用了延迟加载。我们没有为Courses导航属性指定预先加载，因此未在获取学生信息的同一查询中检索注册。相反，当我们第一次尝试访问Enrollments导航属性时，会向数据库发送一个新查询以检索数据。

从代码中可以看到，通过导航属性（也就是外键）可以引用到其他实体类的数据。我们打开Enrollment.cs，可以看到类Enrollment中有两个成员：

```
public Grade? Grade { get; set; }
public virtual Course Course { get; set; }
```

而Course其实也是一个导航属性，通过它又导航到实体类Course中，并获得该类的属性数据。我们打开Course.cs，可以看到Title属性的定义：

```
public string Title { get; set; }
```

有了导航属性，就可以很方便地引用其他实体模型中的属性。现在运行程序，然后从首页进入"学生列表"页面，再单击某个学生的"Detail"，可以看到如图7-69所示的效果。

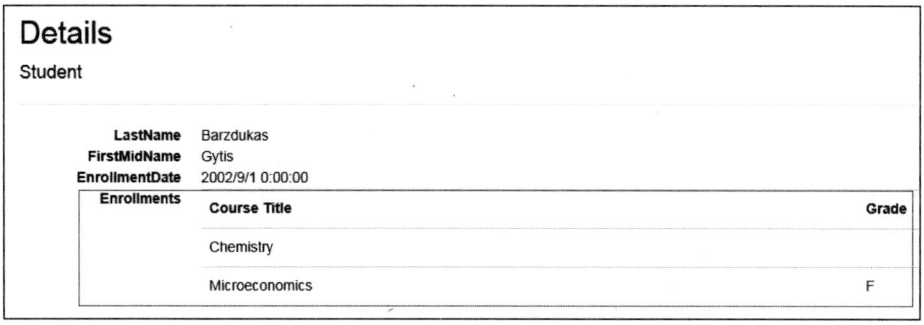

图 7-69

其中，方框包围起来的部分就是我们添加代码后的运行效果。

可能有些读者在运行这个程序时直接显示的是"Detail"页面，且收到HTTP 400错误。这是因为Visual Studio在尝试运行"Detail"页面时，未通过指定要显示的学生的链接访问它。如果发生这种情况，请从URL中删除"Students/Details/"并重试，或者单击"主页"，再进入"学生列表"页面，然后单击某个学生的Detail链接。

"Detail"页面的完善工作暂告一个段落，现在我们来完善"创建"页面。打开Controllers\StudentController.cs，在[HttpPost]下的Create方法中加上try-catch语句块，并把"[Bind(Include ="后的ID删除，意思是不绑定ID这个属性，修改后的代码如下：

```
[HttpPost] //限制操作方法（这里是Create方法），以便该方法仅处理HTTP POST请求
[ValidateAntiForgeryToken]  //用于阻止伪造请求的特性
public ActionResult Create([Bind(Include = "LastName,FirstMidName,EnrollmentDate")]
Student student)
{
    try
    {
        if (ModelState.IsValid)
        {
            db.Students.Add(student);  //添加到Students实体集
            db.SaveChanges();  //将更改保存到数据库
            return RedirectToAction("Index"); //重定向到控制器的Index方法
        }
    }
    catch (DataException /* dex */)
    {
        //记录错误（取消注释dex变量名并在此处添加一行以写入日志）
        ModelState.AddModelError("", "无法保存更改。请重试，如果问题仍然存在，请与系统管理员联
系。");
    }

    return View(student);
}
```

代码中的粗体部分就是我们改动或添加的地方。[HttpPost]表示一个特性，用来限制操作方法（这里是Create方法），以便该方法仅处理HTTP POST请求。[ValidateAntiForgeryToken]是一个用于阻止伪造请求的特性，它需要在视图中使用相应的Html.AntiForgeryToken()语句，稍后将看到该语句。

整个Create方法的作用是将Student模型联编程序创建的实体添加到Students实体集，然后将更改保存到数据库。数据库上下文跟踪内存中的实体是否与数据库中相应的行同步，并在调用SaveChanges方法时发出SQL命令。例如，将新实体传递给Add方法时，该实体的状态将设置为Added。然后，在调用SaveChanges方法时，数据库上下文会发出SQL INSERT命令。

实体可能处于以下状态之一：

- Added：该实体尚不存在于数据库中，必须调用方法SaveChanges发出INSERT语句。
- Unchanged：不需要通过SaveChanges方法对此实体执行操作。从数据库读取实体时，实体将从此状态开始。
- Modified：已修改实体的部分或全部属性值，必须调用方法SaveChanges发出UPDATE语句。
- Deleted：已标记该实体将被删除。必须调用方法SaveChanges发出DELETE语句。

- Detached：数据库上下文未跟踪该实体。

在ASP.NET MVC中，模型绑定器（Model Binder）是一个非常强大的功能，它负责将HTTP请求中的数据（例如来自表单提交的数据）映射到控制器中的操作方法的参数上。这使得开发者能够以声明性方式使用数据，而无须手动解析请求中的数据。模型联编程序将已发布的表单值转换为CLR类型，并将其传递给参数中的操作方法。在这种情况下，模型联编程序使用集合中的Form属性值实例化Student实体。我们在这个方法中主要添加了try-catch语句块，其作用是如果保存更改时捕获到来自DataException的异常，则会显示一般错误消息。有时，DataException异常是由应用程序外部的某些内容而非编程错误引起的，因此建议用户再次尝试。

另外，为何要从函数头部的Bind属性中删除ID呢？这是因为ID是主键值，SQL Server插入行时会自动设置该值，用户在界面上的输入不会设置ID值。

属性Bind是一种在Create方法中防止过度发布的方法。例如，假设Student实体有一个属性Secret，代码如下：

```
public class Student
{
    public int ID { get; set; }
    public string LastName { get; set; }
    public string FirstMidName { get; set; }
    public DateTime EnrollmentDate { get; set; }
    public string Secret { get; set; }

    public virtual ICollection<Enrollment> Enrollments { get; set; }
}
```

我们不希望在网页中设置该属性，但是，即使网页上没有Secret字段，黑客也可以使用fiddler等工具或编写一些JavaScript代码来发布Secret表单值。如果在创建Student实例时，不绑定所要使用的字段，模型绑定器将选取该Secret表单值来创建Student实体实例，然后会在数据库中更新黑客为Secret表单字段指定的任意值，那么后果将是灾难性的。图7-70显示了通过fiddler工具将"OverPost"字段添加到Secret发布的表单值中。

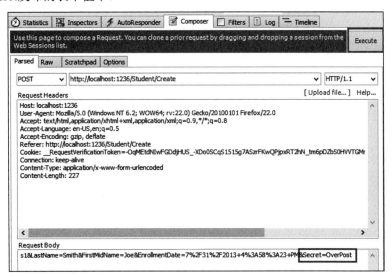

图 7-70

因此，开发网站后台程序一定要注意安全，最好将参数与属性结合，使用Include来绑定显式列出字段，还可以使用Exclude参数来阻止要排除的字段。使用Include向实体添加新属性时，新字段不会自动受到Exclude列表的保护。在编辑方案中，可以通过先从数据库读取实体，再调用TryUpdateModel，然后传入显式允许的属性列表，从而防止过度发布。许多开发人员首选的、防止过度发布的另一种方法是：使用具有模型绑定的视图模型而不是实体类，仅包含想要在视图模型中更新的属性。MVC模型联编程序完成后，可以使用AutoMapper等工具将视图模型属性复制到实体实例。

下面看一下Views\Student\Create.cshtml中的代码，其结构有点类似于Details.cshtml中的代码，只不过Create.cshtml中使用的是EditorFor和ValidationMessageFor用于每个字段，而不是DisplayFor。下面是相关的代码：

```
...
@using (Html.BeginForm())
{
    @Html.AntiForgeryToken()

    <div class="form-horizontal">
        <h4>Student</h4>
        <hr />
        @Html.ValidationSummary(true, "", new { @class = "text-danger" })
        <div class="form-group">
            @Html.LabelFor(model => model.LastName, htmlAttributes: new { @class =
"control-label col-md-2" })
            <div class="col-md-10">
                @Html.EditorFor(model => model.LastName, new { htmlAttributes = new { @class
= "form-control" } })
                @Html.ValidationMessageFor(model => model.LastName, "", new { @class =
"text-danger" })
            </div>
        </div>
    ...
```

Create.cshtml 还包括 @Html.AntiForgeryToken()，它与控制器中的属性一起使用ValidateAntiForgeryToken，以帮助防止跨站点请求伪造攻击。

现在运行程序，单击"学生"链接，然后单击Create New按钮来准备创建一条记录，在Create页面上，输入名称和无效日期，会看到错误消息，如图7-71所示。

这是默认的服务器端验证，对客户端输入的验证非常重要。在StudentsController.cs中，以下粗体代码显示了Create方法中的模型验证检查：

```
if (ModelState.IsValid)
{
    db.Students.Add(student);              //在内存实体中新增一条学生记录
    db.SaveChanges();                      //同步到数据库
    return RedirectToAction("Index");      //重定向到动作Index
}
```

将日期更改为有效值，如图7-72所示。

然后单击Create按钮，可以在"学生列表"页面中看到新添加的学生了，如图7-73所示。这就说明新的一条学生记录已经添加成功了。

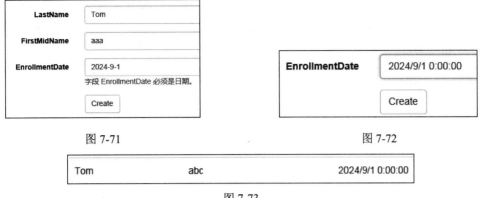

LastName
Tom
FirstMidName
aaa
EnrollmentDate
2024-9-1
字段 EnrollmentDate 必须是日期。
Create

图 7-71

EnrollmentDate
2024/9/1 0:00:00
Create

图 7-72

Tom
abc
2024/9/1 0:00:00

图 7-73

下面继续完善编辑（Edit）功能。我们先运行项目，从首页单击“学生”进入“学生列表”页面，也就是进入这个URL“https://localhost:44382/Students”。这个页面上每一条记录的右边都有一个Edit链接，如图7-74所示。

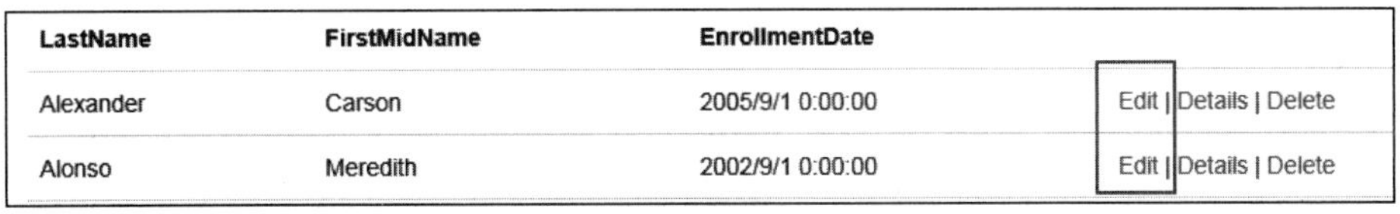

LastName
FirstMidName
EnrollmentDate
Alexander
Carson
2005/9/1 0:00:00
Edit | Details | Delete
Alonso
Meredith
2002/9/1 0:00:00
Edit | Details | Delete

图 7-74

当我们把鼠标指针悬停在Edit链接上时，在浏览器状态栏的左边可以看到它的链接地址，如图7-75所示。

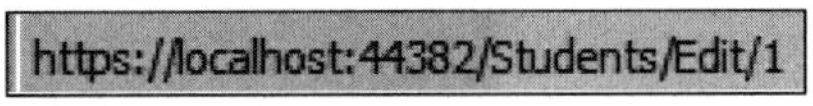

https://localhost:44382/Students/Edit/1

图 7-75

这个URL表明，Edit链接将调用Students控制器下的Edit方法，且是带有一个参数的、没有[HttpPost]标记的Edit方法。因为普通的HTTP链接的请求默认是GET请求，即一般我们在浏览器输入一个网址访问网站时，默认都是GET请求。我们现在打开StudentsController.cs，可以发现果然有一个Edit方法，且带有参数id，如下所示：

```
// GET: Student/Edit/5
public ActionResult Edit(int? id) // 这个Edit方法可以接收GET请求
{
    if (id == null)  //判断id是否为空
    {
        return new HttpStatusCodeResult(HttpStatusCode.BadRequest); //回传错误请求状态码
    }
    Student student = db.Students.Find(id); //根据id在数据库中查找
    if (student == null)  //判断是否找到了学生记录
    {
        return HttpNotFound(); //没找到学生记录，则返回状态码404
    }
    return View(student);  //向客户端返回视图
}
```

在该方法中，首先判断参数id是否为空。如果id为空，则通过方法HttpStatusCodeResult让MVC

回传特定的HTTP状态代码与消息给客户端。这里的状态码是HttpStatusCode.BadRequest，表示客户端请求有误。这通常意味着请求中有语法错误或参数错误。当服务器收到BadRequest状态码时，它会返回一个错误消息给客户端，以帮助客户端修正请求。

如果id不为空，则通过方法db.Students.Find在数据库中查找学生记录。如果没有找到，则调用方法HttpNotFound。HttpNotFound是ASP.NET MVC中的一个方法，用于返回HTTP 状态码404，表示所请求的资源不存在。如果学生记录存在，则向客户端浏览器返回视图，并将学生记录作为参数传递给视图。

好了，我们分析完了在"学生列表"页面上单击"Edit"链接后所调用的Edit方法，知道这个方法最后会向客户端返回视图。那具体是什么视图效果呢？我们先简单看一下运行结果，如图7-76所示。有三个编辑框，一个Save（保存）按钮，估计是一个表单结构的标签。我们查看对应的网页文件，打开Views/Students/下的Edit.cshtml，可以看到如下代码：

```
@using (Html.BeginForm())
...
```

图 7-76

通过Html.BeginForm可以知道，代码果然使用了表单标签，而且这里的BeginForm没有带任何参数，以便这个表单在提交时执行URL中的控制器方法。不信的话，可以在网页上右击，在弹出的快捷菜单中选择"查看源"命令，就可以找到如下表单代码：

```
<form action="/Students/Edit/1" method="post">
```

action后面的字符串就是提交后要执行的控制器中的方法。这里的控制器是Students，方法是Edit，1是传给Edit的参数。注意，当BeginForm不带任何参数时，表单提交的类型是POST方式。

其实不查看源码也可以知道，当我们在网页上把鼠标指针悬停在Save按钮上时，在浏览器状态栏的左边就可以看到这个URL，如图7-77所示。

https://localhost:44382/Students/Edit/1

图 7-77

好了，我们继续进入Students这个控制器的大本营StudentsController.cs。有些人或许会想，不对啊，这个文件中的Edit方法不是用在单击学生列表的Edit链接后调用的方法吗？难道表单提交也执行这个Edit方法？问得好！看来认真思考了。答案是当然不是执行StudentsController.cs中的Edit方法，因为Edit方法用在GET请求方式的时候，现在表单提交的请求方式是POST，所以不会去执行StudentsController.cs中的Edit方法，而是去找接收POST请求的方法。那到底是哪个方法呢？我们仔细看这个源文件，发现这几行：

```
[HttpPost, ActionName("Edit")]
[ValidateAntiForgeryToken]
public ActionResult EditPost(int? id)
```

终于找对了，HttpPost这个属性（或称特性）真是用来限制操作方法的，它使得该方法仅处理HTTP POST请求。后面的ActionName("Edit")也指定了实际方法是用来当作Edit方法的，而且后面的实际方法名称到底是什么根本无所谓！这里的实际方法是EditPost，起其他名称也可以，反正都被当作仅能接收POST请求的Edit方法使用的。因为这个实际方法上方有这样的修饰：

```
[HttpPost, ActionName("Edit")]
```

现在终于真相大白了。找到了处理表单提交的实际处理方法后，我们对它做一下改造，输入如下代码：

```
[HttpPost, ActionName("Edit")]  //限制方法只处理HTTP POST请求，且把方法当作Edit动作
[ValidateAntiForgeryToken]  //该属性用于防止跨站请求伪造（CSRF）攻击
public ActionResult EditPost(int? id)  //作为POST提交的方法名称可以随意写
{
    if (id == null)  //判断id是否为空
    {
        return new HttpStatusCodeResult(HttpStatusCode.BadRequest);//返回错误请求码
    }
    var studentToUpdate = db.Students.Find(id);  //根据id查找学生记录
    //尝试更新指定模型的数据
    if (TryUpdateModel(studentToUpdate, "",
        new string[] { "LastName", "FirstMidName", "EnrollmentDate" }))
    {
        try
        {
            db.SaveChanges();  //保存更改到数据库
            return RedirectToAction("Index");  //重定向到控制器的Index动作
        }
        catch (RetryLimitExceededException /* dex */)
        {
            //Log the error uncomment dex variable name and add a line here to write a log
            ModelState.AddModelError("", "Unable to save changes. Try again, and if the
problem persists, see your system administrator.");
        }
    }
    return View(studentToUpdate);
}
```

在第一行使用了HttpPost属性，这样这个动作（Action）只能响应HTTP POST请求，如果发GET请求，这里是没有响应的，即HttpPost的作用就是限制Action只接收HTTP POST请求，对于HTTP GET的请求则提示404错误（找不到页面）。如果Action前既没有[HttpPost]，也没有[HttpGet]，则两种方式的请求都接收。在这一行我们又通过ActionName来设定动作的名称为"Edit"。实际的方法名称可以任意起，反正都是响应Edit这个动作。

特性ValidateAntiForgeryToken表示检测服务器请求是否被篡改，注意该特性只能用于POST请求，对GET请求无效。相应地，再在HTML表单里面使用@Html.AntiForgeryToken()，就可以阻止CSRF（跨站点请求伪造）攻击。该攻击允许攻击者伪造请求并将其作为登录用户提交到Web应用程序。CSRF会利用HTML元素通过请求发送环境凭据（如cookie），甚至是跨域的。

在EditPost方法中，首先判断id是否为空。若id为空，则向客户端浏览器返回错误请求码；若id不为空，则可以通过id在数据库中查找学生记录，然后调用TryUpdateModel方法尝试更新指定模型的数据，并将模型绑定到指定的值。如果模型验证失败，该方法将返回false，而不是引发异常。这意味着，在使用TryUpdateModel方法时，我们需要在调用该方法之后检查模型是否有效，因此我们用了一个if判断语句。为防止过度发布，参数中TryUpdateModel列出了要通过"编辑"页更新的字段。目前没有要保护的额外字段，但是列出希望模型绑定器绑定的字段，以确保以后将字段添加到数据模型时，它们将自动受到保护，直到明确将其添加到此处为止。TryUpdateModel方法在前面章节已经详细阐述过了，这里不再展开。

好了，我们更新内存中的模型数据后，实体框架会自动跟踪并设置实体上的 EntityState.Modified 标志。然后进入 if 内部，在调用 SaveChanges 方法时，Modified 标志会让实体框架创建 SQL 语句来更新数据库中的相应记录。最后重定向到控制器的 Index 方法。

另外，由于用到了 RetryLimitExceededException，因此需要在文件开头添加引用：

```
using System.Data.Entity.Infrastructure;
```

RetryLimitExceededException 是在使用 ASP.NET 中的任务队列或者后台作业处理时遇到的一种异常，它将在任务达到重试次数限制仍然失败后触发。

现在启动程序，单击"学生"链接进入"学生列表"页面，然后在第一行学生记录右边单击"Edit"，进入编辑学生数据页面。我们修改 LastName 为 Jack，然后单击 Save 按钮，此时又进入"学生列表"页面，并且可以看到第一行学生记录的 LastName 变为 Jack，如图 7-78 所示。这就说明修改成功了。

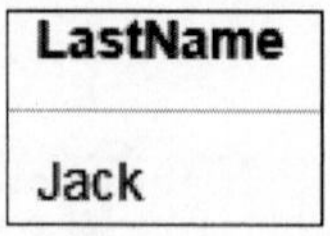

LastName
Jack

图 7-78

接下来继续完善删除（Delete）功能。知道了 Edit 的流程后，我们也就能轻松理解 Delete 的流程了。首先在"学生列表"页面上单击某个学生右边的"Delete"链接，调用 StudentsController.cs 中接收 HTTP GET 请求的 Delete 方法。现在这个方法是模板默认生成的，我们对其稍加改造，改造后的代码如下：

```
public ActionResult Delete(bool? saveChangesError = false, int id = 0)
{
    if (saveChangesError.GetValueOrDefault())
    {
        //如果发生删除错误，则这个错误字符串最终要显示在网页上
        ViewBag.ErrorMessage = "Delete failed. Try again, and if the problem persists see
your system administrator.";
    }
    Student student = db.Students.Find(id); //根据id查找学生记录
    if (student == null) //判断学生记录是否为空
    {
        return HttpNotFound(); //返回状态码404
    }
    return View(student);  //向客户端浏览器返回视图，也就是Delete.cshtml呈现的网页
}
```

粗体部分是我们修改或添加的代码。我们为 Delete 方法增加了一个参数 saveChangesError，其默认值为 false，而且参数 id 也赋了一个默认值 0。在 Delete 方法内，首先判断 saveChangesError 所赋的值或默认值。GetValueOrDefault 的意思是获取所赋的值或默认值，简单来讲，就是判断 saveChangesError 是否为 true，如果为 true，则把一段字符串存于全局变量 ViewBag.ErrorMessage 中，以便在网页上显示；如果为 false，则根据 id 查找学生记录，并最终向客户端浏览器返回 Delete.cshtml 呈现的视图网页。而这里的 ViewBag.ErrorMessage 要对应添加到 Delete.cshtml 中，打开 Views\Student\Delete.cshtml，在"<h2>Delete</h2>"后面添加如下代码：

```
<h2>Delete</h2>
<p class="error">@ViewBag.ErrorMessage</p>
<h3>Are you sure you want to delete this?</h3>
```

这样 ViewBag.ErrorMessage 的内容就可以显示在网页上了。平时这个 ViewBag.ErrorMessage 里面没有内容，所以网页上看不出效果。

这个Delete方法前面既没有[HttpPost]，也没有[HttpGet]，因此它既可以接收HTTP GET请求，也可以接收HTTP POST请求，我们可以称之为接收双请求的Delete。

当这个Delete方法执行后，将把Delete.cshtml呈现的视图传送给客户端浏览器。在这个网页中，主要是要求用户确认是否删除，页面效果如图7-79所示。

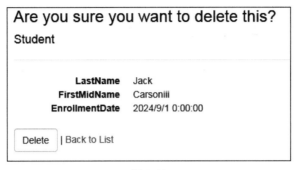

图 7-79

如果确认要删除，则单击左下角的"Delete"按钮，这是一个表单中的按钮，被单击后将提交表单。我们可以打开Views/Students/Delete.cshtml看一下相应的代码：

```
@using (Html.BeginForm()) {
    @Html.AntiForgeryToken()

    <div class="form-actions no-color">
        <input type="submit" value="Delete" class="btn btn-default" /> |
        @Html.ActionLink("Back to List", "Index")
    </div>
}
```

Delete按钮的input type为"submit"，表明单击它后将提交表单。Html.BeginForm没有带任何参数，则根据当前URL中的控制器、方法和参数进行提交。当前的URL是"https://localhost:44382/Students/Delete/1"，则该表单提交后，也将执行Students控制器中的Delete动作，并且将1作为参数传给Delete动作。不信的话，可以将鼠标指针停留在Delete按钮上，此时将在浏览器状态栏的左边展现提交后的URL，或者在网页上右击查看源，也可以看到表单提交后的动作路径：

```
<form action="/Students/Delete/1" method="post">
```

可以看到，提交后将以POST方式请求Students控制器中的Delete动作。好了，现在我们继续进入Students控制器的大本营StudentsController.cs，然后找接收POST请求的Delete动作，可以找到如下代码：

```
[HttpPost, ActionName("Delete")]
[ValidateAntiForgeryToken]
public ActionResult DeleteConfirmed(int id)
```

HttpPost和ValidateAntiForgeryToken都是"老朋友"了，不再介绍它们。ActionName指定了动作名称为Delete，那么就由方法DeleteConfirmed来完成Delete这个动作吧。至于方法的名称是DeleteConfirmed还是其他，无所谓，可以任意起名，但要注意，如果不用ActionName("Delete")指定的动作名称，则我们的方法不能乱起名，必须用Delete这个名字，否则Delete动作将被另外一个名为Delete的方法接收，也就是它：

```
// GET: Students/Delete/5
public ActionResult Delete(int? id)
```

为何是它接收呢？因为它前面没有[HttpPost]，也没有[HttpGet]。我们说过，如果方法前既没有[HttpPost]，也没有[HttpGet]，则两种提交方式的请求都可以被该方法接收。因此，既然没指定HttpPost的Delete，那么只能让两者皆可收的那个Delete接收了。不信的话，可以自己设置一个断点试试。好了，现在我们不用ActionName("Delete")，并把方法DeleteConfirmed的名字改为Delete，然后在这个方法中添加try-catch代码，使其更加健壮。最终代码如下：

```
[HttpPost]
[ValidateAntiForgeryToken]
public ActionResult Delete(int id)
{
    try
    {
        Student student = db.Students.Find(id); //根据id查找学生记录
        db.Students.Remove(student); //在内存中删除该条学生记录
        db.SaveChanges(); //删除操作同步到数据库，即在数据库中删除该条记录
    }
    catch (DataException/* dex */)
    {
        //重定向到能接收双请求（Post和Get）的那个Delete
        return RedirectToAction("Delete", new { id = id, saveChangesError = true });
    }
    return RedirectToAction("Index"); //重定向到Index
}
```

这里我们仅仅使用了[HttpPost]，表明它下面的方法仅能接收HTTP POST请求；然后把方法名改为Delete，这样该方法就可以当作接收POST请求的Delete动作了，也就是当有POST请求的Delete动作过来时，就可以执行本方法。接着在Delete方法内部增添了try-catch语句块，使得程序更加健壮。try里面的代码就是根据id查找学生记录，然后在内存实体和数据库中删除这条记录。而一旦触发异常，在catch中，我们重定向能接收双请求的那个Delete，并且让赋值参数saveChangesError为true，从而在能接收双请求的那个Delete中执行下列的if语句：

```
if (saveChangesError.GetValueOrDefault())
{
    //如果发生删除错误，则这个错误字符串最终要显示在网页上
    ViewBag.ErrorMessage = "Delete failed. Try again, and if the problem persists see
your system administrator.";
}
```

这样，ViewBag.ErrorMessage就有内容了，在网页上就可以看到所赋值的字符串，用户也就获得了提示。但平时一般不会发生异常，所以如果一定要看演示效果，可以在仅接收POST请求的Delete中，把重定向语句放在第一行就可以了，比如：

```
[HttpPost]
[ValidateAntiForgeryToken]
public ActionResult Delete(int id)
{
    return RedirectToAction("Delete", new { id = id, saveChangesError = true });
    ... //其他代码不变
}
```

这样运行后，当我们单击Delete按钮后，就可以看到效果了，如图7-80所示。

看完效果后别忘了改回去。至此，现在我们演示了两个同名方法相互"交流"传数据的过程，而且知道了不同的请求会执行不同的方法，就算同名也没关系。这体现了ASP.NET MVC的强大，给开发者提供了强大的控制能力。

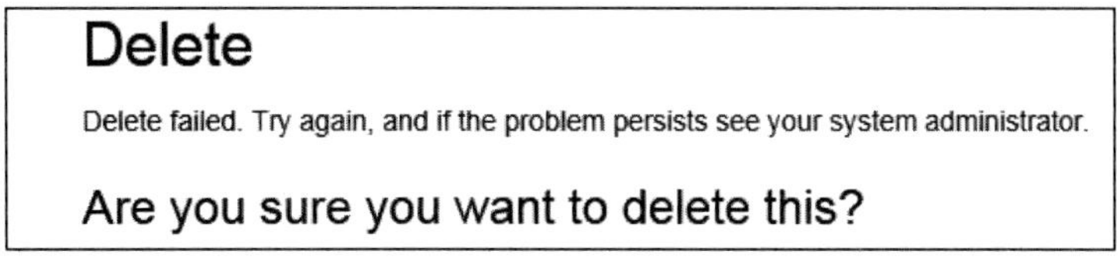

Delete

Delete failed. Try again, and if the problem persists see your system administrator.

Are you sure you want to delete this?

图 7-80

最后要注意，当控制器被释放时，要确保数据库连接已正确关闭，并且释放了它们的资源。因此，在类StudentsController的成员方法Dispose中，要关闭数据库且释放资源，代码如下：

```
protected override void Dispose(bool disposing)  //这个方法是框架生成的
{
    if (disposing)
    {
        db.Dispose();    //关闭数据库，释放资源
    }
    base.Dispose(disposing);
}
```

至此，我们把新增、编辑、删除都基本解析和完善完毕了，现在，我们拥有一组完整的页面，用于对Student实体执行简单的CRUD操作。正如所看到的，更新、创建、删除操作需要两个操作方法；响应GET请求时调用的方法将显示一个视图，该视图允许用户批准或取消删除操作，如果用户批准，则创建POST请求。

7.5.4　排序、筛选和分页

在前面章节中，我们实现了基本的CRUD操作。现在我们要更上一层楼，向学生索引页添加排序、筛选和分页功能，同时还将创建一个执行简单分组的页面。具体实现如下几个功能：向学生索引页添加列排序链接；将搜索框添加到学生索引页。

这个学生索引页就是在原来的"学生列表"页面上增加查找和排序功能。图7-81展示了完成操作后的学生索引页面的外观。

列标题是一个超链接，用户可以单击列标题以让该列排序。重复单击列标题可在升序和降序之间切换。

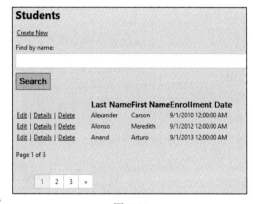

图 7-81

1）向学生索引页添加列排序链接

因为我们的"学生列表"页现在要升级为"学生索引"页面，所以网页标题也要改一下。打开Views\Student\Index.cshtml，在文件开头修改ViewBag.Title，并将其放到<h2></h2>之间，代码如下：

```
@{
    ViewBag.Title = "Students";
}
<h2>@ViewBag.Title</h2>
```

这样我们的网页标题就变成Students了。

现在，我们向学生索引视图添加列标题超链接。在Views\Student\Index.cshtml中，把"<table class="table">"和"@foreach (var item in Model)"之间的代码替换为如下代码：

```
<tr>
        <th>
            @Html.ActionLink("Last Name", "Index", new { sortOrder =
ViewBag.NameSortParm })
        </th>
        <th>
            First Name
        </th>
        <th>
            @Html.ActionLink("Enrollment Date", "Index", new { sortOrder =
ViewBag.DateSortParm })
        </th>
        <th></th>
</tr>
```

相当于把Last Name和Enrollment Date改为超级链接，单击它们后，将执行Index动作。接下来，我们就要修改Index动作。我们先看看模板默认生成的Index方法代码：

```
public ActionResult Index()
{
    return View(db.Students.ToList());
}
```

非常简单，就一行代码，作用就是给视图传递学生列表。现在我们对它进行改造，使其上升为学生索引页面。在Controllers\StudentController.cs中，将Index方法修改如下：

```
public ActionResult Index(string sortOrder)
{
    //当sortOrder为null时，就把字符串"Name_desc"赋值给ViewBag.NameSortParm
    ViewBag.NameSortParm = String.IsNullOrEmpty(sortOrder) ? "Name_desc" : "";
    //当sortOrder为Date时，就把字符串"Date_desc"赋值给ViewBag.DateSortParm
    ViewBag.DateSortParm = sortOrder == "Date" ? "Date_desc" : "Date";

    var students = from s in db.Students  //使用LINQ语句查询并返回学生记录
                    select s;
    switch (sortOrder)   //根据参数sortOrder的值，对学生记录执行不同的排序
    {
        case "Name_desc": //按名字降序
                students = students.OrderByDescending(s => s.LastName);
                break;
        case "Date":  //按日期升序
                students = students.OrderBy(s => s.EnrollmentDate);
                break;
        case "Date_desc": //按日期降序
                students = students.OrderByDescending(s => s.EnrollmentDate);
                break;
        default: //默认：按LastName排序
```

```
                students = students.OrderBy(s => s.LastName);
                break;
        }
        return View(students.ToList());  // 返回视图
    }
```

此段代码接收来自URL中的查询字符串的sortOrder参数。查询字符串值由ASP.NET MVC作为操作方法的参数提供。该参数将是一个字符串，可为"Name"或"Date"，可选择后跟下画线和字符串"desc"来指定降序。默认排序为升序。

首次请求索引页时，没有任何查询字符串。学生按升序显示，LastName是语句中的下降案例所建立的switch默认值。当用户单击列标题超链接时，查询字符串中会提供相应的sortOrder值。

Index方法开头使用两个ViewBag变量，以便视图可以使用相应的查询字符串值来配置列标题超链接。这些是三元语句。第一个ViewBag变量指定如果sortOrder参数为null或为空，ViewBag.NameSortParm则应设置为name_desc；否则，应将其设置为空字符串。第二个ViewBag变量指定日期排序方式，当sortOrder为"Date"时，就把字符串"Date_desc"赋值给ViewBag.DateSortParm，即准备按日期降序排序；否则把字符串"Date"赋值给ViewBag.DateSortParm，即准备按日期升序排序。

通过这两个语句，视图可设置如下列标题超链接：

当前排序顺序	姓氏超链接	日期超链接
姓氏升序	Descending	Ascending
姓氏降序	Ascending	Ascending
日期升序	Ascending	Descending
日期降序	Ascending	Ascending

方法使用LINQ to Entities指定要排序的列。代码在switch语句之前创建一个IQueryable变量，在switch语句中对其进行修改，并在switch语句后调用ToList方法。当创建和修改IQueryable变量时，不会向数据库发送任何查询。在通过调用ToList方法将IQueryable对象转换为集合之前，不会执行查询。因此，此代码会导致在语句 return View 之前不会执行单个查询。

运行项目，并分别单击LastName和Enrollment Date列标题，可以发现记录排序了，而且每次单击都按照不同方式排序，比如这次单击升序排列，下次单击就降序排列了，如图7-82所示。

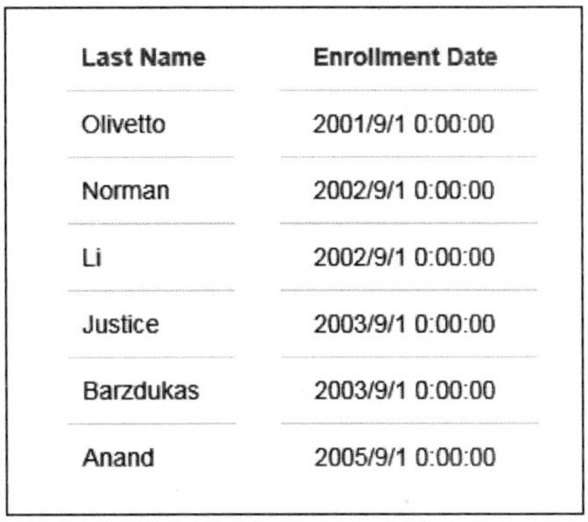

Last Name	Enrollment Date
Olivetto	2001/9/1 0:00:00
Norman	2002/9/1 0:00:00
Li	2002/9/1 0:00:00
Justice	2003/9/1 0:00:00
Barzdukas	2003/9/1 0:00:00
Anand	2005/9/1 0:00:00

图 7-82

排序功能基本完成了。下面我们准备将搜索框添加到学生索引页，以此来实现筛选功能。

2）将搜索框添加到学生索引页

要向学生索引页添加筛选功能，需将文本框和提交按钮添加到视图，并在Index方法中做出相应的更改。我们将实现在文本框中输入一个字符串，然后在名字和姓氏字段中进行搜索。

首先，向学生索引视图添加搜索框。在Views\Student\Index.cshtml中，在table标记前面添加下列代码，以便创建描述文字、文本框和Search按钮。

```
<p>
    @Html.ActionLink("Create New", "Create")
```

```
</p>

@using (Html.BeginForm())
{
    <p>
        Find by name: @Html.TextBox("SearchString")
        <input type="submit" value="Search" />
    </p>
}
<table class="table">
```

添加的代码就是一个表单，表单内容包括一个文本框和一个搜索提交按钮。文本框的作用是让用户输入要搜索的关键字。好了，前端工作完成了，下面实现后端，即向Index方法添加筛选功能。打开Controllers\StudentController.cs，在Index中修改代码，其中粗体部分是修改或新增的地方，代码如下：

```
public ViewResult Index(string sortOrder, string searchString)
{
    ViewBag.NameSortParm = String.IsNullOrEmpty(sortOrder) ? "name_desc" : "";
    ViewBag.DateSortParm = sortOrder == "Date" ? "date_desc" : "Date";
    var students = from s in db.Students
                    select s;
    if (!String.IsNullOrEmpty(searchString))
    {
        students = students.Where(s => s.LastName.ToUpper().Contains
(searchString.ToUpper())
                                || s.FirstMidName.ToUpper().Contains
(searchString.ToUpper()));
    }
    switch (sortOrder)
    ...
}
```

在上面代码中，我们向Index方法添加了searchString参数，还向LINQ语句添加了一个Where子句，该子句仅选择名字或姓氏中包含"搜索字符串（searchString）"的学生；将从要添加到索引视图的文本框中接收搜索字符串值；仅当存在要搜索的值时，才会执行添加Where子句的语句。

需要注意，在许多情况下，可以在实体框架实体集上或作为内存集合上的扩展方法中调用相同的方法，结果通常相同，但在某些情况下可能有所不同。例如，方法的.NET Framework实现Contains在向该方法传递空字符串时返回所有行，但SQL Server Compact 4.0的Entity Framework提供程序返回空字符串的零行。因此，案例中的代码（在if中放入Where子句）可确保所有版本的SQL Server获得相同的结果。此外，方法的.NET Framework实现Contains默认执行区分大小写的比较，但实体框架SQL Server提供程序默认执行不区分大小写的比较。因此，调用ToUpper方法以使测试显式不区分大小写，可确保以后更改代码使用不同的存储库时结果不会变化。

运行程序，输入搜索字符串，然后单击Search按钮验证筛选是否正常工作。当我们在学生列表页面的搜索框中输入li，然后单击Search按钮，就可以把含有"li"这两个字母的Last Name都搜索出来，如图7-83所示。

至此，我们的搜索功能成功完成。下面准备实现分页功能，也就是将分页添加到学生索引页。

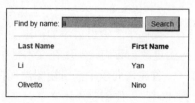

图 7-83

3）将分页添加到学生索引页

若要将分页添加到学生索引页，首先需要安装PagedList.Mvc NuGet包。然后，你将在方法中进行修改，Index并将分页链接添加到视图。PagedList.Mvc是一个适用于ASP.NET MVC的分页和排序包，此处的使用只是作为范例，而不是作为推荐。

首先，安装PagedList.Mvc NuGet包。PagedList.Mvc NuGet包会自动安装PagedList包作为依赖项。PagedList包为IQueryableIEnumerable安装PagedList集合类型和扩展方法。扩展方法在IEnumerable的集合IQueryable中创建PagedList单个数据页，PagedList集合提供了多个有助于分页的属性和方法。

在"工具"菜单中，选择"NuGet包管理器"，然后选择"管理解决方案的NuGet包"。在"NuGet-解决方案"对话框中，单击左侧的"浏览"选项卡，在搜索框中输入"paged"，在搜索结果中看到PagedList.Mvc包时，单击它，如图7-84所示。

图 7-84

单击后，会在右边出现安装界面，我们勾选wenweiUniversity复选框，如图7-85所示。

图 7-85

然后单击"安装"按钮，若弹出确认框，直接单击"确认"按钮。稍等片刻，当"安装"按钮变灰时，说明安装完成了。

安装完成后，我们向Index方法添加分页功能。先来完成前端页面，将分页链接添加到学生索引视图。在Views\Student\Index.cshtml中，把文件开头的"@model IEnumerable<wenweiUniversity.Models.Student>"删除，新增以下3行代码：

```
@model PagedList.IPagedList<wenweiUniversity.Models.Student>
@using PagedList.Mvc;
<link href="~/Content/PagedList.css" rel="stylesheet" type="text/css" />
```

页面顶部的@model语句指定视图现在获取的是PagedList对象，而不是List对象。using PagedList.Mvc语句表示提供对分页按钮的MVC帮助程序的访问权限。

将搜索表单（Html.BeginForm）那里的代码替换为以下粗体部分代码：

```
@using (Html.BeginForm("Index", "Students", FormMethod.Get))
{
    <p>
        Find by name: @Html.TextBox("SearchString", ViewBag.CurrentFilter as string)
        <input type="submit" value="Search" />
    </p>
}
```

代码使用BeginForm的重载，允许它指定FormMethod.Get。默认的BeginForm使用POST方式提交表单数据，这意味着参数在HTTP消息正文中传递，而不是作为查询字符串在URL中传递。当指定HTTP GET时，表单数据作为查询字符串在URL中传递，从而使用户能够将URL加入书签。W3C指南指定，当操作不会导致更新时，应该使用GET。表单中的文本框是使用当前搜索字符串初始化的，因此，在单击新页面时，可以看到当前搜索字符串。

接着将列标题Last Name的ActionLink修改如下：

```
@Html.ActionLink("Last Name", "Index", new { sortOrder = ViewBag.NameSortParm,
currentFilter = ViewBag.CurrentFilter })
```

列标题链接使用查询字符串向控制器传递当前搜索字符串，以便用户可以在筛选结果中进行排序。

接着在文件末尾添加如下代码：

```
Page @(Model.PageCount < Model.PageNumber ? 0 : Model.PageNumber) of @Model.PageCount
```

该行代码的作用是显示当前页和总页数，如果没有要显示的页面，则显示"第 0 页，共 0 页"。在这种情况下，页码大于页数，因为Model.PageNumber为1，Model.PageCount为0。

最后在文件末尾添加代码：

```
@Html.PagedListPager( Model, page => Url.Action("Index", new { page, sortOrder =
ViewBag.CurrentSort, currentFilter=ViewBag.CurrentFilter }) )
```

Html.PagedListPager的作用是显示分页按钮。PagedListPager程序提供了许多可以自定义的选项，包括URL和样式设置。

下面我们到后端编写C#代码。打开Controllers\StudentController.cs，在文件开头为PagedList命名空间添加using语句，这样可以引用该命名空间中的内容，代码如下：

```
using PagedList;
```

将Index方法替换为以下代码，其中粗体部分是修改或新增的：

```
public ViewResult Index(string sortOrder, string currentFilter, string searchString, int?
page)
{
    ViewBag.CurrentSort = sortOrder;//保存排序情况，以便在分页中也有同样的排序
    ViewBag.NameSortParm = String.IsNullOrEmpty(sortOrder) ? "Name_desc" : "";
```

```
        ViewBag.DateSortParm = sortOrder == "Date" ? "Date_desc" : "Date";

    if (searchString != null)
    {
        page = 1;
    }
    else//搜索字符串若为空, 则从筛选器中获得搜索字符串
    {
        searchString = currentFilter;
    }
    ViewBag.CurrentFilter = searchString;

    var students = from s in db.Students //返回IQueryable对象
                        select s;
    if (!String.IsNullOrEmpty(searchString)) //根据搜索字符串进行筛选
    {
        students = students.Where(s => s.LastName.ToUpper().Contains
(searchString.ToUpper())
                    || s.FirstMidName.ToUpper().Contains(searchString.ToUpper()));
    }
    switch (sortOrder)  //根据排序字符串进行不同的排序(升序或降序)
    {
        case "Name_desc":
            students = students.OrderByDescending(s => s.LastName);
            break;
        case "Date":
            students = students.OrderBy(s => s.EnrollmentDate);
            break;
        case "Date_desc":
            students = students.OrderByDescending(s => s.EnrollmentDate);
            break;
        default:
            students = students.OrderBy(s => s.LastName);
            break;
    }
    int pageSize = 3; //每页显示的学生记录数
    int pageNumber = (page ?? 1); //这两个问号表示 null 合并运算符
    return View(students.ToPagedList(pageNumber, pageSize));
}
```

现在, Index方法有4个参数了: 参数sortOrder表示升序排列还是降序排列, 参数currentFilter表示当前筛选器, 参数searchString表示搜索字符串, 参数page表示当前显示的页号。第一次显示页面时, 或者用户没有单击分页或排序链接, 而且也没搜索内容时, 所有参数都将为null。如果单击分页链接, 变量page将包含要显示的页码。

ViewBag.CurrentSort属性用于保存当前排序情况(升序或降序), 以便分页视图上也保持同样的排序。另一个属性ViewBag.CurrentFilter为视图提供当前筛选器字符串。此值必须包含在分页链接中, 以便在分页过程中保持筛选器设置, 并且在页面重新显示时必须将其还原到文本框中。如果在分页过程中搜索字符串发生变化, 则页面必须重置为1, 因为新的筛选器会导致显示不同的数据。在文本框中输入值并按下"提交"按钮时, 搜索字符串将更改。在这种情况下, searchString参数不为null。

在Index方法结束时, IQueryable对象student上的扩展方法ToPagedList, 将学生查询转换为支持

分页的集合类型中的单个学生页。ToPagedList是LINQ分页的扩展方法，微软提供的PagedList类库中有这个扩展方法。由于ToPagedList方法需要一个页码，因此我们定义了变量pageNumber，其中两个问号表示null合并运算符。表达式（page ?? 1）表示如果page有值，则返回该值；如果page为null，则返回1。最后，通过return将单个学生页面传递到视图。

运行程序，在学生列表页面上单击不同索引（1或2）将显示不同的页面，如图7-86所示。

也可以尝试在文本框中输入一个搜索字符串并单击Search按钮，搜索结果将再次分页，以验证分页也可以正确地进行排序和筛选。比如我们搜索含有li的名字，结果如图7-87所示。

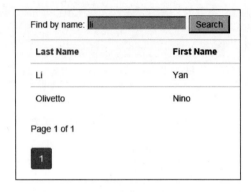

图 7-86   图 7-87

至此，排序、筛选和分页功能都完成了。

7.5.5 完善"关于"页

就像一款软件在最终完成时，要在"关于"对话框上完善一些信息，比如统计信息、版本信息和作者信息等，这里的网页也有一个"关于"页面，下面我们来完善它。为了简单起见，"关于"页面只显示学生统计信息。也就是说，对于大学网站的"关于"页面，将显示注册了多少名学生及其注册日期。这需要进行分组和简单计算。若要实现此功能，则需要完成以下操作：

- 为需要传递给视图的数据创建一个视图模型类。
- 修改Home控制器中的About方法。
- 修改About视图。

这些都是MVC编程中的必会步骤，也算再次复习吧！

继续打开我们的案例工程。首先，创建视图模型。在Visual Studio的"解决方案资源管理器"中新建ViewModels文件夹并右击，在弹出的快捷菜单中选择"添加"→"类"命令，然后新建类EnrollmentDateGroup。打开文件EnrollmentDateGroup.cs，将现有代码替换为以下代码：

```
using System;
using System.ComponentModel.DataAnnotations;

namespace wenweiUniversity.ViewModels
{
    public class EnrollmentDateGroup
    {
```

```
    [DataType(DataType.Date)]
    public DateTime? EnrollmentDate { get; set; }

    public int StudentCount { get; set; }  //统计学生个数
    }
}
```

准备修改主控制器。在HomeController.cs中，在文件顶部添加以下using语句：

```
using wenweiUniversity.DAL;
using wenweiUniversity.ViewModels;
```

为数据库上下文添加类变量，紧接着在类的左花括号下面添加如下代码：

```
private SchoolContext db = new SchoolContext();
```

将About方法替换为以下代码：

```
public ActionResult About()
{
    var data = from student in db.Students
            group student by student.EnrollmentDate into dateGroup
            select new EnrollmentDateGroup()
            {
                EnrollmentDate = dateGroup.Key,
                StudentCount = dateGroup.Count()
            };
    return View(data);
}
```

方法中的LINQ语句按注册日期对学生实体进行分组，计算每组中实体的数量，并将结果存储在EnrollmentDateGroup视图模型对象的集合中。

为类HomeController添加Dispose方法：

```
protected override void Dispose(bool disposing)
{
    db.Dispose(); //释放数据库资源
    base.Dispose(disposing);
}
```

最后修改"关于"视图，将Views\Home\About.cshtml文件中的代码替换为以下代码：

```
@model IEnumerable<wenweiUniversity.ViewModels.EnrollmentDateGroup>

@{ ViewBag.Title = "Student Body Statistics"; }

<h2>Student Body Statistics</h2>

<table>
    <tr>
        <th>
            Enrollment Date
        </th>
        <th>
            Students
        </th>
    </tr>

    @foreach (var item in Model)
    {
```

```
<tr>
    <td>
        @Html.DisplayFor(modelItem => item.EnrollmentDate)
    </td>
    <td>
        @item.StudentCount
    </td>
</tr>}
</table>
```

运行程序，并单击"关于"链接，表格中会显示每个注册日期的学生计数，如图7-88所示。

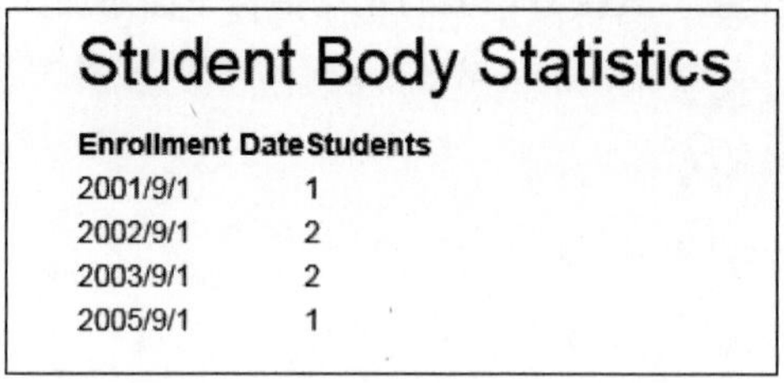

Student Body Statistics

Enrollment Date	Students
2001/9/1	1
2002/9/1	2
2003/9/1	2
2005/9/1	1

图 7-88

至此，我们的大学网站案例完成了。

7.6 Database First 开发基础

前面使用了Code First，现在我们来学习Database First模式（简称DBFirst），也就是数据库优先模式，使用这种模式的前提是应用程序已经拥有相应的数据库。

7.6.1 准备数据库

Database First模式是数据库优先模式，肯定先要建立好一个数据库。建立数据库有多种方式，比较简单、省钱的方式是直接在Visual Studio中创建，并建立表和外键。

【例7.9】在Visual Studio中创建数据库

（1）打开Visual Studio，在启动对话框的右下方单击"继续但无需代码"，如图7-89所示。

继续但无需代码(W) →

图 7-89

由于Visual Studio中新建的数据库是独立于项目的，因此我们不必先新建项目或打开已有的项目。这样看来Visual Studio其实还是轻量级的数据库设计工具，而且Visual Studio创建的数据库可以被各个Visual Studio项目访问到。

（2）创建数据库和表。在Visual Studio的菜单栏中单击"视图"→"SQL Server对象资源管理器"，然后在"SQL Server对象资源管理器"上展开"(localdb)\MSSQLLocalDB(SQL Server...)"这个数据库引擎，注意这个是数据库引擎，而不是数据库。展开后，就可以看到"数据库"3个字了，它已经包含了一些系统数据库。现在我们要创建自己的数据库，对"数据库"右击，在弹出的快捷菜单中选择"添加新数据库"，然后我们在"创建数据库"对话框中输入数据库的名称BlogDB，如图7-90所示。

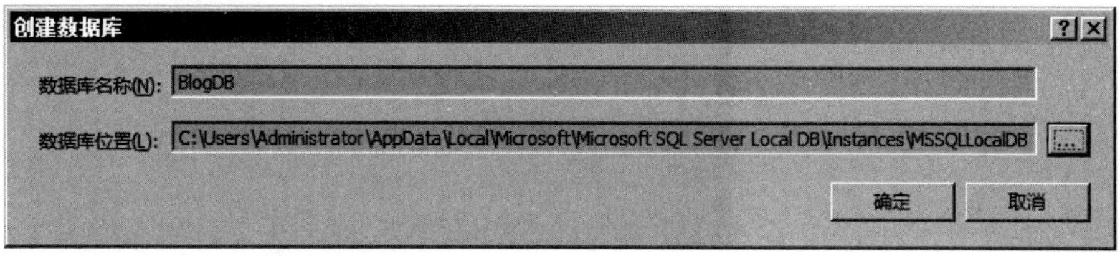

图 7-90

数据库位置保持默认，不要去改，然后单击"确定"按钮。这样"数据库"下就多了一个BlogDB数据库。

我们继续添加表。展开BlogDB，对"表"右击，在弹出的快捷菜单中选择"添加新表"，在弹出的对话框中首先修改表名，即在"T-SQL"窗口中把"CREATE TABLE [dbo].[Table]"修改为"CREATE TABLE [dbo].[BlogUser]"，这样表的名称就是dbo.BlogUser，表名的意思是博客使用者；然后设计列字段，即在上方表设计中输入一些字段，如图7-91所示。其中id是主键，BlogName是博客名称，比如张三的博客、Jack的博客等。最后单击"更新"按钮，这样dbo.Post表就创建好了。

下面再新建一个博文表。创建的过程类似，我们简单叙述一下。对"表"右击，在弹出的快捷菜单中选择"添加新表"，首先修改表名，在"T-SQL"窗口中把"CREATE TABLE [dbo].[Table]"修改为"CREATE TABLE [dbo].[Post]"，这样表名就是dbo.Post，Post的中文翻译是博文，这个表的意思是就是存储博文数据。然后设计列字段，在上方表设计中输入一些字段，如图7-92所示。

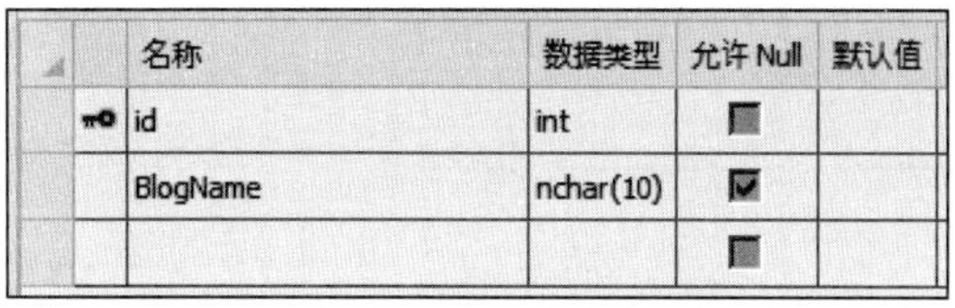

图 7-91

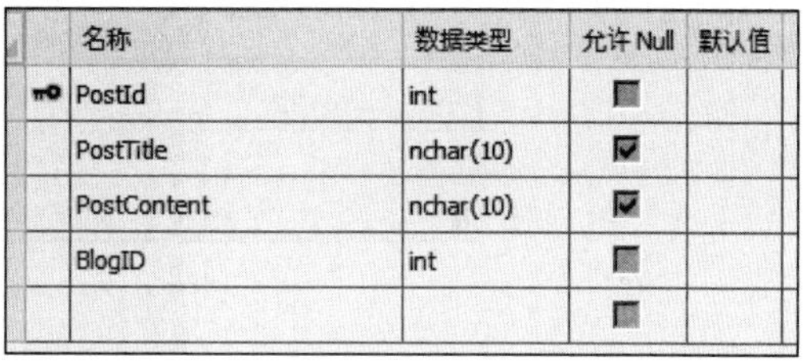

图 7-92

其中PostId是主键，PostTitle是博文标题，PostContent是博文内容，BlogID是外键。注意BlogID的数据类型是int，且不允许为null，因此不要勾选int右边的复选框。外键其实就是主键的"分身"，因此其数据类型要和主键一致，包括是否为null。这里的BlogID对应的主键是BlogUser表中的id。

创建外键还需要一些额外工作。在设计器右边对"外键"右击，在弹出的快捷菜单中选择"添加新外键"，如图7-93所示。然后输入BlogUserID，这个名称只是外键对外显示的名称，它还要关联本表dbo.Post中的BlogID字段和外表BlogUser中的id字段。本表也称外键基表，外表也称被引用表。关联这些列要在T-SQL中修改，选中T-SQL窗口（这个窗口默认是打开着的），把代码

```
CONSTRAINT [BlogUserID] FOREIGN KEY ([Column]) REFERENCES [ToTable]([ToTableColumn])
```

改为：

```
CONSTRAINT [BlogUserID] FOREIGN KEY ([BlogID]) REFERENCES [BlogUser]([id])
```

这样通过外键BlogUserID，就把本表中的字段BlogID和外表BlogUser中的字段id关联起来了。单击更新按钮，更新成功后如图7-94所示。

此时左侧BlogDB数据库下的"表"中就多了一个dbo.Post表，如图7-95所示。

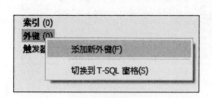

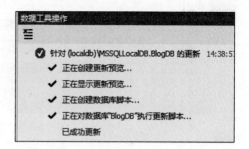

图 7-93   图 7-94

至此，我们的数据库设计完成了。

（3）输入表记录。在"SQL Server对象资源管理器"中对"dbo.BlogUser"右击，在弹出的快捷菜单中选择"查看数据"命令，然后输入两条记录，如图7-96所示。

id	BlogName
1	Tom
2	Jack
NULL	*NULL*

图 7-95   图 7-96

用同样的方式再对表dbo.Post输入一些数据，如图7-97所示。

PostId	PostTitle	PostContent	BlogID
1	myPost1	hello	1
2	myPost2	world	2

图 7-97

至此，数据库和表的准备工作就完成了。本例没有程序代码，因此就把表设计的两个SQL文件放在源码目录下。若有需要，读者可以用记事本打开进行查看，或直接将其复制并粘贴到T-SQL窗口中更新即可。下面可以准备开发程序了。

7.6.2　Database First 模式的数据库应用开发

数据库准备好了后，我们就可以准备中间件和应用程序开发了。微软创建了这么多数据库开发模式，就是为了不让应用程序直接和数据库打交道，而是通过中间件来间接访问数据库，甚至微软想让开发者不使用SQL就能操作和查询数据库。这里的中间件叫作实体数据模型。我们先要添加实体数据模型，再开发程序。

通过基于现有数据库在EF设计器中创建实体数据模型，我们可以选择数据库连接、模型设置以及要在模型中包括的数据库对象。从该模型生成我们的应用程序将与之交互的类。

【例7.10】可视化开发查询LocalDB数据库

（1）打开Visual Studio，新建一个基于.NET Framework的控制台项目，项目名称是myDBFirst。

（2）添加实体数据模型，准备生成实体类和映射文件。在Visual Studio的"解决方案资源管理器"中对项目名称mydbFirst右击，在弹出的快捷菜单中选择"添加"→"新建项"命令，然后

在"添加新项"对话框的左边选择"数据"，右边选中"ADO.NET实体数据模型"，如图7-98
所示。

图 7-98

下面的名称保持默认的Model1即可，接着单击"添加"按钮。此时出现"选择模型内容"对
话框，如图7-99所示。保持默认，即选中"来自数据库的EF设计器"，单击"下一步"按钮，此时
出现"选择您的数据连接"对话框，如图7-100所示。

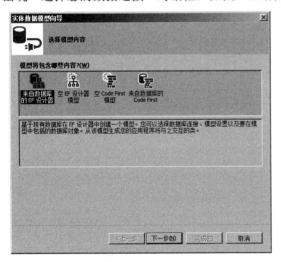

图 7-99

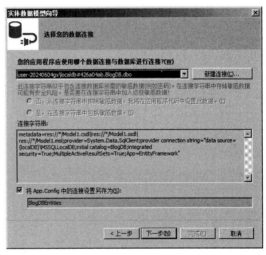

图 7-100

注意： 如果"您的应用程序应使用哪个数据连接与数据库进行连接？"下面显示的不是包含
"BlogDB.dbo"这样的字符串，那么要新建连接。如果已经包含了，则可以直接单击"下一
步"按钮。虽然笔者这里已经包含了"BlogDB"字符串，但为了演示，依旧来操作一遍新
建连接。单击旁边的"新建连接"按钮，此时出现"连接属性"对话框，我们在"服务器名"
下输入"(localDB)\MSSQLLocalDB"，在"选择或输入数据库名称"下输入"BlogDB"，
如图7-101所示。如果单击左下角的"测试连接"按钮测试成功，就可以单击右下角的"确

定"按钮了。此时回到"选择您的数据连接"对话框，然后单击"下一步"按钮，此时出现"选择您的版本"对话框。我们保持默认，单击"下一步"按钮，出现"选择您的数据库对象和设置"对话框，如图7-102所示。

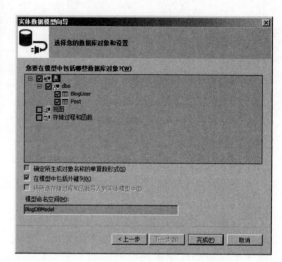

图 7-101   图 7-102

展开"表"，选择"dbo"，再选中下面两张表，单击"完成"按钮，稍等片刻，将打开Model1.edmx设计器，如图7-103所示。

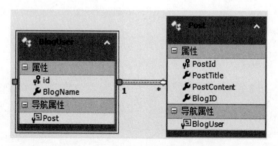

图 7-103

左右两个长方形分别表示两个实体类，左边的实体类名称是BlogUser，右边的实体类的名称是Post。这两个类分别定义在BlogUser.cs和Post.cs中。这两个文件及其代码都是框架自动生成的，依据就是我们前面完成的向导过程。可以看出，DBFirst模式和Code First模式正好相反，前者是先有数据库，然后框架根据数据库自动生成实体类；而后者是先有实体类，然后框架实体类自动生成数据库。

两个实体类型之间有一条横线，这条线表示两张表之间的关系，横线左端的1和右端的星号（＊）表示左边的表和右边的表的关系是1:N。这两个实体类是相互关联的，因此系统自动帮我们填上了导航属性。导航属性是实体类型上的可选属性，它允许从关联的一端导航到另一端。"导航属性"重点就落在"导航"一词上了，当实体A需要引用实体B时，实体A中需要公开一个属性，通过这个属性，能找到关联的实体B。比如，X实体表示你的博客，P实体表示你发的一篇博文。你的X博客肯定会发很多博文，因此，X实体中可能需要一个List<P>类型的属性，这个属性包含了你的X博客所发表的文章。通过一个实体的属性成员，可以定位到与之有关联的实体，这就是导航的用途了。

Model1.edmx文件是从数据库自动生成的模型文件，基于XML格式，用于定义概念模型、存储模型和这些模型之间的映射。.edmx文件还包含ADO.NET实体数据模型设计器（实体设计器），它用于以图形方式呈现模型的信息。创建.edmx文件的建议做法是使用实体数据模型向导。默认情况下，.edmx文件使用实体设计器打开。不过，可以按照下列步骤使用XML编辑器打开.edmx文件：在"解决方案资源管理器"中右击.edmx文件，然后选择"打开方式..."，再选择"XML编辑器"，最后单击"确定"按钮。但不建议直接用XML编辑器打开它。

（3）编写程序。我们编程要实现的目标是获取BlogUser表中的所有用户，并输出每个用户发表的所有博文的标题。

打开Program.cs，在命名空间myDBFirst中添加1个类，代码如下：

```
public static class TestEF
{
    public static IList<BlogUser> GetAllBlogUsers() //获取所有用户
    {
        BlogDBEntities blogDB = new BlogDBEntities(); //定义数据库上下文对象blogDB
        ///采用Linq语法读取数据
        IList<BlogUser> blogUsers = blogDB.BlogUsers.ToList<BlogUser>();
        return blogUsers;
    }
}
```

静态方法GetAllBlogUsers返回BlogUser表中的所有用户，返回值是一个IList<T>接口，表示可由索引单独访问的对象集合；T是列表中的元素类型，这里的类型是自定义类BlogUser（稍后我们会定义）。IList<T>是一个泛型集合接口，定义了一组用于操作列表的方法和属性，它可以存储任意类型的对象。IList和IList<T>也被称为向量，其特点是可以动态地改变集合的长度，无须确定集合的初始长度，集合会随着存放数据的数量变化而自动变化。向量集合和数组一样，具备随即访问的特点。即访问向量集合的任何一个单元，所需的访问时间是完全相同的。在向量类中，实际上依然使用普通数组来记录集合数据，向量类使用了一些算法技巧，让整个类对外表现出不同于普通数组的重要特点：可以动态改变数组长度。

在方法GetAllBlogUsers中，类BlogDBEntities的定义是框架自动生成的，它继承于ObjectContext类，也就是数据库上下文类。关于数据库上下文类的含义这里不再赘述，可以将它理解为当前程序提供了一个数据库环境。可以在项目文件夹下的Model1.Context.cs文件中找到该类的定义，平时我们不要去修改它。现在来看一下该类的定义：

```
public partial class BlogDBEntities : DbContext
{
    public BlogDBEntities()
        : base("name=BlogDBEntities")  //指定数据库连接字符串名称是BlogDBEntities
    {
    }
    //用来重新实现实体与数据库表的映射关系
    protected override void OnModelCreating(DbModelBuilder modelBuilder)
    {
        throw new UnintentionalCodeFirstException();
    }
```

```
    public virtual DbSet<BlogUser> BlogUser { get; set; }
    public virtual DbSet<Post> Post { get; set; }
}
```

先看构造函数，它通过base关键字调用了父类DBContext的构造函数，base的参数是"name=BlogDBEntities"这样的形式，表示参数不代表一个数据库名，而是用户要自己写数据库连接字符串。其中，BlogDBEntities是数据库连接字符串的名称。我们马上在Visual Studio中打开App.config文件，可以看到果然有名（name）为BlogDBEntities的连接字符串，如下所示：

```
<connectionStrings>
    <add name="BlogDBEntities" connectionString="metadata=res://*/Model1.csdl|res:
//*/Model1.ssdl|res://*/Model1.msl;provider=System.Data.SqlClient;provider connection
string=&quot;data source=(localDB)\MSSQLLocalDB;initial catalog=BlogDB;integrated
security=true;MultipleActiveResultSets=true;App=EntityFramework&quot;"
providerName="System.Data.EntityClient" />
    </connectionStrings>
```

可以看出，该连接字符串指定了数据库引擎为(localDB)\MSSQLLocalDB，数据库名称是BlogDB，采用的验证方式是集成验证，数据库驱动程序提供者是System.Data.EntityClient，等等。

方法OnModelCreating用来重新实现实体与数据库表的映射关系，每次调用OnModelCreating()时，会判断实体与数据库表的映射关系有没有改变，如果改变，则采用新的映射关系。虽然此方法的默认实现不执行任何操作，但可在派生类中重写此方法，这样便能在锁定模型之前对其进行进一步的配置。通常，在创建派生上下文的第一个实例时，仅调用此方法一次，然后将缓存该上下文的模型。另外，在做数据库迁移生成迁移文件时，也会调用OnModelCreating方法。现在，我们不需要去管OnModelCreating，只需了解即可。

类BlogDBEntities中还定义了两个DbSet类型的属性BlogUser和Post，分别表示我们前面创建的两张表。通过这两个属性，可以访问表中的数据，并将其转换为列表形式，就像GetAllBlogUsers方法中那样：

```
IList<BlogUser> blogUsers = blogDB.BlogUsers.ToList<BlogUser>();
```

其中，blogDB.BlogUsers用于获取表；ToList方法经常被使用，它帮助我们将迭代器转换为具体的List对象，并存于IList<BlogUser>集合blogUsers中，最后将blogUsers返回。

在命名空间myDBFirst中再添加1个类，代码如下：

```
public partial class BlogUser
{
    public override string ToString()
    {
        return string.Format("编号：{0} 姓名:{1}", this.id, this.BlogName);
    }
}
```

注意关键字partial，该关键字用于拆分一个类、一个结构、一个接口或一个方法的定义到两个或更多的文件中。每个源文件包含类型或方法定义的一部分，编译应用程序时将把所有部分组合起来。这里，我们只是定义了一个方法ToString，它把类BlogUser的成员id和BlogName格式化为一个字符串然后返回。那id和BlogName这两个成员在哪里定义呢？答案是id和BlogName在类BlogUser的其他定义的地方定义，而且类BlogUser的其他定义的代码是框架自动生成的，具体在文件BlogUser.cs中，我们可以打开看一看：

```
public partial class BlogUser  // BlogUser是一个实体类
{
    [System.Diagnostics.CodeAnalysis.SuppressMessage("Microsoft.Usage",
"CA2214:DoNotCallOverridableMethodsInConstructors")]
    public BlogUser()
    {
        this.Post = new HashSet<Post>();
    }

    public int id { get; set; }   //对应表的id字段
    public string BlogName { get; set; }  //对应表的BlogName字段

    [System.Diagnostics.CodeAnalysis.SuppressMessage("Microsoft.Usage",
"CA2227:CollectionPropertiesShouldBeReadOnly")]
    public virtual ICollection<Post> Post { get; set; }  //Post是导航属性，且是一个集合
}
```

看到了id和BlogName的定义了吧？这一下安心了。Post是导航属性，其数据类型是一个集合ICollection，ICollection<T>是可以对其中的对象进行计数的标准集合接口。这些都是C#语言本身的内容，不宜多讲。这里说说为何Post这个导航属性是集合类型，而另外一个实体类Post中的导航属性BlogUser不是集合类型：

```
public virtual BlogUser BlogUser { get; set; }//Post.cs中的Post类的导航属性定义
```

这是因为导航属性的数据类型由其远程关联端的重数决定。例如，导航属性Post存在于BlogUser实体类上，并且表BlogUser与表Post（希望读者不要混淆，因为这里的表、实体类名、导航属性的名称都是一样的，或许会产生误会，其实表名和实体类名应该一样，导航属性名称或许要改个不同的名字）之间是一对多关系。也就是说，导航属性Post对应的远程关联端具有多个（*），所以其数据类型是一个集合。同样地，如果导航属性BlogUser存在于实体类Post上，但由于它对应的远程端的重数为一（1），因此其数据类型应为BlogUser，而不是一个集合。

这里稍微解释一下关联端的重数，关联端重数定义了在关联的一端可以存在的实体类型的实例数量。关联端重数可以具有下列值：

- 一（1）：表明在关联端存在且只存在一个实体类型实例。
- 零或一（0..1）：表明在关联端不存在实体类型实例或存在一个实体类型实例。
- 多（*）：表明在关联端不存在实体类型实例，或者存在一个或多个实体类型实例。

关联的特征通常由关联端重数表示。例如，如果某个关联的两端的重数分别为"一（1）"和"多（*）"，则该关联被称为一对多关联。

这里建议不要直接去修改自动生成的实体类的定义代码，因为DBFirst引以为豪的地方就是实体类由框架自动根据数据库生成，用户只需定义好数据库即可。官方的意思就是，如果要改实体类，那肯定是数据库里面的表结构或表关联发生变化了，用户只需要修改好表结构或表关联，然后重新做一遍向导，这样实体类就会自动发生相应的变化。如果手动更改实体类文件，可能导致应用程序出现意外的行为。但有些执拗的读者非要想修改，怎么办呢？那就到Model1.edmx的图形界面上去改吧，在Model1.edmx上修改后，会同步反映到BlogUser.cs中。比如我们打开Model1.edmx，然后对导航属性Post右击，在弹出的快捷菜单中选择重命名，然后随便输入一个名字，比如Postkkk，如图7-104所示。

图 7-104

接下来单击Visual Studio工具栏上的"保存"按钮，稍等一会儿。为何保存这么慢呢？这是因为Visual Studio在搜索整个项目，所有使用导航属性Post的地方都要改为Postkkk。保存结束后，我们再到BlogUser.cs中查看，发现类BlogUser中所有原先是Post的地方都被改为Postkkk，比如：

```
public BlogUser()
{
    this.Postkkk = new HashSet<Post>();  //Post被自动改为Postkkk
}
...
public virtual ICollection<Post> Postkkk { get; set; }  //Post被自动改为Postkkk
```

好了，现在我们依旧回到Model1.edmx的图形界面上，把Postkkk改回为Post，并保存。

再回到Program.cs，在Main方法中添加如下代码：

```
static void Main(string[] args)
{
    IList<BlogUser> blogUsers = TestEF.GetAllBlogUsers(); //获取所有博客用户
    //打印每个博客用户的所有博文标题
    foreach (var blogUser in blogUsers)  //遍历所有博客用户
    {
        Console.WriteLine(blogUser);  //打印博客用户
        ///获取外键对象的内容
        foreach (var post in blogUser.Post) //遍历导航属性Post
        {
            Console.WriteLine("\t 博文标题: {0}", post.PostTitle); //打印博文标题
        }
    }
}
```

在上面代码中，首先通过GetAllBlogUsers方法获取所有博客用户。由于一个博客用户可能会发表多篇博文，因此用了两个for循环，最外的for循环遍历所有博客用户，然后针对每个博客用户，再用一个for循环来遍历该博客用户发表的所有文章。注意，blogUser.Post这个导航属性是一个集合，所以可以用来遍历。

（4）运行程序，结果如下：

```
编号: 1 姓名:Tom
        博文标题: myPost1
编号: 2 姓名:Jack
        博文标题: myPost2
```

输出的结果符合预期。BlogUser表中的两个人Tom和Jack都打印出来了，而且他们发表的文章标题Post1和Post2也打印出来了。但总觉得缺了点什么，一个人可以发表多篇博文，要是能打印出多个博文标题，似乎更好。其实这是笔者埋下的伏笔，在添加表Post数据的时候只添了2条，为的是验证这样的情况：程序开发完毕了，如果再向表中添加数据，要不要修改程序代码或修改其他？理论上是不应该修改其他的。那我们来验证一下。

在Visual Studio中打开"SQL Server对象资源管理器"，然后展开数据库BlogDB，接着右击表Post，在弹出的快捷菜单中选择"查看数据"命令，然后添加3条数据，第一列不需要输入，我们只需输入后3列，如图7-105所示。

注意BlogID这一列的数据，BlogID是表BlogUser的字段id的外键，BlogUser目前只有两条记录，取值分别为1和2，1对应Tom，2对应Jack，如图7-106所示。

	PostId	PostTitle	PostContent	BlogID
	1	myPost1	hello	1
	2	myPost2	world	2
▶	7	myPost3	boy	2
	8	myPost4	man	1
	9	myPost5	dad	1
*	NULL	NULL	NULL	NULL

图 7-105

	id	BlogName
▶	1	Tom
	2	Jack
*	NULL	NULL

图 7-106

因此，如果表Post新增的某条记录（博文）是属于Tom的，那BlogID就设置为1，否则设置为2。PostTile为myPost3这条记录的BlogID为2，也就是该条记录对应Jack，即这篇博文是Jack发表的。而新增的另外两条记录的BlogID为1，也就是对应Tom，即这两篇博文是Tom发表的。

好了，我们重新在Visual Studio中运行程序，结果如下：

```
编号：1 姓名:Tom
        博文标题：myPost1
        博文标题：myPost4
        博文标题：myPost5
编号：2 姓名:Jack
        博文标题：myPost2
        博文标题：myPost3
```

完全符合预期，收工！

对于数据库优先模式，EF支持以下两种开发方式：

- 从现有数据库通过向导生成模型，也就是刚才的实例。
- 对模型手动编码，使其符合数据库，这种方式老鸟（老手）们或许更喜欢。

在刚才的范例中，有不少可视化操作，比如采用“实体模型向导”。这种可视化方式对于老鸟们来说是不可接受的，老鸟们一般喜欢埋头直接写代码，不喜欢用向导。下面我们来满足他们的需求。查询MySQL中的数据库，也是用EF框架中数据库优先的方式，但几乎没有可视化操作，这非常符合老鸟们的口味。限于篇幅，我们不去设计复杂逻辑了，就简简单单地查询所有记录，重点关注开发过程。

【例7.11】 查询MySQL数据库的表记录

（1）准备数据库。这里假设MySQL中已经存在一个mydb数据库了，如果没有可以参考7.2.7节去新建一个。

（2）打开Visual Studio，新建一个基于.NET Framework的控制台项目，项目名称是test。

（3）通过NuGet包管理器安装MySQL数据库提供的Entity Framework驱动程序。在菜单栏中单击“工具”→“NuGet包管理器”→“程序包管理器控制台”命令，然后在命令提示符旁输入安装命令：

```
PM> Install-Package MySql.Data.EntityFrameworkCore
```

（4）在项目中添加一个实体类，用于表示数据库中的表结构。例如，创建一个User类来表示用户信息：

```
class User
{
    public int Id { get; set; }
    public string Name { get; set; }
    public string Email { get; set; }
}
```

这些属性要和数据库中Users表的字段一一对应。然后，我们需要创建一个继承自DbContext的类MyDbContext，并在其中添加一个DbSet<User>属性：

```
using Microsoft.EntityFrameworkCore; //引用EF Core命名空间

public class MyDbContext : DbContext
{
    public DbSet<User> Users { get; set; }
    protected override void OnConfiguring(DbContextOptionsBuilder optionsBuilder)
    {
        optionsBuilder.UseMySQL("server=localhost;database=mydb;
user=root;password=123456");
    }
}
```

Entity Framework Core是轻量化、可扩展、开源和跨平台版本的Entity Framework数据访问技术，也就是说，Entity Framework Core是EF的跨平台版本。Entity Framework Core用作对象关系映射程序（O/RM），可以实现以下两点：使.NET开发人员能够使用.NET对象处理数据库；无须编写大部分数据访问代码。

我们首先需要添加命名空间EntityFrameworkCore的引用，从而可以使用其中的类和函数。Entity Framework Core支持多个数据库引擎，比如MySQL。

在上面代码中，我们通过OnConfiguring方法设置了连接字符串，包括MySQL服务器地址、数据库名称、用户名和密码。读者可根据实际情况修改这些参数。我们在利用Entity Framework Core创建上下文实例时，往往是调用构造函数并重载OnConfiguring方法，这是Entity Framework Core默认的创建上下文实例的方式。

（5）使用Entity Framework操作数据库。现在，我们可以使用Entity Framework来操作MySQL数据库了。例如，要添加新用户到数据库中，可以在Main方法中添加如下代码：

```
static void Main(string[] args)
{
    using (var db = new MyDbContext()) //创建上下文实例
    {
        //实例化一个User实体
        var user = new User { Name = "Alice", Email = "alice@example.com" };
        db.Users.Add(user); //向表添加实体
        db.SaveChanges();    //更新到数据库
    }
    //查询数据库中的用户信息
    using (var db = new MyDbContext()) //创建上下文实例
    {
        var users = db.Users.ToList(); //把表Users的记录转换为列表
        //遍历列表，打印出每条记录
        foreach (var user in users)
        {
```

```
            Console.WriteLine($"Id: {user.Id}, Name: {user.Name}, Email: {user.Email}");
        }
    }
}
```

在上面代码中，我们使用LINQ向数据库添加实体数据，并从数据库检索记录。在整个程序中，没有任何传统SQL语言，现在已经是LINQ的时代了。

（6）运行程序，结果如下：

```
Id: 1, Name: Tom, Email: tom@qq.com
Id: 2, Name: Jack, Email: jack@qq.com
Id: 3, Name: Alice, Email: alice@example.com
```

其中，前两条是我们在创建数据库时通过MySQL命令行客户端手工添加的，最后一条是在程序中添加的。

7.7　Model First 开发基础

在前文中我们介绍了Database First，它要求先有数据库，然后通过EF映射创建实体，非常简单易学。下面介绍Model First（实体优先）模式。

Model First是先利用某些工具（如Visual Studio的EF设计器）设计出可视化的实体数据模型及它们之间的关系，然后根据这些实体、关系去生成数据库对象及相关代码文件。看得出来，Model First和Code First有点类似，只不过Code First是手工编写出实体类代码，然后生成数据库；而Model First则借助于可视化EF设计器，貌似更简单，但灵活性差一点。下面直接通过实战演练来更好地展示Model First的开发过程。

【例7.12】实战Model First（数据源为SQL Server）

（1）打开Visual Studio，新建一个基于.NET Framework的控制台项目，项目名称是myModelFirst。

（2）在项目中添加ADO实体模型。在"解决方案资源管理器"中对项目名myModelFirst右击，在弹出的快捷菜单中选择"添加"→"新建项"命令，在"添加新项"对话框左边选择"数据"，右边选择"ADO.NET实体数据模型"，下方名称保持默认，然后单击右下角的"添加"按钮，如图7-107所示。

此时出现"实体数据模型向导"对话框，我们选中"空EF设计器模型"，如图7-108所示。

单击"完成"按钮，此时Visual Studio中出现实体数据模型设计器界面。我们准备添加实体user，在空白处右击，在弹出的快捷菜单中选择"新增"→"实体"命令，在"添加实体"对话框的"实体名称"下输入user，其他保持默认，如图7-109所示。

单击"确定"按钮，这样设计器上就有了一个矩形框，它就代表我们刚刚添加的user实体，如图7-110所示。其中Id是该实体的一个属性，它是一个主键。下面我们为user实体再添加两个标量属性，对这个矩形右击，在弹出的快捷菜单中选择"新增"→"标量属性"命令，然后输入Name，Name就是这个属性的名称。以同样的方式再添加名为Date的标量属性，添加后如图7-111所示。

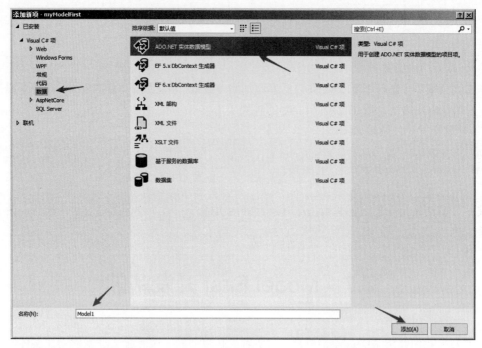

图 7-107

图 7-108

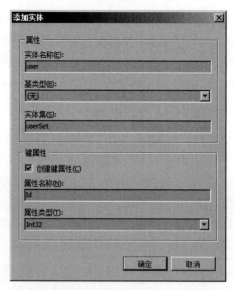

图 7-109

现在user实体有3个属性了，Id、Name和Date，其中Id是主键，Name是用户的名称，Date表示用户注册的日期。输错名字也没关系，都可以修改，单击某个属性就可以改名字了，或者选中属性，再按F4键，此时会出现该标量属性的属性窗口，我们可以修改更多内容（比如类型、默认值等）。这里我们把Date属性的类型改为DateTime，如图7-112所示。

按照同样的方法，再创建一个实体card，表示银行卡，并添加两个标量属性Cash和CreateUserId，分别表示银行卡里的金额和该银行卡所属的用户Id。添加后如图7-113所示。

图 7-110　　　　　　　　　　图 7-111　　　　　　　　　　图 7-112

接下来添加二者之间的关系，user和card是一对多的关系，也就是说，一个用户可以拥有多张银行卡。右击user，在弹出的快捷菜单中单击"新增"→"关联"，此时出现"添加关联"对话框，保持默认直接单击"确定"按钮即可，此时设计器上的两个实体框之间有一条横线了，如图7-113所示。

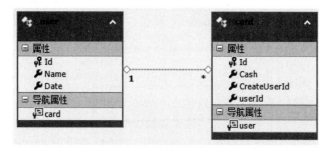

图 7-113

横线两端有1和*，就是代表1:N的关系，并且两个实体各自拥有了导航属性。导航属性是实体类型上的可选属性，它允许从关联的一端导航到另一端。导航属性并不携带数据，而是用于定位位于关联各端的实体。导航属性在实体框架中有多种用途。它们允许通过关联集从一个实体导航到另一个实体，或者从一个实体导航到多个相关的实体。使用导航属性可以避免执行JOIN操作，从而更高效地访问相关实体。

至此，我们的实体模型设计完毕。下面准备生成数据库表。

（3）根据模型生成数据库表。在实体模型设计器的空白处右击，在弹出的快捷菜单中选择"根据模型生成数据库"命令，此时显示"选择您的数据连接"对话框，单击"新建连接"按钮，在"连接属性"对话框中单击"更改"按钮，在"更改数据源"对话框中选择"Microsoft SQL Server"，如图7-114所示。

单击"确定"按钮，此时出现"连接属性"对话框，在该对话框的"服务器名"编辑框中输入"(localdb)\MSSQLLocalDB"，然后单击"测试连接"按钮，如果连接成功，则在"选择或输入数据库名称"编辑框中输入"mfdb1"，如图7-115所示。

单击"确定"按钮，因为mfdb1不存在，所以提示是否创建，如图7-116所示。

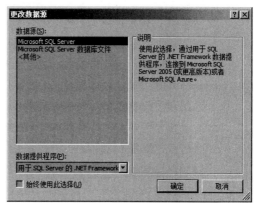

图 7-114

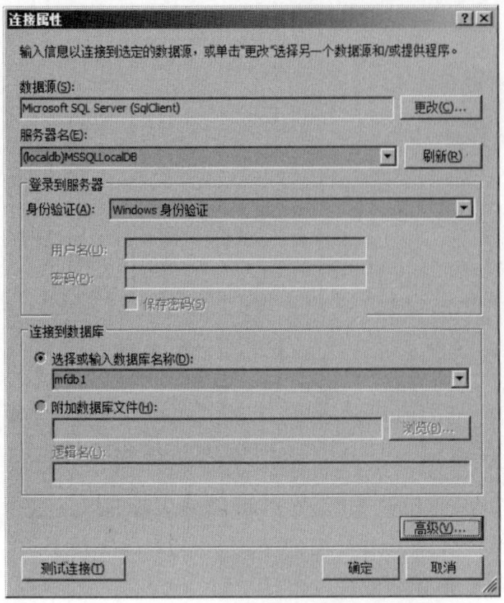

图 7-115

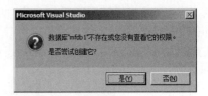

图 7-116

单击"是"按钮，mfdb1.dbo就出现在"选择您的数据连接"对话框中，如图7-117所示。

这个数据库默认存放位置在C:\Users\Administrator\，我们可以在该路径下找到mfdb1.mdf和mfdb1_log.ldf。单击"下一步"按钮，在"选择您的版本"对话框上保持默认的"实体框架6.x"，单击"下一步"按钮，出现"摘要和设置"对话框并生成DDL，稍等片刻DDL生成完毕，如图7-118所示。

图 7-117

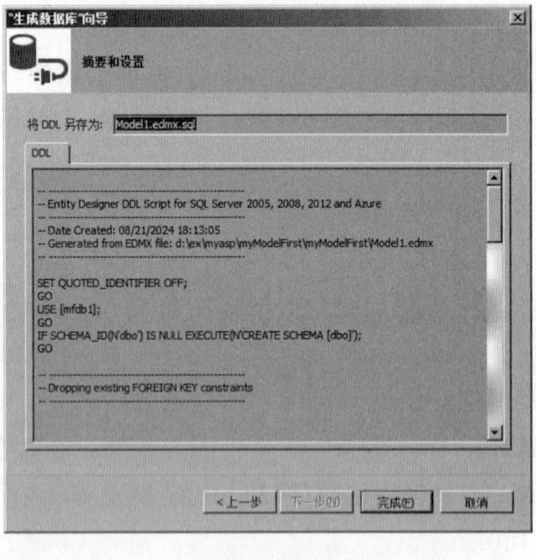

图 7-118

DDL是数据库模式定义语言（Data Definition Language），用于描述数据库中要存储的现实世界实体的语言。DDL是SQL语言的组成部分。SQL语言包括4种主要程序设计语言类别的语句：数据定义语言（DDL）、数据操作语言（DML）、数据控制语言（DCL）和事务控制语言（TCL）。这里我们通过DDL来新建表，比如我们可以在DDL编辑框内看到如下代码：

```
-- Creating table 'userSet'
CREATE TABLE [dbo].[userSet] (
    [Id] int IDENTITY(1,1) NOT NULL,
```

```
    [Name] nvarchar(max)  NOT NULL,
    [Date] nvarchar(max)  NOT NULL
);
GO
```

限于篇幅，这些语法就不展开了。我们保持默认，直接单击"完成"按钮，此时会在项目文件夹下生成Model1.edmx.sql文件，并且自动在Visual Studio中打开，有兴趣的可以看看。另外，单击"完成"按钮后，Visual Studio会自动为我们安装EntityFramework和EntityFramework.SqlServer。EntityFramework.SqlServer是一个用于与SQL Server数据库进行交互的实体框架核心包，这个包提供了方便的方法和工具，用于在.NET应用程序中操作SQL Server数据库。在Model First模式的开发过程中，这些必要的包都能自动装上，非常方便。我们可以在"解决方案资源管理器"中展开"引用"看到，如图7-119所示。

图 7-119

下面准备执行DDL代码。首先要连接数据库，在Model1.edmx.sql编辑窗口中右击，在弹出的快捷菜单中选择菜单项"连接"→"连接"，此时出现"连接"对话框，在"连接"对话框中展开"本地"，选中MSSQLLocalDB，如图7-120所示。

这样，服务器名称后面的编辑框中自动填充了(localdb)\MSSQLLocalDB。其他保持默认，直接单击"连接"按钮。在Model1.edmx.sql编辑窗口中右击，在弹出的快捷菜单中选择"执行"，如果没错，则出现"已成功完成命令"的提示，如图7-121所示。

这说明DDL代码执行成功了，表已经创建出来了。我们可以对"SQL Server对象资源管理器"中的"(localdb)\MSSQLLocalDB"右击刷新，这样mfdb1数据库就显示出来了，然后依次展开mfdb1→"表"→"外部表"，就可以看到dbo.cardSet和dbo.userSet这两张表了，如图7-122所示。

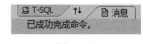

图 7-121

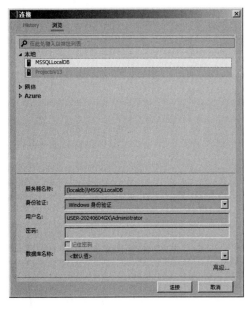

图 7-120

图 7-122

这两张表对应了user和card两个实体。我们设计了实体，然后走通了生成数据库表的过程，下面就可以编写代码进行增查操作了。

（4）编写代码实现增查操作。在Visual Studio中打开program.cs，然后在开头添加两个引用：

```
using System.Data.Entity;
using System.Data.Entity.Validation;
```

再在Main方法中添加如下代码：

```
static void Main(string[] args)          {
    #region 添加数据
    //1.声明上下文
    Model1Container dbContext = new Model1Container();
    //2.对数据库的操作，添加数据
    //2.1 实例化实体，对实体赋值
    user u = new user();
    u.Name = "Ares";
    u.Date = DateTime.Now;
    //2.2 增操作
    dbContext.userSet.Attach(u); //实体附加到上下文
    dbContext.Entry(u).State = EntityState.Added;  //添加到数据库
    //3.保存
    dbContext.SaveChanges();
    #endregion


    #region 查看数据库数据
    //方法一：使用LINQ语句查询
    card c = new card();
    //LINQ语句
    var item = from s in dbContext.userSet
                    select s;
    Console.WriteLine("LINQ查询所有记录结果是：");
    //遍历查询出来的内容
    foreach (var userRes in item)
    {
        Console.Write(userRes.Id+",");
        Console.Write(userRes.Name+",");
        Console.WriteLine(userRes.Date);
    }
    Console.WriteLine("-------------------------");
    //方法二：使用Lambda查询，查询Id为2的记录
    var itemlambda = dbContext.userSet.Where<user>(s => s.Id == 2).FirstOrDefault();
    if(itemlambda==null) //如果没找到，则返回
    {
        Console.WriteLine("no data");
        return;
    }
    Console.WriteLine("lambda查询Id==2结果是：");
    Console.WriteLine(itemlambda.Id);
    Console.WriteLine(itemlambda.Name);
    Console.WriteLine(itemlambda.Date);
    #endregion
}
```

代码很简单，每次程序启动时，就向userSet表中添加一条记录，然后我们分别查询两次，第一次通过LINQ语句查询出userSet表中所有记录；第二次则只查询Id为2的那一条记录。

多次运行程序（这样表里的记录可以多一些），结果如下：

```
LINQ查询所有记录结果是:
1,Ares,2024/8/22 8:42:46
2,Ares,2024/8/22 8:43:13
3,Ares,2024/8/22 8:44:42
4,Ares,2024/8/22 8:47:18
5,Ares,2024/8/22 8:47:55
6,Ares,2024/8/22 8:56:28
7,Ares,2024/8/22 9:26:21
------------------------
lambda查询Id==2结果是:
2
Ares
2024/8/22 8:43:13
请按任意键继续...
```

（5）在表中增加一个字段。我们的表都是通过实体模型生成的，要想在表中增加字段，肯定先要在实体模型中增加一个属性。我们在Visual Studio的"解决方案资源管理器"中双击打开Model1.edmx，然后右击user实体，新增一个标量属性Email，如图7-123所示。

图 7-123

保存文件Model1.edmx，然后在Model1.edmx的设计器空白处右击，在弹出的快捷菜单中选择"根据模型生成数据库"命令，此时出现"摘要和设置"对话框，并开始生成DDL。稍等片刻后新的DDL代码生成了，并且在创建表userSet的代码中把Email加进去了，如图7-124所示。

单击"完成"按钮，提示覆盖警告，如图7-125所示。

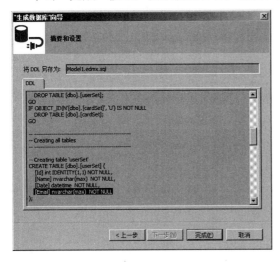

图 7-124

图 7-125

单击"是"按钮，又有覆盖警告，依旧单击"是"按钮，然后在Visual Studio的"解决方案资源管理器"中双击打开Model1.edmx.sql，在Model1.edmx.sql的编辑窗口中右击，在弹出的快捷菜单中选择"连接"→"连接"命令，出现"连接"对话框，展开"本地"，选择MSSQLLocalDB，如图7-126所示。

其他保持默认，单击"连接"按钮。没问题的话，在Model1.edmx.sql的编辑窗口中右击，在弹出的快捷菜单中选择"执行"命令，运行成功提示如图7-127所示。

接下来在"SQL Server对象资源管理器"中展开"数据库"→"mfdb1"→"表",并对dbo.userSet右击,在弹出的快捷菜单中选择"刷新"命令,再对dbo.userSet右击,在弹出的快捷菜单中选择"视图设计器"命令,现在我们可以看到视图设计器中已经有Email字段了,如图7-128所示。

图 7-127

图 7-126

	名称	数据类型	允许 Null	默认值
⚷	Id	int	☐	
	Name	nvarchar(MAX)	☐	
	Date	datetime	☐	
	Email	nvarchar(MAX)	☐	

图 7-128

最后,修改Program.cs中的代码,为Email字段赋值:

```
u.Email = "Ares@qq.com";
```

并打印Email字段:

```
Console.WriteLine(userRes.Email);
...
Console.WriteLine(itemlambda.Email);
```

(6)准备运行程序。现在表userSet是一张空表,每次运行会增加一条记录,我们把程序运行3次,第3次运行的结果如下:

```
LINQ查询所有记录结果是:
1,Ares,2024/8/22 10:23:08,Ares@qq.com
2,Ares,2024/8/22 10:25:14,Ares@qq.com
3,Ares,2024/8/22 10:26:54,Ares@qq.com
------------------------
lambda查询Id==2结果是:
2
Ares
2024/8/22 10:25:14
Ares@qq.com
请按任意键继续. . .
```

至此,这个范例成功了。本例的数据源是SQL Server,可以先不用手动创建数据库。下面把数据源改为SQL Server数据库文件,这就需要预先建好数据库文件了,好处是可以自己指定数据库文件的存放位置。

下面的范例大体过程和上例类似，重复的地方就简略讲解了。

【例7.13】实战ModelFirst（数据源为SQL Server数据库文件）

（1）打开Visual Studio，新建一个基于.NET Framework的控制台项目，项目名称是myModelFirst2。

（2）在项目中添加ADO实体模型，如图7-129所示。

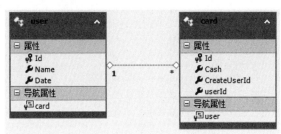

图 7-129

（3）新建空白数据库。我们先在解决方案目录下新建一个文件夹mydb，这个文件夹用于存放数据库文件。在Visual Studio中单击"视图"→"SQL Server对象资源管理器"，展开"SQL Server"→"(localdb)MSSQLLocalDB"→"数据库"，然后对"数据库"右击，在弹出的快捷菜单中选择"添加新数据库(N)"命令，如图7-130所示。

在"创建数据库"对话框上输入数据库名称，这里是mfdb2，存放路径选择刚才新建的mydb文件夹，如图7-131所示。

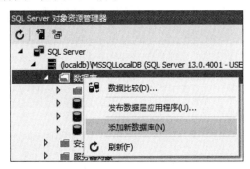

图 7-130　　　　　　　　　　　　　　　　　　图 7-131

单击"确定"按钮，然后在"SQL Server对象资源管理器"中右击mfdb2，在弹出的快捷菜单中选择"分离"命令。下面我们回到EF数据模型设计器中，在空白处右击，在弹出的快捷菜单中选择"根据模型生成数据库"命令，此时显示"选择您的数据连接"对话框，单击"新建连接"按钮，在"连接属性"对话框中单击"更改"按钮，选择"Microsoft SQL Server数据库文件(SqlClient)"，再在"连接属性"对话框上单击"浏览"按钮，选择我们刚才新建的空白数据库文件mfdb2.mdf，最后单击"测试连接"按钮，如图7-132所示。

出现"测试连接成功"提示说明数据库已经正确被Visual Studio感知到了，单击"确定"按钮关闭提示框，再单击"确定"按钮关闭"连接属性"对话框。此时，mfdb2.mdf就出现在"选择您的数据连接"对话框上了，如图7-133所示。

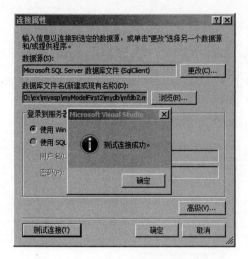

图 7-132   图 7-133

单击"下一步"按钮，出现"选择您的版本"对话框，保持默认的"实体框架6.x"，再单击"下一步"按钮，此时会出现"摘要和设置"对话框并开始生成DDL，稍等片刻DDL生成完成，如图7-134所示。

直接单击"完成"按钮，此时会在项目文件夹下生成 Model1.edmx.sql 文件，并自动安装EntityFramework 和 EntityFramework.SqlServer 两个软件包。我们可以在"引用"下看到，如图7-135所示。

在"SQL Server对象资源管理器"中右击"SQL Server"，在弹出的快捷菜单中选择"刷新"命令，此时mfdb2又重新出现了，如图7-136所示。但我们要将它改个名称，否则DDL代码找不到它。右击它，在弹出的快捷菜单中选择"重命名"命令，输入mfdb2，结果如图7-137所示。

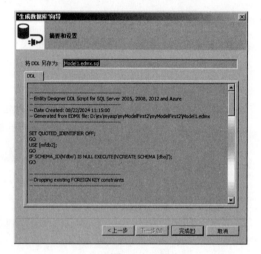

图 7-134

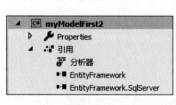

图 7-135   图 7-136   图 7-137

在Visual Studio的"解决方案资源管理器"中双击打开Model1.edmx.sql，在Model1.edmx.sql的编辑窗口的空白处右击，在弹出的快捷菜单中选择"连接"→"连接"命令，在"连接"对话框中展开"本地"，选中"MSSQLLocalDB"，其他保持默认，如图7-138所示。

单击"连接"按钮，再在Model1.edmx.sql编辑窗口中右击，在弹出的快捷菜单中选择"执行"命令，如果成功，则显示如图7-139所示的界面。

　　然后我们在"SQL Server对象资源管理器"的mfdb2下可以看到新生成的两张表了，如图7-140所示。

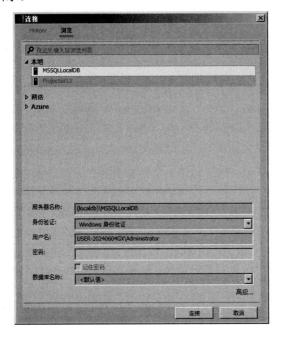

图 7-138

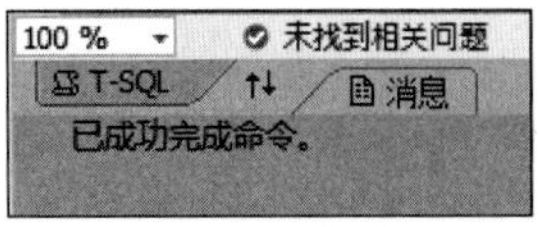

图 7-139

图 7-140

　　dbo.cardSet和dbo.userSet就是我们通过实体模型的DDL代码生成的表。双击dbo.userSet可以看到表的设计视图，如图7-141所示。

　　好像忘记添加Email了。我们先关闭表的视图设计器，重新回到数据模型设计视图，为user实体添加Email，如图7-142所示。

	名称	数据类型	允许 Null
🔑	Id	int	☐
	Name	nvarchar(MAX)	☐
	Date	datetime	☐

图 7-141

图 7-142

　　然后根据模型生成数据库。生成新的DDL后，再打开Model1.edmx.sql，选择"执行"命令。接着再打开dbo.userSet，可以看到有Email字段了，如图7-143所示。

	名称	数据类型	允许 Null	默认值
🔑	Id	int	☐	
	Name	nvarchar(MAX)	☐	
	Date	datetime	☐	
	Email	nvarchar(MAX)	☐	

图 7-143

其实笔者故意在一开始忘记添加Email属性，目的就是让读者体验一下：一旦用户需求发生变化了，实体模型就要跟着发生变化，然后数据库表就要重新生成，那这个过程会不会有问题？现在看来，非常简单。

（4）最后，为了完整性，我们把上例的Program.cs中的Main方法代码复制成本例的Main方法中，并添加两个引用。然后运行，结果如下：

```
LINQ查询所有记录结果是：
1,Ares,2024/8/22 13:03:43,Ares@qq.com
-------------------------
no data
请按任意键继续...
```

这个结果是第一次运行的结果，输出no data的原因是Id为2的记录还没有。

第 **8** 章
服务端数据注解和验证

在ASP.NET MVC开发中，数据验证是一个非常重要的方面。验证可以确保用户输入的数据符合预期的格式和要求，并提供良好的用户体验。

用户输入验证的工作不仅要在客户端浏览器中执行，还要在服务端执行。主要原因是客户端验证会对输入数据给出即时反馈，提高用户体验；服务端验证主要是因为不能完全信任用户提供的数据。ASP.NET MVC框架提供了强大的验证组件，来帮助我们处理这些繁杂的问题。

在服务端验证中，页面必须提交到服务器进行验证，如果数据验证不通过，服务器端就会发送一个响应到客户端，然后客户端根据相应的信息进行处理；而客户端验证则不同，用户输入的数据只要提交，客户端就会先进行验证，如果不通过就报错，不会提交到服务器端进行验证，如果通过了，才会把请求传到服务器端。本章将阐述服务端的数据注解和验证。

8.1 概　述

数据验证工作是任何软件系统的必要模块，在软件系统中起到举足轻重的作用。从数据验证的方式来说，我们一般分为客户端验证和服务端验证（或者两种方式相结合）；从数据验证的作用来说，数据验证起到了很重要的作用，如防止漏洞注入，防止网络攻击（XSS等），确保数据安全，确保数据合理性，防止垃圾数据等；从数据验证的技术种类来说，数据验证一般分为基于HTML的验证、第三方验证（如用jQuery验证插件，在客户端用AJAX验证等）和基于ASP.NET MVC框架的数据验证（包括服务端和客户端）。

限于篇幅，我们不可能把所有技术都介绍一遍，这里主要介绍ASP.NET MVC框架的数据验证，因为它功能最强大，代码更加优雅合理。ASP.NET MVC的验证包括前台客户端和后台服务器的验证，MVC统统都做了包含，即使用户在客户端禁用JavaScript，服务器也会对非法操作进行验证。

8.1.1　为何要验证用户输入

之所以有这些验证技术，主要就是为了保证软件系统的安全和业务逻辑的合法性，并提高用户使用软件系统的方便性。具体来讲，基于ASP.NET MVC框架的软件系统中要验证用户输入，通常有以下原因：

（1）安全性：确保用户输入的数据满足预期格式，避免注入攻击、跨站脚本攻击等安全问题。

（2）数据完整性：验证输入是否满足数据库约束，如唯一性约束、非空约束等。

（3）用户体验：提升应用的友好性，用户会感谢你在他们输入错误时提供反馈。

（4）业务逻辑：某些输入可能需要满足特定的业务规则，在数据提交到业务逻辑之前进行验证，可以减少不必要的业务逻辑处理。

8.1.2　数据注解及其分类

对于Web开发人员来说，用户输入验证一直是一个挑战。不仅在客户端浏览器中需要执行验证逻辑，在服务器端也需要执行。很多人觉得验证是件令人望而生畏的繁杂琐事，为此ASP.NET MVC框架提供了数据注解的方式来帮助我们处理这些琐事。这里有个术语"数据注解"，在ASP.NET MVC框架中，它包含了数据验证、注释显示和编辑的意思。因此数据注解分为验证注解和显示编辑注解两大类。

注解的英文单词是Annotations，大多数数据注解（除了Remote）都定义在名称空间System.ComponentModel.DataAnnotations中，它们提供了服务器端验证的功能。

8.2　内置验证注解

输入验证的目的就是判断一个变量是否能够满足规定的要求。这里既然提到了"判断"，那么在使用程序来实现时，最直接的方式就是通过判断语句来完成，如图8-1所示。

```
// POST: /Account/Register
[HttpPost]
public async Task<ActionResult> Register(RegisterViewModel model)
{
    var errorlist = new List<string>();
    if (model.Password.Length < 6)
    {
        errorlist.Add("密码不能少于6个字符");
    }

    if (!model.Password.Equals(model.ConfirmPassword))
    {
        errorlist.Add("输入的两次密码不同");
    }
    if (errorlist.Count > 0)
    {
        return View(errorlist);
    }
}
```

图 8-1

但这种通过判断语句来写的验证代码既不能重用又影响阅读，属于老式落后的验证方法。现在微软提供了一种统一的方式来实现数据的验证，也就是使用数据验证注解，它是基于数据注解特性（Data Annotation Attributes）的验证机制。具体来讲，在服务端，ASP.NET MVC内置了六大类数据验证注解特性：Required、StringLength、RegularExpression、Range、Compare和Remote。它们的作用如图8-2所示。

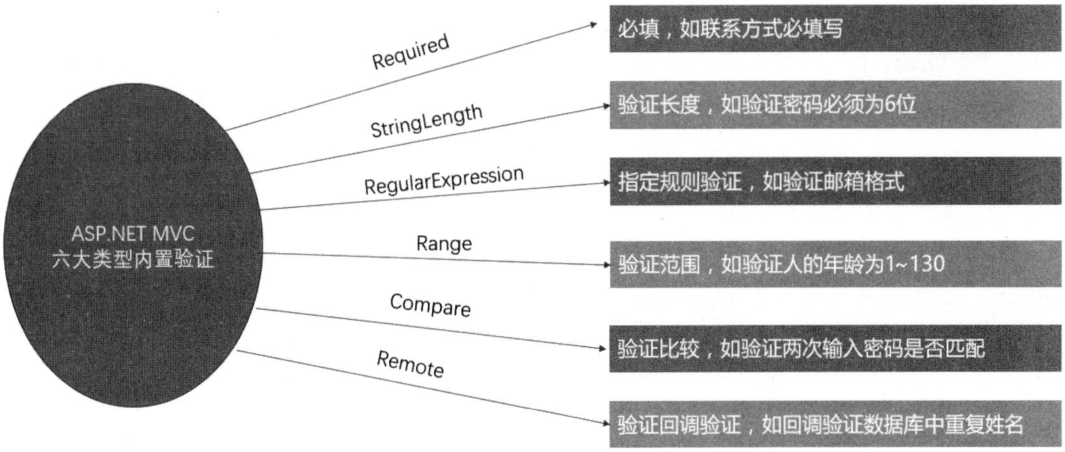

图 8-2

数据验证注解特性是一种简单却强大的参数验证方式，它通过在模型类的属性上添加特性来定义验证规则。这些验证全都属于服务端，需要回传服务器。输入数据在服务器端验证，如果出现错误，消息还要被回传到客户端，并进行页面刷新才能显示给用户。

除了 Remote，其他验证特性定义在 System.ComponentModel.DataAnnotations 命名空间中，因此我们在使用验证特性前，需要引入命名空间：

```
using System.ComponentModel.DataAnnotations;
```

Remote 特性位于 System.Web.Mvc 命名空间中。

在使用的时候，这些注解特性写在控制器某个方法或实体模型的某个属性的上一行，比如：

```
[Required]
public string Username { get; set; }  // Username是一个用户名属性
```

现在加了[Required]特性，则表示 Username 必填，即不能为空。

这些验证特性既可以单独使用，也可以把两个及其以上验证特性组合使用，比如密码至少要满足两个条件：必填和不少于6位。此时可以这样写：

```
[Required]
[StringLength(6)]
public string Password { get; set; }
```

注解后面都是可以添加错误提示语的，ErrorMessage 是每个验证特性中用来设置错误提示消息的参数，比如：

```
[Required(ErrorMessage = "年龄不能为空")]
public int Age { get; set; }  //实体属性
```

如果提交表单时 Age 为空，则在页面上提示"年龄不能为空"。下面我们对这些特性的常见用法进行逐一介绍。

8.2.1 Required 非空验证

Required 特性用于设置某个属性为必填的、不能为空的。它用于不为空校验，并会验证是否填写了内容。其基本使用方法是在服务端为某个实体属性添加[Required]，然后通过@Html.ValidationMessageFor()在前端提示错误信息。具体过程我们来看范例。

【例8.1】非空验证

（1）打开Visual Studio，新建一个MVC Web项目，项目名称是testRequired。

（2）添加实体类，并为属性加上验证注解特性。在Visual Studio的"解决方案资源管理器"中对Models文件夹右击，在弹出的快捷菜单中选择"添加"→"类"命令来添加一个类，类名是Students，然后在Student.cs中为类Students添加如下代码：

```
public class Student
{
    [Required(ErrorMessage = "请输入你的姓名")]
    public string name { get; set; }          //表示学生姓名
    [Required]
    public string gender { get; set; }         //表示学生性别
    [Required]
    public int age { get; set; }              //表示学生年龄
}
```

我们添加了3个属性，且都用Required特性来修饰它们，这样它们都不能为空了。此外，name属性的Required特性还跟了参数ErrorMessage，这样一旦name为空，则提示"请输入您的姓名"，而其他两个属性的Required特性没有ErrorMessage参数，则当属性值为空时会提示"xxx字段不能为空"。

在Models层（这里是Student.cs文件）上引入System.ComponentModel.DataAnnotations命名空间。在Student.cs开头添加如下代码：

```
using System.ComponentModel.DataAnnotations;
```

（3）添加验证方法。打开HomeController.cs，为类HomeController添加一个方法：

```
using testRequired.Models;
public ActionResult validate(Student userInfo)
{
    Student _userInfo = new Student();        //实例化Student
    _userInfo.name = userInfo.name;           //获取学生姓名
    //进行验证工作等
    return View("Index");                      //返回Index视图
}
```

这个方法必须有一个Student类型的参数，否则页面上不会有验证结果。方法的开头两句其实注释掉也没事，这里就是假装获取，真正的业务逻辑在获取姓名等字段后还要进行其他逻辑验证。最后返回Index视图，这个必须有。参数"Index"不能省略，如果省略，则返回的是名为validate.cshtml的视图，而这个文件并不存在，于是就报错了。

（4）添加视图代码。这里我们准备添加1个表单和3个编辑框，用于用户输入一些信息后提交表单。

注意，要在前端页面的编辑框下加上对应的@Html.ValidationMessageFor(Model => Model.属性)，表示对应的编辑框需要验证，验证错误会显示错误信息。但也要注意：仅有Html.ValidationMessageFor是不够的。打开Views/Home下的Index.cshtml，删除原有代码，并添加如下代码：

```
@model testRequired.Models.Student
<!--注意：以下表单将提交到本类对应的Controller控制器上-->
@using (Html.BeginForm("validate", "Home"))
{
    <div>
        @Html.LabelFor(Model => Model.name)
        @Html.TextBoxFor(Model => Model.name, new { @class = "form-control", placeholder
= "输入你的姓名" })
        @Html.ValidationMessageFor(Model => Model.name)
    </div>
    <div>
        @Html.LabelFor(Model => Model.gender)
        @Html.TextBoxFor(Model => Model.gender, new { @class = "form-control", placeholder
= "输入你的性别" })
        @Html.ValidationMessageFor(Model => Model.gender)
    </div>
    <div>
        @Html.LabelFor(Model => Model.age)
        @Html.TextBoxFor(Model => Model.age, new { @class = "form-control", placeholder
= "输入你的年龄" })
        @Html.ValidationMessageFor(Model => Model.age)
    </div>
    <input type="submit" value="提交" />
}
```

我们定义了一个表单，并在表单中包含了3对label和TextBox，在TextBox定义后通过Html.ValidationMessageFor来表明，验证错误时会有相应提示。如果不加Html.ValidationMessageFor，则验证错误时不会有提示。因此必须加上它。此外，我们的表单通过方法BeginForm的参数指定了提交后所要执行的控制器方法，这里是Home控制器下的validate方法，这个方法前面定义了。需要注意的是，如果不指定表单提交后的控制器方法，则当编辑框输入不合规时也不会有提示。此外，这个自定义方法必须有一个实体模型类的参数。另外，我们也通过class = "form-control"为编辑框设置了比较好看的样式，并且通过placeholder属性指定文本框的占位符，即当用户还没有输入值时，向用户显示默认的描述性说明。这些都是前端知识。

（5）运行程序，我们故意不输入数据就提交，然后就有提示了。如果我们在age编辑框中输入非数字，也会有不同的提示，如图8-3所示。这是因为age字段在实体模型类中的数据类型是int，现在输入非数字，所以认为输入的内容无效。

图 8-3

8.2.2 StringLength 字符串长度验证

StringLength特性能够验证用户输入的字符串长度，控制字段的长度在一定范围内。如果超过规定的范围，就会引发异常。它常用的参数有两个：一个是MinimumLength，另外一个是ErrorMessage。MinimumLength规定最少要输入的字符数，而ErrorMessage可以自定义报错信息。其用法示例如下：

```
[StringLength(10, MinimumLength = 4, ErrorMessage = "名称长度只能介于4到10之间")]
public string name { get; set; }
```

代码中规定了属性name的长度至少是4，最大是10。如果不在这个范围内，则提示ErrorMessage的值。

【例8.2】约束文本框输入的长度

（1）把例8.1复制一份到某个目录，然后用Visual Studio打开。在Student.cs中为name属性添加StringLength特性，代码如下：

```
[Required(ErrorMessage = "姓名不能为空")]
[StringLength(10, MinimumLength = 4, ErrorMessage = "名称长度只能介于4到10之间")]
public string name { get; set; }
```

可以看到，现在name属性有两个特性来约束它了。

（2）运行程序，在name下的编辑框中输入两个字符，比如kk，再单击"提交"按钮，就出现相应的提示了，如图8-4所示。

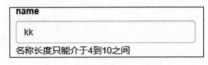

图 8-4

8.2.3　RegularExpression 正则表达式验证

RegularExpression特性能够对用户的输入进行正则表达式验证。正则表达式是一种检查字符串格式和内容的简洁有效的验证方式。

RegularExpression翻译出来就是正则表达式。顾名思义，该特性可以将强大的正则表达式应用于模型对象的属性上。正则表达式是一种强大的文本处理工具，用于描述和匹配文本中的特定模式。它由普通字符和元字符（特殊字符）组成，这些元字符具有特殊含义，用于定义匹配规则。正则表达式可以从一个基础字符串中根据一定的匹配模式替换文本中的字符串、验证表单、提取字符串等。下面的正则表达式能够有效验证Email地址：

```
[RegularExpression(@"[A-Za-z0-9._%+-]+@[A-Za-z0-9.-]+\.[A-Za-z]{2,4}",ErrorMessage="
Email格式不对")]
public string email { get; set; }
```

【例8.3】验证Email

（1）把例8.2复制一份到某个目录，然后用Visual Studio打开。在Student.cs中为类Student添加一个email属性，代码如下：

```
[Required(ErrorMessage = "Email不能为空")]
[RegularExpression(@"[A-Za-z0-9._%+-]+@[A-Za-z0-9.-]+\.[A-Za-z]{2,4}",
ErrorMessage="Email格式不对")]
public string email { get; set; }
```

可以看到，现在email属性有两个特性来约束它了，当页面上输入的Email格式不对时，将提示ErrorMessage的值。

（2）在视图页面index.cshtml上添加email的输入框，代码如下：

```
<div>
    @Html.LabelFor(Model => Model.email)
    @Html.TextBoxFor(Model => Model.email, new { @class = "form-control", placeholder
= "输入你的Email" })
    @Html.ValidationMessageFor(Model => Model.email)
</div>
```

（3）运行程序，在email下的编辑框输入两个字符，比如 kk@，再单击"提交"按钮，就出现相应的提示，如图8-5所示。 这说明正则表达式校验起作用了。

图 8-5

正则表达式会带来不少的开发便利，这里分享一些常见的 正则表达式，或许读者在以后的工作中会用到，具体如下：

```
验证数字：^[0-9]*$
验证n位的数字：^\d{n}$
验证至少n位数字：^\d{n,}$
验证m-n位的数字：^\d{m,n}$
验证零和非零开头的数字：^(0|[1-9][0-9]*)$
验证有两位小数的正实数：^[0-9]+(.[0-9]{2})?$
验证有1-3位小数的正实数：^[0-9]+(.[0-9]{1,3})?$
验证整数和一位小数：^[0-9]+(.[1-9]{1})?$
验证非零的正整数：^\+?[1-9][0-9]*$
验证非零的负整数：^\-[1-9][0-9]*$
验证非负整数（正整数 + 0）：^\d+$
验证非正整数（负整数 + 0）：^((-\d+)|(0+))$
验证长度为3的字符：^.{3}$
验证由26个英文字母组成的字符串：^[A-Za-z]+$
验证由26个大写英文字母组成的字符串：^[A-Z]+$
验证由26个小写英文字母组成的字符串：^[a-z]+$
验证由数字和26个英文字母组成的字符串：^[A-Za-z0-9]+$
验证由数字、26个英文字母或者下画线组成的字符串：^\w+$
验证用户密码：^[a-zA-Z]\w{5,17}$ 。正确格式为：以字母开头，长度为6~18，只能包含字符、数字和下画线
验证是否含有 ^%&',;=?$\"等字符：[^%&',;=?$\x22]+
验证汉字：^[\u4e00-\u9fa5]+$
验证Email地址：^(\w)+(\.\w+)*@(\w)+((\.\w{2,3}){1,3})$
验证InternetURL：
^http://([\w-]+\.)+[\w-]+(/[\w-./?%&=]*)?$ ^[a-zA-z]+://(w+(-w+)*)(.(w+(-w+)*))*(?S*
)?$
验证电话号码：^(\(\d{3,4}\)|\d{3,4}-)?\d{7,8}$。正确格式为：XXXX-XXXXXXX，XXXX-XXXXXXXX，
XXX-XXXXXXX，XXX-XXXXXXXX，XXXXXXX，XXXXXXXX
验证身份证号（15位或18位数字）：^\d{15}|\d{18}|\d{17}X$
验证一年的12个月：^(0?[1-9]|1[0-2])$ 。正确格式为：01~09和1~12
验证一个月的31天：^((0?[1-9])|((1|2)[0-9])|30|31)$ 。正确格式为：01、09和1、31
整数：^-?\d+$
非负浮点数（正浮点数 + 0）：^\d+(\.\d+)?$
正浮点数：^(([0-9]+\.[0-9]*[1-9][0-9]*)|([0-9]*[1-9][0-9]*\.[0-9]+)|
([0-9]*[1-9][0-9]*))$
非正浮点数（负浮点数 + 0）：^((-\d+(\.\d+)?)|(0+(\.0+)?))$
负浮点数：^(-(([0-9]+\.[0-9]*[1-9][0-9]*)|([0-9]*[1-9][0-9]*\.[0-9]+)|
([0-9]*[1-9][0-9]*)))$
浮点数：^(-?\d+)(\.\d+)?
0~100的数，小数点后面最多两位：^(?:(?!0\d)\d{1,2}(?:\.\d{1,2})?|100(?:\.0{1,2})?)
```

8.2.4 Range 数值范围验证

Range特性用来限制数值属性的取值范围。比如：

```
[Range(8,14, ErrorMessage = "学生年龄范围在8到14岁之间")]
public int age { get; set; }
```

该特性的第一个参数设置的是最小值，第二个参数设置的是最大值，这两个值也包含在范围之内。Range特性既可用于int类型，也可用于double类型。

在该特性所对应的类的构造函数的另一个重载版本中，有一个System.Type类型的参数和两个字符串（这样就可以给decimal类型的实体属性添加限制范围了），如限定价格在0.00和49.99之间：

```
[Range(typeof(decimal),"0.00", "49.00")]  //注意这里的最小值和最大值是字符串类型
public decimal Price {get; set;}
```

其中，typeof用于获取类型的System.Type对象，比如：

```
System.Type type = typeof(int);
```

这些特性在后台其实都有对应的类，比如Range特性对应的是RangeAttribute类，它的定义如下：

```
//为数据字段的值指定数值范围约束
public class RangeAttribute : ValidationAttribute
{
    //构造函数，使用指定的最小值和最大值初始化
    public RangeAttribute(int minimum, int maximum);

    //   type:指定要测试的对象的类型
    //   minimum:指定数据字段值所允许的最小值
    //   maximum:指定数据字段值所允许的最大值
    public RangeAttribute(Type type, string minimum, string maximum);//也是构造函数
    public object Minimum { get; } //获取所允许的最小字段值
    public object Maximum { get; } //获取所允许的最大字段值
    public Type OperandType { get; } //获取必须验证其值的数据字段的类型
    //对范围验证失败时显示的错误消息进行格式设置
    public override string FormatErrorMessage(string name);
    //检查数据字段的值是否在指定的范围中
    //   value:要验证的数据字段值
    //   返回结果:如果指定的值在此范围中，则为true；否则为false
    public override bool IsValid(object value);
}
```

可以看出有两个构造函数。我们看第二个构造函数，其第一个参数是System.Type对象，可以用typeof获取；后两个参数的类型都是字符串类型，这点要注意。从这个类的诸多成员方法可以看出，我们其实只用到一部分功能，以后开发还可以根据需求使用更多的功能。

【例8.4】限制数值范围

（1）把例8.3复制一份到某个目录，然后用Visual Studio打开。在Student.cs中，为age属性添加Range特性，把年龄限制在8～14岁，代码如下：

```
[Range(8, 14, ErrorMessage = "学生年龄范围在8到14岁之间")]
```

再为类Student添加一个tuition属性，代码如下：

```
[Required(ErrorMessage = "学费不能为空")]
[Range(typeof(decimal), "1000.00", "3000.98", ErrorMessage = "学费的范围是1000.00和
3000.98之间")]
public decimal tuition{ get; set; }
```

当在页面上输入的年龄和学费范围不对时，将提示ErrorMessage的值。

（2）在视图页面index.cshtml上添加学费的输入框，代码如下：

```
<div>
    @Html.LabelFor(Model => Model.tuition)
    @Html.TextBoxFor(Model => Model.tuition, new { @class
= "form-control", placeholder = "输入你缴纳的学费" })
    @Html.ValidationMessageFor(Model => Model.tuition)
</div>
```

（3）运行程序，然后在age下的编辑框中输入88，在tuition
下的编辑框中输入8，则提示相应的报错，如图8-6所示。

图 8-6

8.2.5 Compare 特性

Compare特性确保模型对象的两个属性拥有相同的值，一般用于校验客户的重复输入数据。其
用法示例如下：

```
[RegularExpression(@"[A-Za-z0-9._%+-]+@[A-Za-z0-9.-]+\.[A-Za-z]{2,4}")]
public string email {get; set;}  // email是一个属性，表示电子邮件

[Compare("email", ErrorMessage = "邮箱要相同")]
public string EmailConfirm {get; set;} // EmailConfirm是另外一个属性，用于确认电子邮件
```

【例8.5】校验两属性是否匹配

（1）把例8.4复制一份到某个目录，然后用Visual Studio打开。在Student.cs中，在email属性下
面添加EmailConfirm属性，并用Compare特性来修饰，代码如下：

```
[Compare("email")]
public string EmailConfirm { get; set; } // EmailConfirm是另外一个属性，用于确认电子邮件
```

其中，Compare的字符串类型参数表示要与当前属性进行比较的属性。我们的当前属性是
EmailConfirm，要与它比较的属性是email。这里没有用ErrorMessage，这样一旦两个属性值不同，
则用系统默认的提示信息来显示。另外，新属性名字EmailConfirm和要比较的属性名字email没有关
系，取其他属性名也可以。

（2）在视图页面index.cshtml上添加Email确认的输入框，代码如下：

```
<div>
    @Html.LabelFor(Model => Model.EmailConfirm)
    @Html.TextBoxFor(Model => Model.EmailConfirm, new { @class = "form-control",
placeholder = "再次输入你的Email" })
    @Html.ValidationMessageFor(Model => Model.EmailConfirm)
</div>
```

（3）运行程序，我们在页面上输入两个不同的Email，
则会出现两者不一致的提示，如图8-7所示。

8.2.6 Remote 远程服务器验证

大多数的开发者可能会遇到这样的情况：在创建用户之
前，有必要去检查数据库中是否已经存在相同名字的用户。

图 8-7

换句话说，我们要确保程序中只有唯一的用户名，不能有重复的。相信大多数人对此都有不同的解
决方法，而ASP.NET MVC也为我们提供了一个特性，就是Remote验证，用它可以解决类似的问题。

Remote特性在客户端触发输入字段的验证时触发。具体来说，当用户与输入字段交互（比如输入文字或者更改值）时，如果该字段绑定了Remote特性，则会向服务器发送一个异步请求来验证该字段值的唯一性。如果服务器端返回的是true，则表示该值是唯一的，验证通过；如果返回的是false，则表示该值不唯一，验证失败，并显示设置的错误消息。注意，Remote特性位于命名空间System.Web.Mvc中。

另外，在视图文件中，还需要引用两个JS文件：

```
@section scripts{
    <script src="~/Scripts/jquery.validate.js"></script>
    <script src="~/Scripts/jquery.validate.unobtrusive.js"></script>
}
```

这样Remote特性才会生效。这两个文件在新建项目时，Visual Studio就自动帮我们包含在项目的Scripts文件夹中，它们都是和验证有关的JS文件。

【例8.6】验证用户名是否唯一

（1）把例8.5复制一份到某个目录，然后用Visual Studio打开。在Student.cs中，在文件开头添加命名空间：

```
using System.Web.Mvc; //Remote特性需要的命名空间
```

然后为属性name添加Remote特性，代码如下：

```
[System.Web.Mvc.Remote("chkName","Home", ErrorMessage = "用户名已经存在,请勿重复注册!"))]
```

其中chkName是控制器Home中定义的方法，这个方法将检查用户名。在Remote特性中可以设置客户端代码要调用的控制器名称和操作名称。客户端代码会自动把用户输入的name属性值发送到服务器。该特性的一个重载构造方法还允许指定要发送给服务器的其他字段。

（2）准备数据源。既然这里要验证用户名是否重复，那肯定要到数据源中检索该用户名是否唯一，数据源可以是数据库，也可以是一个列表。这里为了简便起见，就定义一个列表作为数据源。在Visual Studio中，右击Modes文件夹，在弹出的快捷菜单中选择"添加"→"类"命令，添加一个类名为MyRemoteStaticData的类，然后在该类中添加一个列表，代码如下：

```
public class MyRemoteStaticData
{
    public static List<Student> studentList //定义一个静态列表
    {
        get
        {
            return new List<Student>() //返回列表实例
            {
                new Student(){name="李香兰",email="lxl@163.com"}, //实例化一个学生
                new Student(){name="叔本华",email="xbh@163.com"} //实例化一个学生
            };
        }
    }
}
```

（3）在Remote指定的控制器中添加方法，这里是Home控制。打开HomeController.cs，在类HomeController中添加方法chkName，代码如下：

```
public JsonResult chkName(string name)
{
    //如果存在用户名，即isExists=true
    bool isExists = MyRemoteStaticData.studentList.Where(s =>
s.name.ToLowerInvariant().Equals(name.ToLower())).FirstOrDefault() != null;
    //然后向前端返回false，表明已经存在userName
    return Json(!isExists, JsonRequestBehavior.AllowGet); //返回JSON数据
}
```

这个方法的返回类型必须是JsonResult，这种类型的result用于向页面输出JSON格式的数据，它可以将JSON字符串输出到请求发起的位置。具体来说，是可以将Action中指定的属性做成JSON字符串输出。方法的参数名字必须和视图中文本框控件的名字一样，但大小写均可。然后我们在chkName方法中通过Where子句查询列表中是否有和参数name一样的记录，如果FirstOrDefault返回非空，则说明存在，那么isExists就被赋值为true。Where子句中用到了Lambda表达式，ToLowerInvariant返回当前字符串的等效小写形式。Equals方法用于比较两个字符串对象是否相等。ToLower也是将字符串转换为小写。FirstOrDefault方法是LINQ方法之一，用于从序列中返回第一个元素，如果元素不存在，则返回null。这里我们是在列表中查找元素，实际应用中更多的是在数据库中查询，此时的查询代码可写成如下形式：

```
var res = db.Student.Where(s=>s.name==name).Count()==0;
```

或者：

```
//这里的逻辑是检查数据库，确保name是唯一的
bool isUnique = !dbContext.Users.Any(u => u.name == name);
return Json(isUnique, JsonRequestBehavior.AllowGet);
```

总之，都是在数据源中查询与参数name相同的元素。

chkName方法最终返回JSON数据，它通过方法Json实现，该方法在抽象类Controller下，其声明如下：

```
JsonResult Json(object data, JsonRequestBehavior behavior);
```

该方法创建JsonResult对象，该对象使用指定JSON请求行为将指定对象序列化为JavaScript对象表示法（JSON）格式。其参数data表示要序列化的结果数据，参数behavior表示JSON请求行为，这里取值是JsonRequestBehavior.AllowGet，表示允许GET请求。MVC出于对网站数据的保护，默认禁止通过GET请求返回JsonResult数据，我们可以在返回JSON时传入第二个参数JsonRequestBehavior.AllowGet。当然，也可以修改前端代码，使用POST方式来获取数据。

（4）在视图文件中包含JS文件。前端代码不需要修改内容，只需要增加JS文件的引用即可。在Views/Home/Index.cshtml的末尾添加如下代码：

```
@section scripts{
    <script src="~/Scripts/jquery.validate.js"></script>
    <script src="~/Scripts/jquery.validate.unobtrusive.js"></script>
}
```

这两个JS文件都在Scripts目录下，都是Visual Studio自动生成的。

（5）运行程序，然后在name下面输入"李香兰"，刚输完这3个字或按下Tab键时，就会提示重复了，如图8-8所示。

图 8-8

这个范例在页面上显示的"用户名已经存在，请勿重复注册！"信息来自ErrorMessage，有点不灵活，比如不能显示具体的用户名。

Remote特性可以指定将来异步请求的Action名称、Controller名称和错误消息，并且可以指定HTTP请求方式。很多人说，该特性只能用在GET请求中，这里特意使用POST请求以正视听。GET一般用于获取和查询资源信息，而POST一般用于提交和更新资源信息。在视图中，表单的默认访问方式是FormMethod.Post（不会将请求显示在地址栏中），即表单不指定访问方式（默认形式为POST）。在控制器中，操作方法不标注属性，默认为HttpGet属性。

下面再来看一个范例，把要在页面上显示的信息放在返回的Json函数中。

【例8.7】提示词包含在Json函数中

（1）打开Visual Studio，新建一个MVC Web项目，项目名称是test。

（2）很多系统中都有会员这个功能，在前台注册会员时，用户名不能与现有的用户名重复，还要求输入手机号码去注册，同时手机号码也需要验证是否重复。这里添加实体类，并为属性加上验证注解特性。在Visual Studio的"解决方案资源管理器"中对Models文件夹右击，在弹出的快捷菜单中选择"添加"→"类"命令来添加一个类，类名是Member。然后在Member.cs中为类Member添加如下代码：

```
using System.Web.Mvc;  //Remote特性需要这个命名空间
...
public class Member
{
    public int Id { get; set; }
    [Required(ErrorMessage = "请填写用户名")]
    [Remote("CheckName", "Member", HttpMethod = "POST")]
    public string Name { get; set; }  //用户名属性

    [Required(ErrorMessage = "请填写密码")]
    [StringLength(16, ErrorMessage = "请填写6到16位的密码", MinimumLength = 6)]
    public string Password { get; set; }  //密码属性

    [Required(ErrorMessage = "请填写手机号码")]
    [RegularExpression(@"^1\d{10}$", ErrorMessage = "手机号码格式错误")]
    [Remote("CheckMobile", "Member", HttpMethod = "POST")]
    public string Mobile { get; set; }  //手机号码属性
}
```

我们定义了3个成员属性，其中用户名和手机号码用了Remote特性，并指定了控制器为Member，行动方法为CheckName和CheckMobile，分别用来检查用户名和手机号码是否唯一。另外，这里也用了RegularExpression特性来检查手机号码格式。

需要注意，这里的Remote的特性通过参数HttpMethod指定了用于远程验证的HTTP方法为POST。如果不指定，则用于远程验证的HTTP方法采用默认的GET方式。既然这里指定了POST，那么控制器方法CheckName和CheckMobile也要显式地加上[HttpPost]。因为在控制器中，操作方法若不标注HTTP特性，则默认为HttpGet，那么也就不会调用这个方法了，所以必须加上这个其实好理解，Remote指定了远程提交方法为POST，控制器收到请求后，一看是POST提交方式，就要去调用标记有POST的方法，如果不存在这个方法，也就不会对前端有反馈了。

（3）添加控制器。在Visual Studio中对Controllers右击，在弹出的快捷菜单中选择"添加"→

"控制器"命令，在"添加已搭建基架的新项"对话框上选择"MVC控制器-空"，然后单击"添加"按钮。在MemberController.cs中为类MemberController添加检查用户名是否唯一的方法CheckName，代码如下：

```
[HttpPost]    //这个Post特性不要忘记
public JsonResult CheckName(string Name)
{
    if (!string.IsNullOrWhiteSpace(Name) && Name.Trim() == "test")
    {
        return Json("用户名" + Name + "已存在", JsonRequestBehavior.AllowGet);
    }
    return Json(true, JsonRequestBehavior.AllowGet);
}
```

这里假设已经有了test这个会员，如果注册时填写的也是test这个名字，则验证不通过。

这里只是模拟，实际情况一般是读取数据库等，去判断是否存在该名字的会员。注意，当用户传过来的Name是test时，我们返回的Json函数的第一个参数是一个字符串，这个字符串最终将显示到视图上，而且这个字符串包含了Name，这样的提示看起来更友好、更明确。当Name不是test时，Json函数的第一个参数是true，表示该Name值不存在。

一个Action只能用一个HTTP特性，例如HttpPost不能与HttpGet或者多个HttpPost重复使用，否则会出错。注意，这里的[HttpPost]特性不要忘记，因为Remote那里已经指定了提交方式为POST，必须对应起来，这样才会调用该方法。当Post被提交的时候，要进入标记有[HttpPost]的Action（或者此Action才能被调用）。

当然，这里完全可以去掉Remote和Action上的Post，我们的目的是证明POST提交方式也可用于Remote而已。

下面再为类MemberController添加检查手机号码唯一性的方法CheckMobile，代码如下：

```
[HttpPost]
public JsonResult CheckMobile(string Mobile)
{
    if (!string.IsNullOrWhiteSpace(Mobile) && Mobile.Trim() == "17788889999")
    {
        return Json("手机号码已被注册", JsonRequestBehavior.AllowGet);
    }
    return Json(true, JsonRequestBehavior.AllowGet);
}
```

这里假设手机号码17788889999已经注册，如果再使用该号码注册，则验证不通过。这里的手机号码17788889999不具有真实性，只是举例使用。这里只是模拟，实际情况是读取数据库等去判断是否存在该手机号码的会员。

（4）添加视图。在Visual Studio中的"解决方案资源管理器"中，对"Views"→"Member"右击，在弹出的快捷菜单中选择"添加"→"视图"命令，然后设置视图名称为Index。在Index.cshtml中添加如下代码：

```
@model test.Models.Member

@using (Html.BeginForm())
{
    @Html.AntiForgeryToken()
```

```
    <div class="form-horizontal">
        <h4>注册</h4>
        <hr />
        @Html.ValidationSummary(true, "", new { @class = "text-danger" })
        <div class="form-group">
            @Html.LabelFor(model => model.Name, htmlAttributes: new { @class =
"control-label col-md-2" })
            <div class="col-md-10">
                @Html.EditorFor(model => model.Name, new { htmlAttributes = new { @class
= "form-control" } })
                @Html.ValidationMessageFor(model => model.Name, "", new { @class =
"text-danger" })
            </div>
        </div>
        <div class="form-group">
            @Html.LabelFor(model => model.Password, htmlAttributes: new { @class =
"control-label col-md-2" })
            <div class="col-md-10">
                @Html.EditorFor(model => model.Password, new { htmlAttributes = new { @class
= "form-control" } })
                @Html.ValidationMessageFor(model => model.Password, "", new { @class =
"text-danger" })
            </div>
        </div>
        <div class="form-group">
            @Html.LabelFor(model => model.Mobile, htmlAttributes: new { @class =
"control-label col-md-2" })
            <div class="col-md-10">
                @Html.EditorFor(model => model.Mobile, new { htmlAttributes = new { @class
= "form-control" } })
                @Html.ValidationMessageFor(model => model.Mobile, "", new { @class =
"text-danger" })
            </div>
        </div>
        <div class="form-group">
            <div class="col-md-offset-2 col-md-10">
                <input type="submit" value="Create" class="btn btn-default" />
            </div>
        </div>
    </div>
}

@section scripts{
    <script src="~/Scripts/jquery.validate.js"></script>
    <script src="~/Scripts/jquery.validate.unobtrusive.js"></script>
}
```

我们定义了一个表单，因为BeginForm没有带参数，所以提交后执行Member控制器的Index方法。在这个表单内，我们创建了3个标签（label）、3个输入编辑框（input），以及1个提交按钮。Html.ValidationSummary返回System.Web.Mvc.ModelStateDictionary对象中验证消息的未排序列表（ul元素），还可以选择仅显示模型级错误。

为了显示美观，我们在代码中用了一些前端div和Bootstrap的知识。Bootstrap是美国Twitter公司的设计师Mark Otto和Jacob Thornton合作开发的简洁、直观、强悍的前端开发框架，这个框架基于HTML、CSS、JavaScript，使得Web开发更加快捷。Bootstrap提供了优雅的HTML和CSS规范，它由动态CSS语言Less写成。class="form-group"可以把<div>中包含的<label>和<input>表示为一组。class="form-horizontal"用于将表单元素横向布局。class = "text-danger"用于让危险警告提示的文本颜色为红色，类似的还有"text-warning"、"text-info"等。col-sm-2指的是12栅格系统在小屏幕下占两列。col-md-x是Bootstrap栅格系统中的一个类，用于设置网页布局中一个元素所占据的列数为x；"-"后面的数字表示该元素占据的列数，最多为12；md表示中等屏幕（Medium Screen）大小，适用于屏幕宽度大于或等于768px的设备。col-md-offset-2表示向右偏移两列。class='form-control'是一种HTML标记，表示一个表单控件的样式类（class），该样式类通常用于设置表单元素的外观和布局。class="control-label"的效果是右对齐，在右边有输入框的情况下，label的文字向右靠。class="btn btn-default"表示设置按钮的默认样式。

最重要的是，我们要在@section scripts中引用两个JS文件，这两个JS文件都是和验证相关的。在Razor视图中，若要使用<script></script>，则必须用@section scripts{}括起来。

（5）运行程序，在浏览器地址栏中输入https://localhost:44340/member/，44340是笔者自己的端口号，这个要改成读者自己的。打开页面后，在name下面的编辑框中输入test，然后按Tab键，就可以出现重复提示了，如图8-9所示。

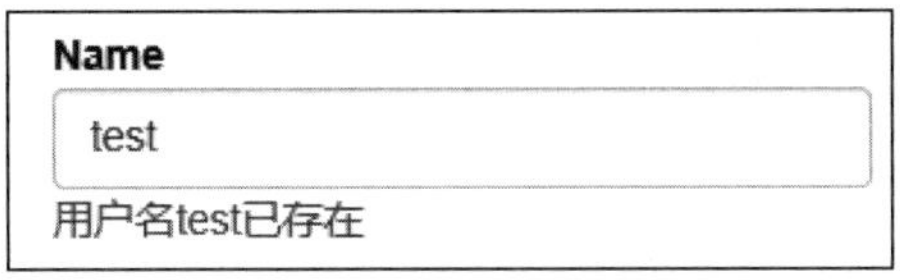

图 8-9

8.3　显示性注解

显示性的注解用于在视图页面上显示更容易让人理解的文字语言。比如，如果页面上显示UserName，则没有学过英文的老年人就不一定知道什么意思，此时显示"用户名""姓名"之类的文字就显得更友好。常用的显示性注解具体有如下几个：

- [DisplayName]：指定本地化的字符串（习惯用语类）。
- [Display]：指定本地化的字符串（习惯用语属性）。
- [DisplayFormat]：设置数据字段的格式。
- [ReadOnly]：指定该特性所绑定到的属性是只读属性还是读/写属性。
- [HiddenInput]：指示是否应将属性值或字段值呈现为隐藏的input元素。
- [ScaffoldColumn]：指定类或数据列是否使用基架。
- [UIHint]：指定动态数据用来显示数据字段的模板。

8.3.1　DisplayName 显示属性名称

DisplayName特性专门用于显示属性的友好名称（即为属性显示一个好记、好认的名字），该特性位于命名空间System.ComponentModel中。其用法如下：

```
[DisplayName("姓名")]
public string Name { get; set; }
[DisplayName("手机号")]
public string Mobile { get; set; }
```

【例8.8】显示属性的友好名称

（1）把上例复制一份到某个目录，然后用Visual Studio打开。在Member.cs的开头添加System.ComponentModel的引用：

```
using System.ComponentModel;
```

再为Name、Password和Mobile等属性添加DisplayName特性，代码如下：

```
public class Member
{
    public int Id { get; set; }

    [DisplayName("姓名")]
    [Required(ErrorMessage = "请填写用户名")]
    [Remote("CheckName", "Member", HttpMethod = "POST")]
    public string Name { get; set; }
    [Required(ErrorMessage = "请填写密码")]
    [StringLength(16, ErrorMessage = "请填写6到16位的密码", MinimumLength = 6)]

    [DisplayName("密码")]
    public string Password { get; set; }

    [DisplayName("手机号码")]
    [Required(ErrorMessage = "请填写手机号码")]
    [RegularExpression(@"^1\d{10}$", ErrorMessage = "手机号码格式错误")]
    [Remote("CheckMobile", "Member", HttpMethod = "POST")]
    public string Mobile { get; set; }
}
```

（2）运行程序，在浏览器的地址栏中输入https://localhost:44340/ member/，结果如图8-10所示。

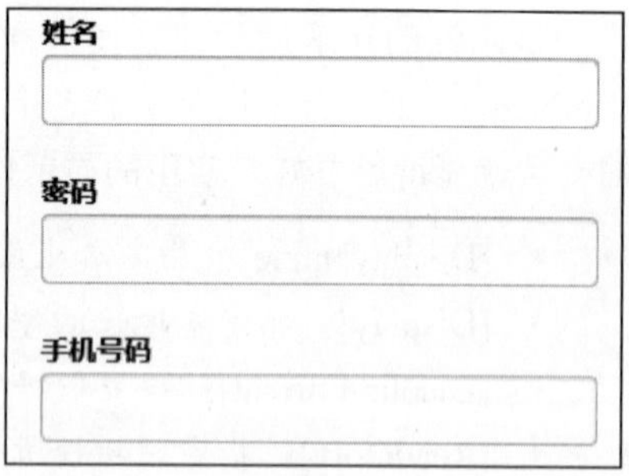

除了DisplayName，还有类似的Display特性，同样可以为实体模型属性显示友好名称，而且其功能比DisplayName更加丰富一些。另外，该特性包含在命名空间System.ComponentModel.DataAnnotations中，不像DisplayName，还要专门为其引用System.ComponentModel。

特性Display最常见的用法就是通过参数Name指定显示的内容，比如：

图 8-10

```
using System.ComponentModel.DataAnnotations;
[Display(Name="密码")]
public string Password { get; set; }
```

还可以通过参数Order指定显示的顺序，Order用于获取或设置属性的排序权重。还有ShortName参数可以用来显示简短名称等。

8.3.2　DisplayFormat 设置显示格式

在ASP.NET MVC中，使用@Html.DisplayFor展示DateTime类型时，默认格式可能不符合需求。即字段定义成DateTime类型，那么在视图中会默认显示成年月日时分秒的方式（如：14/12/16 15:54:13）。如果只想显示成年月日的形式，不要时分秒，此时可以在属性上添加DisplayFormat特性，比如：

```
[DisplayFormat(DataFormatString = "{0:yyyy年MM月dd日}")]
public virtual System.DateTime CreateTime { get; set; }
```

通过该特性的参数DataFormatString，我们设置"yyyy年MM月dd日"这样的日期来显示在页面上。注意，"0:"不要省略。

【例8.9】设置日期格式

（1）打开Visual Studio，新建一个MVC Web项目，项目名称是test。

（2）在Visual Studio的"解决方案资源管理器"中对Models文件夹右击，在弹出的快捷菜单中选择"添加"→"类"命令来添加一个类，类名是Member，然后在Member.cs中添加两个命名空间：

```
using System.ComponentModel.DataAnnotations;
using System.Web.Mvc;  //for remote
```

再为类Member添加如下代码：

```
public class Member
{
    public int Id { get; set; }
    [Display(Name="姓名")]
    [Required(ErrorMessage = "请填写用户名")]
    [Remote("CheckName", "Member", HttpMethod = "POST")]
    public string Name { get; set; }

    [Display(Name = "注册日期")]
    [DisplayFormat(DataFormatString = "{0:yyyy年MM月dd日}")]
    public virtual System.DateTime CreateTime { get; set; }
}
```

我们让属性CreateTime的日期值在页面上以"yyyy年MM月dd日"格式显示，如果不用DisplayFormat来设置格式，则DateTime的默认格式还会显示时分秒。

（3）实例化类Member。添加一个名为MemberController的空的MVC5控制器，在MemberController.cs的Index方法中输入如下代码：

```
public ActionResult Index()
{
    Models.Member myMember = new Models.Member { Id = 1, Name = "Tom", CreateTime =
DateTime.Now };
    return View(myMember);
}
```

我们实例化了一个Member对象，并将其传给视图，这样视图页面上就可以获得这个对象。

（4）添加视图代码。在Visual Studio的View/Member/下添加一个名为Index的视图，打开Views/Member/Index.cshtml，添加如下代码：

```
@model test.Models.Member
<hr />
<dt>@Html.DisplayNameFor(m => m.Name);   </dt>
<dd>@Html.DisplayFor(m => m.Name)</dd>
<dt>@Html.DisplayNameFor(m => m.CreateTime);</dt>
<dd>@Html.DisplayFor(m => m.CreateTime)</dd>
```

标签dt（define list title）用于生成定义列表中各列表项的标题；标签dd（define list define）用于生成定义列表各列表项的说明文字段，重复使用可以定义多个说明文字段。dd是对应dt的简短说明或解释。

@Html.DisplayNameFor用于显示属性名，由于我们为属性设置了友好名称，因此这里将显示属性的友好名称。Html.DisplayFor用于显示属性值。

每个视图都是一个继承自WebViewPage<TModel>的类。Html是这个类的一个属性，类型是HtmlHelper<TModel>。

（5）运行程序，在浏览器中输入URL"https://localhost:44340/Member/"。运行结果如图8-11所示。

姓名：
Tom
注册日期：
2024年09月03日

图 8-11

8.3.3 ReadOnly 设置只读

当我们在前端视图中输入内容后，模型绑定器会更新被绑定的属性的值，但有些值我们可能希望它永远都不要被更新，此时就可以使用ReadOnly特性。注意，O要大写。

ReadOnly特性允许开发者通过简单的标记来指定类或成员的只读状态。当应用于类时，整个类变为只读；当应用于成员（如字段或属性）时，该成员在构造函数之外不能被修改。

另外，在ReadOnly特性的命名空间System.ComponentModel中，ReadOnly不能单独使用，必须指定true或false参数。这是因为该特性对应的ReadOnlyAttribute类的唯一构造函数就带有一个参数：

```
ReadOnlyAttribute(bool isReadOnly);
```

参数isReadOnly表示如果该特性所绑定的属性为只读属性，则为true；如果该属性为读/写属性，则为false。因此，我们就要这样使用该特性：

```
using System.ComponentModel;//for ReadOnly

[ReadOnly(true)]  //标记属性ReadonlyProperty为只读属性
public int ReadonlyProperty { get; }
```

需要注意，这里的ReadOnly特性仅用于标记属性为只读，它不会自动生成只读的HTML属性。如果要在视图上看起来只读，则需要在视图中相应地添加html属性（readonly）到HTML元素中，比如：

```
 @Html.EditorFor(model => model.CreateTime, new { htmlAttributes = new { @readonly =
"readonly" } })
```

这样，可以让用户无法在视图上修改。使用ReadOnly特性可以带来以下逻辑优势：

（1）提高代码安全性：防止意外的修改，减少运行时错误。

（2）增强代码可读性：明确标记只读成员，使代码意图更清晰。

（3）优化性能：编译器可以优化只读成员的访问。

在ASP.NET应用程序中,以下场景适合使用ReadOnly特性:

(1)配置信息:如数据库连接字符串、API密钥等。

(2)常量:如数学常数、枚举值等。

(3)缓存数据:如从数据库或服务中检索的数据。

有了ReadOnly特性,我们就可以确保默认模型绑定器不使用请求中的新值来更新。

【例8.10】不使用请求中的新值来更新属性

(1)打开Visual Studio,新建一个MVC Web项目,项目名称是test。

(2)准备添加实体类,并为属性加上只读特性。在Visual Studio的"解决方案资源管理器"中对Models文件夹右击,在弹出的快捷菜单中选择"添加"→"类"命令来添加一个类,类名是UserModel,然后打开UserModel.cs,为类UserModel添加如下代码:

```
using System.ComponentModel;//for ReadOnly

namespace test.Models
{
    public class UserModel  //这是一个简单的模型类
    {
        public string name { get; set; }  //姓名属性
        [ReadOnly(true)]  //注意用方括号包围
        public int age { get; set; }  //年龄属性

        public UserModel()  //这里显式定义一个构造函数,方便理解
        {
            //在构造函数中为属性赋初值
            name = "小芳";
            age = 18;
        }
    }
}
```

这里使用了ReadOnly(true)来约束模型绑定器不要用视图的新值对age属性进行修改。

(3)准备在控制器中添加代码。打开HomeController.cs,在文件开头添加模型的命名空间:

```
using test.Models;
```

然后在Index方法中添加如下代码:

```
public ActionResult Index()
{
    UserModel myMember;
    myMember = new UserModel { name = "Tom", age = 33 }; //实例化并赋值
    return View(myMember);
}
```

上面代码实例化了一个UserModel对象myMember,然后将其传给视图。这样Home的Index.cshtml刚显示时,就可以显示Tom和33了。

注意:在执行new UserModel的时候,会首先调用类UserModel的构造函数,也就是age会先在构造函数中赋初值18,然后到这里被赋值33。

再添加一个自定义的方法，该方法在提交表单时被调用，代码如下：

```
//模型绑定器会接收表单数据并传递到这个方法
public ActionResult validate(UserModel user)
{
    //在这里，user对象已经被自动填充了表单提交的数据
    //可以使用user对象中的数据进行进一步的处理
    return View(user);  //参数是个对象，那么视图就是validate.cshtml
}
```

如果表单提交指定了该方法，那么模型绑定器会接收表单数据，并以对象形式传递到这个方法的user参数中。也就是说，模型绑定器会实例化一个对象UserModel，并将页面上表单控件中的数据赋值给这个对象，然后传递到validate的参数中。既然这样，那么在模型绑定器实例化对象UserModel的时候，依旧会先调用UserModel构造函数，再把表单数据赋值给这个对象。为什么要讲这个过程呢？这是为了让读者搞清楚age的值的变化过程。如果属性age没有ReadOnly(true)，则age先在构造函数中获得初始值18，再得到页面编辑框中的值（这是模型绑定器赋值起作用了）；如果age属性有ReadOnly(true)，则age在构造函数中获得初始值18后，将不会再得到页面编辑框中的新值了（这是因为模型绑定器赋值不起作用了）。知道了这个过程，我们将不会对拥有ReadOnly(true)特性的属性值的变化发生困惑。

还有需要注意，该方法返回的是View(user)，View的参数是一个实体模型对象，因此视图是和方法同名的那个validate.cshtml（这个文件稍后添加）。如果要返回其他名称的视图，则要把视图名字作为字符串传给View。这是因为View有多种重载形式，这里随便举两个：

```
protected internal ViewResult View(object model);  //参数是object对象，表示实体模型对象
protected internal ViewResult View(string viewName);  //参数是字符串，表示视图名称
```

不同的参数将导致返回的视图文件不同。另外，在C#中，所有的类（包括自定义类）都隐式地继承自System.Object类，因为Object是所有类的基类。这是C#的语言规范，所有的类都直接或间接地继承自Object。因此，我们的UserModel类也隐式地继承自Object类。好了，控制器上的工作完成了，下面添加视图代码。

（4）准备添加视图代码。打开Views/Home/Index.cshtml，删除现有代码，并添加如下代码：

```
@model test.Models.UserModel

<!--注意：以下表单将提交到本类对应的Controller控制器上-->
@using (Html.BeginForm("validate", "Home"))
{
    <div>
        @Html.LabelFor(Model => Model.name)
        @Html.TextBoxFor(Model => Model.name, new { @class = "form-control", placeholder
= "输入你的姓名" })
        @Html.ValidationMessageFor(Model => Model.name)
    </div>

    <div>
        @Html.LabelFor(Model => Model.age)
        @Html.TextBoxFor(Model => Model.age, new { @class = "form-control", placeholder
= "输入你的年龄" })
        @Html.ValidationMessageFor(Model => Model.age)
    </div>
```

```
<br />
<input type="submit" value="提交" class="btn btn-default" />}
```

这段视图代码没什么好说的，就是放置一个表单，表单内放置两个label和Input，并关联到不同模型属性。当数据提交时，将调用Home控制器下的validate方法。

再在Views/Home/下添加视图validate.cshtml，这个视图将在我们提交表单后，先执行validate方法再返回给用户浏览器。这个视图代码比较简单，在validate.cshtml中添加如下代码：

```
@model test.Models.UserModel

<h2>validate</h2>
<dd>@Html.DisplayFor(m => m.age)</dd>
```

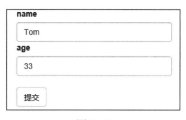

图 8-12

Html.DisplayFor用于显示属性age的值，以此让我们清楚地看到ReadOnly(true)的作用。

（5）运行程序，开始时的结果如图8-12所示。

这是对的，因为我们在Index方法中实例化并赋值了Tom和33。我们修改age为100，再单击"提交"按钮，最终显示的validate视图结果如图8-13所示。

看来，100这个值并没有成功赋给age，这肯定是ReadOnly(true)起作用了，它阻止了模型绑定器赋值给age，而显示18是因为模型绑定器在实例化UserModel对象的时候，调用了构造函数，在构造函数里赋值18所致。

好了，现在终于认清ReadOnly(true)的作用了，我们还可以将其注释掉，然后看看能否成功更新age。注释后运行，再输入age为100，然后提交，结果如图8-14所示。模型绑定器更新属性成功了。

最后，我们把ReadOnly(true)前的注释去掉。这个例子基本可以结束了，但还想考考读者的C#知识，在我们的实体类UserModel中显式地定义了一个构造函数，而一般情况下，实体类不经常去自定义构造函数，那如果我们把构造函数UserModel()去掉或注释掉，那提交后age的值是多少呢？答案是0。理由是在C#中，如果在一个类中没有定义任何构造函数，C#会自动提供一个默认构造函数。这个默认构造函数不需要任何参数，并将所有成员字段初始化为其类型的默认值，而int类型的默认值就是0。因此，每次创建对象时自动执行构造函数后，age就被初始化为0了。然后ReadOnly(true)又阻止了模型绑定器给age赋值，因此validate视图上的结果就是0了。读者有兴趣可以把构造函数UserModel注释掉看看效果，结果如图8-15所示。

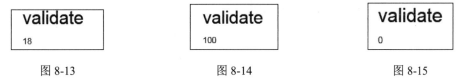

　　图 8-13　　　　　　　　　图 8-14　　　　　　　　　图 8-15

现在把UserModel构造函数的注释去掉，恢复原状。另外，既然ReadOnly(true)阻止了模型绑定器更新age，就不应该允许用户在页面上输入age值，应该让编辑框看起来只读才行。因此，我们要在Index.cshtml上设置编辑框只读，把第二个TextBoxFor那一行的代码修改如下：

```
@if (Model.ageIsOnly())
{
    @Html.TextBoxFor(Model => Model.age, new { @readonly = "readonly", @class =
"form-control" })
```

```
    }
    else
    {
        @Html.TextBoxFor(Model => Model.age, new { @class = "form-control", placeholder =
"输入你的年龄" })
    }
```

相当于添加了一个if判断条件，方法ageIsOnly是稍后要添加给实体类的一个方法，该方法返回age属性是否只读。如果age只读，则编辑框就增添@readonly = "readonly"，这样在编辑框显示的时候就无法让用户输入了。readonly是表单元素的属性，用于控制页面上的表单控件（比如编辑框）是否能让用户输入内容。如果age不是只读，则正常显示编辑框，并可以提示"输入你的年龄"。

接下来，我们到userModel.cs中为类UserModel添加ageIsOnly方法，代码如下：

```
public bool ageIsOnly()
{
    //得到属性age的特性集合
    AttributeCollection attributes =
TypeDescriptor.GetProperties(this)["age"].Attributes;
    //检查该属性是否只读
    ReadOnlyAttribute myAttribute =
(ReadOnlyAttribute)attributes[typeof(ReadOnlyAttribute)];
    return myAttribute.IsReadOnly;  //返回age是否只读
}
```

先看第1行粗体代码，AttributeCollection是.NET框架中的一个类，它表示一个属性的特性集合，通常用于描述一个对象或者类的特性。Attribute这个单词在计算机中通常翻译为特性，Property通常翻译为属性。类TypeDescriptor提供有关组件特征的信息，例如其属性和事件。现在该类通过成员方法GetProperties得到age这个属性，然后通过Attributes得到age的特性集合。

再看第2行粗体代码，只读属性类ReadOnlyAttribute就是特性ReadOnly所对应的类。事实上，本章讲解的每一个特性在框架中都有对应的类，只不过前面我们没用到这些类罢了，但现在正巧用到了。现在从特性集合attributes中获得只读属性类并赋值给myAttribute。

第3行粗体代码就直接返回类ReadOnlyAttribute的成员IsReadOnly，它表示获取一个值，该值指示该特性绑定到的属性是否为只读属性。

最后需要注意，若要使用这些类，就要引用ComponentModel这个命名空间：

```
using System.ComponentModel;
```

（6）现在我们运行程序，可以看到age编辑框无法输入内容了，如图8-16所示。

这样的界面就对用户友好多了。好了，收工！

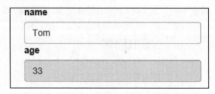

图 8-16

8.3.4　HiddenInput 隐藏属性

HiddenInput特性可以控制视图页面上的input元素是否可见，或者值是否可见。在网页设计中，经常需要搜集用户输入的一些信息，用于搜集用户输入信息的元素称为表单元素。input元素是HTML表单中最常用的元素，它提供了多种方式用于获取用户输入的信息，具体包括：

（1）提供输入框，获取用户输入的内容。输入的内容又可以分为文字内容和密码；在HTML5中又增加了邮箱地址、网页路径、搜索框等类型。

（2）提供按钮，获取用户单击按钮的事件。

（3）提供检查框，获取用户的多个选择项。

（4）提供单选框，获取用户的单个选择项。

（5）提供文件选择器，获取用户选择本地存储文件的路径，并将文件提交到服务端。

（6）提供自定义图片按钮，获取用户单击图片按钮的事件。

（7）提供表单提交和表单重置按钮，获取用户单击表单提交和表单重置按钮事件，并完成表单提交和表单内容重置动作。

input元素使用input标签。input标签有一个非常重要的属性type，type属性的值决定了input元素获取用户输入的方式。在网页中使用表单元素时，需要把表单元素放置在form标签内。当用户单击表单内的"提交"按钮时，form标签内的所有表单元素都将被浏览器提交到服务器端，服务器端的处理程序对提交的表单进行处理，并返回处理后的结果页面。

HiddenInput特性的用法如下：

```
[HiddenInput]
public int age { get; set; }
```

如果表单中用了input元素，则表单不可见，但其值是可见的。如果要让值也不可见，可以这样写：

```
[HiddenInput(DisplayValue = false)]
public int age { get; set; }
```

参数DisplayValue指示是否显示隐藏的input元素的值，如果显示该值，则参数值为true，否则为false。另外，若要使用HiddenInput特性，需要包含命名空间System.Web.Mvc。

【例8.11】隐藏属性

（1）把例8.10复制一份到某个目录，然后用Visual Studio打开。在UserModel.cs中，在开头添加命名空间的引用：

```
using System.Web.Mvc;  //for HiddenInput
```

再把age属性的ReadOnly特性删除，并添加HiddenInput特性，代码如下：

```
[HiddenInput(DisplayValue = false)]
public int age { get; set; }
```

在添加HiddenInput特性的同时，我们还通过其参数DisplayValue来指定该属性的值也不要显示在视图上。然后把ageIsReadOnly方法改为ageIsVisible，代码如下：

```
public bool ageIsVisible()
{
    //得到属性age的特性集合
    AttributeCollection attributes = TypeDescriptor.GetProperties(this)["age"].
Attributes;
    //检查该属性的是否隐藏
    HiddenInputAttribute myAttribute = (HiddenInputAttribute)attributes
[typeof(HiddenInputAttribute)];
```

```
    return myAttribute.DisplayValue;//返回age值是否隐藏
}
```

该方法返回属性age的值是否可见，如果可见，则返回true；否则返回false。

（2）在index.cshtml中，把第二段div改为如下代码：

```
<div>@Html.EditorFor(Model => Model.age)</div>
```

代码运行后，Html.EditorFor将会生成一个Input元素，且会隐藏。

再到validate.cshtm中，修改代码如下：

```
@model test.Models.UserModel

<h2>validate</h2>
@if (Model.ageIsVisible())
{
    @Html.TextBoxFor(Model => Model.age)
}
else
{
    <div>不能给你看年龄！</div>
}
```

也就是判断实体类的ageIsVisible方法，该方法返回age属性值是否可见，如果可见，则显示编辑框并显示age值；否则显示文本"不能给你看年龄！"。

（3）运行程序，可以发现index视图上没有age输入框了，如果查看源码，会发现Input元素的类型变为隐藏了，即：type = "hidden"。在浏览器上右击，在弹出的快捷菜单中选择"查看源"命令，可以看到其完整的源码：

```
<div><input data-val="true" data-val-number="字段 age 必须是一个数字。"
data-val-required="age 字段是必需的。" id="age" name="age" type="hidden" value="33" /></div>
```

使用了这种方式后，我们发现网页上还有一个input元素，而且其值也被看到了，即33。因此，虽然这个特性可以较好地保存表单中的信息，但不要认为这个特性是万无一失的。

最后单击"提交"按钮，然后出现如图8-17所示的界面。

validate

不能给你看年龄！

图 8-17

8.3.5 ScaffoldColumn 彻底不显示属性

要隐藏属性在HTML上的显示，我们还可以使用ScaffoldColumn特性。使用ScaffoldColumn并不是为属性设置type = "hidden"，而是直接将该属性从基架中删除。例如：

```
[ScaffoldColumn(false)]
public int UserId{ get; set; }
```

现在UserId在前端视图页面看不到了，即使用源码方式查看网页也看不到了。这个[ScaffoldColumn(false)]参数用于指定是否启用基架的值，值为true则启用，值为false则不启用。也就是说，如果值为true，那么属性依旧可以在前端视图中显示，并且可以被模型绑定器赋值，并在控制器方法中获得值；如果值为false，则在前端页面上彻底看不到该属性，而且它也不会被模型绑定器赋值，在控制器方法中也无法获得值。另外，要使用特性ScaffoldColumn，则需要引用命名空间System.Web.Mvc。

基架指的是代码生成的模板。ASP.NET MVC中的基架可以为应用程序创建、读取、更新和删除（CRUD）功能生成所需的样板代码。基架模板检测模型类的定义，然后生成控制器以及与该控制器关联的视图，有些情况下还会生成数据访问类。基架知道如何命名控制器、命名视图以及每个组件需要执行什么代码，也知道在应用程序中如何放置这些项以使应用程序正常工作。

下面的例子是在基架中删除某属性，也就是在视图上看不到该属性，模型绑定器对它也不起作用，因为基架感觉不到这个属性的存在。

【例8.12】 在基架中删除某属性

（1）打开Visual Studio，新建一个MVC Web项目，项目名称是test。

（2）准备实体类。在Models文件夹下新建一个名为Person的类，打开Person.cs为类Person添加如下代码：

```
public class Person
{
    public int PersonId { get; set; }
    public string FirstName { get; set; }
    public string LastName { get; set; }
}
```

（3）实例化Person类。在Home控制器的Index方法中添加如下代码：

```
public ActionResult Index()
{
    Person p = new Person
    {
        PersonId = 6,
        FirstName = "z ",
        LastName = "xy",
    };
    return View(p);
}
```

我们实例化了一个Person类，并且赋了值，然后把Person对象p传给视图。

再添加一个表单提交后执行的方法mysub，代码如下：

```
public ActionResult mysub(Person p)
{
    return View(p);   //把p扔给mysub视图，并显示p.PersonId
}
```

（4）准备主视图显示Person对象。打开Index.cshtml，删除原有代码，并添加如下代码：

```
@model test.Models.Person

@using (Html.BeginForm("mysub", "Home"))
{
    @Html.EditorForModel()
    <br />
    <input type="submit" value="提交" class="btn btn-default" />
}
```

在上面代码中，我们定义了一个表单，提交后，将执行Home控制器下的mysub方法。为了省事，我们在表单内没有手动去创建各个表单元素，比如label、input等，而是用了类EditorExtensions

中的EditorForModel方法。类EditorExtensions表示对应用程序中HTML输入元素的支持。方法EditorForModel返回实体模型中的每个属性所对应的HTML input元素，返回值类型是MvcHtmlString。也就是说，该方法会根据我们定义的实体类属性，自动去创建相应的HTML元素，比如，如果某个实体属性是string类型，那么就会在页面上自动创建编辑框；如果某个属性是bool类型，那么就会在页面上自动创建CheckBox（复选框），等等。这些编辑框、复选框都属于HTML输入元素，可以让用户输入值。有了EditorForModel方法，大大减轻了开发者的工作量。后面我们还会详细介绍，现在先这样用着。

然后在Views/Home下新建mysub视图，代码如下：

```
@model test.Models.Person

<h2>mysub</h2>
@Model.PersonId
```

Model可以得到传给mysub视图的参数值。这个视图可以用来查看主视图中传递过来的Person对象值。

（5）运行程序，结果如图8-18所示。单击"提交"按钮后，显示mysub视图，如图8-19所示。

图 8-18

图 8-19

是不是很轻松，EditorForModel方法自动为我们创建了3个编辑输入框。我们可以准备下班了，但主管突然发火了："你把PersonId显示在页面上干什么？PersonId是方便数据库查询的，用户根本不需要知道这个属性的存在，赶紧把它隐藏掉。"

主管发火，那赶紧改。隐藏还不简单，我们打开Person.cs，然后在属性PersonId的上一行添加HiddenInput特性：

```
[HiddenInput(DisplayValue = false)]
public int PersonId { get; set; }
```

并在Person.cs开头加上命名空间：

```
using System.Web.Mvc; //HiddenInput
```

此时运行程序，结果如图8-20所示。PersonId已经不出现在页面上了。正想着准备下班，主管随即对网页右击，然后找出如下语句：

```
<input data-val="true" data-val-number="字段 PersonId 必须是一个数字。"
data-val-required="PersonId 字段是必需的。" id="PersonId" name="PersonId" type="hidden"
value="6" />
```

PersonId不是还在吗？而且单击"提交"按钮后，mysub视图依旧显示的是6。忽悠我呢！继续改！

没办法，只能继续改，正好刚刚学到了ScaffoldColumn特性，听说它可以把属性从基架中删除。我们打开Person.cs，然后在属性PersonId的上一行把HiddenInput特性删除，换成ScaffoldColumn特性：

```
[ScaffoldColumn(false)]
public int PersonId { get; set; }
```

并在Person.cs开头删除命名空间System.Web.Mvc，替换成如下命名空间：

```
using System.ComponentModel.DataAnnotations; //for ScaffoldColumn
```

此时运行程序，结果如图8-21所示。Index视图上没有PersonId，而且在网页源码上也找不到了。单击"提交"按钮后，mysub视图显示的是0，说明基架中不存在PersonId了，模型绑定器也就无法为其赋值了。这下主管满意了。下班！

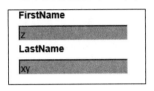

图 8-20

图 8-21

其实即使从基架中将该属性删除，模型绑定器仍然会试图为该属性赋值，这样就为典型的"重复提交"攻击提供了机会。要想防止这种攻击，我们可以利用Bind特性。Bind特性可以选择模型绑定器要绑定的值，像这样：

```
[Bind(Include = "Name, Email")]
public class User
{
    public int UserId{ get; set;}
    public string Name{ get; set;}
    public string Email{ get; set;}
}
```

这样模型绑定器就只绑定Name和Email属性。当然，我们也可以选择不绑定的属性：

```
[Bind(Exclude ="UserId")]
public class User
{
    public int UserId{ get; set;}
    public string Name{ get; set;}
    public string Email{ get; set;}
}
```

这样，上面所讲的"重复提交"攻击就无法发挥作用了。但是必须注意，使用"Include"的白名单比起使用"Exclude"的黑名单更加安全，因为我们永远也不知道黑客会用怎样的方式来攻击我们。Bind既可以用于模型，也可以用于控制器操作的参数。限于篇幅，不再展开，先姑且了解一下吧。

8.3.6 分部视图

本小节是为下一小节做铺垫。在ASP.NET MVC中，可以使用分部视图（Partial View）来实现页面的模块化。分部视图可以理解为一个可重用的页面片段，可以在多个页面中共享。它们通常用于显示网页的一小部分，例如页眉、侧边栏或用于注册新用户的表单。

ASP.NET MVC里的分部视图相当于Web Form里的User Control。使用分部视图有以下优点：

（1）可以简化代码。

（2）使页面代码更加清晰、更好维护。

APS.NET MVC提供了多种方法来加载分部视图，包括Partial、RenderPartial、Action、RenderAction、RenderPage等。

1）方法 Partial 和 RenderPartial

方法Partial可以直接输出内容，它是将HTML内容转换为HTML字符串（MVCHtmlString，进行HTML编码），然后缓存起来，最后一次性输出到页面上。显然，这个转换的过程会降低效率，所以通常使用RenderPartial代替，但RenderPartial没有返回值，因此只能写在代码模块中，即@{ Html.RenderPartial (...)}，而不能直接是@Html.RenderPartial(..)。这两者都只是抓取分部视图页面内容，不能执行分部视图方法，所以使用Partial或RenderPartial方法来显示分部视图时，不用建立对应的控制器方法。两者用法如下：

```
@Html.Partial("~/Views/Templates/Partial1.cshtml")
@{Html.RenderPartial("~/Views/Templates/Partial1.cshtml");}
```

方法Partial可以有多个参数，该方法在类PartialExtensions中声明，有多种重载形式：

```
public static class PartialExtensions  //该类将分部视图呈现为HTML编码字符串
{
    public static MvcHtmlString Partial(this HtmlHelper htmlHelper, string
partialViewName);
    public static MvcHtmlString Partial(this HtmlHelper htmlHelper, string
partialViewName, ViewDataDictionary viewData);
    public static MvcHtmlString Partial(this HtmlHelper htmlHelper, string
partialViewName, object model);
    public static MvcHtmlString Partial(this HtmlHelper htmlHelper, string
partialViewName, object model, ViewDataDictionary viewData);
}
```

其中，参数htmlHelper表示此方法扩展的HTML帮助器实例；partialViewName表示要呈现的分部视图的名称；model表示用于分部视图的模型。该方法返回以HTML编码字符串形式呈现的分部视图。

需要注意Partial传参的情况。主视图通过Partial传参数给分部视图，一般有如下两种情况：

（1）传字符串：

```
//在主视图中
@Html.Partial("~/Views/Templates/partData.cshtml", new ViewDataDictionary
{{ "tableTitle", "学生信息表" }})
//在分部视图中
@{
    string title = this.ViewData.ContainsKey("tableTitle") ?
this.ViewData["tableTitle"].ToString():string.Empty;}
```

（2）传类对象：

```
//ClassA是类，ClassA_Instance是ClassA的实例
//在主视图中，传入类对象ClassA_Instance
@Html.Partial("_Partial", ClassA_Instance)
//在分部视图中，从Model中获得类对象
```

```
@{
    var mon = Model as ClassA;  // as运算符用于引用类型之间的转换
}
<div>@mon.field</div>
```

方法RenderPartial也有4种重载形式，和Partial相似，不再赘述。

2）方法 Action 和 RenderAction

方法Action执行单独的控制器并且显示结果，与RenderAction不同的是：Action返回的是字符串，而RenderAction是写入响应流。因此RenderAction需要写在代码中，比如：

```
@Html.Action("test","ControlName")  //test是控制器方法，ControlName是控制器名称
@{
    Html.RenderAction("test","ControlName");  //test是控制器方法，ControlName是控制器名称
}
```

如果要在ASP.NET MVC中添加分部视图，可以按照以下步骤进行操作：

步骤01 创建分部视图：在MVC项目的Views文件夹中，可以新建一个文件夹用于存放分部视图，比如命名为Shared。在该文件夹下，创建一个以.cshtml为后缀的分部视图文件，比如命名为_PartialView.cshtml。

步骤02 编写分部视图：在分部视图文件中，可以编写所需的HTML和代码逻辑。可以在分部视图中使用C#语法和Razor语法，来动态生成HTML内容。

步骤03 在主视图中引用分部视图：在需要使用分部视图的主视图文件（通常是.cshtml文件）中，可以使用多种方法引用分部视图，比如：

```
@Html.Partial("~/Views/Shared/_PartialView.cshtml")
```

这里的_PartialView.cshtml是分部视图文件的名称。

通过以上步骤，就可以在ASP.NET MVC中添加分部视图了。分部视图的优势在于可以提高代码的重用性和可维护性，将页面逻辑拆分为多个模块，方便进行开发和维护。

【例8.13】通过Partial和RenderPartial使用分部视图

（1）打开Visual Studio，新建一个MVC Web项目，项目名称是test。

（2）在Visual Studio的"解决方案资源管理器"中，展开Views并右击Shared文件夹，在弹出的快捷菜单中选择"添加"→"MVC5视图页（Razor）"命令来创建分布视图，设置其名称为part。在part.cs的<body>块中输入如下代码：

```
<div>
    <p>分部视图中的p元素</p>
</div>
```

分部视图的页面工作就简单完成了。

（3）在主视图中引用分部视图。打开Views/Home/Index.cshml文件，删除现有代码并添加如下代码：

```
<div class="row">
    @Html.Partial("~/Views/Shared/part.cshtml")
    <p>主视图中的p元素</p>
    @{Html.RenderPartial("~/Views/Shared/part.cshtml");}  //必须要用花括号，表示在代码块中
</div>
```

注意： RenderPartial方法结尾有分号。

此时运行程序，结果如图8-22所示。

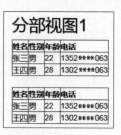

分部视图中的p元素

主视图中的p元素

分部视图中的p元素

图 8-22

以上过程有点简单，我们再稍微增加点数据。另外，分部视图也不是说必须定义在/Home/Shared下，我们换个路径，比如在Views下建一个文件夹：右击Views文件夹，在弹出的快捷菜单中选择"添加"→"新建文件夹"命令来新建文件夹，设置其名称为Templates。然后在Templates下新建MVC5视图页（Razor），名字为part1，然后将part1.cshtml中的代码替换为如下代码：

```
<table border="1px solid" cellpadding="0" cellspacing="0">
    <tr>
        <th>姓名</th>
        <th>性别</th>
        <th>年龄</th>
        <th>电话</th>
    </tr>
    <tr>
        <td>张三</td>
        <td>男</td>
        <td>22</td>
        <td>13521187063</td>
    </tr>
    <tr>
        <td>王四</td>
        <td>男</td>
        <td>28</td>
        <td>13021187063</td>
    </tr>
</table>
```

上面代码定义了一张表及其数据。

接下来在主视图中继续添加分部视图的引用：

```
<h2>分部视图1</h2>
@Html.Partial("~/Views/Templates/part1.cshtml")
<br />
@{Html.RenderPartial("~/Views/Templates/part1.cshtml");}
```

我们用不同的方法引用了两次part1视图文件，那么主页上应该出现两张表格。此时运行程序，结果如图8-23所示。

现在，数据虽然多了，但都是硬编码数据，在实际开发中当然不可能这样干的。下面我们准备把主视图中的数据传到分部视图中去显示。

（4）准备实体类。既然不是硬编码数据，那数据肯定是在程序中生成或从数据库中获取。这就需要一个实体模型类。在Models文件夹下新建一个名为Student的类，在Student.cs中为类Student添加如下代码：

分部视图1

姓名	性别	年龄	电话
张三	男	22	1352****063
王四	男	28	1302****063

姓名	性别	年龄	电话
张三	男	22	1352****063
王四	男	28	1302****063

图 8-23

```
public class Student
{
    public string Name { get; set; }        //表示学生姓名
    public int Age { get; set; }             //表示学生年龄
    public string Gender { get; set; }       //表示学生性别
```

```
    public string Phone { get; set; }        //表示学生手机
    //这里显式定义一个构造函数，因为后面我们通过构造函数赋初值
    public Student(string n,int a, string g,string p)
    {
        Name = n;
        Age = a;
        Gender = g;
        Phone = p;
    }
}
```

（5）为了把数据定义和数据显示分开，这里新建两个分部视图：在partData.cshtml中定义数据，在part2.cshtml中显示数据。当然也可以都合在一个视图文件中，但笔者目的是让读者看一下多个分部视图文件的互相引用。

在Templates文件夹下再新建一个MVC 5视图页（Razor），名字是partData，然后将partData.cshtml中的代码替换为如下代码：

```
@using test.Models;
@{
    List<Student> lstStu = new List<Student>() {            //学生列表数据
        new Student("李天",20,"男","131****7063"),
        new Student("王丹",21,"男","132****7063"),
        new Student("易佳佳",22,"女","133****7063"),
        new Student("马幸君",23,"女","134****7063"),
        new Student("宋烨阳",18,"女","135****7063")
    };

    Student mon = new Student("陈玲", 23, "女", "139****3344");  //班长
}
<div>
    @Html.Partial("~/Views/Templates/part2.cshtml", lstStu)
    @Html.Partial("~/Views/Templates/partM.cshtml", mon)
</div>
```

在上面代码中，我们定义了一个对象列表，列表的每个元素是Student类对象，并且实例化了5个Student对象。然后通过Html.Partial引用part2视图，并把列表变量lstStu传给part2视图，part2视图用来显示学生们的信息。最后调用Partial，把对象mon传给视图partM，partM用来显示班长信息。

再到Templates文件夹下新建一个MVC 5视图页（Razor），名字是part2，这个part2视图用来显示学生列表。将part2.cshtml中的代码替换为如下代码：

```
@using test.Models;
@{
    var studentsList = Model as List<Student>;
}
<table border="1px solid" cellpadding="0" cellspacing="0">
    @foreach (Student student in studentsList)
    {
        <tr>
            <td width="80">@student.Name</td>
            <td width="30">@student.Gender</td>
            <td width="30">@student.Age</td>
            <td width="100">@student.Phone</td>
        </tr>
```

```
    }
</table>
```

该视图主要用来显示一张表格，表格里的内容就是学生列表。这里，我们学会了通过Partial方法传一个对象列表给另外一个视图。下面再看如何传单个对象并在另外视图中获得这个对象数据。

再到Templates文件夹下新建一个MVC 5视图页（Razor），名字是partM，这个partM视图用来显示班长。将partM.cshtml中的代码替换为如下代码：

```
@using test.Models;
@{
    var mon = Model as Student;  //获得传过来的对象，将其转换为Student类型，并赋值给mon
}
<h4>班长：</h4>
<table border="1px solid" cellpadding="0" cellspacing="0">
    <tr>
        <td width="80">@mon.Name</td>
        <td width="30">@mon.Gender</td>
        <td width="30">@mon.Age</td>
        <td width="100">@mon.Phone</td>
    </tr>
</table>
```

从第3行代码可以看出，变量mod是通过Model来获得的，Model的类型是TModel，它是类WebViewPage<TModel>中的一个属性。MVC会将View的文件页面编译成一个类，这个类必须继承自WebViewPage。WebViewPage默认支持AjaxHelper和HtmlHelper。

最后在Index.cshtml中引用partData视图，在Index.cshtml中继续添加如下代码：

```
<hr />
<h2>分部视图2</h2>
@Html.Partial("~/Views/Templates/partData.cshtml", new ViewDataDictionary
{ { "tableTitle", "学生信息表" } })


<h2>分部视图2</h2>
@{Html.RenderPartial("~/Views/Templates/partData.cshtml", new ViewDataDictionary
{ { "tableTitle", "学生信息表" } });}
```

我们分别使用了Partial和RenderPartial，它们的第二个参数是传字符串，用ViewDataDictionary包裹了字符串数据"学生信息表"。

此时运行程序，就可以看到学生列表和班长信息了，如图8-24所示。

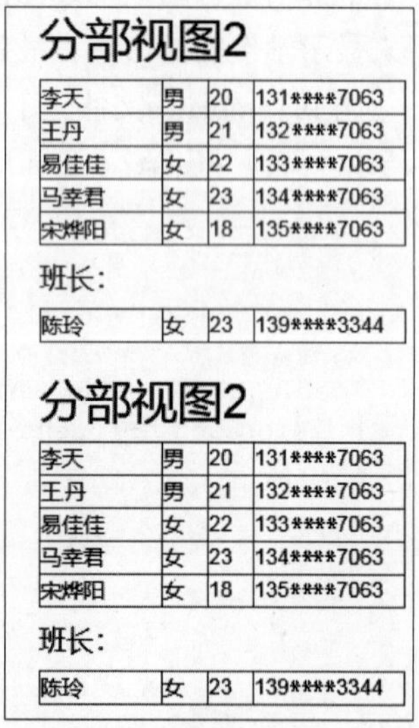

上面的范例好像没控制器什么事，这对于MVC开发是不可忍受的，毕竟M、V、C是不可分家的"三兄弟"。幸亏还有Action和RenderAction。

【例8.14】Action和RenderAction使用分部视图

（1）打开Visual Studio，新建一个MVC Web项目，项目名称是test。

（2）在Visual Studio的"解决方案资源管理器"中展开Views并右击Shared文件夹，在弹出的快捷菜单中选择"添加"→"MVC5

分部视图2

李天	男	20	131****7063
王丹	男	21	132****7063
易佳佳	女	22	133****7063
马幸君	女	23	134****7063
宋烨阳	女	18	135****7063

班长：

| 陈玲 | 女 | 23 | 139****3344 |

分部视图2

李天	男	20	131****7063
王丹	男	21	132****7063
易佳佳	女	22	133****7063
马幸君	女	23	134****7063
宋烨阳	女	18	135****7063

班长：

| 陈玲 | 女 | 23 | 139****3344 |

图8-24

视图页（Razor）"命令，新建分布视图，设置其名称为_part。建议分部视图的文件名以"_"开头，表示它是一个分部视图。在_part.cs的<body>块中输入如下代码：

```
<div>
    @model DateTime
    <p>当前时间: @Model.ToString("yyyy-MM-dd HH:mm:ss")</p>
</div>
```

（3）在Home控制器中添加一个方法ShowDateTime，代码如下：

```
public ActionResult ShowDateTime()
{
    DateTime now = DateTime.Now;
    return PartialView("_part", now);
}
```

我们传递一个DateTime对象到这个分部视图。在ShowDateTime方法的末尾，返回分部视图。方法PartialView是类Controller中的方法，用于使用指定的视图名称创建一个呈现分部视图的System.Web.Mvc.PartialViewResult对象。其声明如下：

```
protected internal PartialViewResult PartialView(string viewName);
```

参数viewName表示响应呈现的视图的名称。方法的返回结果是分部视图结果对象。

（4）在主视图中引用控制器方法。打开index.cshtml，删除原有代码并替换为如下代码：

```
@Html.Action("ShowDateTime", "Home")
@{
    Html.RenderAction("ShowDateTime", "Home"); //这里的参数"Home"也可以省略
}
```

我们分别用 Action 和 RenderAction 来引用控制器 Home 中的方法 ShowDateTime，由于ShowDateTime方法返回的是分部视图，因此主视图中这两处最终显示分部视图。这里的参数"Home"也可以省略，因为Index视图和ShowDateTime这个Action都属于Home控制器。

（5）运行程序，结果如图8-25所示。

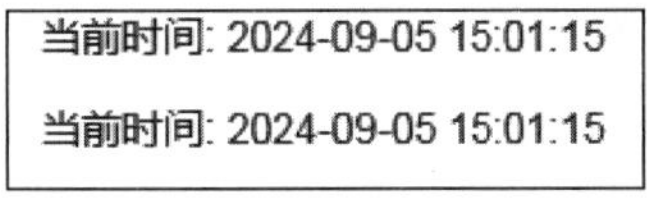

当前时间: 2024-09-05 15:01:15
当前时间: 2024-09-05 15:01:15

图 8-25

8.3.7 UIHint 定制属性显示方式

ASP.NET MVC的UIHint特性用于指定渲染模型属性的预定义或自定义模板。这是一种强大的工具，可以用来定制视图中属性的显示方式。该特性的命名空间是System.ComponentModel.DataAnnotations。

UIHint特性给ASP.NET MVC运行时提供了一个模板名称，以备调用模板辅助方法，如DisplayFor和EditorFor渲染时输出使用。也可以定义自己的模板辅助方法来重写ASP.NET MVC的默认行为。

如果使用UIHint特性修饰实体属性，并在视图中使用EditorFor或DisplayFor，则ASP.NET MVC框架将查找特定的目录：

（1）对于EditorFor：

```
~/Views/Shared/EditorTemplates
~/Views/Controller_Name/EditorTemplates
```

（2）对于 DisplayFor：

```
~/Views/Shared/DisplayTemplates
~/Views/Controller_Name/DisplayTemplates
```

【例8.15】UIHint定制属性显示方式

本例简单些，使用一个字符串属性并配合EditorFor。这里笔者编个故事，传说张三这个武林高手不喜欢别人仅称呼他的名字，要求别人必须在其名字前面加上"宇宙第一高手"或"银河系第一高手"这样的名号（最终名号是什么，目前张三还没定）。虽说在网页中修改这几个字不是难事，但是某项目中有几千个网页，很多网页都会出现张三，如果一个一个网页去添加或者修改（比如某天张三不满意以前的名号，又要换了），那不得累死程序员啊，加班都搞不定。怎么办？别急，用UIHint特性来修饰姓名，并把姓名及其名号的显示放到分部视图中，以后需要修改名号，只需要在分部视图中修改即可。

（1）打开Visual Studio，新建一个MVC Web项目，项目名称是test。

（2）准备实体类。在Models文件夹下新建一个名为user的类，在user.cs的开头添加命名空间：

```
System.ComponentModel.DataAnnotations;
```

并为类user添加如下代码：

```
public class user
{
    [UIHint("_part")]    //name属性将在_part.cshtml中渲染，比如添加一些名头
    public string name { get; set; }
}
```

（3）实例化user对象。在HomeController.cs的Index方法中添加如下代码：

```
public ActionResult Index()
{
    user model = new user { name = "张三" };
    return View(model);
}
```

实例化一个user对象，并将其返回给Index视图。

（4）在主视图中添加如下代码：

```
@model test.Models.user

@Html.EditorFor(model => model.name)

<hr />
<div>以下是主视图中的内容</div>
```

这里，EditorFor将用Views/Shared/EditorTemplates/下的分部视图_part.cshtml来显示。下面我们来实现这个分部视图。

（5）准备新建分部视图。在Views/Shared下新建文件夹EditorTemplates，然后在EditorTemplates下新建一个名为_part的视图，在_part.cshtml中删除原有代码并输入如下代码：

```
<div>
    欢迎来到宇宙第一的武林高手@{@Model}的分部视图
    <br />
```

```
我是宇宙第一的武林高手：
    @{ <span class='poo'>@Model</span> }
</div>
```

这里的Model将获得主视图上Html.EditorFor传来的参数值，即model.name，所以@Model将显示model.name的值，即张三。

（6）运行程序，结果如图8-26所示。

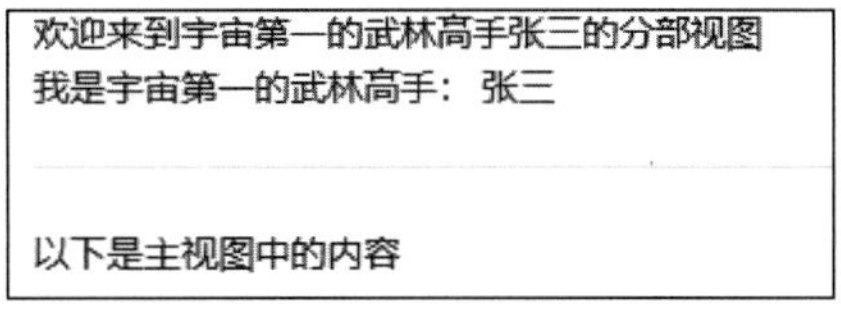

可以看出，张三前面有名号"宇宙第一的武林高手"，以后要修改这个名号，只需要在分部视图中修改即可。

欢迎来到宇宙第一的武林高手张三的分部视图
我是宇宙第一的武林高手： 张三

以下是主视图中的内容

图 8-26

8.4　其 他 注 解

除了验证注解和显示注解之外，还有些特殊功能的注解也会经常用到，它们在某些场合下为编程提供了便利，比如DataType注解、NotMapped注解。前者可以提供属性的特定信息，后者是映射相关的注解。

8.4.1　DataType 提供属性特定信息

在ASP.NET MVC中，DataType特性用于指定一个数据类型，以便视图引擎可以正确地渲染HTML元素。例如，当我们使用DataType.Date特性时，浏览器会提供一个日期选择器，而不是简单的文本框。虽然DataType特性可为运行时提供关于属性的特定用途信息，但不提供任何验证。

DataType(DataType.XX)适用于当需要显示类型比数据库中固有的类型还要具体的时候，比如，DataType(DataType.Date)仅显示日期，而不显示时间。但DataType.Date不指定显示日期的格式，默认情况下，数据字段根据基于服务器的CultureInfo的默认格式进行显示。如果要指定格式，则可以使用DisplayFormat特性。

DataType(DataType.Currency)将Decimal类型显示为货币。它不提供验证，但可以启用浏览器支持HTML5的一些特征。如果要使用DataType特性，需要包含命名空间System.ComponentModel.DataAnnotations。

【例8.16】DataType的基本使用

（1）打开Visual Studio，新建一个MVC Web项目，项目名称是test。

（2）准备实体类。在Models文件夹下新建一个名为gameCard的类，在gameCard.cs开头添加命名空间：

```
using System.ComponentModel.DataAnnotations;
```

再为类gameCard添加如下代码：

```
public class gameCard
{
    [DataType(DataType.Date)]
    public DateTime ReleaseDate { get; set; } //发行日期
```

```
    [DataType(DataType.Currency)]
    public decimal Price { get; set; }  //价格
    [DataType(DataType.Password)]
    public string Password { get; set; } //密码
}
```

DataType.Date是一个枚举值，用于指示数据类型是日期类型，因为这里我们不希望发行日期精确到时分秒，这样页面上就不会把时分秒显示出来。同样地，DataType.Currency也是一个枚举值，用来表示该属性是货币数据类型，货币值一般保留两位小数。DataType.Password也是一个枚举值，用来表示该属性存放的是密码，密码在前端页面一般要用星号隐去。

（3）准备实体对象。在Home控制器的Index方法中添加如下代码：

```
public ActionResult Index()
{
    gameCard mycard = new gameCard { ReleaseDate = DateTime.Now,Price=100};
    return View(mycard);
}
```

在上面代码中我们实例化了一个gameCard对象。DateTime.Now默认情况下会显示时分秒，但现在却不会显示时分秒了，因为我们对属性ReleaseDate用了[DataType(DataType.Date)]。Price虽然现在被赋值为100，但页面上却会显示100.00。这些都是DataType特性的功劳。

（4）准备视图。在index.cshtml中删除原有代码，并输入如下代码：

```
@model test.Models.gameCard

<hr /><br />
@Html.EditorFor(model => model.ReleaseDate)
@Html.EditorFor(model => model.Price)
@Html.EditorFor(model => model.Password)
```

（5）运行程序，然后在第三个框中随便输入数据，结果如图8-27所示。

图 8-27

8.4.2　映射相关的数据注解 NotMapped

由于使用的是Code First，因此数据库是根据实体属性来创建的，但有些属性不需要创建对应的表字段。在EF框架中，可以使用NotMapped来标识类的某个属性不需要创建对应的数据库字段。默认的Code First约定为包含getter和setter的所有属性创建一个列，NotMapped属性覆盖此默认约定。我们可以将NotMapped属性应用于不希望在数据库表中创建列的属性。请看以下范例：

```
using System.ComponentModel.DataAnnotations;
public class Student
{
    public Student() { }
    public int StudentId { get; set; }
    public string StudentName { get; set; }
    [NotMapped]
    public int Age { get; set; }
}
```

在本例中，NotMapped特性应用于Student类的Age属性。因此，CodeFirst不会创建一列来存储学生表中的Age信息，如图8-28所示。

另外，除了使用NotMapped特性，Code First还不会为没有getter或setter的属性创建一列。在以下范例中，Code First将不会为FirstName和Age属性创建列：

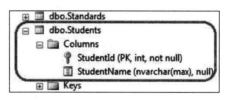

图 8-28

```
using System.ComponentModel.DataAnnotations;
public class Student
{
    public Student() { }
    private int _age = 0;
    public int StudentId { get; set; }
    public string StudentName { get; set; }
    public string FirstName { get{ return StudentName;} }  //只有get
    public string Age { set{ _age = value;} }  //只有set
}
```

8.4.3　自定义校验特性

内置验证特性的功能毕竟有限，有时我们需要根据实际应用场景自定义所需的验证方式，这就是自定义校验。自定义一个校验特性很简单，创建一个继承于ValidationAttribute的类，然后重写它的IsValid方法。

类ValidationAttribute根据与数据表关联的元数据强制实施验证，我们可以重写此类以创建自定义验证属性。该类构造方法如下：

- ValidationAttribute()：*初始化ValidationAttribute类的新实例。*
- ValidationAttribute(Func<String>)：*通过使用启用了对验证资源访问的函数来初始化ValidationAttribute类的新实例。*
- ValidationAttribute(String)：*通过使用要与验证控件关联的错误消息，来初始化ValidationAttribute类的新实例。*

该类的属性如下：

- ErrorMessage：*获取或设置一条在验证失败的情况下与验证控件关联的错误消息。*
- ErrorMessageResourceName：*获取或设置错误消息资源的名称，在验证失败的情况下，要使用该名称来查找ErrorMessageResourceType属性值。*
- ErrorMessageResourceType：*获取或设置在验证失败的情况下用于查找错误消息的资源类型。*
- ErrorMessageString：*获取本地化的验证错误消息。*
- RequiresValidationContext：*获取指示特性是否要求验证上下文的值。*
- TypeId：*在派生类中实现时，获取此Attribute的唯一标识符。（继承自Attribute）*

该类的方法如下：

- Equals(Object)：*返回一个值，该值指示此实例是否与指定的对象相等。（继承自Attribute）*
- FormatErrorMessage(String)：*基于发生错误的数据字段对错误消息应用格式设置。*

- GetHashCode()：返回此实例的哈希代码。（继承自 Attribute）
- GetType()：获取当前实例的 Type。（继承自 Object）
- GetValidationResult(Object, ValidationContext)：检查指定的值对于当前的验证特性是否有效。
- IsDefaultAttribute()：在派生类中重写时，指示此实例的值是不是派生类的默认值。（继承自 Attribute）
- IsValid(Object)：确定对象的指定值是否有效。
- IsValid(Object, ValidationContext)：根据当前的验证特性来验证指定的值。
- Match(Object)：当在派生类中重写时，返回一个指示此实例是否等于指定对象的值。（继承自 Attribute）
- MemberwiseClone()：创建当前 Object 的浅表副本。（继承自 Object）
- ToString()：返回表示当前对象的字符串。（继承自 Object）
- Validate(Object, String)：验证指定的对象。
- Validate(Object, ValidationContext)：验证指定的对象。

下面看一个范例，检验员工年龄是否在18和30岁之间。

【例8.17】检验年龄是否在18和30岁之间

（1）打开 Visual Studio，创建一个 asp.net mvc 项目，项目名称是 test。

（2）在 Models 文件夹下添加一个名为 CheckAgeAttribute 的类，在 CheckAgeAttribute.cs 中包含命名空间：

```
using System.ComponentModel.DataAnnotations;
```

为类 CheckAgeAttribute 添加如下代码：

```
public class CheckAgeAttribute : ValidationAttribute
{
    protected override ValidationResult IsValid(object value, ValidationContext
validationContext)
    {
        DateTime dtv = (DateTime)value;
        long lticks = DateTime.Now.Ticks - dtv.Ticks;
        DateTime dtAge = new DateTime(lticks);
        string sErrorMessage = "Age>=18 and Age<=30." + "Your Age is " +
dtAge.Year.ToString() + " Yrs.";
        if (!(dtAge.Year >= 18 && dtAge.Year <= 30)) //如果不在18和30范围内，则返回错误
        {
            return new ValidationResult(sErrorMessage);
        }
        return ValidationResult.Success;
    }
}
```

上面代码的主要作用是通过用户传来的生日日期计算年龄。如果年龄不在18和30岁之间，就返回错误信息；否则返回成功。

再在 Models 文件夹下新建一个名为 Employee 的类，在 Employee.cs 中包含命名空间：

```
using System.ComponentModel.DataAnnotations;
```

为类Employee添加如下代码：

```
public class Employee
{
    [Required]
    public string Name { set; get; }  //员工姓名
    [Required]
    [CheckAge]
    public DateTime DOB { set; get; }  //员工生日, Date of Birth
}
```

（3）准备视图。在index.cshtml中删除原有代码，并输入如下代码：

```
@model test.Models.Employee

@using (Html.BeginForm())
{
    @Html.ValidationSummary()
    <p>
        @Html.LabelFor(model => model.Name)
        @Html.EditorFor(model => model.Name)
    </p>
    <p>
        @Html.LabelFor(model => model.DOB)
        @Html.EditorFor(model => model.DOB)
            <span style="color: red">
                @Html.ValidationMessageFor(model => model.DOB)
            </span>
    </p>
    <input type="submit" value="登录" />
}
```

验证摘要方法Html.ValidationSummary返回包含一般验证错误消息的字符串，它将显示我们的自定义摘要消息以及在模型数据注释中提供的相同消息。模型级错误消息将显示在Html.ValidationSummary方法的位置，并且属性错误将显示在我们放置Html.ValidationMessageFor方法的位置。

（4）运行程序，结果如图8-29所示。

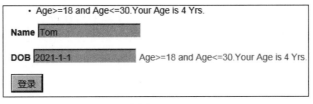

图 8-29

第 9 章
模型模板

我们知道，在HTML辅助方法中，强类型方法和支架类型方法会结合实体模型属性来智能地显示 HTML 元 素。这 些 方 法 会 根 据 Model 的 属 性 自 定 生 成 相 应 的 HTML 元 素， 比 如 Html.EditFor(Model=>Model.IsApprove)，当IsApproved为布尔类型时，显示checkbox复选框，这样就能简化我们的工作并且能够利用到模型绑定。这些都是我们能看到的，其内部是如何运作的呢？其实，内部已经准备好了显示方式（或称显示模板），当我们调用Hml.EditFor的时候，框架会去查找相应的模板。框架本来定义好了两个默认模板，就是 DefaultDisplayTemplates 和 DefaultEditorTemplates，它们分别对应着显示（Display）和编辑（Edit）。在TemplateHelpers里面定义着两个字典，键是类型名称，值是模板名称。本章将详解ASP.NET MVC的模型模板技术。

9.1　模型元数据

一般地，HtmlHelper<T>的一系列扩展方法都是通过获取Model元数据信息来控制到底需要输出什么形式的HTML元素。这里就引出了一个重要概念——模型元数据（Metadata）。

在 ASP.NET MVC 中，通常使用模板来生成视图中的 HTML 标记。模板可以是编译的 Razor 视图，也可以是基于 XML 的视图。模板和模型元数据一起用来生成动态内容。

9.1.1　元数据

提到元数据，相信读者在研究某个应用框架的时候都或多或少见到过，只是可能没有引起注意。其实在很多应用框架中，我们都能看见元数据的影子，它是一个很不错的框架设计模式，俗称"元数据驱动设计"。它跟目前很多设计思想接近，如元编程、契约式设计，这些模式都是为了能很好地控制耦合，产生极大的扩展灵活性：元编程能让我们基于最终的用户选择动态地产生运行软件的代码；而契约式设计能让我们将控制权设立在很远的地方，从而很大粒度地控制扩展性，根据契约设立规则，控制端再在运行时动态地生成最终需要的规则。

元数据的一般定义是：元数据是关于数据的数据或描述数据的数据，它提供了关于数据的内容、位置、格式等属性的信息。简单地讲，元数据是描述数据或对象的数据。

9.1.2　模型元数据介绍

模型元数据的英文是Model Metadata，其实就是描述Model的数据结构和Model的每个数据成员的一些特性。

在ASP.NET MVC中，微软用类ModelMetadata来作为元数据的容器，它包含了一个Model的所有的相关元数据信息。当然，这取决于Model的使用方向，不同的使用方向会有不同类型的元数据，我们这里的ModelMetadata是针对View显示相关的元数据。ModelMetadata中绝大部分元数据在View生成环节当中需要使用。比如，如何确定一个领域相关的属性（Address）该如何展现？这里的Address可能不是一个简单的String类型表示，而是一组复杂的类型表示。在这种情况下就需要通过自定义元数据来控制最终使用的呈现模板。

ModelMetaData不仅可以描述一个简单类型，还可以用来描述一些复杂的数据类型，复杂数据类型本身和其数据成员都通过ModelMetadata来表示。比如，User类是一个复杂数据类型，它通过ModelMetadata表示，同时User有一些简单类型的成员，如string UserName、string UserPassword，也有些是复杂的成员，如Address DetailAddress。ModelMetaData.IsComplexType用来判断Property是否为复杂类型，.NET内置类型是简单类型，像上边的User和Address被视为复杂类型。

9.1.3　Model 与 View 的使用关系

在MVC的定义中，Model准确地讲是ViewModel而非DomainModel，ViewModel简称为Model，主要是将要显示的数据融合在一个DataContext中，它来源于企业应用架构中的Query端数据源。一般情况下，这样的一个ViewModel不会经常变化，都是根据众多的业务场景抽象出来的、一个比较通用的数据上下文。

在网站型的系统中，尤其电子商务平台，界面的变化很常见，几乎每天都有可能改变界面上的某个组件的显示方式，同样一组数据在UI上的展现方式也可能各不相同，这里就会形成一个Model与多个View的组合关系。例如，一个Promotion（促销）数据上下文，需要在很多促销类别不同的UI上展现，而不同的UI组成是由不同的View负责生成，如图9-1所示。

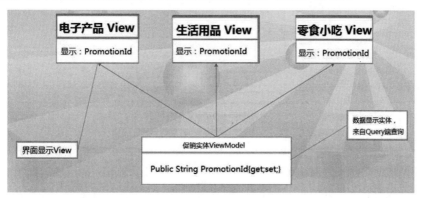

图 9-1

可以总结出：一个数据上下文实体在大部分的情况下可能会被很多View使用，所以ASP.NET MVC需要具备很强的自定义性，一个Model可以随意呈现出多种UI而不会因此将ViewModel搞得一团乱。

需要注意，一个ViewModel数据实体可能很大，如果要应付不同的显示场景，最好将ViewModel进行切割，拉出继承体系，而不是将所有的ViewModel耦合在一个超大的ViewModel中，否则会让每一次的查询都涉及一些本次操作不相关的属性。

9.1.4 元数据驱动设计

元数据驱动设计的意思就是如何使用中间层元数据来驱动最终的行为。元数据驱动设计模式是众多经典框架设计模式之一，它与契约式设计有点一脉相承的感觉。其实框架设计的本质是如何灵活地运用一些框架设计模式。不同的语言、平台对模式的运用各不相同，但是模式的中心思想一直不会变，不管如何设计，都必须呈现出框架模式的本质才行。

在众多的框架设计模式中（比如契约式设计、元编程、元数据驱动设计、管道模型、远程代理模式、提供程序模型），元数据驱动设计模式是使用频率比较高的，因为其复杂度也相对较低，所以比较容易上手。其实在很多现有的.NET框架中，如WCF、ASP.NET、Remoting、WinForm，都会看见Metadata的影子，但是不一定非得在命名的时候加上Metadata，很多的时候也会使用Description来代替。

元数据通常作为支持数据，它是描述数据的数据，是真正被解析处理的数据。既然元数据是描述数据的数据，那就存在它在哪个方向上的描述，描述的角度是什么，描述的层面又是什么。

我们拿ModelMetadata来讲，在ASP.NET MVC中，Model的使用方向基本上被限定在3个操作集合中：第一个是请求的数据绑定，第二个是数据绑定时的验证，第三个是Model的最终呈现。因此ModelMetadata要包含这3个操作集合所需的全部数据，即从3个操作集合角度来包含使用的数据。Model本身就是一种数据，再加上ModelMetadata这一层面的数据，这样一共是3个角度、2个层面。标准模型实体数据经过一个中间的环节转换成元数据，然后交给最终的处理程序去使用。我们可以用一幅图来表示，如图9-2所示。

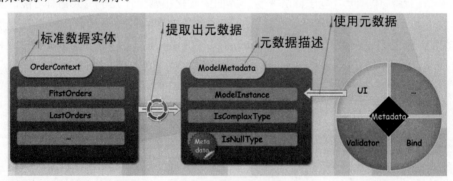

图 9-2

从图中可以很清晰地了解到元数据起到了核心作用，它可以很好地将处理程序与标准数据之间解耦，让中间的元数据提供更大的灵活性。通过这个中间层元数据，我们可以很轻松地对元数据进行配置。假设没有中间层元数据，操作程序不管如何设计都会和标准数据实体耦合，还要保证标准数据的纯洁度，不可能总是对它使用继承、特性等重度污染性的侵入。保证完全的POCO（Plain Old C# Objects）对象很难，如果没有IDE的编译时支持，很难提取出可以在运行时使用的数据。这个时候我们如果需要修改标准元数据的类型，或者修改操作程序的逻辑，都或多或少地会对两者有影响。

如果使用元数据，我们完全可以将标准数据对元数据的定义部分迁移到配置文件中去，然后在元数据提供程序中扩展读取元数据的源头，可以做到将标准数据放在任何地方，甚至是云平台上。对于操作程序来说，我们可以将获取元数据的接口提取成Service方式，从任何一个地方读取元数据。

9.1.5 元数据的层次结构

元数据的层次结构与所要表示的ViewModel的结构是一致的。先来看一个消费者（Customer）的实体结构，如图9-3所示。

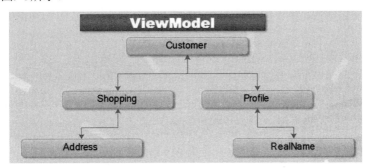

图 9-3

图中的Customer实体中有一个Shopping属性，该属性表示实体中的配送信息，然后Shopping中还包含一个Address属性，表示配送地址。再看其ModelMetadata结构，如图9-4所示。

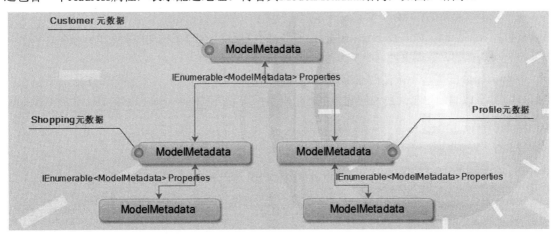

图 9-4

对应的ModelMetadata也是这种包含的层次结构，在每个ModelMetadata内部都有一个类型为IEnumerable<ModelMetadata>的Properties属性来引用它的下级ModelMetadata，这就形成了一个无限嵌套的元数据表示结构，这个结构实际上是一个树形结果。也就是说，ModelMetadata对象表示的Model元数据实际上具有一个树形层次化结构。在ModelMetadata中通过下面两行代码来保存属性的这种嵌套依赖关系：

```
public class ModelMetadata {
    public virtual IEnumerable<ModelMetadata> Properties {} /*类型的子对象元数据*/
    public string PropertyName {} /*所表示的属性名称*/
}
```

9.1.6　模型元数据的作用

在MVC的定义中，Model准确的意思是ViewModel，它是直接提供给View作为界面来呈现所使用的数据实体；通常情况下还将作为DTO（Data Transfer Object）类型的数据实体，负责数据的往返传输。ASP.NET MVC提供一种自定义Model呈现方式的接口，它允许我们通过自定义某个ViewModel中的属性来显示视图（PartialView，部分视图），从而可以对ViewModel进行非常细粒度的呈现控制，这一扩展机制的背后正是有了ModelMetadata的支持。

ModelMetadata起到中间桥梁的作用，桥梁的一端是ViewModel，另一端是View，我们可以在ViewModel上通过定义Attribute的方式进行元数据的自定义，可以通过改变某个ViewModel的ModelMetadata来操纵最终的呈现。这样说或许有点抽象，简单地讲，通过ModelMetadata表示的Model元数据，其一个主要的作用在于为定义在HtmlHelper和HtmlHelper<TModel>中的模板方法提供用于最终生成HTML的元数据信息。所谓模板方法，就是这些方法都会用一套内置的预定义或用户自定义的显示模板来呈现HTML元素到视图上。

9.1.7　自定义模板

显示或编辑的模板方法包括DisplayFor、EditorFor、DisplayForModel/EditForModel、Lable/LabelFor和DisplayText/DisplayTextFor等。在调用这些方法的时候，如果我们指定了一个通过分部视图定义的模板，或者对应ModelMetadata的TemplateHint属性具有一个模板名称，则会自动采用该模板来生成最终的HTML。如果没有指定模板名称，则会根据数据类型在预定义的目录下去寻找做模板的分部View。如果找不到，则会利用默认的模板进行HTML的呈现。为了让读者对模板具有一个大概的认识，下面来做一个简单的实例演示。

在默认的情况下，不论是对于编辑模式还是显示模式，一个布尔类型的属性值总是以一个CheckBox的形式呈现出来。我们创建如下一个表示员工的类型Employee，它具有一个布尔类型的属性IsPartTime，表示该员工是否兼职。

【例9.1】改变布尔类型的默认模板

（1）打开Visual Studio，新建一个MVC Web项目，项目名称是test。

（2）准备实体类。在Models文件夹下添加一个名为Employee的类及其命名空间：

```
using System.ComponentModel;
```

并为类添加如下代码：

```
public class Employee
{
    [DisplayName("姓名")]
    public string Name { get; set; }
    [DisplayName("部门")]
    public string Department { get; set; }
    [DisplayName("是否兼职")]
    public bool IsPartTime { get; set; }
}
```

（3）实例化类对象。在HomeController.cs的Index方法中添加如下代码：

```
public ActionResult Index()
{
    Employee p = new Employee { Name = "张三", Department = "保卫处",IsPartTime = false };
    return View(p);
}
```

（4）把类对象显示在视图上。如果我们直接调用HtmlHelper<TModel>的EditorForModel方法将一个Employee对象显示在视图中，则会体现默认的呈现效果。可以看到，表示是否为兼职的IsPartTime属性对应着一个CheckBox。删除index.cshtml中的原有代码，添加如下代码：

```
@model test.Models.Employee
@Html.EditorForModel()
```

（5）运行程序，结果如图9-5所示。

我们看到"是否兼职"下方是一个复选框（CheckBox），这说明布尔类型的IsPartTime属性被显示为复选框，这就是布尔类型属性的默认模板。现在我们希望将所有布尔类型对象显示为两个RadioButton（单选按钮），就可以创建一个Model类型为bool的分部视图作为模板，使之改变所有布尔类型对象的默认呈现效果。

图 9-5

打开Employee.cs，在IsPartTime属性上方添加UIHint特性，代码如下：

```
[UIHint("_part")]
[DisplayName("是否兼职")]
public bool IsPartTime { get; set; }
```

我们通过UIHint特性指定了分部视图的文件名是_part.cshtml。由于需要改变的是布尔类型对象在编辑模式下的呈现形式，因此我们需要将作为模板的分部视图文件定义在EditorTemplates目录下，这个目录可以存在Views/Shared下，也可以存在Views/{ControllerName}下。我们在Views/Shared/下新建文件夹EditorTemplates，然后在EditorTemplates下新建一个视图，视图名称是_part，如图9-6所示。

图 9-6

然后在_part.cs中添加如下代码：

```
@model bool

<table>
    <tr>
```

```
        <td>@Html.RadioButton("", true, Model)是</td>
        <td>@Html.RadioButton("", false, !Model)否</td>
    </tr>
</table>
```

RadioButton 是类 HtmlHelper 的扩展方法。我们通过调用 RadioButton方法将两个布尔值（true/false）映射为对应的RadioButton，并且采用<table>来布局。此时运行程序，结果如图9-7所示。

图 9-7

值得一提的是，我们没有指定RadioButton的名称，而是指定一个空字符串，HTML本身会对它进行命名，而命名的依据就是Model元数据。我们右击网页查看源，可以看到两个类型为radio的<input>元素的name被自动赋上了对应的属性名称。

9.2 预定义模板

上一节我们介绍如何通过View的方式创建模板，进而控制某种数据类型或者某个目标元素最终在UI界面上的HTML呈现方式。实际上，在ASP.NET MVC的内部还定义了一系列的预定义模板。当我们调用HtmlHelper/HtmlHelper<TModel>的模板方法，对Model或者Model的某个成员进行呈现的时候，系统会根据当前的呈现模式（显示模式和编辑模式）和Model元数据获取一个具体的模板（自定义模板或者预定义模板）。由于Model具有显示和编辑两种呈现模式，因此定义在ASP.NET MVC内部的默认模板也分为这两种基本的类型。接下来，我们就逐个介绍这些预定义模板以及最终的HTML呈现方式。

模板一般要配合UIHint特性，UIHint特性用于指定用于渲染模型属性的预定义或自定义模板。这是一种强大的工具，可以用来定制视图中属性的显示方式。该特性对应的是类UIHintAttribute，其构造函数如下：

```
//使用指定的用户控件初始化UIHintAttribute类的新实例
//参数uiHint表示要用于显示数据字段的用户控件（也称字段模板）
public UIHintAttribute(string uiHint);
```

因此，我们在利用UIHint特性使用模板时，可以这样调用：

```
using System.ComponentModel.DataAnnotations;
[UIHint("EmailAddress")]
public string email { get; set; }
```

这里字符串EmailAddress就是一个预定义模板名称。注意：使用UIHint特性时，如果我们选择的模板不能对属性的类型进行操作，则会抛出异常，例如对一个string类型的属性应用了Boolean模板。

9.2.1 EmailAddress 模板

EmailAddress模板专门针对用于表示Email地址的字符串类型的数据成员，它将目标元素呈现为一个具有"mailto:"前缀的网址链接。由于该模板仅用于Email地址的显示，因此只在显示模式下有效，或者说ASP.NET MVC仅定义了基于显示模式的EmailAddress模板。

【例9.2】使用EmailAddress模板

（1）打开Visual Studio，新建一个MVC Web项目，项目名称是test。

（2）准备实体类。在Models文件夹下添加一个名为user的类，并添加命名空间：

```
using System.ComponentModel.DataAnnotations;
```

为user类添加如下代码：

```
public class user
{
    [UIHint("EmailAddress")]
    public string email { get; set; }
}
```

（3）实例化类对象。在HomeController.cs的Index方法中添加如下代码：

```
public ActionResult Index()
{
    user p = new user { email = "abc@qq.com" };
    return View(p);
}
```

（4）把类对象显示在视图上。删除index.cshtml中的原有代码，添加如下代码：

```
@model test.Models.user
@Html.DisplayFor(m => m.email)
```

abc@qq.com

（5）运行程序，结果如图9-8所示。

图 9-8

它就是一个针对Email地址的链接。当我们单击该链接的时候，相应的Email编辑软件（比如Outlook）会被开启，用于针对目标Email地址的邮件进行编辑。如果查看网页源码，也可以发现自动添加了"mailto:"这样的链接，如下所示：

```
<a href="mailto:abc@qq.com">abc@qq.com</a>
```

9.2.2 HiddenInput 模板

对于默认模板HiddenInput，我们不应该感到陌生。上一章介绍的HiddenInput特性就是将属性值或字段值呈现为隐藏的input元素，它可以控制视图页面上的input元素是否可见，或者值是否可见。在内部，其实是将表示Model元数据的ModelMetadata对象的TemplateHint属性值设置为HiddenInput。

如果目标元素采用HiddenInput模板，在显示模式下内容会以文本的形式显示；在编辑模式下不仅会以文本的方式显示其内容，还会生成一个type属性为"hidden"的<input>元素。如果表示Model元数据的ModelMetadata对象的HideSurroundingHtml属性值为true（将应用在目标元素上的特性HiddenInputAttribute的DisplayValue属性值设置为false），则无论是显示模式还是编辑模式，显示的文本都将消失。

【例9.3】使用HiddenInput模板

（1）打开Visual Studio，新建一个MVC Web项目，项目名称是test。

（2）准备实体类。在Models文件夹下添加一个名为user的类，并添加命名空间：

```
using System.ComponentModel.DataAnnotations;
```

为user类添加如下代码：

```
public class user
{
    [UIHint("HiddenInput")]
    public string email { get; set; }
}
```

（3）实例化类对象。在HomeController.cs的Index方法中添加如下代码：

```
public ActionResult Index()
{
    user p = new user { name = "Tom" };
    return View(p);
}
```

（4）把类对象显示在视图上。删除index.cshtml中的原有代码，添加如下代码：

```
@model test.Models.user

@Html.DisplayFor(m => m.name)
<br />
@Html.EditorFor(m => m.name)
```

我们在视图中分别调用HtmlHelper<TModel>的DisplayFor和EditFor方法，将一个具体的对象user的name属性以显示和编辑模式呈现出来。

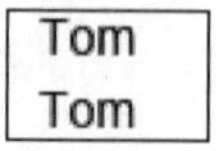

（5）运行程序，结果如图9-9所示。

Tom
Tom

图 9-9

如果查看网页源码，分别以两种模式呈现出来的name属性对应的HTML源码如下：

```
Tom
<br />
Tom<input id="name" name="name" type="hidden" value="Tom" />
```

第1行代码是针对显示模式的，可以看出最终呈现出来仅限于表示属性值的文本；而第3行代码编辑模式对应的HTML中不仅包含属性值文本，还具有一个对应的类型为"hidden"的<input>元素。

9.2.3   Html 模板

如果想在网页上呈现一个网址链接，可以采用Html模板。和EmailAddress模板一样，该模板仅限于显示模式。

【例9.4】使用Html模板

（1）打开Visual Studio，新建一个MVC Web项目，项目名称是test。
（2）准备实体类。在Models文件夹下添加一个名为user的类，并添加命名空间：

```
using System.ComponentModel.DataAnnotations;
```

为user类添加如下代码：

```
public class user
{
    [UIHint("Html")]  //使用Html模板
    public string web{ get; set; }
}
```

（3）实例化类对象。在HomeController.cs的Index方法中添加如下代码：

```
public ActionResult Index()
{
    user p = new user { web = "<a href=\"http://100bcw.taobao.com\">一百书店</a>" };
    return View(p);
}
```

这里我们为属性web赋值了一个格式为超级链接的字符串，这样在页面视图上才会显示一个网址样式。如果我们不用Html模板，则在视图上会把这个字符串原本不动地显示出来。现在用Html模板，则只会显示"一百书店"。

（4）把类对象显示在视图上。删除index.cshtml中的原有代码，添加如下代码：

```
@model test.Models.user

@Html.DisplayFor(m => m.web)
```

Html模板仅限于显示模式，因此这里只用了Html.DisplayFor。

（5）运行程序，结果如图9-10所示。单击"一百书店"这4个字，就会跳转到目标网站。

一百书店

图 9-10

9.2.4 Text 与 String 模板

不论是显示模式还是编辑模式，Text和String模板具有相同的HTML呈现方式（实际上在ASP.NET MVC内部，两种模板通过相同的方法生成最终的HTML）。对于这两种模板来说，目标内容在显示模式下直接以文本的形式输出；而在编辑模式下则对应着一个单行的文本框。

值得一提的是，ASP.NET MVC内部采用基于类型的模板匹配机制，对于字符串类型的数据成员，如果没有显式设置采用的模板名称，默认情况下会采用String模板。所以我们即使不对字符串类型的属性设置模板，框架也会把它当作一个字符串显示在视图上。

【例9.5】使用Text与String模板

（1）打开Visual Studio，新建一个MVC Web项目，项目名称是test。

（2）准备实体类。在Models文件夹下添加一个名为user的类，并添加命名空间：

```
using System.ComponentModel.DataAnnotations;
```

为user类添加如下代码：

```
public class user
{
    [UIHint("String")]
    public string name { get; set; }
    [UIHint("Text")]
    public string wife { get; set; }
}
```

（3）实例化类对象。在HomeController.cs的Index方法中添加如下代码：

```
public ActionResult Index()
{
    user p = new user { name="Tom", wife="Alice"};
```

```
    return View(p);
}
```

（4）把类对象显示在视图上。删除index.cshtml中的原有代码，添加如下代码：

```
@model test.Models.user
@Html.DisplayFor(m=>m.name)
@Html.DisplayFor(m => m.wife)
<br />
@Html.EditorFor(m=>m.name)
@Html.EditorFor(m => m.wife)
```

（5）运行程序，结果如图9-11所示。

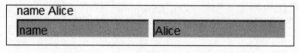

图 9-11

可以看到，采用了Text和String模板的两个属性在显示和编辑模式下具有相同的呈现方式。在网页上查看源，对于编辑模式下输出的类型为"text"的元素，其表示CSS特性类型的class属性被设置为"text-box single-line"，意味着这是一个基于单行的文本框。

9.2.5 Url 模板

与EmailAddress和Html模板一样，Url模板也仅限于显示模式。对于某个表示为Url的字符串，如果我们希望它最终以一个网址链接的方式呈现在最终生成的HTML中，则采用该模板。

【例9.6】使用Url模板

（1）打开Visual Studio，新建一个MVC Web项目，项目名称是test。

（2）准备实体类。在Models文件夹下添加一个名为user的类，并添加命名空间：

```
using System.ComponentModel.DataAnnotations;
```

为user类添加如下代码：

```
public class user
{
    [UIHint("Url")]
    public string web{ get; set; }
}
```

（3）实例化类对象。在HomeController.cs的Index方法中添加如下代码：

```
public ActionResult Index()
{
    user p = new user { web = "http://100bcw.taobao.com" };
    return View(p);
}
```

这里我们为属性web赋值了一个URL形式的普通字符串。这个形式比Html模板方便，因为Html模板所赋的字符串格式需要符合Html超链接的形式，即"<a href="要跳转文件的地址">链接文字</a>"这样的格式。

（4）把类对象显示在视图上。删除index.cshtml中的原有代码，添加如下代码：

```
@model test.Models.user

@Html.DisplayFor(m => m.web)
```

Html模板仅限于显示模式，因此这里只用了Html.DisplayFor。

（5）运行程序，结果如图9-12所示。

图 9-12

9.2.6　MultilineText 模板

一般字符串在编辑模式下会呈现为一个单行的文本框（类型为"text"的元素），而MultilineText模板会将以"\n"分割的字符串显示在多行编辑框中，该模板仅限于编辑模式。

【例9.7】使用MultilineText模板

（1）打开Visual Studio，新建一个MVC Web项目，项目名称是test。

（2）准备实体类。在Models文件夹下添加一个名为user的类，并添加命名空间：

```
using System.ComponentModel.DataAnnotations;
```

为user类添加如下代码：

```
public class user
{
    [UIHint("MultilineText")]
    public string song{ get; set; }
}
```

（3）实例化类对象。在HomeController.cs的Index方法中添加如下代码：

```
public ActionResult Index()
{
    user p = new user { song = "美梦成真\n歌手\n许茹芸" };
    return View(p);
}
```

这里我们为属性song赋值了一个字符串，并且中间用"\n"分割，这样可以在编辑框上显示为3行。

（4）把类对象显示在视图上。删除index.cshtml中的原有代码，添加如下代码：

```
@model test.Models.user
@Html.EditorFor(m=>m.song)
```

MultilineText模板仅限于编辑模式，因此这里只用了Html.EditorFor。

（5）运行程序，结果如图9-13所示。

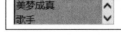

图 9-13

9.2.7　Password 模板

对于表示密码字符串来说，在编辑模式下应该呈现为一个类型为"password"的<input>元素，使我们输入的内容以星号的形式显示出来，以保护密码的安全。在这种情况下，我们可以采用Password模板，该模板和MultilineText模板一样也仅限于编辑模式。

【例9.8】使用Password模板

（1）打开Visual Studio，新建一个MVC Web项目，项目名称是test。

（2）准备实体类。在Models文件夹下添加一个名为user的类，并添加命名空间：

```
using System.ComponentModel.DataAnnotations;
```

为user类添加如下代码：

```
public class user
{
    [UIHint("Password")]
    public string pwd{ get; set; }
}
```

（3）实例化类user。打开HomeController.cs，在Index中添加如下代码：

```
    public ActionResult Index()
    {
        user p = new user { price = 56};
        return View(p);
    }
```

（4）把类对象显示在视图上。删除index.cshtml中原有代码，添加如下代码：

```
@model test.Models.user
@Html.EditorFor(m=>m.pwd)
```

Password模板仅限于编辑模式，因此我们这里只用了Html.EditorFor。

（5）运行程序，然后随意输入一些字符，就可以看到显示的是圆点了，如图9-14所示。

图 9-14

可以看到，pwd属性最终会以圆点的形式展现出来，用HTML的语言来讲，即通过一个类型为"password"的<input>元素呈现出来。表示CSS样式类型的class属性被设置为"text-box single-line password"，意味着呈现效果为一个单行的文本框。

9.2.8 Decimal 模板

如果采用Decimal模板，代表目标元素的数字不论其小数位数是多少，最终都会被格式化为两位小数。在显示模式下，被格式化的数字直接以文本的形式呈现出来；在编辑模式下，则对应着一个单行的文本框架。

【例9.9】使用Decimal模板

（1）打开Visual Studio，新建一个MVC Web项目，项目名称是test。

（2）准备实体类。在Models文件夹下添加一个名为user的类，并添加命名空间：

```
using System.ComponentModel.DataAnnotations;
```

为user类添加如下代码：

```
public class user
{
    [UIHint("Decimal")]
```

```
    public int price{ get; set; }
}
```

（3）实例化类对象。在HomeController.cs的Index方法中添加如下代码：

```
public ActionResult Index()
{
    user p = new user { price = 56};
    return View(p);
}
```

这里我们为属性price赋了数值56。

（4）把类对象显示在视图上。删除index.cshtml中的原有代码，添加如下代码：

```
@model test.Models.user
@Html.DisplayFor(m => m.price)
@Html.EditorFor(m => m.price)
```

Decimal模板能用于显示模式和编辑模式，因此这里用了Html.DisplayFor和Html.EditorFor。

（5）运行程序，结果如图9-15所示。可以看到，最终视图上自动为数值56显示了两位小数，即56.00。

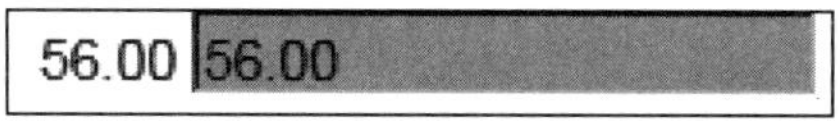

图 9-15

9.2.9　Collection 模板

顾名思义，Collection模板用于集合类型的目标元素的显示与编辑。对应采用该模板的类型为集合（实现了IEnumerable接口）的目标元素，在调用HtmlHelper或者HtmlHelper<TModel>以显示或者编辑模式对其进行呈现的时候，会遍历其中的每个元素，并根据基于集合元素的Model元数据决定对其的呈现方法。

【例9.10】使用Collection模板

（1）打开Visual Studio，新建一个MVC Web项目，项目名称是test。

（2）准备实体类。在Models文件夹下添加一个名为user的类，并添加命名空间：

```
using System.ComponentModel;
```

为user类添加如下代码：

```
public class user
{
    [UIHint("Collection")]
    public object[] Address { get; set; }
}
```

（3）实例化类对象。在HomeController.cs的Index方法中添加如下代码：

```
public ActionResult Index()
{
    object[] addr = new object[]
        { 56,"king street",true };
    user p = new user { Address = addr };
```

```
    return View(p);
}
```

（4）把类对象显示在视图上。删除index.cshtml中的原有代码，添加如下代码：

```
@model test.Models.user

@Html.DisplayFor(m => m.Address)
<br />
@Html.EditorFor(m => m.Address)
```

Collection模板能用于显示模式和编辑模式，因此这里用了Html.DisplayFor和Html.EditorFor。

（5）运行程序，结果如图9-16所示。

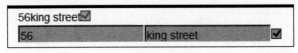

图 9-16

服务端的验证我们已经学过了，但有些验证放在Web前端（客户端）或许效率更高。当数据提交到服务器时进行验证，虽然能够在业务逻辑之前过滤无效的请求，但是仍然需要将请求发送到服务器，当请求过多时这些无效的请求会占用大量的服务器资源。因此，如果能够在客户端完成相应的验证，那么对于客户来说提升了响应速度，对于服务器来说也减少了压力。ASP.NET MVC就结合jQuery Validation插件提供了浏览器端的数据验证功能。

本章我们将学习ASP.NET MVC中的前端验证，也叫客户端验证。传统方式的客户端验证通常使用HTML语言或者用JS脚本语言（JavaScript）进行。到了现在的ASP.NET MVC时代，微软提供了更先进的jQuery Unobtrusive Validation进行客户端验证。Unobtrusive的意思是不引人注目的、不张扬的，这里我们可以翻译为非侵入式的，目的在于强调它就是为了分离HTML和JavaScript，换句话说HTML中没有JavaScript代码，它们只有引用关系。这样做既可以避免代码混乱，又可以避免不同浏览器之间的兼容问题。

当前Web开发，后端一般使用ASP.NET MVC框架，前端框架则有多个，包括jquery.validate、jquery.validate.unobtrusive、RequireJS、Bootstrap，都是当前比较流行的版本。这几个前端框架都是前端开发者必须学会的，我们后端开发者可以选着学。

jquery.validate插件为表单提供了强大的验证功能，让客户端表单验证变得简单，同时提供了大量的定制选项，以满足应用程序的各种需求，是目前比较流行的前端校验组件。

jquery.validate.unobtrusive基于jquery.validate，是微软为了配合ASP.NET MVC自己编写的。

RequireJS是一个非常小巧的JavaScript模块载入框架，是AMD规范最好的实现者之一。随着网站功能逐渐丰富，网页中的JS也变得越来越复杂和臃肿，原来通过script标签来导入一个个JS文件的方式，已经不能满足现在的互联网开发模式需求，我们需要面对团队协作、模块复用、单元测试等一系列复杂的需求。

Bootstrap是Twitter推出的一个用于前端开发的开源工具包。它由Twitter的设计师Mark Otto和Jacob Thornton合作开发，是一个HTML/CSS/JS整合框架。

10.1 基于 HTML 的客户端验证

这里所说的基于HTML的客户端验证，主要是在提交表单时验证用户输入的合规性，比如编辑框是否为空，输入长度是否合法。而输入的数据是否正确，则是在服务端的控制器方法中进行判断的。我们直接看范例。

【例10.1】基于HTML验证用户输入合规性

（1）打开Visual Studio，新建一个.NET的ASP.NET MVC项目，项目名称是test。

（2）在Visual Studio的"解决方案资源管理器"中，打开Views/Home下的index.cshtml，然后删除现有代码，并添加如下HTML代码：

```
<form id="myform" action="@Url.Action("About")">
    <label for="100bcw">你的年龄: </label>
    <input type="text" class="form-control" required id="100bcw" maxlength="2"
onkeyup="value=value.replace(/[^\d]/g,'')" placeholder="请输入年龄" style="width: 200px;" />
    <br />
    <input type="submit" class="form-control" value="提交" style="width: 80px" />
</form>
<br /><hr>

<form action="/Home/Login" method="post">
        <label>用户名</label><input type="text" class="form-control" required
name="strName" style="width: 200px" />
        <label>密 码</label><input type="text" class="form-control" required
name="strPwd" style="width: 200px" />
        <br />
        <input type="submit" class="form-control" value="提交" style="width: 80px" />
</form>
<h1>@TempData["res"]</h1>
```

在上面代码中，一共有两个表单，两个表单中都放置了编辑框让用户输入，然后单击"提交"按钮，跳转到控制器的某个方法。在两个表单后面，我们输出TempData["res"]中暂存的内容，一开始里面没有内容，因此页面上不会显示任何值。后续我们将把密码错误的提示字符串"wrong password"放在TempData["res"]中，从而可以在页面上显示"wrong password"。

在第一个表单中，我们通过Url.Action方法生成URL，该方法接收一个操作名称和一个控制器名称作为参数，并返回一个生成的URL字符串。这里，它会返回字符串"/Home/About"，从而在提交后执行Home控制器下的About方法。在第一个表单的输入编辑框中，我们通过3个属性规定输入格式：

- 通过required属性规定必须在提交之前填写输入字段，这就限制了用户在提交前必须在编辑框中输入内容。
- 通过属性maxlength规定用户只能输入两个字符。
- 为该编辑框添加onkeyup这个事件属性，该事件在用户（在键盘上）释放按键时触发，这里我们通过正则表达式限制用户只能输入数字。

另外，为了美观，我们用了class="form-control"，它是一种HTML标记，表示一个表单控件的样式类（class）。该样式类通常用于设置表单元素的外观和布局。此外，我们还设置表单宽度为200px。

通过这3个限制，用户就只能输入两位整数作为年龄值了。为了更加友好，我们还使用了属性Placeholder，它用于在表单输入字段或文本框中显示用户输入的参考文本。当用户单击参考文本时，它将自动清除，以便输入真实内容。

在第二个表单中，我们的action直接用了URL字符串"/Home/Login"，这样提交成功后，就执行Home控制器下的Login方法。这个方法是一个自定义方法，稍后添加，作用就是验证密码，并返回不同的视图给用户。这个表单中有两个输入编辑框，第一个输入用户名，第二个输入密码。这两个编辑框我们仅用了required来规定不能为空。

（3）添加Login方法。打开HomeController.cs，在类HomeController的末尾添加Login方法，代码如下：

```
public ActionResult Login(string strName, string strPwd)
{
    if (strPwd == "123")
    {
        TempData["res"] = strName;
        return View();
    }
    else
    {
        TempData["res"] = "wrong password";
        return Redirect("/Home/Index");
    }
}
```

这个Login方法有两个参数，分别接收视图的两个编辑框（用户名和密码）的值，然后简单地判断密码是否为123，如果是，则把用户名存于TempData["res"]中，然后返回Login视图（后面会添加）。这里的View方法并没有参数，因此默认就返回和方法同名的视图，即Login.cshtml。如果要指定其他视图，可以将视图名称作为View的参数，比如View("Index")。如果密码验证失败，则把"wrong password"存于TempData["res"]中，然后利用Redirect方法跳转到Index方法，再从Index方法中返回Index视图。当然，这里也可以直接return View("Index");，从而直接返回Index视图。其实，Redirect方法可以在控制器的任何地方使用，而View方法则需要在控制器中返回一个ActionResult类型的结果，因此Redirect方法更灵活。

TempData在ASP.NET MVC中的作用是在Action执行过程中传值。简单地说，我们可以在执行某个Action的时候，将数据存放在TempData中，那么在下一次Action执行过程中就可以使用TempData中的数据。这里暂存了用户名或密码验证结果，以便在视图页面上显示。

（4）添加Login视图。在Visual Studio中，对Views/Home右击，在弹出的快捷菜单中选择"添加"→"视图"命令，然后在"添加视图"对话框中输入视图名称Login，所有选项不用打勾。再在Login.cshtml的<body>标签内添加一行代码：

```
Hi,@TempData["res"], you are welcome!
```

（5）运行程序，当我们在最上面的编辑框中输入非数字字符时，会发现字符马上消失，而只能输入两个数字字符。当我们直接单击最下面的"提交"按钮时，就会出现提示"这是必填字段"了，如图10-1所示。

提示"这是必填字段"就是一个数据注解，用户通过这个注解就能知道用户名是必须输入的。现在我们输入用户名Tom，密码为456，再单击"提交"按钮，此时在"提交"按钮下出现密码错误的提示，如图10-2所示。

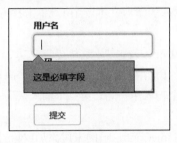

图 10-1   图 10-2

这里的提示"wrong password"又是一个数据注解，通过这样的解释，用户就知道他的密码输错了，然后要重新输入正确的密码。

现在输入正确的密码，我们输入用户名Tom，密码为123，再单击"提交"按钮，此时密码验证通过，然后显示Login视图，页面显示的结果如下：

```
Hi,Tom, you are welcome!
```

至此，我们完成了通过HTML代码验证和限制用户输入的范例。

10.2 基于 jQuery Validation Unobtrusive 的客户端验证

10.2.1 基本概念

jQuery Validation Unobtrusive是一个用于ASP.NET MVC的jQuery插件，它提供了一种非侵入式的方式来添加客户端验证到表单元素中。通过将验证逻辑从视图分离，该插件保持了HTML的清晰，并使得前端与后台验证规则的同步变得更加容易。

在Web开发中，数据验证是确保用户输入安全和应用程序稳定性的关键环节。jQuery Unobtrusive Validation是一个强大的库，它为jQuery Validation插件添加了对HTML5 data-*属性的支持，让前端验证变得更简单、优雅。这个项目是ASP.NET Core生态的一部分，旨在帮助开发者实现非侵入式的客户端验证体验。

10.2.2 优点

jQuery Validation Unobtrusive作为前端验证的后起之秀，肯定有其独特的、超越前辈的优点，比如：

（1）无侵入性：jquery.validate.unobtrusive采用无侵入的方式实现表单验证，不需要修改现有的HTML结构和样式，使得验证逻辑和视图分离，这是非常棒的一个优点。

（2）灵活性：可以通过简单的HTML属性设置来定义验证规则，如required、minlength、maxlength等。

（3）客户端验证：验证规则在客户端执行，可以提供即时反馈给用户，减少服务器端的请求和响应时间。

（4）兼容性：jquery.validate.unobtrusive基于jQuery和jQuery Validate插件，具有良好的兼容性，可以在各种现代浏览器中运行。

10.2.3 开启或关闭客户端验证

在ASP.NET MVC应用中，可通过Web.config文件的特定节点来开启或关闭客户端验证，这也间接影响该插件的行为：

```
<add key="ClientValidationEnabled" value="true" />
<add key="UnobtrusiveJavaScriptEnabled" value="true" />
```

这两个节点为true，表示启用MVC客户端验证。默认情况下MVC客户端验证是开启的，因此平时一般不用去管。

10.2.4 使用 jQuery Validation Unobtrusive 的基本步骤

既然jQuery Validation Unobtrusive属于客户端验证，那么我们一般只需要在视图文件中添加代码即可。大体使用步骤介绍如下。

步骤 01 在视图文件中引入JS脚本：

```
@section scripts{
    <script src="~/Scripts/jquery.validate.js"></script>
    <script src="~/Scripts/jquery.validate.unobtrusive.js"></script>
}
```

这两个JS文件都是新建项目时自动在项目中生成的，直接拿来用即可，这也可以看出微软非常推荐这种方式的客户端验证。

步骤 02 在需要验证的input标签上添加属性data-val="true"，即表示该标签参加验证。然后继续在标签上添加特定需求的属性，比如可以添加data-val-required="用户名不能为空！"，表示此标签的内容不能为空的验证。

步骤 03 显示验证信息，有两种显示方式：一种是集中显示验证信息，另一种是在具体位置显示相对应的验证信息。

1）集中显示

集中显示的意思是所有验证结果的信息都显示在一个位置，此时要在需要显示验证信息的位置写入以下代码：

```
<div class="validation-summary-errors" data-valmsg-summary="true">
    <ul>
        <li>这里会显示验证结果提示！</li>
    </ul>
</div>
```

2）相应位置显示验证信息

有时在相关的标签附近出现相关的提示更加方便用户查看。这种方式将HTML5 data-valmsg-for="property"属性添加到span元素中，该元素会附加指定模型属性的输入字段中的验证错误消息。jQuery会在发生客户端验证错误时通过<span>元素显示错误消息，所以需要写在<span></span>中，比如：

```
<input type="text" name="my" data-val="true" data-val-required="用户名不能为空！" />
<span data-valmsg-for="my" data-valmsg-replace="true"></span>
```

data-valmsg-for属性用于关联表单元素与验证消息。当表单元素的值不满足某些验证规则时，可以通过data-valmsg-for属性将验证错误消息与特定的表单元素关联起来，从而在用户界面上显示相应的错误提示。

data-valmsg-for属性后面跟的值必须和input标签的name值相同。这样可以在发生验证错误的input标签旁边显示错误信息。

data-valmsg-replace属性用于指示当验证失败时，是否应替换或覆盖原有的HTML元素内容，以显示错误消息。该属性设置为true，意味着如果验证失败，原始的元素内容将被替换为错误消息。这样的设置有助于提供用户友好的反馈，指出哪些字段需要修正以满足验证要求。

以上3步即可完成最基本的验证。默认情况下，jquery.validate.unobtrusive只在单击表单提交按钮时才触发验证，当验证出错时，光标移入输入框，并且不会清除错误提示信息（jquery.validate也一样，unobtrusive只是jquery.validate的一个扩展）。

10.2.5　基本验证规则

data-val="true"表示对用户输入的值进行验证，其他以"data-val-"为前缀的属性用来设置验证的规则和与其相关的属性。data-val-required表示非空验证，data-val-number表示该项只能输入数字。可以看到后面的规则名称跟jQuery validate是一致的。以下是jquery.validate.unobtrusive中简单的验证规则：

（1）data-val-required：必须输入字段。

（2）data-val-email：必须输入正确格式的电子邮件。

（3）data-val-url：必须输入正确格式的网址。

（4）data-val-date：必须输入正确格式的日期。

（5）data-val-digits：必须输入正整数。

（6）data-val-number：必须输入整数。

这些验证规则一看说明就知道是什么意思了。比如验证非空，可以使用data-val-required：

```
<input type="text" name="Name" id="Name" data-val-required="姓名字段是必需的"
data-val="true"/>
```

下面看一个范例。

【例10.2】相应位置显示验证信息

（1）打开Visual Studio，新建一个.NET的ASP.NET MVC项目，项目名称是test。

（2）在Visual Studio的"解决方案资源管理器"中打开Views/Home下的index.cshtml，然后删除现有代码，并添加如下HTML代码：

```html
<br />
<form id="commentForm">
    <input type="text" name="my" data-val="true" data-val-required="用户名不能为空！" />
    <span data-valmsg-for="my" data-valmsg-replace="true"></span>
    <br />
    <input type="submit" value="Submit">
</form>

@section scripts{
    <script src="~/Scripts/jquery.validate.js"></script>
    <script src="~/Scripts/jquery.validate.unobtrusive.js"></script>
}
```

这里我们放置了一个表单，如果在里面的输入编辑框非空时单击提交按钮，则会出现报错提示。

（3）运行程序，直接单击Submit按钮，则结果如图10-3所示。

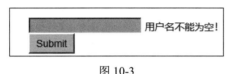

图 10-3

我们看到data-val-required的值"用户名不能为空！"，这个提示信息在编辑框旁边显示出来了。

【例10.3】集中位置显示验证信息

（1）打开Visual Studio，新建一个.NET的ASP.NET MVC项目，项目名称是test。

（2）在Visual Studio的"解决方案资源管理器"中打开Views/Home下的index.cshtml，然后删除现有代码，并添加如下HTML代码：

```html
<form id="commentForm">
    <div class="validation-summary-errors" data-valmsg-summary="true">
      <ul>
          <li>这里会显示验证结果提示！</li>
      </ul>
    </div>

    <input type="text" name="my" data-val="true" data-val-required="用户名不能为空！" />
    <br />
    <input type="submit" value="Submit">
</form>

@section scripts{
    <script src="~/Scripts/jquery.validate.js"></script>
    <script src="~/Scripts/jquery.validate.unobtrusive.js"></script>
}
```

这里我们没有在input标签后面用<span>来显示验证信息，validation-summary-errors可以汇总错误信息，因此错误信息都在"这里会显示验证结果提示！"所在位置显示。

（3）运行程序，直接单击Submit按钮，结果如图10-4所示。

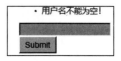

图 10-4

10.2.6　data-val-required 和[Required]特性的区别

data-val-required和[Required]特性在ASP.NET MVC中都用于模型的非空验证，但它们在实现模型验证的方式上有所不同。

- data-val-required：这是一个前端特性，用于在客户端进行验证。当在前端为input标签加入data-val="true"和data-val-required="字段名不能为空"等属性时，即使不在后端Model层添加[Required]特性，也能实现相同的验证效果。这些属性允许前端在用户提交表单前进行基本的验证，从而提高用户体验并减少不必要的服务器请求。这种方式主要依赖于jQuery Validation插件和jQuery.Validate.Unobtrusive.js脚本，它们能够读取这些数据属性并据此进行验证。data-val-required属性通常与HTML5表单验证一起使用，它通过jQuery Validation插件或者Unobtrusive JavaScript在客户端进行验证。
- [Required]特性：这是后端特性，用于在服务器端进行验证。当在Model层的属性上添加[Required]特性时，表明该属性是必须填写的，不能为null。此外，还可以使用ErrorMessage自定义错误提示信息。后端验证确保了即使客户端验证被绕过或失败，服务器仍然能够检查数据的完整性。这种后端验证是保障数据安全性和系统稳健性的重要手段。

简而言之，data-val-required主要用于前端验证，提供快速反馈给用户，而[Required]特性则主要用于后端验证，确保数据的安全性和完整性。两者共同作用，提供了从前端到后端的多层次验证，增强了应用的安全性和用户体验。

10.2.7　复杂一点的规则

我们知道了简单、基本的验证规则，但这些不能满足我们的需求，比如两次密码的一致性检查，只设置一个属性是不能满足需求的，因为我们要找到另一个文本框的值。下面来看一下复杂一点的规则。

1. 验证密码一致性

使用方法如下：

```
data-val-equalto="密码和确认密码不匹配。"
data-val-equalto-other="pwd"
```

data-val-equalto的值是提示信息，而data-val-equalto-other对应另一个文本框的name的值，必须取值pwd。

【例10.4】密码一致性检查

（1）打开Visual Studio，新建一个.NET的ASP.NET MVC项目，项目名称是test。

（2）在Visual Studio的"解决方案资源管理器"中打开Views/Home下的index.cshtml，然后删除现有代码，并添加如下HTML代码：

```
<form id="commentForm">
    <div class="validation-summary-errors" data-valmsg-summary="true">
        <ul>
            <li>若有错误这里会提示！</li>
        </ul>
```

```
        </div>
        <div class="control-group">
            <label class="control-label">
                *密码
            </label>
            <div class="controls">
                <input type="password" name="pwd" id="pwd" data-val="true"
data-val-required="密码不能为空！" />
                <span data-valmsg-for="pwd" data-valmsg-replace="true"></span>
            </div>
        </div>
        <div class="control-group">
            <label class="control-label">
                *确认密码
            </label>
            <div class="controls">
                <input type="password" name="Password1" id="Password1" data-val="true"
data-val-required="确认密码不能为空！" data-val-equalto="密码和确认密码不匹配。"
data-val-equalto-other="pwd" />
                <span data-valmsg-for="Password1" data-valmsg-replace="true"></span>
            </div>
        </div>
        <br />
        <input type="submit" value="Submit">
    </form>

    @section scripts{
        <script src="~/Scripts/jquery.validate.js"></script>
        <script src="~/Scripts/jquery.validate.unobtrusive.js"></script>
```

（3）运行程序，输入两次不同的密码，然后单击Submit按钮，结果如图10-5所示。

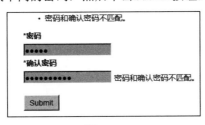

图 10-5

2. 验证字符的长度

可以用data-val-length-max表示最大字符数，data-val-length-min表示最小字符数。比如：

```
data-val-length-max="9" data-val-length-min="6" data-val-length="密码字符个数范围是6到9
个"
```

其中，data-val-length可以存放要显示的提示的信息。

【例10.5】验证密码字符长度

（1）打开Visual Studio，新建一个.NET的ASP.NET MVC项目，项目名称是test。

（2）在Visual Studio的"解决方案资源管理器"中打开Views/Home下的index.cshtml，然后删除现有代码，并添加如下HTML代码：

```
<form id="commentForm">
    <div class="validation-summary-errors" data-valmsg-summary="true">
        <ul>
            <li>若有错误这里会提示！</li>
        </ul>
    </div>

    <div class="control-group">
        <label class="control-label">
            *密码
        </label>
        <div class="controls">
            <input type="password" name="pwd"  data-val="true" data-val-required="密码不
能为空！" data-val-length-max="100" data-val-length-min="6" data-val-length="密码字符个数范围
是6到9个" />
            <span data-valmsg-for="pwd" data-valmsg-replace="true"></span>
        </div>
    </div>
    <br />
    <input type="submit" value="Submit">
</form>

@section scripts{
    <script src="~/Scripts/jquery.validate.js"></script>
    <script src="~/Scripts/jquery.validate.unobtrusive.js"></script>
}
```

（3）运行程序，在编辑框中输入两个字符，然后单击Submit按钮，结果如图10-6所示。

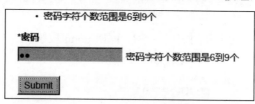

图 10-6

3. 验证手机格式

以上的验证规则需要两个或者两个以上的属性才能完成，但这些仍然不能满足我们的需求。比如手机格式的验证，我们可能需要正则表达式来辅助验证。此时，可以使用data-val-regex和data-val-regex-pattern。其中data-val-regex指定验证结果提示信息，data-val-regex-pattern赋值为正则表达式。

【例10.6】验证手机格式

（1）打开Visual Studio，新建一个.NET的ASP.NET MVC项目，项目名称是test。

（2）在Visual Studio的"解决方案资源管理器"中打开Views/Home下的index.cshtml，然后删除现有代码，并添加如下HTML代码：

```
<form id="commentForm">
    <div class="validation-summary-errors" data-valmsg-summary="true">
        <ul>
            <li>若有错误这里会提示！</li>
```

```
        </ul>
    </div>

    <div class="controls">
        <input type="text" id="regex" name="regex" data-val="true" data-val-required="
不能为空！" data-val-regex="手机格式不正确！"
data-val-regex-pattern="(13[0-9]|15[012356789]|18[0236789]|14[57])[0-9]{8}" />
        <span data-valmsg-for="regex" data-valmsg-replace="true"></span>
    </div>
    <br />
    <input type="submit" value="Submit">
</form>
@section scripts{
    <script src="~/Scripts/jquery.validate.js"></script>
    <script src="~/Scripts/jquery.validate.unobtrusive.js"></script>
}
```

（3）运行程序，在编辑框中随便输入两个数字字符，然后单击Submit按钮，结果如图10-7所示。

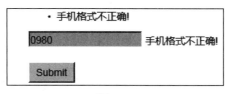

图 10-7

第 11 章
安全与身份验证

在ASP.NET MVC中，安全性是一个非常重要的方面，因为它涉及用户的隐私和数据保护。ASP.NET MVC提供了一系列安全措施，包括身份验证和授权、防止跨站点请求伪造（CSRF）、输入验证、防止SQL注入、HTTPS支持、安全标头等，可以帮助开发人员构建安全可靠的Web应用程序。本章将详解ASP.NET MVC的安全与身份验证技术。

11.1 概　　述

11.1.1 ASP.NET MVC 提供的安全特性

ASP.NET MVC提供的安全措施具体如下：

（1）身份验证和授权：ASP.NET MVC提供内置的身份验证和授权功能，可以通过标记控制器和操作方法来限制用户的访问权限。

（2）防止跨站点请求伪造（CSRF）：ASP.NET MVC提供了防止CSRF攻击的保护，可以通过在表单中添加防伪标记来防止恶意网站伪装用户发起请求。

（3）输入验证：ASP.NET MVC提供了内置的输入验证功能，可以通过模型绑定和数据注释来验证用户输入数据，防止恶意输入。

（4）防止SQL注入：ASP.NET MVC使用参数化查询和ORM（对象关系映射）框架来防止SQL注入攻击。

（5）HTTPS支持：ASP.NET MVC支持HTTPS协议，可以确保数据在传输过程中被加密，从而提高数据的安全性。

（6）安全标头：ASP.NET MVC提供了一些安全标头，可以通过配置来保护应用程序免受常见的对Web安全漏洞的攻击，如单击劫持、跨站点脚本攻击（XSS）等。

ASP.NET可以帮助我们对应用程序安全性进行更多控制。可以将ASP.NET安全性与Internet Information Services（IIS）安全性结合使用，并使用身份验证和授权服务来实现ASP.NET安全模型。ASP.NET还包括一个基于角色的安全功能，我们可以为Windows和非Windows用户账户实现该功能。

在实现ASP.NET MVC安全性时，开发人员可能会遇到一些困难。以下是一些建议和最佳实践，可以帮助开发人员提高ASP.NET MVC应用程序的安全性：

（1）验证用户输入：在处理用户输入时，应始终对其进行验证。使用模型绑定和数据注解可以帮助开发人员确保输入数据的有效性。

（2）使用身份验证和授权：ASP.NET MVC提供了内置的身份验证和授权机制，可以帮助开发人员确保只有授权的用户才能访问特定的资源。

（3）使用加密技术：在处理敏感数据时，应使用加密技术来保护数据。例如，可以使用HTTPS协议来加密客户端和服务器之间的通信。

（4）防止跨站点脚本攻击：跨站点脚本攻击是一种常见的安全漏洞，可以通过对用户输入进行编码和验证来防止。

（5）防止SQL注入攻击：SQL注入攻击是一种常见的安全漏洞，可以使用参数化查询和存储过程来防止。

（6）使用安全的通信协议：使用安全的通信协议，如HTTPS，可以确保客户端和服务器之间的通信是加密的。

（7）定期更新软件：确保应用程序和服务器软件是最新的，以防止已知的安全漏洞。

总之，实现ASP.NET MVC安全性需要开发人员遵循一些最佳实践和安全原则。这些最佳实践和安全原则可以帮助开发人员确保他们的应用程序是安全的，并且可以保护用户的隐私和数据。

11.1.2　身份验证和授权

身份验证是这样一个过程：由用户提供凭据，然后将其与存储在操作系统、数据库、应用或资源中的凭据进行比较。如果凭据匹配，则用户身份验证成功，可执行已向其授权的操作。

授权是指判断用户可执行的操作的过程。例如，允许管理用户创建文档库和添加、编辑、删除文档。使用该库的非管理用户仅被授予阅读文档的权限。

也可以将身份验证理解为进入空间（例如服务器、数据库、应用或资源）的一种方式，而授权是用户可以对该空间（服务器、数据库或应用）内的哪些对象执行哪些操作。

授权与身份验证相互独立，但是，授权需要一种身份验证机制。身份验证是确定用户标识的一个过程。身份验证可为当前用户创建一个或多个标识。

11.1.3　ASP.NET MVC 中的用户身份验证和授权

在ASP.NET MVC中，用户身份验证和授权是确保只有合法用户才可以访问特定资源和功能的重要过程。ASP.NET MVC提供了内置的成员资格系统，可以帮助开发人员实现身份验证和授权。以下是ASP.NET MVC中的用户身份验证和授权的一些关键概念和技术：

- 身份验证：身份验证是确认用户身份的过程。ASP.NET MVC提供了多种身份验证方式，如表单身份验证、Windows身份验证、基于令牌的身份验证等。在ASP.NET MVC中，可以使用MembershipProvider类来实现自定义的身份验证逻辑。
- 授权：授权是确定用户权限的过程。ASP.NET MVC提供了基于角色的授权和基于资源的授权两种方式。基于角色的授权是根据用户角色来确定用户权限，而基于资源的授权则是根据用户请求的资源来确定用户权限。在ASP.NET MVC中，可以使用AuthorizeAttribute类来实现自定义的授权逻辑。

- 角色管理：角色是一组权限的集合，可以将用户分配给不同的角色，以便授予不同的权限。ASP.NET MVC提供了内置的角色管理功能，可以使用RoleProvider类来实现自定义的角色管理逻辑。
- 用户管理：用户管理是管理应用程序中的用户账户的过程。

11.1.4　授权

授权是验证经过身份验证的用户是否有权访问请求的资源的过程。ASP.NET提供了两种授权方式：文件授权和URL授权。

1）文件授权

类FileAuthorizationModule执行文件授权，在使用Windows身份验证时处于活动状态。FileAuthorizationModule负责对Windows访问控制列表（ACL）执行检查，以确定用户是否具有访问权限。

2）URL 授权

类UrlAuthorizationModule执行统一资源定位符（URL）授权，以基于统一资源标识符（URI）命名空间控制授权。URI命名空间可以不同于NTFS（New Technology File System）权限使用的物理文件夹和文件路径。

UrlAuthorizationModule实现正授权断言和负授权断言。也就是说，可以使用模块有选择地允许或拒绝用户、角色（如经理、测试人员和管理员）和谓词（如GET和POST）对任意部分的访问。

11.1.5　角色管理

ASP.NET MVC是一种流行的Web开发框架，用于构建具有模型－视图－控制器（MVC）设计模式的Web应用程序。在这种情况下，授权是一个重要的环节，因为它可以确保只有具有适当权限的用户才能访问特定资源或功能。

在ASP.NET MVC中，可以使用角色来管理授权。角色是一种将用户分组的方法，每个组具有特定的权限。例如，我们可以创建一个"管理员"角色，该角色具有访问所有应用程序功能的权限，而普通用户则只能访问其中的一部分功能。要在ASP.NET MVC中使用角色授权，需要遵循以下步骤：

步骤01 在应用程序中启用角色管理：要在ASP.NET MVC应用程序中启用角色管理，需要在Web.config文件中启用角色提供程序。

步骤02 创建角色：可以使用ASP.NET的内置角色提供程序创建角色，也可以实现自己的提供程序。

步骤03 将用户分配给角色：将用户分配给特定角色后，他们将获得该角色的所有权限。

步骤04 在控制器中使用角色授权：在控制器中，可以使用Authorize属性来限制对特定操作的访问。例如，可以使用Authorize(Roles="Administrator")来限制只具有"管理员"角色的用户才能访问特定操作。

11.1.6　用户管理

ASP.NET MVC提供了内置的用户管理功能，一般情况下程序使用Membership类已经够了。但也可以使用MembershipProvider类来实现自定义的用户管理逻辑。创建自定义用户管理程序主要有两个原因：

（1）需要将用户资格信息存储在.NET Framework附带的用户资格提供程序所不支持的数据源中，如FoxPro数据库、Oracle数据库或其他数据源。

（2）需要使用不同于.NET Framework附带的提供程序所使用的数据库架构来管理用户资格信息。一个常见的范例是公司或网站的SQL Server数据库中已有的用户资格数据。

MembershipProvider抽象类从ProviderBase抽象类中继承。要实现MembershipProvider还必须实现ProviderBase所需的成员。

11.1.7 记录用户的验证状态

Web访问基于HTTP协议。HTTP协议工作于客户端－服务端架构之上，浏览器作为HTTP客户端通过URL向HTTP服务端（即Web服务器）发送所有请求。Web服务器根据接收到的请求，向客户端发送响应信息。

HTTP是一种无状态协议。无状态是指协议对于事务处理没有记忆能力，缺少状态意味着如果后续处理需要前面的信息，则它必须重传，这样可能导致每次连接传送的数据量增大。与之相反的是，在服务器不需要先前信息时它的应答就较快。

HTTP的无状态，是说HTTP并没有记录连接状态的功能，这意味着服务器不能确认这一次请求和下一次请求是否来源于同一个客户端。然而根据我们的常识，用户登录成功，接下来发起的请求应该绑定该用户。比如，在向购物车添加商品时，每次都应该将商品添加到对应用户的购物车中，服务器必须识别出这个用户。这个就是用户认证的功能。

最简单的方法就是每次请求都显式地带上用户ID，但这种方式很粗暴，也不安全，容易被伪造。下面介绍两种常见的解决方案：

（1）Session：会话的意思。在Web应用中，大多数情况下打开浏览器到关闭浏览器的过程就是一次会话。我们希望在一次会话中，用户始终保存自己的登录状态，并且发送的请求都能被区分。我们可以通过将用户的登录状态信息保存在服务端的Session中，再利用客户端浏览器的Cookie保存SessionID，这样浏览器每次在向服务端发起请求时，都会携带该Cookie值，服务端可以根据相应的SessionID来获取匹配的Session信息，并进行验证。这是基本原理，不同的开发语言在具体实现时有些区别。

会话跟踪是Web程序中常用的技术，常用的、用来跟踪用户整个会话过程的跟踪技术是Cookie与Session。Cookie通过在客户端记录信息确定用户身份，Session通过在服务器端记录信息确定用户身份。本章将使用会话跟踪技术来识别用户。

（2）token：令牌的意思。为每一次会话创建一个token（标识符，类似ID），同样将token附在HTTP的头部，根据token验证会话。

这两种方法都是在HTTP头部携带服务器生成的临时标识符，进而达到区分每一个用户的目的，并且临时标识符的安全性远高于直接携带用户信息，它难以仿造。我们这里主要用到Session和Cookie。

11.1.8 命名空间 System.Web.Security

用户和角色是信息系统中非常重要的部分，任何安全验证都离不开对用户的管理，安全是网站建设的基础。在.NET中，命名空间System.Web.Security提供了若干类来负责管理，并提供了网站安全的一些常用功能。下面列出System.Web.Security内常用的类及其说明：

- ActiveDirectoryMembershipProvider：为ActiveDirectory中的用户管理提供存储机制。
- ActiveDirectoryMembershipUser：管理ActiveDirectory存储区域中的用户信息。
- AnonymousIdentificationModule：匿名标识类。
- AuthorizationStoreRoleProvider：提供角色信息在各个存储区域的存储机制。
- DefaultAuthenticationModule：确保上下文中存在身份验证对象。
- FileAuthorizationModule：验证用户是否有访问页面的权限。
- FormsAuthentication：身份验证管理类。
- FormsAuthenticaitonModule：在Forms验证模式下设置应用程序用户的标识。
- FormsAuthenticationTicket：票据管理类。
- FormsIdentify：经过Forms身份验证过的用户标识。
- Membership：用户管理类。
- MembershipProvider：提供用户资格服务。
- MembershipUser：成员信息管理类。
- PassprotAuthenticationModule：对Passport身份验证服务的包装。
- PassportIdentify：提供给PassportAuthenticationModule要使用的类。它为应用程序提供了一种访问Ticket（String）方法的方法。这个类不能被继承。（此类已弃用）
- PassportPrincipal：通过Passport身份验证的对象。
- RoleManagerModule：管理当前用户的RolePrincipal实例。
- RoleProvider：提供角色管理服务的类。
- SqlMembershipProvider：管理SQL Server数据库中的用户信息。
- SqlRoleProvider：管理SQL Server数据库中的角色信息。
- UrlAuthorizationModule：判断用户是否具备访问URL的权限。
- WindowsAuthenticationModule：Windows身份验证模式下的用户标识。
- WindowsTokenRoleProvider：通过Windows成员资格获取ASP.NET应用程序的角色信息。

通过System.Web.Security中的类，我们实现用户注册、登录等功能将变得简单，而且安全系数更高。限于篇幅，我们不可能对所有类的详细用法进行演示，这里就给读者扩充知识面，以后项目开发中需要用到某个功能时候，再重点查询某个类的详细用法。

一般来讲，我们的网站要实现的、与用户相关的基本功能包括注册、登录、修改用户资料和密码。命名空间System.Web.Security帮我们内置实现了这些功能，我们不需要重复造轮子。

11.2　会　　话

11.2.1　基本概念

HTTP 会话（Session）是服务器用来跟踪用户与服务器交互期间用户状态的机制。由于HTTP协议是无状态的（每个请求都是独立的），因此服务器需要通过Session来记住用户的信息。

会话是指一个用户在一段时间内对某一个站点的一次访问，是一种在服务器端存储和跟踪用户状态的机制，它允许在用户访问网站期间跨多个请求保持数据的一致性。会话数据可用于存储用户的登录状态、购物车信息、用户偏好设置等。Session对象在.NET中对应HttpSessionStateBase类，表示"会话状态"，可以保存与当前用户会话相关的信息。Session对象用于存储特定的用户会话所需要的信息，包括从一个用户开始访问某个特定的aspx页面起，到用户离开为止的所有信息。用户在应用程序的页面上切换时，Session对象的变量不会被清除。

当一台WWW服务器运行时，可能有若干个用户正在这台服务器的网站上浏览。当用户首次与这台WWW服务器建立连接时，他就与这个服务器建立了一个Session，同时服务器会自动为其分配一个SessionID，用于标识这个用户的唯一身份。这个SessionID是一个WWW服务器随机产生的、由24个字符组成的字符串。

这个唯一的SessionID有很大的实际意义。当一个用户提交表单时，浏览器会将用户的SessionID自动附加在HTTP头信息中（这是浏览器的自动功能，用户不会察觉到），当服务器处理完这个表单后，将结果返回给SessionID所对应的用户。试想一下，如果没有SessionID，当两个用户同时进行注册时，服务器怎样才能知道到底是哪个用户提交了哪个表单呢。当然，SessionID还有很多其他的作用。

除了SessionID，在每个Session中还包含很多其他信息，但是对于编写ASP或ASP.NET的程序员来说，最有用的还是可以通过访问ASP/ASP.NET的内置Session对象，为每个用户存储各自的信息。例如，想了解一下访问网站的用户浏览了几个页面，就可以在用户可能访问到的每个页面中加入以下代码：

```
//根据Session获得该页面的浏览次数
if (Session["Page"]==null)
{
    Session["Page"] = 1;
}
else
{
    Session["Page"] = int.Parse(Session["Page"].ToString()) + 1;
}
```

再通过以下这句话让用户得知自己浏览了几个页面：

```
Response.Write("通过Session["Page"]获取浏览页面个数: "+Session["Page"].ToString());
```

有些读者会问：这个像数组的Session[".."]是哪里来的？需要我定义吗？实际上，这个Session对象是具有.NET解释能力的WWW服务器的内建对象。也就是说.NET框架中已经定义好了这个对象，我们只需要使用就行了。其中Session[".."]中的".."就好比是变量名称，Session[".."]=$中"$"就是变量的值了。我们只需要写上这句话，就可以在这个用户的每个页面中访问".."变量中的值了。

在网页中记录用户的信息通常有如下几种方式：Session、Cookie，以及.Net环境下的ViewState等。比较起来，Session将用户的信息暂存在内存中，除非用户关闭网页，否则信息将一直有效，因此用Session保存的信息很容易丢失。Cookie用来将用户的信息保存到用户计算机的文件中，这样信息就可以长久保存。这两种都是传统的保存方式，而ViewState是在微软.Net环境下新推出的一种对象，它其实是一种特殊的Session，不过一般将信息保存在客户端。Session（会话）数据存储在服务器端，相对于将数据存储在客户端的Cookie中，更加安全可靠，减少了被篡改或被窃取的风险。

11.2.2　工作原理

因为HTTP协议是无状态的，每次客户端请求服务器端，服务器端都会将"崭新"的页面展示给客户端。这在静态的HTML页面中不会存在任何影响，但是在动态页面中，需要与用户交互，要保持与客户端用户的联系，则需要一些东西来保持，而Session则具有"保持状态，保持会话"的能力。

需要注意，Session是保存在服务器端的。如果用户突然关闭了客户端页面，那么Session就会丢失，即"会话丢失"。服务器端创建Session的3个步骤如下：

步骤01　生成全局唯一标识符（SessionID）。

步骤02　开辟数据存储空间。一般会在内存中创建相应的数据结构，但这种情况下，系统一旦断电，所有的会话数据就会丢失，如果是电子商务网站，这种事故会造成严重的后果。因此可以将会话数据写到文件里甚至存储在数据库中，这样虽然会增加I/O开销，但Session可以实现某种程度的持久化，而且更有利于共享。

步骤03　将Session的全局唯一标识符发送给客户端。

问题的关键就在服务端如何发送这个Session的唯一标识符上。联系到HTTP协议，数据无非放到请求行、头域或Body里，基于此，一般来说会有两种常用的方式：Cookie和URL重写。

1）Cookie

SessionID会保存在Cookie里，并且失效时间为0，就是浏览器进程的有效时间，如果关闭了浏览器，那么Session就会失效，原理就是如此。

读者应该会想到，服务端只要设置Set-cookie头就可以将Session的标识符传送到客户端，而客户端此后的每一次请求都会带上这个标识符，由于Cookie可以设置失效时间，所以一般包含Session信息的Cookie会设置失效时间为0，即浏览器进程有效时间。至于浏览器怎么处理这个0，每个浏览器都有自己的方案，但差别都不会太大（一般体现在新建浏览器窗口的时候）。

2）URL重写

或许有人已经注意到，平时网上URL地址上有"?sessionID=xxxx"字样。所谓URL重写，顾名思义就是重写URL。试想，在返回用户请求的页面之前，将页面内所有的URL后面全部以GET参数的方式加上Session标识符（或者加在path info部分等），这样用户在收到响应之后，无论单击哪个链接或提交表单，都会带上Session的标识符，从而实现了会话的保持。读者可能会觉得这种做法比较麻烦，确实是这样，但是，如果客户端禁用了Cookie的话，URL重写将会是首选。

总之，当用户首次访问网站时，服务器会为用户创建唯一的SessionID，并通过Cookie将其发送到客户端。客户端在之后的请求中会携带这个SessionID，服务器通过SessionID来识别用户，从而获取用户的会话信息。服务器通常会将Session信息存储在内存、数据库或缓存中。另外需要注意，ASP.NET Session的默认时间设置是20分钟，即超过20分钟后，服务器会自动放弃Session信息。

11.2.3　使用会话的优势

使用会话有如下优势：

（1）数据共享：会话数据存储在服务器端，可以在用户的不同请求之间共享，方便在应用程序的不同页面或模块中访问和使用。

（2）数据安全：会话数据存储在服务器端，相对于将数据存储在客户端的Cookie中，更加安全可靠，减少了被篡改或被窃取的风险。

（3）灵活性：开发人员可以根据具体需求选择将哪些数据存储在会话中，还可以存储任意类型的数据，包括基本数据类型、自定义对象等。

11.2.4　会话的应用场景

会话的应用场景如下：

（1）用户登录状态管理：可以使用会话来存储用户的登录状态，以便在用户访问其他页面时保持登录状态。

（2）购物车管理：可以使用会话来存储用户的购物车信息，方便用户在不同页面之间添加、删除或修改购物车中的商品。

（3）用户偏好设置：可以使用会话来存储用户的偏好设置，如语言偏好、主题偏好等，以便在用户访问网站时保持一致的用户体验。

ASP.NET页面是无状态的，这意味着每次向服务器发送一个请求，服务器都会生成一个该页面的实例。但有时候我们希望在不同的页面之间共享信息，比如购物车、用户登录等，于是，ASP.NET提供了一个服务端的Session机制。

对于一个Web应用程序而言，所有用户访问到的Application对象的内容是完全一样的；而不同用户会话访问到的Session对象的内容则各不相同。Session可以保存变量，该变量只能供一个用户使用，也就是说，每一个网页浏览者都有自己的Session对象变量，即Session对象具有唯一性。

服务端的Session机制是基于客户端的，也就是说服务端的Session会保存每个客户端的信息到服务端内存中。ASP.NET MVC可以使用Session方式来实现用户身份验证，原理如下：

（1）客户端发送身份认证数据到服务器端，服务器收到并验证后将用户信息保存到Session对象中。

（2）生成对应的标识并将标识写入Cookie中，客户端下次请求时带上该Cookie标识，服务器通过该Cookie标识从Session对象中获取对应的用户信息。

这里用一个形象的比喻来解释Session的工作方式。假设Web Server是一个商场的存包处，HTTP Request是一个顾客，第一次来到存包处时，管理员把顾客的物品存放在某一个柜子里面（这个柜子就相当于Session），然后把一个号码牌交给这个顾客，作为取包凭证（这个号码牌就是SessionID）。顾客（HTTP Request）下一次来的时候，就要把号码牌（SessionID）交给存包处（Web Server）的管理员。管理员根据号码牌（SessionID）找到相应的柜子（Session），根据顾客（HTTP Request）的请求，Web Server可以取出、更换、添加柜子（Session）中的物品，Web Server也可以让顾客（HTTP Request）的号码牌和号码牌对应的柜子（Session）失效。顾客（HTTP Request）的忘性很大，管理员在顾客回去的时候（HTTP Response）都要重新提醒顾客拿着自己的号码牌（SessionID）。这样，顾客（HTTP Request）下次来的时候，就又带着号码牌回来了。

11.3　ASP.NET 内置对象

11.3.1　基本概念

ASP.NET内置对象通常指的是在ASP.NET网页中可以直接使用的预定义对象，如Response、Request、Session、Application、Server等。它们提供了处理HTTP请求和响应、管理会话状态和全局状态等功能。

准确地说，ASP.NET并没有内置对象这一说，JSP里确实把Request、Response这些当作内置对象，这里只不过是借用了一下JSP的说法而已。上面提到的很多都是在做ASP.NET开发时无须new就能使用的对象，类似的对象还有很多。在ASP.NET中所有的网页都是继承自System.Web.UI.Page类。

在Web中，处于中心的是Web服务器，用来处理客户端的HTTP请求。由于HTTP是一种无状态的协议，也就是它并不记得上一次谁请求过它，不会主动去询问客户端，只有当客户端主动请求之后，服务器才会响应。

在ASP.NET中，微软提供了多种内置对象提供开发人员使用。在实际开发中，内置对象的使用不可或缺，在Web网站的数据交互、网页服务器交互、网页跳转、服务器数据的传输等方面，起着举足轻重的作用。在初学ASP.NET技术中，内置对象也是非常重要的环节，是深入学习ASP.NET的里程碑。

不同的对象有不同的方法，可以实现不同的功能。通过这些对象的不同功能，使用用户更容易得到浏览器发送的请求信息、响应信息和存储用户信息。

ASP.NET的内置对象有8个，分别是Request、Response、Application、Session、Server、Mail、Cookies、Page。常用的是前5个对象，其中Request、Response应用最多，它们的关系如图11-1所示。

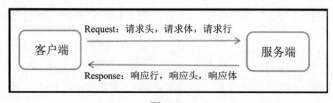

图 11-1

当浏览器向服务器发送请求时，服务器会创建Request和Response对象来处理该请求并生成响应。Request对象封装了客户端发送给服务器的请求信息，包括请求行、请求头和请求体等。它提供了访问请求信息的方法和属性，如获取请求的URL、获取请求的参数、获取请求的头部信息等。

Response对象封装了服务器要发送给客户端的响应信息，包括响应行、响应头和响应体等。它提供了设置响应信息的方法和属性，如设置状态码、设置响应的内容类型、设置响应的头部信息等。

当服务器接收到请求后，会调用相应的处理程序（如Servlet）来处理请求。在处理程序中，可以通过Request对象获取客户端发送的请求信息，并通过Response对象来设置服务器要发送的响应信息。

处理程序可以根据请求的内容进行逻辑处理，并生成相应的响应内容。一旦处理程序完成了对请求的处理，并将响应内容设置到Response对象中，服务器就会将Response对象中的数据按照

HTTP协议的格式发送给浏览器。在完成请求处理、将响应发送给浏览器后，服务器会销毁Request和Response对象，以释放资源并为下一次请求做准备。

总之，Request对象代表了客户端发送给服务器的请求信息，而Response对象代表了服务器要发送给客户端的响应信息。它们在服务器处理请求和生成响应的过程中起到了重要的作用。

本章我们将在ASP.NET MVC项目平台上学习常见的5个对象，这也是一种创新。

11.3.2　使用内置对象的途径

在MVC框架中，有一个HttpContextBase类，该类中包括以下几个重要属性：

```
HttpRequestBase Request { get; }
HttpResponseBase Response { get; }
HttpServerUtilityBase Server { get; }
HttpSessionStateBase Session { get; }
HttpApplicationStateBase Application { get; }
```

又因为在控制器类Controller中定义了HttpContext属性：

```
HttpContextBase HttpContext { get; }
```

所以通常可以这样调用：HttpContext.Request、HttpContext.Response、HttpContext.Application、HttpContext.Server、HttpContext.Session。范例如下：

```
HttpCookie mycookie = new HttpCookie("mycookiename");
mycookie.Value = "aaa";
HttpContext.Response.Cookies.Add(mycookie);
```

又因为在控制器类Controller中也定义了Request、Response、Server、Session这4个属性：

```
HttpRequestBase Request { get; }
HttpResponseBase Response { get; }
HttpSessionStateBase Session { get; }
HttpServerUtilityBase Server { get; }
```

所以在MVC项目的控制器方法中，也可以省略HttpContext，比如：

```
HttpCookie mycookie = new HttpCookie("mycookiename");
mycookie.Value = "aaa";
Response.Cookies.Add(mycookie);
```

两者效果都一样，但对于初学者来说可能会感觉比较晕。

另外，如果是非MVC框架，则有一个单独HttpContext类，这里不准备讲解它，毕竟我们现在是基于框架的学习。

11.3.3　Response 对象

Response对象是HttpResponseBase类的一个实例。该类主要封装来自ASP.NET操作的HTTP相应信息。Response对象将数据作为请求的结果从服务器发送到客户浏览器中，并提供有关响应的消息。它可用来在页面中输出数据、在页面中跳转，还可以传递各个页面的参数。

Response代表了服务器响应对象。每次客户端发出一个请求的时候，服务器就会用一个响应对象来处理这个请求，处理完这个请求之后，服务器就会销毁这个响应对象，以便继续接收其他客服端请求。类HttpResponseBase拥有的属性如下：

- Buffer：获取或设置一个值，该值指示是否缓冲输出并在处理完整个响应之后发送它。
- BufferOutput：获取或设置一个值，该值指示是否缓冲输出并在处理完整个页之后发送它。
- Cache：获取网页的缓存策略。例如，过期时间、保密性设置和变化条款。
- CacheControl：获取或设置与HttpCacheability枚举值之一匹配的Cache-Control HTTP标头。
- Charset：获取或设置输出流的HTTP字符集。
- ContentEncoding：获取或设置输出流的HTTP字符集。
- ContentType：获取或设置输出流的HTTP MIME类型。
- Cookies：获取响应Cookie集合。
- Expires：获取或设置在浏览器上缓存的页面过期之前的分钟数。如果用户在页面过期之前返回到该页，则显示缓存的版本。提供Expires，以便兼容早期版本的ASP。
- ExpiresAbsolute：获取或设置从缓存中删除缓存信息的绝对日期和时间。提供ExpiresAbsolute，以便兼容早期版本的ASP。
- Filter：获取或设置一个包装筛选器对象，该对象用于在传输之前修改HTTP实体主体。
- HeaderEncoding：获取或设置一个Encoding对象，该对象表示当前标头输出流的编码。
- Headers：获取响应标头的集合。
- IsClientConnected：获取一个值，通过该值指示客户端是否仍连接在服务器上。
- IsRequestBeingRedirected：获取指示客户端是否正在被传输到新位置的布尔值。
- Output：实现到传出HTTP响应流的文本输出。
- OutputStream：实现到传出HTTP内容主体的二进制输出。
- RedirectLocation：获取或设置HTTP Location标头的值。
- Status：设置返回到客户端的Status栏。
- StatusCode：获取或设置返回给客户端的输出的HTTP状态代码。
- StatusDescription：获取或设置返回给客户端的输出的HTTP状态字符串。
- SubStatusCode：获取或设置一个限定响应的状态代码的值。
- SuppressContent：获取或设置一个值，该值指示是否将HTTP内容发送到客户端。
- TrySkipIisCustomErrors：获取或设置一个值，该值指定是否禁用IIS 7.0自定义错误。

类HttpResponseBase拥有的方法及说明如表11-1所示。

表 11-1　类 HttpResponseBase 拥有的方法及说明

方　　法	说　　明
AddCacheDependency(CacheDependency[])	将一组缓存依赖项与响应关联。如果响应存储在输出缓存中并且指定的依赖项发生变化，就可以使该响应失效
AddCacheItemDependencies(ArrayList)	使缓存响应的有效性依赖于缓存中的其他项
AddCacheItemDependencies(String[])	使缓存项的有效性依赖于缓存中的另一项
AddCacheItemDependency(String)	使缓存响应的有效性依赖于缓存中的其他项
AddFileDependencies(ArrayList)	将一组文件名添加到文件名集合中，当前响应依赖于该集合
AddFileDependencies(String[])	将文件名数组添加到当前响应依赖的文件名集合中
AddFileDependency(String)	将单个文件名添加到文件名集合中，当前响应依赖于该集合
AddHeader(String)	将 HTTP 头添加到输出流。提供 AddHeader(String, String)，以便兼容 ASP 的早期版本

（续表）

方　　法	说　　明
AppendCookie(HttpCookie)	将一个 HTTP Cookie 添加到内部 Cookie 集合
AppendHeader(String)	将 HTTP 头添加到输出流
AppendToLog(String)	将自定义日志信息添加到 Internet Information Services（IIS）日志文件
ApplyAppPathModifier(String)	如果会话使用 Cookieless 会话状态，则将该会话 ID 添加到虚拟路径中，并返回组合路径。如果不使用 Cookieless 会话状态，则 ApplyAppPathModifier(String)返回原始的虚拟路径
BinaryWrite(Byte[])	将二进制字符串写入 HTTP 输出流
Clear()	清除缓冲区流中的所有内容输出
ClearContent()	清除缓冲区流中的所有内容输出
ClearHeaders()	清除缓冲区流中的所有头
Close()	关闭到客户端的套接字连接
DisableKernelCache()	禁用当前响应的内核缓存
End()	将当前所有缓冲的输出发送到客户端，停止该页的执行，并引发 EndRequest 事件
Equals(Object)	确定指定对象是否等于当前对象（继承自 Object）
Flush()	向客户端发送当前所有缓冲的输出
GetHashCode()	作为默认哈希函数（继承自 Object）
GetType()	获取当前实例的 Type（继承自 Object）
MemberwiseClone()	创建当前 Object 的浅表副本（继承自 Object）
Pics(String)	将 HTTP PICS-Label 标头追加到输出流
Redirect(String)	将请求重定向到新 URL 并指定该新 URL
Redirect(String, Boolean)	将客户端重定向到新的 URL，并指定当前页的执行是否应终止
RedirectPermanent(String)	执行从所请求 URL 到所指定 URL 的永久重定向
RedirectPermanent(String, Boolean)	执行从所请求 URL 到所指定 URL 的永久重定向，并提供用于完成响应的选项
RedirectToRoute(Object)	使用路由参数值将请求重定向到新 URL
RedirectToRoute(RouteValueDictionary)	使用路由参数值将请求重定向到新 URL
RedirectToRoute(String)	使用路由名称将请求重定向到新 URL
RedirectToRoute(String, Object)	使用路由参数值和路由名称将请求重定向到新 URL
RedirectToRoute(String, RouteValueDictionary)	使用路由参数值和路由名称将请求重定向到新 URL
RedirectToRoutePermanent(Object)	使用路由参数值执行从所请求 URL 到新 URL 的永久重定向
RedirectToRoutePermanent (RouteValueDictionary)	使用路由参数值执行从所请求 URL 到新 URL 的永久重定向
RedirectToRoutePermanent(String)	使用路由名称执行从所请求 URL 到新 URL 的永久重定向
RedirectToRoutePermanent (String, Object)	使用路由参数值以及与新 URL 对应的路由的名称执行从所请求 URL 到新 URL 的永久重定向
RedirectToRoutePermanent (String, RouteValueDictionary)	使用路由参数值和路由名称执行从所请求 URL 到新 URL 的永久重定向

（续表）

方　　法	说　　明
RemoveOutputCacheItem(String)	从缓存中移除与默认输出缓存提供程序关联的所有缓存项。此方法是静态的
RemoveOutputCacheItem(String)	使用指定的输出缓存提供程序删除所有与指定路径关联的输出缓存项
SetCookie(HttpCookie)	因为 HttpResponse.SetCookie 方法仅供内部使用，所以不应在代码中调用该方法。可以改为调用 HttpResponse. Cookies.Set 方法，以更新 Cookie 集合中的现有 Cookie
ToString()	返回表示当前对象的字符串（继承自 Object）
TransmitFile(String)	将指定的文件直接写入 HTTP 响应输出流，而不在内存中缓冲该文件
TransmitFile(String, Int64, Int64)	将文件的指定部分直接写入 HTTP 响应输出流，而不在内存中缓冲它
Write(Char)	将一个字符写入 HTTP 响应输出流
Write(Char[], Int32, Int32)	将字符数组写入 HTTP 响应输出流
Write(Object)	将 Object 写入 HTTP 响应流
Write(String)	将字符串写入 HTTP 响应输出流
WriteFile(IntPtr, Int64, Int64)	将指定的文件直接写入 HTTP 响应输出流
WriteFile(String)	将指定文件的内容作为文件块直接写入 HTTP 响应输出流
WriteFile(String, Boolean)	将指定文件的内容作为内存块直接写入 HTTP 响应输出流
WriteFile(String, Int64, Int64)	将指定的文件直接写入 HTTP 响应输出流
WriteSubstitution (HttpResponseSubstitutionCallback)	该方法用于在 ASP.NET 页面中插入动态内容

下面看几个范例。

1. 向网页中输出数据

Response对象通过Write方法或WriteFile方法在页面输出数据，输出的对象可以是字符、字符串、字符串数组、对象或文件。下面开启第一个ASP.NET的内置对象程序，老规矩，输出HelloWorld。

【例11.1】向页面输出"HelloWorld"

（1）新建一个ASP.NET的MVC项目，项目名称是test。

（2）打开Views/Home/Index.cshtml，删除原有代码，然后输入如下代码：

```
@{
    Response.Write("Hello,World<br/>Boys and girls!<br/>");
    string[] str = new string[2];
    str[0] = "你快乐吗？";
    str[1] = "我很快乐！";
    Response.Write(str[0] + "<br/>");
    Response.Write(str[1] + "<br/>");
}
```

首先，我们要把代码放在@{}中，因为这些代码是在服务端执行的；然后，用Response.Write

方法直接输出字符串,并且字符串中包含了HTML的换行标记
;接着,定义两个字符串数组。最后用Response.Write输出这两个数组。

(3)按快捷键Ctrl+F5运行项目,结果如下:

```
Hello,World
Boys and girls!
你快乐吗?
我很快乐!
```

2. 页面重定向

页面重定向是一个不大不小的问题,说它不大是因为Web开发者经常会遇到页面重定向的问题,而且似乎也能很好地解决这个问题。说它不小是因为虽然我们都知道部分重定向的方法,但是并没有完整地了解所有页面重定向的方法,同时也并不是特别清楚它们之间的区别。这就造成了我们在选择页面重定向的方式时大多数的时候是盲目的。

重定向作用在客户端,客户端将请求发送给服务器后,服务器响应给客户端一个新的请求地址,客户端根据新地址重新发送请求。重定向是一种资源跳转的方式,当服务器资源A面对浏览器发送的请求无法完成处理时,将该请求跳转到资源B去处理。重定向有3个特点:

(1)浏览器的地址会发生改变。

(2)可以重定向到任意位置的资源(服务器内部、外部均可)。

(3)会发送两次请求,所以不能在Request资源间共享数据。

要注意重定向和转发的区别,如表11-2所示。

表 11-2 重定向和转发的区别

重 定 向	转 发
浏览器地址栏路径发生变化	浏览器地址栏路径不会发生变化
可以重定向任意位置的资源	只能转发到当前服务器内部资源
两次请求,多个资源不能共享 Request 资源间的数据	一次请求,可以共享 Request 资源间的数据

在ASP.NET中,Response的Redirect方法是一种客户端重定向的方法。它告诉浏览器,你需要先访问另外一个网页,于是浏览器就跳到了另外的一个页面。

【例11.2】页面重定向

(1)新建一个ASP.NET的MVC项目,项目名称是test。

(2)打开Controllers/HomeController.cs,删除About和Contact方法中的内容,然后在About方法中输入如下代码:

```
public ActionResult About()
{
    Response.Redirect("/Home/Contact"); //重定向到Contact方法
    return new EmptyResult(); //返回一个空结果
}
```

我们通过Response.Redirect重定向到Home控制器下的Contact方法。再在Contact方法中添加如下代码:

```
public ActionResult Contact()
{
    Response.Redirect("http://100bcw.taobao.com"); //重定向到淘宝网址
    return new EmptyResult(); //返回一个空结果
}
```

　　我们通过Response.Redirect重定向到淘宝网店。因此，运行效果就会是单击主页上的"关于"链接，最终打开淘宝网址，但中间其实调用了Contact方法。

　　（3）运行程序，结果如图11-2所示。

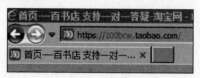

图 11-2

11.4　Request 对象

　　Request对象是HttpRequestBase类的一个实例，该对象能够读取客户端在Web请求期间发送的HTTP值。服务器通过该对象可以接收和处理客户端发送过来的请求。

　　Request对象用来获取客户端在请求一个页面或传送一个Form时提供的所有信息。它包括用户的HTTP变量、能够识别的浏览器、存储客户端的Cookie信息和请求地址等。

　　HttpRequestBase封装了客户端请求信息。类HttpRequestBase的常见属性如下：

　　（1）QueryString：获取HTTP查询字符串变量集合，主要用于收集HTTP协议中GET请求发送的数据。

　　（2）Form：获取窗体或页面变量的集合，用于收集Post方法发送的请求数据。

　　（3）ServerVarible：环境变量集合包含了服务器和客户端的系统内信息。

　　（4）Params：它是QueryString、Form和ServerVarible这3种方式的集合，不区分是由哪种方式传递的参数。

　　（5）ApplicationPath：获取服务器上ASP.NET虚拟应用程序的根目录路径。

　　（6）ContentLength：指定客户端发送的内容长度。

　　（7）Cookies：获取客户端发送的Cookie集合。

　　（8）FilePath：获取当前请求的虚拟路径。

　　（9）Files：获取采用MIME格式的由客户端上载的文件集合。

　　（10）Item：从Cookies、Form、QueryString或ServerVariables集合中获取指定的对象。

　　（11）Path：获取当前请求的虚拟路径。

　　（12）Url：获取有关当前请求的URL信息。

　　（13）UserHostName：获取远程客户端的DNS名称。

　　（14）UserHostAddress：获取远程客户端的主机IP地址。

　　（15）IsLocal：获取一个值，该值指示该请求是否来自本地计算机。

　　（16）Browser：获取或设置有关正在请求的客户端浏览器功能信息。

常见方法如下：

（1）BinaryRead()：执行对当前输入流进行指定字节数的二进制读取。

（2）SaveAs()：将HTTP请求保存到磁盘。

（3）MapPath()：将指定的路径映射到物理路径。

【例11.3】 在控制器中获取表单元素值

（1）新建一个ASP.NET的MVC项目，项目名称是test。

（2）打开Views/Home/Index.cshtml，删除原有代码，并添加如下代码：

```
<form action="/Home/About" method="get">
    <input type="text" name="username" placeholder="请输入用户名"></br>
    <input type="password" name="password" placeholder="请输入密码"></br>
    <input type="checkbox" name="hobby" value="study">学习
    <input type="checkbox" name="hobby" value="basketball">打篮球
    <input type="checkbox" name="hobby" value="sleep">睡觉</br>
    <input type="submit" value="提交">
</form>
```

（3）打开Controllers/HomeController.cs，删除About方法中的内容，然后在About方法中输入如下代码：

```
public ActionResult About()
{
    //通过表单元素的name属性获取值
    if (Request.QueryString["username"] != null && Request.QueryString["username"] !=
string.Empty)
    {
        string value = Request.QueryString["username"];
        Response.Write("<br>username: " + value);
    }

    //通过表单元素的name属性获取值
    if (Request.QueryString["password"] != null && Request.QueryString["password"] !=
string.Empty)
    {
        string value = Request.QueryString["password"];
        Response.Write("<br>password: " + value);
    }
    if (Request.QueryString["hobby"] != null && Request.QueryString["hobby"] !=
string.Empty)
    {
        string value = Request.QueryString["hobby"];
        Response.Write("<br> hobby: " + value);
    }
    return View();
}
```

相对于Response对象向客户端浏览器页面上输出内容，Request对象正好相反，它可以从浏览器页面上获取用户的输入。这里，我们通过表单元素的name属性获取值。

```
username: Tom
password: 123456
hobby: sleep
```

（4）运行程序，结果如图11-3所示。

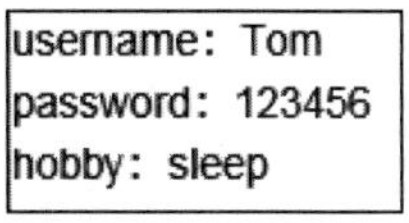

图 11-3

【例11.4】 探测浏览器的信息

（1）新建一个ASP.NET的MVC项目，项目名称是test。

（2）打开Controllers/HomeController.cs，在Index方法中输入如下代码：

```
public ActionResult Index()
{
    Response.Write("<h3>你当前使用的浏览器信息</h3><hr>");
    Response.Write("浏览器的类型: " + Request.Browser.Browser + "<br>");
    Response.Write("客户端浏览器的完成版本号（包括整数和小数部分）: " + Request.Browser.Version
+ "<br>");
    Response.Write("客户端浏览器的主版本号: " + Request.Browser.MajorVersion + "<br>");
    Response.Write("客户端浏览器的次版本号: " + Request.Browser.MinorVersion + "<br>");
    Response.Write(".NET FrameWork的版本: " + Request.Browser.ClrVersion + "<br>");
    Response.Write("是否支持JavaApplets: " + Request.Browser.JavaApplets.ToString() +
"<br>");
    Response.Write("是否支持背景声音: " + Request.Browser.BackgroundSounds + "<br>");
    Response.Write("是否支持Cookies: " + Request.Browser.Cookies + "<br>");
    Response.Write("是否支持ActiveX控件: " + Request.Browser.ActiveXControls + "<br>");
    Response.Write("客户端浏览器的主版本号: " + Request.Browser.MajorVersion + "<br>");
    Response.Write("客户端浏览器的次版本号: " + Request.Browser.MinorVersion + "<br>");
    Response.Write("客户端浏览器是否支持HTML框架: " + Request.Browser.Frames + "<br>");
    return View();
}
```

（3）运行程序，结果如下：

你当前使用的浏览器信息

浏览器的类型: InternetExplorer
客户端浏览器的完成版本号（包括整数和小数部分）: 11.0
客户端浏览器的主版本号: 11
客户端浏览器的次版本号: 0
.NET FrameWork的版本: 0.0
是否支持JavaApplets: false
是否支持背景声音: false
是否支持Cookies: true
是否支持ActiveX控件: false
客户端浏览器的主版本号: 11
客户端浏览器的次版本号: 0
客户端浏览器是否支持HTML框架: true

【例11.5】 实现一个加法计算器

（1）新建一个ASP.NET的MVC项目，项目名称是test。

（2）打开Views/Home/Index.cshtml，删除原有代码，并添加如下代码：

```
@{
    var totalMessage = "";
    if (IsPost)
    {
        var num1 = Request["text1"];  //获取name为text1的表单元素值
        var num2 = Request["text2"];  //获取name为text2的表单元素值
        var total = num1.AsInt() + num2.AsInt(); //相加
        totalMessage = "Total = " + total;  //输出加法结果
    }
```

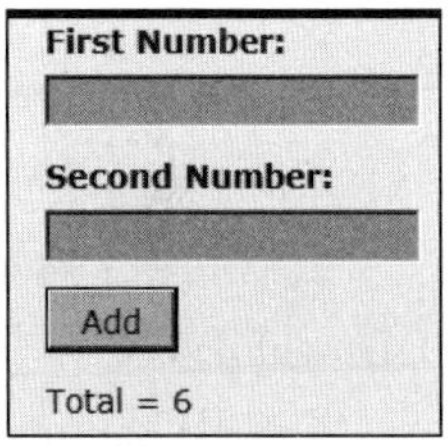

```
}
<html>
<body style="background-color: beige; font-family: Verdana, Arial;">
    <form action="" method="post">
        <p>
            <label for="text1">First Number:</label><br>
            <input type="text" name="text1" />
        </p>
        <p>
            <label for="text2">Second Number:</label><br>
            <input type="text" name="text2" />
        </p>
        <p><input type="submit" value=" Add " /></p>
    </form>
    <p>@totalMessage</p>
</body>
</html>
```

（3）运行程序，在页面上对应输入1和5，再单击Add按钮，结果如图11-4所示。

11.4.1　Server 对象

Server对象是HttpServerUtility类的实例。Server对象提供对服务器上的方法和属性的访问以及进行HTML编码的功能。这些功能分别由Server对象相应的方法和属性完成。类HttpServerUtility的常用属性如下：

图 11-4

（1）MachineName：获取服务器机器名。

（2）ScriptTimeout：用于设置脚本程序执行的时间（以秒为单位），适当地设置脚本程序的ScriptTimeout可以提高整个Web应用程序的效率。其语法如下：

```
Server.ScriptTimeout=time;
```

ScriptTimeout属性的最短时间默认为90s。对于一些逻辑简单、活动内容较少的脚本程序，该值已经足够，但在执行一些活动内容较多的脚本程序时，就显得小了些。比如访问数据库的脚本程序，必须设置较大的ScriptTimeout属性值，否则脚本程序就不能正常执行完毕。

类HttpServerUtility的常用方法如下：

- HtmlDecode(String)：对HTML编码的字符串进行解码，并返回已解码的字符串。
- HtmlDecode(String, TextWriter)：对HTML编码的字符串进行解码，并将输出结果发送到TextWriter输出流。
- HtmlEncode(String)：对字符串进行HTML编码，并返回已编码的字符串。
- HtmlEncode(String, TextWriter)：对字符串进行HTML解码，并将输出结果发送到TextWriter输出流。
- MapPath(String)：返回与指定虚拟路径相对应的物理文件路径。
- Transfer(String)：对于当前请求，终止当前页的执行，并使用指定的页URL路径来开始执行一个新页。

- Transfer(String, Boolean)：终止当前页的执行，并使用指定的页URL路径来开始执行一个新页。指定是否清除QueryString和Form集合。
- TransferRequest(String)：异步执行指定的URL。
- TransferRequest(String, Boolean)：异步执行指定的URL并保留查询字符串参数。

【例11.6】获取服务器系统属性并下载文件

（1）新建一个ASP.NET的MVC项目，项目名称是test。

（2）打开Views/Home/Index.cshtml，删除原有代码，并添加如下代码：

```
@using (Html.BeginForm(new { controller = "Home", action = "DownFile", type = 1 }))
{
    <input type="submit" value="下载JPG文件" class="btn btn-default" />
}
<hr />
@using (Html.BeginForm(new { controller = "Home", action = "DownFile", type = 2}))
{
    <input type="submit" value="下载xlsx文件" class="btn btn-default" />
}
```

我们放置了两个表单，分别用于下载JPG文件和xlsx文件，提交后调用的方法是Home控制器下的DownFile方法，并且传递一个参数type。

再打开Controllers/HomeController.cs，在Index方法中输入如下代码：

```
public ActionResult Index()
{
    Response.Write(Server.MachineName + "<br>");  //服务器名
    Response.Write(Server.MapPath("~/Content/myfile.txt") + "<br>"); //物理路径
    Response.Write(Environment.OSVersion.ToString() + "<br>"); //操作系统版本
    Response.Write(Environment.Version.ToString()); //.NET版本
    return View();
}
```

在类HomeController下添加一个DownFile方法，代码如下：

```
public ActionResult DownFile(string type)
{
    if (type == "1")
    {
        //需要下载的文件在服务器上的物理路径
        string path = Server.MapPath("/Content/Files/bb.jpg");
        //需要下载的文件被下载后保存到本地的名字
        string fileName = DateTime.Now.ToString("yyyyMMddHHmmssffffff") + ".jpg";
        return File(path, "image/jpg", fileName);
    }

    if (type == "2")
    {
        string path = Server.MapPath("/Content/Files/aa.xlsx");
        string fileName = DateTime.Now.ToString("yyyyMMddHHmmssffffff") + ".xlsx";
        return File(path,
"application/vnd.openxmlformats-officedocument.spreadsheetml.sheet", fileName);
    }
```

```
        return Content("");
    }
```

我们先通过Server.MapPath得到要下载文件的物理路径，然后把文件名改为时间文件名，最后调用File方法下载文件。File方法使用文件名、内容类型和文件下载名创建一个FilePathResult对象，它有3个参数：要发送到响应的文件的路径、内容类型（MIME类型）和浏览器中显示的文件下载对话框内要使用的文件名。

Excel呈现扩展插件将分页报表呈现为Microsoft Excel格式（.xlsx）。使用Excel呈现扩展插件后，Excel中的列宽度能更精确地反映报表中的列宽度。Excel呈现扩展插件将报表导出为Office Open XML格式。呈现器生成的文件的内容类型为application/ vnd.openxmlformats-officedocument.spreadsheetml.sheet，并且文件扩展名为.xlsx。

最后，我们打开解决方案目录，到test\test\Content下新建一个文件夹Files，然后放置两个文件aa.xlsx和bb.jpg。

（3）运行程序，结果如图11-5所示。分别单击两个按钮，都可以开始下载文件。

图 11-5

11.4.2　Session 对象

Session对象是HttpSessionStateBase类的实例，该类是用于访问会话状态值、会话级别设置和生存期管理方法的类的基类。Session对象用于将特定用户的信息存储在服务器的内存中，并且只针对单一网站使用者，不同的客户端无法互相访问。Session对象在网站超或者自主关掉浏览器时就会自动释放和关闭。

我们通过使用Session对象可以保存用户的登录信息。某个用户登录一个网站，网站会保存其登录信息，这些信息是其他用户不可见并且不可访问的，所以用Session对象存储。

在下面的范例中，我们在首页上放置登录框，登录成功后才能访问Contact视图。

【例11.7】使用Session对象保存用户的登录信息

（1）新建一个ASP.NET的MVC项目，项目名是test。

（2）修改视图。打开Views/Home/Index.cshtml，删除原有代码，并添加如下代码：

```
<h2>登录页面</h2>
<form action='@Url.Action("Login","Home")' id="form1" method="post">
    用户: <input type="text" name="txtUserName" /><br />
    密码: <input type="password" name="txtPwd" /><br />
    <input type="submit" value="登录">
</form>
```

上述代码放置了两个输入框，让用户输入用户名和密码。单击"登录"按钮后将执行Home控制器下的Login方法。

再打开About.cshtml，修改以下两行代码：

```
<h2>用户名: test</h2>
<h3>密码: 111</h3>
```

最后添加视图文件Welcome.cshtml，并修改一行代码：

```
<h2>登录成功！</h2>
```

（3）添加和修改方法。打开HomeController.cs，为类HomeController添加一个方法，代码如下：

```
public ActionResult Login(string txtUserName,string txtPwd)
{
    if (txtUserName == "test" && txtPwd == "111")        //判断用户名和密码是不是test和111
    {
        Session["UserName"] = txtUserName;               //把用户名记录在Session中
        Session["LoginTime"] = DateTime.Now;             //把登录时间记录在Session中
        return RedirectToAction("Welcome", "Home");      //重定向到Welcome方法
    }
    else
    {
        //显示一个信息框，然后重定向到About方法
        Response.Write("<script>alert('登录失败！送你一个账号！');
location='About'</script>");
    }
    return Content("");  //使用空字符串创建一个内容结果对象
}
```

首先判断用户名和密码是不是test和111，如果是，则把用户名和登录时间记录在Session中，并重定向到Welcome方法；如果不是，则用Response.Write执行一段JavaScript代码，这段JavaScript代码将跳出一个信息框，并跳转到About方法，注意，会先调用About方法。这里，我们也学到了通过Response.Write来执行JavaScript代码。

再添加一个Welcome方法，当用户登录成功，会执行这个方法，代码如下：

```
public ActionResult Welcome()
{
    if (Session["UserName"] == null || Session["UserName"].ToString() != "test")
    {
        Response.Write("<script>alert('请先登录！');location='Index'</script>");
    }
    else
    {
        Response.Write("欢迎用户" + Session["UserName"].ToString() + "登录本系统<br>");
        Response.Write("你登录的时间是" + Session["LoginTime"].ToString());
    }
    return View();
}
```

如果Session["UserName"]为空或存储的内容不是test，则让用户先去登录，否则就显示欢迎用户等信息。这里有必要加一个判断，以防用户直接访问URL（/Home/Welcome）。

同样地，我们也为Contact方法加一个是否登录的判断，这样就只允许合法用户查看联系方式，代码如下：

```
public ActionResult Contact()
{
    if(Session["UserName"]==null || Session["UserName"].ToString()!="test")
    {
        Response.Write("<script>alert('请先登录！');location='Index'</script>");
    }
```

```
    return View();
}
```

需要注意，在ASP.NET中，Session只存在于Action中，在Controller构造函数中获取Session是行不通的。服务端的Session会保存每个客户端的信息到服务端内存中。

（4）运行程序，在登录页面上输入test和111，登录成功后的结果如图11-6所示。

欢迎用户test登录本系统
您登录的时间是2024/10/5 11:38:59

图 11-6

11.4.3 Application 对象

Application对象是HttpApplicationStateBase类的实例，该类可实现在ASP.NET应用程序内跨多个会话和请求共享信息。

Application对象用于共享应用程序级信息，即多个用户共享一个Application对象。在第一个用户请求ASP.NET文件时，Application对象启动并创建，直到程序关闭。Application对象是用于启动和管理ASP.NET应用程序的主要对象。Application对象可以存储多个对象信息，但要求这些对象信息的Key是不同的。其常用范例如下所示。

1. 添加一条数据

（1）通过Add方法添加数据，用法如下：

```
Appliction.Add("name1","value1");
```

Add方法的第一个参数是数据信息的Key，第二个参数是数据信息的值。

（2）通过对象的索引器直接添加，用法如下：

```
Application["name1"] = "value1";
```

2. 更新已有数据

（1）通过Set方法更新，用法如下：

```
Application.Set("name1","value1");
```

（2）通过对象索引器更新，用法如下：

```
Application["name1"] = "value1";
```

3. 获取一条数据（有两种用法）

```
Application.Get("name1");  //用法1
Application["name1"];  //用法2
```

4. 加锁和解锁

由于Application的作用域是全局应用程序，因此在每一次更新时，为了避免多用户更新冲突，应该在更新前后执行加锁和解锁的动作，方法如下：

```
Application.Lock();  //加锁
Application.UnLock();  //解锁
```

【例11.8】 网站访问计数器

（1）新建一个ASP.NET的MVC项目，项目名称是test。

（2）修改视图。打开Views/Home/Index.cshtml，删除原有代码。

（3）打开Global.asax，在Application_Start方法末尾添加如下代码：

```
string filePath = Server.MapPath($"~/Content/cn.txt"); //得到文件的全路径
string str = File.ReadAllText(filePath); //读取文件内容
Application["count"] = int.Parse(str); //网站启动时初始化计时器
```

cn.txt是我们预先在Content目录下新建的文件，这个文件记载了最新的网站访问者个数，网站每次启动时，就从这个文件读取访问者个数并赋值给Application["count"]。Application["count"]充当一个计数器的角色。网站程序启动时，会执行方法Application_Start。

（4）累加计时器。当有新的用户访问网站时，将会产生一个新的Session对象，同时会调用Seesion_Start方法。我们在Global.asax中添加一个方法Session_OnStart，代码如下：

```
public void Session_OnStart()
{
    Application.Lock(); //上锁
    Application["count"] = (int)Application["count"] + 1; //累加1
    string filePath = Server.MapPath($"~/Content/cn.txt"); //得到cn.txt的物理路径
    File.WriteAllText(filePath, Application["count"].ToString());//保存到文件
    Application.UnLock(); //解锁
}
```

为了防止多个用户同时访问页面造成并行，将Application对象加锁，同时将访问人数+1。

（5）打开HomeController.cs，在Index方法中添加如下代码：

```
public ActionResult Index()
{
    Response.Write("你是该网站的第" + HttpContext.Application["count"].ToString() + "个访问者");
    return View();
}
```

（6）在test\test\Content下新建一个文本文件cn.txt，并输入一个0，然后保存。运行程序，先用IE浏览器打开网站，再将URL复制给其他浏览器，比如火狐浏览器，会发现访问者变为2了，如下所示：

你是该网站的第2个访问者

11.5　Cookie

11.5.1　基本概念

Cookie（也称为Web Cookie、浏览器Cookie或HTTP Cookie）是服务器发送到用户浏览器并保存在浏览器上的一小块数据，它会在浏览器后续向同一服务器再次发起请求时被携带并发送到服务器上。通常，它用于告知服务端两个请求是否来自同一浏览器，如保持用户的登录状态、记录用户偏好等。

Cookie的中文翻译是曲奇，小甜饼的意思。在计算机中，Cookie其实就是一些数据信息，类型为"小型文本文件"，存储于用户计算机上的文本文件中。想象这样一个场景，当我们打开一个网站时，如果这个网站我们曾经登录过的，那么再次打开该网站时就不需要再次登录了，而是直接进入了首页，例如Bilibili、QQ等网站。这是怎么做到的呢？其实就是浏览器保存了我们的Cookie，里面记录了一些信息，当然，这些Cookie是服务器创建后返回给浏览器的，浏览器只进行了保存。

Cookie为Web应用程序提供了一种存储特定用户信息的方法。Cookie的值是字符串类型，且对用户是可见的。Cookie随着每次Request和Response在浏览器和服务器之间交换数据。

当一个用户请求服务器上的一个页面时，服务器除了返回请求的页面，还返回一个包含日期和时间的Cookie。这个Cookie存储在用户硬盘上的一个文件夹中。稍后，如果用户再次访问服务器，当用户输入URL时，浏览器会在本地硬盘上查看与该URL相关联的Cookie。如果Cookie存在，浏览器会将Cookie随着请求一起发送。然后，服务器可以读取发送过来的Cookie信息，即用户上次访问该站点的日期和时间。我们可以使用这些信息向用户显示一条消息，或者检查一个过期日期。

Cookie与一个Web站点相关联，而不是特定的页面，因此无论用户请求服务器的什么页面，浏览器和服务器都会交换Cookie信息。浏览器会为每个不同的Web站点分别存储Cookie，保证每个Cookie对应特定的Web站点。

Cookie可以帮助服务器存储访问者的信息。通俗地说，Cookie是保持Web应用程序连续性的一种方式，即会话状态管理。因为HTTP请求是无状态的，在一些列请求中，服务器并不知道请求来自哪些用户，所以可以使用Cookie来唯一标识用户，维护会话状态。

Cookie用于许多目的，所有这些都与帮助网站记住用户有关。例如，一个进行投票的站点可能会使用Cookie作为布尔值来指示用户的浏览器是否已经参与投票，这样用户就不能进行两次投票；一个要求用户登录的网站可能会使用Cookie来记录用户已经登录的情况，这样用户就不必继续输入凭证了。

Cookie有两种存储方式，一种是会话性，一种是持久性。

（1）会话性：如果Cookie的存储为会话性，那么Cookie仅会保存在客户端的内存中，当我们关闭客户端时Cookie也就失效了。

（2）持久性：如果Cookie的存储为持久性，那么Cookie会保存在用户的硬盘中，直至生存期结束或者用户主动将其销毁。

尽管Cookie对Web应用程序非常有用，但是应用程序不应该依赖于Cookie。不要使用Cookie来支持关键敏感数据。

11.5.2　工作原理

当用户第一次访问网站时，服务器会在响应的HTTP头中设置Set-Cookie字段，用于发送Cookie到用户的浏览器。浏览器在接收到Cookie后，会将其保存在本地（通常是按照域名进行存储）。

在之后的请求中，浏览器会自动在HTTP请求头中携带Cookie字段，将之前保存的Cookie信息发送给服务器。

Cookie保存在客户端，如果用户禁用了Cookie，可能会存在一些问题，所以在设计的时候要注意（判断Cookie是否为null）。

需要Cookie的原因跟需要Session一样，因为HTTP协议是无状态的，每次都是新的页面，不会保存任何信息；而使用Cookie的话，会将用户信息保存在客户端的计算机上，那么到需要用的时候，可以利用后台的服务器端进行调用，也可以用客户端来进行调用。

Cookie只是一段文本，只能保存字符串，而且浏览器对它有大小限制，并且它会随着每次请求被发送到服务器，所以应该保证它不要太大。Cookie的内容也是明文保存的，有些浏览器提供界面修改，因此它不适合保存重要的或者涉及隐私的内容。

大多数浏览器支持最大为4096字节的Cookie。这限制了Cookie的大小，因此最好用Cookie来存储少量数据，或者存储用户ID之类的标识符。用户ID随后便可用于标识用户，以及从数据库或其他数据源中读取用户信息。浏览器还限制站点可以在用户计算机上存储的Cookie的数量。大多数浏览器只允许每个站点存储20个Cookie；如果试图存储更多Cookie，则最旧的Cookie便会被丢弃。有些浏览器还会对它们将接收的来自所有站点的Cookie总数做出绝对限制，通常为300个。

11.5.3　Cookie 的分类

Cookie一般分为两种：会话Cookie和持久Cookie。

- 会话Cookie（Session Cookie）：会话Cookie在浏览器关闭时失效。这是内存级的Cookie，只要关闭浏览器，Cookie就会自动销毁。
- 持久Cookie（Persistent Cookie）：这是文件级的Cookie，即关闭浏览器Cookie仍然有效。持久Cookie带有明确的过期日期或持续时间，可以跨多个浏览器会话存在。

如果Cookie是一个持久性的Cookie，那么它其实就是浏览器相关的、特定目录下的一个文件。但直接查看这些文件可能会看到乱码或无法读取的内容，因为Cookie文件通常以二进制或SQLite格式存储。一般我们直接在浏览器对应的选项中查看即可。

11.5.4　Session 和 Cookie 比较

1）应用场景

Cookie的典型应用场景是Remember Me服务，即用户的账户信息通过Cookie的形式保存在客户端，当用户再次请求匹配的URL的时候，账户信息会被传送到服务端，交由相应的程序完成自动登录等功能。当然也可以保存一些客户端信息，比如页面布局以及搜索历史等。

Session的典型应用场景是用户登录某网站之后，将其登录信息放入Session，在以后的每次请求中查询相应的登录信息，以确保该用户合法。当然还是有购物车等经典场景。

2）安全性

Cookie将信息保存在客户端，如果不进行加密，无疑会暴露一些隐私信息，安全性很差。一般情况下敏感信息经过加密后存储在Cookie中，但很容易被窃取。而Session只会将信息存储在服务端，如果存储在文件或数据库中，也有被窃取的可能，只是可能性比Cookie小了很多。

Session安全性方面比较突出的是存在会话劫持的问题，这是一种安全威胁，这在下文会进行更详细的说明。总体来讲，Session的安全性要高于Cookie。

3）性能

Cookie存储在客户端，消耗的是客户端的I/O和内存；而Session存储在服务端，消耗的是服务端的资源。但是Session对服务器造成的压力比较集中，而Cookie很好地分散了资源消耗，就这点来说，Cookie是要优于Session的。

4）时效性

Cookie可以通过设置有效期使其较长时间内存在于客户端，而Session一般只有比较短的有效期（用户主动销毁Session或关闭浏览器后引发超时）。

Cookie的处理在开发中没有Session方便，而且Cookie在客户端是有数量和大小限制的，而Session的大小却只以硬件为限制，能存储的数据无疑大了太多。

.NET框架在处理请求的每个阶段，都会触发各种事件，每个事件又有对应的处理模块。其中涉及授权的是以下两个模块：

- FormsAuthenticationModule：从用户凭据（ticket）中获取用户信息，然后设置到HttpContext中，而ticket默认是在Cookie中的。
- UrlAuthorizationModule：检查指定的地址是否获得授权，检查规则一般是在配置文件中指定的。如果未登录/授权，会返回HTTP 401 Unauthorized。

如果网站很热门，那么使用Session就会给主机造成非常大的负担。使用Cookie做身份验证的主要目的是降低主机端的负担。

11.5.5　Cookie 的作用

Cookie通常用来存储有关用户信息的一条数据，可以用来标识登录用户。Cookie存储在客户端的浏览器上。在大多数浏览器中，每个Cookie都存储为一个小文件。Cookie表示为键－值对的形式，可以利用键来读取、写入或删除Cookie。

在ASP.NET MVC中，也可以使用Cookie来维护会话状态，包含会话ID的Cookie会随着每个请求一起发送到客户端。

11.5.6　Cookie 类 HttpCookie

为了方便操作Cookie，MVC框架提供了类HttpCookie，该类提供创建和操作各HTTP Cookie的类型安全方法。该类位于System.Web命名空间之下，其构造函数有两个：

```
HttpCookie(String)              //创建并命名新的Cookie
HttpCookie(String, String)      //创建和命名新的Cookie，并为其赋值
```

通过构造函数可以创建一个cookie对象，比如：

```
HttpCookie mycookie = new HttpCookie("cookieName");
```

类HttpCookie的属性如下：

- Domain：获取或设置将此Cookie与其关联的域。
- Expires：获取或设置此Cookie的过期日期和时间。
- HasKeys：获取一个值，通过该值指示Cookie是否具有子键。
- HttpOnly：获取或设置一个值，该值指定Cookie是否可通过客户端脚本访问。
- Item[String]：获取Values属性的快捷方式。此属性是为了与以前的Active Server Pages（ASP）版本兼容而提供的。

- Name：获取或设置Cookie的名称。
- Path：获取或设置要与当前Cookie一起传输的虚拟路径。
- Secure：获取或设置一个值，该值指示是否使用安全套接字层（SSL，即仅通过HTTPS）传输Cookie。
- Value：获取或设置单个Cookie值。
- Values：获取单个Cookie对象所包含的键值对的集合。

每一个Cookie都有名（name）和值（value）两个属性，它们以键－值对的形式存在，默认为null。比如给Cookie对象赋值：

```
HttpCookie mycookie = new HttpCookie("cookieName");
mycookie.Value = "aaa"
```

设置Cookie有效期：

```
mycookie.Expires = DateTime.Now.AddDays(n);
```

类HttpCookie的方法如下：

- Equals(Object)：确定指定对象是否等于当前对象（继承自Object）。
- GetHashCode()：作为默认哈希函数（继承自Object）。
- GetType()：获取当前实例的Type（继承自Object）。
- MemberwiseClone()：创建当前Object的浅表副本（继承自Object）。
- ToString()：返回表示当前对象的字符串（继承自Object）。

11.5.7 管理 Cookie

Cookie和HTTP密切相关，它们是Web开发中的重要部分。Cookie是在Web浏览器和服务器之间传送的小数据片段。服务器可以在浏览器中存储这些数据，并在以后的请求中读取它。下面看一个范例，生成Cookie、读取Cookie并删除Cookie。

【例11.9】生成Cookie、读取Cookie并删除Cookie

（1）新建一个ASP.NET的MVC项目，项目名是test。
（2）修改视图。打开Views/Home/Index.cshtml，删除原有代码，并添加如下代码：

```
<hr />
@using (Html.BeginForm("GenCookie", "Home"))
{
    @Html.TextBox("key", "",new { style = "width:200px;",@class = "form-control",
placeholder = "输入Cookie的键值" })
    <br />
    <input type="submit" value="产生cookie" class="btn btn-default" />
}
<hr />
@using (Html.BeginForm("ReadCookie", "Home"))
{
    <input type="submit" value="读取cookie的值" class="btn btn-default" />
}
<hr />
@using (Html.BeginForm("DelCookie", "Home"))
```

```
{
    <input type="submit" value="删除cookie" class="btn btn-default" />
}
```

第一个表单内有一个输入框，让用户输入要生成Cookie的键值；第二个表单就是一个按钮，用于读取Cookie的值；第三个表单也是一个按钮，用于删除Cookie。

（3）添加方法。打开HomeController.cs，为类HomeController添加生成Cookie的方法GenCookie，代码如下：

```
public ActionResult GenCookie(string key)
{
    HttpCookie mycookie = new HttpCookie("AboutCookie"); //实例化HttpCookie
    mycookie.Value = key; // 给cookie对象赋值
    Response.Cookies.Add(mycookie);  //在集合中添加mycookie
    Response.Write("<script>alert('AboutCookie生成成功！');
location='About'</script>");
    return Content("");
}
```

我们要生成Cookie的名称是AboutCookie，对其赋值后，就把它放到Response对象的表单集合中。然后显示一个信息框，提示生成成功，并跳转到About方法，该方法会判断AboutCookie是否存在。

修改About方法，代码如下：

```
public ActionResult About()
{
    if (Request.Cookies["AboutCookie"] != null) //判断是否为null
    {
        Response.Write("AboutCookie 存在");
    }
    else
    {
        Response.Write("AboutCookie 不存在");
    }

    return View();
}
```

如果Request.Cookies["AboutCookie"]不为空，则说明Cookie存在，否则就是不存在。

为类HomeController添加读取Cookie的方法ReadCookie，代码如下：

```
public ActionResult ReadCookie()
{
    if (Request.Cookies["AboutCookie"] != null)  //判断是否为空
    {
        string val = Request.Cookies["AboutCookie"].Value; //读取cookie值
        Response.Write(val); //把cookie值写到网页上
    }
    else
        Response.Write("请先创建AboutCookie"); //如果为空，提示先创建

    return new EmptyResult(); //返回一个空结果
}
```

为类HomeController添加删除Cookie的方法DelCookie，代码如下：

```
public ActionResult DelCookie()
{
```

```
        if (Request.Cookies["AboutCookie"] != null) //判断AboutCookie是否存在
        {
            //  Response.Cookies.Remove("AboutCookie");//不要用
            Response.Cookies["AboutCookie"].Expires = DateTime.Now.AddDays(-1); //让它过期
            //显示一个信息框，然后重定向到About方法
            Response.Write("<script>alert('AboutCookie删除成功! ');location='About'
</script>");
        }
        return Content("");
    }
```

　　注意，删除一个Cookie不要用Response.Cookies.Remove，因为它只是从Response的Cookie集合内移除Cookie，而不是把Cookie从客户端浏览器中删除。删除Cookie的方法可以是让它过期，因此我们可以对Cookie的Expires属性赋值为DateTime.Now.AddDays(-1)，这样就能在客户端删除该Cookie。

　　（4）运行程序，在输入框内随便输入Cookie值，比如test，然后单击"产生cookie"按钮，就提示生成成功了，如图11-7所示。

图 11-7

　　其他比较重要的Cookie操作说明如下：

给Cookie对象赋值：

```
mycookie.Value = "aaa"
HttpContext.Current.Response.Cookies.Add(cookie);
```

读取Cookie：

```
HttpContext.Current.Request.Cookies["cookieName"].Value
```

判断Cookie是否存在：

```
if(HttpContext.Current.Request.Cookies["cookieName"] == null){
    //do something
}
```

11.6　用户凭证管理框架

11.6.1　概述

　　Membership是ASP.NET提供的一套验证和存储用户凭证的框架。Membership用于用户管理和身份认证。通过Membership，我们可以创建用户、删除用户和编辑用户属性。

注意：虽然有个类名也叫Membership，但Membership有时也指会员（管理）框架，即Membership框架，这套框架包含了多个类，这些类名中大都包含Membership这个单词。

一般来讲，网站要实现的与用户相关的基本功能包括注册、登录、修改用户资料和密码。Membership框架提供了如图11-8所示的几个类来帮助我们完成这些功能。

类/接口	功　　能
Membership 提供常规成员资格功能	创建一个新用户 删除一个用户 用新信息来更新用户 返回用户列表 通过名称或电子邮件来查找用户 验证（身份验证）用户 获取联机用户的人数 通过用户名或电子邮件地址来搜索用户
MembershipUser 提供有关特定用户的信息	获取密码和密码问题 更改密码 确定用户是否联机 确定用户是否已经经过验证 返回最后一次活动、登录和密码更改日期 取消对用户的锁定
MembershipProvider 为可供成员资格系统使用的数据提供程序定义功能	定义要求成员资格所使用的提供程序实现的方法和属性
MembershipProviderCollection	返回所有可用提供程序的集合
MembershipUserCollection	存储对 MembershipUser 对象的引用
MembershipCreateStatus	提供描述性值，用于描述创建一个新成员资格用户时是成功还是失败
MembershipCreateUserException	定义无法创建用户时引发的异常。描述异常原因的 MembershipCreateStatus 枚举值可通过 StatusCode 属性获取
MembershipPasswordFormat	指定 ASP.NET 包含的成员资格提供程序可以使用的密码存储格式（Clear、Hashed、Encrypted）

图 11-8　Membership 框架的类

当然，我们一般也不会用到所有的类，通常实现注册功能直接用Membership就可以了。

11.6.2　成员资格类 Membership

Membership类用于验证用户凭据并管理用户设置。此类不能被继承。Membership类可以独自使用，或者与FormsAuthentication一起使用，可以创建一个完整的Web应用程序或网站的用户身份验证系统。

Membership类提供的功能可用于：

（1）创建新用户。

（2）将成员资格信息（用户名、密码、电子邮件地址及支持数据）存储在Microsoft SQL Server 或其他类似的数据存储区。

（3）对访问网站的用户进行身份验证。可以使用编程方式对用户进行身份验证。

（4）管理密码，包括创建、更改、检索和重置密码等。可以选择配置ASP.NET成员资格要求密码提示问题及其答案，以及对忘记密码的用户在操作密码重置和检索请求时进行身份验证。

默认情况下，ASP.NET成员资格支持所有ASP.NET应用程序。默认成员资格提供程序为 SqlMembershipProvider，并在计算机配置中以名称AspNetSqlProvider指定。

类Membership包含的属性如表11-3所示。

表 11-3　类 Membership 包含的属性

属性名称	说　　明
ApplicationName	获取或设置应用程序的名称
EnablePasswordReset	获得一个值，指示当前成员资格提供程序是否配置为允许用户重置其密码
EnablePasswordRetrieval	获得一个值，指示当前成员资格提供程序是否配置为允许用户检索其密码
HashAlgorithmType	用于哈希密码的算法的标识符
MaxInvalidPasswordAttempts	获取在锁定成员资格用户之前允许无效密码或密码答案尝试的次数
MinRequiredNonAlphanumericCharacters	获取有效密码中必须包含的最少特殊字符数
MinRequiredPasswordLength	获取密码所需的最小长度
PasswordAttemptWindow	获取时间长度，在该时间间隔内对提供有效密码或密码答案的连续失败尝试次数进行跟踪
PasswordStrengthRegularExpression	获取用于计算密码的正则表达式
Provider	获取对应用程序的默认成员资格提供程序的引用
Providers	获取一个用于 ASP.NET 应用程序的成员资格提供程序的集合
RequiresQuestionAndAnswer	获取一个值，该值指示默认成员资格提供程序是否要求用户在进行密码重置和检索时回答密码提示问题
UserIsOnlineTimeWindow	指定用户在最近一次活动的日期/时间戳之后被视为联机的分钟数

这些属性通常在Web.config中进行配置，可以存储到数据库表中，也可以在程序中获取。

【例11.10】配置并获取类Membership的属性

（1）新建项目。打开Visual Studio，新建一个ASP.NET MVC项目，项目名称是test。

（2）安装程序依赖项。在Visual Studio中打开"程序包管理器控制台"，然后在命令行中输入如下命令：

```
Install-Package System.Web.Providers
```

安装成功后，会自动在Web.config中添加membership节、roleManager节、sessionState节和connectionStrings节等。现在只需要关注membership节。

（3）根据需求，配置Membership的属性。打开项目目录下的Web.config，然后搜索"membership"，找到membership节，默认是写成一行的，看起来不方便，我们将其分成多行，且修改一下applicationName，如下所示：

```xml
<membership defaultProvider="DefaultMembershipProvider">
    <providers>
      <add name="DefaultMembershipProvider" type="System.Web.Providers.
DefaultMembershipProvider, System.Web.Providers, Version=1.0.0.0, Culture=neutral,
PublicKeyToken=31bf3856ad364e35"
            connectionStringName="DefaultConnection"
            enablePasswordRetrieval="false"
            enablePasswordReset="true"
            requiresQuestionAndAnswer="false"
            requiresUniqueEmail="false"
            maxInvalidPasswordAttempts="5"
            minRequiredPasswordLength="6"
            minRequiredNonalphanumericCharacters="0"
            passwordAttemptWindow="10"
            applicationName="MyWebApp" />
    </providers>
</membership>
```

代码中的粗体部分是修改的地方，其它保持默认不变。注意：在Web.config文件中，标记名和属性名是Camel（驼峰）大小写形式的，这意味着标记名和属性名的第一个字母是小写的，任何后面连接单词的第一个字母是大写的；属性值是Pascal大小写形式的，这意味着第一个字母是大写的，任何后面连接单词的第一个字母也是大写的；但是，true和false例外，它们总是小写的。我们来简要解释一下：

- name：数据提供程序的名称。
- type：数据提供程序类型。如果使用的是MSSQL数据库，则保持不变；如果使用的是Oracle等其他数据库，则必须自己创建一个类来继承MembershipProvider抽象基类，重写里边的所有抽象方法，然后把类型写在这里。
- connectionStringName：连接字符串名称。该属性必须在<connectionStrings>节点中指定一个连接字符串的名字。
- enablePasswordRetrieval：指示当前成员资格提供程序是否配置为允许用户检索其密码。
- enablePasswordReset：指示当前成员资格提供程序是否配置为允许用户重置其密码。
- requiresQuestionAndAnswer：指示默认成员资格提供程序是否要求用户在进行密码重置和检索时回答密码提示问题。
- requiresUniqueEmail：用户注册时，是否需要提供未注册过的邮箱。注意该属性是类的成员属性。
- maxInvalidPasswordAttempts：获取在锁定成员资格用户之前允许无效密码或密码答案的尝试次数。
- minRequiredPasswordLength：最小密码长度。

- minRequiredNonalphanumericCharacters：获取有效密码中必须包含的最少特殊字符数，即不是字母也不是数字的字符的数量，比如"+、-、*、/、,、."，目的是增加密码强度。
- applicationName：应用程序名称。membership允许多个应用程序共同使用一个数据库来管理自己的用户、角色信息，各应用程序只需配置不同的applicationName即可。当然，如果想要多个应用程序使用同一份用户角色信息，只需设置一样的applicationName。

（4）在程序中获取属性值。打开HomeController.cs，在文件开头添加引用：

```
using System.Web.Security;
```

在方法Index中添加如下代码：

```
public ActionResult Index()
{
    ViewBag.appName = Membership.ApplicationName;
    ViewBag.enablePasswordRetrieval = Membership.EnablePasswordRetrieval;
    ViewBag.enablePasswordReset = Membership.EnablePasswordReset;
    ViewBag.requiresQuestionAndAnswer = Membership.RequiresQuestionAndAnswer;
    ViewBag.maxInvalidPasswordAttempts = Membership.MaxInvalidPasswordAttempts;
    ViewBag.minRequiredPasswordLength = Membership.MinRequiredPasswordLength;
    ViewBag.minRequiredNonalphanumericCharacters =
Membership.MinRequiredNonAlphanumericCharacters;
    ViewBag.passwordAttemptWindow = Membership.PasswordAttemptWindow;

    return View();
}
```

这里，我们把Membership的属性放到ViewBag中，随后准备在视图上显示这些属性值。

（5）在视图上显示属性值。打开View/Home/Index.cshtml，删除原有代码，并添加如下代码：

```
    <p>@ViewBag.appName,@ViewBag.enablePasswordRetrieval,@ViewBag.enablePasswordReset,@ViewBag.requiresQuestionAndAnswer,@ViewBag.maxInvalidPasswordAttempts</p>
    <p>@ViewBag.minRequiredPasswordLength,@ViewBag.minRequiredNonalphanumericCharacters,@ViewBag.passwordAttemptWindow</p>
```

（6）运行程序，结果如下：

```
MyWebApp,false,true,false,5

6,0,10
```

下面我们再看一下Membership的方法：

（1）CreateUser(String, String)：将新用户添加到数据存储区。

（2）CreateUser(String, String, String)：将具有指定电子邮件地址的新用户添加到数据存储区。

（3）CreateUser(String, String, String, String, String, Boolean, MembershipCreateStatus)：将具有指定属性值的新用户添加到数据存储区，并返回一个状态参数，指示该用户是否成功创建或用户创建失败的原因。

（4）CreateUser(String, String, String, String, String, Boolean, Object, MembershipCreateStatus)：将具有指定的属性值和唯一标识符的新用户添加到数据存储区，并返回一个状态参数，指示该用户是否成功创建或创建失败的原因。

（5）DeleteUser(String)：从数据库中删除用户和任何与该用户相关的数据。

（6）DeleteUser(String, Boolean)：从数据库中删除一个用户。

（7）FindUsersByEmail(String)：获取成员资格用户集合，这些用户的电子邮件地址包含要匹配的电子邮件地址。

（8）FindUsersByEmail(String, Int32, Int32, Int32)：获取成员资格用户集合，并显示在一个数据页中，这些用户的电子邮件地址包含要匹配的电子邮件地址。

（9）FindUsersByName(String)：获取一个成员资格用户的集合，其中的用户名包含要匹配的用户名。

（10）FindUsersByName(String, Int32, Int32, Int32)：获取一个成员资格用户的集合，并显示在一个数据页中，这些用户名包含要匹配的用户名。

（11）GeneratePassword(Int32, Int32)：生成指定长度的随机密码。

（12）GetAllUsers()：获取数据库中所有用户的集合。

（13）GetAllUsers(Int32, Int32, Int32)：获取数据库中的所有用户的集合，并显示在数据页中。

（14）GetNumberOfUsersOnline()：获取当前访问应用程序的用户数量。

（15）GetUser()：从数据源获取信息并为当前已登录的成员资格用户更新最后一次活动日期/时间戳。

（16）GetUser(Boolean)：从数据源获取当前已登录的成员资格用户的信息。为当前已登录的成员资格用户（如果被指定）更新最后一次活动的日期/时间戳。

（17）GetUser(Object)：从数据源获取与指定的唯一标识符关联的成员资格用户信息。

（18）GetUser(Object, Boolean)：从数据源获取与指定的唯一标识符关联的成员资格用户信息。更新用户（如果指定）的最近一次活动的日期/时间戳。

（19）GetUser(String)：从数据源获取指定成员资格用户的信息。

（20）GetUser(String, Boolean)：从数据源获取指定成员资格用户的信息。更新用户（如果指定）的最近一次活动的日期/时间戳。

（21）GetUserNameByEmail(String)：获取一个用户名，该用户的电子邮件地址与指定的电子邮件地址匹配。

（22）UpdateUser(MembershipUser)：用指定用户的信息更新数据库。

（23）ValidateUser(String, String)：验证提供的用户名和密码是有效的。

11.6.3　CreateUser 创建用户

在数据存储区内（通常是数据库）创建一个用户信息的过程，就是通常所说的用户注册。用户注册后，在登录时就可以验证。创建用户信息到数据存储区的静态方法是Membership.CreateUser，该方法有多种重载形式，比如：

```
public static MembershipUser CreateUser(string username, string password);
public static MembershipUser CreateUser(string username, string password, string email);
```

其中，参数username表示新用户的名称；password表示新用户的密码；email表示新用户的电子邮件地址。该方法返回一个新创建的用户对象（类型是MembershipUser）。CreateUser的用法示例如下：

```
// Membership.CreateUser去创建用户
var user = Membership.CreateUser(model.UserName, model.Password);
if (user != null) //如果新创建的用户对象不为null，则说明创建成功
```

```
{
    ...
}
```

事实上，在调用CreateUser时，Membership会把用户名、密码、Email等信息存入一个数据库。具体是什么数据库，可以在Web.config中指定。

如果要使用Membership及其成员方法，需要安装包System.Web.Provider（命令：Install-Package System.Web.Providers）。默认情况下，当我们安装System.Web.Providers包后，Visual Studio会自动在Web.config中添加membership节和数据库连接字符串，membership节如下所示：

```
<membership defaultProvider="DefaultMembershipProvider">
    <providers>
        <add name="DefaultMembershipProvider"
type="System.Web.Providers.DefaultMembershipProvider, System.Web.Providers,
Version=1.0.0.0, Culture=neutral, PublicKeyToken=31bf3856ad364e35"
connectionStringName="DefaultConnection" enablePasswordRetrieval="false"
enablePasswordReset="true" requiresQuestionAndAnswer="false" requiresUniqueEmail="false"
maxInvalidPasswordAttempts="5" minRequiredPasswordLength="6"
minRequiredNonalphanumericCharacters="0" passwordAttemptWindow="10" applicationName="/" />
    </providers>
</membership>
```

数据库连接字符串如下所示：

```
<connectionStrings>
    <add name="DefaultConnection" providerName="System.Data.SqlClient"
connectionString="Data Source=.\SQLEXPRESS;Initial
Catalog=aspnet-WebApplication1-20241003083920;Integrated Security=SSPI" />
</connectionStrings>
```

在membership节中，字段connectionStringName指定了数据库连接字符串的名称，默认是"DefaultConnection"，因此数据库连接字符串中的"add name"后面也是DefaultConnection，反正两者要一致对应。我们再看数据库连接字符串中的"Data Source=.\SQLEXPRESS;"，它指定了默认数据库引擎是SQLEXPRESS（SQL SERVER的缩减版，免费的，适合桌面型应用或小型内部网络应用，但有一些限制）。数据库名称是aspnet-WebApplication1-20241003083920，这个名称当然也是可以改的（比如改为100bcw）。如果不想安装SQLEXPRESS，想使用MSSQLLocalDB引擎，可以修改Data Source，比如：

```
Data Source=(localdb)\mssqllocaldb;
```

后续我们都将使用 MSSQLLocalDB 。当我们调用 Membership. CreateUser的时候，将创建数据库和存放用户信息的各类表，表的结构和表的名称也是默认设计好了，如图11-9所示。

总之，我们根本不用自己设计与存放用户信息有关的表结构，存储用户数据也不需要用SQL语言直接和表进行交互，只需要调用Membership的各个成员方法，并传入正确的参数即可，MVC框架会自动帮我们把传入的参数存放到不同的数据库表中去。比如，dbo.Users表中会存放用户名，Memberships表中会存放加密后的密码。关于Membership的使用演示，我们在讲解Authorize特性后再一起列出。

图 11-9

11.6.4 ValidateUser 验证用户

用户注册成功后，就可以来网站登录了。登录的第一步是服务器验证用户是否合法。类 Membership提供了静态方法ValidateUser来验证用户名和密码，该方法声明如下：

```
public static bool ValidateUser(string username, string password);
```

其中参数username是要验证的用户名称；password是要验证的用户密码。如果提供的用户名和密码有效，则返回true，否则返回false。ValidateUser方法的示例如下：

```
// Membership.ValidateUser 判断用户名和密码是否正确
if (Membership.ValidateUser(model.UserName, model.Password))
{
    ...
}
```

11.7   表单身份验证

11.7.1   验证类型

验证是指鉴定来访用户是否合法的过程，这里的验证也就是鉴别的意思。ASP.NET Framework 支持3种验证类型：Windows验证、.NET Passport（护照）验证、Forms验证（表单验证）。由于验证方式各不相同，因而这3种验证方式在使用范围上也有很大的不同：

- Windows验证：只适用于放在受控环境里的网站，也就是说，更适合企业内网（Intranet）。
- 表单验证：特别适合布置于互联网的应用。
- 护照验证：适合跨站之间的应用，用户只用一个用户名和密码就可以访问任何成员站，并且在注销离开时，所有护照信息都会清除，可以在公共场所放心使用。

我们在编写Web程序时，最常用到的就是表单（Forms）验证方式。对于某一特定的应用程序，同一时刻只能启用其中一种鉴别方式。例如，不能在同一时刻同时启用Windows验证和Forms验证。

在默认情况下，系统将启用Windows验证。当Windows验证启用后，用户通过微软Windows系统的账户名进行验证。此时的角色对应于微软Windows系统中的用户组。Windows验证将验证用户的职责委派给了IIS（因特网信息服务器端）。IIS可以使用基本、Windows集成和明文鉴别3种验证方式。

.NET Passport验证是诸如MSN和Hotmail这样的微软Web站点使用的验证类型。如果希望用户使用其Hotmail账号和密码来登录应用程序，那么可以启用.NET Passport验证来进行用户验证。需要注意，在使用微软.NET Passport验证之前，必须下载和安装.NET Passport SDK，在微软网站进行注册并向微软付费。

最后一种类型是Forms验证（表单验证）。启用表单验证后，通常会使用Cookie来验证用户。一旦用户通过验证，一个加密的Cookie信息就会添加到用户的浏览器中。当该用户从一个页面进入另一个页面时，系统的鉴别程序将通过Cookie类来进行用户合法性验证。启用表单验证后，用户和角色信息就会被保存到自定义的数据区域中，也就是说可以将用户信息保存到我们所希望的任何地方。例如，可以将用户名和密码保存到数据库、XML文件甚至是纯文本文件中。

在以前版本的ASP.NET中，如果使用表单验证，就要自己编写所有保存和获取用户信息的代码。现在，则可以让ASP.NET Membership来完成所有这些工作。使用Membership可以处理保存、获取用户以及角色信息的所有细节。

11.7.2　基本概念

刚刚我们讲解了Membership.ValidateUser用来验证用户的凭证（用户名、密码等），现在继续讲解表单身份验证。有必要先把它们区分开来。Membership.ValidateUser是用来校验用户名和密码是否与数据库中的用户名和密码一致。而本小节讲的表单身份认证，通常指用户信息存储在外部数据源（如Membership数据库）中，或存储在应用程序的配置文件中。对用户信息进行校验（通过ValidateUser）后，表单身份验证会在Cookie或URL中维护身份验证票据，以便经过身份验证的用户无须为每个请求提供凭据（比如用户名和密码）。

简单地讲，ValidateUser验证基于用户名和密码等凭据，方法是比较用户提供的凭据是否和数据库中的凭据一致，若一致则说明验证成功，否则验证失败；而表单身份验证基于某个变量状态值，比如User.Identity.IsAuthenticated，方法是判断User.Identity.IsAuthenticated是否为true，若为true说明已认证，否则就是未认证。一般来讲，Membership.ValidateUser要和表单验证配合使用，先使用Membership.ValidateUser校验用户的凭据（用户名和密码等），后续就用表单验证，此时不需要用户提供凭据了，表单验证程序自有一套方法能验证出该用户是不是合法用户，这个过程用户是感觉不到的。为了实现这个透明过程，表单验证要比ValidateUser复杂得多，它还要和Cookie打交道。

为什么表单验证会复杂些呢？这是因为HTTP是一个无状态的协议，Web服务器每次处理请求时，都会按照用户所访问的资源对应的处理代码，从头到尾执行一遍，然后输出响应内容，Web服务器根本不会记住已处理了哪些用户的请求。因此，我们通常说HTTP协议是无状态的。

虽然HTTP协议与Web服务器是无状态的，但我们的业务需求却要求有状态，典型的就是用户登录。在这种业务需求中，要求Web服务器端能区分某个请求是不是一个已登录用户发起的，或者当前请求是哪个用户发出的。在开发Web应用程序时，我们通常会使用Cookie来保存一些简单的数据供服务端维持必要的状态。

在表单身份验证中，由于登录状态保存在Cookie中，而Cookie又会保存到客户端。因此，为了保证登录状态不被恶意用户伪造，ASP.NET采用了加密的方式来保存登录状态，这样可以防止恶意用户构造Cookie绕过登录机制来模拟登录用户。

采用表单验证方式，会根据用户的信息建立一个FormsAuthenticationTicket类型的身份验证入场券，再将其加密序列化为一个字符串，最后将这个字符串写到客户端的指定名字的Cookie中。一旦这个Cookie写到客户端后，此用户再次访问这个Web应用时会连同Cookie一起发送到服务端，服务端就会知道此用户是已经验证过的。总之，表单身份认证的登录状态是通过Cookie来维持的，且登录Cookie是加密的。

基于表单身份验证的类的命名空间是System.Web.Security，它提供常用的几个类：

（1）FormsAuthentication：作用是为Web应用程序管理表单身份验证服务。

（2）FormsAuthenticationTicket：作用是提供对入场券（或称票证、票据等）的属性和值的访问，这些入场券用于表单身份验证对用户进行标识。

（3）FormsIdentity：表示一个使用表单身份验证进行身份验证的用户标识（用户身份）。

（4）FormsAuthenticationModule：用于在启用表单身份验证的情况下设置用户的标识。

11.7.3　启用表单验证

如果要为我们的应用程序启用特定的鉴别类型，需要配置应用程序根目录下的Web.config文件，在这个文件的system.web节中添加如下配置：

```
<authentication mode="Forms" />
```

authentication节点的mode属性可能的取值有None、Windows、Forms和Passport，这里我们配置并启用了Forms鉴别。也可以在authentication节中加一些配置项，用于指定表单的URL、超时时间等，比如：

```
<authentication mode="Forms">
    <forms
        name=".ASPXAUTH"
        loginUrl="~/Account/Login"
        defaultUrl="~/Account/Login"
        protection="All"
        timeout="30"
        path="/"
        requireSSL="false"
        slidingExpiration="false"
        enableCrossAppRedirects="false"
        cookieless="UseDeviceProfile"
        domain=""
    />
</authentication>
```

除了loginUrl和defaultUrl，其他配置项均是默认设置，换而言之，如果有配置属性与上述代码一致，则可以省略该配置。注意，这里的配置项一般都和FormsAuthentication类中的属性对应，但不一定同名，而且配置项名称首字母小写。下面依次介绍一下各配置项：

- name：Cookie的名字。FormsAuthentication可能会在验证后将用户凭证放在Cookie中，name属性决定了该Cookie的名字。通过FormsAuthentication.FormsCookieName属性可以得到该配置值（稍后介绍FormsAuthentication类）。
- loginUrl：登录页的URL。通过FormsAuthentication.LoginUrl属性可以得到该配置值，当调用FormsAuthentication.RedirectToLoginPage()方法时，客户端请求将被重定向到该属性所指定的页面。
- defaultUrl：默认页的URL。通过FormsAuthentication.DefaultUrl属性得到该配置值。
- protection：Cookie的保护模式。可取值包括All（同时进行加密和数据验证）、Encryption（仅加密）、Validation（仅进行数据验证）和None。为了安全，该属性通常不设置为None。
- timeout：Cookie的过期时间。
- path：Cookie的路径。可以通过FormsAuthentication.FormsCookiePath属性得到该配置值。
- requireSSL：在进行Forms Authentication时，与服务器交互是否要求使用SSL。可以通过FormsAuthentication.RequireSSL属性得到该配置值。
- slidingExpiration：是否启用"弹性过期时间"。如果该属性值为false，则从首次验证之后经过timeout时间后Cookie过期；如果该属性值为true，则从上次请求开始过timeout时间才过期，这意味着，在首次验证后，如果保证每timeout时间内至少发送一个请求，则Cookie将永远不会过期。通过FormsAuthentication.SlidingExpiration属性可以得到该配置值。

- enableCrossAppRedirects：是否可以将已进行了身份验证的用户重定向到其他应用程序中。通过FormsAuthentication.EnableCrossAppRedirects属性可以得到该配置值，为了安全考虑，通常总是将该属性值设置为false。
- cookieless：定义是否使用Cookie以及Cookie的行为。FormsAuthentication可以采用两种方式在会话中保存用户凭据信息，一种是使用Cookie，即将用户凭据记录到Cookie中，每次发送请求时浏览器都会将该Cookie提供给服务器；另一种方式是使用URI，即将用户凭据当作URL中额外的查询字符串传递给服务器。该属性有4种取值：UseCookies（无论何时都使用Cookie）、UseUri（从不使用Cookie，仅使用URI）、AutoDetect（检测设备和浏览器，只有当设备支持Cookie并且在浏览器中启用了Cookie时，才使用Cookie）和UseDeviceProfile（只检测设备，只要设备支持Cookie，不管浏览器是否支持，都使用Cookie）。通过FormsAuthentication.CookieMode 属性 可以 得到 该配置值。通过 FormsAuthentication.CookiesSupported属性可以得到对于当前请求是否使用Cookie传递用户凭证。
- domain：Cookie的域。通过FormsAuthentication.CookieDomain属性可以得到该配置值。

需要说明一下LoginUrl和DefaultUrl属性：LoginUrl指向登录页面，当ASP.NET判断出该用户请求的资源不允许匿名访问，而该用户未登录时，ASP.NET会自动跳转到LoginUrl所指向的页面；当登录成功后，则跳转回原来请求的页面。DefaultUrl指向默认页面。当我们直接访问登录页面，并登录成功后，ASP.NET会跳转到DefaultUrl指向的页面。其他的选项不写都可以，因为有默认值。

11.7.4　表单验证类 FormsAuthentication

一般情况下，在做访问权限管理的时候，会把用户正确登录后的基本信息保存在Session中，以后用户每次请求页面或接口数据时，都会拿到Session中存储的用户基本信息，查看并比较他有没有登录和能否访问当前页面。

Session的原理就是在服务器端生成一个SessionID对应存储的用户数据，而SessionID存储在Cookie中，客户端以后每次请求都会带上这个Cookie，服务器端根据Cookie中的SessionID找到存储在服务器端的对应当前用户的数据。

为了实现表单登录，微软推出了类FormsAuthentication，该类提供给开发人员使用，用于表单身份认证。也就是说，在启用表单身份验证的情况下，该类为Web应用程序管理表单身份验证服务。此类不能被继承。通过该认证，我们可以把用户名和部分用户数据存储在Cookie中，通过基本的条件设置可以很简单地实现基本的身份角色认证。FormsAuthentication类的属性如下：

- CookieDomain：获取Forms身份验证Cookie的域的值。
- CookieMode：获取一个值，该值指示是否已对应用程序配置了无Cookie Forms身份验证。
- CookieSameSite：获取或设置Cookie的SameSite属性的值。
- CookiesSupported：获取一个值，该值指示应用程序是否已配置为支持无Cookie Forms身份验证。
- DefaultUrl：获取在没有指定重定向URL时FormsAuthentication类将重定向到的URL。

- EnableCrossAppRedirects：获取一个值，该值指示是否可以将经过身份验证的用户重定向到其他Web应用程序中的URL。
- FormsCookieName：获取用于存储Forms身份验证票据的Cookie名称。
- FormsCookiePath：获取Forms身份验证Cookie的路径。
- IsEnabled：获取一个值，该值指示是否启用了Forms身份验证。
- LoginUrl：获取FormsAuthentication类将重定向到的登录页的URL。
- RequireSSL：获取一个值，指示Forms身份验证Cookie是否需要SSL以返回到服务器。
- SlidingExpiration：获取一个值，该值指示是否启用弹性过期时间。
- TicketCompatibilityMode：获取一个指示是否使用于票据到期日期的"使用协调世界时"（UTC）或本地时间的值。
- Timeout：获取身份验证票据到期前的时间量。

【例11.11】配置并获取类FormsAuthentication的属性

（1）新建项目。打开Visual Studio，新建一个ASP.NET MVC项目，项目名称是test。

（2）在程序中获取属性值。打开HomeController.cs，在文件开头添加引用：

```
using System.Web.Security;
```

在方法Index中添加如下代码：

```
public ActionResult Index()
{
    ViewBag.DefaultUrl = FormsAuthentication.DefaultUrl;
    ViewBag.FormsCookieName = FormsAuthentication.FormsCookieName;
    ViewBag.LoginUrl = FormsAuthentication.LoginUrl;
    ViewBag.Timeout = FormsAuthentication.Timeout;
    ViewBag.RequireSSL = FormsAuthentication.RequireSSL;
    ViewBag.SlidingExpiration = FormsAuthentication.SlidingExpiration;
    ViewBag.EnableCrossAppRedirects = FormsAuthentication.EnableCrossAppRedirects;
    ViewBag.FormsCookiePath = FormsAuthentication.FormsCookiePath;
    ViewBag.CookieDomain = FormsAuthentication.CookieDomain;
    return View();
}
```

我们把FormsAuthentication的一系列静态属性值存放到ViewBag中，以便在视图上显示出来。

（3）在视图上显示属性值。打开View/Home/Index.cshtml，删除原有代码，并添加如下代码：

```
<p>
        @ViewBag.FormsCookieName, @ViewBag.DefaultUrl, @ViewBag.LoginUrl,
@ViewBag.Timeout,@ViewBag.RequireSSL,@ViewBag.SlidingExpiration,@ViewBag.EnableCrossAppR
edirects
        @ViewBag.FormsCookiePath,@ViewBag.CookieDomain
</p>
```

（4）运行程序，结果如下：

```
ASPXAUTH, /default.aspx, /login.aspx, 00:30:00,false,true,false /,
```

现在输出的都是默认值。下面我们来改一些属性值，看看变化。

（5）修改配置项启用表单验证。打开项目根目录下的Web.config，在</system.web>上一行添加如下代码：

```
<authentication mode="Forms">
    <forms
        loginUrl="~/Account/Login"
        defaultUrl="~/Account/Login"
        timeout="288"
    />
</authentication>
```

我们修改了3个配置项,这样对应的属性值也会发生变化。注意:timeout的单位是秒。再次运行程序,结果如下:

```
.ASPXAUTH, /Account/Login,/Account/Login, 04:48:00,false,true,false /,
```

我们看到defaultUrl、loginUrl和timeout的值都变化了,而288秒正好是4分48秒。至此,我们知道如何显示和设置类FormsAuthentication中的属性了。

下面,我们再来看一下类FormsAuthentication中的成员方法:

- Authenticate(String, String):对照存储在应用程序配置文件中的凭据来验证用户名和密码。
- Decrypt(String):创建一个FormsAuthenticationTicket对象,此对象将根据传递给该方法的加密的Forms身份验证票据而定。
- EnableFormsAuthentication(NameValueCollection):启动窗体验证。
- Encrypt(FormsAuthenticationTicket):创建一个字符串,其中包含适用于HTTP Cookie的加密的Forms身份验证票据。
- Equals(Object):确定指定对象是否等于当前对象(继承自Object)。
- GetAuthCookie(String, Boolean):为给定的用户名创建身份验证Cookie。这不会将Cookie设置为传出响应的一部分,因此应用程序对如何发出该Cookie有更多的控制权限。
- GetAuthCookie(String, Boolean, String):为给定的用户名创建身份验证Cookie。这不会将Cookie设置为传出响应的一部分。
- GetHashCode():作为默认哈希函数(继承自Object)。
- GetRedirectUrl(String, Boolean):返回导致重定向到登录页的原始请求的重定向URL。
- GetType():获取当前实例的Type(继承自Object)。
- HashPasswordForStoringInConfigFile(String, String):根据指定的密码和哈希算法生成一个适合于存储在配置文件中的哈希密码。
- Initialize():根据应用程序的配置设置初始化FormsAuthentication对象。
- MemberwiseClone():创建当前Object的浅表副本(继承自Object)。
- RedirectFromLoginPage(String, Boolean):将经过身份验证的用户重定向回最初请求的URL或默认URL。
- RedirectFromLoginPage(String, Boolean, String):使用Forms身份验证Cookie的指定Cookie路径,将经过身份验证的用户重定向回最初请求的URL或默认URL。
- RedirectToLoginPage():将浏览器重定向到登录URL。
- RedirectToLoginPage(String):将浏览器重定向到带有指定查询字符串的登录URL。
- RenewTicketIfOld(FormsAuthenticationTicket):有条件地更新FormsAuthenticationTicket的发出日期和时间以及过期日期和时间。

- SetAuthCookie(String, Boolean)：为提供的用户名创建一个身份验证票据，并将该票据添加到响应的Cookie集合中或URL中（如果使用的是无Cookie身份验证）。
- FormsAuthentication.SetAuthCookie()：产生客户端加密的Cookie，这样就代表验证通过。下一次访问需要验证的时候，服务器就读取Cookie进行验证，不需要转到登录页面。
- SetAuthCookie(String, Boolean, String)：为提供的用户名创建一个身份验证票据，并使用提供的Cookie路径或使用URL（如果使用的是无Cookie身份验证）将该票据添加到响应的Cookie集合中。
- SignOut()：从浏览器中删除Forms身份验证票据。
- ToString()：返回表示当前对象的字符串（继承自Object）。

关于FormsAuthentication的使用演示，我们在讲解Authorize特性后再一起列出。

11.7.5　登录流程

一般来说，登录网站都会经过以下几个步骤：

步骤01 输入用户名和密码，单击"确定"按钮。

步骤02 在后台判断用户名和密码是否正确，如果错误则返回提示，如果正确则进入可访问的页面。

在ASP时代，通常都会在验证用户名和密码是否匹配之后，创建一个Session，然后在每个需要验证的页面中判断Session是否存在，如果存在，则显示页面内容；如果不存在，则产生提示，并跳转到登录页面。

但是，在ASP.NET时代，这个过程就被大大减化了，不再需要在每个需要验证的页面中去校验Session。为了实现安全性，ASP.NET MVC采用"表单身份验证入场券"对象（即FormsAuthenticationTicket对象）来表示一个表单登录用户，加密与解密由FormsAuthentication的Encrypt与Decrypt方法来实现。

表单验证是一个基于票据（ticket-based）（也称为基于令牌token-based）的系统。当用户登录系统以后，会得到一个包含基于用户信息的票据（ticket）。这些信息被存放在加密过的Cookie里面，这些Cookie和响应绑定在一起，因此每一次后续请求都会被自动提交到服务器。

用户登录的步骤大致是这样的：

步骤01 首先启用表单验证，然后用户在请求一个需要验证身份后才可以访问ASP.NET页面时，ASP.NET运行时验证这个表单验证票据是否有效。如果无效，ASP.NET自动将用户转到登录页面。

步骤02 在登录页面上，通过Membership.ValidateUser检查用户提交的登录名和密码是否正确。

步骤03 根据登录名创建一个FormsAuthenticationTicket对象。

步骤04 调用FormsAuthentication.Encrypt()加密。

步骤05 根据加密结果创建登录Cookie，并写入Response。

步骤03 ～ **步骤05** 用代码表示如下：

```
//创建ticket入场券（或称票据）
FormsAuthenticationTicket ticket = new FormsAuthenticationTicket(userName, false,1);
//加密ticket入场券
var encryptTicket = FormsAuthentication.Encrypt(ticket);
```

```
//写入Cookie
Response.Cookies.Add(new HttpCookie(FormsAuthentication.FromCookieName,
encryptTicket));
```

步骤 03～**步骤 05**也可直接用FormsAuthentication.SetAuthCookie方法来替代：

```
/*SetAuthCookie产生客户端加密的Cookie,这样就代表验证通过,下一次访问需要验证的时候,服务器就读取
Cookie,进行验证,不需要转到登录页面。*/
FormsAuthentication.SetAuthCookie(userName, false);  //false表示Cookie不是永久的,反之是
永久的
```

两种方式效果一致，SetAuthCookie更加简便，但前者方式更加灵活，它可以携带要存储在票据中的特定于用户的数据。在登录验证结束后，一般会产生重定向操作，因此后面的每次请求将带上前面产生的加密Cookie，供服务器来验证每次请求的登录状态。

后续每次请求时的（验证）处理过程如下：

（1）FormsAuthenticationModule尝试读取登录Cookie。

（2）从Cookie中解析出FormsAuthenticationTicket对象。过期的对象将被忽略。虽然Cookie本身有过期的特点，但为了安全，FormsAuthenticationTicket也支持过期策略。不过，ASP.NET的默认设置支持FormsAuthenticationTicket的可调过期行为，即slidingExpiration=true。这二者任何一个过期时，都将导致登录状态无效。

（3）根据FormsAuthenticationTicket对象构造FormsIdentity对象，并设置HttpContext.User。

（4）UrlAuthorizationModule执行授权检查。

在登录与验证的实现中，FormsAuthenticationTicket和FormsAuthentication是两个核心的类型，前者可以认为是一个数据结构，后者可认为是处理前者的工具类。

用户登录和验证是很常见的业务需求，在ASP.NET中，这个过程被称为身份认证。在开发ASP.NET项目中，我们最常用的是Forms验证，也叫表单验证。这种验证方式既可以用于局域网环境，也可用于互联网环境，因此，它有着非常广泛的使用。

11.7.6　判断用户是否登录

表单验证有两个最基础的问题需要明确：

（1）如何判断当前请求是一个已登录用户发起的？也就是说，如何判断一个用户已登录？

（2）如何获取当前登录用户的登录名？

在标准的ASP.NET身份认证方式中，上面两个问题的答案是：

（1）如果Request.IsAuthenticated为true，则表示是一个已登录用户。

（2）如果是一个已登录用户，那么访问HttpContext.User.Identity.Name可获取登录名（都是实例属性）。

当我们采用Forms认证方式的时候，可以使用HttpContext.Current.User.Identity.IsAuthenticated（或者也可以用Request.IsAuthenticated，这个实际上调用的也是User.Identity.IsAuthenticated）来判断是否登录，即依赖于Cookie里的信息判断用户是否登录。因此，如果注册成功一个用户，通常要调用SetAuthCookie为该用户创建一个身份验证票据，并将该票据添加到响应的Cookie集合中。如果某个用户退出登录，则使用FormsAuthentication.SignOut来清除这个Cookie标记。

Form身份认证依赖Cookie，ASP.NET就是每次检查我们在配置文件中指定的Cookie名称，并通过解密这个Cookie来判断当前请求用户的登录状态。

需要注意，当用户登录成功时，服务器为了确认客户端是否通过验证，需要通过Cookie向客户端写验证（Authenticat）信息。在登录页面刚验证完成后，服务器还没有把Cookie回发到客户端，所以没有值；当服务器第二次响应的时候，就会从客户端读取Cookie。所以，在登录验证结束后，一般要产生重定向操作后，服务器才会得到请求的登录状态。用代码表示就是：

```
FormsAuthentication.SetAuthCookie(userName, false);
//刚执行完后，User.Identity.IsAuthenticated依旧是false
//做一个重定向操作，然后在Index可以看到User.Identity.IsAuthenticated为true了
return RedirectToAction("Index", "Home");
```

刚执行完SetAuthCookie后，User.Identity.IsAuthenticated依旧是false，此时要做一个重定向操作，然后在重定向的方法（比如Index方法）中可以看到User.Identity.IsAuthenticated变为true，说明现在处于已登录状态了。

对于User.Identity.Name也是一样，使用方法ValidateUser对用户名密码校验成功后，通过FormsAuthentication.SetAuthCookie方法或者代码将FormsAuthenticationTicket对象添加到响应的Cookie里，都是无法马上获取用户名的，因为此时User.Identity.Name属性的值还是为""。这两个方法都只是对包含身份验证票据的Cookie进行操作，用户的身份标识都还没有更新。解决的方法如下：

（1）在代码中手动设置HttpContext.User。

（2）做个重定向跳转，而且按照一般的用户账户登录流程，在账户登录后，要么跳转到原前请求的URL，要么跳转到某个默认页面。

11.7.7　FormsAuthenticationTicket 创建登录票据

我们现在知道了，当用户通过用户名密码校验成功后，就要创建登录票据（好比现实生活中的入场券），并加密放到用户计算机的Cookie中，这样以后就可以自动登录了。创建票据有两种方式，我们先来看FormsAuthenticationTicket这种方式。这种方式的过程基本都需要手写，代码如下：

```
//创建ticket入场券（或称票据）
FormsAuthenticationTicket ticket = new FormsAuthenticationTicket(userName, false,1);
//加密ticket入场券
var encryptTicket = FormsAuthentication.Encrypt(ticket);
//写入Cookie
Response.Cookies.Add(new HttpCookie(FormsAuthentication.FromCookieName,
encryptTicket));
```

我们首先来看一下这几个方法的原型。FormsAuthenticationTicket是一个类，其构造方法有多种重载形式：

```
public FormsAuthenticationTicket(string name, bool isPersistent, int timeout);
public FormsAuthenticationTicket(int version, string name, DateTime issueDate, DateTime
expiration, bool isPersistent, string userData);
public FormsAuthenticationTicket(int version, string name, DateTime issueDate, DateTime
expiration, bool isPersistent, string userData, string cookiePath);
```

其中参数name表示与票据关联的用户名；version表示票据的版本号；isPersistent为true，则该票据将存储在持久性Cookie（保存在浏览器会话）中，否则为false。如果该票据存储在URL中，则

忽略此值；issueDate表示本地日期和时间所颁发的票据；expiration表示本地日期和票据的到期时间；userData表示要存储在票据中的特定于用户的数据。

方法Encrypt用于创建一个包含适合在HTTP Cookie中使用的、加密的表单身份验证票据的字符串。为了安全性，存放在用户计算机Cookie中的表单身份验证票据必须加密后才能存储。该方法声明如下：

```
public static string Encrypt(FormsAuthenticationTicket ticket);
```

参数ticket表示FormsAuthenticationTicket要创建加密的窗体身份验证票据的对象。该方法包含加密的表单身份验证票据的字符串。

加密后的票据要保存为Cookie，此时需要用到类HttpCookie，该类以类型安全的方式来创建和操作单个HTTP Cookie，其构造函数有两种形式：

```
public HttpCookie(string name);
public HttpCookie(string name, string value);
```

其中参数name表示新的Cookie的名称，value表示新的Cookie的值。

【例11.12】FormsAuthenticationTicket创建登录票据

（1）新建项目。打开Visual Studio，新建一个ASP.NET MVC项目，项目名称是test。

（2）启用表单身份验证。打开Web.config，在<system.web>末尾增加如下代码：

```
<authentication mode="Forms">
    <forms loginUrl="~/Home/Login" >
    </forms>
</authentication>
```

这里我们设置登录的URL为Home控制器下的Login方法。

（3）添加视图。在Views/Home/下新增一个名为Login的视图，在Login.cshtml中添加如下代码：

```
<h2>你还没登录，请单击登录</h2>

<h2>@Html.ActionLink("登录", "doLogin", "Home")</h2>
```

这里将跳转到Home控制器下的doLogin方法，这个方法将真正创建登录票据。

打开View.cshtml，删除原有代码，并添加如下代码：

```
@{
    if (ViewBag.isLogin)
    {
        <h2>@ViewBag.name,登录成功，你现在可以查看"关于"下的内容了! </h2>
    }
    else
    {
        <h2>你还没登录，不能查看"关于"下的内容! 不信你单击"关于"试试。</h2>
    }
}
```

在这个首页中将判断用户是否登录，如果登录则提示可以查看"关于"下的内容，否则就提示单击"关于"链接去登录。因为我们把登录的功能放在About方法中了，用户单击"关于"链接将调用About方法。

打开About.cshtml，删除原有代码，并添加如下代码：

```
<h2>你贵姓？</h2>
```

（4）添加和修改方法。打开HomeController.cs，在Index方法中添加如下代码：

```
public ActionResult Index()
{
    ViewBag.isLogin = User.Identity.IsAuthenticated;  //存储是否验证过的状态
    ViewBag.name = User.Identity.Name; //存储登录用户名

    return View();
}
```

我们把登录状态和登录用户名保存到ViewBag，以便在视图上可以使用它们。

如果未登录用户单击"关于"链接，将不能访问About方法，因此我们在About方法上一行添加[Authorize]特性，代码如下：

```
[Authorize]  //授权特性
public ActionResult About()
{
    ViewBag.Message = "Your application description page.";

    return View();
}
```

Authorize表示授权特性，下一节会讲到，作用就是判断当前访问该方法的用户有没有验证过，没有验证过将跳转到登录URL（loginUrl设置的URL）。由于[Authorize]特性的存在，未登录的用户将会自动重定位到loginUrl所设定的URL中，也就是~/Home/Login，即Home下的Login方法，因此我们要添加Login方法。为类HomeController添加Login方法的代码如下：

```
public ActionResult Login()
{
    return View("");
}
```

这里的Login方法直接返回Login视图，Login视图上有"登录"链接，并且会调用doLogin方法，因此我们需要添加doLogin方法，代码如下：

```
public ActionResult doLogin()
{
    //实例化认证票据
    FormsAuthenticationTicket ticket = new FormsAuthenticationTicket(1, //票据的版本号
        "唐僧",//票据的用户名
        DateTime.Now, //颁发票据的时间
        DateTime.Now.AddMinutes(30),//票据的到期的时间
        true, //存储在持久性Cookie（保存在浏览器会话）中
        "I Love you!" //用户数据
        );
    string authTicket = FormsAuthentication.Encrypt(ticket); //加密票据
    //将加密后的票据保存为Cookie
    //实例化HttpCookie对象
    HttpCookie coo = new HttpCookie(FormsAuthentication.FormsCookieName, authTicket);
    HttpContext.Response.Cookies.Add(coo);  //添加到Response对象的Cookie集合中

    return RedirectToAction("Index", "Home"); //重新定位到Index方法
}
```

转来转去，终于请出FormsAuthenticationTicket了，首先实例化认证票据，然后进行加密，再将加密后的票据保存为Cookie，最后重新定位到Index方法。注意，只有进行重新定位，才能让User.Identity.IsAuthenticated的值发生改变，doLogin方法中是不会发生改变的（原因我们已经讲过了，这里不再赘述），即必须下一次服务器响应过来，才会在客户端中产生Cookie值。因此，在Index中，我们可以发现User.Identity.IsAuthenticated变为true了。

（5）运行程序，单击"关于"链接，出现"登录"链接，如图11-10所示。

单击"登录"链接将出现"登录成功"的提示，此时再单击"关于"链接，就可以看到真正的内容了，如图11-11所示。

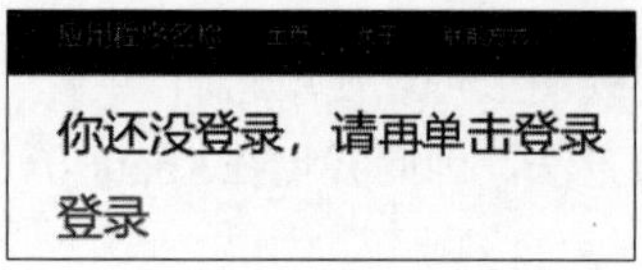

图 11-10

图 11-11

11.7.8　SetAuthCookie 创建票据并保存到 Cookie

虽然通过FormsAuthenticationTicket的方式创建认证票据的方式更灵活些，但有点烦琐，不如FormsAuthentication.SetAuthCookie方法来得简便。该方法可以创建票据并将其保存到Cookie，用一个方法就可以搞定了。因此，一般项目中用FormsAuthentication.SetAuthCookie方法更多一些。该方法有两种重载形式：

```
static void SetAuthCookie (string userName, bool createPersistentCookie);
static void SetAuthCookie (string userName, bool createPersistentCookie, string strCookiePath);
```

其中参数userName表示已验证的用户名称；createPersistentCookie表示若要创建持久Cookie（跨浏览器会话保存的Cookie），则其值为true，否则为false；strCookiePath表示表单身份验证票据的Cookie路径。

【例11.13】SetAuthCookie创建登录票据

（1）把例11.12文件夹复制到某个路径，然后打开项目，修改doLogin，代码如下：

```
public ActionResult doLogin()
{
    FormsAuthentication.SetAuthCookie("唐僧", false);
    return RedirectToAction("Index", "Home");
}
```

（2）运行效果和上例一样，如图11-12所示。

你贵姓?

图 11-12

11.7.9　IPrincipal 和 IIdentity

这两个接口用于表示用户身份。IPrincipal接口定义主体对象的基本功能。主体对象表示运行代码的用户的安全上下文，包括该用户的标识（IIdentity）及其所属的任何角色。

IIdentity接口定义标识对象的基本功能。标识对象代表其代码运行的用户。

用不太正规的公式来标识它们的关系：

```
安全上下文 = 安全信息 = HttpContext.User = IPrincipal
安全上下文 = 身份标识 + 角色信息 + 其他数据；
身份标识 = 用户标识 = HttpContext.User.Identity = IIdentity
```

请求经过身份验证的阶段后，或者说AuthenticateRequest事件开始后，才能通过HttpContext.User.Identity获取到具体的身份标识信息，包括用户名（Name）、是否已经登录（IsAuthenticated）等属性值，即在HttpApplication.AuthenticateRequest事件中，ASP.NET会构建（创建/更新）安全上下文对象（继承IPrincipal接口）和身份标识对象（继承IIdentity接口）；用户未登录也会生成一个默认的身份标识，通常称为匿名用户，页面如果不允许匿名用户访问，就要跳转到登录页面。对于表单验证，验证通过后的身份标识类是FormsIdentity。这个了解一下即可。

11.7.10　类 Membership 与类 FormsAuthentication 的功能区别

类Membership和类FormsAuthentication的区别在于它们的功能和用途不同。

类Membership在ASP.NET应用程序中用于验证用户凭据并管理用户设置，如创建新用户、存储用户信息、验证用户身份、管理密码等。它提供了一个框架，用于实现用户身份验证和授权服务。类Membership可以独自使用，或者与Role Management集成，为站点提供授权服务。

类FormsAuthentication在ASP.NET中用于实现登录页面的认证，通过在客户端和服务器之间传递一个加密的表单来验证用户的身份。它主要用于认证阶段，识别当前请求的用户是否已登录，并构造HttpContext.User对象供后续处理使用。FormsAuthentication可以与Membership结合使用，创建一个完整的身份验证系统。

11.8　操作方法的过滤访问

ASP.NET MVC中的每一个请求都会分配给对应Controller（控制器）下的特定Action（方法）处理，正常情况下直接在方法里写代码就可以了。但是，如果想在方法执行之前或者之后处理一些逻辑，就需要用到过滤器。

常用的过滤器有3个：Authorize（授权过滤器）、HandleError（异常过滤器）和ActionFilter（自定义过滤器），对应的类分别是AuthorizeAttribute、HandleErrorAttribute和ActionFilterAttribute，继承这些类并重写其中的方法即可实现不同的功能。

11.8.1　Authorize 授权过滤器

先看看为什么要使用过滤器？假设你做了一个小项目，其中某个功能是操作管理用户信息模块，有这样一个需求，用户信息管理必须是已通过认证的用户才能操作。我们可以在每一个Action里面检查认证请求，如下所示：

```
namespace MvcFilterDmo.Controllers
{
    public class HomeController : Controller
    {
        public ActionResult Index()
        {
            if (!Request.IsAuthenticated)
            {
                FormsAuthentication.RedirectToLoginPage();
            }
            //操作部分
            return View();
        }
        public ActionResult Insert()
        {
            if (!Request.IsAuthenticated)
            {
                FormsAuthentication.RedirectToLoginPage();
            }
            //操作部分
            return View();
        }
        public ActionResult Update()
        {
            if (!Request.IsAuthenticated)
            {
                FormsAuthentication.RedirectToLoginPage();
            }
            //操作部分
            return View();
        }
        public ActionResult Delete()
        {
            if (!Request.IsAuthenticated)
            {
                FormsAuthentication.RedirectToLoginPage();
            }
            //操作部分
            return View();
        }
        //其他Action操作方法
        //...
    }
}
```

通过上面的代码，可以发现使用这种方式检查请求认证有许多重复的地方，这也就是为什么要使用过滤器的原因，使用过滤器可以实现相同的效果，并且代码会比之前更加简洁优雅，如下所示：

```
namespace MvcFilterDmo.Controllers
{
    [Authorize]
    public class HomeController : Controller
```

```
    {
        public ActionResult Index()
        {
            //操作部分
            return View();
        }
        public ActionResult Insert()
        {
            //操作部分
            return View();
        }
        public ActionResult Edit()
        {
            //操作部分
            return View();
        }
        public ActionResult Delete()
        {
            //操作部分
            return View();
        }
        //其他Action操作方法
        //...
    }
}
```

过滤器是.NET里面的特性，它提供了添加到请求处理管道的额外方法。

Authorize是授权过滤器，它在方法执行之前执行，用于限制请求能不能进入这个方法。比如我们新建一个方法：

```
public JsonResult AuthorizeFilterTest()
{
    return Json(new ReturnModel_Common { msg = "hello world!" });
}
```

直接访问得到的结果如图11-13所示。

现在假设这个AuthorizeFilterTest方法是一个后台方法，用户必须有一个有效的令牌（token）才能访问。常规做法是在AuthorizeFilterTest方法里接收并验证token。但是这样一旦方法多了，在每个方法里都写验证代码显然不切实际，这个时候就要用到授权过滤器，新建一个继承AuthorizeAttribute的类，并重写其中的AuthorizeCore方法，比如：

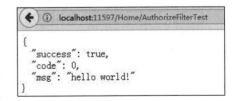

图 11-13

```
public class TokenValidateAttribute : AuthorizeAttribute
{
    /// <summary>
    /// 授权验证的逻辑处理。返回true则通过授权，false则相反
    /// </summary>
    /// <param name="httpContext"></param>
    /// <returns></returns>
    protected override bool AuthorizeCore(HttpContextBase httpContext)
    {
```

```
        string token = httpContext.Request["token"];
        if (string.IsNullOrEmpty(token))
        {
            return false;
        }
        else
        {
            return true;
        }
    }
}
```

这段伪代码实现的逻辑就是token有值即返回true，没有则返回false。然后将其标注到需要授权才可以访问的方法上面：

```
[TokenValidate]
public JsonResult AuthorizeFilterTest()
{
    return Json(new ReturnModel_Common { msg = "hello world!" })
}
```

标注TokenValidate后，AuthorizeCore方法就在AuthorizeFilterTest之前执行。如果AuthorizeCore返回true，那么授权成功执行AuthorizeFilterTest里面的代码，否则授权失败。不传token的运行结果如图11-14所示。

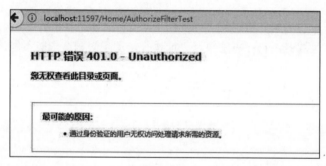

图 11-14

不传token授权失败时进入了MVC默认的未授权页面。这里做一下改进：不管授权是否成功，都保证返回值格式一致，以方便前端处理。这个时候重写AuthorizeAttribute类里的HandleUnauthorizedRequest方法即可：

```
/// <summary>
/// 授权失败处理
/// </summary>
/// <param name="filterContext"></param>
protected override void HandleUnauthorizedRequest(AuthorizationContext filterContext)
{
    base.HandleUnauthorizedRequest(filterContext);

    var json = new JsonResult();
    json.Data = new ReturnModel_Common
    {
        success = false,
        code = ReturnCode_Interface.Token过期或错误,
```

```
        msg = "token expired or error"
    };
    json.JsonRequestBehavior = JsonRequestBehavior.AllowGet;
    filterContext.Result = json;
}
```

效果如图11-15所示。

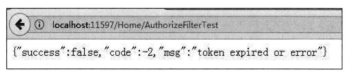

图 11-15

授权过滤器最广泛的应用还是做权限管理系统。用户登录成功后，服务端输出一个加密的token，后续的请求都会带上这个token；服务端在AuthorizeCore方法里解开token拿到用户ID，然后根据用户ID去数据库里查是否有请求当前接口的权限，有就返回true，反之则返回false。这种方式做授权，相比登录成功给Cookie和Session的好处就是一个接口在PC端和App端共同使用。

MVC中使用Authorize特性实现登录和权限控制，通俗地讲就是：判定用户是否登录，若没登录就自动跳转到登录页。这里要注意，跳转登录页是在启用表单验证的情况下，如果没有启用表单验证，则返回给用户一个"HTTP Error 401.0"错误页面。

1. 使用方式

通常情况下，应用程序都要求用户登录系统之后才能访问某些特定的部分。在ASP.NET MVC中，这可以通过使用Authorize特性来实现，甚至可以对整个应用程序全局使用Authorize特性。

ASP.NET MVC中的授权通过[Authorize]属性及其各种参数控制。在其最基本的形式中，通过向控制器、操作或Razor Page应用[Authorize]属性，可限制为仅允许经过身份验证的用户访问该组件。

单独使用[Authorize]是Authorize特性最普通的使用方式，为了精确控制，还可以根据角色、特定认证程序来使用。下面我们先阐述大体的使用步骤。

1）引入命名空间

在项目文件中添加以下引用，确保项目引用了System.Web.Mvc命名空间。

```
using System.Web.Mvc;
```

2）在方法或类上添加 Authorize 特性

在需要进行权限认证的操作方法上使用Authorize特性，比如：

```
[Authorize]   // 只有经过认证的用户才能访问该方法
public ActionResult MyAction()
{
    //在这里编写方法的具体逻辑
}
```

除了用在方法上，也可以用在类上，比如：

```
[Authorize]
public class AccountController : Controller
{
    public ActionResult Login()
```

```
    {
    }
    public ActionResult Logout()
    {
    }
}
```

这个特性可以设置多个参数，以指定不同的认证规则。比如，要求用户必须同时属于多个角色才能访问某个方法：

```
//需要同时属于"Admin"和"Manager"角色的用户才能访问该方法
[Authorize(Roles = "Admin,Manager")]
public ActionResult MyAction()
{
    //在这里编写方法的具体逻辑
}
```

还可以设置其他的认证规则，例如要求用户必须通过特定的认证提供程序进行认证：

```
// 需要使用名为"MyAuthScheme"的认证提供程序进行认证
[Authorize(AuthenticationSchemes = "MyAuthScheme")]
public ActionResult MyAction()
{
    //在这里编写方法的具体逻辑
}
```

以上就是使用Authorize类进行权限认证的基本步骤。读者可以根据具体需求来设置不同的认证规则，以实现灵活的权限控制。

2. Authorize的优缺点

在使用.NET Framework中的Authorize特性进行权限控制时，有一些优点和缺点需要考虑。优点如下：

（1）简单易用：Authorize特性提供了一种简单的方式来限制对控制器中操作方法的访问。通过使用Authorize特性，我们可以轻松地在代码中引入权限控制逻辑。

（2）灵活性：Authorize特性提供了多种配置选项，可以根据具体需求进行灵活的权限设置。例如可以指定认证规则、角色要求、授权提供程序等，以适应不同的场景和权限要求。

（3）集成性：基于角色的Authorize特性与.NET Framework中的身份验证机制（如Forms身份验证、Windows身份验证）无缝集成。通过使用授权提供程序，可以轻松地将身份验证和授权功能组合在一起。

缺点如下：

（1）依赖于.NET Framework：Authorize类是.NET Framework特有的功能，如果应用程序要迁移到其他平台，那就需要考虑不同的权限控制解决方案。

（2）局限性：Authorize特性只能用于控制器中的操作方法，如果需要更细粒度的权限控制，例如对单个页面元素进行权限控制，则可能需要使用其他方式来实现。

（3）学习曲线：对于新手，学习和理解授权的概念和实现可能需要一定的时间和学习成本。

总的来说，Authorize特性提供了一种简单而灵活的方式来进行权限控制，适用于大多数情况下的权限需求。然而，在选择权限控制方案时，我们需要综合考虑应用程序的特定需求、平台依赖性和学习成本等因素，以做出最合适的选择。

3. 限制访问某个方法或控制器

如果要求某个Action只能被认证的用户访问，可以在Controller类型或者Action方法上添加Authorize特性。我们先来看一个范例，让Authorize控制某个方法的访问。

【例11.14】禁止访问首页

（1）新建项目。打开Visual Studio，新建一个ASP.NET MVC项目，项目名称是test。

（2）在程序中获取属性值。打开HomeController.cs，在Index方法上方添加如下代码：

```
[Authorize]
public ActionResult Index()
{
    return View();
}
```

代码中粗体部分就是我们添加的，只需要一行代码，就可以限制未授权的用户访问Index方法，也就无法执行Index方法，最终就无法把Index视图返回给用户，如图11-16所示。

（3）运行程序，虽然/Home/Index无法访问了，但我们依旧可以访问/Home/About，如图11-17所示。

图 11-16

图 11-17

为了让Home控制器下的所有方法都不能被访问，我们可以把Authorize特性直接放在类HomeController上方，如下所示：

```
[Authorize]
public class HomeController : Controller
```

再次运行程序，访问Home/About，可以发现/Home/About也无法权访问了，如图11-18所示。

需要注意，如果启用表单验证，也就是在项目根目录下的Web.config文件中添加如下代码：

```
<authentication mode="Forms">
</authentication>
```

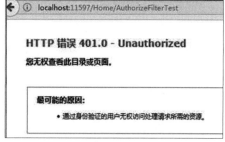

图 11-18

仅仅使用"[Authorize]"就失效了。此时要用基于角色的授权，比如：

```
[Authorize(Roles = "Admin")]
```

4. 验证失败就跳转到登录页

在例11.14中没有启用表单验证，因此判断用户没有登录后，将返回给用户一个"HTTP Error 401.0"错误页面。下面，我们启用表单验证，让它自动跳转到登录页。

【例11.15】验证失败就跳转到登录页面

（1）新建项目。打开Visual Studio，新建一个ASP.NET MVC项目，项目名称是test。

（2）在程序中获取属性值。打开HomeController.cs，在Index方法上方添加一行代码：

```
[Authorize]
public ActionResult Index()
{
    return View();
}
```

（3）启用表单验证。打开Web.config，在<system.web>节中添加一行代码：

```
<authentication mode="Forms" />
```

现在我们没有设置任何配置项，全部使用默认值，因此会跳转到login.aspx这样的页面。aspx是用C#或VB.net编写的动态网页文件，是以前的ASP.NET技术。

（4）运行程序，结果如图11-19所示。

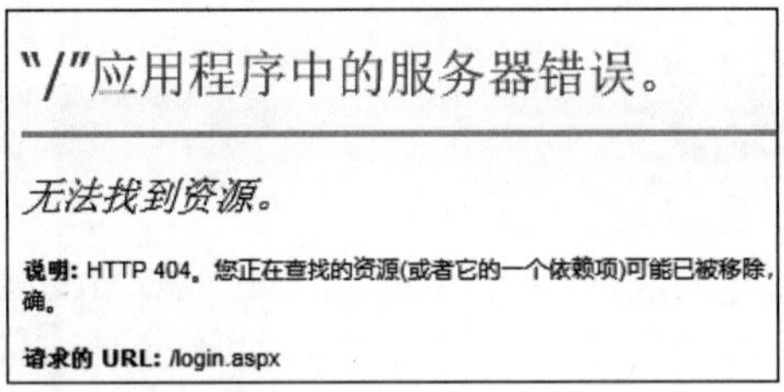

> **"/"应用程序中的服务器错误。**
>
> *无法找到资源。*
>
> 说明: HTTP 404。您正在查找的资源(或者它的一个依赖项)可能已被移除、商。
>
> 请求的 URL: /login.aspx

图 11-19

（5）增加配置项"登录页面"。打开Web.config，在authentication节中修改代码如下：

```
<authentication mode="Forms">
    <forms
        loginUrl="~/Account/Login"
    />
</authentication>
```

我们设置登录页的URL为Account控制器的Login方法。

（6）添加Account控制器的Login方法。在Controllers下添加名为Account的控制器，再在AccountController.cs中添加Login方法，代码如下：

```
public ActionResult Login()
{
    return View();
}
```

代码很简单，直接返回Login视图。

（7）添加Login视图。在Views/Account下添加一个名为Login的视图文件，然后在Login.cshtml文件中修改代码如下：

```
<h2>登录页面</h2>
<form action='@Url.Action("Login","Account")' id="form1" method="post">
    用户: <input type="text" name="loginName" /><br />
    密码: <input type="password" name="loginPwd" /><br />
    <input type="submit" value="登录">
</form>
```

这里，我们创建了一个表单，并在表单中放置了两个输入框和一个提交按钮，这里并没有用BeginForm，而是用了传统的HTML写法来创建表单，目的是让读者知道在cshtml文件中也是可以使用HTML写法的。通过Url.Action，我们设定了提交表单时所要调用的方法，也就是Account下使用POST方式的Login方法。

（8）运行程序，结果如图11-20所示。

可以看到，表单验证登录失败后，就自动跳转到Account控制器的Login方法，然后返回同名的Login视图了。既然都已经做到这里了，我们顺便简单地实现一下"登录"功能吧。当单击"登录"按钮提交表单后，将会调用Account下使用POST方式的Login方法，现在我们还没有这个方法，需要添加它。

图 11-20

（9）添加POST方式的Login方法。在AccountController.cs中添加如下代码：

```
/// <summary>
/// 登录
/// </summary>
[HttpPost]
public ActionResult Login(string loginName, string loginPwd)//参数名必须和表单元素名相同
{
    if (loginName == "admin" && loginPwd == "123") //判断用户名和密码
    {
        //登录成功
        Session["LoginName"] = loginName; //把用户名存储到Session对象中
        return RedirectToAction("Index", "Account"); //重定向到Account控制器的Index方法
    }
    else //登录失败，则跳转到首页
    {
        return RedirectToAction("Index", "Home"); //重定向到Home控制器的Index方法
    }
}
```

这个POST方式的Login方法实现登录校验功能。这里只是简单地判断一下用户名及其密码，如果登录成功，则把用户名存放到Session对象中，然后重定向到Account控制器的Index方法。这里的Session是类Controller的成员属性，其类型是HttpSessionStateBase。如果验证失败则跳转到首页，重定向到Home控制器的Index方法。

为了能在Account的Index视图上显示当前登录的用户名，我们要修改一下Index方法，代码如下：

```
public ActionResult Index()
{
    if (Session["LoginName"] != null) //判断是否为空，不为空则获取当前登录用户
    {
        string loginName = Session["LoginName"].ToString(); //用户名存于字符串中
        ViewBag.Message = "当前登录用户: " + loginName;
        return View(); //返回Index视图
    }
```

```
    return RedirectToAction("Index", "Home");  //没有人登录就跳转到首页
}
```

判断Session["LoginName"]是否为空，不为空则获取当前登录用户，然后把用户名存于字符串并返回Index视图；如果为空，则跳转到首页。

（10）添加登录成功后的视图。在Views/Account下添加一个名为Index的视图，在Index.cshtml中添加如下代码：

```
<h2>欢迎登录</h2>
<h3>@ViewBag.Message</h3>
<a href="@Url.Action("Logout","Account")">注销</a>
```

我们通过ViewBag.Message在视图上显示当前登录用户的名称。再放置一个名为"注销"的链接，单击该链接后，将执行Account控制器的Logout方法。下面我们来添加Logout方法，该方法用于注销当前登录的用户信息。

（11）添加注销方法。在AccountController.cs中添加Logout方法，代码如下：

```
/// <summary>
/// 注销
/// </summary>
public ActionResult Logout()
{
    Session.Abandon();  //取消当前会话
    return RedirectToAction("Index", "Home");  //重定向到Home控制器的Index方法
}
```

Session.Abandon用于取消当前会话，一旦调用Abandon方法，当前会话不再有效，同时会启动新的会话。最后跳转到首页。

（12）运行程序，一开始就跳转到登录页面，我们输入admin和123后单击"登录"按钮，页面就显示登录成功了，如图11-21所示。

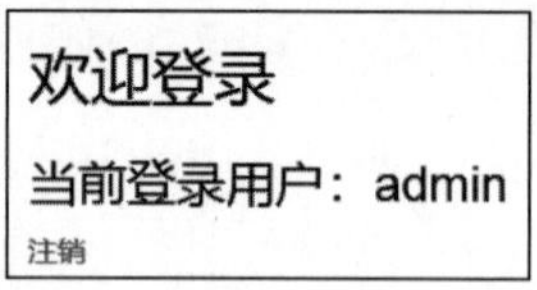

> 欢迎登录
>
> 当前登录用户：admin
>
> 注销

图 11-21

5. 联合Membership和FormsAuthentication进行登录验证

现在我们来看一个实际一点的场景。在网上购物时，经常遇到这样的一个场景：必须先注册，然后输入用户名和密码，才能进行登录；登录完成后，界面自动跳转到之前的界面或者首页。

【例11.16】实现注册和登录

（1）新建项目，添加模型。打开Visual Studio，新建一个ASP.NET MVC项目，项目名称是test。准备模型类，在Models文件夹下新建一个名为User的类文件，在User.cs开头添加引用：

```
using System.ComponentModel.DataAnnotations;
```

把原来的User类删除，再输入几个类定义，代码如下：

```
public class RegisterModel  //注册模型
{
    [Required]
    [Display(Name = "用户名")]
    public string UserName { get; set; }
    [Required]
    [DataType(DataType.Password)]
    [Display(Name = "密码")]
```

```
    public string Password { get; set; }
    [Display(Name = "记住密码?")]
    public bool RememberMe { get; set; }

    [DataType(DataType.Password)]
    [Display(Name = "确认密码")]
    [Compare("Password", ErrorMessage = "两次输入密码不匹配")]
    public string ConfirmPassword { get; set; }
}

public class LoginModel //登录模型
{
    [Required]
    [Display(Name = "用户名")]
    public string UserName { get; set; }

    [Required]
    [DataType(DataType.Password)]
    [Display(Name = "密码")]
    public string Password { get; set; }

    [Display(Name = "记住密码? ")]
    public bool RememberMe { get; set; }
}
```

注册模型用于注册，登录模型用于登录。

（2）实现首页视图。打开Views/Home/Index.cshtml，删除原有代码，并添加如下代码：

```
<h2>欢迎光临一百书店</h2>

<html>
<head>
    <style>
  @{
        if (ViewBag.isLogin)
        {
            <h2>@ViewBag.name,登录成功，你现在可以购买了！</h2>
            @Html.ActionLink("注销", "LogOff", "Account");
        }
        else
        {
            <h2>你还没登录，不能查看"购买"，不信你单击"购买"试试。</h2>
        }
    }
        table {
            width: 100%;
            border-collapse: collapse;
            margin: 25px 0;
            font-size: 0.9em;
            min-width: 400px;
            border-radius: 5px 5px 0 0;
            overflow: hidden;
            box-shadow: 0 0 20px rgba(0, 0, 0, 0.15);
        }

        th, td {
            padding: 12px 15px;
```

```
            text-align: left;
            border-bottom: 1px solid #dddddd;
        }
        th {
            background-color: #009879;
            color: #ffffff;
            text-align: left;
        }
        tr {
            background-color: #f3f3f3;
        }

        tr:nth-of-type(even) {
            background-color: #dddddd;
        }
    </style>
</head>
<body>

    <table>
        <tr>
            <th>商品名称</th>
            <th>价格</th>
            <th>操作</th>
        </tr>
        <tr>
            <td>Visual C++ 2017从入门到精通</td>
            <td>85元</td>
            <td>@Html.ActionLink("购买", "Buy", "Home", new { productid = "001" },
null)</td>
        </tr>
        <tr>
            <td>Linux一线开发实践（第二版）</td>
            <td>98元</td>
            <td>@Html.ActionLink("购买", "Buy", "Home", new { productid = "002" },
null)</td>
        </tr>
    </table>
</body>
</html>
```

前面一大段代码用来美化表格的风格。表格中简单地写了两个行数据，每行最后一列都有一个"购买"链接，当单击"购买"链接时，将跳转到Home控制器的Buy方法。

（3）实现Buy方法。打开HomeController.cs，添加Buy方法如下：

```
[Authorize]
public ActionResult Buy(string productid)
{
    return View();
}
```

这里用了Authorize特性，因此如果用户未登录，则跳转到默认的登录页（由loginUrl指定的"~/Account/Login"），否则跳转到Buy视图。

（4）实现Buy视图。在Views/Home下添加一个名为Buy的视图，在Buy.cshtm中添加一行代码：

```
<h2>购买成功</h2>
```

也就是说，当登录成功的用户单击"购买"链接后，将进入Buy视图，并看到"购买成功"的提示。

（5）启动表单验证，定义登录页的URL。只有启动表单验证，MVC判断用户未登录时，才会跳转到登录URL。打开项目根目录下的Web.config，在<system.web>节点中添加如下代码：

```
<authentication mode="Forms">
    <forms loginUrl="~/Account/Login" timeout="2880">
    </forms>
</authentication>
```

这里设置登录URL（loginUrl）为Account控制器下的Login方法。

（6）添加GET方式的Login方法。这个方法用来返回登录视图，以便让用户输入用户名和密码。在Controllers下添加名为Account的控制器，在AccountController.cs中添加Login方法，代码如下：

```
public ActionResult Login()
{
    return View();
}
```

（7）添加登录视图。在Views/Account下添加视图文件Login.cshtml，代码如下：

```
@model test.Models.LoginModel

@using (Html.BeginForm())
{
    <div>
        <fieldset>
            <legend>请登录</legend>

            <div class="form-group">
                @Html.LabelFor(m => m.UserName)
                @Html.TextBoxFor(m => m.UserName, new { @class = "form-control",
placeholder = "输入用户名" })
            </div>

            <div class="form-group">
                @Html.LabelFor(m => m.Password)
                @Html.PasswordFor(m => m.Password, new { @class = "form-control",
placeholder = "输入密码" })
            </div>

            <div class="form-group">
                @Html.CheckBoxFor(m => m.RememberMe)
                @Html.LabelFor(m => m.RememberMe)
            </div>

            <p>
                <input type="submit" value="登录" class="btn btn-default" />
            </p>
        </fieldset>
    </div>
}
<hr />
    @Html.ActionLink("注册", "Register", "Account")
```

其中Models.LoginModel是一个登录模型类，用来定义用户名、密码和记住我（RememberMe）等字段。随后通过Html.BeginForm创建表单，表单中放置了用户名输入框、密码输入框、RememberMe复选框等元素，并且和User的属性进行了模型绑定。当单击"登录"按钮时提交表单，此时将调用POST方式的Login方法。Html.BeginForm默认提交的方法是POST，如果不指定FormMethod参数，它就默认使用POST方法。在文件末尾，我们放置了一个名为"注册"的链接，用于注册，此时将调用Account控制器的Register方法。

（8）添加GET方式的Register方法。遵循先注册再登录的流程，我们先添加注册方法。打开AccountController.cs，添加GET方式的Register方法，代码如下：

```
public ActionResult Register()
{
    return View();
}
```

该方法返回一个注册视图，让用户输入注册所需要的信息。

（9）添加注册视图。在Views/Account下添加Register.cshtml，并添加如下代码：

```
@model test.Models.RegisterModel
@{
    ViewBag.Title = "注册";
}

<hgroup class="title">
    <h1>@ViewBag.Title</h1>
    <hr />
</hgroup>

@using (Html.BeginForm())
{
    @Html.AntiForgeryToken()
    @Html.ValidationSummary()

    <div class="form-group">
        @Html.LabelFor(m => m.UserName)
        @Html.TextBoxFor(m => m.UserName, new { @class = "form-control", placeholder =
"输入用户名" })
    </div>

    <div class="form-group">
        @Html.LabelFor(m => m.Password)
        @Html.PasswordFor(m => m.Password, new { @class = "form-control", placeholder =
"输入密码" })
    </div>
    <div class="form-group">
        @Html.LabelFor(m => m.ConfirmPassword)
        @Html.PasswordFor(m => m.ConfirmPassword,new { @class = "form-control",
placeholder = "再次输入密码" })
    </div>
    <input type="submit" value="注册"  class="btn btn-default" />
}
```

单击"注册"按钮将提交表单，此时将调用POST方式的Register方法。

（10）安装包System.Web.Providers。由于注册用户时需要使用Membership并要向数据库中添加用户信息，因此我们需要安装System.Web.Providers包。打开"程序包管理器控制台"，输入如下安装命令：

```
Install-Package System.Web.Providers
```

稍等片刻，安装成功。此时Visual Studio会自动在Web.config中添加membership节和数据库连接字符串。由于System.Web.Providers默认使用的数据库引擎是SQLEXPRESS，为了省事和避免再去安装SQLEXPRESS，我们将其改为mssqllocaldb，修改的连接字符串如下：

```
<connectionStrings>
    <add name="DefaultConnection" providerName="System.Data.SqlClient"
connectionString="Data Source=(localdb)\mssqllocaldb;Initial Catalog=100bcw;Integrated
Security=SSPI" />
</connectionStrings>
```

这里的数据库名称"100bcw"是笔者自定义的，没有使用默认名称。数据库环境配置好后，下面可以真正注册用户了。注册过程中会创建数据库并向数据库表中写入用户数据。

（11）添加POST方式的Register方法。打开AccountController.cs，添加POST方式的Register方法，代码如下：

```
[HttpPost]  //指定POST方式
[AllowAnonymous]  //不登录的用户也可以访问该方法
[ValidateAntiForgeryToken]  //防止跨站请求伪造（CSRF）攻击
public ActionResult Register(RegisterModel model)  //参数是注册模型对象
{
    if (ModelState.IsValid)  //判断各个属性验证是否有效
    {
        try
        {
            // Membership.CreateUser创建用户
            var user = Membership.CreateUser(model.UserName, model.Password);
            if (user != null)
            {
                //注册完成之后直接登录
                FormsAuthentication.SetAuthCookie(user.UserName, false);
            }
            return RedirectToAction("Index", "Home");  //重定向到Home控制器的Index方法
        }
        catch (MembershipCreateUserException e)  //捕获创建用户的异常
        {
            Response.Write("<script>alert('注册失败！'); location='Register'</script>");
            return Content("");  //使用空字符串创建一个内容结果对象
        }
    }
    return View(model);
}
```

这里我们通过Membership.CreateUser创建用户，其参数就是用户在注册视图上输入的用户名和密码。CreateUser会判断数据库是否存在，若不存在则创建数据库。

方法SetAuthCookie用来创建用户名的身份验证票据，并将其添加到响应Cookie集合或URL。

我们来单步看看效果，在"if"那里设置端点，然后按F5键运行程序，单击"购买"链接进入

登录视图，再单击"注册"按钮，进入注册视图，然后输入用户名（比如Tom），再输入两次一样的密码（比如123456），如图11-22所示。

　　单击"注册"按钮，此时程序将停在if语句处。然后我们在Visual Studio中打开"SQL Server 对象资源管理器"，就可以看到100bcw数据库了，如图11-23所示。

图 11-22

图 11-23

　　我们展开100bcw数据库及其表，右击表dbo.Users，在弹出的快捷菜单中选择"查看数据"命令，可以看到Tom在UserName列中了，如图11-24所示。

	ApplicationId	UserId	UserName	IsAnonymous	LastActivityDate
▶	16d-7885487ec8e8	49bf819b-ed9a-4a52-bdd...	Tom	False	2024/10/3 2:20:50
*	NULL	NULL	NULL	NULL	NULL

图 11-24

　　那我们的密码保存在哪里呢？右击表dbo.Memberships，在弹出的快捷菜单中选择"查看数据"命令，如图11-25所示。

	ApplicationId	UserId	Password	PasswordFormat	PasswordSalt	Email	PasswordQuest...
▶	16d-7885487ec8e8	49bf819b-ed9a-...	dbu7FeuPSPhrkO663xt7Oy...	1	mNWW1VCl8LTd...	NULL	NULL
*	NULL	NULL	NULL	NULL	NULL	NULL	NULL

图 11-25

　　字段Password下方就是加密后的密码。另外，我们看到Email也保存在这张表中，只不过现在没有设置Email，因此为NULL。

　　好了，Tom的注册信息已经成功存放到数据库表中了，那Tom就是已经注册的用户了，下一步就认为他已经登录了。要让一个用户作为已经登录的用户，其实只需要设置一个标记位即可，我们调用SetAuthCookie并重定位后，就可以让这个标记位发生改变。

　　（12）添加POST方式的Login方法，代码如下：

```
[HttpPost] //post方式
public ActionResult Login(LoginModel model, string returnUrl)
{
    //和数据库中用户名、密码进行验证
    if (Membership.ValidateUser(model.UserName, model.Password)) //验证用户
    {
        //创建身份验证票据
        FormsAuthentication.SetAuthCookie(model.UserName, model.RememberMe);
        //判断ReturnURL是否为本地URL，若是则重定向到returnUrl；否则跳转到主页上
```

```
        if (Url.IsLocalUrl(returnUrl) &&
            returnUrl.Length > 1 &&
            returnUrl.StartsWith("/") &&
            !returnUrl.StartsWith("//") &&
            !returnUrl.StartsWith("/\\"))
            {
                return Redirect(returnUrl); //跳转到returnUrl
            }
        else
            {
                return RedirectToAction("Index", "Home");
            }
        }
    else
    {
        Response.Write("<script>alert('验证失败! '); location='Register'</script>");
        return Content("");  //使用空字符串创建一个内容结果对象
    }
    return View(model);
}
```

登录成功后，将返回到首页，此时单击首页上的"购买"链接，就会提示购买成功了。

（13）在首页里把已登录状态记录下来。打开HomeController.cs，在Index中添加如下代码：

```
public ActionResult Index()
{
    ViewBag.isLogin = User.Identity.IsAuthenticated;  //存储是否验证过的状态
    ViewBag.name = User.Identity.Name; //存储登录用户名

    return View();
}
```

这样，在首页上就可以根据登录状态显示不同的内容。最后实现"注销"方法，在AccountController.cs中添加方法LogOff，代码如下：

```
public ActionResult LogOff()
{
    FormsAuthentication.SignOut();  //从浏览器中移除的表单身份验证票据
    return RedirectToAction("Index", "Home"); //跳转到Home下的Index方法，返回主页
}
```

（14）运行程序，结果如图11-26所示。

图 11-26

单击"购买"链接，进行注册和登录，登录成功后，再单击"主页"，就会提示登录成功，并且也出现了"注销"链接，如图11-27所示。

图 11-27

此时单击"购买"链接，就可以显示购买成功了，如图11-28所示。

购买成功

图 11-28

6. 基于角色的授权

基于角色的授权就是检查用户是否拥有指定角色，如果是，则授权通过，否则不通过。我们先看一个简单的例子：

```
[Authorize(Roles = "Admin")]
public string GetForAdmin()
{
    return "Admin only";
}
```

这里，将Authorize特性的Roles属性设置为Admin。也就是说，如果用户想要访问GetForAdmin接口，则必须拥有角色Admin的权限。

如果某个接口想要允许多个角色访问，该怎么做呢？很简单，通过英文逗号（,）分隔多个角色即可：

```
[Authorize(Roles = "Developer,Tester")]
public string GetForDeveloperOrTester()       //只需要满足一个条件就可以访问该方法
{
    return "Developer || Tester";
}
```

就像上面这样，通过逗号将Developer和Tester分隔开来，当接到请求时，若用户拥有角色Developer和Tester其一，就允许访问该接口。也就是说，逗号分隔多个角色信息，多个角色中只要满足一个，就可以访问当前方法；只要有一个角色是包含在用户信息中的，就可以鉴权通过。

最后，如果某个接口要求用户必须同时拥有多个角色才可以访问，那我们可以通过添加多个AuthorizeAttribute特性来达到目的：

```
[Authorize(Roles = "Developer")]
[Authorize(Roles = "Tester")]
public string GetForDeveloperAndTester()//同时满足Developer和Tester两个角色才能访问该方法
{
    return "Developer && Tester";
}
```

只有当用户同时拥有角色Developer和Tester时，才可以访问该接口。

相信单独使用[Authorize]的过程读者已经见过了，现在我们阐述结合角色的Authorize特性的使用步骤：

步骤 01 设置角色名Roles。Authorize特性对应MVC内部就是类AuthorizeAttribute，它有一个成员属性Roles：

```
public string Roles { get; set; }
```

该属性用于获取或设置有权访问控制器或操作方法的用户角色。我们要在Authorize特性中使用Roles，首要任务是设置该属性。设置应该是在用户登录成功时，那时设置好角色名，以后访问其他网页需要验证角色的时候，就有角色名可用了。还记得类FormsAuthenticationTicket吗？其构造函数的最后一个参数可以用来设置用户数据，该构造函数声明如下：

```
public FormsAuthenticationTicket(int version, string name, DateTime issueDate, DateTime expiration, bool isPersistent, string userData);
```

那么我们的角色名称就可以通过该参数来设置，比如：

```
FormsAuthenticationTicket authTicket = new FormsAuthenticationTicket(
                1,user.UserName,DateTime.Now,DateTime.Now.AddMinutes(1000),
                false,user.Roles.RoleName);
string encryptedTicket = FormsAuthentication.Encrypt(authTicket); //加密
HttpCookie authCookie = new HttpCookie(FormsAuthentication.FormsCookieName,
encryptedTicket);
    System.Web.HttpContext.Current.Response.Cookies.Add(authCookie);
```

该构造函数的最后一个参数（类型是string）表示要存储在票据中的特定于用户的数据，现在我们存储了角色名称，名字可以随便起，只要是字符串即可。

此外，还可以设置多个角色，方法是通过分隔符（比如逗号、分号）将多个角色名组成一个字符串，然后传给FormsAuthenticationTicket，比如：

```
List<string> roles = new List<string>();
roles.Add("员工");
roles.Add("管理员");
roles.Add("经理");
FormsAuthenticationTicket authTicket = new FormsAuthenticationTicket(
                1,
                userName,
                DateTime.Now,
                DateTime.Now.AddMinutes(1000),
                false,
                String.Join(";", roles));       //多个角色名用分号分割
```

步骤 02 获取角色名。设置工作完成后，我们需要把它在合适的时机取出来，这样才能方便后续使用。何时何地将这个Roles属性取出来呢？答案是在事件Application_AuthenticateRequest中。在.NET的global.asax中有Application_AuthenticateRequest事件与Application_BeginRequest事件，它们在每个HTTP请求开始时被触发。但是在application_BeginRequest中不能对已经通过Forms身份验证的身份票据进行识别，所以只能放到Application_AuthenticateRequest中。

在登录前访问视图页面的时候，我们根本就没有提供任何表明身份的票据，而登录后，浏览器中已经有了我们身份验证票据的Cookie，此时在Application_AuthenticateRequest事件中，Forms验证模块就可以获取表明我们身份的Cookie，然后利用Cookie中的信息填充Context.User。我们可以在Global.asax中添加Application_AuthenticateRequest方法，代码如下：

```
protected void Application_AuthenticateRequest(object sender, EventArgs e)
{
    // 取得表单认证的Cookie
    HttpCookie cookie = Context.Request.Cookies[FormsAuthentication.FormsCookieName];
    if (cookie == null) return;
    FormsAuthenticationTicket ticket = null; //定义表单验证票据对象
    try
    {
        ticket = FormsAuthentication.Decrypt(cookie.Value);      //解密身份验证票据
    }
    catch (Exception)
    {
        return;
    }
    if (ticket == null) return;

    //取得ticket.UserData中设定的角色，也就是在FormsAuthenticationTicket中设置的用户数据
    string[] roles = authTicket.UserData.Split(';'); //这里的分号要和设置那里对应
    if (Context.User != null) //若不为空，则把权限赋值给当前用户，可以从Page.User中取得该值
        Context.User = new GenericPrincipal(Context.User.Identity, roles);
}
```

总的来说，这个方法基本不用大修改，可直接用于项目中，主要目的就是把我们设置的角色名提取出来。

Context用于获取有关当前请求的HTTP特定信息；Request表示当前HTTP请求获取System.Web.HttpRequest对象；Cookies用于获取客户端发送的Cookie的集合；FormsCookieName是类FormsAuthentication中的静态成员，用于获取用来存储表单身份验证据的Cookie的名称。

由于用户浏览器中的Cookie信息是加密保存的，所以这里要解密。Context.User中的User类型是IPrincipal接口，用以表示安全主体的IPrincipal接口定义在System.Security.Principal命名空间下。Iprincipal只有两个成员，只读属性Identity表示安全主体的身份；IsInRole用以判断安全主体对应的用户是否被分配了给定的角色。该方法声明如下：

```
bool IsInRole(string role);
```

如果当前用户是指定角色的成员，则为true，否则为false。

最后我们实例化GenericPrincipal对象，传入的参数分别是用户标识和一组由该标识代表的用户所属的角色名称。正如名称所体现的那样，GenericIdentity为我们定义了一个一般性的安全身份。GenericIdentity的定义非常简单，我们可以通过指定用户名或者用户名与认证类型来创建一个GenericIdentity对象。

步骤03 在Controller中使用Authorize特性，比如，只允许具有"Admin"角色的用户访问：

```
[Authorize(Roles = "Admin")]
public class SampleController : Controller
{
    ...
}
```

该特性同样可用于Action。

下面看一个范例，模拟公司不同人员的登录授权情况。有4个人，名称分别是a1、a2、a3、a4，密码都是111。a1是员工，它只能访问首页；a2是管理员，它可以访问首页和网站系统设置页面；

a3既是管理员又是经理，他既懂技术又懂财务，他可以访问首页、网站系统设置页面、财务报表参数设置页面和财务报表页面；a4是经理，他仅懂财务知识，因此只能访问财务报表页面。

【例11.17】公司不同角色人员的登录

（1）新建项目并添加模型。打开Visual Studio，新建一个ASP.NET MVC项目，项目名称是test。准备一个用户模型类，在Models文件夹下新建一个名为User的类文件，在User.cs开头添加命名空间引用：

```
using System.ComponentModel;
using System.ComponentModel.DataAnnotations;
```

再为类Users添加如下代码：

```
public class Users
{
    [Required, DisplayName("用户名")]
    [StringLength(20, MinimumLength = 2, ErrorMessage = "{0}的长度必须介于{2}到{1}")]
    public string UserName { get; set; }

    [Required, Display(Name = "密码")]
    [DataType(DataType.Password)]
    public string Password { get; set; }
}
```

（2）启用表单验证。在项目根目录下打开Web.config，在其<system.web>节中添加如下代码：

```
<authentication mode="Forms">
    <forms loginUrl="/Home/Login"  />
</authentication>
```

这里设置了loginUrl，意思是登录URL为/Home/Login。

（3）添加GET方式的Login方法。在HomeController.cs中，为类添加Login方法，代码如下：

```
public ActionResult Login()
{
    return View();
}
```

这个Login方法仅返回Login视图，以便输入用户名和密码。

（4）添加Login视图。在Views/Home下添加Login视图，在Login.cshtml中添加如下代码：

```
@model test.Models.Users
<h2>登录</h2>
@using (Html.BeginForm())
{
    <div class="form-group">
        @Html.LabelFor(m => m.UserName)
        @Html.TextBoxFor(m => m.UserName, new { @class = "form-control", placeholder =
"输入用户名" })
        @Html.ValidationMessageFor(m => m.UserName, "", new { @class = "text-danger" })
    </div>
    <div class="form-group">
        @Html.LabelFor(m => m.Password)
        @Html.PasswordFor(m => m.Password, new { @class = "form-control", placeholder =
"输入密码" })
```

```
            @Html.ValidationMessageFor(m => m.Password, "", new { @class = "text-danger" })
        </div>
        <p><input type="submit" value="登录" class="btn btn-default" /></p>
    }
    <hr />
    @section Scripts {
        @Scripts.Render("~/bundles/jqueryval")
    }
```

在上面表单中，放置了两个文本输入框，以便输入用户名和密码。当单击"登录"按钮时，将执行Home控制器下POST方式的Login方法。

（5）添加POST方式的Login方法。在HomeController.cs中，为类添加Login方法，代码如下：

```
[HttpPost]
public ActionResult Login(string userName, string password)
{
    List<string> roles = new List<string>(); //定义一个List对象，存放角色名称
    bool isAuthed = false; //标记验证是否通过

    if (userName == "a1" && password == "111") //验证a1用户
    {
        roles.Add("员工"); //a1是员工，因此添加员工角色
        isAuthed = true; //标记验证通过
    }
    if (userName == "a2" && password == "111") //验证a2用户
    {
        roles.Add("管理员"); //a2是管理员，因此添加管理员角色
        isAuthed = true; //标记验证通过
    }
    if (userName == "a3" && password == "111") //验证a3用户
    {
        roles.Add("管理员"); //a3是管理员，因此添加管理员角色
        roles.Add("经理"); //a3也是经理，因此添加经理角色
        isAuthed = true; //标记验证通过
    }
    if (userName == "a4" && password == "111") //验证a4用户
    {
        roles.Add("经理"); //a4是经理，因此添加经理角色
        isAuthed = true; //标记验证通过
    }

    if (isAuthed) //判断是否验证通过
    {
        //实例化表单验证票据
        FormsAuthenticationTicket authTicket = new FormsAuthenticationTicket(
            1,
            userName,
            DateTime.Now,
            DateTime.Now.AddMinutes(1000),
            false,
            String.Join(";", roles)); //把多个角色名合并为一个字符串，并用英文分号隔开
        string encryptedTicket = FormsAuthentication.Encrypt(authTicket); //加密
        //实例化HttpCookie对象
        HttpCookie authCookie = new HttpCookie(FormsAuthentication.FormsCookieName,
encryptedTicket);
        //向Cookies集合添加authCookie
```

```
        System.Web.HttpContext.Current.Response.Cookies.Add(authCookie);
        Session["UserName"] = userName; //把用户名保存在Session中
        return RedirectToAction("Index", "Home"); //登录成功直接进入首页
    }
    else //登录失败，则继续跳转到登录页
    {
        Response.Write("<script>alert('验证失败');location='/Home/Login'</script>");
        return Content("");
    }

}
```

这里，我们为不同的登录用户赋予了不同的角色，有些用户只有一个角色，有些用户则有多个角色。不管是一个角色还是多个角色，最终都合并为一个字符串并存于票据中，方便以后获取到。

（6）设置首页菜单链接名称。登录成功后，不同的用户访问的首页菜单项是不同的。因此我们先设置首页顶部菜单链接，打开VIews/Shared/_Layout.cshtml文件，把<ul class="nav navbar-nav">下一行的链接改为如下代码：

```
<li>@Html.ActionLink("主页（所有合法用户都可访问）", "Index", "Home")</li>
<li>@Html.ActionLink("网站系统设置（管理员可访问）", "About", "Home")</li>
<li>@Html.ActionLink("财务报表参数设置(既是经理又是管理员才可访问)", "Contact", "Home")</li>
<li>@Html.ActionLink("财务报表（经理可访问）", "Finance", "Home")</li>
```

这里主要是修改了链接的名称。只有最后一个Finance方法是要新增的，其他的为了省事就直接使用原来的方法了。

（7）设置方法都有可访问性。按照首页菜单名称的要求，我们在Home控制器中为菜单链接所对应的各个方法设置角色访问性，代码如下：

```
[Authorize(Roles = "员工,管理员,经理")]
public ActionResult Index()  //满足一个角色即可访问
{
    if (User.IsInRole("管理员") && User.IsInRole("经理"))
        ViewBag.word = "我既是管理员又是经理！<br/>既要保证系统运行正常，又要保证公司现金流正常！累啊！";
    else if (User.IsInRole("管理员"))
        ViewBag.word = "我仅仅是个管理员，我只需要保证系统运行正常！";
    else if (User.IsInRole("员工"))
        ViewBag.word = " 我是员工，我要打倒996！";
    else if (User.IsInRole("经理"))
        ViewBag.word = " 我仅仅是个经理，我只需要保证公司现金流正常！";

    return View();
}
[Authorize(Roles = "管理员")]
public ActionResult About()  //管理员可访问
{
    ViewBag.Message = "网站系统设置成功！";
    return View();
}

[Authorize(Roles = "管理员")]
[Authorize(Roles = "经理")]
public ActionResult Contact()   //必须既是管理员又是经理才可访问该方法
{
    ViewBag.Message = "财务报表参数设置成功！";
```

```
        return View();
    }

    [Authorize(Roles = "经理")]
    public ActionResult Finance() //经理可以访问
    {
        Response.Write("<script>alert('你好，经理！今年的财务报表还没开发好！
');location='Index'</script>");
        return Content("");
    }
```

为了更好地展现当前登录的角色，我们在Index方法中，通过IsInRole来判断当前登录角色，保存不同的"标语"，以便在首页上显示。

（8）在首页视图上添加欢迎词。打开Index.cshtml，删除原有代码，并添加如下代码：

```
<hr /><br /><hr />
@if (Session["UserName"] != null)
{
    <li>@Html.ActionLink("你好:" + Session["UserName"].ToString(), actionName: "MyInfo",
controllerName: "Home")</li>
    <li>@Html.ActionLink("退出", "Logoff", "Home")</li>
    <h2>@Html.Raw(@ViewBag.word)</h2>
}
```

首先判断Session["UserName"]是否为空，若不为空则说明有用户登录成功了，然后显示"你好:+ Session["UserName"]"这样的欢迎词，并将其设置为链接。此链接调用Home控制器下的MyInfo方法，这个方法的作用类似于"个人中心"。然后设置"退出"链接，调用Home控制器下的Logoff方法。最后显示@ViewBag.word的值，这个值在Index方法中设置过了。

（9）添加"我的中心"和"退出"方法。在Home控制器中添加方法MyInfo和Logoff，代码如下：

```
    public ActionResult MyInfo() "个人中心"方法
    {
        Response.Write("<script>alert('个人中心网页还没开发好...');
location='Index'</script>");
        return Content("");
    }

    public void Logoff() //"退出"方法
    {
        Session.Clear(); //清理Session
        FormsAuthentication.SignOut(); //从浏览器中移除的表单身份验证票据
        FormsAuthentication.RedirectToLoginPage(); //重定向到登录页
    }
```

（10）获取当前登录用户的角色名。在Global.asax.cs开头添加两个命名空间：

```
using System.Web.Security;
using System.Security.Principal;
```

再添加Application_AuthenticateRequest方法，代码如下：

```
using System.Web.Security; //这个放在文件开头
protected void Application_AuthenticateRequest(object sender, EventArgs e)
{
    // 取得表单认证的Cookie
```

```
HttpCookie cookie = Context.Request.Cookies[FormsAuthentication.FormsCookieName];
if (cookie == null) return;
FormsAuthenticationTicket ticket = null; //定义表单验证票据对象
try
{
    ticket = FormsAuthentication.Decrypt(cookie.Value);        //解密身份验证票据
}
catch (Exception)
{
    return;
}
if (ticket == null) return;

//取得在ticket.UserData中设定的角色，也就是在FormsAuthenticationTicket中设置的用户数据
string[] roles = authTicket.UserData.Split(';'); //这里的分号要和设置那里对应
if (Context.User != null) //若不空，则把权限赋值给当前用户，可以从Page.User中取得该值
    Context.User = new GenericPrincipal(Context.User.Identity, roles);
}
```

这个方法已经解释过了，这里不再赘述。

（11）运行程序，依次登录a1、a2、a3、a4，密码都是111，就可以看到不同的首页标语了。不同的用户，首页顶部的链接的可访问权限是不同的，没权限访问的用户将自动跳转到登录页，读者试试便知。比如a1登录后，首页标语如图11-29所示。

图 11-29

单击"退出"链接，再以a3登录，首页标语如图11-30所示。

图 11-30

a3既是管理员又是经理，它可以访问顶部所有的链接。

（12）优化。本来想结束本例的，但觉得这个例子不是很完美。为了更好的安全性，需要做到不是某个角色允许访问的链接就不应该显示，因此，我们应该对顶部链接的显示加以控制。打开_Layout.cshtml，把"<ul class="nav navbar-nav">"下方的几个链接改为如下代码：

```
@if (User.IsInRole("员工") || User.IsInRole("管理员") || User.IsInRole("经理"))
{
    <li>@Html.ActionLink("主页（所有合法用户都可访问）", "Index", "Home")</li>
}
```

```
@if (User.IsInRole("管理员"))
{
    <li>@Html.ActionLink("网站系统设置（管理员可访问）", "About", "Home")</li>
}
@if (User.IsInRole("管理员") && User.IsInRole("经理"))
{
    <li>@Html.ActionLink("财务报表参数设置（既是经理又是管理员才可访问）", "Contact",
"Home")</li>
}
@if (User.IsInRole("经理"))
{
    <li>@Html.ActionLink("财务报表（经理可访问）", "Finance", "Home")</li>
}
```

我们通过IsInRole来判断当前角色，然后用if语句来控制链接的显示。IsInRole是比较现代化的方式。除了使用IsInRole方法，也可以在登录时把角色名称保存在Session中，然后用Session来判断，这是传统的方式，下一章的案例我们会用到这种方式。让读者见多些总是没错的，万一读者进入公司需要维护老项目呢？因此，学东西不要专挑新式技术学，很多单位的老系统老技术也有维护需求。

现在运行程序，如果没有登录，那么顶部将没有链接显示。当员工登录后，只显示一个链接，如图11-31所示。

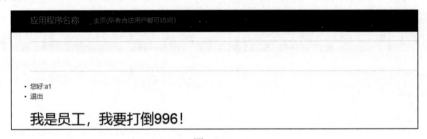

图 11-31

这样就很好地把不该看见的东西隐藏起来了。或许有人会说，既然能隐藏链接了，那这些链接对应的方法也没必要用Authorize特性去控制了。万万不可这么想，隐藏链接是非常低标准的安全手段，黑客完全可以猜出链接来，并直接在浏览器中输入URL来访问我们的方法，那时就要靠Authorize了。

11.8.2　匿名访问控制器方法

通常，授权过滤器需要用户进行身份验证才能访问带有[Authorize]特性标记的控制器或方法。如果我们想要允许某些操作不需要身份验证，也不需要注册，请使用[AllowAnonymous]特性标记。[AllowAnonymous]可以应用在ASP.NET MVC或者Web API应用程序的控制器或方法上，其作用是允许未经认证的用户匿名访问带有身份验证限制的控制器和方法。

例如，在的Web应用程序中，可以使用[AllowAnonymous]特性标记来允许任何人查看博客文章列表页面，而无须进行身份验证。范例代码如下：

```
[Authorize]
public class HomeController : Controller
{
    public IActionResult Index()
    {
```

```
        return View();
    }
    [AllowAnonymous]
    public IActionResult Blog()
    {
        return View();
    }
}
```

[AllowAnonymous]特性的实现是由ASP.NET MVC中的授权过滤器来处理的。授权过滤器是在执行控制器或方法之前和之后执行的代码段，它们用于决定是否允许用户访问带有身份验证限制的控制器或方法。在ASP.NET MVC中，有两个授权过滤器：

- [Authorize]：用于限制只有已认证的用户才能访问带有此特性标记的控制器或方法。
- [AllowAnonymous]：用于允许未经认证的用户匿名访问带有身份验证限制的控制器或方法。

当应用程序进行身份验证时，ASP.NET MVC框架会检查控制器或方法上的特性，并根据需要执行授权过滤器。

以下是授权过滤器在ASP.NET MVC中的基本范例：

```
public class AuthorizeFilter : IAuthorizationFilter
{
    public void OnAuthorization(AuthorizationFilterContext context)
    {
        // 判断当前用户是否已经通过身份验证
        if (!context.HttpContext.User.Identity.IsAuthenticated)
        {
            // 如果用户没有通过身份验证，则跳转到登录页面
            context.Result = new RedirectToRouteResult(new
                RouteValueDictionary(new { controller = "Account", action = "Login" }));
        }
    }
}
```

在上面范例中，我们自定义一个授权过滤器AuthorizeFilter，当用户没有通过身份验证时，它将重定向到登录页面。[AllowAnonymous]特性的实现方式与这个范例类似，在判断当前请求是否带有此特性标记时，根据结果进行相应的处理。

需要注意，如果将[AllowAnonymous]和[Authorize]特性结合使用，系统将忽略[Authorize]特性。例如，如果在控制器级别应用[AllowAnonymous]，将忽略来自同一控制器上的[Authorize]特性或控制器上的操作方法的任何授权要求。如果不相信，可以看看Authorize特性的工作原理，当用户请求一个被加了Authorize特性的Action时，再调用该Action前会先调用OnAuthorization方法，该方法源码如下：

```
public virtual void OnAuthorization(AuthorizationContext filterContext)
{
    if (filterContext == null)
    {
        throw new ArgumentNullException("filterContext");
    }

    if (OutputCacheAttribute.IsChildActionCacheActive(filterContext))
    {
```

```
        // If a child action cache block is active, we need to fail immediately, even if
authorization
        // would have succeeded. The reason is that there's no way to hook a callback to
rerun
        // authorization before the fragment is served from the cache, so we can't guarantee
that this
        // filter will be re-run on subsequent requests.
        throw new InvalidOperationException(MvcResources.AuthorizeAttribute_
CannotUseWithinChildActionCache);
    }

    bool skipAuthorization =
filterContext.ActionDescriptor.IsDefined(typeof(AllowAnonymousAttribute), inherit: true)
                         ||
filterContext.ActionDescriptor.ControllerDescriptor.IsDefined(typeof(AllowAnonymousAttri
bute), inherit: true);

    if (skipAuthorization)
    {
        return;
    }

    if (AuthorizeCore(filterContext.HttpContext))
    {
        // ** IMPORTANT **
        // Since we're performing authorization at the action level, the authorization
code runs
        // after the output caching module. In the worst case this could allow an authorized
user
        // to cause the page to be cached, then an unauthorized user would later be served
the
        // cached page. We work around this by telling proxies not to cache the sensitive
page,
        // then we hook our custom authorization code into the caching mechanism so that
we have
        // the final say on whether a page should be served from the cache.

        HttpCachePolicyBase cachePolicy = filterContext.HttpContext.Response.Cache;
        cachePolicy.SetProxyMaxAge(new TimeSpan(0));
        cachePolicy.AddValidationCallback(CacheValidateHandler, null /* data */);
    }
    else
    {
        HandleUnauthorizedRequest(filterContext);
    }
}
```

skipAuthorization代表是否跳过验证，如果Action或Controller定义了AllowAnonymous特性，则跳过验证；若不跳过验证，则会判断AuthorizeCore方法的执行结果。再来看看AuthorizeCore方法的源码：

```
protected virtual bool AuthorizeCore(HttpContextBase httpContext)
{
    if (httpContext == null)
    {
        throw new ArgumentNullException("httpContext");
    }
```

```
        IPrincipal user = httpContext.User;
        if (!user.Identity.IsAuthenticated)
        {
            return false;
        }

        if (_usersSplit.Length > 0 && !_usersSplit.Contains(user.Identity.Name,
StringComparer.OrdinalIgnoreCase))
        {
            return false;
        }

        if (_rolesSplit.Length > 0 && !_rolesSplit.Any(user.IsInRole))
        {
            return false;
        }

        return true;
    }
```

如果用户没有登录，则返回false；如果用户组长度大于0且不包括当前用户，则返回false；如果授权角色长度大于0且不包含当前用户，返回false；否则返回true。

通过这两个方法的源码，我们可以看出代码的执行顺序是OnAuthorization→AuthorizeCore→HandleUnauthorizedRequest。在AuthorizeCore返回false时，才会调用HandleUnauthorizedRequest方法，并且Request.StausCode会返回401错误。

11.8.3　HandleError 异常过滤器

异常过滤器是处理代码异常的，在系统的代码抛出错误的时候执行，MVC默认已经实现了异常过滤器，并且注册到了App_Start目录下的FilterConfig.cs：

```
public class FilterConfig //我们可以在FilterConfig.cs下看到这些代码
{
    public static void RegisterGlobalFilters(GlobalFilterCollection filters)
    {
        filters.Add(new HandleErrorAttribute()); //添加到全局过滤器中
    }
}
```

RegisterGlobalFilters方法是FilterConfig接口下的方法，由方法名可以看出，该方法用于注册全局过滤器。HandleErrorAttribute类是用来做异常处理的，代码的含义就是注册该过滤器，实现MVC中的错误捕捉。用户也可以创建自定义过滤器，然后把自定义过滤器添加到全局过滤器中。

这个生效于整个系统，任何接口或者页面报错都会执行MVC默认的异常处理，并返回一个默认的报错页面，这个页面文件位于Views/Shared/Error.cshtml。程序发到服务器上报错时才可以看到该页面，如果本地调试权限高，还可以看到具体报错信息。

默认的异常过滤器显然无法满足使用需求，可以重写一下异常过滤器，以满足项目实战中的常见需求：

- 报错时可以记录错误代码所在的控制器和方法，以及报错时的请求参数和时间。

- 返回特定格式的JSON以方便前端处理。因为现在系统大部分是Ajax请求，如果报错了返回MVC默认的报错页面，前端不好处理。

新建一个类LogExceptionAttribute继承HandleErrorAttribute，并重写内部的OnException方法：

```
public class LogExceptionAttribute: HandleErrorAttribute
{
    private readonly ILog _logger;
    public LogExceptionAttribute()
    {
        _logger = LogManager.GetLogger("MyLogger");
    }
    public override void OnException(ExceptionContext filterContext)
    {
        if (!filterContext.ExceptionHandled)
        {
            string controllerName =
(string)filterContext.RouteData.Values["controller"];
            string actionName = (string)filterContext.RouteData.Values["action"];
            string param = Common.GetPostParas();
            string ip = HttpContext.Current.Request.UserHostAddress;
            LogManager.GetLogger("LogExceptionAttribute").Error("Location: {0}/{1}
Param: {2}UserIP: {3} Exception: {4}", controllerName, actionName, param, ip,
filterContext.Exception.Message);
            filterContext.Result = new JsonResult
            {
                Data = new ReturnModel_Common { success = false, code = ReturnCode_Interface.
服务端抛错, msg = filterContext.Exception.Message },
                JsonRequestBehavior = JsonRequestBehavior.AllowGet
            };
        }
        if (filterContext.Result is JsonResult)
            filterContext.ExceptionHandled = true;//返回结果是JsonResult，则设置异常已被处理
        else
            base.OnException(filterContext);//执行基类HandleErrorAttribute的逻辑，转向错误
页面
    }// OnException
}
```

异常过滤器就不像授权过滤器一样标注在方法上面了，直接到App_Start目录下的FilterConfig.cs中注册一下，这样所有的接口都可以生效了：

```
filters.Add(new LogExceptionAttribute());
```

异常过滤器里使用了NLog作为日志记录工具，这个要安装一下。NuGet安装命令如下：

```
Install-Package NLog
Install-Package NLog.Config
```

相比Log4net，NLog配置简单，仅几行代码即可。NLog.config配置内容如下：

```
<?xml version="1.0" encoding="utf-8" ?>
<nlog xmlns="http://www.nlog-project.org/schemas/NLog.xsd"
xmlns:xsi="http://www.w3.org/2001/XMLSchema-instance">
  <targets>
    <target xsi:type="File" name="f" fileName="${basedir}/log/${shortdate}.log"
```

```
layout="${uppercase:${level}} ${longdate} ${message}" />
        <target xsi:type="File" name="f2" fileName="D:\log\MVCExtension\${shortdate}.log"
layout="${uppercase:${level}} ${longdate} ${message}" />
    </targets>
    <rules>
        <logger name="*" minlevel="Debug" writeTo="f2" />
    </rules>
</nlog>
```

如果报错，日志就记录在D:\log\MVCExtension目录下的日志文件中，一个项目一个日志目录，方便管理。全部配置完成，看一下代码：

```
public JsonResult HandleErrorFilterTest()
{
    int i = int.Parse("abc");
    return Json(new ReturnModel_Data { data = i });
}
```

字符串被强制转换成int类型，必然报错，页面响应如图11-32所示。

图 11-32

同时日志也记录下来了，如图11-33所示。

图 11-33

11.8.4 ActionFilter 自定义过滤器

自定义过滤器更加灵活，可以精确地注入请求前、请求中和请求后。使用自定义过滤器，只要继承抽象类ActionFilterAttribute并重写里面的方法即可：

```
public class SystemLogAttribute : ActionFilterAttribute
{
    public string Operate { get; set; }
    public override void OnActionExecuted(ActionExecutedContext filterContext)
    {
        filterContext.HttpContext.Response.Write("<br/>" + Operate + ":
OnActionExecuted");
        base.OnActionExecuted(filterContext);
    }
    public override void OnActionExecuting(ActionExecutingContext filterContext)
    {
        filterContext.HttpContext.Response.Write("<br/>" + Operate + ":
OnActionExecuting");
        base.OnActionExecuting(filterContext);
    }
```

```
public override void OnResultExecuted(ResultExecutedContext filterContext)
{
    filterContext.HttpContext.Response.Write("<br/>" + Operate + ":
OnResultExecuted");
    base.OnResultExecuted(filterContext);
}
public override void OnResultExecuting(ResultExecutingContext filterContext)
{
    filterContext.HttpContext.Response.Write("<br/>" + Operate + ":
OnResultExecuting");
    base.OnResultExecuting(filterContext);
}
}
```

这个过滤器适合做系统操作日志记录功能：

```
[SystemLog(Operate = "添加用户")]
public string CustomerFilterTest()
{
    Response.Write("<br/>Action 执行中...");
    return "<br/>Action 执行结束";
}
```

结果如图11-34所示。

4 个 方 法 的 执 行 顺 序 为 ： OnActionExecuting →
OnActionExecuted→OnResultExecuting→OnResultExecuted，
非常精确地控制了整个请求过程。

实战中记录日志过程是这样的：在OnActionExecuting
方法里写一条操作日志到数据库里，全局变量存下这条记
录的主键，到OnResultExecuted方法里说明请求结束了，这
个时候自然知道用户的操作是否成功，再根据主键更新一
下这条操作日志的是否成功字段。

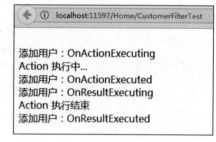

图 11-34

11.9　缓存和授权

几乎每个项目都会用到缓存，所以有必要来学习一下MVC中的缓存。在学习如何使用缓存之前，我们应该知道这样两个概念：

（1）使用缓存是为了提高网站性能，减轻对数据库的压力，提高访问的速度。

（2）如果缓存使用不当，造成的影响比不使用缓存更恶劣（缓存数据的更新不及时、缓存过多等）。

.NET MVC中有两种缓存技术：输出缓存和数据缓存。

- 输出缓存也就是OutputCache，是相对于某个Action或Controller而言的。其使用场景包括某个页面的数据更新不是很频繁，不需要每次都从数据库区查询，将其缓存起来从内存中读取，比如文章详情，排名等。

- 数据缓存：是相对于全局的，任何地方需要调用的时候都可以去调用。其使用场景包括权限管理这种模块。每个角色对于菜单的访问都是固定的，所以有必要将角色、权限、表单这种数据做一个全局的数据缓存。修改时再做缓存的更新。

通俗一点来说，输出缓存就像局部变量，数据缓存就像全局变量（虽然这个比喻不太合适，但大概就是这么一个意思）。这里，我们主要学习输出缓存。

ASP.NET提供了方便的方法来控制页面输出缓存，也就是OutputCache特性。这与Web表单中的输出缓存相同，通过输出缓存，我们可以缓存控制器操作返回的内容。

输出缓存基本上是将特定控制器的输出存储在内存中，因此，将来会从该输出缓存中返回对该控制器中相同Action的任何请求。这样，不必在每次调用同一控制器的Action时都生成相同的内容。

那为什么要缓存呢？我们需要在许多不同的场景中进行缓存，以提高应用程序的性能。比如，有一个ASP.NET MVC应用程序，该应用程序显示员工列表。现在，每当用户每次调用控制器操作，通过执行数据库查询从数据库中检索这些记录时，它将返回Index视图。此时，可以利用输出缓存来避免在每次用户调用相同的控制器操作时都执行数据库查询，在这种情况下，将从缓存中检索视图，而不是从控制器操作中重新生成视图。通过缓存，可以避免在服务器上执行多余的工作。

那MVC如何使用输出缓存呢？输出缓存的使用方法是在Controller或Action上添加[OutputCache]特性。Outputcache特性中可以加上一些参数，主要有表11-4所示的这些参数。

表 11-4　Outputcache 特性中可以加上的一些参数

参　　数	说　　明
int Duration	获取或设置缓存持续时间（以秒为单位）
bool NoStore	是否存储缓存，默认是 false。当值为 true 时，HTTP 状态码就会变成 200
string VaryByParam	获取或设置参数变化的值。不同的参数会被缓存在不同的文档，多个参数用逗号隔开，比如：[OutputCache(Duration = 60, VaryByParam = "param1;param2;param3")]
string CacheProfile	获取或设置缓存配置文件名称，也就是说在配置文件中设置缓存
string VaryByCustom	获取或设置基于自定义项变化的值，自定义任何输出缓存的文字，比较常用
Location	枚举值 None 表示不缓存，Server 表示缓存在服务器端，Client 表示缓存在浏览器，Any 表示缓存在浏览器、代理服务器、Web 服务器
string sqlDependency	获取或设置 SQL 依赖项，根据数据库的变化更新缓存

我们来看下面的例子。

【例11.18】过5秒才刷新网页上的时间

（1）打开Visual Studio，新建一个ASP.NET Web应用程序（.NET Framework），项目名称为test。

（2）在Visual Studio中，对Controllers文件夹右击，在弹出的快捷菜单中选择“添加”→“控制器”命令，添加一个名为myCacheController的空的MVC5控制器。在myCacheController.cs中，为Index方法添加如下代码：

```
// GET: myCache
[OutputCache(Duration = 5, VaryByParam = "none")]
// GET: Cache
public ActionResult Index(int? id)
```

```
{
    ViewData["CurrentTime"] = "现在的时间是:" + DateTime.Now;
    return View();
}
```

Duration表示缓存多少秒；VaryByParam表示缓存是否随地址参数而改变。OutputCache除了可以定义在Action方法上面以外，还可以定义在控制器上面。

（3）为myCache控制器添加视图。在Visual Studio中展开Views，对myCache文件夹右击，在弹出的快捷菜单中选择"添加"→"MVC 5视图页(Razor)"命令，然后在Index.cshtml中的\<h2>\</h2>之间添加如下代码：

```
<h2>@ViewData["CurrentTime"]</h2>
```

（4）运行程序，结果如图11-35所示。

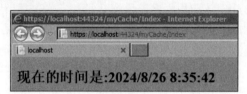

图 11-35

按F5键刷新页面，过了5秒后，页面上显示的时间才会刷新。这就是缓存在起作用了。如果把VaryByParam的值改为id，那么在5秒的时间范围内，页面显示的时间会随着id值的改变而改变，即只要id的值改变一次，页面显示的时间就会改变。比如，我们在myCacheController.cs中修改VaryByParam如下：

```
[OutputCache(Duration = 5, VaryByParam = "id")]
```

然后运行程序，输入的URL带有id，比如第1次的URL输入：

```
https://localhost:44324/myCache/Index?id=1
```

第2次的URL输入：

```
https://localhost:44324/myCache/Index?id=2
```

可以发现如果每次修改id的值，页面就会改变刷新时间，而不用经过5秒再显示。即只要id的值改变一次，页面显示的时间就会改变。

另外，在MVC程序中使用缓存过滤器的时候，由于控制器的代码需要编译后才能发布，因此在发布之后修改缓存的策略就很麻烦。此时把缓存策略写在配置文件里面，这样即使在程序发布之后，我们也可以随时调整缓存的策略。打开项目配置文件Web.config，在\<system.web>节的末尾输入如下代码：

```
<!--缓存策略-->
<caching>
    <outputCacheSettings>
        <outputCacheProfiles>
            <add name="cpfile" duration="5" varyByParam="none"/>
        </outputCacheProfiles>
    </outputCacheSettings>
</caching>
```

然后打开myCacheController.cs，在Index方法上方把原来的OutputCache注释掉，并增加新的OutputCache语句：

```
[OutputCache(CacheProfile = "cpfile")] //通过配置文件
```

最后运行程序，用浏览器打开URL：https://localhost:44324/myCache/Index?id=3，结果如下：

```
现在的时间是:2024/8/26 16:25:26
```

再换一个id值，页面上的时间立即改变了。

第 12 章
音乐唱片管理系统开发实战

本章我们将实现一个案例，进行音乐唱片管理系统的开发。该系统的主要功能就是进行唱片专辑管理，使用的数据库是SQL Server Compact。

12.1　新　建　项　目

打开Visual Studio，新建一个MVC ASP.NET项目，项目名称为MvcMusicStore。项目新建后，可以在Visual Studio中看到如图12-1所示的项目文件夹结构。

ASP.NET MVC的文件夹名称的一些基本命名约定如下：

- Controllers文件夹：控制器响应来自浏览器的输入，决定该输入的操作，并将响应返回给用户。
- Views文件夹：保存UI视图文件。
- Models文件夹：保存实体模型类文件等。
- Content文件夹：此文件夹包含图像、CSS和任何其他静态内容。
- Scripts文件夹：此文件夹保存JavaScript文件。

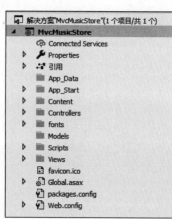

图 12-1

这些文件夹甚至包含在ASP.NET MVC项目中，因为ASP.NET MVC框架默认使用"约定而不是配置"方法，并根据文件夹命名约定进行一些默认假设。例如，控制器默认在Views文件夹中查找视图，而无须在代码中显式指定。坚持默认约定可以减少需要编写的代码量，还可以使其他开发人员更轻松地了解我们的项目。

12.2　添加控制器

使用传统Web框架时，传入的URL通常映射到磁盘上的文件。例如，对"/Products.aspx"或"/Products.php"之类的URL请求，可能由服务器磁盘上的Products.aspx或Products.php文件来处理。

基于Web的MVC框架处理方式则不同，它不是将传入的URL映射到文件，而是映射到类上的方法。这些类称为"控制器"，它们负责处理传入的HTTP请求、用户输入、检索和保存数据，以及确定要发送回客户端的响应（显示HTML、下载文件、重定向到其他URL等）。

12.2.1　使用 HomeController

现在让我们来使用一个已经默认生成好的控制器。打开Visual Studio解决方案管理器下的Controllers文件夹，可以看到HomeController.cs已经存在。这太好了，Visual Studio项目向导默认已经帮我们建立好了。我们双击HomeController.cs，可以看到已经有一些代码存在了，其中Index方法是打开网站首页时会调用的方法。

为了消除控制器方法的神秘感，我们将Index方法替换为仅返回字符串的简单方法。即进行两项更改：一是更改Index方法以返回字符串而不是ActionResult，二是更改return语句以返回"Hello from Home"。修改后的代码如下：

```
public string Index()  //注意：返回类型也要修改为string
{
    return "Hello from Home";  //返回一个字符串
}
```

现在准备运行程序。由于我们的程序是一个Web应用程序，因此必须运行在Web浏览器中，如果计算机上安装了多个浏览器，则需要选择一个，这里选择系统自带的IE浏览器。可以在Visual Studio工具栏上进行选择，单击IIS Express旁的下拉箭头，选择Internet Explore，如图12-2所示。按快捷键Ctrl+F5或单击菜单"调试"→"开始执行（不调试）"运行程序，此时出现IE浏览器，并会显示我们的字符串，运行结果如图12-3所示。

图 12-2

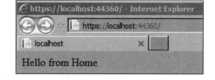

图 12-3

注意：程序将在随机的空闲端口号上运行网站。在上面的屏幕截图中，站点在http://localhost:44360/上运行，因此它使用的端口是44360。不同的时刻或不同的系统所分配的端口号会有所不同。当我们在本章中讨论URL（如/Store/Browse）时，该URL将位于端口号之后。假设端口号为44360，浏览到/Store/Browse意味着浏览到http://localhost:44360/Store/Browse。

12.2.2　添加 StoreController

是时候真正添加控制器了。我们将添加一个名为StoreController的商店控制器，这个名字遵循ASP.NET MVC的命名约定。

默认生成的主页控制器HomeController用于实现网站的主页，本小节添加的StoreController控制器用来实现音乐商店的浏览功能。商店控制器（StoreController）将支持3种功能：

（1）音乐商店中音乐流派的浏览页面。

（2）列出特定流派中的所有音乐专辑的浏览页面。

（3）显示特定音乐专辑信息的详细信息页面。

首先，我们添加新的StoreController类。如果尚未停止运行应用程序，请关闭浏览器。我们通过右击"解决方案资源管理器"中的Controllers文件夹并在弹出的快捷菜单中选择"添加"→"控制器"命令来执行此操作，此时出现"添加已搭建基架的新项"对话框，选择"MVC 5控制器 - 空"，单击"添加"按钮，再在"添加控制器"对话框上输入StoreController，如图12-4所示。

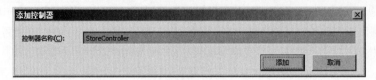

图 12-4

单击"添加"按钮，此时Controllers文件夹下就多了一个StoreController.cs文件，双击打开它可以看到已经生成了一些代码，比如这个StoreController已具有Index方法。我们将使用这个Index方法实现列出音乐商店中所有流派的列表页面。我们还将添加两个其他方法（Browse和Details)），以实现StoreController的其他两种功能：浏览和显示详细信息。

在StoreController控制器中，Index、Browse和Details方法称为"控制器操作"，正如HomeController.Index操作方法，它们的工作是响应URL请求，确定应将哪些视图内容发送回调用URL的浏览器或用户。

现在，我们将通过更改Index方法来返回字符串"Hello from Store.Index()"，并为Browse和Details添加类似的方法：

```
public class StoreController : Controller
{
    // GET: /Store/
    public string Index()
    {
        return "Hello from Store.Index()";
    }
    //
    // GET: /Store/Browse
    public string Browse()
    {
        return "Hello from Store.Browse()";
    }
    //
    // GET: /Store/Details
    public string Details()
    {
        return "Hello from Store.Details()";
    }
}
```

再次运行项目并分别浏览以下URL：/Store、/Store/Browse、/Store/Details。访问这些URL将调用控制器中的操作方法并返回字符串响应，但这些只是常量字符串，现在我们将它们设为动态，以便它们从URL中获取信息并显示在页面输出中。

首先，更改Browse操作方法以便从URL中检索查询字符串（querystring）值。为此，我们可以向操作方法添加genre参数。执行此操作时，ASP.NET MVC会在调用时自动将任何名为"genre"的查询字符串或表单POST参数传递给操作方法。修改Browse方法如下：

```
// GET: /Store/Browse?genre=Disco
public string Browse(string genre)
{
    string message = HttpUtility.HtmlEncode("Store.Browse, Genre = "+ genre);
    return message;
}
```

注意，这里我们使用HttpUtility.HtmlEncode实用工具方法来清理用户输入。这可以防止用户使用/Store/Browse等链接将JavaScript代码注入视图中，比如：

```
?Genre=<script>window.location='http://hackersite.com'</script>
```

如果我们把这个字符串传到视图页面上，将会导致我们的视图执行这段JavaScript脚本，这非常危险。

运行程序，分别访问/Store/Detail和/Store/Browse?Genre=Disco，结果如图12-5和图12-6所示。

图 12-5　　　　　　　　　　　　　　　　图 12-6

这里的"?Genre=Disco"一般称为查询字符串，它以?开头。接下来，让我们更改Details操作，以读取和显示名为ID的输入参数。与刚才的方法不同，我们不会将ID值嵌入为querystring 参数；相反，我们将直接将其嵌入URL本身，例如/Store/Details/5。

ASP.NET MVC使我们能够轻松地执行此操作，而无须进行任何配置。ASP.NET MVC的默认路由约定是将操作方法名称后的URL段视为名为ID的参数。如果操作方法具有名为ID的参数，则ASP.NET MVC会自动将URL段作为参数传递给Details。我们修改Details方法如下：

```
public string Details(int id)
{
    string message = "Store.Details, ID = " + id;
    return message;
}
```

运行应用程序并浏览/Store/Details/5，如图12-7所示。

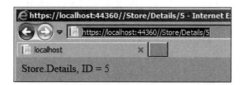

图 12-7

好了，本小节即将结束了，让我们回顾一下到目前为止所做的工作：

（1）在Visual Studio中创建了一个新的ASP.NET MVC项目。

（2）讨论了ASP.NET MVC应用程序的基本文件夹结构。

（3）了解了如何使用ASP.NET开发服务器运行网站。

（4）创建了控制器类StoreController。

（5）将操作方法添加到控制器，用于响应URL请求并将文本返回到浏览器。

12.3　视图和 ViewModel

上一节我们通过控制器操作返回字符串，这是了解控制器工作原理的好方法，但不是构建真实Web应用程序的方式。我们希望有一种更好的方法，能生成HTML内容并将其发送给访问我们网站的浏览器，这样我们就可以使用模板文件更轻松地自定义发送回的HTML内容，这正是视图的功能。

12.3.1　修改视图模板

现在我们来添加视图模板。若要使用视图模板，则需更改HomeController下的Index方法，以返回ActionResult类型的结果，比如View()。修改后的Index方法如下：

```
// GET: /Home/
public ActionResult Index()
{
    return View();
}
```

这个更改表明，我们不想返回字符串，而是使用View方法来生成返回结果。现在，我们将向项目添加相应的视图模板。既然HomeController下的Index方法是Visual Studio生成的，那这个方法对应的视图是不是Visual Studio默认生成好的？我们到Visual Studio的"解决方案资源管理器"的Views/Home下查看，可以发现有Index.cshtml，如图12-8所示。

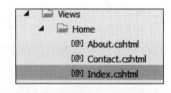

图 12-8

这个文件就是Index方法中返回的View()所对应的视图文件，这个视图文件会发送到用户Web浏览器上。Index.cshtml文件的名称和文件夹位置非常重要，需要遵循默认的ASP.NET MVC命名约定。目录名称\Views\Home与名为HomeController的控制器匹配（注意都有Home这个单词）。视图模板名称Index与将显示视图的控制器操作方法（即Index方法）匹配。

ASP.NET MVC一般不允许我们在使用此命名约定返回视图时显式指定视图模板的名称或位置。默认情况下，在HomeController中的Index方法返回View()时，客户浏览器端将呈现\Views\Home\Index.cshtml这个视图模板。现在打开Index.cshtml，可以看到很多默认生成的代码，我们把大部分代码删除，就保留开头3行：

```
@{
    ViewBag.Title = "Home Page";
}
```

此视图使用Razor语法，该语法比ASP.NET Web Forms和以前版本的ASP.NET MVC中使用的

Web Forms视图引擎更简洁。Web Forms视图引擎在当前ASP.NET MVC中仍然可用,但许多开发人员发现Razor视图引擎非常适合MVC开发ASP.NET。

ViewBag.Title用于设置页面标题。我们稍后将更详细地讲解其工作原理,现在更新文本标题并查看页面,即在末尾添加一行代码:

```
<h2>This is the Home Page</h2>
```

运行应用程序,此时在主页上会显示新文本,如图12-9所示。

图 12-9

12.3.2 对常见网站元素使用布局

大多数网站都有在许多页面之间共享的内容,如导航、页脚、徽标图像、样式表引用等。使用Razor视图引擎,可以使用名为_Layout.cshtml的页面(已在/Views/Shared文件夹中自动创建)管理此功能。该文件的位置如图12-10所示。

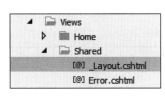

图 12-10

双击此文件夹以查看内容,如下所示:

```
<!DOCTYPE html>
<html>
<head>
<meta http-equiv="Content-Type" content="text/html; charset=utf-8"/>
    <meta charset="utf-8" />
    <meta name="viewport" content="width=device-width, initial-scale=1.0">
    <title>@ViewBag.Title - 我的ASP.NET应用程序</title>
    @Styles.Render("~/Content/css")
    @Scripts.Render("~/bundles/modernizr")
</head>
<body>
    <div class="navbar navbar-inverse navbar-fixed-top">
        <div class="container">
            <div class="navbar-header">
                <button type="button" class="navbar-toggle" data-toggle="collapse"
data-target=".navbar-collapse">
                    <span class="icon-bar"></span>
                    <span class="icon-bar"></span>
                    <span class="icon-bar"></span>
                </button>
                @Html.ActionLink("应用程序名称", "Index", "Home", new { area = "" }, new
{ @class = "navbar-brand" })
            </div>
            <div class="navbar-collapse collapse">
                <ul class="nav navbar-nav">
```

```
            <li>@Html.ActionLink("主页", "Index", "Home")</li>
            <li>@Html.ActionLink("关于", "About", "Home")</li>
            <li>@Html.ActionLink("联系方式", "Contact", "Home")</li>
        </ul>
      </div>
    </div>
  </div>
  <div class="container body-content">
    @RenderBody()
    <hr />
    <footer>
        <p>&copy; @DateTime.Now.Year - 我的ASP.NET应用程序</p>
    </footer>
  </div>

  @Scripts.Render("~/bundles/jquery")
  @Scripts.Render("~/bundles/bootstrap")
  @RenderSection("scripts", required: false)
</body>
</html>
```

不同的单个视图中的内容将通过@RenderBody()来显示，@RenderBody好比一个占位符，它占用独立部分，当创建基于此布局页的视图时，视图的内容会和布局页合并，而新创建的视图内容会通过布局页的@RenderBody方法呈现在Body之间。此方法不需要参数，且只能出现一次。

我们想要在外部显示的任何常见内容，都可以添加到_Layout.cshtml标记中。我们希望MVC音乐商店有一个公共标头，其中包含指向网站所有页面上的主页和应用商店区域的链接，因此将该标头添加到@RenderBody()语句正上方的模板中，把代码中的粗体部分删掉，并替换为如下代码：

```
<div id="header">
    <h1>
            我的音乐商店</h1>
    <ul id="navlist">
        <li class="first"><a href="/" id="current">
主页</a></li>
        <li><a href="/Store/">Store</a></li>
    </ul>
</div>
```

再把该文件中的两处"我的ASP.NET应用程序"替换为"我的音乐商店"，此时运行程序，结果如图12-11所示。

图 12-11

12.3.3 更新 StyleSheet

空项目模板包含一个非常简化的CSS文件，该文件仅包含用于显示验证消息的样式。我们的设计器提供了一些额外的CSS和图像来定义网站的外观，因此现在添加这些内容。

更新后的CSS文件和图像包含在"资源\Content"文件夹下，我们将在"Windows资源管理器"中进入Content，然后选择Images目录和Site.css文件，并将其拖放到Visual Studio的"解决方案资源管理器"的Content文件夹中，如图12-12所示。

由于项目中已经有一个Site.css文件了，因此会出现是否覆盖它的提示，如图12-13所示。

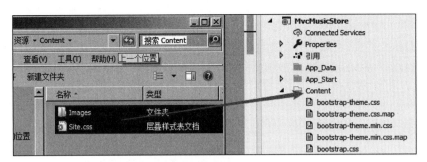

图 12-12

图 12-13

单击"是"按钮，拖放后的Content目录下就多了Images和新的Site.css两项，如图12-14所示。此时运行程序，可以发现有图案出现在首页上了，并且背景色也变成淡黄色了，如图12-15所示。

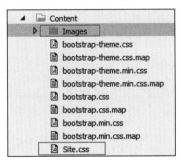

图 12-14

图 12-15

到目前为止，我们更改的视图内容如下：

（1）HomeController 的 Index 操作方法中返回 View() 函数，这样用户浏览器会显示\Views\Home\Index.cshtml这个View模板。

（2）主页显示\Views\Home\Index.cshtml视图模板中定义的简单的字符串消息。

（3）主页使用_Layout.cshtml模板，使得通用消息能包含在标准网站的HTML布局中。

12.3.4　添加流派和专辑模型类

仅显示硬编码HTML的视图模板不会成为一个非常有趣的网站。为了创建动态网站，我们需要将信息从控制器操作传递到视图模板。

在"模型－视图－控制器"模式中，术语"模型"是指应用程序中数据的对象。通常，模型对象对应于数据库中的表，但它们不必对应。

返回ActionResult的控制器操作方法可以将模型对象传递给视图。这允许控制器完全打包生成响应所需的所有信息，然后将此信息传递给视图模板，以用于生成适当的HTML响应。现在我们准备将信息传递给视图，所以让我们开始吧！

首先，创建一些Model类来表示商店中的流派和专辑。让我们先创建一个流派类，右击Visual Studio中的Models文件夹，在弹出的快捷菜单中选择"添加"→"类"命令，并将文件命名为"Genre.cs"。然后，将字符串类型的Name属性添加到已创建的类Genre中，代码如下：

```
public class Genre
{
    public string Name { get; set; }  //表示流派的名称
}
```

{ get; set; }表示法是C#的自动实现属性功能。这里的Name属性表示音乐流派的名称。

接下来，按照相同的步骤添加类Album，用于表示专辑，并为该类添加Title和Genre属性：

```
public class Album
{
    public string Title { get; set; } //专辑标题
    public Genre Genre { get; set; } //流派
}
```

12.3.5 使用模型将信息传递给视图

现在，我们可以修改StoreController，使得视图能显示模型中的动态信息。我们根据请求ID来命名我们的专辑，首先更改StoreController下的Details方法，使其显示单个专辑的信息。将"using"语句添加到StoreControllers类的顶部，并包含MvcMusicStore.Models命名空间：

```
using MvcMusicStore.Models;
```

接下来，更新Details方法，使其返回ActionResult而不是字符串，就像使用HomeController的Index方法一样：

```
public ActiónResult Details(int id)                   //更改方法类型为ActionResult
{
    var album = new Album { Title = "Album " + id }; //构建Title标题，并实例化Album对象
    return View(album);                              //返回View方法，其类型是ActionResult
}
```

现在，我们修改了代码，将Album对象返回到视图。后面，我们还将从数据库中检索数据，但现在先使用"虚拟数据"来模拟一下。

注意：如果不熟悉C#，可能会认为使用var意味着专辑变量是后期绑定的。这不正确，C#编译器基于我们分配给变量的内容的类型来推理确定变量Album的类型，并将Album变量编译为Album类型，这得益于我们获得了编译时检查和Visual Studio代码编辑器的支持。

现在，我们创建一个使用Album类生成HTML响应的视图模板。在执行此操作之前，需要生成项目，以便"添加视图"对话框知道新创建的Album类。这可以通过选择"生成"→"生成解决方案"菜单项来生成项目（也可以使用快捷键Ctrl+Shift+B）。

接下来生成视图模板。在StoreController.cs中对Detail方法右击，在弹出的快捷菜单中选择"添加视图..."命令，然后在"添加视图"对话框上设置模板为Empty，模型类为Album(MvcMusicStore.Models)，如图12-16所示。

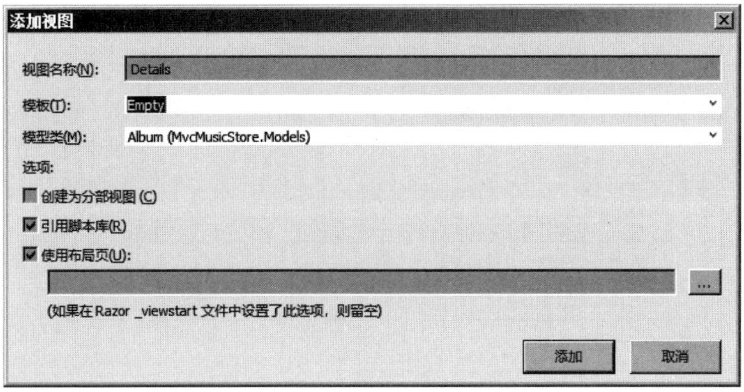

图 12-16

单击"添加"按钮，此时会在\Views\Store\下创建Details.cshtml这个视图文件，并且该文件中也会生成一些代码：

```
@model MvcMusicStore.Models.Album

@{
    ViewBag.Title = "Details";
}


<h2>Details</h2>
```

请注意第一行，它通过model指令将模型类Album引用到视图中，Razor视图引擎感知到已传递的Album对象，因此我们可以轻松访问模型属性，甚至可以在视图代码编辑器中利用IntelliSense。

接下来更新<h2>标记，以便通过修改该行来显示Album的Title属性，代码如下：

```
<h2>Album: @Model.Title</h2>
```

注意，当输入关键字@Model后的句点时，IntelliSense会被触发，其中显示了Album类支持的属性和方法，是不是很方便！

我们重新运行项目并访问/Store/Details/5，将看到URL中的5已经显示在视图页面上了，如图12-17所示。

现在，我们将对StoreController的浏览操作方法（Browse方法）进行类似的更新，使其返回ActionResult，还将修改方法逻辑，以便创建一个新的Genre对象并将其返回到视图，代码如下：

图 12-17

```
public ActionResult Browse(string genre)
{
    var genreModel = new Genre { Name = genre };  //创建一个Genre对象
    return View(genreModel);  //向Browse视图传递Genre对象
}
```

右击Browse方法，在弹出的快捷菜单中选择"添加视图..."命令，然后在"添加视图"对话框中设置模板为Empty，模型类为Genre (MvcMusicStore.Models)，如图12-18所示。

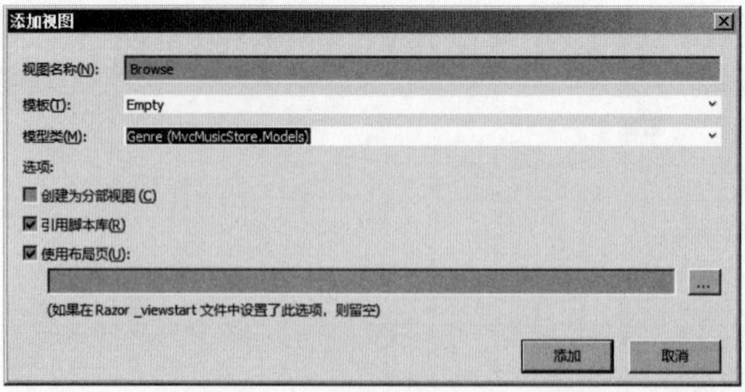

图 12-18

单击"添加"按钮，然后在Views/Store/Browse.cshtml
中更改<h2>标签中的代码：

```
@model MvcMusicStore.Models.Genre
@{
    ViewBag.Title = "Browse";
}
<h2>Browsing Genre: @Model.Name</h2>
```

重新运行项目并浏览/Store/Browse?Genre=Disco，我们
将看到如图12-19所示的Browse页面。

图 12-19

可以看到URL中的Disco（迪斯科）这个流派显示在页面上了。最后，我们对StoreController的
Index操作方法进行稍微复杂点的更新，以显示商店中所有流派的列表。为此，我们将使用流派列
表作为模型对象，而不仅仅是单个流派。修改Index方法如下：

```
public ActionResult Index()
{
    var genres = new List<Genre>  //创建一个Genre对象列表
    {
        new Genre { Name = "Disco"},
        new Genre { Name = "Jazz"},
        new Genre { Name = "Rock"}
    };
    return View(genres); //把对象列表传递给视图
}
```

右击Index操作方法，在弹出的快捷菜单中选择"添加视图…"命令，在"添加视图"对话框
上设置模板为Empty，模型类为Genre (MvcMusicStore.Models)，如图12-20所示。

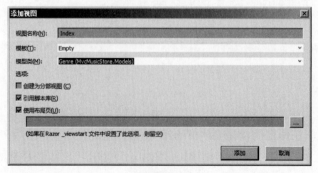

图 12-20

单击"添加"按钮，此时Index.cshtml出现在Views/Store文件夹下了。在Index.cshtml中，我们将更改@model声明，以指示视图需要多个Genre对象，而不仅仅是一个。更改/Store/Index.cshtml的第一行，如下所示：

```
@model IEnumerable<MvcMusicStore.Models.Genre>
```

这会告知Razor视图引擎，它将处理可保存多个Genre对象的模型对象。我们使用IEnumerable而不是List，因为它更通用。接下来，我们将循环访问模型中的Genre对象，完成后的视图代码如下：

```
@model IEnumerable<MvcMusicStore.Models.Genre>
@{
    ViewBag.Title = "Store";
}
<h3>Browse Genres</h3>
<p>
    Select from @Model.Count()
genres:</p>
<ul>
    @foreach (var genre in Model)
    {
        <li>@genre.Name</li>
    }
</ul>
```

@Model.Count()用于统计对象列表中的个数。在foreach循环语句中，将显示每个genre对象的Name属性值。运行程序并浏览/Store，可以看到流派的计数和列表内容都已显示，如图12-21所示。

我们可以从3个流派中进行选择，这3个流派分别是Disco（迪斯科）、Jazz（爵士乐）和Rock（摇滚）。

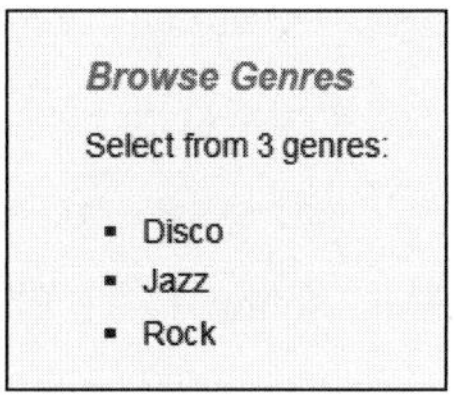

图 12-21

12.3.6　在页面之间添加链接

列出"Genres"的/Store当前仅以纯文本形式列出流派名称，让我们对此进行更改，把纯文本的Name改为链接到相应的/Store/Browse，以便单击音乐流派（如"Disco"）后导航到/Store/Browse?genre=Disco。打开\Views\Store\Index.cshtml，修改for循环代码：

```
<ul>
    @foreach (var genre in Model)
    {
        <li><a href="/Store/Browse?genre=@genre.Name">@genre.Name</a></li>
    }
</ul>
```

在Name属性前加上href链接，这样单击Name属性将跳转到Browse页面。运行程序，结果如图12-22所示。

单击Jazz链接，则跳转到Browse页面，如图12-23所示。

虽然这样可行，但以后可能会出现问题，因为它依赖于硬编码的字符串，也就是说控制器名称Store出现在链接中。以后如果想要重命名控制器，则还需要在代码中搜索需要更新的链接。

我们可以使用的替代方法是HTML帮助程序（HtmlHelper）的方法。ASP.NET MVC包括HtmlHelper方法，这些方法可从视图模板代码中获取，用于执行各种常见任务，比如：

```
@Html.ActionLink("Go to the Store Index", "Index")
```

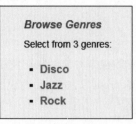

图 12-22   图 12-23

在这种情况下，不需要指定控制器名称，因为我们只是链接到呈现当前视图的同一控制器（都在Store控制器）中的另一个方法（Index方法）。我们通过链接文本"Go to the Store Index"链接到Store控制器的Index方法。Html.ActionLink具有多个不同的重载，允许指定链接所需的尽可能多的信息。最简单的情况是，在客户端上单击超链接时，只需提供要跳转到的链接文本和Action方法。

Html.ActionLink方法是一种特别有用的方法，它可以轻松地生成HTML <href>并处理详细信息，从而确保URL路径正确。

不过，指向Browser页面的链接需要传递参数，因此我们将使用Html.ActionLink方法的另一个重载，该函数形式如下：

```
Html.ActionLik("linkText","actionName",routeValues)
```

该方法采用3个参数，linkText是链接文本，actionName是控制器的操作方法名称，routeValue是向action传递的参数，如Html.ActionLink("my detail","Detail",new { id=1}) 会生成 <a href="Products/Detail/1">my detail</a>。那么，我们通过ActionLink来改写一下foreach循环：

```
<ul>
    @foreach (var genre in Model)
    {
        <li>@Html.ActionLink(genre.Name,"Browse", new { genre = genre.Name })</li>
    }
</ul>
```

运行结果是一样的，而且代码运行后，我们在IE浏览器空白处右击，在弹出的快捷菜单中选择"查看源"命令，可以看到这个foreach循环被解释为3个href链接，如下所示：

```
<li><a href="/Store/Browse?genre=Disco">Disco</a></li>
<li><a href="/Store/Browse?genre=Jazz">Jazz</a></li>
<li><a href="/Store/Browse?genre=Rock">Rock</a></li>
```

12.4　模型和数据访问

到目前为止，我们已经将"虚拟数据"从控制器传递到视图模板了。现在，准备挂接真正的数据库。本节将介绍如何将SQL Server Compact Edition（通常称为SQL CE）用作数据库引擎。SQL CE是一个基于文件的免费嵌入式数据库，不需要任何安装或配置，这使得本地开发非常方便。

12.4.1　使用 Code First 模式访问数据库

我们将使用包含在ASP.NET MVC项目中的Entity Framework（EF）来查询和更新数据库。EF支持多种开发模式，这里使用代码优先（Code First）的访问模式。

既然决定使用Code First，那么后续的一些访问数据库的相关步骤就要按照该模式来，比如数据库的初始化。首先，使用Code First在内存中根据默认规则和配置创建模型。其次，使用已设置的数据库初始化器将数据库初始化。

初始化是延迟加载的，所以创建一个实例是能不完全满足初始化发生的条件的，必须执行对模型的操作，如查询或添加实体才会发生初始化。但我们可以调用DbContext.Database.Initialize方法，在模型执行任何操作的时候强制初始化，比如：

```
using (var context = new EasyUIContext())
{
    context.Database.Initialize(true);
}
```

此外，还有创建连接字符串、添加EF上下文类等，这些都是代码优先开发模式的必要步骤。

12.4.2　添加艺术家模型类

接下来添加艺术家模型类。我们的专辑将与艺术家相关联，因此需要添加一个简单的模型类来描述艺术家。在Visual Studio的Models文件夹下添加类Artist，在Artist.cs中添加类Artist的成员，代码如下：

```
public class Artist
{
    public int ArtistId { get; set; } //艺术家Id作为表中主键
    public string Name { get; set; }  //艺术家名称
}
```

12.4.3　更新专辑和流派模型类

打开Album.cs，更新Album类，代码如下：

```
public class Album
{
    public int      AlbumId    { get; set; }     //专辑Id
    public string   Title      { get; set; }     //专辑名称
    public decimal  Price      { get; set; }     //专辑价格
    public string   AlbumArtUrl { get; set; }    //专辑网址
    public Genre    Genre      { get; set; }     //这是一个导航属性，表示流派
    public Artist   Artist     { get; set; }     //这是一个导航属性，表示艺术家
}
```

这里添加了两个导航属性，但故意不添加外键，目的是向读者演示Code First会自动添加外键。接下来，对Genre类进行更新。打开Genre.cs，为类Genre添加如下代码：

```
public partial class Genre
{
    public int GenreId { get; set; }                 //流派Id
```

```
public string Name { get; set; }              //流派名称
public string Description { get; set; }        //流派描述
public List<Album> Albums { get; set; }        //集合导航属性，表示对应的专辑集合
}
```

至此，我们把实体模型类更新完毕了。下面准备做一些数据库连接的工作。

12.4.4 创建连接字符串

我们向网站的配置文件Web.config添加几行代码，以便Entity Framework了解如何连接到数据库。双击位于项目根目录中的Web.config文件，滚动到此文件的底部，并在最后一行</configuration>的上一行添加如下代码：

```
<connectionStrings>
    <add name="MusicStoreEntities"
        connectionString="Data Source=|DataDirectory|MvcMusicStore.sdf"
        providerName="System.Data.SqlServerCe.4.0"/>
</connectionStrings>
```

add name用于指定连接字符串的名称，这里是MusicStoreEntities。我们的数据库文件是MvcMusicStore.sdf。DataDirectory是表示数据库路径的替换字符串，它会被自动解析到App_Data。使用DataDirectory的好处是无须对完整路径进行硬编码，它简化了项目的共享和应用程序的部署。例如，无须使用以下硬编码的连接字符串：

```
"Data Source= c:\program files\MyApp\app_data\Mydb.mdf"
```

这个字符串中包含了具体的路径，这就是硬编码，这种写法灵活性太差。通过使用|DataDirectory|则可以避免硬编码，比如："Data Source = |DataDirectory|\Mydb.mdf"。DataDirectory不仅可以在SQL Server中使用，也可以在其他的文件数据库中使用，例如SQLite数据库文件的连接字符串。

另外需要注意，|DataDirectory|仅能放在路径的开头，放在任何其他位置将得不到解析。比如|DataDirectory|\FnDB.mdf 被解析为项目根目录\App_Data\FnDB.mdf，而\data\|DataDirectory|\FnDB.mdf被视为物理路径，不会对|DataDirectory|进行解析。

SqlServerCe的意思是SQL Server Compact Edition（简称SqlCE），它是一个轻量级的数据库。对于放在客户端上的程序需要存储数据这样的环境，使用SqlCE再合适不过了。

12.4.5 准备安装 Entity Framework

EF的核心程序集位于System.Data.Entity.dll和System.Data.EntityFramework.dll中。支持Code First的位于EntityFramework.dll中。通常使用NuGet Package Manager来添加这些程序集。在Visual Studio的"工具"菜单中，选择"NuGet 包管理器"，然后选择"程序包管理器控制台"。此时在Visual Studio下方的"程序包管理器控制台"窗口中会出现一个命令提示符（PM>），我们可以在它后面输入以下命令：

```
Install-Package EntityFramework
```

稍等片刻，安装成功。我们可以在"解决方案资源管理器"的"引用"下面看到EntityFramework相关包了。此时，在硬盘的解决方案目录下可以看到一个packages文件夹，该文件夹下有一个子文件夹EntityFramework.6.5.1（版本号随着安装时间的不同可能会有所不同），它就是EntityFramework软件包所在的硬盘路径。NuGet把一切都管理得井井有条。

12.4.6　安装 SQL Server Compact 驱动

我们使用的数据库是SQL Server Compact，它是一个基于文件的紧凑型的数据库，部署时其DLL小于2MB，不需安装SQL Server的任何版本。对于轻量级应用来讲，使用SQL Server Compact是一个很好的选择，而且部署相当方便。

为了让Entity Framework认识SQL Server Compact，我们需要安装SQL Server Compact的EF驱动，在"程序包管理器控制台"窗口中输入如下命令：

```
install-package EntityFramework.SqlServerCompact
```

安装成功后，会在packages文件夹下看到EntityFramework.SqlServerCompact.6.5.1这个子文件夹。

12.4.7　添加上下文类

右击Models文件夹，并添加名为MusicStoreEntities的新类，此类将表示Entity Framework数据库上下文，并将处理创建、读取、更新和删除操作。在MusicStoreEntities.cs开头添加引用：

```
using System.Data.Entity;
```

为该类添加如下代码：

```
public class MusicStoreEntities : DbContext
{
    public DbSet<Album> Albums { get; set; }
    public DbSet<Genre> Genres { get; set; }
}
```

通过继承DbContext基类，MusicStoreEntities类能够为我们处理数据库操作。这里在上下文类中定义了两个数据集属性，即Albums和Genres，分别对应数据库中的两张表，这两张表会自动创建。

现在，我们已经挂接了这些内容，接下来可以往模型类中添加更多的属性，以利用数据库中的一些其他信息。

12.4.8　添加商品种子数据

我们将利用实体框架中的一项功能将现成的"种子"数据添加到新创建的数据库中。这将使用流派、艺术家和专辑列表预先填充我们的商店目录。现成的数据文件夹名为Code，这个文件夹可以在本章源码的"资源"文件夹下找到。

在"Code/Models"文件夹中找到SampleData.cs文件，并将其直接拖放到Visual Studio中的Models文件夹下。该文件中定义了一个类SampleData，该类的成员都是一些列表样本数据。该类继承自类DropCreateDatabaseIfModelChanges，它是Entity Framework Code First的命名空间System.Data.Entity下的一个类，是一种数据库初始化策略。当我们的模型类（即C#类）发生改变时，这个类会删除并重新创建数据库，而不是去修改现有的数据库结构以匹配模型的改变。这是一种保证模型变化时数据库总是最新的方法，但是这种方法可能会导致数据丢失，因为它会删除所有数据。

在Entity Framework中，有3种方式可以控制数据库初始化时的行为，分别为CreateDatabaseIfNotExists、DropCreateDatabaseIfModelChanges 和 DropCreateDatabaseAlways。

CreateDatabaseIfNotExists 方式在没有数据库时创建一个，这是默认行为。

DropCreateDatabaseIfModelChanges方式在模型改变时，自动重新创建一个数据库，然后就可以用这个方法，这在开发过程中非常有用。DropCreateDatabaseAlways方式则在每次运行时都重新生成数据库。

这里我们使用DropCreateDatabaseIfModelChanges方式，它的具体使用过程说明如下。

（1）新建一个继承于类DropCreateDatabaseIfModelChanges的类SampleData：

```
public class SampleData : DropCreateDatabaseIfModelChanges<MusicStoreEntities>{
}
```

我们看到类DropCreateDatabaseIfModelChanges后面有<MusicStoreEntities>，其实类DropCreateDatabaseIfModelChanges的声明是这样的：

```
public class DropCreateDatabaseIfModelChanges<TContext> :
IDatabaseInitializer<TContext> where TContext : DbContext
```

在C#中，类后面加<>通常表示这是一个泛型类。泛型允许我们在不指定具体类型的情况下定义类和接口，然后在创建实例时指定类型。这为代码提供了更高的复用性和类型安全性。因此，DropCreateDatabaseIfModelChanges是个泛型类，并且在创建实例时，需要指定类型MusicStoreEntities。MusicStoreEntities是我们定义的数据库上下文类。

（2）重写Seed方法，插入数据：

```
protected override void Seed(MusicStoreEntities context)
{
    var resources = new List<Resource>
    {
        new Resource { Name = "其他管理",
IconCls="icon-widgets" ,ParentId=null,Sort=100000,Category=1,CreateId=1},
        new Resource { Name = "系统资源",
IconCls="icon-navigation" ,ParentId=1,Sort=1,Category=2,CreateId=1},
        new Resource { Name = "角色列表",
IconCls="icon-navigation" ,ParentId=1,Sort=5,Category=2,CreateId=1},
        new Resource { Name = "后台用户",
IconCls="icon-navigation" ,ParentId=1,Sort=5,Category=2,CreateId=1},
        new Resource { Name = "系统日志",
IconCls="icon-navigation" ,ParentId=1,Sort=5,Category=2,CreateId=1}
    };
    resources.ForEach(s => context.Resource.Add(s));
    context.SaveChanges();
    base.Seed(context);
}
```

（3）在Global.asax里调用SetInitializer：

```
protected void Application_Start()
{
    System.Data.Entity.Database.SetInitializer(new
MvcMusicStore.Models.SampleData());
        ...
}
```

或者也可以在EF上下文类的OnModelCreating里执行：

```
protected override void OnModelCreating(DbModelBuilder modelBuilder)
```

```
    {
        Database.SetInitializer<MusicStoreEntities>(new MusicStoreEntities());
    }
```

现在，我们需要添加一行代码，以告知Entity Framework有关该SampleData类的信息。双击项目根目录中Global.asax文件将其打开，并将以下行代码添加到Application_Start方法中的第一行：

```
//当程序刚启动时，会执行Application_Start方法
protected void Application_Start()
{
    System.Data.Entity.Database.SetInitializer(new
MvcMusicStore.Models.SampleData());
    AreaRegistration.RegisterAllAreas();
    FilterConfig.RegisterGlobalFilters(GlobalFilters.Filters);
    RouteConfig.RegisterRoutes(RouteTable.Routes);
    BundleConfig.RegisterBundles(BundleTable.Bundles);
}
```

代码中粗体部分是我们新增的，这行代码根据样本数据初始化数据库。Global.asax是一个文本文件，它提供全局可用代码，这些代码包括应用程序的事件处理程序以及会话事件、方法和静态变量，有时该文件也被称为应用程序文件。Global.asax文件中的任何代码都是它所在的应用程序的一部分。每个应用程序在其根目录下只能有一个Global.asax文件。当程序刚启动时，会执行Application_Start方法，这样可以把SampleData类中的数据都实例化出来。

如果此时运行程序，在MvcMusicStore\App_Data目录下会生成数据库文件MvcMusicStore.sdf，用SDF Viewer软件（在somesofts下可以找到这个软件）打开这个数据库，在左边选中Albums，可以查看Albums的记录，如图12-24所示。

图 12-24

另外，可以发现Code First还根据表的关系自动为我们生成了两个外键，如图12-24中的箭头所指。因为我们没有手动为Albums表添加外键，所以Code First就帮我们添加了。后续我们还会手动加上外键，这里笔者故意不加，就是为了演示不手动加外键的结果，那就是Code First会为我们自动加上。但在实际开发中，一般都会手动加上外键。

至此，我们已完成为项目配置Entity Framework所需的工作。下面就可以开始使用数据库了。

12.4.9 查询数据库

现在，让我们更新StoreController，而不是使用"虚拟数据"。我们将调用数据库来查询其所有信息。首先，为类StoreController添加一个成员：

```
public class StoreController : Controller
{
    MusicStoreEntities storeDB = new MusicStoreEntities(); //实例化数据库上下文类
    ...
```

该成员保存MusicStoreEntities类的实例。

MusicStoreEntities类由Entity Framework维护，并公开数据库中每张表的集合属性。我们更新StoreController的索引操作，以检索数据库中的所有流派。以前，我们通过对字符串数据进行硬编码来执行此操作，现在则可以改用Entity Framework上下文Genres集合，在Index方法中更新代码如下：

```
public ActionResult Index()
{
    var genres = storeDB.Genres.ToList(); //把数据库中的流派对象集合转为列表
    return View(genres); //流派列表作为参数传给视图
}
```

图 12-25

对象storeDB的实例化会先执行，然后执行Index方法，当storeDB.Genres.ToList()执行后，会在MvcMusicStore\MvcMusicStore\App_Data\路径下生成数据库文件MvcMusicStore.sdf。这说明，当应用程序第一次请求数据库连接时，如果数据库尚未创建，那么Entity Framework会在执行查询时自动创建数据库（前提是你已经配置了连接字符串）。DbSet.ToList方法用于从数据库中检索实体类型的所有数据并返回一个列表。运行程序，访问"/Store"，会看到数据库中所有流派的列表，如图12-25所示。

当我们单击某个流派的时候，将会跳转到浏览（Browse）视图页面，进而可以查看该流派下的专辑。因此，我们需要把专辑数据添加到浏览页面上。

12.4.10   更新浏览页面

我们通过"/Store/Browse?genre=[some-genre]"这样的URL进入StoreController的Browse方法，并把"some-genre"（某个流派名称）作为参数传给Browse方法。Browse方法收到"某个流派名"参数后，就要通过这个流派名称到数据库的Genres表中找出相应的流派对象。Genres表中不应该有两个同名的流派，因此可以使用LINQ中的Single方法。该方法可以返回序列中满足指定条件的唯一元素，比如：

```
var example = storeDB.Genres.Single(g => g.Name == "Disco");
```

这里，Single方法采用Lambda表达式作为参数，该参数指定需要单个Genre对象，使其属性Name与定义的值匹配。在上述情况下，我们将加载具有与"Disco"匹配的Name值的单个Genre对象。也就是说，查询出Name值为"Disco"的Genre对象。

Single方法是类Queryable中的成员方法，该类位于命名空间System.Linq中。这个命名空间提供支持某些查询的类和接口，这些查询使用语言集成查询（LINQ）。而类Queryable则提供一组用于查询实现IQueryable<T>数据结构的static方法。类Queryable中声明的方法集提供了用于查询实现IQueryable<T>数据源的标准查询运算符。标准查询运算符是遵循LINQ模式的常规用途方法，使我们能够对任何数据表进行遍历、筛选和投影操作，它是基于.NET的编程语言。我们看一个Single方法的范例：

```
//创建两个数组，每个数组元素的类型是字符串
string[] fruits1 = { "orange" };  //该数组中只有一个元素
string[] fruits2 = { "orange", "apple" }; //该数组中有两个元素

string fruit1 = fruits1.AsQueryable().Single(); //获取第一个数组中的唯一项
Console.WriteLine("First query: " + fruit1);

try
{
    //尝试获取第二个数组中的唯一项
    string fruit2 = fruits2.AsQueryable().Single();
    Console.WriteLine("Second query: " + fruit2);
}
catch (System.InvalidOperationException)
{
    Console.WriteLine("Second query: The collection does not contain exactly one
element." );
}
```

结果输出如下：

```
First query: orange
Second query: The collection does not contain exactly one element
```

我们再看Single方法。成员方法Single有两种重载形式：一种不带参数，此时它返回序列的唯一元素，如果该序列并非包含一个元素，则会引发异常；另外一种形式是带一个参数，该参数是测试元素是否满足条件的表达式（比如Lambda表达式），此时它返回序列中满足指定条件的唯一元素。如果有多个这样的元素存在，则会引发异常。

现在我们得到符合条件的Genre对象了，那是不是在页面上就可以通过这个Genre对象来获得成员Albums了？答案是否定的，因为此时成员Albums并没有被实例化，我们还需要用Include方法来确定专辑列表。此时Browse代码修改如下：

```
public ActionResult Browse(string genre)
{
    //从数据库中检索流派及其相关专辑
    var genreModel = storeDB.Genres.Include("Albums").Single(g => g.Name == genre);
    return View(genreModel);
}
```

有人或许觉得没必要。那我们来做个实验，在Browse方法开头加一句代码，变为如下形式：

```
public ActionResult Browse(string genre)
{
    //从数据库中检索流派及其相关专辑
    var m = storeDB.Genres.Single(g => g.Name == genre);  //这一句是仅仅做个实验
    var genreModel = storeDB.Genres.Include("Albums").Single(g => g.Name == genre);
    return View(genreModel);
}
```

我们在该方法中的第2行设置断点，按F5键运行程序，在浏览器中访问"/Store"，然后单击Jazz链接，此时程序进入Browse方法的第2行断点处，如图12-26所示。

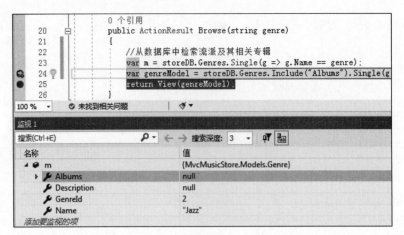

图 12-26

在监视1窗口中，m的Albums成员的值是null，我们按F10键让程序前进一步，此时Albums拥有
12个对象，展开第0个对象可以看到数据，如图12-27所示。

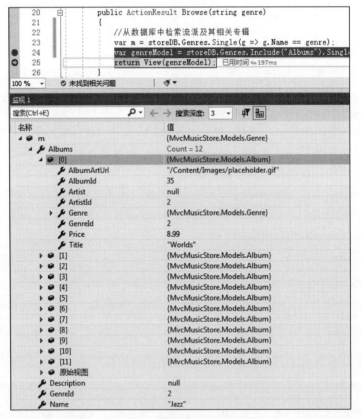

图 12-27

这就说明，当我们添加了Include("Albums")后，成员Albums这个对象列表就被实例化了，并且
用数据库中的数据填充了各个属性，而这些数据正是需要显示在Browse视图页面上的。

另外需要注意，变量genreModel的类型是类Genre，也就是说，genreModel是符合查询结果的
Genre对象，并且已经包含了专辑对象数据（这正是Include("Albums")的功劳），如图12-28所示。

图 12-28

好了，我们的小实验结束，把Browse方法中的第一行代码删除。这个Include是类DbQuery<TResult>中的方法，它指定要包含在查询结果中的相关对象。就像图12-28所示，通过Include("Albums")，12个专辑对象包含到查询结果里了，我们就可以使用查询结果中的专辑对象了。使用过程也很简单，就是把它们全部显示在页面上。在Browse方法末尾的return语句中，我们把包含了专辑对象列表的Genre对象genreModel传递给视图，让视图去遍历这个列表。

打开Browse.cshtml，在末尾添加如下代码：

```
<ul>
    @foreach (var album in Model.Albums)
    {
        <li>
            @album.Title
        </li>
    }
</ul>
```

一个foreach循环遍历Genre对象中的专辑对象列表Albums，输出每个专辑的标题（Title）。运行程序，访问"/Store"，然后单击Jazz链接，就可以输出Jazz流派中的所有专辑，如图12-29所示。

现在Browse视图上的专辑名称都是纯文本，而且用户肯定会去查看一下某个专辑的详细信息，所以会去单击某个专辑名称。因此，我们还需要为每个专辑增加链接，并且完善详细（Detail）页面。

图 12-29

我们将对/Store/Details/[id] URL进行相同的更改，并将虚拟数据替换为数据库查询，该查询将加载ID与参数值匹配的相册。在Details方法中替换如下代码：

```
public ActionResult Details(int id)
{
    var album = storeDB.Albums.Find(id);
    return View(album);
}
```

代码中的粗体部分就是我们更改的地方。Find是数据类DbSet<TEntity>中的成员方法,用于查找具有给定主键值的实体。如果一个实体具有给定的主键值并存在于上下文中,则立即返回,而无须向存储(比如数据库)发出请求;否则,将向存储请求具有给定主键值的实体。如果在存储中找到该实体,则将其附加到上下文并返回;如果在上下文或存储中找不到实体,则返回null。这里,我们将返回id参数值一致的专辑对象,并把专辑对象传递给视图。

运行应用程序并浏览/Store/Details/1,显示的结果表明是从数据库拉取而来,如图12-30所示。

现在,应用商店的专辑详细信息页面(Details页面)已设置为按"专辑Id"显示相册,接下来更新Browse视图以链接到"详细信息"视图。我们将使用Html.ActionLink,就像在上一部分结束时从应用商店索引链接到应用商店浏览所做的那样。在Browse视图文件(Browse.cshtml)中修改foreach中的代码如下:

```
@foreach (var album in Model.Albums)
{
    <li>
        @Html.ActionLink(album.Title,"Details", new { id = album.AlbumId })
    </li>
}
```

代码中的粗体部分是我们修改的地方。通过Html.ActionLink,单击某个专辑标题,就可以跳转到该专辑的详细信息页面。

运行程序,在"应用商店"首页单击"Store",就可以跳转到Browse Genres页面,其中列出了可用的专辑。再单击某个专辑,就可以查看该专辑的详细信息,如图12-31所示。

A Copland Celebration, Vol. I	

图 12-30   图 12-31

12.5　商品管理

在上一节中,我们从数据库中加载并显示了数据。在本节中,我们将实现商品管理的操作。

12.5.1　创建 StoreManagerController

为了管理我们的在线商店，将创建一个名为StoreManagerController的新控制器类。对于此控制器，我们将利用ASP.NET MVC提供的基架功能。在Visual Studio的"解决方案资源管理器"中右击"Controllers"文件夹，在弹出的快捷菜单中选择"添加"→"控制器"命令，在"添加已搭建基架的新项"对话框上选择"包含视图的MVC 5控制器（使用Entity Framework）"，如图12-32所示。

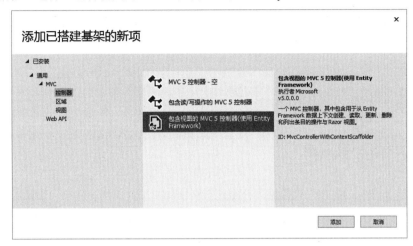

图 12-32

然后在"添加控制器"对话框上，设置模型类为"Album (MvcMusicStore.Models)"，数据上下文类为"MusicStoreEntities (MvcMusicStore.Models)"，在"控制器名称"文本框中输入"StoreManagerController"，如图12-33所示。

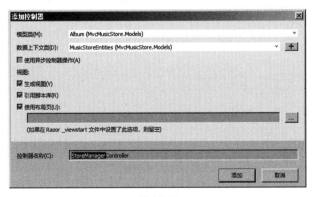

图 12-33

单击"添加"按钮，出现"正在搭建基架..."对话框，如图12-34所示。

图 12-34

这个过程，ASP.NET MVC基架机制为我们执行了大量工作：

（1）它使用本地实体框架变量创建新的StoreManagerController。

（2）它将StoreManager文件夹添加到项目的Views文件夹，我们可以在Views下看到一个StoreManager文件夹，其内容如图12-35所示。

（3）它将Create.cshtml、Delete.cshtml、Details.cshtml、Edit.cshtml和Index.cshtml视图添加到Album类中进行强类型化。

新的StoreManager控制器类包括CRUD（创建、读取、更新、删除）控制器操作，这些操作知道如何使用Album模型类并使用实体框架上下文进行数据库访问。

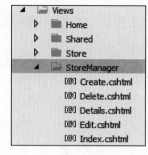

图 12-35

12.5.2 修改 Index 视图和动作

基架为我们节省了花费在编写样板控制器代码和手动创建强类型视图上的时间，但具体功能的实现还需要我们自己添加代码。

我们先编辑StoreManager的Index视图（/Views/StoreManager/Index.cshtml）。现在里面已经有了一些基架生成的代码，这些代码将显示一张表。默认情况下，这些表的列和类Album中除了主键AlbumId外的简单类型的成员相对应，比如Title、Price和AlbumArtUrl，以及在表的最后一列包含"编辑/详细信息/删除"链接。我们将删除表格中的AlbumArtUrl字段，因为它在此显示中不太有用，同时添加流派和艺术家列。打开/Views/StoreManager/Index.cshtml中，删除包含AlbumArtUrl的<td>，并添加如下代码：

```
...
<table class="table">
    <tr>
        <th>
            流派
        </th>
        <th>
            艺术家
        </th>
        <th>
            标题
        </th>
        <th>
            价格
        </th>
        <th></th>
    </tr>

@foreach (var item in Model) {
<tr>
    <td>
        @Html.DisplayFor(modelItem => item.Genre.Name)
    </td>
    <td>
        @Html.DisplayFor(modelItem => item.Artist.Name)
    </td>
    <td>
```

```
        @Html.DisplayFor(modelItem => item.Title)
    </td>
...
```

此时运行程序，访问/StoreManager，结果如图12-36所示。

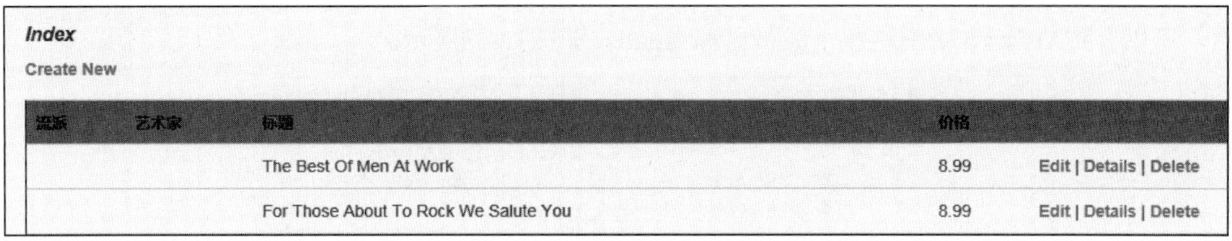

Index				
Create New				
流派	**艺术家**	**标题**	**价格**	
		The Best Of Men At Work	8.99	Edit | Details | Delete
		For Those About To Rock We Salute You	8.99	Edit | Details | Delete

图 12-36

可以发现，流派和艺术家两列中并没有数据。奇怪了，难道item.Genre.Name没有值吗？我们在@Html.DisplayFor(modelItem => item.Genre.Name)这一行左边开头设置断点，然后按F5键运行，访问URL：/StoreManager。此时程序将停在断点处，然后把鼠标指针放在此行的Genre上，可以发现其值是null，如图12-37所示。

图 12-37

怪不得无法显示内容了，这说明在Index方法中，该值就是null。顺便说一句，在这种强类型的视图中，也可以单步调试。我们马上查看StoreManagerController.cs中的Index方法，由于整个StoreManagerController.cs的代码都是基架生成的，因此该方法中的代码也是基架生成的，如下所示：

```
public ActionResult Index()
{
    return View(db.Albums.ToList()); //db是EF上下文对象
}   //这一行可以设置一个断点
```

其中db是类StoreManagerController的成员，是EF上下文类对象，其定义如下：

```
private MusicStoreEntities db = new MusicStoreEntities();
```

MusicStoreEntities继承DbContext类。DbContext是实体类和数据库之间的桥梁，主要负责与数据交互，其作用如下：

（1）DbContext包含所有的实体映射到数据库表的实体集（DbSet＜TEntity＞）。

（2）DbContext将LINQ-to-Entities查询转换为SQL查询并将其发送到数据库。

（3）DbContext跟踪每个实体从数据库中查询出来后发生的修改变化。

（4）持久化数据：DbContext基于实体状态执行插入、更新和删除操作到数据库中。

Albums是上下文类的成员，类型是数据集类（DbSet）。类DbSet表示上下文中给定类型的所有实体的集合，或可从数据库中查询的给定类型的所有实体的集合。可以使用DbContext.Set方法从DbContext中创建DbSet对象，DbSet对应着数据库中的表。

ToList是System.Linq.Enumerable类中的方法，其声明如下：

```
public static List<TSource> ToList<TSource>(this IEnumerable<TSource> source);
```

ToList＜TSource＞强制进行直接查询计算，并返回一个包含查询结果的List(T)。但是，默认情况下，ToList返回的结果只包含简单类型的数据字段，而类Album的成员Genre和Artist的类型是类，不包含在查询结果中，因此我们得到的这两个成员值为null了。而Albums的类型是DbSet类，DbSet类又继承于Enumerable类，因此Albums可以调用ToList方法。

现在，我们可以在该方法最后一行（也就是有"}"的那一行）设置一个断点，然后按F5键运行，此时程序将停在断点处，我们在"监视1"窗口查看数据集db.Albums中的内容，展开第0个元素，可以看到Artist和Genre这两个成员值都为null，如图12-38所示。

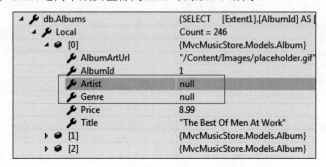

图 12-38

那如何能把Artist和Genre这两个成员的数据值也搜索出来呢？答案是通过Include方法。在LINQ中，Include是常用的方法，用于在查询中包含相关联的实体或导航属性。它允许我们在查询结果中同时获取相关联的数据，避免了懒加载导致的额外查询。通过Include，我们可以指定需要包含的导航属性，以便在查询结果中一并返回。现在就可以通过Include来包含相关联的实体Artist和Genre。我们修改Index方法如下：

```
public ActionResult Index()
{
    // var m = db.Albums.ToList();//这句不要删，可用于需要时的调试
    //使用Include方法
    var albums = db.Albums.Include(a => a.Genre).Include(a => a.Artist);
    return View(albums.ToList()); //执行查询，向视图传递查询结果
}  //再到这一行设断点
```

var m这一行平时注释掉，但不要删除，当Visual Studio调试获取不到db.Albums的值时，可以放开注释通过m来获取db.Albums的值。代码中的var albums这一行好比在构造一个传统的select语句，而且把复杂类型成员也包括进去了，第二行则开始执行查询。Include的参数是一个Lambda表达式，如果要用多个Include，则用点号（.）分隔开。现在我们再到Index方法的最后一行设置断点，然后运行程序，此时可以在断点处看到db.Albums第0个元素的Artist和Genre都有值，如图12-39所示。

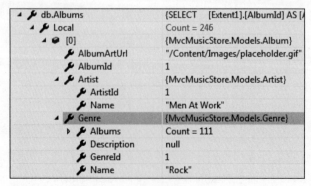

图 12-39

停止调试运行，重新全速运行，访问/StoreManager，在视图上可以看到表格前两列都有值了，如图12-40所示。

流派	艺术家	标题	价格	
Rock	Men At Work	The Best Of Men At Work	8.99	Edit | Details | Delete
Rock	AC/DC	For Those About To Rock We Salute You	8.99	Edit | Details | Delete
Rock	AC/DC	Let There Be Rock	8.99	Edit | Details | Delete
Rock	Accept	Balls to the Wall	8.99	Edit | Details | Delete
Rock	Accept	Restless and Wild	8.99	Edit | Details | Delete

图 12-40

12.5.3 了解应用商店管理器

StoreManager这个控制器主要用来管理我们的商店，具体操作就是编辑、查看细节和删除，我们现在来体验一下这些管理功能。在Index视图上单击第一行的Edit链接，此时将显示包含Album字段的编辑窗体，包括"Title"和"Price"的编辑框，如图12-41所示。

单击底部的Back to List链接，然后单击第一行专辑的Detail链接，会显示这个专辑的详细信息，如图12-42所示。

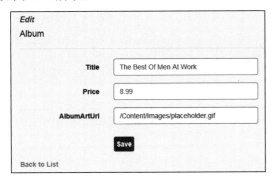

图 12-41

图 12-42

再次单击Back to List链接回到Index视图，然后单击Delete链接，此时会显示一个确认页面，其中显示了专辑详细信息，并询问Are you sure you want to delete this？（我们是否确定要删除它？），单击底部的"Delete"链接将删除相册，并返回到"Index"页，可以看到Index视图上已经没有我们刚刚删除的专辑了。

12.5.4 查看商店管理器的控制器类

应用商店管理器控制器（StoreManagerController）自动生成了大量代码，现在我们从上到下来看一下。控制器包括MVC控制器的一些标准命名空间，以及对Models命名空间的引用。控制器类具有数据库上下文类MusicStoreEntities的实例，每个控制器操作使用这些数据进行访问，如下所示：

```
public class StoreManagerController : Controller
{
    private MusicStoreEntities db = new MusicStoreEntities();
```

12.5.5　查看商店管理器 Index 方法

Index视图检索专辑列表，包括每张专辑引用的流派和艺术家信息，正如我们之前在处理Store Browse方法时所看到的一样。索引视图遵循对链接对象的引用，以便它可以显示每张专辑的流派名称和艺术家名称，因此控制器十分高效，并能在原始请求中查询此信息。Index方法如下所示：

```
// GET: /StoreManager/
public ViewResult Index()
{
    var albums = db.Albums.Include(a => a.Genre).Include(a => a.Artist);
    return View(albums.ToList());
}
```

12.5.6　查看详细信息操作

StoreManagerController的详细信息控制器的操作方式与之前编写的存储控制器详细信息操作完全相同，它使用Find方法按id查询专辑，然后将其返回到视图。Details方法代码如下：

```
// GET: StoreManager/Details/5
public ActionResult Details(int? id)
{
    if (id == null) //判断id是否为空
    {
        return new HttpStatusCodeResult(HttpStatusCode.BadRequest);//返回请求错误
    }
    Album album = db.Albums.Find(id); //根据id在专辑数据集中查询
    if (album == null) //如果没找到
    {
        return HttpNotFound(); //返回404错误页
    }
    return View(album); //将找到的专辑对象传递给视图，视图就可以显示它的详细信息
}
```

12.5.7　创建操作

创建操作方法与目前看到的方法略有不同，因为它们处理表单输入。当用户访问/StoreManager/的Index视图并单击左上角的Create New链接时，将跳转到/StoreManager/Create/，如图12-43所示。

这个链接对应的代码在Index视图文件开头：

图 12-43

```
<p>
    @Html.ActionLink("Create New", "Create")
</p>
```

ActionLink第一个参数是链接名称，第二个参数是同一个控制器（StoreManager）内的方法，这里是StoreManager类中的Create方法。但如果此时到StoreManagerController.cs中去查看，会发现有两个Create方法，那到底调用哪个啊？不要着急，ActionLink仅支持GET的Action，而现在的两个Create，一个是Get Action，另外一个则是Post Action。这样就很清楚了，现在ActionLink将为我们导航到Get方式的Create，代码如下：

```
// GET: StoreManager/Create
public ActionResult Create()
{
    return View(); //直接返回名称是Create的视图
}
```

该方法很简单，就是直接返回名称是Create的视图，对应的视图文件是Views/ StoreManager/ Create.cshtml，此时将显示一个空窗体，如图12-44所示。

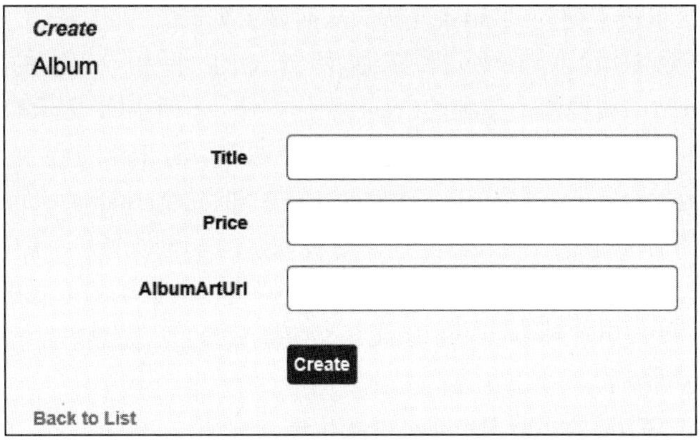

图 12-44

此HTML页面包含一个表单，该表单包含文本框输入元素和Create按钮，我们可以在其中输入专辑的详细信息，并单击Create按钮来提交表单，以便在数据库中保存。当用户按下Create按钮时，表单将执行HTTP POST方式的提交，为何呢？我们看Create.cshtml中的表单代码：

```
@using (Html.BeginForm())
```

Html.BeginForm默认是POST请求，它会请求当前控制器下标记有HttpPost的那个action。我们再到StoreManagerController.cs中找到标记有HttpPost的Create方法，代码如下：

```
[HttpPost] //表示该方法仅处理HTTP POST请求的特性
[ValidateAntiForgeryToken] //阻止伪造请求的特性
public ActionResult Create([Bind(Include = "AlbumId,Title,Price,AlbumArtUrl")] Album
album)
{
    if (ModelState.IsValid) //验证模型的数据是否有效，如果有效，则执行if
    {
        db.Albums.Add(album); //将实体alum添加到上下文对象Albums中
        db.SaveChanges(); //将实体插入数据库中
        return RedirectToAction("Index");//重定向到Index方法
    }

    //若属性验证存在问题，则继续返回创建视图页面
    return View(album);
}
```

ModelState.IsValid用于验证模型的数据是否有效。它默认会对模型的各个属性进行验证，并返回验证结果。现在我们尚未向Album类添加任何验证规则（稍后将执行此操作），因此，现在此检查没有太多的工作要做。重要的是，此ModelStat.IsValid检查将适应我们在模型上放置的验证规则，因此将来对验证规则进行更改时不需要对控制器操作代码进行任何更新。这里，如果验证成功，则

将数据写入数据库，并重定向到Index方法，从而显示列表；如果验证失败，则继续返回到Create视图上。

Add方法将给定实体以"已添加"状态添加到数据集的上下文对象中，这样一来，当调用SaveChanges时，会将该实体插入数据库中。实体框架生成相应的SQL命令来保留值。保存数据后，我们会重定向回专辑列表，以便查看新增的项。

RedirectToAction是一个用于重定向到另一个控制器动作方法的方法，并且它默认使用GET请求进行重定向，因此这里将重定向到Index方法，从而显示列表。

ASP.NET MVC允许我们轻松拆分这两个URL调用方案的逻辑，方法是在StoreManagerController类中实现两个单独的Create操作方法，一个用于显示初始视图的Create方法，另一个用于处理提交的更改的Create方法，前者是HTTP-GET的action，后者是HTTP-POST的action。GET提交方式的表单数据会暴露在URL中，比如"?name1=value1&name2=value2"这种形式，它将表单数据附加到URL的后面提交给服务器处理，这种方法的安全性当然不如POST方式，但是它的处理效率要比POST方式高。POST提交方式的表单，数据将以数据块的形式提交到服务器，表单数据不会出现在URL中，所以用这种方式提交的表单数据是安全的。如果表单数据中包含类似于密码等数据，建议使用POST方式。

现在，我们使用ViewBag将信息从Create方法传递到视图。ViewBag允许我们在不使用强类型模型对象的情况下将信息传递到视图。ViewBag是一个动态对象，这意味着可以键入ViewBag.Foo或ViewBag.YourNameHere，而无须编写代码来定义这些属性。在这种情况下，控制器代码使用ViewBag.GenreId和ViewBag.ArtistId，以便随表单提交的下拉值成为GenreId和ArtistId。在GET方式的Index方法中添加如下代码：

```
// GET: StoreManager/Create
public ActionResult Create()
{
    ViewBag.GenreId = new SelectList(db.Genres, "GenreId", "Name");
    ViewBag.ArtistId = new SelectList(db.Artists, "ArtistId", "Name");
    return View();
}
```

现在Index方法将两个SelectList对象添加到ViewBag，并且不会将模型对象传递到窗体（因为View没有传参数）。我们实例化了两个SelectList实例，该类的构造方法使用列表的指定项、数据值字段和数据文本字段来初始化System.Web.Mvc.SelectList类的新实例。类SelectList的构造方法声明如下：

```
public SelectList(IEnumerable items, string dataValueField, string dataTextField);
```

参数items表示各个项，用于生成列表的项；dataValueField表示数据值字段，表示所选值；dataTextField表示数据文本字段，表示要显示的属性。这里把数据集对象db.Genres和db.Artists作为第一个参数传进去，即我们将传递流派列表和艺术家列表。后面两个参数都是属性字段。最后一个参数是要显示的属性，这表示Genre.Name和Artists.Name属性将向用户显示。

现在我们再对Create视图进行改造。新增专辑的时候，通常需要指定该专辑所属的流派和创作者（艺术家），因此我们需要在页面上增加这两项。打开Create.cshtml，在"@Html.ValidationSummary(true, "", new { @class = "text-danger" })"下面增加如下代码：

```
@Html.ValidationSummary(true, "", new { @class = "text-danger" })
```

```
<div class="form-group">
    @Html.Label("流派", htmlAttributes: new { @class = "control-label col-md-2" })
    <div class="col-md-10">
        @Html.DropDownList("GenreId", String.Empty)
    </div>
</div>

<div class="form-group">
    @Html.Label("艺术家", htmlAttributes: new { @class = "control-label col-md-2" })
    <div class="col-md-10">
        @Html.DropDownList("ArtistId", String.Empty)
    </div>
</div>
```

流派和艺术家信息通过Html.DropDownList放到下拉列表中，供用户选择。Html.DropDownList的第一个参数GenreId指示DropDownList在模型或ViewBag中查找名为GenreId的值，如果没有找到就会报错；第二个参数用于指示下拉列表中的初选值，由于此窗体是"创建"窗体，因此没有要预先选择的值，故传递了String.Empty。Html.DropDownList将返回一个HTML select元素。Html.DropDownList最终会生成一个<select>标签，其第一个参数会作为<select>标签的name属性值，由于ASP.NET MVC具有强大的数据绑定功能，因此只要是视图中的name属性值，都会作为同名参数传递给控制器的方法。当然不用参数形式传递也可以，还可以让模型对象作为参数传递给控制器方法，此时name属性值就和模型对象的属性名相同。我们来看一下生成的视图网页源码中的<select>标签，如下所示：

```
<label class="control-label col-md-2" for="">流派</label>
        <div class="col-md-10">
<select id="GenreId" name="GenreId"><option value=""></option>
<option value="1">Rock</option>
<option value="2">Classical</option>
<option value="3">Jazz</option>
<option value="4">Pop</option>
<option value="5">Disco</option>
<option value="6">Latin</option>
<option value="7">Metal</option>
<option value="8">Alternative</option>
<option value="9">Reggae</option>
<option value="10">Blues</option>
</select>
        </div>
```

看到了吧，<select>的name是"GenreId"，表单提交后，GenreId将取得<select>标签选择项的索引值，并且我们可以把Album对象作为参数传递给POST方式的Create方法，从而就可以在这个Create方法中得到GenreId的值了。这个值就是用户所选择的流派的索引号，最终我们将其存入数据库表中。同理，也可以通过ArtistId得到用户在视图上选择的艺术家索引值。

总之，ASP.NET的默认模型绑定机制会进行数据绑定。当操作方法里的形参列表属性和表单元素的name属性一致时，就会动态给形参属性绑定表单元素数据（操作方法的形参列表可以是数据类型变量、对象、集合等复杂数据类型）。在EF中，当我们从数据库获取实体时，默认情况下，只加载当前实体的信息，不加载与之相关的其他实体的信息。这就意味着，如果我们需要访问与当前实体相关联的其他实体，就需要再次进行数据库查询。这种模式被称为"懒加载"（Lazy Loading）。

然而，有时候，我们可能需要同时获取与当前实体关联的所有信息，这就是所谓的"预加载"（Eager Loading）。这时，就需要用到IQueryable.Include()方法。这个方法会告诉EF，在第一次查询数据库的时候，就一起加载与当前实体关联的其他实体的信息。

那么，Include()方法是如何实现预加载的呢？实际上，Include()方法的工作原理是修改生成的SQL查询语句，使其包含对相关实体的JOIN操作。这样，当执行查询时，就能一次性地获取到所有需要的数据。具体来说，在调用IQueryable.Include()方法时，EF会创建一个新的表达式树，其中包含了对相关实体的引用。然后，当EF将这个表达式树转换为SQL查询语句时，它会检查这个表达式树，如果发现有Include()方法，就会在生成的SQL查询语句中添加相应的JOIN操作。

虽然Include()方法非常方便，但在使用时也有一些需要注意的地方。首先，由于Include()方法会导致生成的SQL查询语句变得复杂，所以可能会对性能产生影响。特别是在处理大量数据或者复杂的关系时，可能会影响查询的速度。其次，虽然Include()方法可以让我们一次性获取到所有的数据，但这也可能导致内存使用量的增加。因此，在使用Include()方法时，需要考虑内存使用的问题。最后，需要注意，Include()方法只能用于实体之间的导航属性。如果试图在一个非导航属性上使用Include()方法，将会抛出异常。

下面来完善Create方法。原来的Create声明形式如下：

```
public ActionResult Create([Bind(Include = "AlbumId,Title,Price,AlbumArtUrl")] Album
album)
```

它使用了Bind特性，只允许Include后的4个属性进入方法。我们要在Include后增加GenreId和ArtistId，让这两个属性也进入方法。添加后的代码如下：

```
public ActionResult Create([Bind(Include = "GenreId,ArtistId ,AlbumId,Title,Price,
AlbumArtUrl")] Album album)
```

由于Album类中还没有GenreId和ArtistId属性，因此要将其添加给Album类。打开Album.cs，然后为Album类添加两个属性：

```
public int GenreId { get; set; } //外键
public int ArtistId { get; set; } //外键
```

好了，现在我们的Create方法能收到GenreId和ArtistId的值，它们分别代表用户在视图上新建的专辑所属的流派和专辑的艺术家。最后这些数据都会存到数据库中。

最后，我们还要在Create方法的"return View(album);"前添加如下代码：

```
ViewBag.GenreId = new SelectList(db.Genres, "GenreId", "Name");
ViewBag.ArtistId = new SelectList(db.Artists, "ArtistId", "Name");
return View(album);
```

这样一旦校验不通过，重新返回到Create视图时，流派下拉列表和艺术家下拉列表都有数据项了。

由于目前上下文类中还没添加数据集Artists，因此需要添加它。打开MusicStoreEntities.cs，为类MusicStoreEntities添加一行代码：

```
public DbSet<Artist> Artists { get; set; }
```

现在运行程序，访问/storemanager，然后单击"Create New"进入创建页面，然后随便输入一些数据，如图12-45所示。

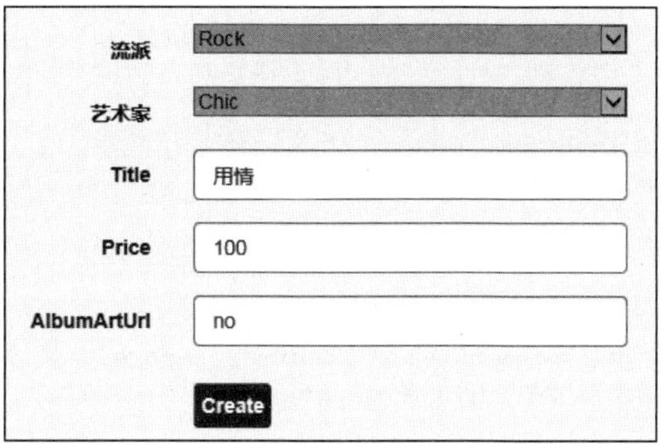

图 12-45

单击Create按钮，此时将返回到/storemanager/Index视图，我们在网页上搜索"用情"，可以找到记录了，如图12-46所示。

| Rock | Chic | 用情 | 100.00 | Edit | Details | Delete |

图 12-46

这说明我们添加成功了。不信的话，马上进入MvcMusicStore\App_Data，打开数据库文件MvcMusicStore.sdf，查看表Albums，可以看到如图12-47所示的记录。

| 252 | 1 | 29 | 用情 | 100.00 | no |

图 12-47

新增记录果然在数据库表中了，而且外键也已经变成我们新增的属性GenreId和ArtistId了，如图12-48所示。

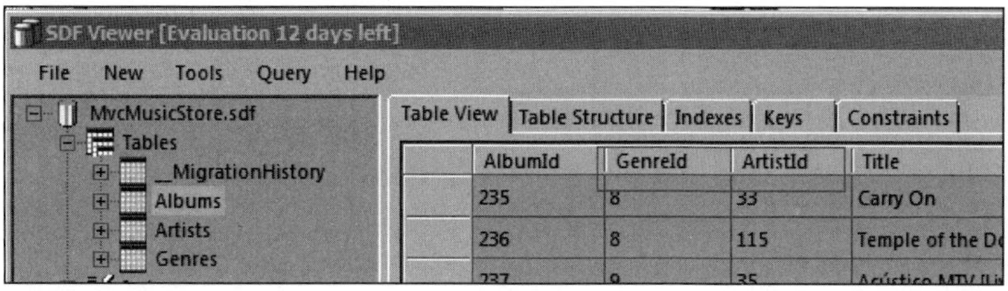

图 12-48

12.5.8　编辑操作

编辑操作也分HTTP-GET和HTTP-POST两个同名方法，与刚刚阐述的Create操作方法非常相似。由于编辑方案涉及使用现有相册，因此编辑HTTP-GET方法基于通过路由传入的"id"参数加载专辑。通过AlbumId检索专辑的代码与之前在详细信息控制器操作中查看的代码相同。

与最初的Create视图一样，现在Edit视图上也没有选择流派和艺术家的下拉框，因此我们要加上它。首先在GET方式的Edit方法中添加代码：

```
// GET: StoreManager/Edit/5
public ActionResult Edit(int? id)  //用户在Index视图上单击Edit将调用该方法
{
    if (id == null) //判断要编辑的专辑的id是否为空
```

```
    {
        return new HttpStatusCodeResult(HttpStatusCode.BadRequest);//返回错误码
    }
    Album album = db.Albums.Find(id); //根据id查找专辑对象
    if (album == null) //是否找到
    {
        return HttpNotFound(); //返回404错误页
    }

    ViewBag.GenreId = new SelectList(db.Genres, "GenreId", "Name", album.GenreId);
    ViewBag.ArtistId = new SelectList(db.Artists, "ArtistId", "Name", album.ArtistId);
    return View(album);
}
```

　　用户在StoreManagerController的Index视图上单击Edit链接将调用该方法，并把对应的id传入方法。代码中的粗体部分是我们添加的，表示创建SelectList对象并暂存ViewBag，以便Edit视图上的<select>标签有数据可用。和GET方式的Create方法有些不同，这里的SelectList方法有4个参数，最后一个album.GenreId或album.ArtistId表示当前Album对象所属的流派Id和艺术家Id，这样Edit视图刚显示时，就可以选择好专辑所属的流派和艺术家了，而Create视图则不需要这样。我们可以看一下SelectList的原型：

```
public SelectList(IEnumerable items, string dataValueField, string dataTextField, object
selectedValue);
```

　　最后一个参数表示选定的值。可以看出，SelectList有多个重载形式，能应对多重场景。正是这第4个参数，让我们在视图上最终能产生"已选择项"的效果，比如：

```
<select id="GenreId" name="GenreId"><option value=""></option>
<option selected="selected" value="1">Rock</option>
```

　　也就是说，value的值来自album.GenreId。
　　现在，我们修改Edit视图，在@Html.HiddenFor(model => model.AlbumId)下一行添加如下代码：

```
<div class="form-group">
    @Html.Label("流派", htmlAttributes: new { @class = "control-label col-md-2" })
    <div class="col-md-10">
        @Html.DropDownList("GenreId", String.Empty)
    </div>
</div>

<div class="form-group">
    @Html.Label("艺术家", htmlAttributes: new { @class = "control-label col-md-2" })
    <div class="col-md-10">
        @Html.DropDownList("ArtistId", String.Empty)
    </div>
</div>
```

　　由于我们在Edit方法中用SelectList指定了GenreId和ArtistId，因此这里Html.DropDownList将会到模型对象或ViewBag中找与第一个字符串参数同名的GenreId和ArtistId，将其作为<select>标签的所选值。
　　在视图上编辑完毕后，单击Edit按钮，将调用POST方式的Edit方法，同样我们要把GenreId和ArtistId放到Bind的Inlucde中，并且在"return View(album);"前一行添加两行代码，添加后的Edit方法如下：

```
// POST: StoreManager/Edit/5
[HttpPost]
[ValidateAntiForgeryToken]
public ActionResult Edit([Bind(Include =
"GenreId,ArtistId,AlbumId,Title,Price,AlbumArtUrl")] Album album)
{
    if (ModelState.IsValid) //属性检查是否有效
    {
        db.Entry(album).State = EntityState.Modified; //专辑实体状态修改为"已修改"状态
        db.SaveChanges(); //存入数据库
        return RedirectToAction("Index"); //重定向到Index视图
    }
    //创建SelectList对象
    ViewBag.GenreId = new SelectList(db.Genres, "GenreId", "Name", album.GenreId);
    ViewBag.ArtistId = new SelectList(db.Artists, "ArtistId", "Name", album.ArtistId);
    return View(album);
}
```

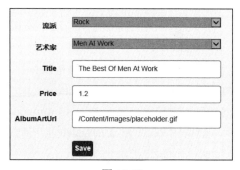

图 12-49

在Bind特性中，我们添加了GenreId和ArtistId，这样可以让这两个值进入方法。如果属性检查有效，则存入数据库；如果属性检查有错，则创建SelectList对象。这样再次显示视图时，<select>依旧有内容。

运行程序并浏览/StoreManger/，然后单击第一行专辑右边的Edit链接来进入Edit视图，然后我们随便修改一下价格，如图12-49所示。

单击Save按钮，此时将再次返回到Index视图，可以发现价格已被修改成功了，如图12-50所示。

流派	艺术家	标题	价格	
Rock	Men At Work	The Best Of Men At Work	1.20	Edit | Details | Delete

图 12-50

12.5.9 删除操作

删除操作遵循与"编辑"和"创建"相同的模式，使用一个控制器操作方法显示确认表单，使用另一个控制器操作方法来处理表单提交。GET方式的删除控制器操作方法与我们以前的应用商店管理器详细信息控制器操作完全相同，当用户在Index视图上单击Delete链接时，将调用GET方式的Delete方法，代码如下：

```
// GET: StoreManager/Delete/5
public ActionResult Delete(int? id)
{
    if (id == null) //判断id是否为null
    {
        return new HttpStatusCodeResult(HttpStatusCode.BadRequest);//返回错误码
    }
    Album album = db.Albums.Find(id); //根据id找到Album对象
    if (album == null)  //是否找到Album对象
    {
```

```
        return HttpNotFound();  //返回404错误页面
    }
    return View(album);  //返回Delete视图，这个视图用于向用户确认是否删除
}
```

这里返回的视图是向用户询问是否确认删除该专辑的视图，视图文件是Views/StoreManager/Delete.cshtml。该视图中有一个表单，当单击Delete按钮提交表单时，将调用POST方式的Delete动作，但我们进入StoreManagerController.cs后却发现只有一个名为Delete的方法，另外一个是这样的方法：

```
// POST: StoreManager/Delete/5
[HttpPost, ActionName("Delete")]  //为方法DeleteConfirmed指定对应的动作为Delete
[ValidateAntiForgeryToken]
public ActionResult DeleteConfirmed(int id)  //根据id删除指定的专辑
{
    Album album = db.Albums.Find(id);  //根据id查找Album对象
    db.Albums.Remove(album);  //在内存数据集中删除该Album对象
    db.SaveChanges();  //在数据库中删除
    return RedirectToAction("Index");  //重定向到商店管理控制器的Index视图
}
```

这里要注意，虽然该方法是DeleteConfirmed，但由于在DeleteConfirmed上方用"ActionName("Delete")"指定了Delete动作对应的方法是DeleteConfirmed，因此当视图提交后，要调用POST方式的Delete动作时，就会实际调用DeleteConfirmed方法。现在明白了，动作名称和方法名称可以是不同的，只需要在方法名前用ActionName指定动作名，这样这个方法就属于这个动作了。

现在运行程序，访问/storemanager/，找到刚刚新增的"用情"专辑，然后单击右边的Delete链接，此时出现确认页面，如图12-51所示。

图 12-51

单击Delete按钮确认删除，然后返回到Index视图，可以发现找不到"用情"专辑了。

到目前为止，我们把常见的数据库操作（创建、编辑、删除、查看详情）都阐述完了。下面再做一个视图优化工作。

12.5.10   使用 HTML 帮助程序截断文本

Razor的@helper语法使得创建自己的帮助程序函数变得非常简单。打开/Views/StoreManager/Index.cshtml视图，直接在第1行代码@model IEnumerable<MvcMusicStore.Models.Album>下方添加以下代码：

```
@helper Truncate(string input, int length)
{
    if (input.Length <= length)
    {
        @input
    }
    else
    {
```

```
        @input.Substring(0, length)<text>...</text>
    }
}
```

此帮助程序方法采用字符串和允许的最大长度。如果提供的文本短于指定的长度，则帮助程序按原样输出；如果输出较长，则截断文本并用"..."替代被截掉的部分。

可以使用Truncate方法来确保"艺术家名称"和"专辑标题"属性都小于25个字符：

```
<td>
    @Truncate(item.Artist.Name, 25)
</td>
<td>
    @Truncate(item.Title, 25)
</td>
```

现在，当我们浏览/StoreManager/时，艺术家名称和专辑标题将保持在最大长度以下，如图12-52所示。限于篇幅，就不显示所有有影响的记录了。

For Those About To Rock W...

图 12-52

12.5.11 使用数据注解进行模型验证

现在，创建和编辑表单存在一个主要问题：它们未执行任何验证。为了保证数据安全和提高用户体验，我们必须对一些字段进行验证和提示。比如提醒用户某个编辑框是必填的，价格字段必须输入数字。

通过向模型类添加数据注解，可以轻松地向应用程序添加验证。数据注解允许我们描述要应用于模型属性的规则，ASP.NET MVC将负责强制实施这些规则，并向用户显示适当的消息。这里，我们将使用以下数据注解：

（1）Required：指示属性是必填字段。

（2）DisplayName：定义要在表单字段和验证消息上使用的文本。

（3）StringLength：定义字符串字段的最大长度。

（4）Range：为数值字段提供最大值和最小值。

（5）Bind：列出在将参数或表单值绑定到模型属性时要排除或包括的字段。

（6）ScaffoldColumn：允许隐藏编辑器窗体中的字段。

打开Album类，将以下using语句添加到顶部：

```
using System.ComponentModel;
using System.ComponentModel.DataAnnotations;
using System.Web.Mvc;
```

接下来，更新属性以添加显示和验证属性：

```
namespace MvcMusicStore.Models
{
    [Bind(Exclude = "AlbumId")]
    public class Album
    {
```

```
    [ScaffoldColumn(false)]
    public int AlbumId { get; set; }
    [DisplayName("专辑所属流派")]
    public int GenreId { get; set; }
    [DisplayName("专辑的表演艺术家")]
    public int ArtistId { get; set; }
    [Required(ErrorMessage = "An Album Title is required")]  //不能为空
    [StringLength(160)]   //限制长度为160个字符
    [DisplayName("专辑标题")]
    public string Title { get; set; }
    [Range(0.01, 100.00,
        ErrorMessage = "Price must be between 0.01 and 100.00")]

    [DisplayName("价格")]
    public decimal Price { get; set; }
    [DisplayName("专辑作品链接")]
    [StringLength(1024)]   //限制长度为1024个字符
    public string AlbumArtUrl { get; set; }
    public virtual Genre Genre { get; set; }  //导航属性
    public virtual Artist Artist { get; set; }  //导航属性
    }
}
```

在这里，我们还将流派和艺术家更改为虚拟属性，这允许实体框架根据需要延迟加载它们，从而提高效率。在我们将这些特性添加到专辑模型后，Create和Edit页面将立即开始验证字段，并使用（选择的显示名称，例如专辑作品链接而不是AlbumArtUrl）。由于开始时并没有添加GenreId和ArtistId属性，因此我们在Create.cshtml和Edit.cshtml的两个下拉框左边写了标签内容（即"流派"和"艺术家"）。现在我们要在这两个视图文件中，把显示"流派"和"艺术家"的两个Html.Label改为Html.LabelFor，即把：

```
@Html.Label("流派", htmlAttributes: new { @class = "control-label col-md-2" })
```

改为：

```
@Html.LabelFor(model => model.GenreId, htmlAttributes: new { @class = "control-label col-md-2" })
```

再把：

```
@Html.Label("艺术家", htmlAttributes: new { @class = "control-label col-md-2" })
```

改为：

```
@Html.LabelFor(model => model.ArtistId, htmlAttributes: new { @class = "control-label col-md-2" })
```

这样可以显示DisplayName里面设定的内容了。运行应用程序并浏览/StoreManager/Create，然后在价格旁输入0.00001，再按Tab键，此时会出现红字提示，如图12-53所示。

从应用程序的角度来看，这些服务器端验证非常重要，因为用户可以绕过客户端验证。至此，我们的管理功能模块基本完成。管理功能模块一般只能让管理员来使用，所以我们需要对管理员登录用户进行身份认证和授权。

为了方便管理员从首页上进入商品管理页面，我们可以在首页上增加一个链接，打开Shared/_Layout.cshtml文件，在"主页"链接下把Store链接的标题改为"浏览唱片"，并添加1行代码：

```
<li>@Html.ActionLink("唱片管理", "Index", "StoreManager")</li>
```

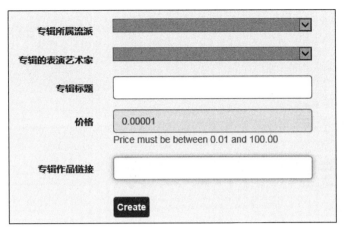

图 12-53

再打开Views/Home/Index.cshtml，把This is the Home Page修改一下，如下所示：

```
<h2>欢迎光临音乐唱片管理系统</h2>
```

这样，运行程序后，首页如图12-54所示。

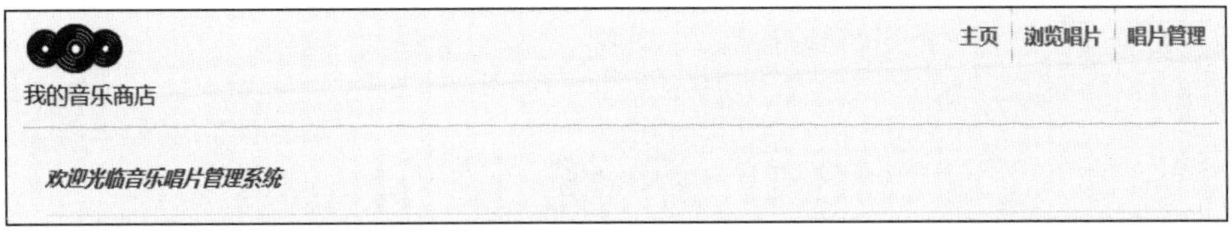

图 12-54

第 13 章

一百书店系统开发实战

本章我们将实现一个案例——一个在线图书销售和管理的网站。我们将构建的应用程序是一个MVC Web的图书商店，应用程序有3个主要部分：购物、结账和管理。因为本章是本书的最后一章，因此不单单讲解案例，还会复习前面章节讲解的一些基本内容。总之，书中的案例不能像企业一线开发中那样简单描述，必须考虑读者是初学者，对基础知识或许掌握得不牢固，因此不少重要的内容要反复强调，这样方能更好地理解。

13.1　系　统　设　计

首先从系统设计开始。整个系统有3种对象需要管理，分别是用户、图书和订单。因此我们的系统分为用户管理、图书管理和订单管理。

1. 用户管理

使用系统的人员角色分为游客、买家（也称用户）和管理员。其中，游客不需要管理。买家和管理员需要管理员在后台进行管理。所以用户管理包括买家管理和管理员管理。另外，买家和管理员两种角色对应的使用权限是不同的，买家注册登录后只能购买图书，而管理员登录后可以对所有用户进行管理。

用户管理的功能主要是新增用户、编辑用户信息、查看用户信息以及删除用户。

2. 图书管理

图书管理也是管理员的职责。图书管理的功能主要是新增图书、编辑图书信息、查看图书信息以及删除图书。

3. 订单管理

订单由买家的购物行为产生。为了方便起见，我们规定用户只能查看订单，管理订单的职责留给管理员。订单管理主要包括订单状态的修改和删除等。

4. 新建项目

（1）打开Visual Studio并使用ASP.NET Web应用程序（.NET Framework）模板创建C# Web项目。将项目命名为100bcwCom，然后单击"确定"按钮。在"创建新的ASP.NETWeb应用程序"对话框上选择MVC，然后单击"创建"按钮。

（2）设置网站样式。现在我们通过几个简单的更改设置站点菜单、布局和主页。在Visual Studio中打开Views\Shared_Layout.cshtml，并进行以下更改：

a.将<title>...</title>之间的"我的ASP.NET应用程序"更改为"一百书店"，即改为：
<title>@ViewBag.Title - 一百书店</title>
b.将@Html.ActionLink后的"应用程序名称"更改为"一百书店"，即改为：
@Html.ActionLink("一百书店", "Index", "Home", new { area = "" }, new { @class = "navbar-brand" })
c.将<footer>...</footer>之间的"我的ASP.NET应用程序"改为"一百书店 版权所有"，即改为：
 <p>© @DateTime.Now.Year -一百书店 版权所有</p>

13.2　用 户 管 理

13.2.1　添加用户模型类

右击Models文件夹，添加类名为Users的类，在Users.cs的开头添加几个命名空间：

```
using System.ComponentModel;
using System.ComponentModel.DataAnnotations;
using System.ComponentModel.DataAnnotations.Schema;//for NotMapped and ForeignKey
```

再为类Users添加如下代码：

```
public class Users
{
    public Users()                          //通过构造函数为成员属性设置初值
    {
        IsValid = true;                     //默认有效
        Birth = DateTime.Now;               //默认生日为现在
        Sex = "男";                          //默认性别是男
        RoleID = 2;                         //默认角色ID为2，2表示是一个买家
    }
    [Key]                                   //表示属性UserId能唯一标识实体Users
    public int UserId { get; set; }

    [Required, DisplayName("用户名")]         //Required表示UserName不能为空
    [StringLength(20, MinimumLength = 2, ErrorMessage = "{0}的长度必须介于{2}到{1}")]
    public string UserName { get; set; }    //表示用户名

    [Required, DisplayName("性别")]
    [DisplayFormat(NullDisplayText = "男")]   //设置Sexd1值为null时显示"男"
    public string Sex { get; set; }         //表示性别
    [Required, Display(Name = "密码")]
    [DataType(DataType.Password)]
    public string Password { get; set; }    //用户密码
```

```
[Required, Display(Name = "再次输入密码")]
[DataType(DataType.Password)]
[Compare("Password", ErrorMessage = "两次密码不匹配。")]
[NotMapped] //在数据库中排除属性ComfrimPassword
public string ComfrimPassword { get; set; }          //确认密码


[DisplayName("城市")]
public string City { get; set; }                     //所在城市

[Required, DisplayName("生日")]
[DataType(DataType.Date)]
[DisplayFormat(ApplyFormatInEditMode = true, DataFormatString = "{0:dd/MM/yyyy}")]
public DateTime? Birth { get; set; }                 //用户生日

[Required, DisplayName("电话号码")]
[DataType(DataType.PhoneNumber)]
[RegularExpression("^1[3|4|5|7|8][0-9]{9}$")]
public string Phone { get; set; }                    //用户电话号码

[Required, DisplayName("邮箱")]
[RegularExpression(@"[A-Za-z0-9._%+-]+@[A-Za-z0-9.-]+\.[A-Za-z]{2,4}")]
[DataType(DataType.EmailAddress)]
public string Email { get; set; }                    //用户邮箱

[DisplayName("地址")]
public string Address { get; set; }                  //用户地址

[ScaffoldColumn(false)]
public bool IsValid { get; set; }
public int RoleID { get; set; }                      //当前用户的角色，2表示买家，1表示管理员
[ForeignKey("RoleID")]                               //标识RoleID为外键属性
//前面的Roles是个模型类，后面的Roles是导航属性名称，该属性表示角色
public virtual Roles Roles { get; set; }     //每一个导航属性必须声明成public和virtual
}
```

这里的[key]是一个特性，表示唯一标识实体的一个或多个属性，因此该属性在数据库表中就成为主键。DisplayFormatAttribute.NullDisplayText属性用于获取或设置字段值为null时显示的文本。NotMapped表示应从数据库映射中排除属性或类。数据注解中的ForeignKey特性用于在两个实体间配置外键关系。根据默认的约定，当属性的名称与相关实体的主键属性匹配时，EF将该属性作为外键属性。用户和角色的对应关系是多对一，即一种角色可以对应多个用户，比如买家都是非管理员角色。角色就两种，买家和管理员。

13.2.2   添加角色模型类

用户类添加完毕后，我们再添加角色类。在Modes下添加一个名为Roles的类，在Roles.cs的开头添加几个命名空间：

```
using System.ComponentModel;
using System.ComponentModel.DataAnnotations;
```

再在Roles.cs中添加如下代码：

```
public class Roles
{
    [System.Diagnostics.CodeAnalysis.SuppressMessage("Microsoft.Usage",
"CA2214:DoNotCallOverridableMethodsInConstructors")]
    public Roles() //构造函数
    {
        Users = new HashSet<Users>(); //实例化一个Users集合
    }

    [Key] //Key特性修饰RoleID为唯一标识实体的属性
    public int RoleID { get; set; } //角色ID
    [Required, DisplayName("角色")]
    public string RoleName { get; set; } //角色的名称

    [System.Diagnostics.CodeAnalysis.SuppressMessage("Microsoft.Usage",
"CA2227:CollectionPropertiesShouldBeReadOnly")]
    public virtual ICollection<Users> Users { get; set; } //集合型的导航属性，表示对应多个
用户
}
```

System.Diagnostics.CodeAnalysis.SuppressMessage是一个用于禁止代码分析器在编译期间报告特定规则冲突的属性。这个属性通常用于屏蔽代码质量检查中的某些规则，以允许开发人员在特定情况下忽略这些规则。在编程过程中，代码分析器会检查代码中的潜在问题，例如可能的空引用异常、未处理的异常等。在某些情况下，开发人员可能会因为特定的原因而忽略这些规则，例如当他们确信某个特定的代码段不会引发问题，或者当他们需要在短时间内完成代码开发等。System.Diagnostics.CodeAnalysis.SuppressMessage属性可以应用于方法、类、枚举、属性、构造函数等各种代码元素，它可以通过指定要忽略的规则ID来实现。在这个类中，开发人员使用了System.Diagnostics.CodeAnalysis.SuppressMessage属性来忽略CA2214和CA2227规则。

HashSet定义在System.Collections.Generic中，是一个不重复、无序的泛型集合。

类末尾的Users是一个集合型的导航属性，如果导航属性包含多个实体，则其类型必须是可添加、可删除和可更新实体的列表。可指定ICollection<T>，或诸如List<T>、HashSet<T>的类型。如果指定ICollection<T>，则EF默认会创建一个HashSet<T>集合。

13.2.3 安装 Entity Framework

在Visual Studio的"工具"菜单中，选择"NuGet包管理器"，然后选择"程序包管理器控制台"。在"程序包管理器控制台"窗口中输入以下命令：

```
Install-Package EntityFramework
```

稍等片刻，安装完成。此时可以在Visual Studio的"引用"下看到EntityFramework包，如图13-1所示。

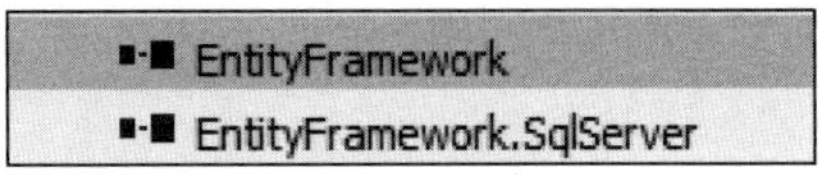

图 13-1

13.2.4 创建数据库上下文类

数据库上下文类可通过派生自System.Data.Entity.DbContext类来创建。在代码中，我们可以指定哪些实体包含在数据模型中，还可以定义某些Entity Framework行为。在此项目中将数据库上下文类命名为BookStoreModel。

数据库上下文类可以全手动方式添加，也可以通过Visual Studio向导添加。不过通过向导添加更方便，向导会在Web.config中创建好数据库连接字符串。这里我们用向导来添加。

对"Models"文件夹右击，在弹出的快捷菜单中选择"添加"→"新建项"命令，在"添加新项"对话框上，左边选择"数据"，右边选择"ADO.NET实体数据模型"，并在名称下输入con100bcw，如图13-2所示。

图 13-2

这个名称会作为数据库上下文类名和数据库连接字符串名称。单击"添加"按钮，此时出现"实体数据模型向导"对话框，如图13-3所示。

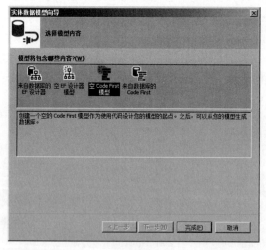

图 13-3

单击"完成"按钮，此时在Models文件夹中出现一个con100bcw.cs文件，该文件里面有一个类con100bcw，该类就是我们的数据库上下文类，而且构造函数也通过base指定了数据库连接字符串名称是con100bcw。我们可以到Web.config中去查看一下，如下所示：

```
<connectionStrings>
    <add name="con100bcw" connectionString="data source=(LocalDb)\MSSQLLocalDB;
initial catalog=_100bcwCom.Models.con100bcw;integrated security=true;
```

```
MultipleActiveResultSets=true;App=EntityFramework"
providerName="System.Data.SqlClient" />
    </connectionStrings>
```

这个连接字符串用了"initial catalog"，那么数据库文件生成的路径将在默认的%USERPROFILE%下，也就是在C:\Users\Administrator下。我们来改一下，让数据库文件生成在项目的AppData目录下，修改后的连接字符串如下：

```
<connectionStrings>
    <add name="con100bcw" connectionString="data source=(LocalDb)\MSSQLLocalDB;
AttachDBFilename=|DataDirectory|\con100bcw.mdf;integrated security=true;
MultipleActiveResultSets=true;App=EntityFramework" providerName="System.Data.SqlClient"
/>
    </connectionStrings>
```

也就是用AttachDBFilename来替代initial catalog，并且用|DataDirectory|来指定项目的AppData目录，数据库文件名也改为con100bcw.mdf，这样简洁多了。

接下来，打开con100bcw.cs，为类con100bcw添加两个内容属性：

```
public virtual DbSet<Roles> Roles { get; set; }
public virtual DbSet<Users> Users { get; set; }
```

这两个数据集好比内存中的两张表，对应数据库中的两张表。

13.2.5　准备生成数据库

EF CodeFirst模式下生成数据库一般有如下3个步骤。

步骤01 在系统的初始化方法Application_Start（位于Global.asax）中调用SetInitializer，比如：

```
System.Data.Entity.Database.SetInitializer(new _100bcwCom.Models.SampleData());
```

方法SetInitializer是一个数据库初始化器，用于初始化数据库，它的参数是一个DropCreateDatabaseIfModelChanges派生类实例，这里的派生类是SampleData。SetInitializer方法也可以放在EF上下文的OnModelCreating里执行。

步骤02 定义DropCreateDatabaseIfModelChanges派生类，并重写seed方法。在Models文件夹中添加一个类，类名是SampleData，并在SampleData.cs中添加如下代码：

```
using System.Data.Entity;
namespace _100bcwCom.Models
{
    public class SampleData : DropCreateDatabaseIfModelChanges<con100bcw>
    {
        protected override void Seed(con100bcw context)
        {
            var Users = new List<Users>
            {
                new Users { UserName = "宋烨阳" ,Password="123456",
ComfrimPassword="123456", IsValid = true, Birth = DateTime.Now,Sex = "女",RoleID = 1,
City="Beijing",Address="海淀区王府大街100号",
Phone="13912345678",Email="yeyangsong@sina.com"}
            };
            Users.ForEach(s => context.Users.Add(s));
```

```
                var Roles = new List<Roles>
                {
                    new Roles { RoleID=1,RoleName = "管理员"},
                    new Roles { RoleID=2,RoleName = "买家"}
                };
                Roles.ForEach(s => context.Roles.Add(s));
                context.SaveChanges();  //保存到数据库

                  base.Seed(context);
            }
        }
    }
```

seed是类DropCreateDatabaseIfModelChanges中的虚拟方法，是需要重写的方法，以便实际向上下文中添加数据进行种子设定。

DropCreateDatabaseIfModelChanges是Code First数据库初始化策略之一，它的作用是：如果数据库不存在，则创建一个数据库；如果数据库存在，但架构不兼容（比如模型发生改变），则会删除现有的数据库，创建新数据库并调用seed方法。也就是说seed方法仅在创建数据库的时候才会被调用。还有另外3种数据库初始化策略如下：

- CreateDatabaseIfNotExists：检查数据库是否存在，如果找不到数据库，则创建一个数据库；如果数据库存在，但架构不兼容，则引发异常。注意：这是默认初始化表达式。
- DropCreateDatabaseAlways：在每次运行应用程序时删除现有的数据库，并重新创建数据库。
- 自定义初始化表达式：自定义所编写的初始化表达式类，以使其按照需要的行为执行操作，任何其他选项均不能提供这种行为。注意：必须使用此选项向数据库添加某些母版内容。

步骤 03 由于初始化是延迟加载的，仅创建一个实例不能完全满足初始化发生的条件。我们必须执行对模型的操作，如查询或添加实体。因此，我们必须找个地方调用下列语句：

```
var users = db.Users.Include(u => u.Roles);
```

这行代码的意思是查询User表，一般放在Users控制器的Index方法中。下面我们新建Users控制器。

13.2.6　添加 Users 控制器

Users控制器用于提供对用户数据进行新增、编辑、删除等功能的动作方法。得益于MVC框架，我们通过向导新增后，就可以得到一个基架，里面已经包括了新增、编辑、删除等功能的动作，而且还提供了对应的视图。相信读者在以前的案例中已经体会到了，这里就不再赘述了。

对Controllers右击，在弹出的快捷菜单中选择"添加"→"控制器"命令，在"添加已搭建基架的新项"对话框上，选择"包含视图的MVC 5控制器（使用Entity Framework）"，如图13-4所示。

单击"添加"按钮，然后在"添加控制器"对话框中，设置模型类为"Users(_100bcwCom.Models)"，数据库上下文类为" con100bcw(_100bcwCom.Models)"，在"控制器名称"文本框中输入UsersController，最后单击"添加"按钮，如图13-5所示。

在UsersController.cs中，对第一行代码设置断点：

```
var users = db.Users.Include(u => u.Roles);  //查询Users表中的记录
```

图 13-4

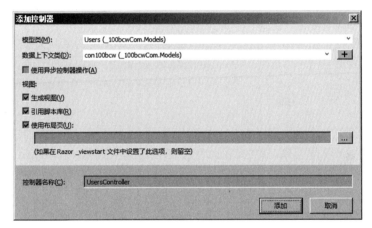

图 13-5

此时按F5键，在浏览器中输入URL：https://localhost:44392/users，然后按回车键，执行到这行代码暂停。在Visual Studio中打开"SQL Server对象资源管理器"，展开"(localdb)\MSSQLLocalDB"下的数据库，可以看到100bcw数据库还没有创建，而且在路径100bcwCom\100bcwCom\App_Data下也没有数据库文件。我们回到代码中按F10键前进一步，此时将生成数据库，而且程序也进入了SampleData的Seed方法。我们在"SQL Server对象资源管理器"中对数据库右击刷新，此时可以看到以CON100BCW名称开头的数据库了，而且在100bcwCom\100bcwCom\App_Data下可以看到con100bcw.mdf和con100bcw_log.ldf。由于我们在Seed方法中写入了一条数据，因此在视图页面上将其查询出来了，如图13-6所示。

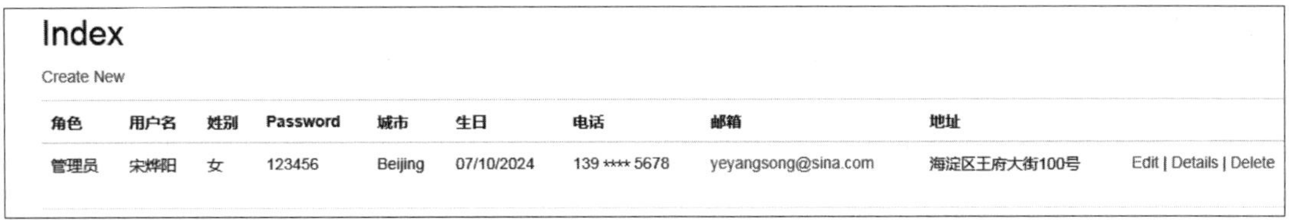

Index

Create New

角色	用户名	姓别	Password	城市	生日	电话	邮箱	地址	
管理员	宋烨阳	女	123456	Beijing	07/10/2024	139 **** 5678	yeyangsong@sina.com	海淀区王府大街100号	Edit | Details | Delete

图 13-6

为了测试方便，我们还可以在Seed方法的Users列表中添加一条买家样本数据。

```
new Users { UserName = "test",Password="123456",ComfrimPassword="123456", IsValid = true,
Birth = DateTime.Now,Sex = "男",RoleID = 2, City="上海",Address="陆家嘴1号
",Phone="13912345678",Email="test@sina.com"}
```

添加数据后，要在"SQL Server资源管理器"中删除数据库后再运行程序，才能看到效果。

除了生成UsersController.cs外，Visual Studio还为我们生成了配套视图文件，在Views/Users目录下就可以看到Create.cshtml、Delete.cshtml等。

13.2.7　新增用户管理链接

上文中，我们通过Visual Studio自动建立了一个控制器及其配套视图，现在准备完善控制器及其视图。为了方便调试，我们可以在首页上增加一个"用户管理"链接。打开Views/Shared/_Layout.cshtml，在"主页"的ActionLink代码下添加一行：

```
<li>@Html.ActionLink("用户管理", "Index", "Users")</li>
```

运行后，首页顶部就多了一个"用户管理"链接，单击它将执行Users控制器的Index方法。当然运行后直接在浏览器中输入URL "https://localhost:44392/Users"，也可以执行Users控制器的Index方法。另外，为了首页整洁，可以把/Views/Home/Index.cshtml中的内容都删除。

13.2.8　完善创建用户功能

创建功能依旧通过两个方法来完成，一个是用于返回"新建用户"视图的Create方法（GET方式），另外一个是完成实际创建功能的Create方法（HttpPost方式）。前者不用去改，后者我们把ComfrimPassword添加到Include中，如下所示：

```
public ActionResult Create([Bind(Include = "UserId,UserName,Sex,Password,
ComfrimPassword,City,Birth,Phone, Email,Address,IsValid,RoleID")] Users users)
```

这样，视图页面上输入的ComfrimPassword值就可以传递到Create方法中来，那么方法中的if (ModelState.IsValid)就不会因为ComfrimPassword为null而为假了。

继续完善视图，主要是添加ComfrimPassword的输入。打开Views/Users/Create.cshtml，添加代码如下：

```
<div class="form-group">
    @Html.LabelFor(model => model.ComfrimPassword, htmlAttributes: new { @class =
"control-label col-md-2" })
    <div class="col-md-10">
        @Html.EditorFor(model => model.ComfrimPassword, new { htmlAttributes = new
{ @class = "form-control" } })
        @Html.ValidationMessageFor(model => model.ComfrimPassword, "", new { @class =
"text-danger" })
    </div>
</div>
```

最后把"Create New"改为中文，打开Views/Users/Index.cshtml，把"@Html.ActionLink("Create New", "Create")"改为"@Html.ActionLink("新增用户", "Create")"，即把下面代码：

```
@Html.ActionLink("Edit", "Edit", new { id=item.UserId }) |
```

```
@Html.ActionLink("Details", "Details", new { id=item.UserId }) |
@Html.ActionLink("Delete", "Delete", new { id=item.UserId })
```

改为：

```
@Html.ActionLink("编辑", "Edit", new { id=item.UserId }) |
@Html.ActionLink("细节", "Details", new { id=item.UserId }) |
@Html.ActionLink("删除", "Delete", new { id=item.UserId })
```

此时运行程序，在主页上单击"用户管理"进入用户管理首页，然后单击左上角的"新增用户"链接，随便输入一些信息，然后继续新增用户。这里新增了两条用户信息，在用户管理首页上就可以看到两条记录，如图13-7所示。至此，创建用户功能完成。

角色	用户名	姓别	密码	城市	生日	电话	邮箱	地址	
新增用户									
管理员	宋烨阳	女	123456	Beijing	08/10/2024	139 **** 5678	yeyangsong@sina.com	海淀区王府大街100号	编辑 | 细节 | 删除
买家	朱博士	男	123456	无锡	09/12/1999	136 **** 5678	13612345678@qq.com	蠡湖大道100号	编辑 | 细节 | 删除

图 13-7

13.2.9　完善编辑功能

编辑功能也依旧通过两个方法来完成，一个是用于返回"编辑"视图的Edit方法（GET方式），另外一个是完成实际创建功能的Edit方法（HttpPost方式）。前者不用去改，后者我们把ComfrimPassword添加到Include中，如下所示：

```
public ActionResult Edit([Bind(Include = "UserId,UserName,Sex,Password,ComfrimPassword,
City,Birth,Phone,Email,Address,IsValid,RoleID")] Users users)
```

这样，视图页面上输入的ComfrimPassword值就可以传递到Edit方法中来，那么方法中的if(ModelState.IsValid)就不会因为ComfrimPassword为null而为假了。

继续完善视图，主要是添加ComfrimPassword的输入。打开Views/Users/Edit.cshtml，添加如下代码：

```
<div class="form-group">
    @Html.LabelFor(model => model.ComfrimPassword, htmlAttributes: new { @class =
"control-label col-md-2" })
    <div class="col-md-10">
        @Html.EditorFor(model => model.ComfrimPassword, new { htmlAttributes = new
{ @class = "form-control" } })
        @Html.ValidationMessageFor(model => model.ComfrimPassword, "", new { @class =
"text-danger" })
    </div>
</div>
```

此时运行程序，我们把第二条信息的密码改为111111，城市改为上海，然后单击Save按钮，结果如图13-8所示。

买家	朱博士	男	111111	上海	09/12/1999	136 **** 5678	13612345678@qq.com	蠡湖大道100号	编辑 | 细节 | 删除

图 13-8

13.2.10 细节和删除功能

这两个功能采用默认代码即可，不需要改动。这也是基架的功劳。

13.3 图 书 管 理

13.3.1 添加用户模型类

右击Models文件夹，添加名为Books的类，在Books.cs的开头添加几个命名空间：

```
using System.ComponentModel;
using System.ComponentModel.DataAnnotations;
using System.ComponentModel.DataAnnotations.Schema;//for ForeignKey
```

再为类Books添加如下代码：

```
public class Books : IValidatableObject //IValidatableObject接口为要验证的对象提供一种方法
{
    [Key]
    public int BookId { get; set; }                //该属性唯一标识实体Books，在数据库表中充当主键

    [Required, DisplayName("图书名")]
    public string BookName { get; set; }           //图书名称

    [Required, DisplayName("作者")]
    public string Author { get; set; }             //图书作者

    [Required, DisplayName("ISBN")]
    public string ISBN { get; set; }               //图书ISBN

    [Required, DisplayName("价格")]
    public decimal Price { get; set; }             //图书价格

    [Required, DisplayName("图片地址")]
    public string BookUrl { get; set; }            //图书图片地址

    public int BookTypeId { get; set; }            //图书类型，比如计算类、文学类等
    [ForeignKey("BookTypeId")]

    public BookTypes bookTypes { get; set; }       //导航属性
    //确定指定的对象是否有效
    public IEnumerable<ValidationResult> Validate(ValidationContext validationContext)
    {
        con100bcw db = new con100bcw();
        var isbn = db.Books.Where(s => s.ISBN == ISBN).ToList();
        if (Price < 0 && Price > 200)              //验证价格
        {
            yield return new ValidationResult("{0}要大于0且小于200", new[] { "Price" });
        }
        else if (BookId == 0 && isbn.Count() > 0)       //判断拥有该ISBN的图书是否存在
        {
            yield return new ValidationResult("ISBN已存在,请不要重复录入", new[] { "ISBN" });
        }
        else
        {
```

```
        yield return ValidationResult.Success;
        }
    }
}
```

13.3.2 添加图书类别

接下来添加图书类型类。右击Models文件夹，添加名为BookTypes的类，在BookTypes.cs的开头添加几个命名空间：

```
using System.ComponentModel;
using System.ComponentModel.DataAnnotations;
```

再为类BookTypes添加如下代码：

```
public class BookTypes
{
    public BookTypes()
    {
        Books = new HashSet<Books>();
    }
    [Key]
    public int BookTypeId { get; set; }              //图书类别Id，用作主键

    [Required, DisplayName("类别名称")]
    public string BookTypeName { get; set; }         //图书类别的名称，比如计算机类

    [DisplayName("类别描述")]
    public string Description { get; set; }          //图书类别的描述
    public ICollection<Books> Books { get; set; }    //集合型导航属性
}
```

图书类别和图书之间的关系是1对多的关系，因此这里使用了集合型导航属性。

13.3.3 在数据库上下文类中添加数据集成员

为了让图书类和图书类别类能映射到数据库表，我们需要在数据库上下文类中添加数据集类型的成员。打开con100bcw.cs，在类con100bcw中添加两个成员：

```
public virtual DbSet<Books> Books { get; set; }         //图书数据集
public virtual DbSet<BookTypes> BookTypes { get; set; }  //图书类别数据集
```

图书数据集Books对应数据库表中的dbo.Book，图书类别数据集BookTypes对应数据库表中的dbo. BookTypes。当然现在表还没创建。

13.3.4 添加 Books 控制器

Books控制器用于提供对图书数据进行新增、编辑、删除等功能的动作方法。

对Controllers右击，在弹出的快捷菜单中选择"添加"→"控制器"命令，在"添加已搭建基架的新项"对话框上，选择"包含视图的MVC5控制器（使用Entity Framework）"，再单击"添加"按钮。然后在"添加控制器"对话框中，设置模型类为"Books(_100bcwCom.Models)"，数据库上下文类为"con100bcw(_100bcwCom.Models)"，在"控制器名称"文本框中输入"BooksController"，如图13-9所示。

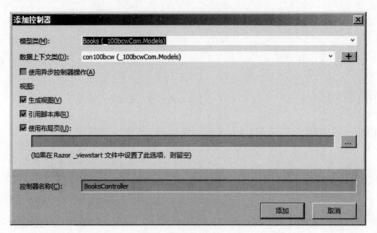

图 13-9

单击"添加"按钮，这样就成功生成BooksController.cs了，Views下也生成了一个Books文件夹。

13.3.5   添加样本数据并删除数据库

打开SampleData.cs，在seed方法中添加如下代码：

```
var Books = new List<Books>
{
    new Books { BookName = "Visual C++ 2017从入门到精通",Author="朱文伟",
ISBN="9787302542865", Price = 55, BookUrl = "image/vc2017.jpg",BookTypeId=1}
    };
    Books.ForEach(s => context.Books.Add(s));
    var BookTypes = new List<BookTypes>
    {
        new BookTypes { BookTypeId=1,BookTypeName = "计算机类",Description="以编程为主的
计算机类图书"},
        new BookTypes { BookTypeId=2,BookTypeName = "文学图书",Description="以小说为主的
计算机类图书"},
    };
```

这里，我们添加了一条Books数据和两条BookTypes数据。

为了让seed方法得到调用，这里准备删除数据库。当程序发现数据库不存在时就会新建，并会调用seed方法。打开"SQL Server对象资源管理器"，展开"数据库"，右击"CON100BCW"，在弹出的快捷菜单中选择"删除"命令，在"删除数据库"对话框上勾选"关闭现有连接"复选框，如图13-10所示。

图 13-10

单击"确定"按钮，然后运行程序，并确认一下数据库有没有生成。

13.3.6　首页新增图书管理链接并运行

上面我们通过Visual Studio自动建立了一个控制器及其配套视图，现在准备完善控制器及其视图。为了方便调试，我们可以在首页上增加一个"图书管理"链接。打开Views/Shared/_Layout.cshtml，在"用户管理"的ActionLink代码下添加一行：

```
<li>@Html.ActionLink("图书管理", "Index", "Books")</li>
```

程序运行后，首页顶部就多了一个"图书管理"链接，单击它将执行Books控制器的Index方法。当然，程序运行后直接在浏览器中输入URL"https://localhost:44392/Books"，也可以执行Users控制器的Index方法。

运行程序，在网站首页上方单击"图书管理"链接，此时将新建数据库，并调用seed方法。最终显示结果如图13-11所示。

Create New						
图书类别	图书名	作者	ISBN	价格	图片地址	
计算机类	Visual C++ 2017从入门到精通	朱文伟	9787302542865	55.00	image/vc2017.jpg	Edit | Details | Delete

图 13-11

说明我们的样本数据添加成功了，并能正确检索出来了。接着依次测试"Create New""Edit""Detail"和"Delete"等功能，没问题后再把"Create New""Edit""Detail"和"Delete"这些英文单词改为中文。

接下来，我们准备为图书管理增加搜索功能。既然要搜索，就需要多一些样本数据。在SampleData.cs中为Books多添加一些数据，代码如下：

```
var Books = new List<Books>
{
    new Books { BookName = "Visual C++ 2017从入门到精通" ,Author="朱文伟",
ISBN="9787302542865", Price = 55, BookUrl = "image/vc2017.jpg",BookTypeId=1},
    new Books { BookName = "Qt 5.12实战" ,Author="朱晨冰, 李建英", ISBN="9787302564775",
Price = 51, BookUrl = "image/qt5.jpg",BookTypeId=1},
    new Books { BookName = "Opencv4.5计算机视觉开发实战" ,Author="朱文伟",
ISBN="9787302580935", Price = 51, BookUrl = "image/VCopencv.png",BookTypeId=1},
    new Books { BookName = "OpenCV 4.5计算机视觉开发实战：基于Python" ,Author="李建英
",ISBN="9787302597636", Price = 39, BookUrl = "image/pyOpencv.jpg",BookTypeId=1},
    new Books { BookName = "Linux C与C++一线开发实践" ,Author="朱文伟", ISBN="9787302512554",
Price = 39, BookUrl = "image/linux一线.jpg",BookTypeId=1},
    new Books { BookName = "嵌入式Linux驱动开发实践" ,Author="朱文伟", ISBN="9787302649243",
Price = 59, BookUrl = "image/qlinux.jpg",BookTypeId=1},
    new Books { BookName = "Window C/C++加解密实战" ,Author="朱文伟", ISBN="9787302578215",
Price = 51, BookUrl = "image/winEn.jpg",BookTypeId=1},
    new Books { BookName = "Rust编程与项目实战" ,Author="朱文伟", ISBN="9787302660248",
Price = 61, BookUrl = "image/Rust.png",BookTypeId=1},
    new Books { BookName = "三国演义" ,Author="罗贯中",ISBN="9787807619031", Price = 8,
BookUrl = "image/sg.jpg",BookTypeId=2},
};
```

然后在SQL Server对象资源管理器中删除数据库，再运行程序，此时就可以在"图书管理"首页看到很多样本数据了，如图13-12所示。

图书类别	图书名	作者	ISBN	价格	图片地址	
计算机类	Visual C++ 2017从入门到精通	朱文伟	9787302542865	55.00	image/vc2017.jpg	编辑 | 详情 | 删除
计算机类	Qt 5.12实战	朱晨冰，李建英	9787302564775	51.00	image/qt5.jpg	编辑 | 详情 | 删除
计算机类	Opencv4.5计算机视觉开发实战	朱文伟	9787302580935	51.00	image/VCopencv.png	编辑 | 详情 | 删除
计算机类	OpenCV 4.5计算机视觉开发实战：基于Python	李建英	9787302597636	39.00	image/pyOpencv.jpg	编辑 | 详情 | 删除
计算机类	Linux C与C++一线开发实践	朱文伟	9787302512554	39.00	image/linux一线.jpg	编辑 | 详情 | 删除
计算机类	嵌入式Linux驱动开发实践	朱文伟	9787302649243	59.00	image/qlinux.jpg	编辑 | 详情 | 删除
计算机类	Window C/C++加解密实战	朱文伟	9787302578215	51.00	image/winEn.jpg	编辑 | 详情 | 删除
计算机类	Rust编程与项目实战	朱文伟	9787302660248	61.00	image/Rust.png	编辑 | 详情 | 删除
文学图书	三国演义	罗贯中	9787807619031	8.00	image/sg.jpg	编辑 | 详情 | 删除

图 13-12

13.3.7 实现图书管理的搜索功能

下面准备实现搜索功能。搜索功能用来快速判断某本图书是否存在，并可以查看或修改某本图书的信息。打开VIews/Books/Index.cshtml，在"<table class="table">"上一行添加如下代码：

```
<hr />
@using (Html.BeginForm("SearchBook", "Books"))
{
    <div style="display: flex;">
        <div style="margin-right: 20px;">
            @Html.DropDownList("BookType", ViewBag.BookType as SelectList, "选择类别...",
new { @class = "form-control", style = "width: 150px;", onchange = "this.form.submit();" })
        </div>
        <div style="margin-right: 20px;"> @Html.TextBox("key", "", new { style =
"width:200px;", @class = "form-control", placeholder = "输入书名关键字" })  </div>
        <input type="submit" value="搜索" class="btn btn-default" />
    </div>
}
<hr />
```

通过BeginForm的两个参数，我们指定了单击"搜索"按钮，将执行Books控制器下的SearchBook方法。"<div style="display: flex;">"用于将两个表单元素（文本框和按钮）置于同一行。"<div style="margin-right: 20px;">"用于将两个表单元素隔开20个像素。DropDownList将显示一个下拉列表框，以便用户选择图书类别，比如计算机类或文学图书等；还可以通过onchange来实现当选择改变时就自动提交表单，此时将根据图书类别把该类别下的所有图书显示出来。

若还要精确搜索某本书，可以在文本框中输入书名，这里文本输入框的name是"key"，因此稍后在SearchBook中也将出现同名的key参数。

下面实现Books控制器下的方法。因为我们在Index视图中用到了DropDownList，所以需要在Index方法中实例化一个SelectList对象。打开BooksController.cs，首先在Index开头添加一行代码：

```
ViewBag.BookType = new SelectList(db.BookTypes, "BookTypeID", "BookTypeName", "");
```

再在类BooksController中添加SearchBook方法：

```
public ActionResult SearchBook(string key, int BookType=0)
{
    var books = db.Books.ToList();  //获取所有图书集
    if (BookType > 0)
```

```
{
    books = db.Books.Where(b => b.BookTypeId == BookType).ToList();//根据类别搜索
}
if (!string.IsNullOrWhiteSpace(key))
{
    books = books.Where(b => b.BookName.Contains(key)).ToList(); //根据书名搜索
}
//实例化SelectList对象，这样DropDownList有选项可以显示
ViewBag.BookType = new SelectList(db.BookTypes, "BookTypeID", "BookTypeName", "");
return View("Index", books); //返回图书管理首页视图
}
```

SearchBook支持两种形式的查询，一种是类别查询，另外一种是书名关键字查询。如果是类别查询，则参数key的值为null；如果是根据书名关键字查询，则参数key存放的是用户输入的书名关键字。而BookType若不设置为默认参数，则它会被赋值为null。在C#中，int是一个值类型，并不是引用类型，因此它不能是null。当试图将int类型的变量赋值为null时，编译器会报错。所以这里让BookType变成了默认参数，也就是当页面上没有选择任何图书类别的时候，BookType就能取0。

SearchBook的查询通过Where根据图书类别或者图书名称来实现，然后又返回图书管理的Index视图，并把查询结果books传给该视图，以便在首页视图上显示出来。

最后我们把"Create New""Edit""Detail"和"Delete"改为中文，然后运行程序，进入用户管理，输入7，单击"搜索"，运行结果如图13-13所示。

图书管理首页

添加图书

| 选择类别... ▾ | 7 | 搜索 |

图书类别	图书名	作者	ISBN	价格	图片地址	
计算机类	Visual C++ 2017从入门到精通	朱文伟	9787302542865	55.00	/image/vc2017.jpg	编辑 | 详情 | 删除

图 13-13

至此，我们的图书管理功能基本完成了。

13.4　实现首页列表区

三大管理（用户管理、图书管理和订单管理）我们已轻松实现了两个。最后一个订单管理稍微复杂些，因为前置操作比较多，比如先要实现首页，让用户可以购买，然后产生订单，有了订单后我们才可以进行订单管理。现在我们来实现首页。

首页一般就是陈列各个图书商品，并提供链接让用户查看图书详细信息和购买入口。在首页上罗列商品信息，一般要把图书商品的图片展示出来，以增加美观度并吸引客户。另外，主页上分为3个功能区域，最上方是主菜单区，左边是类别区，右边是该类别下的图书列表区。主菜单区的菜单项链接在_Layout.cshtml中设置，比如先前的"用户管理"和"图书管理"链接都是在这个文件中添加。

13.4.1 实现视图

图书列表区主要显示各个图书的封面图片、书名和购买链接。打开Views/Home/Index.cshtml，添加如下代码：

```
@model  IEnumerable<_100bcwCom.Models.Books>

@{
    ViewBag.Title = "Home Page";
}
<h2>欢迎光临一百书店</h2>
<div class="container">
    <div class="row">
        <h2 class="text-center" style="padding-top:20px;">商品一览</h2>

        <div id="boolist" class="row">
            @{Html.RenderPartial("~/Views/Home/BookListPartial.cshtml", @Model);}
        </div>

    </div>
    </div>
</div>
```

IEnumerable和IEnumerable<T>接口是.NET Framework中最基本的集合访问器，它定义了一组扩展方法，用来对数据集合中的元素进行遍历、过滤、排序、搜索等操作。因为我们要把图书数据集中的所有图书都显示在视图上，所以这里用了IEnumerable<_100bcwCom.Models.Books>。

为了让首页简洁些，这里用分布视图方式来显示图书列表，也就是把显示图书列表的任务放到~/Views/Home/BookListPartial.cshtml中，并把模型@Model（也就是图书数据集）传给它。Html.Partial是用于渲染局部视图的方法。

在Views/Home中添加一个分部视图BookListPartial.cshtml，输入如下代码：

```
@model  IEnumerable<_100bcwCom.Models.Books>

<div class="row">
    @foreach (var item in Model)
    {
        @Html.Partial("~/Views/Home/BooksPartail.cshtml", item)
    }
</div>
```

我们通过IEnumerable获取了图书集合，再通过foreach循环来遍历其中的每个元素，并将其传入BooksPartail视图。视图BooksPartail用于显示每本图书。这样通过foreach就把所有的图书都显示出来了。

在Views/Home添加一个分部视图BooksPartail.cshtml，输入如下代码：

```
@model _100bcwCom.Models.Books

<div class="col-md-3">
    <ul id="Book-list" style="list-style: none;">
        <a href="@Url.Action("Details","Home",new { id=Model.BookId})">
            <img alt="@Model.BookName" src="@Model.BookUrl" class="img-thumbnail"
style="width:180px;height:200px" />
            <br>@(Model.BookName)(@Model.Author)   @Model.Price</br>
```

```
        </a>

        <button type="button" class="btn btn-primary" onclick="window.location.href =
'@Url.Action("InsertCart","CartGoods",new { bookID=Model.BookId})'">购买</button>
    </ul>
</div>
```

传入这个视图的模型数据是单本书，我们通过<img>标签显示图书的封面图片。封面图片路径保存在BookUrl中。然后通过"
@(Model.BookName)(@Model.Author)@Model.Price</br>"显示书名、作者和价格等信息。我们单击图书封面图片，会跳转到Home控制器下的Details方法。这个方法用于显示图书的详细信息，而且会把当前图书的BookId传给Details方法。

最后放置一个<button>标签，用于实现"购买"链接。购买的第一步就是把看中的图书插入购物车，这个购物车在13.8节讲解。

稍后会添加的Home控制器下的Details方法，最终会返回一个Details视图，在Views/Home下添加视图Details，在Details.cshtml中添加如下代码：

```
@model _100bcwCom.Models.Books

@{
    ViewBag.Title = "Details";
}

<h2>Details</h2>

<div>
    <h4>Books</h4>
    <hr />
    <dl class="dl-horizontal">
        <dt>
            @Html.DisplayNameFor(model => model.bookTypes.BookTypeName)
        </dt>

        <dd>
            @Html.DisplayFor(model => model.bookTypes.BookTypeName)
        </dd>

        <dt>
            @Html.DisplayNameFor(model => model.BookName)
        </dt>

        <dd>
            @Html.DisplayFor(model => model.BookName)
        </dd>

        <dt>
            @Html.DisplayNameFor(model => model.Author)
        </dt>

        <dd>
            @Html.DisplayFor(model => model.Author)
        </dd>

        <dt>
            @Html.DisplayNameFor(model => model.ISBN)
        </dt>

        <dd>
            @Html.DisplayFor(model => model.ISBN)
```

```
            </dd>
            <dt>
                @Html.DisplayNameFor(model => model.Price)
            </dt>
            <dd>
                @Html.DisplayFor(model => model.Price)
            </dd>
        </dl>
    </div>
    <p>
        @Html.ActionLink("返回首页", "Index")
    </p>
```

该视图的内容显示图书详细信息。最后放置一个"返回首页"的链接。

13.4.2　实现动作方法

首先在Home控制器的Index方法中传递图书数据集给视图。打开HomeController.cs，为类添加成员变量：

```
con100bcw db = new con100bcw();
```

db是一个数据库上下文对象，通过它可以访问图书数据集。

再在Index方法中添加如下代码：

```
public ActionResult Index()
{
    ViewBag.BookType = db.BookTypes.ToList(); //把图书类别数据集转为列表后保存
    return View(db.Books); //把图书数据集传递给Index视图
}
```

我们把图书类别数据集转为列表后保存到ViewBag，这个数据集在其他地方要用到。然后把图书数据集传递给Index视图。

接下来，我们在Home控制器下添加Details方法，以便用户单击图书封面可以查看到图书的详细信息。在类HomeController中添加Details方法，代码如下：

```
// GET: Home/Details/5
public ActionResult Details(int? id)
{
    if (id == null)  //判断id是否为空
    {
        return new HttpStatusCodeResult(System.Net.HttpStatusCode.BadRequest);
    }
    var books = db.Books.Find(id);  //根据id查询图书对象
    if (books == null) //判断是否找到
    {
        return HttpNotFound();
    }
    return View(books);  //把图书对象传递给Details视图
}
```

13.4.3 准备运行查看首页列表区

现在，关于首页列表区的代码基本完成了。为了能正确地在首页上显示图书封面图片，需要在项目目录下新建一个 image 文件夹，然后放置图书封面图片。这里的路径是100bcwCom\100bcwCom\image，第一个100bcwCom是解决方案文件夹名称，第二个100bcwCom是项目文件夹名称。在100bcwCom\100bcwCom\下新建一个Home文件夹，把image文件夹也复制一份到Home下，以后搜索会用到Home文件夹下的image目录。这两个image目录下的图片文件保持一致。

运行一下程序，结果如图13-14所示。

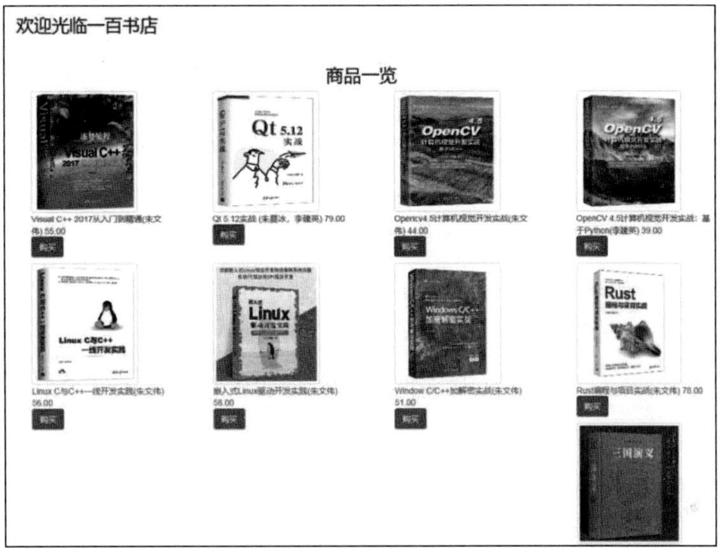

图 13-14

至此，我们基本实现了首页列表区，接下来实现首页类别区。

13.5 实现首页类别区

首页上的图书类别放在左边，目前分为计算机类和文学图书两大类。当单击"计算机类"时，将显示计算机类下的所有图书；当单击"文学图书"时，将显示所有文学类图书。

13.5.1 实现视图

打开Views/Home/Index.cshtm，在"商品一览"下面添加如下代码：

```
<div class="col-md-2">
    <strong>类别查询</strong>
        @{var bookTypes = ViewBag.BookType as List<_100bcwCom.Models.BookTypes>;}
        @foreach (var booktype in bookTypes)
        {
            <p>
```

```
                    @Html.ActionLink(booktype.BookTypeName, "SearchBook", new { booktype =
booktype.BookTypeId })
            </p>
        }
</div>
```

首先把获取到的图书类别保存为一个列表（List），然后通过一个循环遍历图书类别，并把类别名称作为超级链接显示出来。这个链接将定向到Home控制器的SearchBook方法，意思是单击某个类别后，将显示该类别下的所有图书，比如单击"计算机类"，将显示所有计算机类图书。

13.5.2 实现动作方法

我们要实现单击某个图书类别后所执行的动作方法SearchBook，在HomeController.cs下添加方法如下：

```
public ActionResult SearchBook(int BookType) //参数是用户单击的图书类别
{
    var books = db.Books.ToList(); //把图书数据集转为列表后保存
    if (BookType > 0) //如果图书类别的值大于0
    {
        //在所有图书中搜索类别为BookType的图书集合并转为列表后保存到books
        books = db.Books.Where(b => b.BookTypeId == BookType).ToList();
    }
    ViewBag.BookType = db.BookTypes.ToList(); //图书类别数据集转为列表后保存
    return View("Index",books); //调用Index方法，并传入BookType类别下的图书集合
}
```

逻辑很简单，就是在所有图书中搜索出类别是用户单击的那个类别的所有图书，然后把结果传入Index方法中，在Index视图中再调用BookListPartial视图显示该类别下的所有图书。

13.5.3 测试首页类别查询功能

现在我们来测试一下首页的类别功能，也就是单击某个图书类，然后依旧在首页显示该类别下的所有图书。运行程序，在首页上单击"文学图书"，结果如图13-15所示。

图 13-15

可以看到，唯一的文学图书《三国演义》被搜索出来了。至此类别查询功能基本完成。

13.6　实现搜索功能

任何购物网站，搜索商品的功能必不可少。比如输入某本书的名字，搜索出这本书是否正在出售。现在我们将在首页上放置一个搜索框，让用户输入书名关键字进行搜索。

13.6.1　实现视图

主页上的搜索功能可以通过一个表单来实现，表单内放置一个文本输入框和一个提交按钮即可。用户在文本输入框内输入要搜索的书名关键字后，单击名为"搜索"的提交按钮即可开始查询。

打开Views/Home/Index.cshtml，在"<div id="boolist" class="row">"前输入如下代码：

```
<hr />
    @using (Html.BeginForm("SearchBook", "Home"))
    {
        <div style="display: flex;">
            <div style="margin-right: 20px;"> @Html.TextBox("key", "", new { style =
"width:200px;", @class = "form-control", placeholder = "输入书名关键字" }) </div>
                <input type="submit" value="搜索" class="btn btn-default" />
        </div>
    }
<hr />
```

通过BeginForm的两个参数，我们指定了单击"搜索"按钮将执行Home控制器下的SearchBook方法。"<div style="display: flex;">"用于将两个表单元素（文本框和按钮）置于同一行。"<div style="margin-right: 20px;">"用于将两个表单元素隔开20个像素。这里的文本输入框的name是"key"，因此稍后在SearchBook中也将出现同名的key参数。

13.6.2　实现动作方法

细心的读者可能会有疑问：Home下的SearchBook方法不是用于类别查询的吗，接收的参数是BookType，怎么能接收key呢？别急，我们来对它做一下改造，使其既可以用于类别查询，也可以用于书名搜索。

首先为方法SearchBook增加参数key，比如：

```
public ActionResult SearchBook(string key,int BookType)
```

但仅仅这样是不对的，因为在搜索图书时，只有一个name为key的表单元素，因此只会对参数key赋值，其他参数都会赋值为null，而BookType的类型是int，这就有问题了。在C#中，int是一个值类型，并不是引用类型，因此它不能是null。当试图将int类型的变量赋值为null时，编译器会报错。如果需要一个可以为null的整数类型，可以使用int?，这是Nullable<int>的简写，是一个可以为null的值类型。另外的方法就是让BookTyp成为默认参数，给它一个默认实参值，比如0。这里就采取把BookType修改为默认参数的方法，修改后的方法原型如下：

```
public ActionResult SearchBook(string key,int BookType=0)
```

这样就不会报错了。当搜索图书时，BookType就是0；当查询类别时，key就是null，string类型变量为null是完全没问题的。

下面我们处理方法体，使其支持书名关键字搜索，添加代码后的最终版本如下：

```csharp
public ActionResult SearchBook(string key,int BookType=0)
{
    var books = db.Books.ToList();
    if (BookType > 0)
    {
        books = db.Books.Where(b => b.BookTypeId == BookType).ToList();
    }
    if (!string.IsNullOrWhiteSpace(key))
    {
        books = books.Where(b => b.BookName.Contains(key)).ToList();
    }
    ViewBag.BookType = db.BookTypes.ToList();
    return View("Index",books);
}
```

首先判断key是否为null或空格，然后通过Where在所有图书中检索出书名（BookName）包含key的图书，并把结果存于books，然后传给Index视图去显示。

13.6.3　测试首页搜索功能

现在我们来测试一下首页的搜索功能。运行程序，在首页的搜索文本框内输入4，然后单击"搜索"按钮，此时运行结果如图13-16所示。可以看到，书名中包含"4"的图书全部被搜索出来了。至此，我们的首页图书搜索功能基本实现了。

图 13-16

13.7　注册、登录和注销

买家要进行购买操作必须先登录，而登录的前提是该买家已经注册。注册就是在数据库中新建买家信息的过程。注册后，买家方可登录网站，之后才可进行购买行为。注册的入口一般和登录放在同一个视图页面上。

13.7.1　首页增加登录链接

首先在首页上增加"登录"的链接，打开Shared/_Layout.cshtml，添加如下代码：

```
<li>@Html.ActionLink("登录", "Login", "Auth")</li>
```

它将执行Auth控制器的get方式的Login方法。

13.7.2　添加 GET 方式的 Login 方法

在Controllers下添加名为AuthController的空MVC 5控制器，在AuthController.cs中添加GET方式的Login方法，代码如下：

```
public ActionResult Login()
{
    return View();
}
```

这个动作方法很简单，就是返回Login视图。

13.7.3　添加 Login 视图

Login视图就是让用户输入登录信息或提供"注册"入口的页面。在Views/Auth下添加名为Login的视图，在Login.cshtml中，添加如下代码：

```
@model _100bcwCom.Models.Users

<h2>登录</h2>
@using (Html.BeginForm())
{
        <div class="form-group">
            @Html.LabelFor(m => m.UserName)
            @Html.TextBoxFor(m => m.UserName, new { @class = "form-control", placeholder
= "输入用户名" })
            @Html.ValidationMessageFor(m => m.UserName, "", new { @class = "text-danger" })
        </div>
        <div class="form-group">
            @Html.LabelFor(m => m.Password)
            @Html.PasswordFor(m => m.Password, new { @class = "form-control", placeholder
= "输入密码" })
            @Html.ValidationMessageFor(m => m.Password, "", new { @class = "text-danger" })
        </div>
        <p><input type="submit" value="登录" class="btn btn-default" /></p>
}
<hr />
@Html.ActionLink("注册", "Register", "Auth")

@section Scripts {
    @Scripts.Render("~/bundles/jqueryval")
}
```

单击"登录"按钮将提交表单，此时将执行POST方式的Login方法。单击"注册"按钮将执行Auth控制器的Register方法。

13.7.4 添加 GET 方式的注册

在Controllers下添加名为AuthController的空MVC 5控制器，在AuthController.cs中添加GET方式的Register方法，代码如下：

```
public ActionResult Register()
{
    return View();
}
```

该方法也仅返回Register视图，向用户提供输入注册信息的页面。

13.7.5 添加 Register 视图

Register视图就是让用户输入登录信息或提供"注册"入口的页面，其实这个视图页面和用户管理的"新增用户"视图类似，只不过不需要选择用户角色而已。限于篇幅，这里不再列出源码。

Register视图提交后，将执行Auth控制器中POST方式的Register方法。

13.7.6 添加 POST 方式的注册

在Controllers下添加名为AuthController的空MVC 5控制器，在AuthController.cs中添加POST方式的Register方法，代码如下：

```
[HttpPost]
public ActionResult Register(Users users)
{
    if (ModelState.IsValid)
    {
        users.RoleID = 2;       //指定用户角色是买家
        users.IsValid = true;   //指定该用户有效
        db.Users.Add(users);    //添加到用户数据集
        db.SaveChanges();       //保存到数据库
        //提示注册成功并返回Login
        Response.Write("<script>alert('注册成功，请登录');location='Login'</script>");
        return Content("");
    }
    return View(users); //属性检查有误，依旧返回Register视图
}
```

13.7.7 开启表单验证

由于我们即将实现的登录和注销功能使用的是表单验证方式，因此需要在网站开启表单验证。打开项目根目录下的Web.config，在<system.web>节中添加如下代码：

```
<authentication mode="Forms">
    <forms loginUrl="/Auth/login" protection="All" timeout="100" path="/"
requireSSL="false" slidingExpiration="true" enableCrossAppRedirects="false"
cookieless="UseDeviceProfile" domain="" />
</authentication>
```

通过loginUrl，我们可以看到默认登录URL为/Auth/login。后面用户注销成功时，将通过RedirectToLoginPage方法跳转到这个URL。

13.7.8　添加 POST 方式的 Login 方法

在Controllers下添加名为AuthController的空MVC5控制器，在AuthController.cs中添加POST方式的Login方法，代码如下：

```
[HttpPost]
public ActionResult Login(string userName, string password)
{
    //在用户数据集中搜索出用户名和密码与参数匹配的那个用户
    var user = db.Users.Include("Roles").Where(s => s.UserName.Equals(userName) &&
s.Password.Equals(password)).FirstOrDefault();
    if (user == null) //判断是否找到用户
    {
        ViewBag.ErrorMessage = "用户名或者密码错误。";
        return View(); //返回Login视图
    }
    //为提供的用户名创建一个身份验证票据
    FormsAuthenticationTicket authTicket = new FormsAuthenticationTicket(
            1,
            user.UserName,
            DateTime.Now,
            DateTime.Now.AddMinutes(1000),
            false,
            user.Roles.RoleName //保存角色名，以便支持角色授权
            );
    string encryptedTicket = FormsAuthentication.Encrypt(authTicket);
    HttpCookie authCookie = new HttpCookie(FormsAuthentication.FormsCookieName,
encryptedTicket);
    System.Web.HttpContext.Current.Response.Cookies.Add(authCookie);

    //把登录成功的用户名、角色、角色名称和用户ID信息存在Session中
    Session["Username"] = user.UserName;
    Session["RoleID"] = user.RoleID;
    Session["RoleName"] = user.Roles.RoleName;
    Session["UserID"] = user.UserId;
    return RedirectToAction("Index", "Home");//登录成功直接进入首页
}
```

这个Login方法既支持买家登录，也支持管理员登录。首先我们在用户数据集中搜索与参数一致的用户名和密码，然后通过SetAuthCookie为登录的用户创建一个身份验证票据，并将该票据添加到响应的Cookie集合中或URL中（如果使用的是无Cookie身份验证）。FormsAuthentication.SetAuthCookie()就是用于产生客户端加密的Cookie，这样代表验证通过，下一次访问需要验证的时候，服务器就直接读取Cookie进行验证，不需要转到登录页面。

最后，把登录成功的用户名、角色、角色名称和用户ID信息存在Session中。这里的Session的类型是HttpSessionStateBase，它是类WebPageRenderingBase的成员属性。类WebPageRenderingBase提供使用Razor视图引擎的页的方法和属性。

Session是一种记录客户状态的机制。当客户端浏览器访问服务器的时候，服务器把客户端信息以某种形式记录下来，这就是Session。客户端浏览器再次访问时只需从该Session中查找该客户

的状态就可以了。Session保存在服务器端,为了获取更高的存取速度,服务器一般把Session放在内存里,每个用户都会有一个独立的Session。如果Session内容过于复杂,当大量用户访问服务器时可能会导致内存溢出。因此,Session里的信息应该尽量精简。

Session在用户第一次访问服务器的时候自动创建。需要注意,只有在访问Web程序时才会创建Session,只访问HTML、IMAGE等静态资源并不会创建Session。Session生成后,只要用户继续访问,服务器就会更新Session的最后访问时间,并维护该Session。用户每访问服务器一次,无论是否读写Session,服务器都认为该用户的Session活跃(active)一次。

由于越来越多的用户访问服务器,Session也会越来越多,为了防止内存溢出,服务器会把长时间没有活跃的Session从内存中删除,这个时间就是Session的超时时间。如果超过了超时时间没访问过服务器,Session就自动失效了。

虽然Session保存在服务器,对客户端是透明的,但它的正常运行仍然需要客户端浏览器的支持,这是因为Session需要使用Cookie来作为识别标志。HTTP是无状态的,Session不能依据HTTP连接来判断是否为同一客户。当程序需要为某个客户端的请求创建一个Session时,服务器首先检查这个客户端的请求里是否已包含了一个Session标识(称为Session ID),如果已包含则说明以前已经为此客户端创建过Session,服务器就按照Session ID把这个Session检索出来使用(检索不到,会新建一个);如果客户端请求中不包含Session ID,则为此客户端创建一个Session并且生成一个与此Session相关联的Session ID。Session ID的值应该是一个既不会重复,又不容易被找到规律的字符串。Session ID将在本次响应中返回给客户端保存。

保存这个Session ID的方式可以采用Cookie,这样在交互过程中浏览器可以自动地按照规则把这个标识发给服务器。一般Cookie的名字都类似于Session ID。但Cookie可以被人为禁止,因此必须有其他机制以便在Cookie被禁止时仍然能够把Session ID传递回服务器。经常使用的一种技术叫作URL重写,就是把Session ID直接附加在URL路径的后面。还有一种技术叫作表单隐藏字段,就是服务器会自动修改表单,添加一个隐藏字段,以便在表单提交时能够把Session ID传递回服务器。

Session是解决HTTP协议无状态问题的服务端解决方案,它能让客户端和服务端一系列交互动作变成一个完整的事务,能使网站变成一个真正意义上的软件。

13.7.9 添加注销方法

有了登录,那肯定要有注销,也就是退出网站。在类AuthController中添加注销方法,代码如下:

```
public void Logoff()
{
    Session.Clear();                                //从会话状态集合中移除所有键和值
    FormsAuthentication.SignOut();                  //从浏览器中移除的表单身份验证票据
    FormsAuthentication.RedirectToLoginPage();      //将浏览器重定向到登录名的URL
}
```

13.7.10 不同角色显示不同视图

登录后,买家所见的视图和管理员所见的视图是不同的。买家注重购买,所以应该向其展现购物车、订单等菜单。而管理员登录后,应该向其展现用户管理、商品管理和订单管理等菜单。我们可以通过Session["RoleName"]和Session["RoleID"]等方式来控制不同的显示。

打开_Layout.cshtml，在"<li>@Html.ActionLink("主页", "Index", "Home")</li>"下修改代码：

```
@if (Session["RoleName"] != null)
{
    if (Session["RoleName"].ToString() == "管理员")
    {
        <li>@Html.ActionLink("用户管理", "Index", "Users")</li>
        <li>@Html.ActionLink("图书管理", "Index", "Books")</li>
    }
    else if (Session["RoleID"].ToString() == "2")
    {
        <li>@Html.ActionLink("购物车", "Index", "CartGoods")</li>
        <li>@Html.ActionLink("我的订单", "Index", "Orders")</li>
    }
    <li>@Html.ActionLink("你好: " + Session["UserName"].ToString(), actionName: "MyInfo",
controllerName: "Users")</li>
    <li>@Html.ActionLink("退出", "Logoff", "Auth")</li>
}
else
{
    <li>@Html.ActionLink("登录", "Login", "Auth")</li>
}
<li>@Html.ActionLink("关于", "About", "Home")</li>
<li>@Html.ActionLink("联系方式", "Contact", "Home")</li>
```

首先判断Session["RoleName"]是不是null，如果是null，则说明有空，此时将显示"登录"链接；否则判断Session["RoleName"]是不是管理员，如果是管理员，则显示两个管理链接；再判断Session["RoleID"]是不是2，是2则说明是买家，则显示购物车和订单。无论是管理员还是买家登录，都会显示"你好：+用户名"，以及"退出"链接。

13.7.11 此时注册、登录和注销

运行程序，在首页上单击"登录"按钮，进入登录页面，或单击"注册"按钮，进入注册页面，输入一些用户信息，用户名是"张三"，密码是"111111"，如图13-17所示。

单击"我要注册"按钮，此时提示注册成功，如图13-18所示。

单击"确定"按钮，进入登录页面，输入用户名"张三"和密码"111111"，如图13-19所示。

图 13-17

图 13-18

图 13-19

单击"登录"按钮。登录成功进入首页，首页菜单上就有购物车、订单页面等信息，如图13-20所示。

图 13-20

单击"退出"按钮，又回到登录页面，我们输入管理员账号：宋烨阳和123456。然后单击"登录"按钮，进入首页，可以看到用户管理、商品管理等菜单项了，如图13-21所示。

图 13-21

至此，我们实现了不同的用户角色登录后，显示不同的首页菜单区的效果（提供的功能不一样）。下面我们准备实现购买相关的功能。

13.8　购 物 车

买家登录并看中某本图书后，会单击"购买"链接，把这本书加入购物车，然后选择其他书，等所有要买的书都加入购物车后，就可以进行结算。这个购买流程相信读者相当熟悉。本节实现购物车功能。

类似超市里的购物车放实际商品，购物网站的购物车保存的是用户即将购买的商品。

13.8.1　添加购物车商品模型类

为了下次登录网站时购物车中依旧有商品信息，我们需要将购物车中的商品信息保存到数据库，因此需要建立购物车商品模型类。

在Models文件夹下添加名为CartGoods的类，在CartGoods.cs的开头添加几个命名空间：

```
using System.ComponentModel;
using System.ComponentModel.DataAnnotations;
using System.ComponentModel.DataAnnotations.Schema;//for ForeignKey
```

再为类CartGoods添加如下代码：

```
public class CartGoods  //购物车商品类
{
    [Key]  //声明CartID为主键
    public int CartID { get; set; } //购物车模型ID，以后作为数据库表的主键
    public int UserId { get; set; } //添加商品的用户ID
    public int BookID { get; set; } //添加的图书ID
    [Required, DisplayName("数量")]  //在视图页面上显示"数量"
    [Range(1, 10)]                  //约束每种书可以购买的数量是1到10本
    public int Number { get; set; } //添加的图书数量
    [ForeignKey("UserId")]          //把UserId作为外键
```

```
    public Users Users { get; set; } //导航属性，每一个导航属性必须声明成public和virtual
    [ForeignKey("BookID")]          //把BookID作为外键
    public Books Books { get; set; } //导航属性，每一个导航属性必须声明成public和virtual
}
```

　　购物车相当于数据库中的一张表，表中的每条记录对应购物车中的某本书。购物车中的书需要有图书ID、买家ID、所要购买的图书的数量等关键属性。

13.8.2　在数据库上下文类中添加数据集成员

　　为了让购物车类能映射到数据库表，我们需要在数据库上下文类中添加数据集类型的成员。打开con100bcw.cs，在类con100bcw中添加两个成员，代码如下：

```
public virtual DbSet<CartGoods> CartGoods { get; set; } //购物车数据集
```

　　购物车商品数据集CartGoods对应数据库表中的dbo.CartGoods。当然现在表还没创建。

13.8.3　添加购物车商品控制器

　　购物车商品控制器用于提供将商品添加到购物车、将商品从购物车中删除，以及对购物车中的商品数量进行增加、减少等功能。

　　对Controllers右击，在弹出的快捷菜单中选择"添加"→"控制器"命令，在"添加已搭建基架的新项"对话框上，选择"MVC 5控制器 - 空"，输入控制器名称为CartGoodsController。现在在CartGoodsController.cs中只有一个简单的Index方法，我们来完善它。首先在文件开头添加命名空间：

```
using _100bcwCom.Models; //这是为了使用数据库上下文类
```

　　再为类CartGoodsController添加一个数据库上下文类的成员对象db，并实例化：

```
con100bcw db = new con100bcw(); //con100bcw是数据接上下文类
```

　　再完善Index方法，代码如下：

```
public ActionResult Index()
{
    int id = Convert.ToInt32(Session["UserID"].ToString().Trim()); //得到用户ID
    //查询该用户的购物车中的图书信息
    var cart = db.CartGoods.Include("Books").Include("Users").Where(a =>
a.UserId.Equals(id)).ToList();
    ViewBag.Total = cart.Sum(s => s.Number * s.Books.Price); //计算总价
    return View(cart);
}
```

　　首先获取Session中的用户ID，然后根据用户ID在购物车数据集中查询该用户购物车中的图书信息，并计算出这些图书的总价，最后把该用户购物车中的所有图书集合传给Index视图去显示。

13.8.4　实现购物车 Index 视图

　　购物车的Index视图主要以列表形式显示购物车中的图书信息，并且提供链接，让用户可以增加或减少图书数量，以及进行结算等。

在Views/Cart下添加名为Index的视图，在Index.cshtml中删除原有代码，并添加如下代码：

```
@model IEnumerable<_100bcwCom.Models.CartGoods>

<div class="row">
    <h3>购物车</h3>
</div>

<table class="table table-hover" id="table">
    <tr>
        <th>
            @Html.DisplayNameFor(model => model.Users.UserName)
        </th>
        <th>
            @Html.DisplayNameFor(model => model.Books.BookName)
        </th>
        <th>
            @Html.DisplayNameFor(model => model.Books.Author)
        </th>
        <th>
            @Html.DisplayNameFor(model => model.Books.Price)
        </th>
        <th>
            @Html.DisplayNameFor(model => model.Books.BookUrl)
        </th>
        <th>
            @Html.DisplayNameFor(model => model.Number)
        </th>
        <th></th>
    </tr>

    @foreach (var item in Model)
    {
        <tr>
            <td>
                @Html.DisplayFor(modelItem => item.Users.UserName)
            </td>
            <td>
                @Html.DisplayFor(modelItem => item.Books.BookName)
            </td>
            <td>
                @Html.DisplayFor(modelItem => item.Books.Author)
            </td>
            <td>
                @Html.DisplayFor(modelItem => item.Books.Price)
            </td>
            <td>
                <img id="Image1" src="@item.Books.BookUrl" height="82" width="92" />
            </td>
            <td>
                @Html.DisplayFor(modelItem => item.Number)
            </td>
            <td>
                @Html.ActionLink("增加", "PlusOne", new { id = item.CartID }) |
                @if (item.Number > 1)
                {@Html.ActionLink("减少", "MinusOne", new { id = item.CartID }) }
```

```
            else
        { <span>减少</span>}|
            @Html.ActionLink("删除", "Delete", new { id = item.CartID })
        </td>
    </tr>
    }
</table>
<hr />
 总计: @ViewBag.Total
<br /><br />
@Html.TextBox("Submit", "结算", new { @class = "btn btn-primary", Type = "Submit", onclick
= "window.location.href ='" + @Url.Action("CheckOut", "CheckOut") + "'" })
```

传进来的模型数据是购物车中商品的集合，通过foreach循环将其显示在表格中，表格每行的末尾有"增加"和"减少"按钮来控制数量。在末尾还有数量的"总计"和"结算"链接。

运行程序并登录，进入购物车页面，结果如图13-22所示。

购物车					
用户名	图书名	作者	价格	封面	数量

总计: 0

结算

图 13-22

现在购物车是空的，所以表格中没有记录。

13.8.5　实现购物车的角色访问控制

细心的读者可能会发现，如果在浏览器中直接访问CartGoods，将会导致程序报错，如图13-23所示。

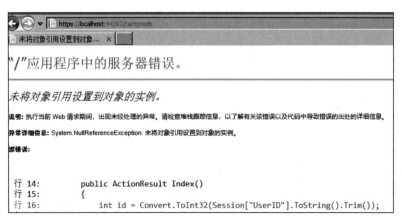

图 13-23

这是因为在CartGoodsController类的Index方法中，若买家没有登录，则Session["UserID"]为null，所以就报错了。因此，我们应该对此加以控制，必须要求买家登录后才能访问CartGoodsController类。这里我们限定买家才能访问购物车，管理员相当于是卖家，所以不用访问购物车。

解决方案一般有两种方式，传统方式是在每个方法开头对Session["UserID"]进行判断，比如：

```
if(Session["UserID"]==null && Session["RoleName"]=='买家') //判断该买家是否依旧登录
{
    Response.Write("<script>alert('请先登录'); location='/Auth/Login'</script>");
    return Content("");
}
```

这种方式稍显烦琐。现在有更加简捷的方式，就是在方法或类前加Authorize特性。由于CartGoodsController类的大部分方法都要登录后才能访问，因此可以把Authorize特性加在类上方，代码如下：

```
[Authorize(Roles = "买家")]
public class CartGoodsController : Controller
```

我们将采用Authorize来控制角色访问。角色名称已经在登录时通过FormsAuthenticationTicket设置过了。我们还需要添加获取角色名的代码，在Global.asax.cs中添加如下代码：

```
protected void Application_AuthenticateRequest(Object sender, EventArgs e)
{
    //获取Cookie
    HttpCookie authCookie =
Context.Request.Cookies[FormsAuthentication.FormsCookieName];
    if (authCookie == null || authCookie.Value == "")
        return;

    FormsAuthenticationTicket authTicket;
    try
    {
        //解析Cookie
        authTicket = FormsAuthentication.Decrypt(authCookie.Value);
    }
    catch
    {
        return;
    }

    // 解析权限
    string[] roles = authTicket.UserData.Split(';');
    if (Context.User != null)
        //把权限赋值给当前用户
        Context.User = new GenericPrincipal(Context.User.Identity, roles);
}
```

此时运行程序，然后在URL中直接访问CartGoods，就会发现可以自动跳转到登录页了。

13.8.6　添加"插入商品到购物车"方法

我们在BooksPartail.cshtml中已经为"购买"链接设置了对应的方法，即CartGoods控制器下的InsertCart方法，该方法的意思就是用户单击"购买"链接后，把该商品放到购物车中。现在我们来实现该方法。打开CartGoodsController.cs，为CartGoodsController类的InsertCart添加如下代码：

```
public ActionResult InsertCart(int bookID) //参数是用户准备购买的图书的ID
{
    int userID = Convert.ToInt32(Session["UserId"].ToString().Trim()); //得到用户ID
    //在购物车商品数据集中搜索与bookID和userID一致的记录
```

```
        var newcart = db.CartGoods.Where(a => a.BookID.Equals(bookID) &&
a.UserId.Equals(userID)).FirstOrDefault();
        if (newcart == null) //如果没找到，就说明该商品还没出现在购物车中
        {
            CartGoods cartgoods = new CartGoods(); //实例化一个购物车商品对象
            cartgoods.BookID = bookID; //设置该图书商品的BookID
            cartgoods.UserId = userID; //设置该图书商品的UserId
            cartgoods.Number = 1;       //刚开始，该图书商品的数量为1
            db.CartGoods.Add(cartgoods); //将该商品添加进购物车商品的数据集中
        }
        else //若该图书商品已经存在于购物车中，则改变数量，重新附加
        {
            newcart.Number++; //商品数量加1
            db.CartGoods.Attach(newcart); //重新附加填充数据集中已存在的实体
            db.Entry(newcart).State = EntityState.Modified; //设置"已修改"状态
        }
        db.SaveChanges(); //保存到数据库
        return Content("<script>alert('添加至购物车成功！');history.go(-1);</script>");
    }
```

db.CartGoods.Attach的意思是重新填充数据集中已经存在的实体，也就是用newcart填充数据集中已存在的实体。因为这个实体（newcart）已经在数据库中存在了，我们现在要改变它的一个属性（newcart.Number），所以要把它更新到内存的数据集上下文中，然后更改其状态为"已修改"。注意：上下文中已处于其他状态的实体会将它们的状态设置为"未更改"，因此我们要将其状态改为"已修改"。

最后保存更新（db.SaveChanges）到数据库中。SaveChanges不会尝试将已附加的实体插入数据库中，因为假定该实体已存在于数据库中，则没必要再将该实体插入数据库，至多就是更新一下某个属性。

现在运行程序，然后登录网站，在首页购买一些图书，再进入"购物车"页面，就可以看到购物车里有图书商品了，如图13-24所示。

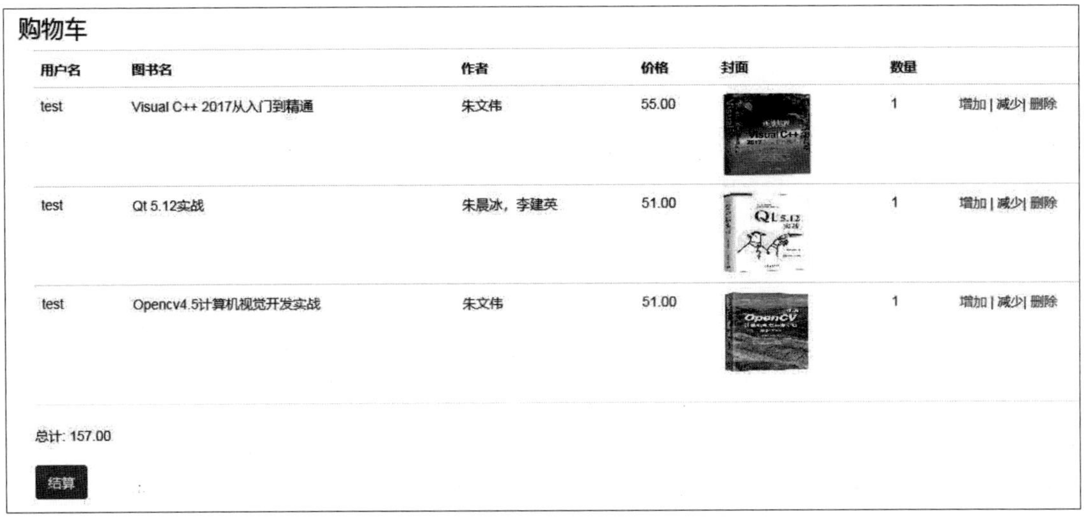

购物车							
用户名	图书名	作者	价格	封面	数量		
test	Visual C++ 2017从入门到精通	朱文伟	55.00		1	增加 | 减少| 删除	
test	Qt 5.12实战	朱晨冰，李建英	51.00		1	增加 | 减少| 删除	
test	Opencv4.5计算机视觉开发实战	朱文伟	51.00		1	增加 | 减少| 删除	
总计：157.00							
结算							

图 13-24

下面实现购物车中商品的增加、减少和删除功能。

13.8.7 增加、减少和删除

增加就是购物车中的图书商品数量加1。在CartGoodsController.cs中为类CartGoods添加成员方法PlusOne，代码如下：

```
public ActionResult PlusOne(int id)
{
    //在购物车数据集中搜索与id一致的商品
    CartGoods cartgoods = db.CartGoods.Where(a => a.CartID.Equals(id)).First();
    cart.Number = cartgoods.Number + 1; //商品数量加1
    db.CartGoods.Attach(cartgoods); //实体附加更新到数据集
    //标记状态为"已修改"
    db.Entry<CartGoods>( cartgoods).State = System.Data.Entity.EntityState.Modified;
    db.SaveChanges(); //更新到数据库
    return RedirectToAction("Index"); //重定向到购物车首页
}
```

修改了实体的某个属性后，需要Attach，再标记状态为EntityState.Modified，然后更新到数据库。

减少就是购物车中的图书商品数量减1。在CartGoodsController.cs中为类CartGoods添加成员方法MinusOne，代码如下：

```
public ActionResult MinusOne(int id)
{
    //在购物车数据集中搜索与id一致的商品
    CartGoods cartgoods = db.CartGoods.Where(a => a.CartID.Equals(id)).First();
    cartgoods.Number = cartgoods.Number - 1; //商品数量减1
    if (cartgoods.Number == 0) //如果数量为0了，则直接从购物车中删除该商品
    {
        db.CartGoods.Remove(cartgoods); //在数据集中删除该商品
        db.SaveChanges(); //在数据库中删除该商品
    }
    else
    {
        db.CartGoods.Attach(cartgoods); //附加更新到数据集
        //标记状态为"已修改"
        db.Entry<CartGoods>(cartgoods).State =
System.Data.Entity.EntityState.Modified;
    }
    db.SaveChanges(); //更新到数据库
    return RedirectToAction("Index"); //重定向到购物车首页
}
```

删除就是把购物车中的某个图书商品删除。在CartGoodsController.cs中，为类CartGoods添加成员方法Delete，代码如下：

```
public ActionResult Delete(int id)
{
    //在购物车数据集中搜索与id一致的商品
    CartGoods cartgoods = db.CartGoods.Where(a => a.CartID.Equals(id)).First();
    db.CartGoods.Remove(cartgoods); //在数据集中删除该商品
    db.SaveChanges(); //在数据库中删除该商品
    return RedirectToAction("Index"); //重定向到购物车首页
}
```

此时运行程序，测试删除功能，并单击"增加"和"减少"链接，发现商品数量发生改变了，如图13-25所示。

图 13-25

13.8.8 购物车结算产生订单

购物车结算时会产生一张订单，并清空购物车中的商品。我们把结算功能放到控制器CheckoutController的Checkout方法中去完成。

在Controllers文件夹下添加名为CheckoutController的控制器，并在CheckoutController.cs中添加命名空间引用：

```
using _100bcwCom.Models;
```

再为类CheckoutController添加角色访问控制：

```
[Authorize(Roles = "买家")]
public class CheckoutController : Controller
```

然后为类CheckoutController添加数据库上下文对象：

```
con100bcw db = new con100bcw();
```

该类只需要两个Checkout方法，其中一个是GET方式的Checkout方法，代码如下：

```
public ActionResult Checkout()
{
    //得到当前登录用户的UserId
    int userid = Convert.ToInt32(Session["UserId"].ToString().Trim());
    //根据该用户id在购物车中搜索所有的商品
    var cart = db.CartGoods.Include("Books").Include("Users").Where(a =>
a.UserId.Equals(userid)).ToList();
    if (cart.Count() == 0)
    {
        return Content("<script>alert('购物车还没有添加任何图书!');
history.go(-1);</script>");
    }
    return View(); //返回结算视图
}
```

这个Checkout先判断购物车中有没有商品，如果有就进入结算视图。结算视图的主要作用是让用户输入订单信息，比如收货地址、收货人电话等。这个订单信息需要保存到数据库表，因此需要先建立订单模型类，在Models文件夹下添加名为Orders的类，在Orders.cs的开头添加命名空间引用：

```
using System.ComponentModel;
using System.ComponentModel.DataAnnotations;
using System.ComponentModel.DataAnnotations.Schema;
```

再为类Orders添加如下代码：

```
public class Orders
{
    public Orders()
    {
        OrderComments = new List<OrderComments>();  //实例化订单评论
        State = OrderState.待付款;
    }
    [Key]
    public int OrderID { get; set; }
    public int UserId { get; set; }

    [Required, DisplayName("创建时间")]
    public DateTime CreateTime { get; set; }
    [Required, DisplayName("总金额")]
    [Range(typeof(decimal), "0.00", "500.00")]
    public decimal TotalMoney { get; set; }
    [DisplayName("收货人")]
    public string ReceiveUserName { get; set; }
    [DisplayName("联系电话")]
    [RegularExpression(@"^1[3|4|5|7|8][0-9]{9}$")]
    public string ReceivePhone { get; set; }
    [DisplayName("收货地址")]
    public string ReceiveAdrress { get; set; }
    [DisplayName("订单状态")]
    public OrderState State { get; set; }
    [ForeignKey("UserId")]
    public Users Users { get; set; }
    public virtual List<OrderComments> OrderComments { get; set; }  //集合型导航属性
}
```

OrderComments是集合型的导航属性，说明订单和评论是1对多的关系，也就是一张订单会有多个评论。这是因为对于订单中的每种书，用户都可以对该书进行评论。

OrderState是一个枚举，用于标识订单的不同状态，我们可以将其定义在命名空间_100bcwCom.Models中。在Models文件夹下添加一个名为OrderState的类，在OrderState.cs中删除原有的类定义，并添加如下代码：

```
public enum OrderState
{
        待付款,
        待发货,
        待收货,
        确认收货,
        评价,
        交易成功,
        取消订单,
        退货申请,
```

```
        退货待审核,
        允许退货,
        已退货,
        退货已拒绝,
        退款成功
    }
```

为了实现每个订单都有对应的评论,我们还需建立订单评论模型。在Models文件夹下添加一个名为OrderComments的类,在OrderComments.cs中输入如下代码:

```
using System.ComponentModel;
using System.ComponentModel.DataAnnotations;
using System.ComponentModel.DataAnnotations.Schema;
public class OrderComments
{
    [Key]
    public int OrderCommentsID { get; set; }
    public int OrderID { get; set; }
    public int BookID { get; set; }
    [Required, DisplayName("数量")]
    public int Number { get; set; }
    [DisplayName("评论内容"), DataType(DataType.MultilineText)]
    [StringLength(200, MinimumLength = 10)]
    public string Comment { get; set; }
    [DisplayName("评论时间")]
    [DataType(DataType.Date)]
    public DateTime ?CommentTime { get; set; }   //加?为了以防越界
    [ForeignKey("OrderID")]
    public virtual Orders Orders { get; set; }
    [ForeignKey("BookID")]
    public virtual Books Books { get; set; }
}
```

这里要注意,CommentTime的类型是DateTime ?。EF实体框架给一个DateTime字段加载一个默认值{01/01/0001 00:00:00},它已经在SQL日期类型的范围之外了。因此,如果要让它正常工作,我们需要告诉EF框架不需要创建一个默认的日期时间值。我们可以在模型类型上加一个可空类型,表示它的值可以为空,所以加了"?"。

订单模型和订单评论模型都要存储到数据库,因此需要在数据库上下文类中添加数据集成员,代码如下:

```
public virtual DbSet<Orders> Orders { get; set; } //订单数据集
public virtual DbSet<OrderComments> OrderComments{ get; set; } //订单评论数据集
```

订单相关模型准备好了后,就可以放心地让买家在视图页面上输入数据了,下面建立结算视图。在Views/Checkout下添加名为Checkout的视图,在Checkout.cshtml中添加如下代码:

```
@model BookStore.Models.Orders

@{
    ViewBag.Title = "Index";
}

<h2>结算</h2>

@using (Html.BeginForm())
{
```

```
        @Html.AntiForgeryToken()

        <div class="form-horizontal">
            <h4>填写收货信息</h4>
            <hr />

            <div class="form-group">
                @Html.LabelFor(model => model.ReceiveUserName, htmlAttributes: new { @class
= "control-label col-md-2" })
                <div class="col-md-10">
                    @Html.EditorFor(model => model.ReceiveUserName, new { htmlAttributes = new
{ @class = "form-control" } })
                    @Html.ValidationMessageFor(model => model.ReceiveUserName, "", new
{ @class = "text-danger" })
                </div>
            </div>

            <div class="form-group">
                @Html.LabelFor(model => model.ReceivePhone, htmlAttributes: new { @class =
"control-label col-md-2" })
                <div class="col-md-10">
                    @Html.EditorFor(model => model.ReceivePhone, new { htmlAttributes = new
{ @class = "form-control" } })
                    @Html.ValidationMessageFor(model => model.ReceivePhone, "", new { @class
= "text-danger" })
                </div>
            </div>

            <div class="form-group">
                @Html.LabelFor(model => model.ReceiveAdrress, htmlAttributes: new { @class =
"control-label col-md-2" })
                <div class="col-md-10">
                    @Html.EditorFor(model => model.ReceiveAdrress, new { htmlAttributes = new
{ @class = "form-control" } })
                    @Html.ValidationMessageFor(model => model.ReceiveAdrress, "", new { @class
= "text-danger" })
                </div>
            </div>

            <div class="form-group">
                <div class="col-md-offset-2 col-md-10">
                    <input type="submit" value="提交订单" class="btn btn-default" />
                </div>
            </div>
        </div>
    }
```

　　这个视图只是用来让买家输入收货人地址、电话等。该表单提交后，将执行POST方式的
Checkout方法，我们在类CheckoutController中添加POST方式的Checkout方法，代码如下：

```
[HttpPost]
public ActionResult Checkout(Orders orders)
{
    if (ModelState.IsValid) //检查用户输入是否有效
    {
        int userid = Convert.ToInt32(Session["UserId"].ToString().Trim());//得到用户id
        //在购物车搜索该用户id的所有商品
```

```
        var cartgoods = db.CartGoods.Include("Books").Include("Users").Where(a =>
a.UserId.Equals(userid)).ToList();
        Orders order = new Orders();  //实例化一张订单
        order.UserId = userid; //设置订单的用户id
        order.CreateTime = DateTime.Now; //设置订单的创建日期
        order.State = OrderState.待付款; //设置订单的状态, 刚开始是"待付款"状态
        order.TotalMoney = cartgoods.Sum(s => s.Number * s.Books.Price);//计算订单总金额
        order.ReceiveAdrress = orders.ReceiveAdrress;  //设置订单的收货地址
        order.ReceivePhone = orders.ReceivePhone;        //设置订单的收件人电话
        order.ReceiveUserName = orders.ReceiveUserName;//设置订单的收件人姓名

        foreach (var book in cartgoods) //遍历订单中的每种图书，为其建立评论实例
        {
            OrderComments od = new OrderComments();
            od.OrderID = order.OrderID;    //设置该评论的订单id
            od.BookID = book.BookID;        //设置该评论的图书id
            od.Number = book.Number;        //设置该评论的所购图书数量
            order.OrderComments.Add(od);  //把评论实例添加到订单的评论列表中
            db.CartGoods.Remove(book);      //从购物车中移除该图书
        }
        db.Orders.Add(order);        //添加到订单数据集
        db.SaveChanges();            // 从购物车中删除商品后，数据库也要同步
        return View("Complete"); //返回Complete视图
    }
    return View(orders);            //用户输入不对，则返回到Checkout视图
}
```

注意，订单中的一种书就应该有一个评论实例。另外，从购物车中删除商品后，数据库也要同步，否则下次登录后，购物车中依旧有原来的商品信息。最后的Complete视图用来提示结算成功，并提供链接"继续购物"，我们在Views/Checkout下添加名为Complete的视图，在Complete.cshtml中输入如下代码:

```
<h2>订单完成</h2>
<div>图书购买成功，我们将在48小时内发货! </div>
@Html.ActionLink("继续购物", "Index", "Home")
```

此时运行程序，我们用test账号登录，然后挑选几本图书，再到购物车中进行结算，接着输入收货人信息后提交订单，最终提示订单完成，如图13-26所示。可以看到一张订单生成了。

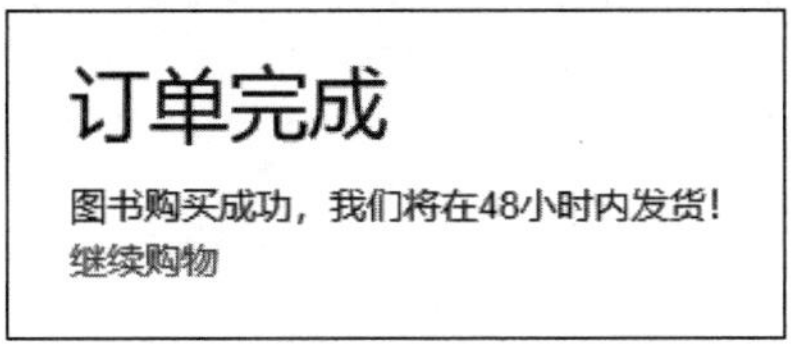

图 13-26

13.9 订 单 处 理

订单处理包括买家对订单的处理和管理员对订单的处理。两者操作类似，因此我们把处理逻

辑放在一个控制器OrderController中。只要在控制器中能区分买家和管理员即可，因为管理员可以看到所有买家的订单，而买家只能看到自己的订单。

13.9.1 买家查看订单

买家结算出一张订单后，肯定会想查看订单的状态等信息，因此我们需要提供"我的订单"视图页面供用户查看订单信息。这个视图是一张表格，每条记录就是一个订单。

打开_Layout.cshtml，可以看到"我的订单"链接对应的是Orders控制器的Index方法。因此我们要添加一个名为OrderController的控制器，且是包含视图的MVC 5控制器（使用Entity Framework），如图13-27所示。

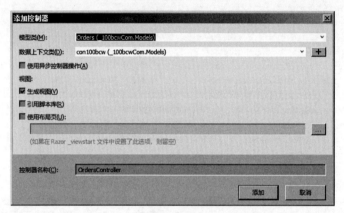

图 13-27

打开OrderController.cs，在类OrderController上方添加角色访问控制：

```
[Authorize(Roles = "买家,管理员")]  //满足一个角色即可访问该类的方法
public class OrdersController : Controller
```

再在类OrderController的Index方法中添加如下代码：

```
public ActionResult Index()
{
    if(User.IsInRole("管理员"))  //判断当前用户的角色是不是管理员
    {
        //把订单视图中的所有用户订单都传给Index视图，以便全部显示出来
        return View(db.Orders.Include("Users").Include("OrderComments")
            .Include("OrderComments.Books").ToList());
    }
    else
    {
        //得到当前用户id
        int id = Convert.ToInt32(Session["UserID"].ToString().Trim());
        //根据用户id搜索该用户的订单
        var orders = db.Orders.Include("Users").Include("OrderComments")
            .Include("OrderComments.Books").Where(a => a.UserId.Equals(id)).ToList();
        return View(orders);  //把该用户订单传给Index视图，以便显示出来
    }
}
```

下面更新订单首页视图。打开Views/Order/下的Index.cshtml，删除原来代码，并输入如下代码：

```
@using _100bcwCom.Models;

@model IEnumerable<Orders>

@{
    ViewBag.Title = "我的订单";
}

<h2>订单列表</h2>

<table class="table">
    <tr>
        <th>
            @Html.DisplayNameFor(model => model.Users.UserName)
        </th>
        <th>
            @Html.DisplayNameFor(model => model.CreateTime)
        </th>
        <th>
            @Html.DisplayNameFor(model => model.TotalMoney)
        </th>
        <th>
            @Html.DisplayNameFor(model => model.ReceiveUserName)
        </th>
        <th>
            @Html.DisplayNameFor(model => model.ReceivePhone)
        </th>
        <th>
            @Html.DisplayNameFor(model => model.ReceiveAdrress)
        </th>
        <th>
            @Html.DisplayNameFor(model => model.State)
        </th>
        <th></th>
    </tr>

    @foreach (var item in Model)
    {
        <tr>
            <td>
                @Html.DisplayFor(modelItem => item.Users.UserName)
            </td>
            <td>
                @Html.DisplayFor(modelItem => item.CreateTime)
            </td>
            <td>
                @Html.DisplayFor(modelItem => item.TotalMoney)
            </td>
            <td>
                @Html.DisplayFor(modelItem => item.ReceiveUserName)
            </td>
            <td>
                @Html.DisplayFor(modelItem => item.ReceivePhone)
            </td>
            <td>
                @Html.DisplayFor(modelItem => item.ReceiveAdrress)
            </td>
            <td>
```

```
                        @Html.DisplayFor(modelItem => item.State)
                </td>
                <td>
                    @if (Session["RoleName"] != null && Session["RoleName"].ToString() == "
管理员")
                    {
                        switch (item.State)
                        {
                            case OrderState.待付款:
                                @Html.ActionLink("取消订单", "UpdateOrderState", new { id =
item.OrderID, state = (int)OrderState.取消订单 })
                                break;
                            case OrderState.待发货:
                                @Html.ActionLink("发货", "UpdateOrderState", new { id =
item.OrderID, state = (int)OrderState.待收货 })
                                break;
                            case OrderState.退货申请:
                                @Html.ActionLink("允许退货", "UpdateOrderState", new { id =
item.OrderID, state = (int)OrderState.允许退货 })<span>|</span>
                                @Html.ActionLink("拒绝退货", "UpdateOrderState", new { id =
item.OrderID, state = (int)OrderState.退货已拒绝 })
                                break;
                            case OrderState.取消订单:
                                @Html.ActionLink("删除", "DeleteOrder", new { id = item.OrderID },
new { onclick = "return confirm('确认删除？')" })
                                break;
                            case OrderState.交易成功:
                                @Html.ActionLink("删除", "DeleteOrder", new { id = item.OrderID },
new { onclick = "return confirm('确认删除？')" })
                                break;
                            case OrderState.评价:
                                @Html.ActionLink("查看评论信息", "GetComment", new { id =
item.OrderID })
                                break;
                        }
                    }
                    else
                    {
                        switch (item.State)
                        {
                            case OrderState.待付款:
                                @Html.ActionLink("付款", "UpdateOrderState", new { id =
item.OrderID, state = (int)OrderState.待发货 })<span>|</span>
                                @Html.ActionLink("取消订单", "UpdateOrderState", new { id =
item.OrderID, state = (int)OrderState.取消订单 })
                                break;
                            case OrderState.待收货:
                                <a href="https://www.sf-express.com/chn/sc" target="_blank">
查看物流</a><span>|</span>
                                @Html.ActionLink("确认收货", "UpdateOrderState", new { id =
item.OrderID, state = (int)OrderState.确认收货 })
                                break;
                            case OrderState.确认收货:
                                @Html.ActionLink("评价", "Comment", new { id = item.OrderID })
                                break;
                            case OrderState.允许退货:
```

```
                    @Html.ActionLink("发货", "UpdateOrderState", new { id =
item.OrderID, state = (int)OrderState.已退货 })
                        break;
                    case OrderState.取消订单:
                        @Html.ActionLink("删除", "DeleteOrder", new { id = item.OrderID },
new { onclick = "return confirm('确认删除？')" })
                        break;
                    case OrderState.交易成功:
                        @Html.ActionLink("删除", "DeleteOrder", new { id = item.OrderID },
new { onclick = "return confirm('确认删除？')" })
                        break;
                    case OrderState.评价:
                        @Html.ActionLink("查看评论信息", "GetComment", new { id =
item.OrderID })
                        break;
                    }
                }
            </td>
        </tr>
        <tr align="center">
            @foreach (var detail in item.OrderComments)
            {
                <td>
                    <img src="@detail.Books.BookUrl" height="32" width="30" />
                    <text>@detail.Books.BookName (@detail.Number)本</text>
                </td>
            }
        </tr>
    }
</table>
```

上面代码把Index方法传来的订单列表通过foreach逐条展现出来，并针对管理员和买家放置不同的操作链接。这里"查看物流"就是简单地打开顺丰官网，实际开发中一般要获取第三方快递公司的物流信息对外接口。此时运行程序，买家test登录，结算后进入"我的订单"，可以看到订单信息了，如图13-28所示。

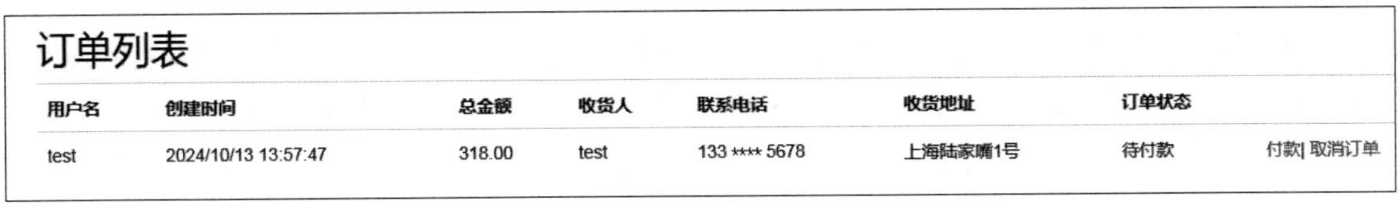

订单列表

用户名	创建时间	总金额	收货人	联系电话	收货地址	订单状态	
test	2024/10/13 13:57:47	318.00	test	133 **** 5678	上海陆家嘴1号	待付款	付款| 取消订单

图 13-28

下面我们将逐个实现对订单的操作，比如付款、取消订单等。

13.9.2 买家付款

单击"付款"后，订单状态就变为"待发货"。我们在类OrdersController中添加方法：

```
public async Task<ActionResult> UpdateOrderState(int id,int state)
{
    Orders orders = await db.Orders.FindAsync(id); //根据订单id搜索订单
    orders.State = (OrderState)state; //用state更新现在的订单状态
    db.Entry(orders).State = EntityState.Modified; //标记已修改
```

```
        await db.SaveChangesAsync(); //异步保存到数据库
        return RedirectToAction("Index"); //重定向到订单首页
    }
```

async Task用于异步编程，使Entity Framework数据库查询能够异步执行。该方法使用async关键字进行标记，指示编译器为方法正文的各个部分生成回调，并自动创建Task<ActionResult>返回的对象。返回类型已从ActionResultTask更改为Task<ActionResult>。关键字await已应用于Web服务调用。当编译器看到此关键字时，它会在后台将该方法拆分为两个部分：第一部分以异步启动的操作结束；第二部分将放入回调方法中，该方法在操作完成时调用。

那为何要用异步编程呢？这是因为Web服务器的可用线程是有限的，在高负载情况下可能所有线程都被占用。在发生这种情况的时候，服务器就无法处理新请求，直到占用的线程被释放。使用同步代码时，可能会出现多个线程被占用但不能执行任何操作的情况，因为它们正在等待I/O完成。使用异步代码时，如果进程正在等待I/O完成，那么服务器可以将其线程释放用于处理其他请求。因此，异步代码使服务器资源能够更高效地使用，并且服务器能够处理更多的流量而不会延迟。为了支持异步编程，我们还需要在文件开头添加命名空间：

```
using System.Threading.Tasks;
```

现在运行程序，买家test登录，进入"我的订单"，然后对订单付款，此时订单状态变为"待发货"，如图13-29所示。

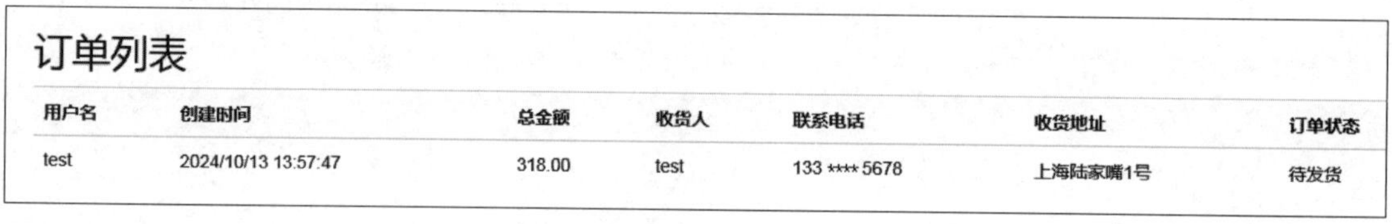

订单列表

用户名	创建时间	总金额	收货人	联系电话	收货地址	订单状态
test	2024/10/13 13:57:47	318.00	test	133 **** 5678	上海陆家嘴1号	待发货

图 13-29

好了，现在买家已付款，接下来就是等待管理员发货了。

13.9.3 管理员发货

管理员发货后，订单状态变为已发货。为了让管理员能处理订单，我们首先在首页上添加"订单管理"链接。打开_Layout.cshtml，在"图书管理"链接代码下一行添加如下代码：

```
<li>@Html.ActionLink("订单管理", "Index", "Orders")</li>
```

这行代码执行Orders控制器的Index方法，而这个方法我们已经实现了。直接运行程序，以管理员"宋烨阳"登录，然后在首页上进入"订单管理"，然后单击"发货"，此时将调用UpdateOrderState方法。这个方法也已经实现过了，此时订单状态变为"待收货"，如图13-30所示。

一百书店　主页　用户管理　图书管理　订单管理　您好 宋烨阳　退出　关于　联系方式

订单列表

用户名	创建时间	总金额	收货人	联系电话	收货地址	订单状态
test	2024/10/13 13:57:47	318.00	test	133 **** 5678	上海陆家嘴1号	待收货

图 13-30

此时再以买家test登录，查看"我的订单"，可以发现订单状态变为"待收货"，而且旁边多了"查看物流"和"确认收货"链接，如图13-31所示。

订单列表

用户名	创建时间	总金额	收货人	联系电话	收货地址	订单状态	
test	2024/10/13 13:57:47	318.00	test	133 **** 5678	上海陆家嘴1号	待收货	查看物流|确认收货

图 13-31

13.9.4　买家确认收货

买家单击"确认收货"链接收货后，订单状态就变为"确认收货"。"确认收货"链接所对应的方法也是UpdateOrderState，我们也实现了。这个方法将多次用到，而且会被很多用户调用。为了提高效率，我们将其变为了异步方法。多个方法多次调用，唯一区别就是传入的参数不同罢了，毕竟其主要功能就是更改一下订单状态而已。

现在运行后，买家test登录，进入我的订单，然后单击"确认收货"链接，可以看到订单状态变为"确认收货"，如图13-32所示。

订单列表

用户名	创建时间	总金额	收货人	联系电话	收货地址	订单状态	
test	2024/10/13 13:57:47	318.00	test	133 **** 5678	上海陆家嘴1号	确认收货	评价

图 13-32

13.9.5　取消订单

取消订单其实也只是更改一下订单状态而已，因此也是调用方法UpdateOrderState。我们以买家test登录，然后重新选几本书加入购物车，再结算生成订单，接着在"我的订单"里对这个订单单击"取消订单"链接，此时订单状态变为"取消订单"，而且右边还多了一个"删除"链接，如图13-33所示。取消订单并不是删除订单，订单依旧存在。

订单列表

用户名	创建时间	总金额	收货人	联系电话	收货地址	订单状态	
test	2024/10/13 13:57:47	318.00	test	133 **** 5678	上海陆家嘴1号	确认收货	评价
test	2024/10/13 14:22:46	110.00	test	133 **** 5678	上海陆家嘴1号	取消订单	删除

图 13-33

若要删除订单，可以单击"删除"链接，下面我们来实现删除订单功能。

13.9.6　删除订单

删除订单对应方法是DeleteOrder。在Order控制器中添加DeleteOrder方法，代码如下：

```
public async Task<ActionResult> DeleteOrder(int id)
{
```

```
    Orders orders = await db.Orders.FindAsync(id); //根据订单id搜索订单对象
    db.Orders.Remove(orders);         //在订单数据集中删除
    await db.SaveChangesAsync();       //在数据库中删除
    return RedirectToAction("Index"); //重定向到订单首页
}
```

这也是个异步方法。首先根据订单id搜索订单对象，然后在订单数据集中删除该订单，再在数据库中删除该订单，最后重定向到订单首页。

此时运行程序，以买家test登录，进入"我的订单"，然后删除刚刚取消的那个订单，就可以删除该订单了，如图13-34所示。

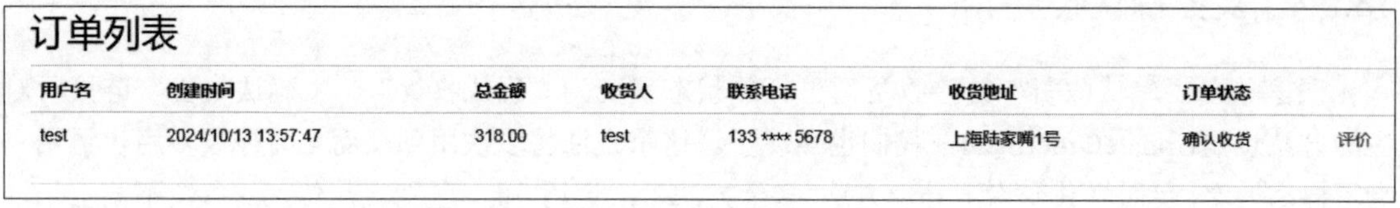

订单列表							
用户名	创建时间	总金额	收货人	联系电话	收货地址	订单状态	
test	2024/10/13 13:57:47	318.00	test	133 **** 5678	上海陆家嘴1号	确认收货	评价

图 13-34

到现在为止，订单的主要操作基本完成了，还剩下一个"评价"功能未实现了。现代购物系统的评价功能是必不可少的，我们也要实现它。

13.9.7　评价订单

既然要评价订单，那肯定先要给一个视图页面让用户输入评价信息。这就需要两个评价方法，一个GET方式的方法用于提供评价视图，另外一个POST方式的评价方法用于保存用户的评价。

首先添加GET方式的评价方法，在Order控制器中添加方法Comment，代码如下：

```
public ActionResult Comment(int id)
{
    //根据订单id搜索订单对象
    var orders = db.Orders.Include("OrderComments").
Include("OrderComments.Books").Where(a => a.OrderID == id).First();
    ViewBag.OrderID = id; //保存订单id，视图会用到
    return View(orders); //返回评价视图，并把订单对象传给该视图
}
```

评价方法首先根据订单id搜索订单对象，然后传给Comment视图。下面添加评价视图。

在Views/Order下添加Comments.cshtml，删除原有代码并输入如下代码：

```
@model _100bcwCom.Models.Orders

@{
    ViewBag.Title = "Comment";
}

<h2>商品评价</h2>
@if (ViewBag.IsReadOnly != null && (bool)ViewBag.IsReadOnly)
{
    @Html.ValidationSummary(true, "", new { @class = "text-danger" })
    for (var i = 0; i < Model.OrderComments.Count(); i++)
    {
        @Html.HiddenFor(x => x.OrderComments[i].OrderCommentsID)
        <img src="@Model.OrderComments[i].Books.BookUrl" height="32" width="30" />
```

```
        <text>@Model.OrderComments[i].Books.BookName (@Model.OrderComments[i].Number)
本</text>
        <br />
        <p>@Model.OrderComments[i].Comment</p>
        <p>@Model.OrderComments[i].CommentTime</p>
    }
}
else
{
    using (Html.BeginForm("Comment", "Orders", FormMethod.Post))
    {
        @Html.HiddenFor(x => x.OrderID)
        @Html.ValidationSummary(true, "", new { @class = "text-danger" })
        for (var i = 0; i < Model.OrderComments.Count(); i++)
        {
            @Html.HiddenFor(x => x.OrderComments[i].OrderCommentsID)
            <img src="~/@Model.OrderComments[i].Books.BookUrl" height="32" width="30" />
            <text>@Model.OrderComments[i].Books.BookName
(@Model.OrderComments[i].Number)本</text>
            @Html.EditorFor(x => x.OrderComments[i].Comment, new { htmlAttributes = new
{ @class = "form-control" } })
            <br />
        }
        <p><input type="submit" value="评论" class="btn btn-default" /></p>
    }
}
```

如果ViewBag.IsReadOnly不为null，则只能查看评价，否则提供一个编辑输入框，让用户输入评论，并提交到Orders控制器下的POST方式的Comment方法。

打开OrderController.cs，为类OrdersController添加Comment方法，代码如下：

```
[HttpPost]
public async Task<ActionResult> Comment(Orders orders)
{
    根据订单ID搜索出订单对象
    Orders orderSelect = db.Orders.Where(a => a.OrderID == orders.OrderID).First();
    orderSelect.State = OrderState.评价;  //设置该订单的状态是"评价"
    db.Orders.Attach(orderSelect);        //附加更新到订单数据集
    db.Entry(orderSelect).State = EntityState.Modified; //标记"已修改"
    //循环遍历列表orders.OrderComments
    foreach (var item in orders.OrderComments)
    {
        //根据订单的每个评论ID搜索出评论数据集中的评论
        OrderComments CommentInDb = await
db.OrderComments.FindAsync(item.OrderCommentsID);
        CommentInDb.Comment = item.Comment;     //设置评论内容
        CommentInDb.CommentTime = DateTime.Now; //设置发表评论的时间
        db.OrderComments.Attach(CommentInDb);    //附加更新到评论数据集中
        db.Entry(CommentInDb).State = EntityState.Modified;//标记"已修改"

    }
    try
    {
        await db.SaveChangesAsync();  //更新到数据库
    }
    catch(Exception e)
```

```
    {
        throw;
    }

    return RedirectToAction("Index");
}
```

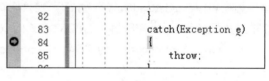

图 13-35

这个方法的主要功能就是把用户在视图上为订单中的每种书发表的评论内容，更新到数据库评论表中的相应评论记录中。需要注意，最后笔者用了try-catch，笔者是有用意的，因为待会发表评论内容时程序很容易崩溃。

现在运行程序，进入"我的订单"，在某条订单右边单击"评论"链接，进入评论视图，我们输入good，如图13-35所示。

再单击"评论"按钮。不出意外，程序崩溃了，如图13-36所示。

85行抛出了异常，这时就要查找具体原因了。我们在Comment方法中对84行的花括号设置断点，然后重新运行程序，使其停在断点处，如图13-37所示。

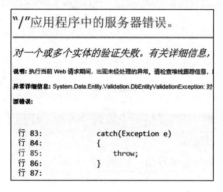

图 13-36

图 13-37

这个时候，我们把e加入监视，并将"EntityValidationErrors"展开，直到出现"ErrorMessages"，就可以看到出错原因了，如图13-38所示。

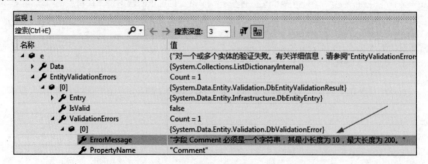

图 13-38

原来是字段Comment的最小长度要求为10，而我们在页面中输入的"good"只有4个字符，验证出错了。其实笔者是故意把最小长度设置为10，并在界面输入good，目的就是让程序出错，然后告诉读者如何通过调试查找原因。我们学习知识，不能只学正确的情况，还要学会在错误的情况下查找原因、排除错误。因为以后从事编程工作，有一半时间会用在调试程序上！

好了，既然找到了错误原因，那我们输入10个以上字符的评论吧。且慢！有些读者说了，既然规定评论内容至少10个字符，怎么不提示用户呢？的确如此，应该提示！重新回到Comment.cshtml，在for循环的EditorFor下一行添加代码：

```
@Html.ValidationMessageFor(x => x.OrderComments[i].Comment, "", new { @class =
"text-danger" })
```

再在文件末尾添加如下代码：

```
@section Scripts {
    @Scripts.Render("~/bundles/jqueryval")
}
```

现在运行程序，输入good后按Tab键，就会有提示了，如图13-39所示。

好了，我们继续输入字符，直到满足10个，比如"This is a very good book."，再单击"评论"按钮，就可以回到订单列表页了。此时该订单的状态变为"评论"了，并且旁边有了"查看评论信息"链接，我们为其添加方法GetComment，代码如下：

```
public async Task<ActionResult> GetComment(int id)
{
    //根据订单id搜索出订单对象
    var orders = db.Orders.Include("OrderComments").
Include("OrderComments.Books").Where(a => a.OrderID == id).First();
    ViewBag.IsReadOnly = true;              //设置只读标记
    return View("Comment", orders);         //返回评论视图，并把订单对象传给评论视图
}
```

由于ViewBag.IsReadOnly为true，因此在Comment.cshtml中将执行上半段代码，也就是仅仅显示该订单的评论信息。运行结果如图13-40所示。

图 13-39   图 13-40

至此，订单处理功能基本完成了。为了安全，我们把OrdersController.cs中自动生成的且没有用到的方法删除掉，比如Create、Detail、Edit、Delete等，并且对应的视图也可以删掉，不过删除过程中要小心，别误删有用的代码。

13.10 一些收尾工作

13.10.1 个人信息中心

当用户登录后，在首页上会显示当前登录用户的名称。它是一个链接，单击它就可以查看个人详细信息，其调用的方法是Users控制器下的MyInfo，代码如下：

```
public ActionResult MyInfo()
{
    int id = Convert.ToInt32(Session["UserID"].ToString().Trim()); //将用户ID转为int型
    return Details(id); //调用Details方法
}
```

再把Details方法的最后一行改为：

```
return View("Details", users); //指定返回Details视图，并传用户对象给Details视图
```

原来的代码是return View(users);，它会返回MyInfo视图，而这个视图并不存在。

此时运行程序，登录后，在首页单击用户名，就可以进入个人信息中心了，如图13-41所示。

图 13-41

13.10.2 更新关于和联系方式

首页上"关于"和"联系方式"这两个链接陪伴了我们整个开发过程，本来想删除他们，但实际项目中一般也有关于和联系方式。这里我们随便写点吧。打开About.cshtml，输入如下代码：

```
@{
    ViewBag.Title = "关于";
}
<h2>一百书店是一家买书即可享受一对一答疑服务的书店！</p></h2>
<a href="https://100bcw.taobao.com"><h2>淘宝网的一百书店<h2></a>
```

再打开Contact.cshtml，输入如下代码：

```
@{
    ViewBag.Title = "联系方式";
}
<a href="https://100bcw.taobao.com"><h2>淘宝网的一百书店<h2></a>
<address>
    <strong>技术支持：</strong>  <a
href="mailto:1726353974@qq.com">1726353974@qq.com</a><br />
</address>
```

13.10.3 美化顶部横幅

顶部横幅居然是黑色的，太不美观了，必须美化一下。打开_Layout.cshtml，把"<div class= "navbar navbar-inverse navbar-fixed-top">"改为：

```
<div style="background: url(/image/bk.jpg);">
```

其中bk.jpg位于100bcwCom\100bcwCom\image下。

运行程序，单击"联系方式"链接，结果如图13-42所示。

图 13-42

最后在首页添加一句欢迎语作为结束。打开Index.cshtml，在开头添加如下代码：

```
<h2 style="color: #ea80b0;">一百书店欢迎你! </h2>
```

运行结果如图13-43所示。

图 13-43